U0877680

科学出版社“十四五”普通高等教育本科规划教材

金属材料学

王同敏　曹志强　康慧君 等　编著

科学出版社

北　京

内 容 简 介

本书系统介绍钢铁材料的合金化原理，包括合金元素与铁和碳的作用、合金元素在各类相变过程中的作用、合金元素对材料强化和韧化的影响、合金钢工艺性能特点等内容；围绕材料成分工艺组织性能应用的主线，介绍各类机械制造结构钢、工具钢、特殊性能钢、铸铁等常用钢铁材料，以及铝、铜、钛、镁等有色金属合金典型材料；根据材料的发展，介绍一些比较成熟的新型金属材料，如高熵合金、金属基复合材料、金属间化合物材料等。

本书可作为高等院校、科研院所材料类专业本科生的教材，也可供材料类研究生、学者和技术人员阅读参考。

图书在版编目（CIP）数据

金属材料学 / 王同敏等编著. —北京：科学出版社，2023.11

ISBN 978-7-03-074693-1

Ⅰ. ①金… Ⅱ. ①王… Ⅲ. ①金属材料 Ⅳ. ①TG14

中国国家版本馆 CIP 数据核字（2023）第 018627 号

责任编辑：张 庆 罗 娟 / 责任校对：高辰雷
责任印制：吴兆东 / 封面设计：无极书装

科 学 出 版 社 出版
北京东黄城根北街 16 号
邮政编码：100717
http://www.sciencep.com
北京厚诚则铭印刷科技有限公司 印刷
科学出版社发行 各地新华书店经销
*
2023 年 11 月第 一 版 开本：720 × 1000 1/16
2024 年 1 月第二次印刷 印张：26 1/4
字数：528 000

定价：118.00 元

（如有印装质量问题，我社负责调换）

前　言

金属材料是所有材料中使用量最大的材料，其理论和知识体系相对比较完整。金属材料学课程在专业知识结构中占有很重要的位置，是学生走上工作岗位使用知识最多最直接的课程。该课程具有综合性、应用性和经验性的特点。综合性是指内容涉及知识面比较广，涉及所有以前学过的专业知识；应用性是指课程的内容是生产或科研中正在广泛使用的材料和技术；经验性是指某些内容是长期的经验总结，在实际应用中可变性还比较大。

“金属材料学”是材料科学与工程专业本科生的一门重要的专业基础课。目前，国内出版的这类教材版本虽然很多，但由于各个高校的专业背景和教材改革进程的差异，编入书中的内容侧重点也各不相同，面向“新工科”人才的培养需要，急需编写新的教材以提高学生解决复杂工程问题的能力。本书以教育部“卓越工程师教育培养计划”为指导，根据应用型本科教育的特点、专业培养目标和教育教学要求确定编写内容，力求从材料的工程应用出发，以合金化理论为基础，系统论述金属材料零部件的“服役-成分-工艺-组织-性能”间的有机关系，重点阐述结构钢、工具钢、不锈钢、耐热钢、铸铁、铝合金、铜合金、镁合金、钛合金等牌号、组织性能以及热处理的宏观规律，以及其在工程实际中的应用。本书内容涵盖各种工程结构常见金属材料使用过程中的组织结构演变规律；尽量规范专业名词术语，采用最新国家合金牌号。

本书作者中有三人在金属材料学课程教学中已有二十余年的经验，并在教学过程中不断整改内容和凝练思路，形成了成套的体系和方法，更加注重培养学生分析问题和解决问题的能力，侧重培养学生的创新思维。本书着重阐明材料成分与处理工艺的特点，强调材料组织与性能及应用之间的关系，试图使学生掌握各类材料成分设计和制定工艺的依据，并对各类新材料的发展进行一定介绍。为使学生更好地理解和掌握课程内容及重点、领会材料发展的主线和设计理念，同时培养学生分析问题和解决问题的能力，各章最后都写了小结。本书的目标是培养学生从事材料研究的创新思维和主动意识、材料研究创新活动的科学方法、材料研究创新成果的分析能力。本书是大连理工大学组织编写的“新工科”系列教材之一。第 1 章绪论由王同敏教授撰写，第 2、7、8 章由马海涛教授撰写，第 3、4、10、14 章由曹志强教授撰写，第 5、6 章由王伟强副教授撰写，第 9、11、13 章由康慧君教授撰写，第 12、15 章由接金川教授撰写，第 16 章由卢一平教授撰写；

全书由王同敏教授统稿。本书在撰写过程中参考了许多文献资料，在此谨向所有参考文献的作者诚致谢意。戚琳等老师提供了相关金相组织图片，在此一并表示衷心的感谢。

限于作者水平，书中难免有不妥之处，恳请广大读者批评指正，以利今后完善。

2022 年 9 月 15 日

目　　录

第1章 绪 论

材料是社会生活中广泛应用的物质，认识和使用材料是人类发展和进步的标志之一。历史学家根据制造生产工具的材料将人类生活的时代划分为石器时代、青铜器时代和铁器时代。现代工业技术的发展同样与材料紧密相关。能源、信息和材料已成为现代技术的三大支柱，而能源、信息的发展又离不开材料。材料的品种、数量和质量已是衡量一个国家科学技术水平和国民经济水平以及国防力量的重要标志之一。

据史料记载，人类在地球上出现之后，最早使用的工具是石器，到了原始社会的末期，开始用火烧制陶器，由此发展为以后的瓷器。制陶技术的发展为炼铜准备了必要条件，奴隶社会青铜冶炼技术已得到很大发展（沈莲，2003）。我国青铜冶炼技术的发明始于夏代以前，虽然晚于古埃及和西亚，但发展较快，到了商、周时期青铜冶炼和铸造技术已发展到较高水平，普遍用于制造各种工具、食物器皿和兵器。春秋战国时期，我国劳动人民通过实践认识了青铜成分、性能和用途之间的关系。《周礼·考工记》中总结出“六齐”规律：“六分其金而锡居一，谓之钟鼎之齐；五分其金而锡居一，谓之斧斤之齐，四分其金而锡居一，谓之戈戟之齐；三分其金而锡居一，谓之大刃之齐，五分其金而锡居二，谓之削杀矢之齐；金锡半，谓之鉴燧之齐”，这是世界上最早的合金化工艺的总结（沈莲，2003）。这个时期，铅、锡、锌、金、银、汞等有色金属的冶炼及使用也不断得到发展。

由青铜器过渡到铁器标志着生产工具的重大发展，对社会进步起着巨大的推动作用。我国从春秋战国时期开始大量使用铁器，这推动了奴隶社会向封建社会的过渡。到了汉代，“先炼铁后炼钢”的技术已居世界领先地位。从西汉到明朝，我国钢铁生产技术远远超过世界各国，而且钢铁热处理技术也得到很大发展，达到相当高的技术水平。西汉《史记·天官书》中有“水与火合为淬”“浴以五牲之溺，淬以五牲之脂”，实际上就相当于现代的水淬、油淬（戴起勋，2011）。明代科学家宋应星在《天工开物》一书中对钢铁材料的退火、淬火、渗碳工艺做了详细论述（沈莲，2003）。

18 世纪，世界工业迅速发展，对材料在品种、数量和质量上都提出了越来越高的要求，推动了材料工艺的进一步发展。光学显微镜于 1863 年开始应用于金属研究，使人们步入材料的微观世界，能够将材料的宏观性能与微观组织联系起来，标志着材料研究从经验走向科学。19 世纪末，晶体的 230 种空间群被确定，至此人们已经可以完全用数学的方法来描述晶体的几何特征。1912 年，X 射线对晶体的作用被发现，并在随后用于晶体衍射分析，使人们对固体材料微观结构的认识从最初的假想到科学的现实。1932 年，电子显微镜的发明把人们带到了微观世界的更深层次（10^{-7}m）。1934 年，位错理论的提出，解决了晶体理论计算强度与试验得到的实际强度之间存在巨大差别的问题，对于人们认识材料的力学性能及设计高强度材料具有划时代的意义，一些与材料有关的基础学科（固体物理、量子力学、化学等）的发展，有力地促进了材料研究的深化（于永泗和齐民，2010）。

金属材料通常分为黑色金属和有色金属两大类。黑色金属通常包括铁及其合金钢、锰和铬等；有色金属包括轻金属（铝、镁、锂、铍等）、重金属（铜、锌、镍、铅等）、贵金属（金、银、铂族）、稀有金属（钛、锆、钒、钨、钼等）；另外，还有类金属（铀、钍等）等。从总产量来看，钢铁材料的产量占绝对优势，占世界金属总产量的 95%，而且具有许多良好的性能，能满足大多数条件下的应用，故用量最大，且价格低廉。在世界金属矿储量中，铁矿资源比较丰富和集中，就世界地壳中金属矿产储量来讲，非铁金属矿储量大于铁矿储量，如铁只占 5.1%，而非铁金属中铝为 8.8%，镁为 2.1%，钛为 0.6%。非铁金属冶炼较困难，所需能源消耗大，因而生产成本高，限制了生产总量的增长幅度。而非铁金属所创造的价值高，并且它有钢铁所不具备的特殊性能，如比强度高、耐低温、耐腐蚀等，因而非铁金属产量仍在迅速增长（强文江和吴承建，2018）。

19 世纪末，冶金和材料学科得到快速发展，出现了新型合金钢，如高速工具钢、高锰钢、铬镍不锈钢，并在 20 世纪发展为门类众多的合金钢体系。与此同时，铝合金、镁合金、铜合金、钛合金和难熔金属及合金等也先后形成工业规模生产。中华人民共和国成立后，钢铁工业和有色金属工业有了飞速发展，在品种、产量和质量方面都达到新的水平。2018 年，我国钢铁产量超过 7.7 亿吨，已稳居世界首位；有色金属产量超过 5688 万吨，亦居世界首位。

随着航空、航海、汽车、石油化工以及空间技术等新材料的需求增长，传统钢铁和有色金属已经不能满足其组织性能要求。因此，近几年又涌现出一批新型金属结构材料，如金属基复合材料、金属间化合物结构材料以及高熵合金等。

金属基复合材料是由连续的金属与合金和增强体所构成的。增强体一般是具有高强度、高模量的非金属材料，如碳纤维、硼纤维和陶瓷材料等。金属基复合材料具有一系列与金属性能相似的优点，如兼有强度高、弹性模量高、韧性高、热冲击敏感性低、导热导电性好等。不同金属和合金基体与不同增强体的组合，可使金属基复合材料具有各种特殊性能和优异的综合性能。最近几年出现的铜包铝、铜包钢和铝铝复层材料等属于金属基复合材料的范畴，这种新型复层材料各组分之间可以“取长补短”和“协同作用”，极大地弥补了单一材料的缺点，显示出单一材料所不具有的新性能。

金属间化合物结构材料是当前发展中的一类新型金属材料，以前所有的金属材料都是以相图中端际固溶体为基体的；而金属间化合物结构材料则以相图中间部分的有序金属间化合物为基体，与传统的金属材料相比，这类全新材料有很多新的特点和规律。

高熵合金通常由五种以上元素组成，且每种元素的原子分数为5%～35%。这种新型的合金设计理念突破了传统合金以一种或两种元素为主的设计思路，拓宽了金属材料的研究范围。由于高熵合金的多主元效应，其通常具有高强度、高硬度、优异耐磨性、出色热稳定性等性能特点，这使高熵合金具有巨大的学术研究价值及工业应用潜力。

参 考 文 献

戴起勋. 2011. 金属材料学. 2版. 北京：化学工业出版社：1-6.

强文江，吴承建. 2018. 金属材料学. 3版. 北京：冶金工业出版社：1-2.

沈莲. 2003. 机械工程材料. 2版. 北京：机械工业出版社：1-3.

于永泗，齐民. 2010. 机械工程材料. 8版. 大连：大连理工大学出版社：1-2.

第2章　钢的合金化基础

工业和科学技术的发展对钢材性能的要求越来越高，普通碳钢的性能已不能满足越来越高的使用要求。为了弥补碳钢的某些不足，在碳钢中加入合金元素发展出了合金钢。合金钢能改善钢的使用性能和工艺性能，使其具有许多碳钢所不能具备的、优良的或特殊的性质。例如，合金钢能具有较好的强度和韧性的配合，在低温下有较高的韧性，在高温下有较高的硬度、强度、持久强度以及抗氧化性，具有良好的耐蚀性、较好的磁性和良好的工艺性能，如冷变形性、淬透性、抗回火稳定性、可焊性等。这主要是由于各种合金元素的加入改变了钢的内部组织和结构。

加入适当的化学元素改变金属性能的方法称为合金化。为了合金化而在钢中加入含量在一定范围的特定化学元素称为合金元素，所获得的钢种称为合金钢。

合金元素与铁、碳以及其他合金元素之间的相互作用是合金内部的相、组织和结构变化的基础。而这些元素之间在原子结构、原子尺寸大小及各元素晶体点阵之间的差异，则是产生这种作用的根源。例如，合金元素与铁相互作用，改变了铁素体和奥氏体的相对稳定性，通过合金化，使得在高温时才稳定存在的奥氏体组织可在室温甚至在−200℃成为稳定的组织。工业纯铁即使激冷也难得到马氏体组织，而通过合金化，即使在慢冷的条件下，也可得到无碳的代位式合金马氏体组织。合金元素和碳相互作用后形成了不同类型的合金碳化物，它们在钢中的稳定性也不相同，因而对钢的性能影响也有差异。合金元素之间以及合金元素与铁之间相互作用能形成一系列金属间化合物，它们对合金钢的强化和脆化也起到很大的作用。

钢中常用的合金元素种类很多，不同国家所使用的合金元素与各国的资源条件有很大关系。例如，美国的合金钢中多含 Ni 元素，俄罗斯的合金钢中多含 Cr 元素，德国的合金钢中多含 Cr、Mn 元素，日本的合金钢中则多含 Cr、Mn、Mo 等元素。我国是有色金属资源非常丰富的国家，除少数合金元素（如 Co）外，绝大多数有色金属的含量都很丰富。

当钢中的合金元素总量≤5%时，称为低合金钢；合金元素总量 = 5%～10%时，称为中合金钢；合金元素总量＞10%时，称为高合金钢。这种区别并没有严格的规定。

人们对合金元素在钢中所起作用的认识是经过长期的生产实践和科学研究逐步积累起来的。但是，迄今为止，人们对这方面的认识还很不全面。因此，本章所阐述的合金元素在钢中作用的种种解释，很可能是不全面的或仅能适合某种特定的条件，甚至某些论述可能会被今后的实践所推翻，所以应该用辩证唯物主义认识论的观点来看待这个问题。应当指出的是，合金元素不一定直接影响钢性能的改善，大部分是由于它们影响相变的过程，从而间接发生作用。

为了从理论上掌握合金元素在钢中作用的基本规律，为研究其在各种用途的钢中特殊规律奠定基础，本章将从以下四方面分析讨论合金元素在钢中所起的作用。

（1）钢中合金元素及其分类。

（2）钢的合金元素与铁碳和层错能的相互作用。

（3）合金元素对钢强韧化的影响。

（4）合金元素对钢相变的影响。

（5）合金元素对钢加工工艺的影响。

2.1　钢中的合金元素及其分类

钢是铁基合金，钢中除 Fe 元素外，还有以下四类元素。

（1）常存元素：C、Si、Mn、P、S，即钢中的五大元素。

（2）偶存元素：矿石、废钢中含有的和在冶炼、工艺操作时带入的元素，如 Cu 等。

（3）隐存元素：原子半径较小的非金属元素，如 H、O、N 等。

（4）合金元素：为保证获得所要求的组织结构、物理、化学和力学性能而特别添加到钢中的化学元素。

钢中除基本元素碳以外，相对于合金元素，不是特别添加的元素，又称为杂质或残余元素。同一元素既可能是杂质，又可能是添加的合金元素，一般根据其质量分数而定。例如，P、S 一般看作杂质元素，其质量分数不大于 0.05%。易切削钢中，S 的质量分数可达 0.3%～0.4%，是作为改善切削性能的合金元素存在的。在耐蚀钢中，P 的质量分数达到 0.06%～0.15%，可看作提高耐蚀性的合金元素。

目前，钢中常用的合金元素有十几种，分属于原子周期表中不同的周期。

第二周期元素：B、C、N。

第三周期元素：Al、Si。

第四周期元素：Ti、V、Cr、Mn、Co、Ni、Cu。

第五周期元素：Zr、Nb、Mo。

第六周期元素：W、RE、Ta。

这些元素加入钢中究竟以什么状态存在呢？一般来说，它们溶于钢中原有的相（铁素体、奥氏体、马氏体）中，或形成新相。概括来讲，它们有如下四种存在形式。

（1）溶入铁素体、奥氏体和马氏体中，以固溶体的溶质形式存在。

（2）形成强化相，如溶入渗碳体形成合金渗碳体，形成特殊碳化物或金属间化合物等。

（3）形成非金属夹杂物，如合金元素与 O、N、S 作用形成氧化物、氮化物和硫化物。

（4）有些元素如 Pb、Ag 等既不溶于铁，也不形成化合物，而是在钢中以游离状态存在，碳钢中的碳有时也以自由状态（石墨）存在。

合金元素究竟以哪种形式存在，主要取决于合金元素的种类、含量、冶炼方法及热处理工艺等；此外，还取决于合金元素本身的特性。合金元素的特性首先表现在与钢中两个主要元素铁和碳的相互作用上，其次还表现在对奥氏体层错能的影响上，因此一般常将钢中的合金元素按下述方法分类。

1. 按照与铁相互作用的特点分类

（1）奥氏体（γ）形成元素：对于那些在 γ-Fe 中有较大的固溶度，并稳定 γ-Fe 固溶体的合金元素，称为奥氏体形成元素，如 C、N、Cu、Mn、Ni、Co 等。

（2）铁素体（α）形成元素：在 α-Fe 中有较大的固溶度，使 γ-Fe 不稳定的合金元素，称为铁素体形成元素，如 Cr、V、Si、Al、Ti、Mo、W 等。一般情况下，奥氏体形成元素易于优先分布在奥氏体中，铁素体形成元素易于优先分布在铁素体中。而合金元素的实际分布状态还与加入量和热处理条件有关。

2. 按照与碳相互作用的特点分类

（1）非碳化物形成元素：如 Ni、Cu、Si、Co、Al、N、P 等。

（2）碳化物形成元素：如 Hf、Zr、Ti、Ta、Nb、V、W、Mo、Cr、Mn、Fe 等。

虽然非碳化物形成元素易溶入铁素体或奥氏体中，而碳化物形成元素易存在于碳化物中，但当加入量较少时，碳化物形成元素也可溶入固溶体或渗碳体，当加入量较多时，可形成特殊碳化物。

3. 按照对奥氏体层错能的影响分类

（1）提高奥氏体层错能的元素，如 Ni、Cu、C 等。

（2）降低奥氏体层错能的元素，如 Mn、Cr、Ru、Ir 等。

实际上，每种分类方法都从不同方面反映了合金元素的特性。以上三种分类方法很好地揭示了钢中合金元素三方面的基本特性，对深入了解合金元素在钢中的基本作用有一定的指导意义。

2.2　钢中合金元素与铁碳和层错能的相互作用

合金元素加入钢中之后，对钢的相变、组织和性能的影响一般取决于合金元素与铁和碳的相互作用。

2.2.1　合金元素与铁的相互作用

铁具有同素异构转变现象。在加热和冷却过程中产生 640℃ α-Fe→910℃ γ-Fe 的转变。钢中合金元素对 α-Fe、γ-Fe 和 δ-Fe 的相对稳定性以及多型转变温度 A_3 和 A_4 均有很大的影响。

按照合金元素与铁的相互作用所形成的二元状态图的不同形式，可将合金元素分为两大类，每类又可分为两组。

（1）扩大 γ 相区元素。包括 Ni、Mn、Co、C、N、Cu 等元素。这类元素的共同特点是：A_4 温度上升，A_3 温度下降（Co 除外，当 Co 质量分数 w(Co)≤45% 时，A_3 温度上升，当 w(Co)＞45%时，A_3 温度下降），奥氏体稳定存在的区域扩大，故这类元素称为奥氏体形成元素。其中，Ni、Mn、Co 能与 γ-Fe 无限互溶，如图 2-1 所示（王晓敏，1999）。C、N、Cu 只能部分溶解于 γ-Fe 中，在 γ-Fe 中固溶度很小。这类元素的质量分数较低时，能扩大 γ 相区，但它们在铁中的固溶度是有限的，因此当达到某一元素的固溶度后，γ 相区又逐渐缩小，如图 2-2 所示（王晓敏，1999）。

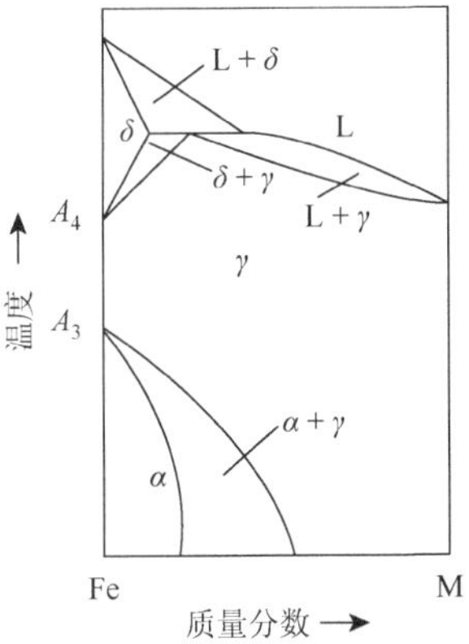

图 2-1　扩大 γ 相区，并与 γ-Fe 无限互溶的 Fe-M 状态图

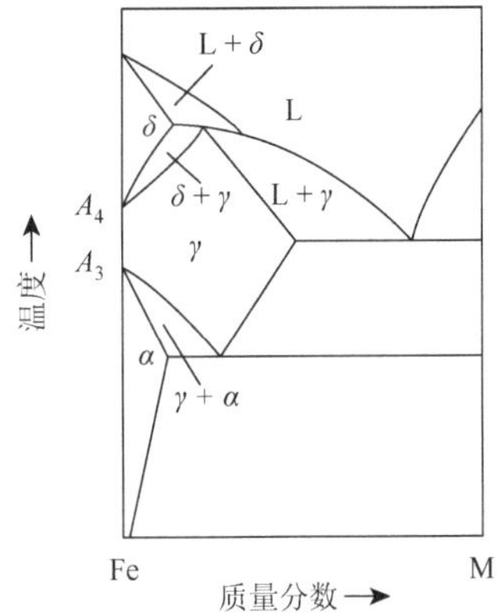

图 2-2　扩大 γ 相区，并与 γ-Fe 有限互溶的 Fe-M 状态图

（2）缩小 γ 相区元素，又称为铁素体形成元素。这类元素的共同特点是：A_4 温度下降，A_3 温度上升，γ 相区缩小。当含 Cr、V、Mo、W、Ti、As、Bi 等元素时，能使 γ 相区范围急剧缩小，以至达到某一元素的一定质量分数时，A_3 与 A_4 重合，γ 相区被封闭。超过此元素的该质量分数时，钢中再没有 $\alpha \rightarrow \gamma$ 相变，所以室温下能获得单相的铁素体组织，如图 2-3 所示（王晓敏，1999）。但应指出，当 $w(Cr) \leqslant 7\%$ 时，A_3 温度下降；当 $w(Cr) > 7\%$ 时，A_3 温度上升。

含有 B、Nb、Ta、Zr 时，不会使 γ 相区呈封闭状态，只是使 γ 相区缩小，如图 2-4 所示（王晓敏，1999）。

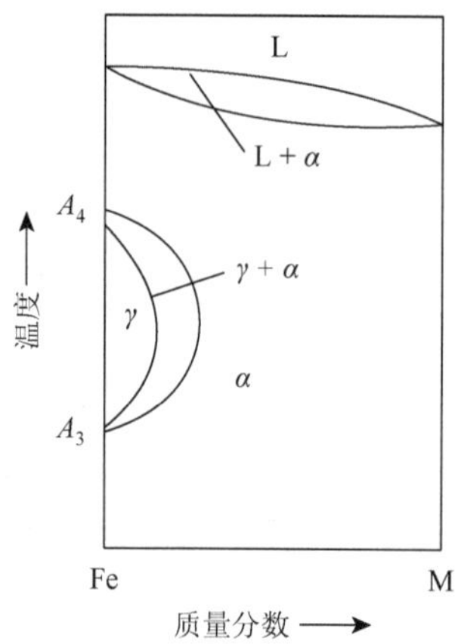

图 2-3　封闭 γ 相区，并与 α-Fe 无限互溶的 Fe-M 状态图

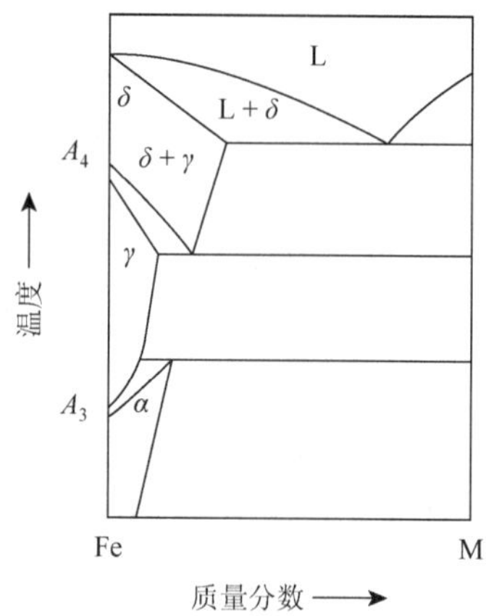

图 2-4　缩小 γ 相区的 Fe-M 状态图

为什么有的合金元素与铁相互作用能扩大 γ 相区，而有的合金元素则缩小 γ 相区呢？目前只能从点阵类型、原子尺寸、电子结构和电化学因素等方面考虑，但也有例外。应该指出的是，在上述各类铁基二元合金中，合金元素除溶于 α-Fe 和 γ-Fe 外，含量高时，还可能形成金属间化合物。如在 Fe-Cr、Fe-V、Fe-Mo 等系合金中，当条件合适时可能产生分子式分别相当于 FeCr、FeV、FeMo 的金属间化合物，一般称为 σ 相。该现象在特殊钢中会遇到。

综上所述，合金元素与铁的相互作用这一理论的工程实际意义在于：为了保证钢具有良好的耐蚀性（如不锈钢），需要在室温下获得单一相组织，就是运用上述合金元素与铁的相互作用规律，通过控制钢中合金元素的种类和含量，使钢在室温条件下获得单相奥氏体或铁素体等单一组织。例如，为了获得奥氏体型不锈钢，通常向钢中加入大量的 Ni、Mn、N 等奥氏体形成元素：为获得铁素体型不锈钢，通常向钢中加入大量的 Cr、Si、Al、Mo、Ti 等铁素体形成元素。但应指出，同时向钢中加入两类元素时，其作用往往相互抵消。但也有例外，例如，Cr 是铁素体形成元素，在钢中同时加入 $w(Cr) = 18\%$的 Cr 和 $w(Ni) = 8\%$的 Ni 时却能促进奥氏体的形成。

2.2.2 合金元素与碳的相互作用

合金元素与钢中碳的作用主要表现在是否易于形成碳化物，或者形成碳化物倾向性的大小。碳化物是钢中最重要的强化相，对于钢的组织和性能具有极其重要的意义。

合金元素按照它们与碳的相互作用，可分为非碳化物形成元素与碳化物形成元素两大类。

非碳化物形成元素与碳不形成碳化物，但固溶于 Fe 中形成固溶体，或者形成其他化合物，例如，氮可形成氮化物。

碳化物形成元素都是过渡族元素。碳化物是钢中主要的强化相，故重点讨论。

1. 形成碳化物的规律性

从周期表中的位置来看，碳化物形成元素（Ti、V、Cr、Mn、Nb、W、Mo 等）均位于 Fe 的左侧，而非碳化物形成元素（Ni、Si、Co、Al、Cu 等）均处于 Fe 的右侧，本来 Ni 和 Co 也可形成独立的碳化物，但由于其稳定性很差（比 Fe_3C 还差），在钢中不会出现，故通常被当作非碳化物形成元素。Mn 是碳化物形成元素但 Mn 极易溶入渗碳体中，故钢中没有发现 Mn 的独立碳化物。

碳化物形成元素均有一个未填满的 d 电子层，当形成碳化物时，碳首先将其外层电子填入合金元素的 d 电子层，从而使形成的碳化物具有金属键结合的性质。因此，碳化物具有金属特性。与 Fe 原子相比，合金元素 d 电子层越是不满，形成碳化物的能力就越强，即与碳的亲和力越大，所形成的碳化物也就越稳定（左汝林等，2008）。

应该指出，碳化物的稳定性并不是单纯地由 d 电子层的未填满程度所决定的。例如，金属元素与碳结合生成碳化物时的热效应亦会影响所生成的碳化物稳定性，一般来说，碳化物的生成热越大，其稳定性就越高。

按照碳化物形成元素所生成的碳化物稳定程度由强到弱的顺序，可将这些元素依次排列为 Ti、Zr、Nb、V、Mo、W、Cr、Mn、Fe。

按照碳化物晶格类型的不同，碳化物可分为两类（凤仪，2008）。

（1）当 $r_C/r_{Me}>0.59$（其中，r_C 为碳原子半径，r_{Me} 为合金元素的原子半径）时，碳与合金元素形成一种复杂点阵结构的碳化物，Cr、Mn、Fe 属于这类元素，它们可形成下列形式的碳化物：$Cr_{23}C_6$、Cr_7C_3、Fe_3C 等。

（2）当 $r_C/r_{Me}<0.59$ 时，形成简单点阵的碳化物（间隙相），Mo、W、V、Nb、

Ta、Zr 均属于此类元素，它们形成的碳化物是：MeX 型（WC、VC、TiC、NbC、TaC、ZrC）和 Me_2X 型（W_2C、Mo_2C、Ta_2C）。

此类碳化物具有下列特点：碳化物硬度大、熔点高（可高达 3000℃），分解温度高（可高达 1200℃）；间隙相碳化物虽含有 50%～60%的非金属原子，但仍具有明显的金属特性：可以溶入各类金属原子，呈缺位溶入固溶体形式，在合金钢中常遇到这类碳化物。

实际上，钢中的碳化物除上述两种类型以外，在某些条件下，还可出现下述两种情况：一种情况是当合金元素含量很少时，合金元素将不能形成自己特有的碳化物，只能置换渗碳体中的 Fe 原子，常以合金渗碳体的形式出现，如 $(FeCr)_3C$、$(FeMn)_3C$ 等；另一种情况是合金元素含量有所升高，但仍不足以生成自己特有的碳化物，这时将生成具有复杂结构的合金碳化物，如 Fe_2W_4C、Fe_4W_2C、Fe_3Mo_3C 等。

除去含量条件以外，保证元素在钢中的扩散也是形成碳化物的必要条件。因此，碳化物的形成过程与热处理工艺有极为密切的关系。

2. 碳化物的特性

如果将纯金属和碳化物的硬度做比较，那么可看出碳化物的强化能力是很大的，见表 2-1（王晓敏，1999）。形成碳化物倾向性越强的元素，其碳化物硬度也越高。

另外，碳化物是一种很重要的强化相，形成碳化物能力越强的元素，其碳化物稳定性越高。稳定的碳化物具有高熔点和高分解温度，难以溶入固溶体，因而也难以聚集长大。其碳化物稳定性由弱到强的顺序是 Fe_3C、$M_{23}C_6$、M_6C、MC。

表 2-1　纯金属与碳化物的硬度

金属	Ti	Nb	Zr	V	Mo	W	Cr	α-Fe
硬度/HV	230	300	300	140	350	400	220	80
金属	TiC	NbC	ZrC	VC	Mo_2C	WC	$Cr_{23}C_6$	Fe_3C
硬度/HV	3200	2055	2840	2094	1480	1730	1650	860

如果碳化物稳定性高，在温度和应力长期作用下不易聚集长大，则可大大提高材料的性能和使用寿命。稳定性的另一个含义是指碳化物和固溶体（基体）之间不易在高温下发生相互反应，碳化物的稳定性对钢的热强性也很重要：首先，碳化物可使钢在更高的温度下工作，因原子扩散作用而发生合金元素的再分配，保持其较高的强度和硬度；其次，在达到相同硬度的条件下，碳化物稳定性高的钢可以在更高的温度下回火，使钢的塑性、韧性更好。因此，合金钢的综合性能

比碳钢好。

各种碳化物虽然像一般化合物一样，可以写成元素间有一定配比的分子式，但是正因为碳化物具有金属的特性，所以并不像普通的酸、碱、盐那样在成分上很固定，而常常是以其分子式所代表的化合物为基底，固溶入各种合金元素，即合金元素在碳化物中有一定的固溶度，例如，Fe_3C 能溶解大量的合金元素。据报道，Fe_3C 中可溶解的 $w(Cr) = 25\%$。而 Mn 在 Fe_3C 中的固溶度是无限的，即随 Mn 的质量分数不断增加，可由 Fe_3C 变为$(FeMn)_3C$，直到变为 Mn_3C。$(FeMn)_3C$ 的成分随 W 质量分数的增加可变为 Fe_4W_2C。即使是间隙型碳化物的成分也不是很固定。

合金元素与碳的相互作用具有重大的实际意义，一方面，它关系到所形成碳化物的种类、性质和在钢中的分布，而所有这些都会直接影响钢的性能，如钢的强度、硬度、耐磨性、塑性、韧性、红硬性和某些特殊性能，同时对钢的热处理有较大影响，如奥氏体化温度和时间、奥氏体晶粒的长大等。另一方面，由于合金元素与碳有不同的亲和力，对相变过程中碳的扩散速率亦有较大影响；强碳化物形成元素阻碍碳的扩散，降低碳原子的扩散速率；弱碳化物形成元素 Mn 以及大多数非碳化物形成元素则无此作用，甚至某些元素如 Co 还有增强碳原子扩散的作用。因此，合金元素与碳的作用对钢的相变有重要影响，对此后续章节有专门讨论，这里不再赘述。

2.2.3　合金元素对奥氏体层错能的影响

钢中奥氏体的层错能对自身的组织和性能以及对其转变后奥氏体钢的组织和性能都有很大影响（唐代明等，2014）。一般认为，金属的层错能低，则在金属中形成层错的概率大，扩展位错宽度宽，难束集，增大位错滑移的阻力，使位错的滑移困难，则使金属的加工硬化趋势增大。因此，奥氏体层错能将直接影响奥氏体钢的力学行为。典型的例子是高镍钢和高锰钢在性能上的差异。高镍钢层错能高，冷变形性能优异，易于变形加工；而高锰钢层错能低，冷变形性能很差，有很高的加工硬化率，难加工。

奥氏体是钢中相变产物的母相，改变奥氏体层错能必然会影响钢的相变行为，降低奥氏体层错能，相应地提高马氏体的层错能，使马氏体中层错形成概率变小，扩展位错宽度变小，使位错易束集，不易分解，导致不均匀切变时易发生滑移变形，形成具有位错型亚结构的片状马氏体。反之，提高奥氏体的层错能，相应地降低马氏体的层错能，使马氏体转变时，易于形成孪晶亚结构的片状马氏体。奥氏体层错能对 Fe-Ni-C 合金中马氏体的形态影响见表 2-2（王晓敏，1999）。

表 2-2 奥氏体层错能对 Fe-Ni-C 合金中马氏体的形态影响

	奥氏体层错能			
	低———————————→高			
马氏体形貌	板条状	蝴蝶状	透镜状	薄片状

2.3 合金元素对钢强韧化的影响

钢中加入合金元素，即钢的合金化，主要目的是使钢具有更优异的性能。对于结构钢，首先是提高其力学性能，即既要有高的强度，又要保证钢具有足够的韧性。然而，钢的强度和韧性常常是一对矛盾，增加强度往往要牺牲钢的塑性和韧性，反之亦然。因此，各种钢铁材料在其发展过程中均受这一矛盾因素的制约。

2.3.1 钢的强化机制

使金属强度（主要是屈服强度）增大的过程称为强化。晶体的强化途径一般分为两种：①尽可能地减少晶体中的可动位错，抑制位错源的开动，从而使金属材料接近金属晶体的理论强度。②大大增加晶体缺陷的密度，在金属中形成尽可能多的阻碍位错运动的障碍。实际上钢铁材料的强化方式主要应用第二种方法。因此，钢铁材料的实际强度与大量的位错密切相关，其力学本质是塑变抗力。为了提高钢铁材料的强度，就要提高塑变抗力，阻止位错运动。钢的强化机制的基本出发点是造成障碍，阻碍位错运动。从这一基本点出发，钢中合金元素的强化作用主要有以下四种方式：固溶强化、晶界强化、第二相强化及位错强化。通过这四种方式单独或综合加以运用，便可以有效地提高钢的强度。

1. 固溶强化

在钢中由于间隙原子碳、氮与刃型位错可形成科氏气团（Cottrell atmosphere），与螺型位错形成史氏（Snoek）气团（王晓敏，1999）。当位错被气团钉扎时，位错移动阻力增大。为使位错挣脱气团而运动，就必须施加更大的外力，因此增加了钢的塑性变形抗力，从而使钢的屈服强度提高，而达到强化的目的。固溶强化的出发点是以合金元素作为溶质原子阻碍位错运动。其强化机制为：溶质原子与基体金属原子大小不同，使基体的晶格发生畸变，造成一个弹性应力场，此应力场与位错本身的弹性应力场交互作用，增大位错运动的阻力，从而导致强化。

合金元素的固溶强化效果一般可表示为

$$\Delta R_s = K_i C_i^n \tag{2-1}$$

式中，ΔR_s 为固溶强化增量；K 为系数；C 为固溶量；i 表示某元素；n 为指数。对于 C、N 等间隙原子，$n = 0.33\sim2.0$；对于 Mo、Si、Mn 等置换原子，$n = 0.5\sim1.0$。

各元素对低碳铁素体强度和塑性的影响如图 2-5 所示（戴起勋，2011）。

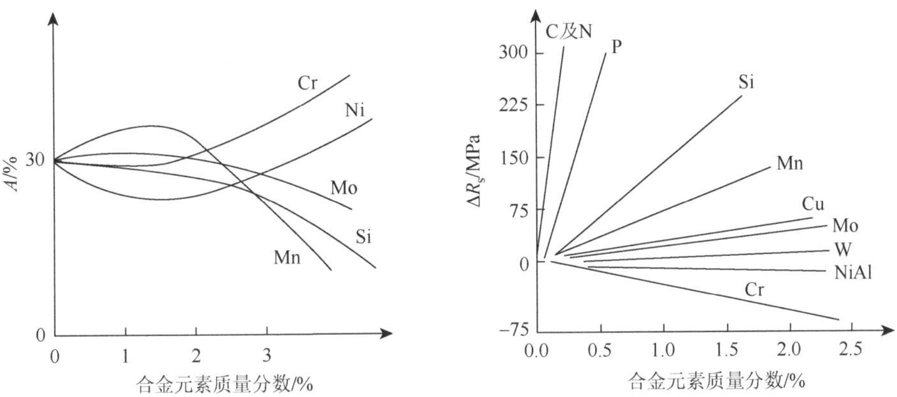

图 2-5　各元素对低碳铁素体强度和塑性的影响

从图 2-5 可知，C、N 固溶强化效应最大。Si、Mn 的固溶强化效果很强，但超过一定量（$w(\text{Si}) > 1.1\%$，$w(\text{Mn}) > 1.8\%$）时，钢的塑韧性下降明显。

一般地，若固溶强化效果越大，则塑韧性下降越多。因此，选用固溶强化元素不能只着眼于提高强度的效果，还应对塑韧性给予充分保障。

2. 晶界强化

晶界强化也称为细晶强化，是随着晶粒细化，晶界增多、材料强度升高的现象。其强化机制是：晶界的存在，引起在晶界处产生弹性变形不协调和塑性变形不协调现象，这两种不协调现象均会在晶界处诱发应力集中，以维持两晶粒在晶界处的连续性。其结果是在晶界附近引起二次滑移，使位错密度迅速增加，形成加工硬化微区，进而阻碍位错运动。这种由于晶界两侧晶粒变形的不协调性而在晶界附近诱发的位错称为几何必须位错。同时，由于晶界的存在，滑移位错难以直接穿越晶界，从而破坏了滑移系统的连续性，阻碍了位错的运动。归根结底，是因为晶界的存在使位错运动受阻，从而达到强化的目的。晶粒越细化，晶界数量就越多，其强化效果也就越好。

Hall-Patch 关系式是描述晶界强化的一个极为重要的表达式，其形式为

$$\sigma_s = \sigma_0 + Kd^{-1/2} \tag{2-2}$$

式中，σ_s为屈服强度；σ_0为派-纳力或摩擦阻力；K 为晶界对变形的影响系数，与晶界结构有关；d为基体晶粒的平均直径。

根据上述 Hall-Patch 关系式，从合金化的角度来达到晶界强化的途径有两个。一是利用合金元素改变晶界的特性，提高K值。为此，可向钢中加入表面活性元素，如 C、N、Ni 和 Si 等，以使其在α-Fe 晶界上偏聚，提高晶界阻碍位错运动的能力。二是利用合金元素细化晶粒，通过减小晶粒尺寸来增加晶界数量。常用的方法是向钢中加入 Al、Nb、V、Ti 等元素形成难熔的第二相质点，阻碍奥氏体晶界移动，间接细化铁素体或马氏体晶粒。

细晶强化不但可以提高强度，而且能改善钢的塑性和韧性，是一种极为重要的强化机制，也是金属材料最为常用的强韧化方法之一。

但要强调的是，高温下当材料使用温度超过晶内与晶界的等强温度时，细化晶粒将不再适用。

3. 第二相强化

与单相合金相比，复相合金除基体相以外，还有第二相存在。当第二相以细小弥散的微粒均匀分布于基体相中时，将会产生显著的强化作用，这种强化作用称为第二相强化。第二相粒子可以有效地阻碍位错运动。运动着的位错遇到滑移面上的第二相粒子时，切过（第二相粒子的特点是可变形，并与母相具有共格关系，故有沉淀强化之称）或绕过（第二相粒子不参与变形，与基体有非共格关系。第二相粒子是人为加入的，不溶于基体并呈弥散分布，故有弥散强化之称），这样滑移变形才能继续进行。这一过程要消耗额外的能量，故需要提高外加应力，所以造成强化。第二相强化的根本原因是它们与位错间的交互作用，阻碍了位错运动，提高了合金的变形抗力。

弥散强化是钢中常见的强化机制。例如，淬火回火钢及球化退火钢都是利用碳化物作为弥散强化相。这时合金元素的主要作用在于，在高温回火条件下，使碳化物呈细小均匀弥散分布，并防止碳化物聚集长大，故需向钢中加入强碳化物形成元素 V、Ti、W、Mo、Nb 等。通常沉淀强化的基本途径是合金化加淬火时效。合金化的目的是为造成理想的沉淀相提供成分条件。这不仅在钢中常用，Al 合金也常用这种手段强化。

第二相强化机制比较复杂，往往要考虑第二相的大小、数量、形态、分布及性能等方面的影响。合金元素的作用主要是为形成所需要的第二相粒子提供成分条件。

4. 位错强化

金属中位错密度高，则位错运动时易于发生相互交割，形成割阶，引起位错缠结，因此造成位错运动的障碍，给继续塑性变形造成困难，从而提高了钢的强度。这种增加位错密度提高金属强度的方法称为位错强化。加工硬化（变形强化）是位错强化的代表形式。

影响位错强化的主要因素如下。

（1）位错交滑移（或高温下攀移）的能力。①层错能低的金属：位错不易交滑移和攀移，滑移面上易出现列阵位错和位错塞积群，加工硬化率高。②层错能高的金属：螺型位错难以分解，出现交滑移，滑移迅速发展，倾向于构成亚晶（胞状亚结构），使加工硬化率明显降低。透射电子显微镜（transmission electron microscope，TEM）下看不到位错塞积群，多为位错缠结和胞状亚结构。

（2）位错密度与塑性变形量呈正比关系，细晶材料具有较高的加工硬化率。

（3）冷变形、淬火应力或较低温度下的相变造成的应变、第二相沉淀粒子与基体间热膨胀系数的差异、伴随沉淀物的形成而引起比热容改变、在局部区域出现位错增多等都会加强位错强化。

生产上，对不易通过热处理强化的金属材料，如纯铁、低碳钢、奥氏体不锈钢、防锈铝、纯铜等，通过加工硬化进行位错强化；而可通过热处理强化的钢材，则大多采用热处理相变的方法，如通过淬火处理实现强化。

2.3.2　改善钢韧性机制

材料韧化的目的是防止脆性断裂。脆性断裂的发生除与材料因素有关外，还与工作温度、载荷性质及大小、零件形状及缺陷等因素有关。一般来说，工作温度越低、工作应力越大、内部缺陷越严重，越容易发生脆性断裂。对金属材料而言，韧化的途径包括：①减少组织中应力集中诱发的微裂纹和微孔，如减少夹杂物和沉淀相数量；②提高基体塑性，从而可增大裂纹在基体上扩展的能量消耗；③增加组织的均匀性，以减少应力集中；④避免晶界的弱化，防止裂纹沿晶界的形核与扩展；⑤加入某些可促进在低温下交滑移的元素等。

目前，金属材料韧化采取的具体措施有以下七种。

（1）细化晶粒：具有均匀细小晶粒的金属材料，强度高而且韧性好。对合金钢而言，可以通过细化奥氏体晶粒，进而细化铁素体晶粒及其组织。钢中利用合金化技术细化晶粒组织，作用比较大的主要有一些强碳化物形成元素，如 Ti、Nb、V、W、Mo 等。

（2）改善基体韧性：在钢中，基体的韧性是整个材料韧性的关键。合金元素 Ni 能有效地改善或提高钢的基体韧性。

（3）提高钢的回火稳定性：在相同强度水平下，通过加入合金元素提高淬火钢的回火温度，从而提高钢的韧性。因此，能够提高钢回火稳定性的合金元素都能不同程度地起到这个作用，如强碳化物形成元素。

（4）防止粗大的碳化物质点和晶界薄膜形成：粗大的碳化物或在晶界形成薄膜对钢的韧性是十分不利的，它们往往成为变形过程中微裂纹的起源。因此，应尽力使钢中的碳化物在大小、分布、形状和数量的特征参量上表现为小、圆、均匀和适量。

（5）尽量降低有害元素的含量：随着钢中有害元素如 S、P、H、N、O 等的增加，钢的冲击韧性下降，冷脆转变温度升高且范围变宽。钢中偏析、白点、夹杂物、微裂纹等缺陷越多，韧性越低。因此，降低有害杂质含量、提高冶金质量、降低碳含量的同时用镍、锰进行合金化可提高钢材的韧性。

（6）形变热处理：形变热处理是将形变（如锻造、轧制等）与热处理相结合，使金属材料同时经历形变和相变，从而使晶粒细化、位错密度升高、晶格发生畸变，达到提高综合力学性能的目的。

（7）低碳马氏体强韧化：获得位错型板条马氏体组织是钢材强韧化的重要途径。低碳马氏体中位错分布均匀，马氏体板条平行生长，马氏体板条相界有残余奥氏体薄膜，相当于复合材料。因此，低碳马氏体是一种既有较高强度又具有良好韧性的显微组织。

总之，改善金属材料韧性的途径可以简单地归结为净化、细化和球化。其中，“净化”是指提高金属冶金质量，尽可能降低有害杂质含量；“细化”是指基体晶粒细小，同时具有弥散细小且均匀分布的第二相；“球化”是指应使第二相尽可能地以圆形颗粒状存在。

2.4　合金元素对钢相变的影响

合金元素对钢相变的影响，不仅要考虑对相变热力学的影响，还要考虑对相变动力学的影响。Fe-C 相图是研究钢铁材料的理论基础，合金元素的添加，对其有显著的影响。钢中有三个基本的相变过程，即加热时奥氏体的形成、冷却时过冷奥氏体的分解以及淬火马氏体回火时的转变，本节将分别论述。

2.4.1　合金元素对钢相变基本因素的影响

相变需同时满足相变的热力学条件和动力学条件，相变的热力学条件是新相与母相的自由能差。相变的动力学条件（即时间因素）受扩散的影响。因此，新相与母相的自由能差、溶质原子的扩散、碳在铁中的活度等就是影响相变的基本因素。

1. 合金元素对奥氏体、铁素体相自由能差的影响

从热力学来看，γ、α 两相之间的自由能差（ΔG）越小，临界晶核越难以形成（刘锦云，2016；李云凯，2006；王笑天，1987），γ 相越稳定，相变驱动力越小；反之，随着 ΔG 增加，相变驱动力也增加。

合金元素对 α-Fe 和 γ-Fe 自由能的影响有三种情况（图 2-6）。

（1）降低 ΔG，如 C、Mn、Cr、Ni 均降低相变驱动力（伍玉娇，2011）。

（2）对 ΔG 影响很小，如 Mo、W，对相变驱动力影响不大。

（3）增大 ΔG，如 Co、Al 降低过冷度，降低 γ 相的稳定性，增加相变驱动力。

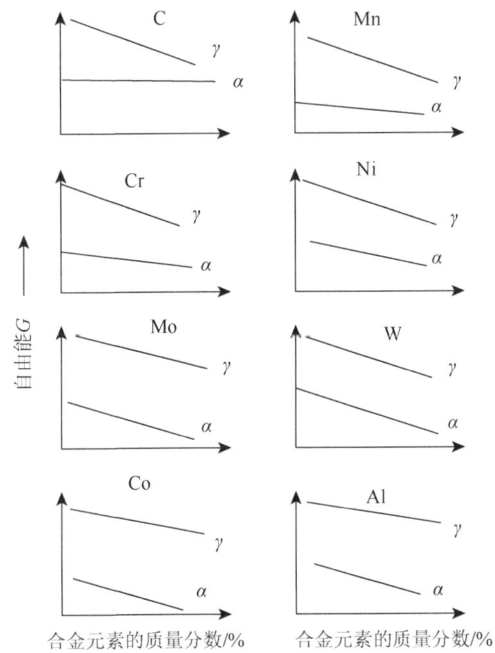

图 2-6　合金元素对 α-Fe 和 γ-Fe 自由能的影响示意图

2. 合金钢中的扩散问题

钢的相变过程，除了需考虑热力学因素，还需考虑动力学因素，因此有必要了解合金钢中的扩散。钢相变过程，除了与碳在奥氏体和铁素体中的扩散有关，还要考虑合金元素本身在奥氏体和铁素体中的扩散、合金元素对碳在奥氏体和铁

素体中扩散系数的影响，以及合金元素对 Fe 自扩散的影响。

比较间隙型原子和置换型原子在 α-Fe 和 γ-Fe 中的扩散能力，如表 2-3 所示（王笑天，1987）。从表中可以看出，置换型原子的扩散比间隙型原子慢几个数量级。这是合金钢相变中一个非常重要的特征。

表 2-3 元素在 α-Fe 和 γ-Fe 中的扩散能力

溶剂	溶质	激活能 Q/(kJ/mol)	常温扩散系数 D_0/(cm²/s)	扩散系数 D/(cm²/s)	温度范围 T/℃
γ-Fe	C	135	0.15	1.5×10^{7}	900～1050
	Fe	269	0.18	2.2×10^{-13}	1060～1390
	Co	364	3.0×10^{2}	24×10^{-12}（在 1050℃）	1050～1250
	Cr	405	1.8×10^{4}	58×10^{-12}（在 1050℃）	1050～1250
	Cu	253	3	15×10^{-11}	800～1200
	Ni	280	0.77	7.7×10^{-13}	930～1050
	P	293	28.3	3.6×10^{-12}	1280～1350
	S	202	1.35	1.5×10^{-9}	1200～1350
	W	376	1×10^{3}	12×10^{-12}（在 1050℃）	1050～1250
α-Fe	C	80	6.2×10^{-3}	1.8×10^{-5}	—
	Ni	76	3×10^{-3}	1.3×10^{-6}	—
	Fe	240	0.5	—	700～750
	Co	226	0.2	2.1×10^{-11}	700～790
	Cr	343	3×10^{-4}	—	—
	Ni	258	9.7	3.7×10^{-11}	700～900
	P	230	2.9	—	860～900
	W	293	3.8×10^{2}	—	—

从表 2-3 中还可以看出另一个重要特征，即在特定温度下，间隙溶质原子和置换溶质原子在铁素体中的扩散比在奥氏体中快，其原因是 γ-Fe 的晶体结构为面心立方（face-centered cubic，FCC），属密排结构；而 α-Fe 为体心立方结构（body-centered cubic，BCC），排列较松弛，同一元素原子在 α-Fe 中的扩散激活能必低于在 γ-Fe 中的扩散激活能。

碳化物形成元素，如 Cr、Mo 等，提高了碳在奥氏体中的结合力，提高了碳在奥氏体中扩散的激活能，降低碳在奥氏体中的扩散系数；而非碳化物形成元素，如 Ni、Co 等，降低碳在奥氏体中的激活能，提高扩散系数。Si 元素是例外，Si 是非碳化物形成元素，虽能提高 C 原子的活度，但同时降低了 Fe 原子的活度，即增加了 Fe 在固溶体中的结合能，从而能降低驱动力，得到与 Ni、Co 相反的结果。

合金元素 Cr、Mn、Mo、Ti 和 Nb 等均能减慢 γ-Fe 的自扩散速率，降低 Fe 原子的活度，从而增加原子间结合力，使扩散系数降低。

需要指出的是，金属原子在晶界上的扩散比晶粒内部快得多，原因是晶界处点阵畸变较大，原子处于较高能量状态，易于跳动。一般晶界扩散激活能为体扩散激活能的 60%～70%。

3. C 原子在铁中的活度问题

合金化的铁素体和奥氏体会对钢中 C 原子的行为产生重要影响，包括固溶体的固溶度、扩散迁移率和碳化物的析出能力等。而决定 C 原子在固溶体中行为最完备的特征就是其活度。

C 原子在铁的合金固溶体与非合金固溶体中的活度系数比值（γ_C^M / γ_C）是碳本身的相对活度系数 f_c，它表征合金元素在 Fe-C 合金中对碳活度的影响。

如果 $f_c > 1$，那么 $\lg f_c$ 具有正值，表明合金元素提高 C 原子在固溶体中的活度；如果 $f_c < 1$，那么 $\lg f_c$ 具有负值，即合金元素降低 C 原子在固溶体中的活度。

不管在铁素体中还是在奥氏体中，只要合金元素存在于固溶体中，就会改变金属原子与 C 原子的结合力或结合强度。碳化物形成元素增加固溶体中 C 原子与合金元素之间的结合力，从而使处于间隙位置的 C 原子向占据点阵节点上的碳化物形成元素“靠拢”的概率提高，并使 C 原子在固溶体中的活动性降低，从而降低其活度，置换固溶体中的 Fe 原子。相反，非碳化物形成元素将“推开”C 原子，提高其活动性，即增加 C 原子的活度，同时将出现 C 原子从固溶体中析出的倾向。研究者得出的关于合金元素对 C 原子在奥氏体中相对活度系数的影响，如图 2-7 所示（王笑天，1987）。由图可见，元素周期表中在 Fe 元素的左边越靠左的过渡元素形成碳化物的能力越强，越使 $f_c < 1$。在奥氏体中的非碳化物形成元素 Co、Ni 和 Si，则促使 $f_c > 1$。

在研究碳化物、氮化物和碳氮化物在奥氏体形成过程中的溶解和冷却时从固溶体中的析出，以及热处理过程中元素在各相间的再分配问题时，合金元素对 C 原子在奥氏体中活度的影响，具有很重要的意义。

但必须指出，合金元素对 C 原子的活度的影响，只发生在合金元素固溶在铁素体或奥氏体中时。这里考虑的是固溶体中合金元素的含量，而不是它们在钢中的总量。

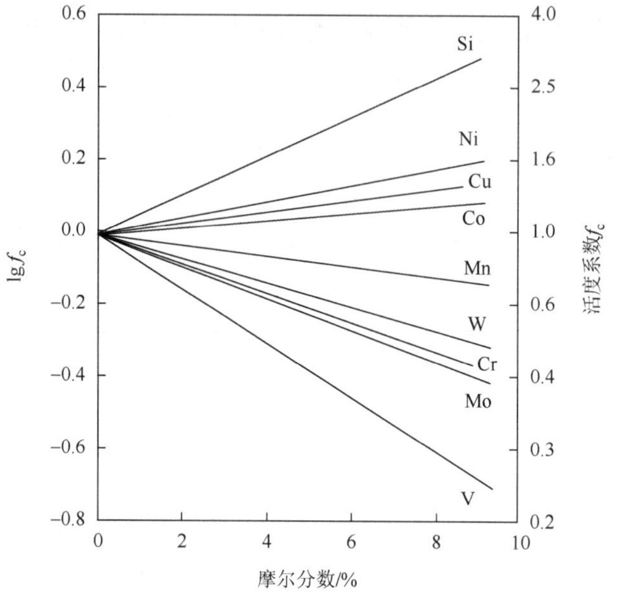

图 2-7　各种元素的摩尔分数对 1000℃时 C 原子在奥氏体中的相对活度系数 f_c 的影响

2.4.2　合金元素对 Fe-Fe_3C 相图的影响

因为 Fe-Fe_3C 相图是研究钢中相变和选择碳钢热处理加热温度的依据，所以在研究合金元素对相变的影响之前，要了解合金元素对 Fe-Fe_3C 相图的影响。虽然合金钢是三元或含有更多组元的成分合金，但由于三元相图和更多元相图研究较少，在实际应用中，仍以 Fe-Fe_3C 二元相图为基础，考虑合金元素对 Fe-Fe_3C 相图的影响。

1. 对奥氏体相区的影响

凡是扩大 γ 相区的元素（如 Ni、Co、Mn 等），随着含量的增加，均使点 S 左移，A_3 线下降（图 2-8）（文九巴，2011）；凡是缩小 γ 相区的元素（如 Cr、W、Mo、V、Ti、Si 等），随着含量的增加，均使 A_3 线上升，也使点 S 左移，如图 2-9 所示（文九巴，2011）。从这两个图可以看出，大多数合金元素均使 ES 线左移。此外，扩大 γ 相区的元素，如 Ni、Mn 的质量分数足够高时，可使 γ 相区扩展到室温以下，得到全奥氏体钢；Cr 和 Si 等元素则限制 γ 相区，甚至使其完全消失，得到全铁素体钢。

2. 对共析温度的影响

共析反应涉及 α-γ 的同素异构转变和碳化物的析出及溶解（齐锦刚等，2014）。

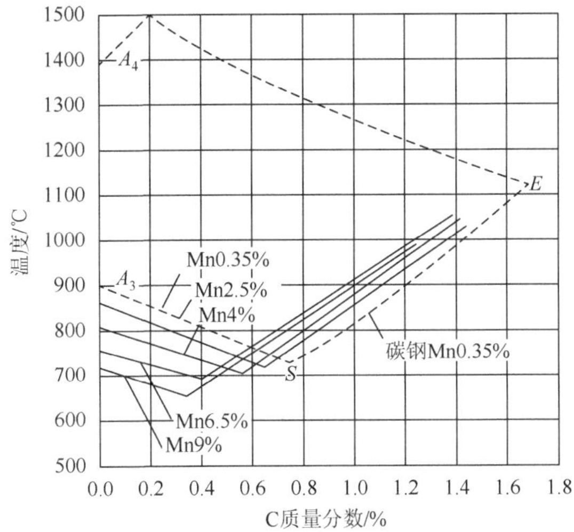

图 2-8　Mn 元素对 γ 相区的影响

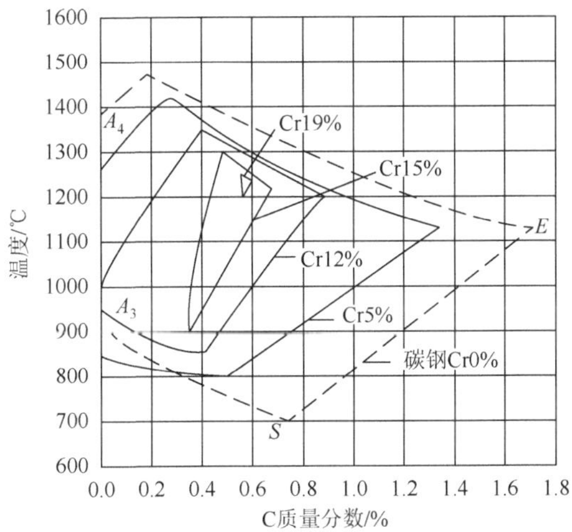

图 2-9　Cr 元素对 γ 相区的影响

合金元素的存在，将改变钢的共析温度，又称 A_1 线。例如，扩大 γ 相区的元素，降低 A_3 和 A_1 线，使点 S 左移；缩小 γ 相区的元素，使 A_3 和 A_1 升高，也使点 S 左移，如图 2-10 所示（王晓敏，1999）。

3. 对共析点位置的影响

所有合金元素均使共析点 S 左移，这就意味着合金钢中 C 元素的质量分数不足 0.77%时，即可变为过共析钢，如图 2-11（王晓敏，1999）所示。例如，$w(C) = 0.4\%$的 4Cr13 马氏体不锈钢已是过共析钢了。

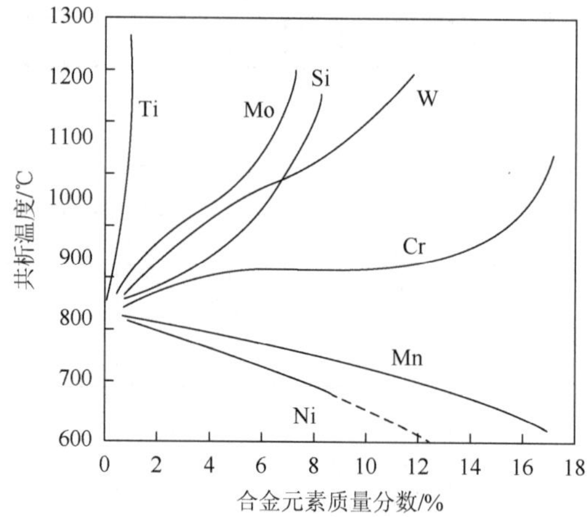

图 2-10　合金元素对共析温度的影响

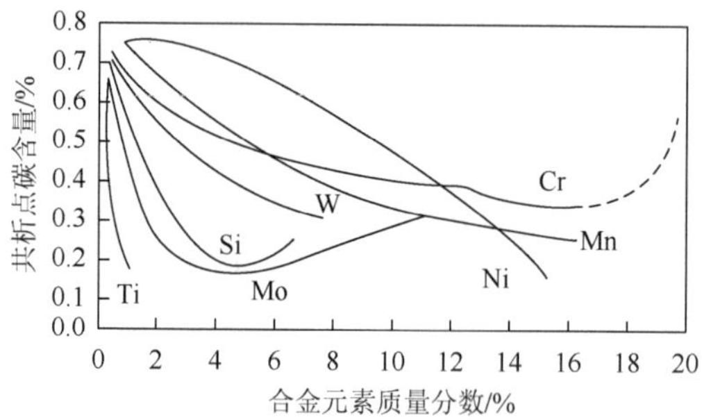

图 2-11　合金元素对共析点碳含量的影响

4. 对共晶产物中碳的质量分数的影响

E 点左移，意味着出现莱氏体的碳含量减少（戴起勋，2011），当钢中 C 元素的质量分数不足 2%时，就会出现共晶莱氏体，例如，在 W18Cr4V 高速钢中，尽管其 $w(C) = 0.7\%～0.8\%$，但在铸态组织中已出现了莱氏体。

2.5　合金元素对钢加工工艺的影响

1. 对铸造性能的影响

铸造性能是指钢在铸造时的流动性、收缩特点、偏析等方面的综合性能，它主要与钢的固相线和液相线温度高低以及结晶温区的大小有关。合金元素对铸造性能的影响主要取决于它们对 $Fe\text{-}Fe_3C$ 相图共晶区的影响，固、液相线的温度越低，结晶温区越窄，则铸造性能越好。Cr、Mo、V、Ti、Al 等元素在钢中形成高熔点碳化物或氧化物质点，增大钢的黏度，降低流动性，使铸造性能恶化。

2. 对塑性加工性能的影响

塑性加工分为热加工和冷加工。

热加工工艺性能通常由热加工时钢的塑性和变形抗力、可加工温度范围、抗氧化能力、对热加工后冷却的要求等来评价。合金元素溶入固溶体中或在钢中形成碳化物（如 Cr、W、Mo 的碳化物），都使钢的热变形抗力提高，热塑性明显下降，从而使热加工性能降低。若碳化物弥散分布，则对塑性影响不大（如 Nb、Ti、V 的碳化物）。合金元素一般会降低钢的导热性，提高钢的淬透性，增加钢热加工时的开裂倾向。总体来说，合金钢的热加工工艺性能比碳钢要差得多，热加工时加热和冷却都必须缓慢进行。

冷加工工艺性能主要包括钢的冷变形能力和钢件的表面质量两方面。合金元素溶入固溶体中或在钢中形成碳化物都可提高钢的冷加工硬化率，使钢变硬、变脆，易开裂或难以继续变形。Si、Cr、V、Cu 等能降低钢的深冲性能，Nb、Ti、Zr 和 RE 能改善碳化物的形态，故可提高钢的冲压性能。

3. 对切削性能的影响

切削性能主要表示钢被切削加工的难易程度和加工表面的质量好坏，通常由切削抗力大小、刀具寿命、表面光洁度和断屑性等来进行衡量。切削性能与钢的硬度密切相关，钢最适合切削加工的硬度范围为 170～230HB。硬度过低，切削时易黏刀，形成刀瘤，加工表面光洁度差；硬度过高，切削抗力大，刀具易磨损。一般合金钢的切削加工性能比碳钢差，但适当加入 S、P、Pb 等元素，可以大大改善其切削加工性能。

4. 对焊接性能的影响

焊接性能是指钢的可焊性和焊接区的使用性能，主要由焊后开裂的敏感性和焊接区的硬度来评判。焊缝区在焊后冷却时，易形成马氏体，则焊后开裂的敏感性越高，焊接区的硬度越高，焊接性能越差。

碳不但显著增加钢的淬透性，而且使马氏体的质量体积增加，故碳的质量分数对钢的焊接性能影响最大。焊接性能好的钢都是低碳钢。合金元素可提高钢的淬透性，促进脆性组织（马氏体）的形成，使焊接性能变坏。合金元素的质量分数越高，焊接性能越差。合金元素对钢焊接性能的影响可用碳当量 $w(\mathrm{C})_{eq}$ 表示。

常采用的计算公式有

$$w(\mathrm{C})_{\mathrm{eq}} = w(\mathrm{C}) + \frac{w(\mathrm{Mn})}{4} + \frac{w(\mathrm{Si})}{4} \tag{2-3}$$

(适用于其他元素可忽略的情况)

$$w(\mathrm{C})_{\mathrm{eq}} = w(\mathrm{C}) + \frac{w(\mathrm{Mn})}{6} + \frac{w(\mathrm{Cr}) + w(\mathrm{Mo}) + w(\mathrm{V})}{5} + \frac{w(\mathrm{Ni}) + w(\mathrm{Cu})}{15} \tag{2-4}$$

(适用于碳的质量分数较高的钢种)

$$w(\mathrm{C})_{\mathrm{eq}} = w(\mathrm{C}) + \frac{w(\mathrm{Mn})}{20} + \frac{w(\mathrm{Si})}{30} + \frac{w(\mathrm{Ni})}{60} + \frac{w(\mathrm{Cr})}{20} + \frac{w(\mathrm{Mo})}{15} + \frac{w(\mathrm{V})}{10} + \frac{w(\mathrm{Cu})}{20} + 5w(\mathrm{B})$$

(适用于碳的质量分数较低的钢种)　　(2-5)

通常认为，$w(\mathrm{C})_{\mathrm{eq}}$＜0.35%，焊接性能良好；$w(\mathrm{C})_{\mathrm{eq}}$＞0.4%，焊接有困难，焊接前应于 100～200℃进行预热；$w(\mathrm{C})_{\mathrm{eq}}$＞0.6%的钢必须预热，同时，在整个焊接过程中工件应保持在 200～400℃，焊后立即回火。但是，钢中含有少量 Nb、Ti、Zr 和 V，易形成稳定的碳化物，使晶粒细化并降低淬透性，可改善钢的焊接性能。

2.6　微量元素在钢中的作用

2.6.1　微量元素的种类

微量元素，是指以微量带入或加入钢中的化学元素，这些元素虽然含量很低，但往往会对合金性能产生明显的影响。钢中存在的微量元素可以分为以下五类（文九巴，2011）。

（1）常用微合金化元素：B、N、Ti、V、Zr、Nb、RE。

（2）偶用微合金化元素：Ta、Hf。

（3）为净化、变质和控制夹杂物形态而加入的微量元素：B、Ca、Ti、Zr、RE 等。

（4）改善切削性的元素：S（P）、Se、Te、Sn、Pb、Bi、Ca、Ti。

（5）痕量有害元素：S、P、As、Sb、Sn、Pb、Bi。

2.6.2　微量元素的有益作用

微量元素在钢中的有益作用，可以归纳为净化作用、变质作用、控制夹杂物形态以及微合金化作用。

1. 净化作用

B 和 RE 元素对 O、N 有很强的亲和力，并能形成密度小、易上浮的难熔化合物，所以这些元素具有脱氧、退氮、降氢的作用，能减少非金属夹杂物，改善夹杂物的类型及其分布。此外，B、Zr、Ce、Mg 和 RE 元素加入钢中，与低熔点的 As、Sb、Sn、Pb、Bi 等杂质元素作用，能形成高熔点的金属间化合物，从而可消除由这些杂质元素所引起的钢的脆性，改善钢的冶金质量，提高钢的热塑性和高温强度。

2. 变质作用

在钢冶炼时，B 和 RE 元素能改变钢的凝固过程和铸态组织。它们与钢液反应形成微细质点，而成为凝固过程中的非自发形核中心，降低了形核功，增大了形核率。B 和 RE 元素在钢中都是表面活性元素，容易吸附在固态晶核表面，阻碍晶体生长所需的原子供应，从而降低晶体长大速率。所以，在钢冶炼时加入这些元素，可细化铸态组织，减少枝晶偏析和区域偏析，改善钢化学成分的均匀性。另外，RE 元素可增大钢的流动性，提高钢锭的致密度，减少热裂等，其结果将有效地改善铸锭冶金质量以及变形后的钢材质量。

3. 控制夹杂物形态

夹杂物的形态和分布对钢的性能有很大影响，夹杂物最理想的形态是球状，最不好的是共晶杆状。以夹杂物 MnS 为例，MnS 有球状、枝晶间共晶形态和不规则角状等三种形态。要得到球状 MnS，可控制氧的质量分数在 0.02%以上，能保证得到双相夹杂物 MnS-MnO。MnO 比较硬，能防止 MnS 被拉长。若钢中不加 Mn，则 S 有可能形成 FeS 等其他化合物。FeS 分布在晶界，熔点又比较低，是非常有害的夹杂物，使钢产生热脆性。S 和 Mn 的结合力比 S 和 Fe 的结合力强，所以钢中有 Mn 时能优先形成 MnS。因此，钢中常加入较多的 Mn，以消除杂质元素 S 的影响。对于完全脱氧钢，用铝脱氧，MnS 为角状，但加入微量 Zr 后，形成(Mn, Zr)S，可改善 MnS 的塑性。

4. 微合金化作用

当 B、N、V、Ti、Zr、Nb 和 RE 等合金元素以强化合金为主要目的而又微量加入钢中时，这些合金元素就称为微合金化元素。微合金化元素在钢中可能的几种分布形式如下：①微量合金元素均匀地分布在基体固溶体中；②微量合金元素原子与固溶体中其他原子之间发生交互作用，与一个或更多的主加合金元素形成独立相，这些相可以均匀地分布在晶粒中，也可以优先在位错、晶界或相界面上形核；③微量合金元素偏聚于空位、位错或晶界、相界和表面等缺陷处。微量合金元素偏聚于晶界是由于有关的溶质原子降低了晶界能，在一般情况下，将导致力学性能恶化；但在另一些情况下，会产生强化作用，如 B 元素。微合金化最有效的效应之一是细小分散的新相在晶内和晶界上的形成。这种沉淀可以通过在位错列阵上形核，产生钉扎，从而推迟回复与再结晶过程。类似的钉扎在晶界上发生，会限制晶粒成长，进一步推迟再结晶。在许多情况下，这些分散物在室温和高温蠕变条件下，均可显著地提高合金的强度。最后，相变时的沉淀可以在相界面上发生。这样，质点的钉扎常常对相变发生的速率产生间接影响。在相界面上细小沉淀物的重复形核，引起最终组织中的细小分散度，常常导致强化。

2.6.3　微量及痕量元素的有害作用

一些微量元素在钢中存在的质量分数总量在 0.1%左右，例如，P、S、As、Sn、Pb 等有害元素的存在并不是有意加入的，而是在炼钢时由原料带入的，常规分析还比较难以测定。这些元素主要表现是偏析和吸附在晶体缺陷及晶界处，从而影响钢的性能，如塑韧性、热塑性、蠕变强度、焊接性和耐蚀性等。例如，S、P 会导致钢的热脆和冷脆；As、Sb、P 等元素容易在晶界偏聚，导致合金钢的第二类回火脆性以及高温蠕变时的晶界脆断等。这些效应可以通过完全去除有害元素或者添加一定的有益痕量元素 RE 等来抵消。

2.7　钢的编号方式

2.7.1　合金钢的编号原则

简单醒目，便于书写、识别，最好能表达出主要成分、用途及主要性能和相应状态。

世界各国的编号方法：

（1）数字＋字母。

（2）单独采用数字。

我国编号方法：

（1）国家标准钢号表示方法。（汉语拼音）＋阿拉伯数字＋化学符号（或字母）。

（2）国家标准 ISC 表示方法。

我国现行钢材料编号方法的国家标准是《钢铁产品牌号表示方法》（GB/T 221—2008）。

2.7.2　结构钢编号方法

1. 普通碳素结构钢

普通碳素结构钢的牌号由四部分组成：Q + 最低屈服强度值 + 质量等级符号 + 脱氧方法符号。

（1）代表屈服点的字母：Q。

（2）屈服点的数值表示最低屈服强度，单位：MPa。

（3）质量等级符号：根据 P、S 含量分为 A、B、C、D 四个等级，由 A 到 D，其 P、S 含量依次下降，质量提高。其中，A、B 相当于普通碳素钢，C、D 相当于优质碳素钢。

（4）脱氧方法符号：F 为沸腾钢；b 为半镇静钢；Z 为镇静钢；TZ 为特殊镇静钢。

例如，Q235AF 表示碳素结构钢，屈服强度≥235MPa，质量等级为 A 的沸腾钢。

类似的还有 Q195、Q215、Q235、Q275 四个等级。

2. 低合金高强度结构钢

低合金高强度结构钢的牌号由四部分组成：Q + 最低屈服强度值 + 质量等级符号 + 专业符号。

（1）代表屈服点的字母：Q。

（2）屈服点的数值表示最低屈服强度，单位：MPa。

（3）质量等级符号：根据质量等级分为 A、B、C、D、E 五个等级。

根据需要，低合金高强度结构钢的牌号也可以采用两位阿拉伯数字（表示平均碳含量（质量分数，下同）的万分之几）和化学元素符号按顺序表示，如 16Mn。

（4）专业符号：用汉语拼音第一个字母大写表示，汽车大梁 L，压力容器 R，船舶 C，桥梁 Q，锅炉 G，如 16MnR、16MnL。

共有 Q355、Q390、Q420、Q460、Q500、Q550、Q620、Q690 八个等级。后四个是 2008 年新增的。

3. 优质碳素结构钢

优质碳素结构钢的牌号以碳的平均质量万分数表示。

例如，20 表示碳含量 0.20%（万分之 20）。

类似的有 10、10F、20、35、45 等。

4. 碳素工具钢

碳素工具钢的牌号用“T”（碳）+ 表示碳含量千分之几的数值表示。
例如，T8 表示碳含量为 0.8%的碳素工具钢。
类似的有 T7、T8Mn、T9、T10、T9A、T10A 等。
其中，A 为高级优质钢钢号，没有 A 的为优质钢。

5. 合金钢的化学元素

合金钢的化学元素采用国际化学符号或元素中文名称表示。

1）碳含量

（1）合金结构钢：一般以平均碳含量的万分之几表示，如 40Cr、40CrNiMo 等。

（2）合金工具钢：碳含量小于 1%时用千分之几表示，如 9SiCr、9Mn2V 等。碳含量大于 1%时不标碳含量，如 Cr12MoV、CrWMn 等。

2）合金元素含量

（1）平均质量分数小于 1.5%的合金钢仅表示元素，一般不标含量，V、Ti、B、RE 除外。

（2）质量分数在 1.5%～2.49%、2.5%～3.49%、…、22.5%～23.49%…，分别以 2、3、…、23…表示。如 60Si2、W6Mo5Cr4V2、Cr12MoV、5CrNiMo。

（3）铬轴承钢碳含量为 0.95%～1.05%，不标注。在钢号前冠以“G”（滚），Cr 的质量分数用千分之几表示，如 GCr15、GCr9。

（4）低铬工具钢当铬含量小于 1%时，在铬含量（以千分之一为单位）前面加数字“0”，如 Cr06、5Cr06NiMo。

6. 不锈钢和耐热钢的编号

依据《钢铁产品牌号表示方法》（GB/T 221—2008）国家标准规定，不锈钢和耐热钢的编号分为以下三种情况。

（1）不锈钢和耐热钢的合金元素还是百分制。Nb、Ti、Zr、N 等质量分数低也要标注。

（2）对于碳含量有上下限者，以平均碳含量×100 表示。即万分制，例如，碳含量为 0.16%～0.25%时，其牌号中碳含量用 20 表示。

（3）对于只规定碳含量上限者：①当碳含量上限大于 0.1%时，以其上限的 4/5 表示碳含量；碳含量上限为 0.20%者用 16 表示，如 16Cr25N。②当碳含量上限不大于 0.1%时，以其上限的 3/4 表示碳含量；碳含量上限为 0.08%者用 06 表示，如 06Cr18Ni11Ti。③对于超低碳不锈钢（碳含量低于 0.03%），采用三位阿拉伯数字即十万分制表示。碳含量上限为 0.03%者用 022 表示，如 022Cr25Ni7Mo4N。

7. 编号补充说明

（1）高级优质钢：在钢号后加“A”，如 20Cr2Ni4A。

（2）特级优质钢：在钢号后加“E”，如 30CrMnSiE。

（3）易切削钢：在钢号前加“Y”（易）表示（《易切削结构钢》（GB/8731—2008）），如 Y20、Y40Mn。

（4）非调质结构钢：F45V 为热锻用非调质钢，YF35V 为易切削非调质钢（万分制）。

（5）塑料模具钢：牌号前加塑模首字母 SM 表示，如 SM3CrMo、SM45（万分制）。

（6）铸钢：在数字前冠以 ZG，数字代表钢中平均质量分数（以万分数表示），如 ZG25，表示碳含量为 0.25%。

2.8 本 章 小 结

金属材料以钢铁材料为代表，而钢铁材料又以合金钢为代表。合金钢是在碳钢的基础上，人为添加某些合金元素，控制杂质和有害元素，通过一定的生产和加工技术得到所要求的组织与性能的钢。在长期的研究发展过程中形成了钢的合金化理论，也是金属材料学的核心理论。

钢的合金化基础就是研究合金元素与钢中铁、碳的交互作用规律，包括合金元素对 Fe-Fe_3C 相图及对钢热处理的影响、合金元素对组织结构和性能的影响规律，从而获得成分-组织-性能间的定性或定量关系，为钢铁材料的成分设计、工艺优化和合理选用奠定基础。

钢中的合金元素对 Fe-Fe_3C 相图特征温度和相区影响很大，进而影响钢加热冷却过程中的组织转变。钢中的合金元素除了可以和铁形成固溶体，还可以和钢中的碳相互作用，形成各种各样的碳化物，合金元素之间以及合金元素与铁之间产生各种金属间化合物。

合金元素对钢的工艺性能会产生重要影响，钢的工艺性能包括焊接性能、切削性能、铸造性能以及塑性加工性能等。

合金钢中除了有意添加的合金元素，还有一种微量加入或带入钢中的合金元素，称为微量元素。微量元素虽然含量极少，但对钢的质量和性能影响却很大。

参 考 文 献

戴起勋. 2011. 金属材料学. 2 版. 北京：化学工业出版社：7-15.

凤仪. 2008. 金属材料学. 北京：国防工业出版社：6-9.

李云凯. 2006. 金属材料学. 北京：北京理工大学出版社：28.

刘锦云. 2016. 工程材料学. 哈尔滨：哈尔滨工业大学出版社：4-24.

齐锦刚，王冰，李强，等. 2014. 金属材料学. 北京：冶金工业出版社：6.

强文江，吴承建. 2018. 金属材料学. 3 版. 北京：冶金工业出版社：5.

唐代明，王小红，皮锦红. 2014. 金属材料学. 西安：西安交通大学出版社：7.

王晓敏. 1999. 工程材料学. 哈尔滨：哈尔滨工业大学出版社：1-36.

王笑天. 1987. 金属材料学. 北京：机械工业出版社：16-23.

文九巴. 2011. 金属材料学. 北京：机械工业出版社：41.

伍玉娇. 2011. 金属材料学. 北京：北京大学出版社：11.

左汝林，曾军，陈建斌，等. 2008. 金属材料学. 重庆：重庆大学出版社：7.

第 3 章　钢的热处理

改善钢的性能，主要有两条途径：一是合金化，二是热处理。合金化已在第 2 章介绍，本章主要介绍热处理。

钢的热处理是指将钢在固态下加热、保温和冷却，以改变钢的组织结构，从而获得所需要性能的一种工艺。热处理是一种重要的加工工艺，在机械制造业中已被广泛应用。据初步统计，在机床制造业中 60%～70%的零件要经过热处理，在汽车、拖拉机制造业中需进行热处理的零件达 70%～80%，至于模具、滚动轴承则 100%要经过热处理。总之，重要的零件都要经过适当的热处理才能使用。为简明表示热处理的基本工艺过程，通常用温度-时间坐标绘出热处理工艺曲线，如图 3-1 所示（强文江和吴承建，2018）。

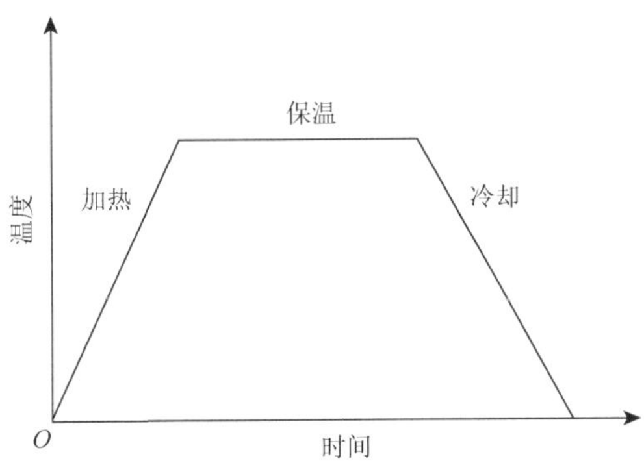

图 3-1　热处理工艺曲线示意图

热处理与其他加工工艺，如铸造、压力加工等相比，其特点是只通过改变工件的组织来改变性能，不改变其形状，热处理只适用于固态下发生相变的材料，不发生固态相变的材料不能用热处理来强化。

根据加热、冷却方式及钢组织性能变化特点的不同，将热处理工艺分类如下。

（1）普通热处理：退火、正火、淬火和回火。

（2）表面热处理：表面淬火、化学热处理。

（3）其他热处理：真空热处理、形变热处理、控制气氛热处理、激光热处理等。

根据热处理在零件生产过程中所处的位置和作用，又可将热处理分为预备热处理与最终热处理。预备热处理是指为随后的加工（冷拔、冲压、切削）或进一步热处理做准备的热处理，而最终热处理是指赋予工件所要求的使用性能的热处理。

3.1　钢的加热转变

钢加热时的奥氏体化过程，通常包括 γ 相的形成、碳化物与铁素体的溶解、γ 相中合金元素的均匀化、溶质元素的晶界平衡偏聚、奥氏体晶粒长大。

3.1.1　奥氏体形成的热力学条件

共析钢中奥氏体（γ）和珠光体（P）的自由能随温度变化的曲线如图 3-2 所示，当温度低于 A_1 温度时，$G_P < G_\gamma$，珠光体为稳定状态；反之，奥氏体为稳定状态。因此，当把珠光体加热到 A_1 温度以上时，珠光体必将自发地向奥氏体转变（强文江和吴承建，2018）。

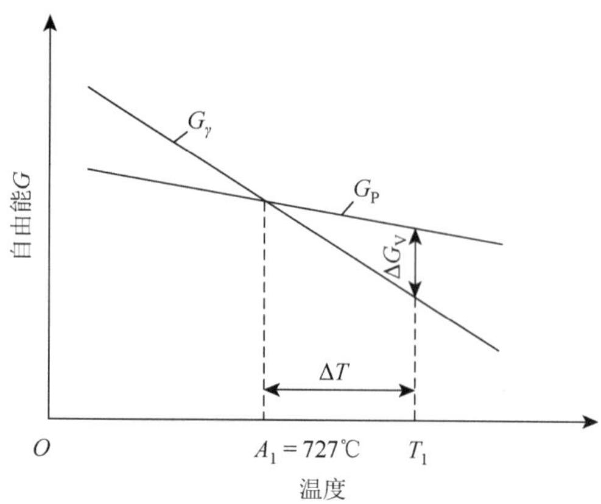

图 3-2　奥氏体（γ）和珠光体（P）的自由能随温度变化曲线

奥氏体核心形成时，系统总自由能变化 ΔG 为

$$\Delta G = -\Delta G_V + \Delta G_s + \Delta G_e \tag{3-1}$$

式中，ΔG_V 为奥氏体与珠光体之间体积自由能之差，即 $\Delta G_V = G_\gamma - G_P$；$\Delta G_s$ 为形成奥氏体核心时所增加的表面能；ΔG_e 为形成奥氏体核心时所增加的应变能。

只有当 $\Delta G \leqslant 0$，即 $\Delta G_V \geqslant \Delta G_s + \Delta G_e$ 时，珠光体才能自发地向奥氏体转变。由此可见，只有在 A_1 温度以上，当珠光体向奥氏体转变的驱动力 ΔG_V 能够克服因奥氏体核心形成所增加的表面能 ΔG_s 和应变能 ΔG_e 时，珠光体才有可能自发地形成奥氏体。因此，类似于冷却时奥氏体向珠光体的转变必须在一定的过冷度下才能发生，奥氏体的形成也必须在一定的过热度（ΔT）下才能发生。

3.1.2　奥氏体形成的机理

在较低速加热时，奥氏体是通过扩散方式形成的。以共析碳钢为例，当把片状珠光体加热至开始发生奥氏体转变温度 A_{c1} 以上时，奥氏体晶核将优先在铁素体和渗碳体相界面上形成。这是由于新形成的奥氏体与原来的铁素体及渗碳体的碳含量和点阵结构相差很大，必须依靠系统内的浓度起伏、结构起伏和能量起伏才能形成奥氏体晶核。在铁素体和渗碳体两相界面处，C 原子浓度相差较大，原子排列不规则，有较高的畸变能，易出现奥氏体形核所需的浓度起伏、结构起伏和能量起伏；另外，由于奥氏体晶核是在已有的铁素体与渗碳体相界面上形核的，形核时只是将原有界面变为新界面，总的界面能变化较小，需要消耗的应变能也较小。一旦有这样的核心形成，就会出现两个新的相界面，即奥氏体-铁素体和奥氏体-渗碳体相界面。

假定相界面是平直的，那么在 A_{c1} 以上某一温度 T_1 时，系统中相界面处各相中的碳浓度可由 Fe-Fe_3C 相图来确定，如图 3-3（a）所示（强文江和吴承建，2018）。图中 $C_{\alpha\text{-}\gamma}$ 表示与奥氏体相接触的铁素体的碳浓度，$C_{\alpha\text{-cem}}$ 表示与渗碳体相接触的铁素体的碳浓度（沿 QP 延长线变化），$C_{\gamma\text{-}\alpha}$ 表示与铁素体相接触的奥氏体的碳浓度，$C_{\gamma\text{-cem}}$ 表示与渗碳体相接触的奥氏体的碳浓度，$C_{\text{cem-}\gamma}$ 表示与奥氏体相接触的渗碳体的碳浓度（6.69%）。由于 $C_{\gamma\text{-cem}} > C_{\gamma\text{-}\alpha}$，即在奥氏体内存在一个碳浓度梯度，这样碳必然要从高浓度的奥氏体-渗碳体相界面一边，向低浓度的奥氏体-铁素体相界面扩散，结果 $C_{\gamma\text{-cem}}$ 降低到 $C'_{\gamma\text{-cem}}$，$C_{\gamma\text{-}\alpha}$ 升高到 $C'_{\gamma\text{-}\alpha}$（图 3-3（b）），相界面处碳

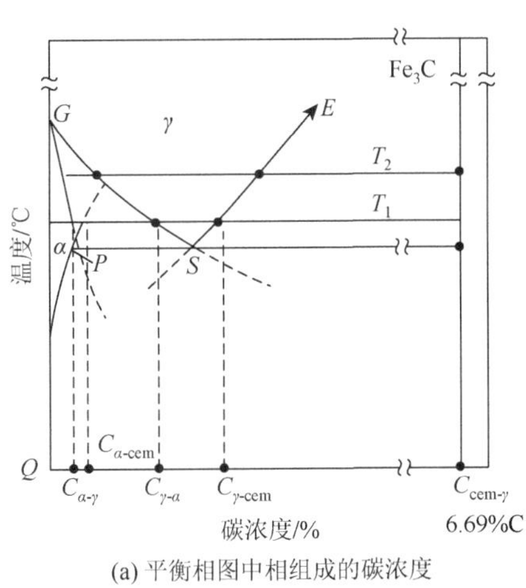

(a) 平衡相图中相组成的碳浓度

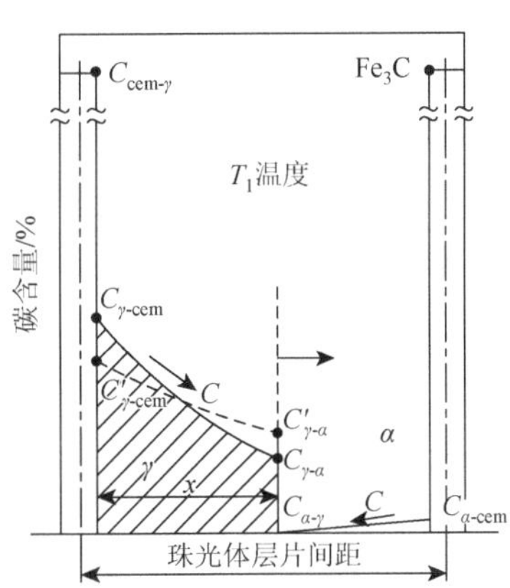

(b) 珠光体中两相界面处的碳浓度

图 3-3　共析钢奥氏体形成时各相界面上的碳浓度

浓度平衡被破坏，为了恢复并维持相界面处碳浓度的平衡，渗碳体必须溶解以供应碳量，使该界面处奥氏体的碳浓度升高到 $C_{\gamma\text{-cem}}$。铁素体必须转变为奥氏体，使该界面处奥氏体的碳浓度降低到 $C_{\gamma\text{-}\alpha}$。这样，奥氏体的相界面就自然而然地同时向渗碳体和铁素体中推移，使奥氏体不断长大。此过程主要受 C 原子的扩散控制，Fe 原子的自扩散影响较小。由于 $C_{\text{cem-}\gamma}-C_{\gamma\text{-cem}}$ 显著大于 $C_{\gamma\text{-}\alpha}-C_{\alpha\text{-}\gamma}$，在奥氏体晶核长大过程中，只需溶解一小部分渗碳体就能使相界面处奥氏体的碳浓度趋于平衡。因此，铁素体向奥氏体的转变比渗碳体的溶解要快得多，珠光体中铁素体总是先消失，剩余的渗碳体需再继续加热或保温才能逐渐溶解。

因为 C 原子在奥氏体中扩散均匀化的速度比 Fe 原子通过自扩散完成晶格改组的速度慢，所以在残余渗碳体完全溶解后，奥氏体内碳的分布仍是不均匀的。原来是渗碳体的区域碳浓度仍然较高，是铁素体的区域碳浓度仍然较低，只有继续加热或保温，使 C 原子扩散均匀，奥氏体的成分才能均匀。

对于亚共析碳钢，由于原始组织中不仅有珠光体，而且有先共析铁素体，故在 A_{c1}～A_{c3} 加热时，还会有一个从先共析铁素体向奥氏体转变的过程。此过程既可以通过已生成的奥氏体晶粒“吞并”周围的铁素体晶粒来完成，也可以通过“形核—长大”机理形成新的奥氏体晶粒来完成。同样，对于过共析碳钢，由于原始组织中不仅有珠光体，而且有先共析渗碳体，故在 A_{c1}～A_{cm} 加热时，还会有一个先共析渗碳体的溶解过程。只有当加热温度高于 A_{c3} 或 A_{cm} 时，这些过剩相才会完全转变成奥氏体。对于含有 C、B、P、Sn、Sb、Nb、Mo 或 RE 元素的钢，在奥氏体化过程中，溶质原子还会向铁素体奥氏体相界偏聚，并随相界一起移动。当铁素体完全转变为奥氏体后，溶质原子还会继续向奥氏体相界偏聚，以达到平衡偏聚浓度。加热时，奥氏体化的程度会直接影响冷却时的转变过程以及转变产物的组织和性能。

3.1.3 合金元素对钢加热时奥氏体形成过程的影响

合金钢的奥氏体形成过程大体与碳钢相同，但合金元素将影响钢中奥氏体的形成、碳化物的溶解、奥氏体成分均匀化、奥氏体晶粒长大这四个相变基本过程的速度。

1. 对奥氏体形成的影响

奥氏体形成元素（Ni、Mn、Cu 等）降低 A_1 温度，相对增加了奥氏体形成时的过热度，也就增大了奥氏体形成速度。

铁素体形成元素（Cr、Mo、Ti、Si、Al、W、V 等）升高 A_1 温度，则相对减慢奥氏体的形成。另外，碳化物形成元素降低碳在奥氏体中的扩散系数，减慢奥氏体形成速度；非碳化物形成元素 Ni、Co 增大碳在奥氏体中的扩散系数，加快奥氏体形成速度。

综上所述，铁素体形成元素中的碳化物形成元素 Cr、Mo、W、V 等减慢奥氏体形成速度；奥氏体形成元素中的非碳化物形成元素 Ni、Co 加快奥氏体形成速度；铁素体形成元素中的非碳化物形成元素或奥氏体形成元素中的弱碳化物形成元素 Si、Al、Mn 对奥氏体形成速度影响很小。

2. 对碳化物溶解的影响

奥氏体形成后，还残留一些稳定性各不相同的碳化物，残留的碳化物溶解进奥氏体中，有如下一些规律。

在同一温度下，稳定性越高的碳化物，固溶度越低，要使其溶解入奥氏体中，加热温度要求越高，例如，Cr 为 800～900℃，W 为 1000℃，V 为 1200℃时才开始溶解。

当钢中有多种碳化物时，最早溶入奥氏体的是稳定性最差的碳化物，最后溶入的是稳定性最高的碳化物。

3. 对奥氏体成分均匀化的影响

最初形成的奥氏体，其成分并不均匀，而且由于碳化物的不断溶入，不均匀程度更加严重。要使奥氏体均匀，碳和合金元素均需扩散，因为合金元素的扩散很缓慢，所以对合金钢应采用较高的加热温度和较长的保温时间，以得到比较均匀的奥氏体，从而充分发挥合金元素的作用。

4. 对奥氏体晶粒长大的影响

合金元素对减小奥氏体晶粒长大倾向的作用也各不相同。Ti、V、Zr、Nb 等强碳化物形成元素强烈阻碍奥氏体晶粒长大，起细化晶粒的作用；W、Mo、Cr 等阻碍奥氏体晶粒长大的作用中等；非碳化物形成元素如 Ni、Si、Cu、Co 等阻碍奥氏体晶粒长大的作用轻微；而 Mn、P 则有助长奥氏体晶粒长大的倾向。间隙原子 C、N、B 促进奥氏体晶粒长大，因为它们可以降低 γ-Fe 点阵结合力，增加 Fe 的自扩散系数。

3.2　钢的冷却转变

3.2.1　奥氏体等温转变动力学

对碳钢而言，研究共析钢奥氏体等温形成动力学的方法通常是：将若干共析

碳钢小试样加热到 A_1 以上某温度保温，每隔一段时间取出一块试样急冷到室温，然后测出各试样中马氏体的含量，即为高温下形成的奥氏体量。根据测得的结果，作出各温度下奥氏体形成量和时间的关系曲线，即为奥氏体等温形成动力学曲线，如图 3-4 所示（强文江和吴承建，2018）。为了研究问题方便，通常把不同温度下转变相同数量奥氏体所需的时间绘制在温度-时间图上，此即为奥氏体等温形成图。由图 3-4 可以看出：①奥氏体的形成需要等待一段时间，这段时间称为孕育期，温度越高，孕育期越短。孕育期的作用是等待出现适当的浓度起伏和能量起伏，以形成临界晶核。奥氏体形成速度在整个转变过程中是不同的，开始时较慢，之后逐渐变快。在奥氏体形成量约为 50%时达到最快，然后又逐渐减慢。②温度越高，完成转变所需要的时间越短，即奥氏体形成速度越快。随着等温温度从临界温度逐渐降低，过冷奥氏体分解的孕育期逐渐缩短，转变速度加快。温度降至某一温度时，孕育期最短，转变速度最快（通常把此处称为 C 曲线的鼻部或拐点）；温度再降低，孕育期反而增长，转变速度也随之减慢。这是由于随着等温温度的降低，过冷度增大，奥氏体与珠光体的自由能差越来越大，相变驱动力增强，从而使过冷奥氏体分解的孕育期和转变时间缩短。但是，随着等温温度降低，珠

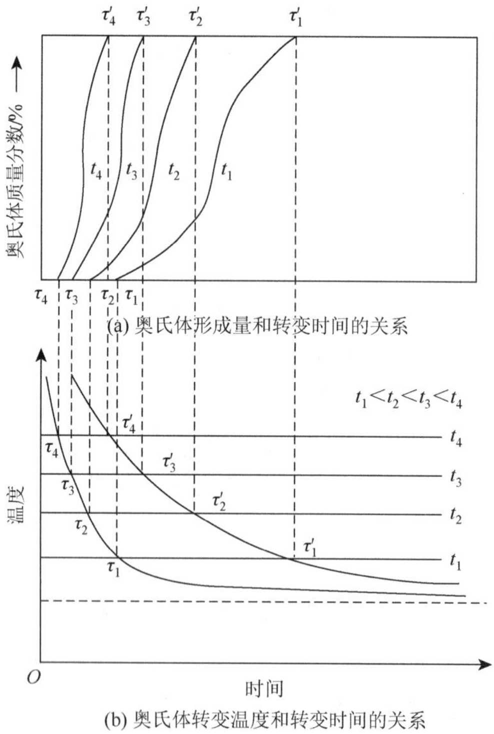

图 3-4　奥氏体等温形成动力学曲线示意图

光体活动能力减小，原子扩散过程变得越来越困难，又使过冷奥氏体分解的孕育期和转变时间延长。③在整个奥氏体形成过程中，残余渗碳体的溶解，特别是奥氏体成分均匀化所需的时间最长。在实际采用的连续加热过程中，加热速度越快，奥氏体开始形成的温度越高，完成转变所需要的时间则越短。

奥氏体的形成速度除与温度有关外，还受钢的原始组织及化学成分等的影响。钢的原始组织越细（原始组织中碳化物分散度越大），钢中相界面越多，碳原子所需扩散的距离越短，奥氏体的形核率与晶核长大速度越快，因而奥氏体的形成速度越快。钢的原始组织越不完善，缺陷越多，钢的自由能就越高，稳定性就越差，奥氏体的形成速度也就越快。与粒状珠光体相比，片状珠光体的相界面面积较大，渗碳体较薄，易于溶解，因而奥氏体形成速度较快。

对于亚共析钢，随着碳含量的增加，原始组织中碳化物数量增多，铁素体与碳化物的相界面面积增大，碳原子所需扩散的距离缩短，碳和铁原子在奥氏体中的扩散系数增大，所以奥氏体的形核率与晶核长大速度加快，奥氏体的形成速度加快。对于过共析钢，虽然随着碳含量的增加，奥氏体的形核率与晶核长大速度也是增大的，但碳化物量过多，将使残余碳化物的溶解和奥氏体成分均匀化时间延长。

合金元素对等温转变图（C 曲线）的影响如图 3-5 所示（强文江和吴承建，2018）。由图可以看出，不同合金成分的奥氏体等温转变曲线形状是不同的，按照不同的影响，可分为三类：强和中强碳化物形成元素 V、Ti、Nb、W、Mo 等对珠光体转变的推迟作用远大于对贝氏体转变的影响，它们既扩大珠光体转变的温度范围，又降低贝氏体转变的温度范围，故使这两种转变的 C 曲线明显分开，成为两条 C 曲线（图 3-5（a））。弱碳化物形成元素 Cr、Mn 等对贝氏体转变的推迟作用远大于对珠光体转变的影响，故它们也使这两种转变的 C 曲线明显分开，成为两条 C 曲线（图 3-5（b））。非碳化物形成元素 Al 和 Si 对贝氏体转变的推迟作用也比对珠光体转变的影响大，它们对 C 曲线的影响如图 3-5（c）所示。Ni 强烈推迟珠光体转变，Co 降低过冷奥氏体的稳定性使 C 曲线左移，这两种元素都只改变 C 曲线的位置，不改变 C 曲线的形状（图 3-5（d））。

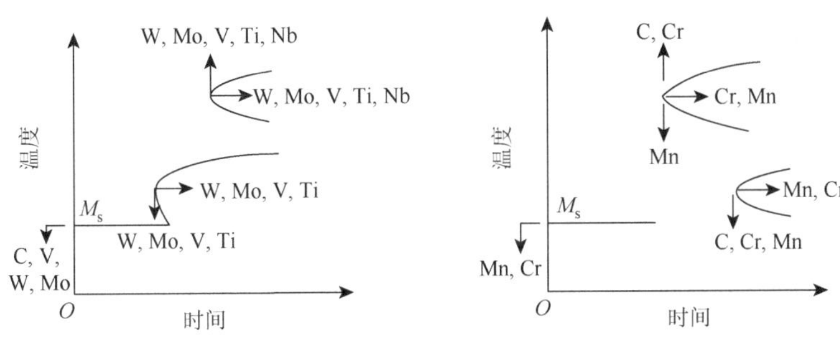

(a) W、Mo、V、Ti、Nb　(b) Cr、Mn

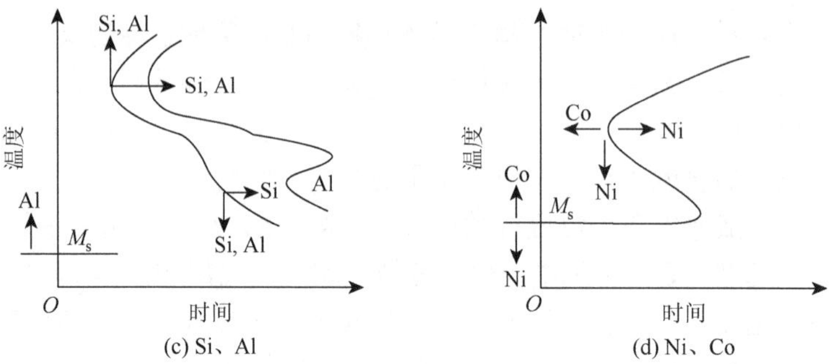

图 3-5　合金元素对过冷奥氏体等温转变图位置及形状的影响

合金元素对奥氏体等温转变 C 曲线的影响是因为影响了奥氏体的形成速度，其影响过程比较复杂，大体上可归纳为以下几个方面：

（1）通过影响碳在奥氏体中的扩散来影响奥氏体的形成速度。例如，碳化物形成元素 V、W、Mo、Cr 等由于与碳有很强的亲和力，提高碳在奥氏体中的扩散激活能，减慢碳的扩散，其结果是使奥氏体的形成速度减慢；非碳化物形成元素 Ni、Co 等降低碳在奥氏体中的扩散激活能，加速碳的扩散，因而对奥氏体的形成有一定的加速作用；Si、Al 等元素对碳在奥氏体中的扩散速率影响不大，因而它们对奥氏体的形成速度没有太大影响。

（2）通过影响碳化物的稳定性来影响奥氏体的形成速度。例如，强碳化物形成元素组成的碳化物（如 TiC、NbC、VC）比较稳定，只有在高温下才开始溶解，且溶解速度较慢，强碳化物形成元素溶于弱碳化物中，可提高弱碳化物的稳定性，升高其开始固溶温度，故强碳化物形成元素对奥氏体的形成有一定的阻碍作用。弱碳化物形成元素组成的碳化物（如 $M_{23}C_6$、M_7C_3、M_3C）稳定性差，极易溶解，弱碳化物形成元素溶于强碳化物中，可降低强碳化物的稳定性和开始固溶的温度，故弱碳化物形成元素对奥氏体形成的阻碍作用较小，有时甚至加速奥氏体的形成。中强碳化物形成元素组成的碳化物（如 M_6C、M_2C），其稳定性介于强碳化物与弱碳化物之间，故中强碳化物形成元素对奥氏体的形成也有一定的阻碍作用。

（3）钢中合金元素在铁素体与碳化物两相中的分布是很不均匀的，在退火状态下，碳化物形成元素主要集中于碳化物内，而非碳化物形成元素则主要集中于铁素体内，故当碳化物完全溶解后，在原来碳化物的位置，碳化物形成元素和碳的浓度都高于钢的平均浓度。合金元素本身的扩散相当缓慢（比碳慢得多）；因而使奥氏体成分均匀化过程大为减慢；碳化物形成元素因为形成合金碳化物而很难溶解，所以有这类合金元素的钢在热处理时加热温度比碳钢高，保温时间也长。又由于碳化物形成元素对碳原子有吸引，故在碳化物形成元素均匀化之前，碳在奥氏体中的分布也是不均匀的。

（4）通过改变奥氏体形成温度来影响奥氏体的形成速度。例如，Mn、Ni 等扩大奥氏体相区的元素，使 A_{c1} 温度和 A_{c3} 温度降低，原始珠光体组织细化，故加速奥氏体的形成。在影响奥氏体形成速度的所有因素中，温度的影响最大。

3.2.2 钢的连续过冷奥氏体转变

钢的等温转变图反映了过冷奥氏体等温转变的规律，是制定等温热处理工艺的依据。然而，实际生产中的热处理大多采用连续冷却的方式，虽然此时也可以利用等温转变图来分析过冷奥氏体的转变过程，但这种分析只是粗略的，有时甚至会得出错误的结果，因此建立连续冷却转变图是十分必要和迫切的。因为连续冷却转变比较复杂，测试起来比较困难，所以至今仍有许多钢的连续冷却转变图有待精确测定。

对于碳钢过冷奥氏体连续冷却转变图的测定可综合应用金相法、硬度法和膨胀法。以共析碳钢为例，用膨胀法测定过冷奥氏体连续冷却转变图的过程如下：首先，将若干 3mm×10mm 的共析碳钢小试样点焊上铂铑热电偶，并将热电偶与温度时间记录仪相连。然后，将试样在真空中感应加热至奥氏体状态，并以不同速度连续冷却。用快速膨胀仪确定以不同速度冷却至室温时试样长度随温度的变化曲线，根据曲线上的拐点确定不同冷速下连续冷却时转变的开始点与终了点。将这些点画在温度-时间对数坐标中，并将转变开始点与终了点分别连接起来，便得到过冷奥氏体连续冷却转变（continuous cooling transformation，CCT）图，如图 3-6 所示（强文江和吴承建，2018）。为了比较，图中同时画出了该钢的 C 曲线。

由图 3-6 可知，共析碳钢的 CCT 图位于 C 曲线的右下方，这表明连续冷却条件下过冷奥氏体转变的开始时间推迟了，开始温度降低了。图 3-6 中的 CCT 图上只有高温区域的珠光体转变和低温区域的马氏体转变，而无中温区域的贝氏体转变。CC' 线为转变终了线，冷却曲线与此线相交时，转变并未完成，但过冷奥氏体已不再分解，剩余部分将在冷至 M_s 温度以下后发生马氏体转变。冷却速度大于 v_c 时，过冷奥氏体不发生珠光体转变，全部过冷至 M_s 温度以下发生马氏体转变，室温下得到马氏体加残余奥氏体组织。冷却速度小于 v'_c 时，过冷奥氏体全部分解成珠光体，不发生马氏体转变，室温下得到单一的珠光体组织。冷却速度介于 v_c 与 v'_c 之间时，过冷奥氏体将先发生珠光体转变，生成一部分珠光体，然后再发生马氏体转变，生成马氏体加残余奥氏体，室温下得到珠光体、马氏体加残余奥氏体的组织。由此可见，v_c 和 v'_c 是两个临界冷却速度。v_c 是保证过冷奥氏体在连续冷却过程中不发生分解，全部过冷到 M_s 温度以下发生马氏体转变的最小冷却速度，称为上临界冷却速度，通常也称临界冷却速度或临界淬火速度；v'_c 是保证过冷奥氏体在连续冷却过程中全部分解为珠光体而不发生马氏体转变的最大冷却速度，称为下临界冷却速度。

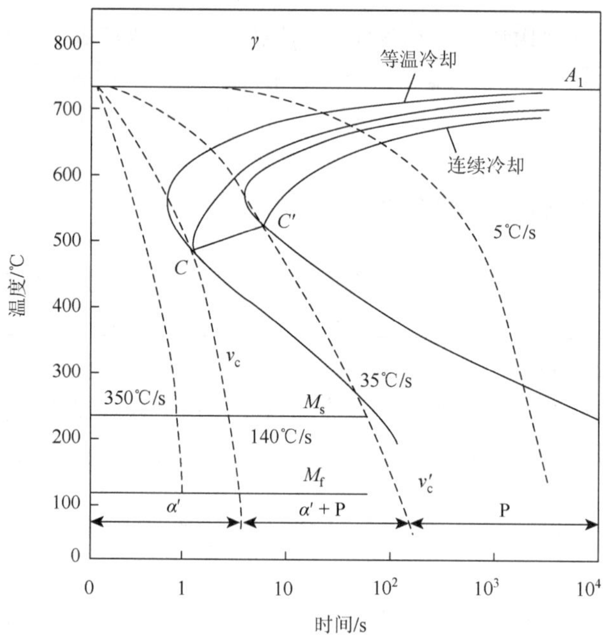

图 3-6　共析碳钢的 CCT 图

图 3-7 是亚共析碳钢的 CCT 图（强文江和吴承建，2018），图中 γ、α、P、B、M 分别代表奥氏体、铁素体、珠光体、贝氏体和马氏体区域。各条冷却曲线与不同转变终了线相交处的数字，表示已转变为其他产物的过冷奥氏体的体积分数。例如，冷却曲线 4 与珠光体转变开始线（相当于先共析铁素体析出结束线）相交处的数字 40，表示已有 40%的过冷奥氏体转变为先共析铁素体，而与珠光体转变终了线相交处的数字 60，则表示已有 60%的过冷奥氏体转变为珠光体，两者之和为 100%，说明过冷奥氏体此时已全部转变完，最终组织的布氏硬度如各条冷却曲线下端的数字所示。从图 3-7 可以看出，亚共析碳钢的 CCT 图中不仅出现了先共析铁素体析出区，而且出现了珠光体转变区。过共析碳钢的 CCT 图与共析碳钢极为相似，也没有贝氏体转变区，所不同的是在 A_{cm} 温度以上奥氏体化的过共析碳钢的 CCT 图中有先共析渗碳体析出区。

合金元素对过冷奥氏体转变的影响直观地反映在过冷奥氏体转变动力学曲线（C 曲线）上。合金元素对 C 曲线的影响极为复杂，不同类型的合金元素对珠光体和贝氏体转变有不同的作用，如铁素体形成元素虽然提高 A_{c3} 温度，却推迟珠光体和贝氏体转变。除考虑合金元素与铁的相互作用外，还要考虑合金元素与碳的作用以及晶体缺陷的作用，若两种元素同时加入，则效果更好。非碳化物形成元素 Ni、Mn 和 Cu 等只增加孕育期，不改变 C 曲线形状。而碳化物形成元素 Cr、Mo、

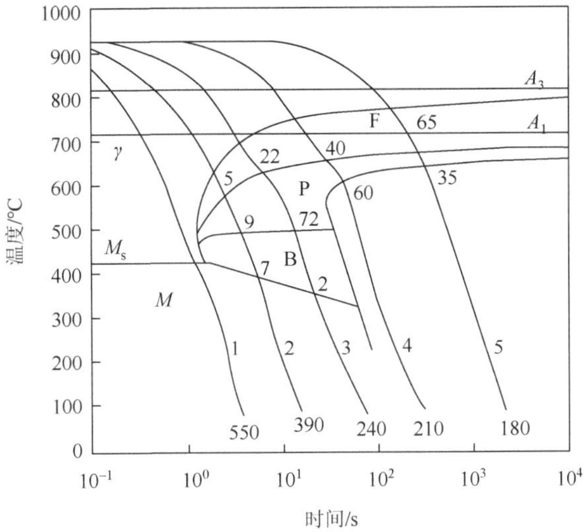

图 3-7　0.30%C 钢的 CCT 图

奥氏体化温度：930℃；时间：30min

W 和 V 等在增加孕育期的同时，还改变 C 曲线的形状，使 C 曲线的上部变为珠光体转变区，下部变为贝氏体转变区，即由一个“鼻子”变为两个“鼻子”，并在两者之间出现了一个奥氏体稳定区域。应该指出的是，碳化物形成元素只有溶入奥氏体才能提高淬透性。若碳化物未溶解，可成为珠光体转变的核心，反而使奥氏体稳定性下降，C 曲线左移，钢的淬透性降低。另外，除了 Co 和 Al 使 M_s 和 M_f 温度升高，其余所有元素都使 M_s 温度和 M_f 温度下降，增加残余奥氏体量。当 Mn 和 Ni 等元素大量加入时可使转变温度低于室温。

合金元素对 M_s 温度和残余奥氏体量的影响，如图 3-8 和图 3-9 所示（伍玉娇，2011）。

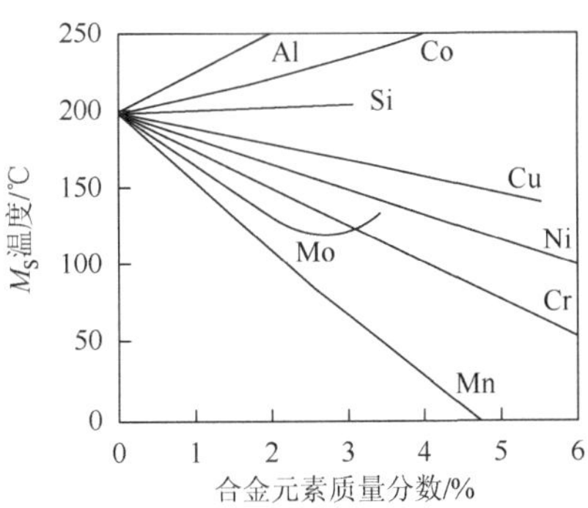

图 3-8　合金元素对马氏体开始转变温度 M_s 温度的影响

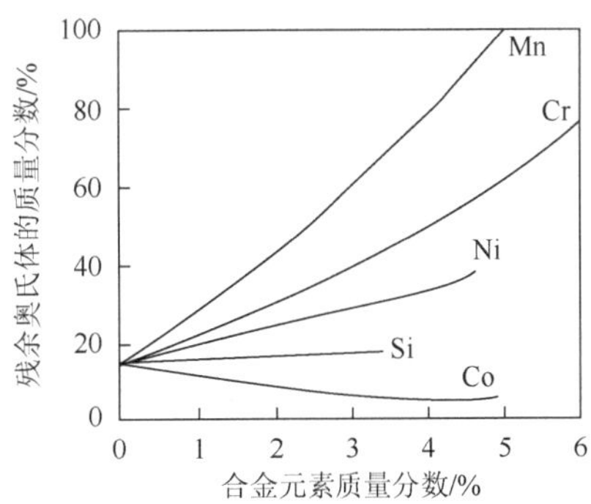

图 3-9　合金元素对残余奥氏体量的影响

C 质量分数为 1.0%的钢在 1150℃时淬火

3.3 钢的热处理工艺

根据加热、冷却方式及钢组织性能变化特点的不同，将普通热处理工艺分为退火、正火、淬火和回火。表面热处理分为表面淬火、化学热处理。退火又分为完全退火、不完全退火、等温退火、球化退火、再结晶退火、去应力退火和扩散退火。

3.3.1 钢的退火和正火

1. 退火

1）退火目的

将钢加热至适当温度保温，然后缓慢冷却（炉冷）的热处理工艺称为退火。退火后的组织接近钢在平衡状态下的组织。退火的目的：①调整硬度，便于切削加工。工件经铸造或锻造等热加工后，硬度常偏高或偏低，而且不均匀，切削加工性能差。适当的退火处理可使工件的硬度调整为 170～250HB，从而改善切削加工性能。②消除残余内应力，防止在后续加工或热处理中发生变形和开裂。冷变形后的金属在低于再结晶温度时加热，以去除内应力，但仍保留冷作硬化效果的热处理，称为去应力退火。③再结晶退火是将经过冷变形加工的工件加热至再结晶温度以上，保温一定时间后冷却，使工件发生再结晶，从而消除加工硬化的工艺，目的是细化晶粒，提高力学性能。

2）退火工艺

退火工艺的种类很多，常用的有完全退火、扩散退火、球化退火、均匀化退火（A_{c3}+（150～200）℃）、去应力退火（A_{c1}–（100～200）℃）和再结晶退火（A_{c1}–（50～150）℃）。各种退火及正火的加热温度范围如图 3-10 所示（王忠，2005）。

（1）完全退火。

完全退火是指将工件加热到 A_{c3}+（30～50）℃保温后缓慢冷却的退火工艺。完全退火主要用于亚共析钢，使中碳以上的钢软化以便于切削加工，并消除内应力。

（2）等温退火。

等温退火是指将亚共析钢加热到 A_{c3}+（30～50）℃，共析钢和过共析钢加热到 A_{c1}+（20～40）℃，保温后快冷到冷却时共析转变开始温度 A_{r1} 以下的某一温度，并在此温度停留，待相变完成后出炉空冷的退火工艺。等温退火可缩短工件在炉内停留的时间，更适合孕育期长的合金钢，如图 3-11 所示（于永泗和齐民，2010）。

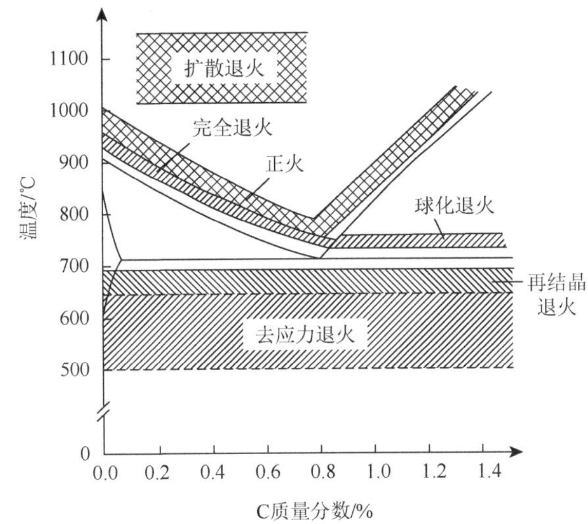

图 3-10　各种退火及正火的加热温度范围

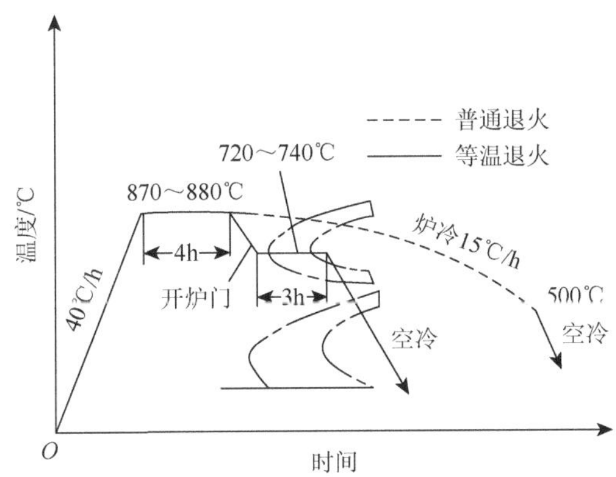

图 3-11　等温退火的加热温度范围

（3）球化退火。

球化退火是指将工件加热到 A_{c1} +（10～20）℃充分保温后缓冷或者加热后冷却到略低于 A_{r1} 的温度下保温，从而使珠光体中的渗碳体球化的退火工艺。球化退火主要用于共析钢和过共析钢，目的在于降低硬度，改善切削加工性能，并为后续热处理做组织准备。

球化退火的组织为铁素体基体上分布的颗粒状渗碳体，称为球状珠光体（图 3-12），用 $P_{球}$表示。对于有网状二次渗碳体存在的过共析钢，在球化退火前应先进行正火，消除网状渗碳体。

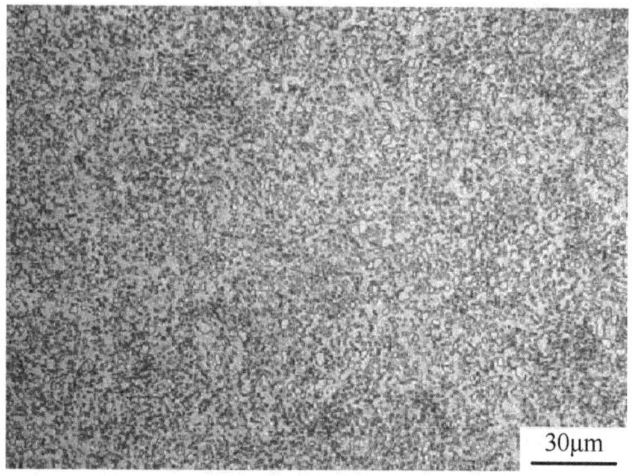

图 3-12　球状珠光体

2. 正火

正火是指将亚共析钢加热到 A_{c3} +（30～80）℃，共析钢加热到 A_{c1} +（30～80）℃，过共析钢加热到 A_{cm} +（30～80）℃保温后空冷的热处理工艺。

1）正火目的

对于低碳和中碳的亚共析钢，正火与退火目的相同，即调整硬度，便于切削加工；细化晶粒，为淬火做组织准备；消除残余内应力。对于过共析钢，正火是为了消除网状二次渗碳体，为球化退火做组织准备。对于普通结构件，正火可增加珠光体量并细化晶粒，提高强度、硬度和韧性，作为最终热处理。从改善切削加工性能的角度出发，低碳钢宜采用正火；中碳钢既可采用退火，也可采用正火；过共析钢在消除网状渗碳体后采用球化退火。图 3-13 为钢的几种热处理工艺与合

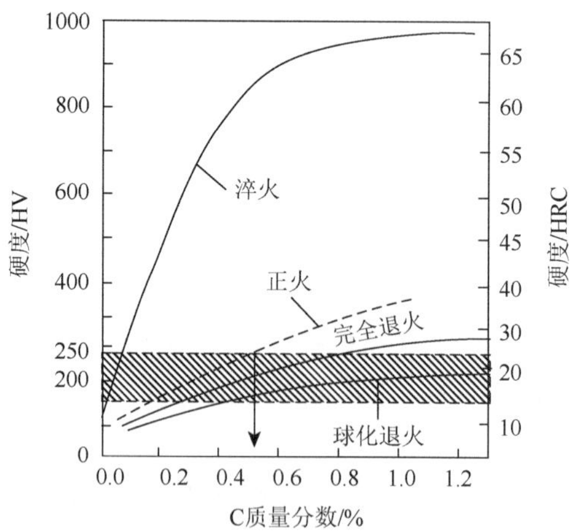

图 3-13　钢的碳含量对热处理后硬度的影响

适加工硬度范围的关系（于永泗和齐民，2010），图中阴影部分为合适的切削加工硬度范围。

2）正火组织

因为正火比退火冷却速度快，所以正火组织比退火组织细，强度和硬度也比退火组织高。当碳钢的碳含量小于 0.6%时，正火后组织为铁素体加索氏体；当碳含量大于 0.6%时，正火后组织为索氏体。

3.3.2　钢的淬火与回火

1. 淬火

钢的淬火与回火通常作为最终热处理应用。淬火是指将钢加热到临界点以上，保温后以大于 v_c 的速度冷却，使奥氏体转变为马氏体的热处理工艺。因此，淬火的目的就是获得马氏体，提高钢的力学性能。淬火是钢最主要的强化方法，也是应用最广的热处理工艺之一。

1）淬火温度

淬火温度即钢奥氏体化温度，是淬火的主要工艺参数之一。

碳钢的淬火温度可利用 Fe-Fe_3C 相图来选择，如图 3-14 所示（于永泗和齐民，2010）。对于亚共析钢，淬火温度为 A_{c3} +（30～50）℃。当碳含量等于或低于 0.5%时，淬火组织为马氏体；当碳含量高于 0.5%时，淬火组织为马氏体与少量残余奥氏体。

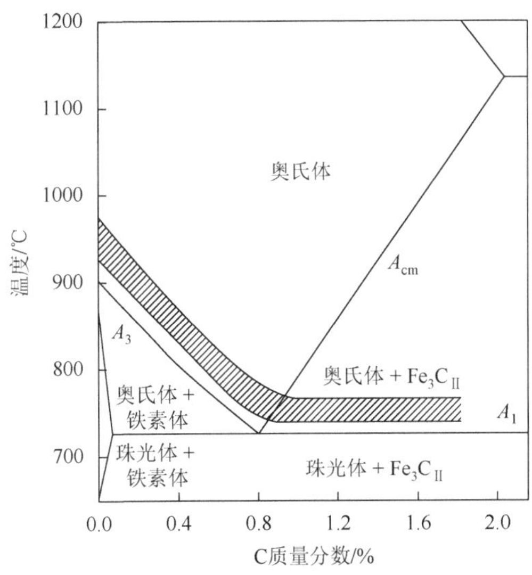

图 3-14　碳钢的淬火温度范围

对于共析钢和过共析钢，淬火温度为 A_{c1} +（30～50）℃。共析钢淬火组织为马氏体和少量残余奥氏体。过共析钢由于淬火前经过球化退火，所以淬火组织为细马氏体加颗粒状渗碳体和少量残余奥氏体。分散分布的颗粒状渗碳体对提高钢的硬度和耐磨性有利。如果将过共析钢加热到 A_{cm} 温度以上，那么由于奥氏体晶粒粗大、碳含量提高，淬火后马氏体晶粒也粗大，且残余奥氏体量增多，这将使钢的硬度、耐磨性下降，脆性和变形开裂倾向增加。

对于合金钢，大多数合金元素（Mn、P 除外）有阻碍奥氏体晶粒长大的作用，所以淬火温度比碳钢高，一般为临界点以上 50～100℃。

2）保温时间

保温时间是指工件装炉后，炉温回升到淬火加热温度后所需保持的时间。保温的目的是：①使工件透热，即工件整个截面都达到规定的淬火加热温度；②完成加热时的转变过程，获得所需成分的细晶粒奥氏体。在这个前提下，应尽量缩短保温时间，以减少氧化和脱碳。

3）淬火介质

理想淬火介质的冷却曲线（图 3-15）（强文江和吴承建，2018）应只在 C 曲线“鼻尖”处快冷，而在 M_s 温度附近尽量缓冷，以达到既获得马氏体组织，又减小内应力的目的，但目前还没有找到这种理想的淬火介质。

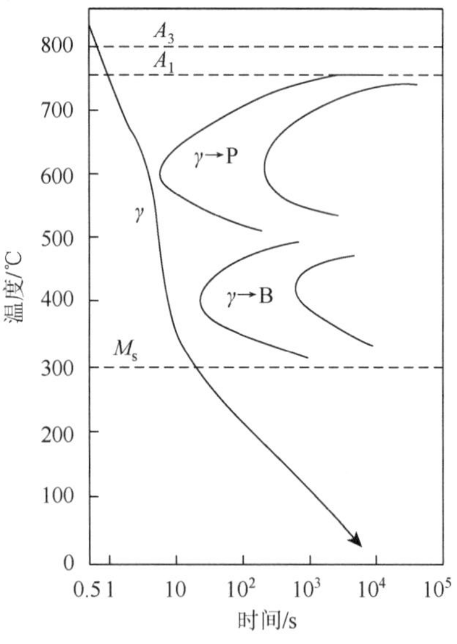

图 3-15　理想淬火介质的冷却曲线示意图

常用的淬火介质为水及水溶液、油和热浴（盐浴和碱浴）。

水是经济且冷却能力较强的淬火介质（表 3-1）（于永泗和齐民，2010）。水的缺点是在 650～550℃的冷却能力不够强，而在 300～200℃的冷却能力又太强，因此生产上水主要用于形状简单、截面较大的碳钢件的淬火。

表 3-1　常用淬火介质的冷却能力

淬火介质	冷却能力/(℃/s)		淬火介质	冷却能力/(℃/s)	
	650～550℃	300～200℃		650～550℃	300～200℃
水（18℃）	600	270	10%Na_2CO_3 水溶液（18℃）	800	270
10%NaCl 水溶液（18℃）	1100	300	矿物机油	150	30
10%NaOH 水溶液（18℃）	1200	300	菜籽油	200	35

油在低温区冷却能力较理想，但在高温区冷却能力太低，因此主要用于合金钢和小尺寸碳钢件的淬火。大尺寸碳钢件油淬时，由于冷却不足，会出现珠光体分解。随着零件直径的增加，实际淬硬层（马氏体层）深度越来越薄，如图 3-16 所示（沈莲，2003）。

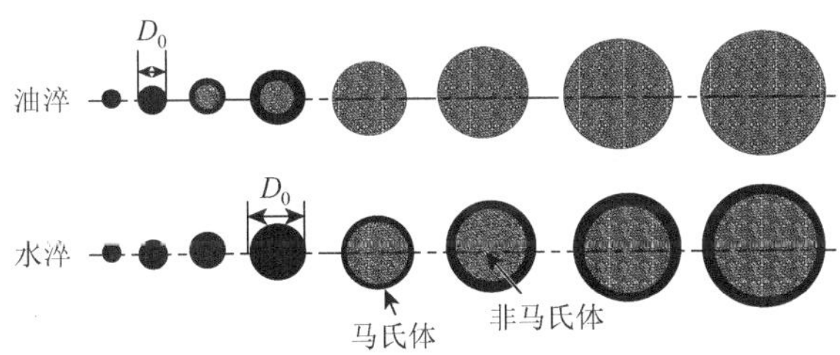

图 3-16　大尺寸碳钢件淬硬层深度

熔融的碱和盐也常用作淬火介质，称为碱浴和盐浴。它们的冷却能力介于水和油之间，使用温度多为 150～500℃。这类介质只适用于形状复杂及变形要求严格的小型件的分级淬火和等温淬火。其他淬火介质如聚乙烯醇、硝盐水溶液等在工业中也比较常用。

4）淬火方法

采用适当的淬火方法可以弥补冷却介质的不足。常用的淬火方法如图 3-17 所示（强文江和吴承建，2018）。

（1）单介质淬火法。单介质淬火法是指将加热工件在一种介质中连续冷却到室温的淬火方法，水淬和油淬都属于这种方法。该方法操作简单，易实现机械化，应用范围较广。

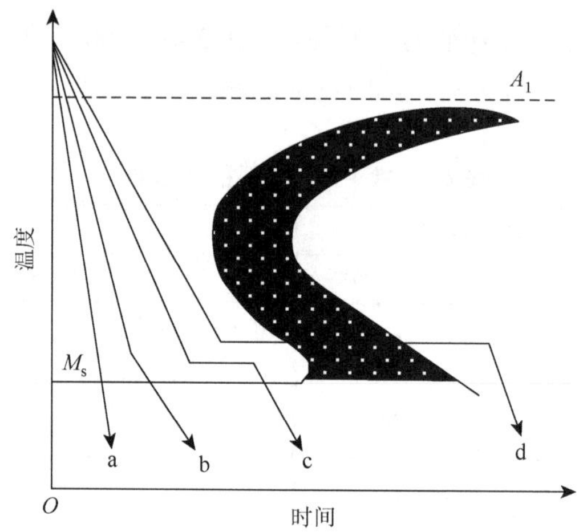

图 3-17　各种淬火方法示意图

a-单介质淬火法；b-双介质淬火法；c-分级淬火法；d-等温淬火法

（2）双介质淬火法。双介质淬火法是指将加热工件先在一种冷却能力强的介质中冷却，躲过 C 曲线“鼻尖”后，再转入另一种冷却能力较弱的介质中发生马氏体转变的方法。常用的方法有水淬油冷、油淬空冷等。其优点是冷却比较理想，缺点是在第一种介质中的停留时间不易掌握，需要具有实践经验。该方法主要用于形状复杂的碳钢工件及大型合金钢工件。

（3）分级淬火法。分级淬火法是指将加热工件在 M_s 温度附近的盐浴或碱浴中淬火，待工件内外温度均匀后再取出缓冷的淬火方法。分级淬火法可显著降低工件的内应力，减少工件变形或开裂的倾向。

（4）等温淬火法。等温淬火法是指将加热工件在稍高于 M_s 温度的盐浴或碱浴中保温足够长时间，从而获得下贝氏体组织的淬火方法。经等温淬火的零件具有良好的综合力学性能，淬火应力小，适用于形状复杂及要求较高的小型件。

2. 回火

回火是指将淬火钢加热到 A_1 以下某温度保温后再冷却的热处理工艺。

钢经淬火后，获得了两种亚结构的亚稳相马氏体和残余奥氏体，经一定温度回火后，碳将从马氏体中析出碳化物并聚集长大，有些合金钢在高温回火时析出特殊碳化物，具有高应变能的马氏体分解产物铁素体要发生回复与再结晶，同时残余奥氏体要发生转变。这些过程有先有后，有的交叉进行。合金元素的作用是提高钢的回火稳定性，使回火过程各个阶段的转变速度减慢，或者说将转变过程向高温推移。

根据钢的回火温度范围，可将回火分为三类。

1）低温回火

回火温度为150～250℃。低温回火时，马氏体将发生分解，从马氏体中析出ε-碳化物 Fe_xC），使马氏体过饱和度降低。析出的碳化物以细片状分布在马氏体基体上，这种组织称为回火马氏体，用 $M_{回}$表示。在光学显微镜下 $M_{回}$为黑色，γ'为白色。由于马氏体分解，其正方度下降，减轻了对残余奥氏体的压力，M_s温度上升，因此残余奥氏体分解为ε-碳化物和过饱和铁素体，即转变为 $M_{回}$。

低温回火可在保留淬火后高硬度（58～64HRC）、高耐磨性的同时，降低内应力，提高韧性。低温回火主要用于处理各种工具、模具、轴承及经渗碳和表面淬火的工件。

2）中温回火

回火温度为350～500℃。中温回火时，ε-碳化物溶解于铁素体中，同时从铁素体中析出 Fe_3C。加热到350℃时，马氏体中的碳含量已降到铁素体的平衡成分，内应力大量消除，$M_{回}$转变为在保持马氏体形态的铁素体基体上分布着细粒状渗碳体的组织，称为回火托氏体，用 $T_{回}$表示。回火托氏体组织具有较高的弹性极限和屈服极限，并具有一定的韧性，硬度一般为35～45HRC，主要用于处理各类弹簧。

3）高温回火

回火温度为500～650℃。高温回火时，Fe_3C 发生聚集长大，铁素体发生多边形化，由针片状转变为多边形，这种在多边形铁素体基体上分布着颗粒状 Fe_3C 的组织称为回火索氏体，用 $S_{回}$表示。

回火索氏体组织具有良好的综合力学性能，在保持较高强度的同时，具有良好的塑性和韧性，硬度一般为25～35HRC。通常把淬火加高温回火的热处理工艺称为“调质处理”，简称“调质”。表3-2为45钢经调质和正火处理后力学性能的比较（于永泗和齐民，2010）。因为调质组织中的渗碳体是颗粒状的，正火组织中的渗碳体是片状的，而颗粒状渗碳体对阻碍裂纹扩展比片状渗碳体更有利，所以调质组织的强度、硬度、塑性及韧性均高于正火组织。调质被广泛用于各种重要结构件，例如，连杆、轴、齿轮等的处理，也可作为某些要求较高的精密零件、量具等的预备热处理。

表3-2 45钢（ϕ20～40mm）经调质和正火处理后力学性能的比较

工艺	力学性能				组织
	R_m/MPa	A/%	α_K/(kJ/m^2)	硬度/HB	
调质	750～850	20～25	800～1200	210～250	回火索氏体
正火	700～800	12～20	500～800	163～220	细片状珠光体＋铁素体

注：见附录，R_m 表示抗拉强度；A 表示断后伸长率；α_K 表示冲击韧性；HB 表示布氏硬度。

3. 合金元素对淬火钢回火转变的影响

钢经淬火后，其内部组织是不稳定的，随着回火温度的升高，淬火组织将发生一系列组织转变：马氏体的分解，残余奥氏体的分解，碳化物形成、聚集长大，α-Fe的回复和再结晶。这几个过程均被C和合金元素的扩散所控制，是相互交错进行的，很难截然分开。因此，回火过程是使钢获得预期性能的关键工序，现分述如下。

1）合金元素对马氏体分解的影响

一般来讲，在低温回火时，由于C原子扩散困难，只能发生碳原子偏聚和短距离扩散；而合金元素不能进行扩散，仍均匀分布在铁素体相或ε-碳化物中不做重新分布，所以合金元素对马氏体的分解影响不大。

在中高温回火时，因为温度升高，合金元素活动能力增强，所以对马氏体的分解产生影响。碳化物形成元素（Cr、Mn、W、V、Nb等）强烈推迟马氏体的分解，例如，使马氏体分解完成阶段由碳钢的250～300℃推迟到400～500℃（对铬钢），甚至高达500～600℃（对含Nb或W等合金元素的钢）；非碳化物形成元素，如Ni、Co等，虽能增加C在钢中的活度，但却减慢C在钢中的扩散速率，因而对马氏体的分解影响较小；Si是延缓马氏体分解的特殊元素。

总之，在相同回火温度下，合金钢的硬度将高于碳钢，即合金钢的回火稳定性高。

2）合金元素对残余奥氏体分解的影响

除合金元素Co、Al外，大多数合金元素都能使淬火钢中残余奥氏体量增加。在中碳钢中，残余奥氏体量可达3%～5%（体积分数，下同），而高速钢中，残余奥氏体量可高达20%～40%，必须进行多次高温回火后，残余奥氏体量才可降至2%～3%甚至2%以下。淬火组织中所保留的残余奥氏体，与过冷奥氏体有类似的分解规律，但残余奥氏体与过冷奥氏体相比较，具有较大的内应力和内部缺陷，使之处于不稳定状态，因此残余奥氏体较容易发生分解。合金元素大多使残余奥氏体的分解温度移向较高的温度范围，合金元素Ni、W、Mo、V的作用弱，而Cr、Mn、Si的作用较显著。

某些高合金钢，在回火过程中从残余奥氏体中析出碳化物，使残余奥氏体中碳和合金元素含量下降，致使M_s温度升高，高于室温，因而在冷却过程中，残余奥氏体转变为马氏体，而使回火后的硬度高于淬火态的硬度。如高速钢淬火态硬度为60～62HRC而回火后硬度为64～66HRC，这就是高速钢二次淬火现象。

3）合金元素对回火时碳化物的形成及聚集长大的影响

合金元素对ε-碳化物的形成没有影响。随着回火温度的升高，碳钢中的ε-碳化物于260℃转变为渗碳体，合金元素中唯有Si和Al强烈推迟这一转变，使转变温度升高至350℃。

随着回火温度的升高，合金元素能够进行明显扩散，开始在铁素体相和渗碳体相之间重新分配，碳化物形成元素向渗碳体中富集，置换铁原子，形成合金渗碳体如$(FeCr)_3C$、$(FeMn)_3C$等。与此同时，将发生合金渗碳体的聚集长大，镍元素对其聚集长大没有影响，而 Si、V、W、Mo、Cr 等，则对其聚集长大过程起阻碍作用。

随着回火温度继续升高，在高合金钢，如高铬钢和高速钢中，当 Ti、V、Mo、W 等在 500～600℃温度范围回火时，也可通过合金元素的扩散，直接由马氏体中析出特殊的碳化物，如 TiC、VC、Mo_2C、WC 等。这些碳化物颗粒细小，弥散分布，使钢的强度、硬度不仅不降低，反而升高。这就是钢在回火过程中的二次硬化现象。

合金元素对淬火钢回火硬化的影响，如图 3-18 所示。图 3-18（a）为钼含量对回火后硬度的影响，图 3-18（b）为回火温度对合金钢回火后硬度的影响。从图中可看出，合金元素 Mo、V 和 Ti 的二次硬化效果较为显著（王忠，2005）。

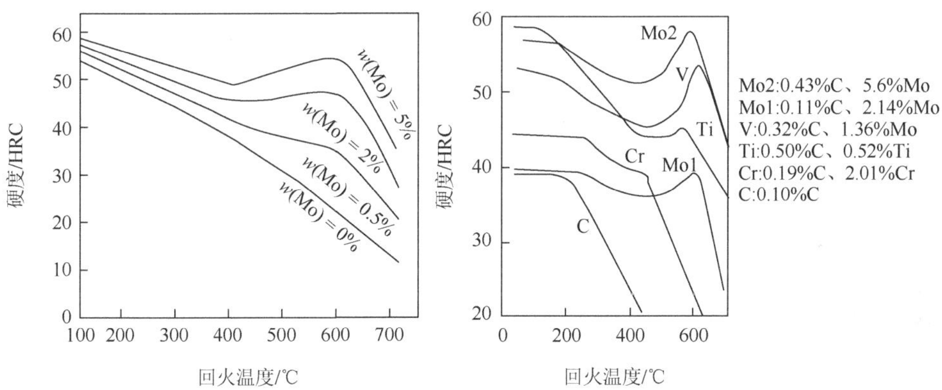

(a) 0.35%C-Mo钢的回火软化曲线　　(b) 回火温度对合金钢回火后硬度的影响

图 3-18　合金元素对钢回火后硬度的影响

随着回火温度再升高，碳化物将聚集长大，使硬度下降。通常认为强碳化物形成元素本身的扩散速率小，而它们和碳的亲和力大，从而能减慢碳的扩散。如增加碳化物的稳定性，而减慢其重新溶解的速度，同时也使其不易长大，即能阻碍碳化物的聚集和长大，使碳化物在较高温度回火后，仍能保持均匀、细小的碳化物颗粒。Co 虽然不能减慢碳的扩散，但能提高铁素体的原子间结合力，从而使析出相不易聚集长大。

4）合金元素对 α-Fe 的回复与再结晶的影响

对 α-Fe 而言，当回火温度达到 520℃时 α-Fe 将进行再结晶及长大。合金元素一般延缓马氏体的分解，能使晶格畸变的马氏体保持到更高的温度，即延缓 α-Fe 的回复和再结晶过程，提高再结晶温度，使钢具有更高的回火稳定性。不同合金元素对 α-Fe 再结晶温度的影响还与合金碳化物弥散析出和位错的交互作用有关。碳钢中 Fe_3C 析出时，铁素体高密度位错能保持在 350～400℃；$(FeCr)_3C$ 析出，可保持至 450～500℃；M_2C 及 VC 析出，可保持至 500～550℃；NbC 析出，则可保持至 550～570℃。

3.4 合金元素对热处理工艺性能的影响

热处理工艺性能反映钢热处理的难易程度和热处理产生缺陷的倾向，主要包括淬透性、淬硬性、变形开裂倾向、过热敏感性、氧化脱碳倾向、回火稳定性和回火脆性等。合金元素对这些工艺性能一般都会产生不同程度的影响。

3.4.1 淬透性

淬透性是钢的主要热处理工艺性能，它对合理选材和正确制定热处理工艺具有重要意义。

1. 钢的淬透性及其测定方法

钢在淬火时获得淬硬层深度的能力称为钢的淬透性，用规定条件下的淬硬层深度来表示。淬硬层深度是指由工件表面到半马氏体区（50%马氏体 + 50%非马氏体组织区）的深度。淬透性与淬硬性不同，淬硬性是指钢淬火后所能达到的最高硬度，即硬化能力。

同一材料的淬硬层深度与工件的尺寸、冷却介质有关，工件尺寸小、介质冷却能力强、淬硬层深；而淬透性与工件尺寸、冷却介质无关，它是在尺寸、冷却介质相同时，不同材料的淬硬层深度之间的比较。

淬透性常用末端淬火试验方法（简称“端淬法”或“Jominy 法”）测定，见《钢淬透性的末端淬火试验方法（Jominy 试验）》（GB/T 225—2006）。如图 3-19（a）所示（于永泗和齐民，2010），将圆柱形试样加热到规定的淬火温度，保温一定时间后向其端面喷水淬火。在试样表面上沿轴线方向磨制出一个平面，然后测量距淬火端面不同距离处的硬度，即可得到试样沿轴向的硬度变化曲线，通常称为淬透性曲线，如图 3-19（b）所示。图 3-19（c）为钢的半马氏体区硬度与其碳含量的关系。利用图 3-19（b）和（c）可以找出相应钢的半马氏体区至水冷端的距离，该距离越大，钢的淬透性越高。

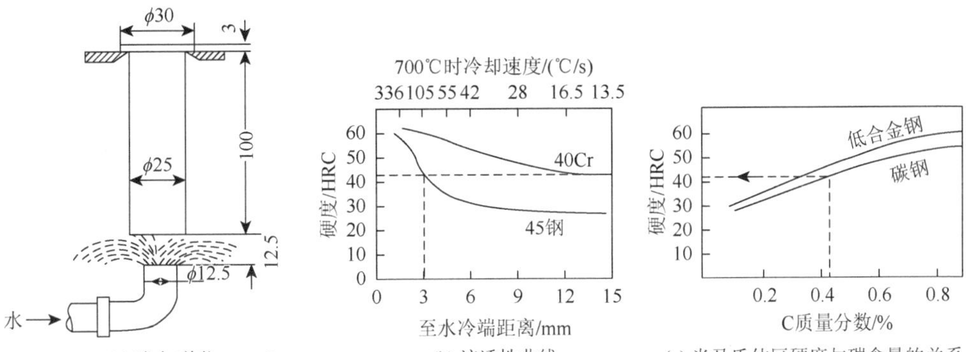

(a) 喷水(单位：mm)　(b) 淬透性曲线　(c) 半马氏体区硬度与碳含量的关系

图 3-19　末端淬火试验方法

根据《钢淬透性的末端淬火试验方法（Jominy 试验）》（GB/T 225—2006）规定，在不同距离处测得的硬度可用“淬透性指数”JXX/*d* 表示。其中，J 是 Jominy 的大写字头，XX 表示洛氏硬度（HRC），*d* 表示距淬火端面的距离（mm）。例如，J35/15 表示距淬火端面 15mm 处的硬度为 35HRC。

在实际生产中，常用临界直径来表示淬透性。临界直径是指圆形钢棒在介质中冷却时，中心被淬成半马氏体的最大直径，用 D_c 表示。显然，在相同冷却条件下，D_c 越大，钢的淬透性越好。

为了定量研究各种合金元素对钢淬透性的影响，除可采用淬透性曲线外，还可通过试验来测定每种合金元素的“淬透性因子”。淬透性因子表征合金元素增大钢临界直径的能力。在钢的化学成分已知的情况下，用下式来估算圆棒中心马氏体体积分数为 50%时钢的理想临界直径：$D_I = D_{Ic} \times f_{Si} \times f_{Mn} \times f_{Cr} \times f_{Ni} \times \cdots$。

这是 M. Crossman 在 20 世纪 40 年代提出的计算式，一直沿用至今。式中，D_{Ic} 为碳钢的理想临界直径，*f* 为各合金元素的淬透性因子，其下标为这些元素的化学元素符号。各种合金元素增大理想临界直径的能力可以用该元素的淬透性因子来表示，如图 3-20 所示（李云凯，2005）。

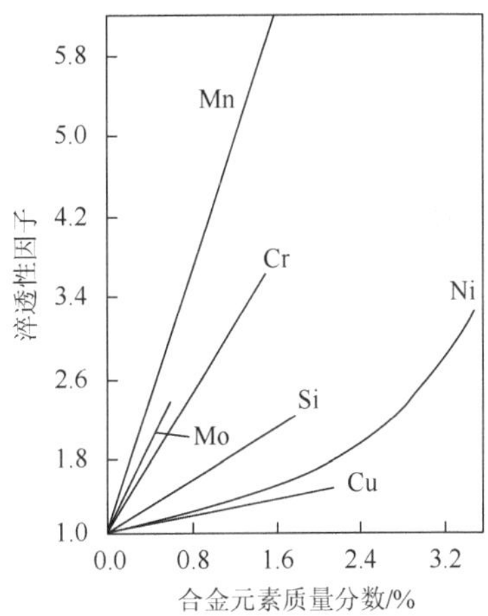

图 3-20　合金元素对淬透性因子的影响

2. 影响淬透性的因素

钢的淬透性取决于其临界冷却速度。临界冷却速度越小，奥氏体越稳定，钢的淬透性越高。冷却速度取决于 C 曲线的位置，C 曲线越靠右，临界冷却速度越小。因此，凡是影响 C 曲线的因素都是影响淬透性的因素。除 Co 外，凡溶入奥氏体的合金元素都使 C 曲线右移，临界冷却速度减小，钢的淬透性提高。

碳钢中，共析钢的临界冷却速度最小，因而其淬透性在碳钢中最高。

提高奥氏体化温度、延长保温时间，可使奥氏体晶粒长大、成分均匀，从而提高奥氏体的稳定性，使钢的淬透性提高；而钢中未溶的第二相则促进冷却转变时的形核，降低奥氏体的稳定性，使钢的淬透性下降。

3. 淬透性的应用

力学性能是机械设计中选材的主要依据，而钢的淬透性又直接影响其热处理后的力学性能。选材时必须对钢的淬透性有充分了解。

钢的淬透性是指在规定条件下，决定钢材淬硬深度和硬度分布的特性，也就是钢在淬火时获得马氏体的能力。淬透性是钢本身的固有属性，它对机械制造结构钢具有十分重要的意义。钢淬透性的测定方法通常是端淬试验法，表示淬透性的是端淬线，也称为淬透性曲线。在机械零件设计中选择合金结构钢时，广泛应用钢的淬透性曲线作为选材依据。因为钢的化学成分有一定范围，所以对于某一牌号的钢，其淬透性曲线也有波动范围，称为淬透性带。通常可以用淬透性值、临界淬透直径来比较各钢种的淬透性。常用结构钢的淬透性值和临界淬透直径见表 3-3（文九巴，2011），常用工模具钢的淬透性值见表 3-4（文九巴，2011）。

表 3-3　常用结构钢的淬透性值和临界淬透直径（50%M）

牌号	淬透性值 JHRC/*d*	水淬临界淬透直径/mm		油淬临界淬透直径/mm	
		根据淬透性曲线求得或试验值	按合金元素上下限计算	根据淬透性曲线求得或试验值	按合金元素上下限计算
40Mn2	J41/(7～42)	30～60	20～42	20～30	8.5～23
20Cr	—	12～32	11.5～41.0	15～23	4～22
40Cr	J41/(6～11)	25～60	24.0～67.5	15～40	11～42
20CrMo	J35/(3～6)	15～40	18.5～83.0	10～25	8～53
42CrMo	J42/18	50～100	46～145	30～60	26.5～107
20CrV	J35/(4～10)	25～40	19～48	10～25	8～28
30CrMnSi	J37/21	60～80	50～120	40～60	29～85
20CrMnTi	J35/(6～15)	30～55	25.0～50.5	15～40	12～30
37CrNi3	—	—	80.5～153	≤200	51～114
40CrNiMo	—	≥100	53.5～153	60～100	32～114
18Cr2Ni4W	J40/90	—	48～140	75～200	28～102
60Si2Mn	—	—	55～107	≤25	33.5～73.0
50CrV	—	—	45.0～91.5	≤45	25.0～59.5

表 3-4　常用工模具钢的淬透性值

牌号	油淬临界直径或淬硬深度/mm	牌号	油淬临界直径或淬硬深度/mm
Cr2	20～25/40～50	Cr12	≤200
GCr15	20～25/30～35	Cr12MoV	200～300
9SiCr	40～50	Cr6WV	≤80
9Mn2V	≤30	5CrNiMo	～300
CrWMn	≤60	5CrMnMo	—
9CrWMn	40～50	3Cr2W8V	～100

C 是结构钢中主要的元素，它决定了钢的淬硬性，即淬火马氏体的硬度。同时，C 也是一个有效增加淬透性的元素。在结构钢中，提高马氏体淬透性作用显著的合金元素从大到小依次排列为 B、Mn、Mo、Cr、Si、Ni。合金元素复合加入时对于提高钢的淬透性作用更大。这里需要强调指出的是：一方面，合金元素的复合作用效果不是简单叠加，其原因比较复杂；另一方面，合金元素对淬透性发挥作用，其前提条件是合金元素溶入奥氏体中。若含碳化物形成元素的钢中有未熔碳化物，则不仅会降低奥氏体中碳及合金元素的有效含量，而且未溶碳化物还会作为相变非自发形核的核心，促进过冷奥氏体分解，反而不利于提高钢的淬透性，即起了相反的作用。

对淬透性要求不高的合金结构钢，一般采用单一合金元素进行合金化的方案，如 40Cr、45Mn2；而对要求较高淬透性的钢均采用多种合金元素复合合金化的方法。最有效的方法是将强弱不同的碳化物形成元素和非碳化物形成元素有效地组合起来，如 Cr-Ni-Mo-V 系钢和 Si-Mn-Mo-V 系钢。

对钢而言，只要淬火形成马氏体，碳素结构钢和合金结构钢均有相近的综合力学性能。它们的最大区别在于，碳素结构钢的主要弱点是淬透性低，不能用于截面较大或形状较复杂的零件；而合金结构钢则广泛应用于机械制造工业。

钢的淬透性是选择结构钢材料和制定热处理工艺的主要依据之一。钢的淬透性好，一方面可以使工件得到均匀良好的力学性能，满足技术要求；另一方面，在淬火时，可选用比较缓和的冷却介质，以减小工件的变形与开裂倾向。

3.4.2　淬硬性

淬硬性是指在理想的淬火条件下，以超过临界冷却速度冷却所形成的马氏体组织能够达到的最高硬度。淬硬性主要与钢的碳含量有关，碳含量越高，淬火后硬度也越高。这里合金元素的影响比较小。碳的质量分数达到 0.6%时，淬火钢的硬度已接近最大值。碳含量继续增加，虽然马氏体硬度会有所提高，但由于残余奥氏体量增多，碳素钢的整体硬度提高不多，而合金钢的硬度反而会下降，如图 3-21 所示（戴起勋，2011）。

淬火钢的实际硬度是由马氏体中的碳含量及淬火组织（马氏体或贝氏体）的数量来决定的。亚共析钢经淬火后能得到的实际硬度，可由公式 HRC = 30 + 50w(C)估算。淬硬性和淬透性是两个不同的概念，淬硬性高的不一定淬透性好，而淬硬性低的钢也可能具有高的淬透性。

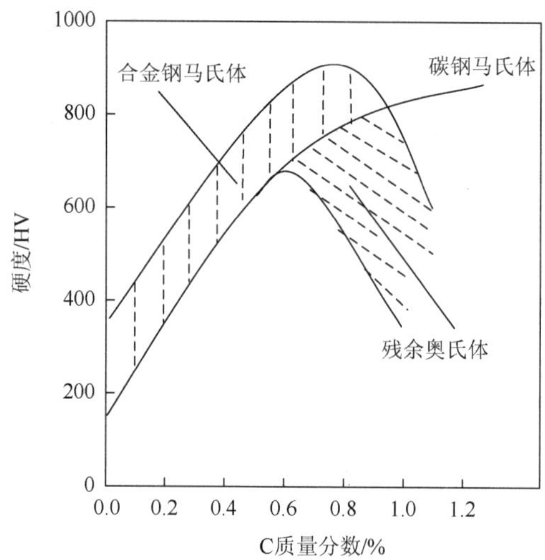

图 3-21　合金元素对马氏体硬度的影响

3.4.3　变形开裂倾向

钢件淬火后存在内应力，淬火内应力是指在淬火过程中由于工件不同部位的温度差异及组织转变不同所引起的内应力。淬火后残留在工件内部的应力大小和分布对工件的质量有很大的影响。当淬火内应力高于材料的屈服强度时将导致工件的尺寸变化和形状畸变；当淬火内应力超过材料的抗拉强度时将在工件上出现裂纹，甚至断裂。一般来说，淬火内应力分为热应力、组织应力和附加应力三种，三者的综合作用控制工件的变形开裂倾向。工件的变形开裂倾向受钢的化学成分、工件尺寸与形状结构、热处理工艺条件等因素的影响。在零件设计、选择材料和制定热处理工艺时应该注意以下规律（戴起勋，2011）。

（1）不同化学成分的钢淬火变形倾向不同。由于合金钢的淬透性较碳素钢高，可采用比较缓和的淬火冷却介质，以减小变形。同时，可以通过改变热处理工艺来调节马氏体的比体积和残余奥氏体量，进而控制工件的淬火变形。

（2）钢的淬透工艺与淬火变形的关系。当心部未淬透时，变形趋于长度缩短，内外径尺寸缩小；当全部淬透时则长度伸长，内外径尺寸胀大。

（3）工件淬火前的机械加工、锻造、焊接等工序也能造成较大的残余应力。如果预先不进行消除应力处理，就会增大淬火变形。设计零件结构时，要考虑构件的热处理变形开裂倾向，尽量避免尖角和厚薄断面的突然变化，并尽可能注意结构的对称性。在进行热处理时也应注意零件的结构形状对淬火变形开裂的影响。

（4）在完全淬透的工件表面容易产生裂纹。随着钢的碳含量提高，形成裂纹的倾向增大。低碳钢塑性高，屈强比低，在热应力作用下淬火变形倾向大。随着碳含量的提高，组织应力作用增强，拉应力峰值移向表层，所以高碳钢在过热情况下容易产生裂纹。

对普通钢而言，一般都存在一个淬裂的危险尺寸。在水中淬火时，钢的理想临界直径 D_1 正是淬裂的危险尺寸，这一尺寸为 8～12mm。油淬时的淬裂危险尺寸为 25～39mm。图 3-22 为各种钢在 900℃油淬后，淬裂倾向与 D_1 及碳含量的关系（戴起勋，2011）。所以，要求心部淬透的零件，应尽可能避免设计危险截面尺寸。

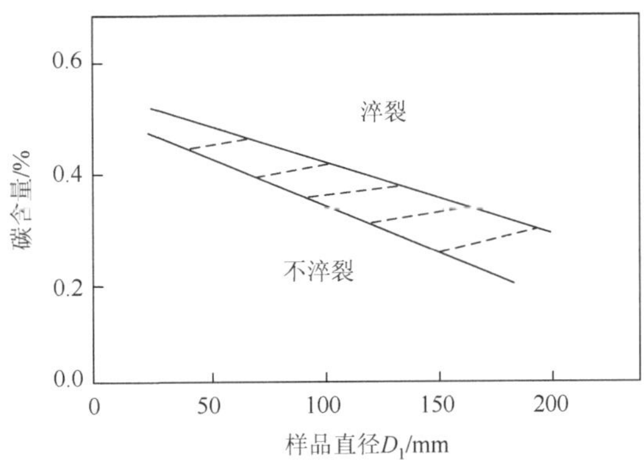

图 3-22　淬裂倾向与 D_1 及碳含量的关系

（5）工件表面有氧化脱碳层时，容易在表面产生淬火龟裂。因此，淬火前应把前道工序造成的脱碳层磨去，在热处理过程中也应尽可能避免工件的氧化脱碳。

（6）采用分级淬火、等温淬火或双液淬火可降低淬火应力，减小工件的变形开裂倾向。采用调质、球化退火等预备热处理也可减小零件的变形。

（7）加热温度和加热速度对零件变形也有影响，所以对尺寸较大或形状较复杂的零件或导热性较差的材料，宜采用预热或阶梯加热的方法。并应尽可能选用淬火下限温度进行淬火处理。

（8）淬火后应注意及时回火，特别是冷处理后的零件和大截面的零件在淬火后更应立即进行回火。

3.4.4　过热敏感性和氧化脱碳倾向

过热敏感性是指钢在淬火加热时，奥氏体晶粒急剧长大的倾向。不同的钢具有不同的过热敏感性，含锰钢过热敏感性较大，如 35Mn、40Mn2、50Mn2、65Mn 等。

在各种热加工工序的加热或保温过程中，由于周围氧化气氛的作用，材料中的金属元素与氧化气氛发生作用，形成金属氧化物，这种现象称为氧化。在此过程中，钢材表面的碳全部或部分丧失掉，这种现象称为脱碳。金属的氧化过程往往伴随着表层的脱碳。在高温下加热时，在氧化性气氛中脱碳、氧化是同时进行的；在还原性气氛中主要导致脱碳。脱碳会降低钢的硬度、耐磨性和疲劳强度。因此，脱碳对于工具、轴承、弹簧等零件是极其有害的。

非碳化物形成元素硅具有排碳性，含硅钢氧化脱碳倾向较大，如 9SiCr、38CrSi、42SiMn、60Si2Mn、30CrMnSi 等。

3.4.5　回火稳定性

合金钢比碳钢的回火稳定性好。因此，要达到同样的回火硬度，合金钢的回火温度比碳钢高，回火时间也可以长些。这样，合金钢回火后的内应力比碳钢小，塑韧性也高。例如，要求塑韧性相同，合金钢的强度要比碳钢高。显然，要求内应力消除比较完全、强度又比较高的零件，在设计时应选用回火稳定性较好的合金钢。常用钢回火后硬度与回火温度的关系见表 3-5（戴起勋，2011）。

表 3-5　常用钢回火后硬度和回火温度的关系

牌号	淬火工艺		硬度/HRC	回火后硬度对应的回火温度/℃[a]						
	温度/℃	冷却介质		30～35 HRC	35～40 HRC	40～45 HRC	45～50 HRC	50～55 HRC	55～60 HRC	＞60 HRC
40Cr	840	油	＞50	510	470	420	340	200	＞160	—
30CrMnSi	890	油	＞45	530	500	430	340	180	—	—
50CrV	860	油	＞50	560	500	450	380	280	180	—
42CrMo	840	油	＞50	580	500	400	300	—	180	—
40CrNiMo	860	油	＞50	580	540	480	420	320	—	—
GCr15	840	油	＞60	580	530	480	420	380	270	＜180

续表

牌号	淬火工艺		硬度/HRC	回火后硬度对应的回火温度/℃						
	温度/℃	冷却介质		30～35 HRC	35～40 HRC	40～45 HRC	45～50 HRC	50～55 HRC	55～60 HRC	>60 HRC
9Mn2V	800	油	>60	—	—	500	400	320	250	<180
9SiCr	850	油	>60	620	580	520	450	380	300	200
Cr12MoV	950～1040	油硝酸	>58	740	670	620	570	530	380	<180
5CrMnMo	840	油	>50	580	520	470	380	250	<200	—
5CrNiMo	850	油	>50	640	550	450	380	280	<200	—
5CrW2Si	860～890	油	>55	570	480	420	360	<300	—	—

a 回火温度根据硬度要求的中值偏上而定。

3.4.6 回火脆性

淬火钢在一定温度范围内回火时，表现出明显的脆化现象，即回火脆性。合金钢中有两类回火脆性。回火脆性是一种使钢材韧性明显降低而易脆断的不良现象，因此工业上必须防止或避免回火脆性的产生。

1. 第一类回火脆性

第一类回火脆性在较低回火温度250～350℃发生，又称为低温回火脆性，不可逆，与回火后冷却速度无关，在产生回火脆性温度保温，无论快冷还是慢冷，钢都具有低的冲击韧性，如将已经出现回火脆性的钢，再加热到更高温度回火，可以将脆性消除。但Mo、W、V、Al可稍减弱此脆性，并将此温度推向高温，碳钢这一温度区间为250～350℃，Cr、Mo、W可将其延迟至300～400℃，Si最显著（$w(\mathrm{Si}) = 1\%\sim1.5\%$），使之延迟到400～450℃。

2. 第二类回火脆性

第二类回火脆性是淬火钢在450～650℃回火时产生的脆化现象，又称为高温回火脆性，它是可逆的，与回火后的冷却速度有关。回火后慢冷则产生脆性，回火后快冷则不产生或大大减轻脆性。对于已产生回火脆性的钢，重新回火快冷则可消除已产生的脆性。

第二类回火脆性产生的原因是：一定元素偏聚于晶界，从而降低了晶界的结合力，使钢表现出脆性。产生偏聚的元素有H、N、O、Si、P、S等。

根据合金元素对第二类回火脆性的作用，可将其分为以下三大类。

（1）增加回火脆性敏感性的元素：此类元素有Mn、Cr、Ni（与其他元素一起加入时）、P、V 等，它们或与偏聚元素一起偏聚或促进其他元素偏聚。

（2）对回火脆性敏感性无明显影响的元素：此类元素有 Ti、Zr、Si、Ni。

（3）降低回火脆性敏感性的元素：此类元素有 Mo、W，它们有抑制有害元素偏聚的作用。

由于合金元素的作用，不同的钢回火脆性的温度范围是不同的。常用钢产生回火脆性的温度范围见表 3-6（戴起勋，2011）。因为回火脆性是使钢在服役条件下发生脆性断裂的隐患，所以在设计中应注意以下几个方面。

（1）尽可能避免在形成第一类回火脆性的温度范围内回火，或采用等温淬火、快速回火等方法减弱其脆性倾向。

（2）尽可能避免在形成第二类回火脆性的温度范围内回火，若不可避免，一方面要减少在回火脆性温度下停留的时间；另一方面，在回火后必须快速冷却。

（3）大型工件回火后的快速冷却效果不大，或因工件形状复杂不允许回火后快速冷却时，可以选用含 Mo 的合金钢制造。

（4）选用细晶粒钢或冶金质量好的高纯净钢，或经细化晶粒的预备热处理，可减少偏聚在原奥氏体晶界的杂质，从而降低钢的回火脆性。

表 3-6　常用钢产生回火脆性的温度范围

牌号	第一类回火脆性温度/℃	第二类回火脆性温度/℃	牌号	第一类回火脆性温度/℃	第二类回火脆性温度/℃
30Mn2	250～350	500～550	38CrMoAlA	300～450	无脆性
20MnV	300～360	—	4Cr9Si2	—	450～600
25Mn2V	250～350	510～610	50CrVA	200～300	—
35SiMn	—	500～650	4CrW2Si	250～350	—
20Mn2B	250～350	—	5CrW2Si	300～400	—
45Mn2B	—	450～550	6CrW2Si	300～450	—
15MnVB	250～350	—	4SiCrV	—	＞600
40MnVB	200～350	500～600	3Cr2W8V	—	550～650
40Cr	300～370	450～650	9SiCr	210～250	—
38CrSi	250～350	450～550	CrWMn	250～300	—
35CrMo	250～400	无明显脆性	9Mn2V	190～230	—
20CrMnMo	250～350	—	GCr15	200～240	—
30CrMnTi	—	400～450	12Cr13	520～560	—
30CrMnSi	250～380	460～650	20Cr13	450～560	600～750

3.5 本章小结

钢的热处理是指将钢在固态下加热、保温和冷却，以改变钢的组织结构，从而获得所需要性能的一种工艺。热处理是一种重要的加工工艺，在机械制造业中已广泛应用。热处理与其他加工工艺，如铸造、压力加工等相比，其特点是只通过改变工件的组织来改变性能，不改变其形状，热处理只适用于固态下发生相变的材料，不发生固态相变的材料不能用热处理来强化。合金元素对钢热处理的影响主要表现在对钢加热、冷却和回火过程中相变及组织的影响。合金元素对钢加热过程的影响包括奥氏体的形核长大、碳化物的溶解、奥氏体成分均匀化。除了 Co，几乎所有合金元素都增大过冷奥氏体的稳定性，推迟奥氏体向珠光体组织的转变，使 C 曲线右移，即提高钢的淬透性。合金元素对钢回火过程的影响主要表现在对钢的回火稳定性、二次硬化与二次淬火以及回火脆性的影响。

根据加热、冷却方式及钢的组织性能变化特点的不同，将热处理工艺分为退火、正火、淬火和回火。本章介绍了钢加热时的奥氏体化过程，包括 γ 相的形成、碳化物与铁素体的溶解、γ 相中合金元素的均匀化、奥氏体晶粒长大。阐述了奥氏体等温转变热力学和动力学，介绍了钢的连续过冷奥氏体转变规律，讨论了合金元素对上述组织形态与性能的影响规律；另外，还介绍了钢的正火、退火、淬火和回火等工艺。

参考文献

戴起勋. 2011. 金属材料学. 2 版. 北京：化学工业出版社：21.

李云凯. 2005. 金属材料学. 北京：北京理工大学出版社：47.

强文江，吴承建. 2018. 金属材料学. 3 版. 北京：冶金工业出版社：20-39.

沈莲. 2003. 机械工程材料. 2 版. 北京：机械工业出版社：100.

王忠. 2005. 机械工程材料. 北京：清华大学出版社：115，143.

文九巴. 2011. 金属材料学. 北京：机械工业出版社：37.

伍玉娇. 2011. 金属材料学. 北京：北京大学出版社：15.

于永泗，齐民. 2010. 机械工程材料. 8 版. 大连：大连理工大学出版社：73-92.

第 4 章　工程结构钢

工程结构钢是指专门用来制造工程结构件的一大类钢种。它广泛应用于国防、化工、石油、电站、车辆、造船等领域，如用于制造船体、建筑钢结构件、油井或矿井架、高压容器、输送管道、桥梁等。在钢总产量中，工程结构钢占 90%左右（唐代明等，2014）。主要是承受各种载荷，要求有较高的屈服强度、良好的塑性和韧性，以保证工程结构的可靠性。由于工作环境是暴露在大气中，温度可低到–50℃，故要求低温韧性，并要求耐大气腐蚀。此外，还需要有良好的工艺性能，包括经受剧烈的冷变形，如冷弯、冲压、剪切，以及良好的焊接性等。

工程结构钢包括碳素结构钢（也称非合金钢）和低合金高强度结构钢。根据国家标准《碳素结构钢》（GB/T 700—2006），碳素结构钢分为 Q195、Q215、Q235、Q255、Q275 五个等级，其中 Q 表示屈服强度，其后的数字表示屈服强度值，单位为 MPa。低合金高强度结构钢是指在低于 0.25%C（质量分数，下同）的普通碳素钢的基础上，通过添加一种或多种少量合金元素，使钢的强度明显高于碳素钢的一类工程结构用钢，统称低合金高强度结构钢。这里的“低合金”和“高强度”是相对含量较高的合金钢和普通碳素钢而言的。美国将这种钢称为高强度低合金钢（high strength low alloy steels，HSLA steel）。

低合金高强度结构钢有许多分类方法，根据国家标准《低合金高强度结构钢》（GB/T 1591—2018），按屈服强度可分为 Q355、Q390、Q420、Q460、Q500、Q550、Q620、Q690 八个等级的钢种；按用途可分为结构钢、耐腐蚀钢、低温用钢、耐磨钢、钢筋钢、钢轨钢及其他专业用钢等。

4.1　碳素工程结构钢

4.1.1　碳素工程结构钢的分类、成分和性能

碳素工程结构钢产量占钢总产量的 70%～80%，其中大部分用作结构件，少量用作机器零件。因为碳素工程结构钢易于冶炼，价格低廉，性能也基本满足一般构件的要求，所以在工程上用量很大。碳素工程结构钢常轧制成板材、型材及异型材，一般不需要进行热处理，在交货状态下直接使用。碳素工程结构钢的化学成分见表 4-1（王晓敏，2017；凤仪，2008）。

表 4-1　碳素工程结构钢的化学成分

牌号	等级	化学成分（质量分数）/%					
		C	Mn	Si	S	P	脱氧方法
				不大于			
Q195	—	0.06～0.12	0.25～0.50	0.30	0.050	0.045	F、b、Z
Q215	A B	0.09～0.15	0.25～0.55	0.30	0.050 0.045	0.045	F、b、Z
Q235	A	0.14～0.22	0.30～0.65	0.30	0.050	0.045	F、b、Z
	B	0.12～0.20	0.30～0.70		0.045	0.045	F、b、Z
	C	≤0.18	0.35～0.80		0.040	0.040	Z
	D	≤0.17	0.35～0.80		0.035	0.035	TZ
Q255	A B	0.18～0.28	0.40～0.70	0.30	0.050 0.045	0.045	F、b、Z
Q275	—	0.28～0.38	0.50～0.80	0.35	0.050	0.045	b、Z

注：F 表示沸腾钢；b 表示半镇静钢；Z 表示镇静钢；TZ 表示特殊镇静钢。

由表 4-1 可见，这类钢的特点是：①碳含量低。②除 Q195、Q275 不分等级外，其余三类均按 S、P 质量分数高低分成若干个质量等级，Q215、Q255 分 A、B 两个等级，S、P 质量分数低于 0.045%；Q235 分 A、B、C、D 四个等级，C、D 相当于优质碳素钢，S、P 质量分数分别低于 0.040%和 0.035%，A、B 相当于普通碳素钢。③规定了各钢号的脱氧方法，进一步提高了钢的质量。碳素结构钢的力学性能主要取决于碳含量，碳含量提高，珠光体数量增加，材料强度提高，塑性下降。碳质量分数在 0.06%～0.38%范围增加，屈服强度从 195MPa 上升到 275MPa，断后伸长率从 33%下降到 20%。碳素工程结构钢的力学性能如表 4-2 所示（凤仪，2008）。除此之外，根据国家标准《优质碳素结构钢》（GB/T 699—2015）还有 S、P 质量分数低于 0.030%高级优质碳素结构钢，其牌号用碳含量的万分之一表示，例如，用于汽车外壳、仪器仪表外壳的 08F 钢，冷冲压件和焊接件 10～25 钢，齿轮、轴类零件 35～55 钢，弹簧钢、钢丝绳 60～70 钢。

表 4-2　碳素工程结构钢的力学性能

牌号	等级	拉伸试验												
		屈服强度 $R_{p0.2}$/MPa						抗拉强度 R_m/MPa	断后伸长率 A/%					
		钢板厚度（直径）/mm							钢板厚度（直径）/mm					
		≤16	16～40	40～60	60～100	100～150	≥150		≤16	16～40	40～60	60～100	100～150	≥150
		不小于							不小于					
Q195	—	195	185	—	—	—	—	315～430	33	32	—	—	—	—
Q215	A B	215	205	195	185	175	165	335～450	31	30	29	28	27	26

续表

牌号	等级	屈服强度 $R_{p0.2}$/MPa 钢板厚度（直径）/mm ≤16	16～40	40～60	60～100	100～150	≥150	抗拉强度 R_m/MPa	断后伸长率 A/% 钢板厚度（直径）/mm ≤16	16～40	40～60	60～100	100～150	≥150
		不小于							不小于					
Q235	A	235	225	215	205	195	185	375～500	26	25	24	23	22	21
	B													
	C													
	D													
Q255	A	255	245	235	225	215	205	410～550	24	23	22	21	20	19
	B													
Q275	—	275	265	255	245	235	225	490～630	20	19	18	17	16	15

4.1.2 常用碳素工程结构钢

1. Q195

Q195 钢中碳、锰含量低，强度不高，塑性好，韧性高，具有良好的工艺性能和焊接性能。广泛用于轻工机械、运输车辆、建筑等一般结构件，自行车、农机配件、五金制品，焊管及运输水、煤气等用管，拉杆、支架及机械用一般结构零件。可用于代替 08 优质碳素结构钢制造冲压件、焊接结构件。

2. Q215

Q215 钢中碳、锰含量较低，塑性好，其有良好的韧性、焊接性能和工艺性能。用于厂房、桥梁等大型结构件，建筑桁架、铁塔、井架及车船制造结构件，轻工、农业、机械零件，五金工具，金属制品等。

3. Q235

Q235 钢中碳含量适中，是最通用的工程结构钢之一，具有一定的强度，塑性和焊接性能良好。适用于受力不大而韧性要求很高的工程结构。用于建造厂房、高压输电铁塔、桥梁、车辆等。

4. Q255

Q255 钢中具有较好的强度、塑性和韧性，较好的焊接性能和冷热压力加工性能。主要用于强度要求不高的零件，如钢接、栓接工程结构，螺栓、键、拉杆、轴、摇杆等。

5. Q275

此类钢中碳、硅、锰含量高，具有较高强度、较好塑性、较高硬度及耐磨性，一定的焊接性能和较好的切削加工性能，韧性较低。对于一般承受中等应力的机械结构，可用于代替牌号为 30、35 的优质碳素结构钢，以降低成本。可用于制造心轴、齿轮、销轴、链轮、螺栓、垫圈、刹车杆、垫板，农业机械用型材、机架等。

4.2　低合金高强度结构钢的合金化

目前工业上广泛使用的低合金高强度结构钢大多是在热轧态或正火态供应的。这类钢的主要合金化成分为 C、Si、Mn、Nb、V、Ti、Al 等元素，具有铁素体-珠光体显微组织的低碳低合金钢。合金元素通过固溶强化、细晶强化、沉淀强化这三种强化机制提高这类钢的强度（戴起勋，2011）。

4.2.1　固溶强化

图 4-1 是各种合金元素对铁素体-珠光体低合金高强度结构钢固溶强化效果的影响（戴起勋，2011）。由图 4-1 可见，碳既能产生较好的固溶强化效果，又能提高珠光体的体积分数。因此，它有很好的强化效果，同时具有低的成本。在工程结构钢发展的初期，通过提高碳含量来提高钢的强度受到青睐。当时的碳含量高达 0.3%（质量分数，下同），屈服强度可达 300～350MPa。低合金高强度结构钢

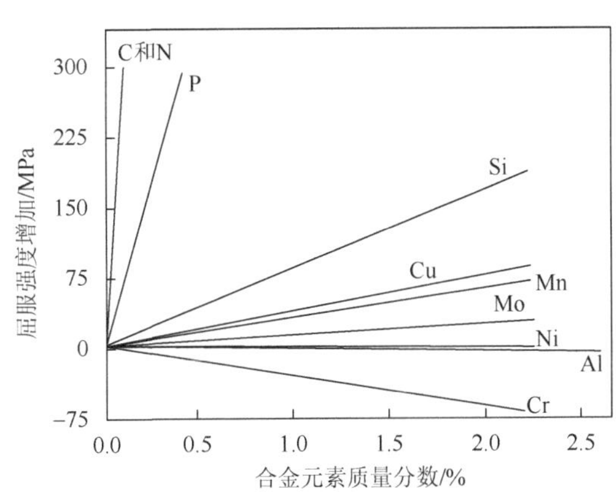

图 4-1　不同合金元素对低合金高强度钢的固溶强化效果

主要利用 Mn、Si、P 等元素溶入铁素体来提高强度。Mn 和 Si 为常用的固溶强化元素，一般 Mn 的质量分数不超过 2%，Si 的质量分数不超过 0.8%，否则对塑性、韧性、冷弯性能和焊接性能不利。例如，Mn 和 Si 每增加 10MPa 的屈服强度，分别使断后伸长率下降 0.6%和 0.65%。Cu 作为钢中的残余元素加以利用，一般含 0.25%～0.5%。微量铜可提高钢的耐大气腐蚀性能。国际上有的工程结构钢主要加入少量 Cr 和 Ni，Cr 不超过 0.8%，Ni 不超过 0.7%，它们不产生固溶强化作用。

4.2.2 细晶强化

细化晶粒是提高钢强度和韧度的一个重要方法（齐锦刚等，2014；戴起勋，2011）。由图 4-2 可见，采用细化晶粒的方法，R_{eL} 每提高 15MPa，可使韧脆转变温度下降 10℃。从粗晶粒到很细的晶粒时，钢强度可从 154MPa 提高到 386MPa，韧脆转变温度则从 0℃以上下降到−150℃左右。细化晶粒是既能使钢强化又能改善韧度的唯一方法。

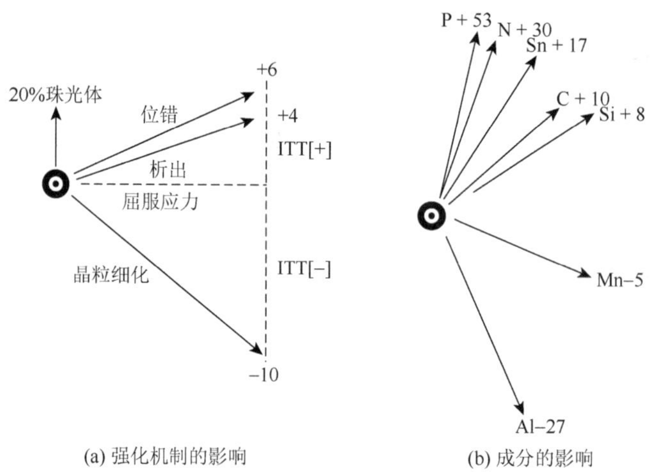

图 4-2 铁素体-珠光体钢的各种强化机制和成分对屈服强度和韧脆转变温度的影响

图（b）中数值代表屈服强度每提高 15MPa 韧脆转变温度的变化值（℃）；ITT 代表冲击转变温度的影响

从图 4-3 中的 Hall-Petch 关系可见（强文江和吴承建，2018），对 C-Mn 钢和 C-Mn-Nb 钢晶粒越细小，钢的屈服强度呈线性上升。细化晶粒的途径有多种，其中重要的是用铝脱氧和合金化。用铝脱氧生成细小弥散的 AlN 质点，用 Ti、Nb、V 的微合金化生成弥散的氮化物、碳化物和碳氮化物，这些弥散相都能钉扎晶界，阻碍奥氏体晶粒长大（强文江和吴承建，2018），转变后细化铁素体晶粒和珠光体。

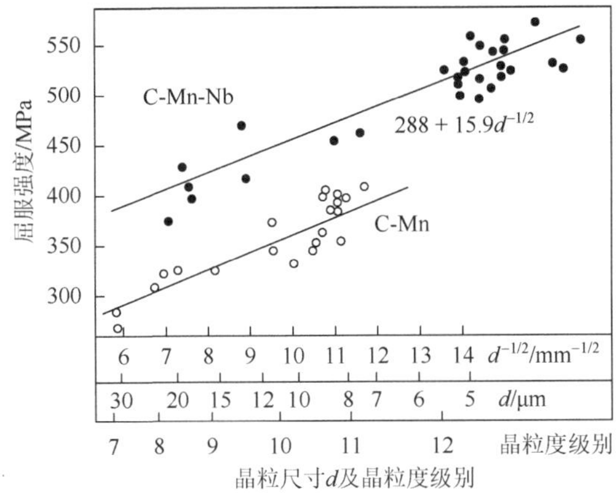

图 4-3　C-Mn 钢和 C-Mn-Nb 钢实际测定的 Hall-Petch 关系图

图 4-4 表示 Nb、V、Ti 和 Al 对钢加热时奥氏体晶粒长大倾向的影响（强文江和吴承建，2018）。曲线上阴影斜线区为各种钢的奥氏体晶粒粗化温度范围，低于此温度范围，这些弥散相对晶界有足够的钉扎作用，阻止奥氏体晶粒长大。Ti 的氮化物是在钢水凝固阶段形成的，实际上很少溶于奥氏体，因此能在钢的热加工加热过程和焊接时的焊缝中控制晶粒尺寸；Nb 的氮化物和碳化物在奥氏体内部分未溶解，可起抑制作用，已溶解的可在高温过程中部分析出，也可起抑制晶粒长大的作用；V 的氮化物和碳化物在奥氏体内几乎完全溶解，对控制奥氏体晶粒的作用很小。因此，Nb、V、Ti 和 Al 的作用顺序为 Ti 最大，Nb 次之，Al 又次之，而 V 较弱。

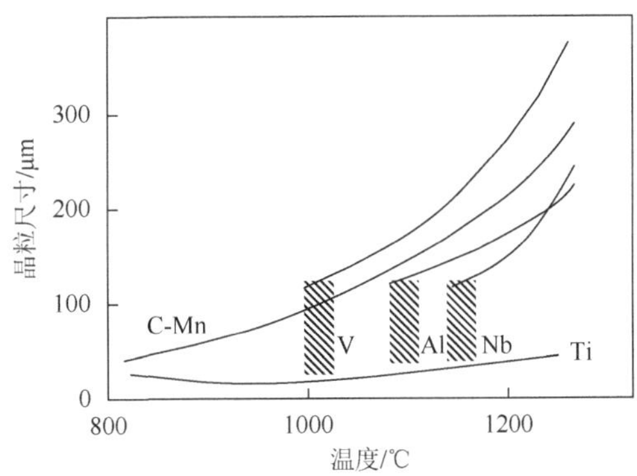

图 4-4　微合金元素对钢奥氏体晶粒长大特征的影响

另外，钢中加入降低 A_3 温度的合金元素，可使奥氏体在更低温度转变而细化铁素体晶粒和珠光体晶粒，例如，加入 1.0%～1.5%的锰可降低 A_{r3} 温度约 50℃。

Cr 和 Ni 与 Mn 一样可增加奥氏体过冷能力，使转变温度降低，细化钢的显微组织，提高钢的强度。

上述细化奥氏体晶粒的措施互相补充，配之以恰当的轧制和热处理工艺，就可以细化钢的晶粒。

4.2.3 沉淀强化

Nb、V、Ti 微合金化除可生成弥散的碳化物、氮化物和碳氮化物细化晶粒外，又由于这些细小的化合物相间弥散分布，从而可产生析出强化。氮化物最稳定，一般在奥氏体中沉淀，对奥氏体高温变形、再结晶和晶粒长大起抑制作用。碳化物和碳氮化物稳定性稍差，一般在奥氏体转变中产生相间沉淀和从过饱和铁素体中析出，从而产生沉淀强化。微合金钢中主要的沉淀强化相是 VC、NbC 和 TiC，其粒子尺寸在 2～10nm 范围具有最大的沉淀强化效应。钢中每加入质量分数为 0.01% Nb 和 Ti，可使屈服强度增高 30～50MPa；每增加 0.10% V，使屈服强度增高 150～200MPa。

当钢中含有一定量的 C 和 N 时，钢中微量钛主要以 TiN 出现，细化奥氏体晶粒。钢中微量铌既可以在高温变形时析出 NbN 和 Nb 的晶界偏聚，细化奥氏体晶粒，又可以在随后发生相间沉淀和从过饱和铁素体析出 Nb(C, N)产生沉淀强化。V 主要是在相变时发生相间沉淀和从过饱和铁素体中析出 VC，产生沉淀强化。因此，Nb、V、Ti 元素既可产生细晶强化，又可产生析出强化。

根据上述强化机制和 Hall-Petch 关系，Pickering 和 Gladman 提出了综合屈服强度表达式：

$$\sigma_{\mathrm{y}} = \sigma_0 + \sum k_i \sigma_i + \sum k_j \sigma_j + k_{\mathrm{y}} d^{1/2} \tag{4-1}$$

式中，第一项 σ_0 为基体对强度的贡献，约为 200MPa；第二项为几种元素的固溶强化；第三项为几种元素的沉淀强化；第四项为晶粒尺寸对强度的贡献，式中的系数 k_i、k_j、k_{y} 已知。

4.3 合金元素对焊接性和耐大气腐蚀性的影响

4.3.1 工程结构钢的焊接性

焊接是构成金属结构的常用方法。金属结构要求焊缝与母材有牢固的结合，强度不低于母材，焊缝的热影响区（heat affected zone，HAZ）有较高的韧性，没有焊接裂纹。焊接时，焊缝被钢液充填，电弧移走后，焊缝的热量被周围的母材吸收，焊缝的冷却速度很大，往往超过母材钢种的临界冷却速度而发生局部淬火，产生相变，在焊缝和热影响区产生很大的内应力。热影响区由于温度高而引起晶粒粗化。这些都会促使焊接裂纹的产生。

由于焊接时热影响区被加热至 A_3 温度以上，在焊接后急冷时容易发生局部淬火形成马氏体组织，从而产生很大的焊接应力。故钢材的碳含量越高，焊缝处的硬化与脆化倾向越显著，在焊接应力的作用下越容易产生裂纹。为了防止焊接裂纹的产生，钢的碳含量应尽可能降低。另外，提高钢材淬透性的合金元素种类及其数量也应适当控制，如 Cr、Mn、Mo、Ni 等。对于低合金高强度钢中常用的微合金元素，如 Nb、V、Ti，对焊接性的影响是不同的。普遍认为，所有用 Nb 处理的钢，其热影响区韧性都比较差。用 V 进行微合金化广泛用于生产正火钢板及大部分型钢，V 在这种钢中，即使质量分数提高到 0.10%，也不会导致热影响区明显脆化。用 Ti 处理的钢，在大的热输入焊接的热影响区中，能够达到极佳的热影响区韧性。通常用焊接碳当量 $w(\mathrm{C})_{\mathrm{eq}}$ 和焊接裂纹敏感性指数 P_{cm} 来评价低合金高强度结构钢的焊接性：

$$w(\mathrm{C})_{\mathrm{eq}}=w(\mathrm{C})+\frac{w(\mathrm{Mn})}{6}+\frac{w(\mathrm{Cr})+w(\mathrm{Mo})+w(\mathrm{V})}{5}+\frac{w(\mathrm{Ni})+w(\mathrm{Cu})}{15} \tag{4-2}$$

$$P_{\mathrm{cm}}=w(\mathrm{C})+\frac{w(\mathrm{Si})}{30}+\frac{w(\mathrm{Mn})}{20}+\frac{w(\mathrm{Cu})}{20}+\frac{w(\mathrm{Ni})}{60}+\frac{w(\mathrm{Cr})}{20}+\frac{w(\mathrm{Mo})}{15}+\frac{w(\mathrm{V})}{10}+5w(\mathrm{B}) \tag{4-3}$$

合金元素的加入常常恶化工程结构钢焊接性。一方面，增加钢的淬透性，焊后冷却时发生马氏体转变，引起内应力增加；而且钢中碳含量增加使马氏体的比热容和硬度增大，也引起内应力增加；另一方面，降低 M_s 温度，使马氏体转变温度降低，此时钢的塑性较差；钢中氢含量高将使钢的塑性下降，引起氢脆。这些都将恶化钢的焊接性。

4.3.2　铁素体-珠光体组织的冷脆性

具有铁素体-珠光体组织的工程结构钢在−50～+100℃使用，因而要求有较低的韧脆转变温度 FATT_{50}。影响钢的冲击韧性和韧脆转变温度的因素有碳含量、晶粒尺寸、固溶元素、弥散析出相和非金属夹杂物等。

随着碳含量的提高，由于增加了珠光体的体积分数，钢的韧脆转变温度显著提高，图 4-5 表示韧脆转变温度与碳含量的关系（戴起勋，2011）。由图可见，0.11%C 的钢材韧脆转变温度在−50℃左右，而 0.31%C 的钢材韧脆转变温度则达到 50℃左右。碳含量增加又使钢的焊接、成形困难，特别是对于以焊接工艺为主要加工方法的钢结构，容易引起结构件发生严重的变形和开裂。因此，从强化和塑韧性及工艺性考虑，一般碳含量均应限制在0.2%以下。

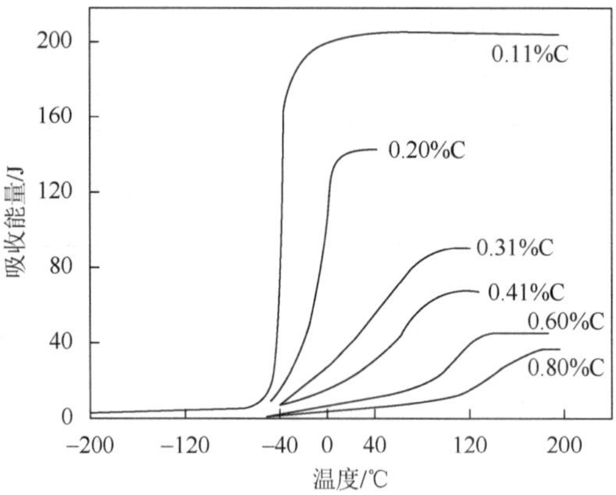

图 4-5　钢的韧脆转变温度与碳含量的关系

Mn、Si 是低合金高强度钢中最常用且较经济的元素。图 4-2 为铁素体-珠光体低合金高强度钢的各种强化机制（王笑天，1987）和成分对屈服强度和韧脆转变温度的影响（数值表明屈服强度 R_{eL} 每增加 15MPa 时，韧脆转变温度的变化量（℃））。图 4-2 表明，加入 Mn 有固溶强化作用，但是由于 Mn 能降低 A_3 线温度，使奥氏体在更低的温度下转变为铁素体而有轻微细化铁素体晶粒的作用。因此，R_{eL} 每提高 15MPa，可使韧脆转变温度下降 5℃。Si 有固溶强化作用，但由于不能细化铁素体晶粒，R_{eL} 每提高 15MPa，韧脆转变温度提高 8℃。所以，低合金高强度钢的基本成分应考虑低碳和稍高的锰含量，并适当用硅强化。

4.3.3　工程结构钢的耐大气腐蚀性能

工程结构钢多是在大气或海洋大气中服役，在潮湿空气作用下，会产生电化学腐蚀，因而要求有抗大气腐蚀的能力。钢中加入少量 Cu、P、Ni、Cr 等元素，都能提高钢抗大气腐蚀的能力。

少量 Cu 能非常有效地提高钢抗大气腐蚀的能力。钢中的 Cu 不易发生腐蚀，而以 Cu 元素沉积在钢的表面，具有正电位，成为钢表面的附加阴极，促使钢在很小的阳极电流下达到钝化状态。为提高钢的抗大气腐蚀能力，一般钢中加入 $w(Cu) = 0.25\%\sim0.50\%$的铜。有些铁矿石含铜，也可以作为钢中的残留元素而发挥作用。

P 也能提高钢抗大气腐蚀的能力，P 的质量分数一般为 0.05%～0.15%。提高磷含量，冷脆和时效倾向增加。为减少这种倾向，应用 Al 脱氧以得到细晶粒钢。少量 Ni 和 Cr 都能促进钢的钝化，减少电化学腐蚀。加入微量的稀土元素也有良好效果。若同时加入几种耐蚀的少量和微量元素，则提高耐蚀性的效果更佳，其中铜和磷共同作用最为有效。

我国研制开发的耐候钢有：Q295NH，含 0.25%～0.55%Cu、0.40%～0.80%Cr、≤0.65%Ni；高耐候钢 Q295GNH，含 0.07%～0.12%P、0.25%～0.45%Cu、0.30%～0.65%Cr、0.25%～0.50%Ni。

4.4　铁素体-珠光体钢

铁素体-珠光体钢服役时的显微组织是铁素体-珠光体，包括碳素工程结构钢、低合金高强度结构钢和微合金钢。

4.4.1　碳素工程结构钢

碳素工程结构钢中有五种常存元素，即 C、Si、Mn、S、P，其中，$w(\mathrm{Mn})\leqslant 1.0\%$，$w(\mathrm{Si})\leqslant 0.5\%$，它们是冶炼工艺中为了脱氧和稳定硫的需要而加进来的。碳素工程结构钢因冶炼中脱氧程度不同而分为沸腾钢、半镇静钢和镇静钢。沸腾钢规定 $w(\mathrm{Si})\leqslant 0.07\%$，在钢号末加 F 表示；半镇静钢中 $w(\mathrm{Si}) = 0.05\%\sim 0.17\%$，并在钢号末加 b 来表示；镇静钢中 $w(\mathrm{Si}) = 0.12\%\sim 0.30\%$，在钢号后加 Z，特殊镇静钢在钢号后加 TZ。

碳素工程结构钢大部分以热轧成品供货，小部分以冷轧成品供货，如冷轧薄板、冷拔钢管、冷拉钢丝等。用于冷轧板的钢有 08F、08Al、06Ti 等，冷轧成板后经再结晶退火，最后施以 1%～3%平整变形，以消除上、下屈服点，保证深冲要求。08F 钢由于有自由氮存在，即使平整后仍有应变时效倾向，出现上、下屈服点，在冲压时出现板面不平整的吕德斯带。因此，可加入固定氮的元素如 Al 或 Ti，以形成 AlN 或 TiN，消除钢的应变时效倾向。

4.4.2　常用低合金高强度结构钢

低合金高强度结构钢是在碳素工程结构钢的基础上，加入少量合金元素（主要是 Mn、Si 和微合金元素 Nb、V、Ti、Al 等）而形成的。它利用合金元素产生的固溶强化、细晶强化和沉淀强化来提高钢的强度。利用细晶强化使钢的韧脆转变温度降低，来抵消由碳氮化物析出强化导致的钢的韧脆转变温度升高。铁素体-珠光体构成的钢是工程结构钢中最主要的一类。这类钢的显微组织是铁素体-珠光体（F-P），其组织特点是由片层状的珠光体和多边形的铁素体组成，珠光体体积占 10%～25%，铁素体体积占 75%～90%。

在低合金高强度结构钢中，根据质量要求，可分为 B、C、D、E、F 五个等级，与旧标准相比，B、C、D 级具有良好的低温韧性，用量较大，常用于船舶、锅炉、容器、桥梁等承受较高载荷的焊接件。随着材料技术的发展，工程结构钢标准也在不断地修订，新旧标准的变化可查阅有关手册等资料。

新标准《低合金高强度结构钢》（GB/T 1591—2018）以交货状态代替使用领域来对材料的成分及力学性能进行测量。交货状态包括热轧、正火、正火轧制和热机械轧制等。该类钢的牌号为 Q + 屈服强度值+交货状态代号 + 质量等级。例如，Q355ND 的数字 355 表示钢的屈服强度的最小上屈服强度数值为 355MPa，N 表示交货状态为正火或正火轧制态，D 表示质量等级。Q355M、Q390M 的 M 表示热机械轧制态，具有较好的综合力学性能、焊接性和冷、热加工性。低合金高强度结构钢的化学成分、力学性能分别见表 4-3 和表 4-4（戴起勋，2011）。

表 4-3 低合金高强度结构钢的钢号与化学成分（《低合金高强度结构钢》（GB/T 1591—2018））

<table>
<tr><th rowspan="3">钢级</th><th rowspan="3">质量等级</th><th colspan="11">化学成分[a]/%（质量分数）</th></tr>
<tr><th>C</th><th>Si</th><th>Mn</th><th>P[a]</th><th>S[a]</th><th>Nb</th><th>V</th><th>Ti[b]</th><th>N</th><th>其他</th><th>Al[d]</th></tr>
<tr><th colspan="5">≤</th><th colspan="3"></th><th colspan="2">≤</th><th>≥</th></tr>
<tr><td rowspan="5">Q355M</td><td>B</td><td rowspan="5">0.14[c]</td><td rowspan="5">0.50</td><td rowspan="5">1.60</td><td>0.035</td><td>0.035</td><td rowspan="5">0.01～0.05</td><td rowspan="5">0.01～0.10</td><td rowspan="5">0.006～0.05</td><td rowspan="5">0.015</td><td rowspan="5">0.30Cr；0.50Ni；0.40Cu；0.10Mo</td><td rowspan="5">0.015</td></tr>
<tr><td>C</td><td>0.030</td><td>0.030</td></tr>
<tr><td>D</td><td>0.030</td><td>0.025</td></tr>
<tr><td>E</td><td>0.025</td><td>0.020</td></tr>
<tr><td>F</td><td>0.020</td><td>0.010</td></tr>
<tr><td rowspan="4">Q390M</td><td>B</td><td rowspan="4">0.15[c]</td><td rowspan="4">0.55</td><td rowspan="4">1.70</td><td>0.035</td><td>0.035</td><td rowspan="4">0.01～0.05</td><td rowspan="4">0.01～0.12</td><td rowspan="4">0.006～0.05</td><td rowspan="4">0.015</td><td rowspan="4">0.30Cr；0.50Ni；0.40Cu；0.10Mo</td><td rowspan="4">0.015</td></tr>
<tr><td>C</td><td>0.030</td><td>0.030</td></tr>
<tr><td>D</td><td>0.030</td><td>0.025</td></tr>
<tr><td>E</td><td>0.025</td><td>0.020</td></tr>
<tr><td rowspan="4">Q420M</td><td>B</td><td rowspan="4">0.16[c]</td><td rowspan="4">0.50</td><td rowspan="4">1.70</td><td>0.035</td><td>0.035</td><td rowspan="4">0.01～0.05</td><td rowspan="4">0.01～0.12</td><td rowspan="4">0.006～0.05</td><td rowspan="2">0.015</td><td rowspan="4">0.30Cr；0.80Ni；0.40Cu；0.20Mo</td><td rowspan="4">0.015</td></tr>
<tr><td>C</td><td>0.030</td><td>0.030</td></tr>
<tr><td>D</td><td>0.030</td><td>0.025</td><td rowspan="2">0.025</td></tr>
<tr><td>E</td><td>0.025</td><td>0.020</td></tr>
<tr><td rowspan="3">Q460M</td><td>C</td><td rowspan="3">0.16[c]</td><td rowspan="3">0.60</td><td rowspan="3">1.70</td><td>0.030</td><td>0.030</td><td rowspan="3">0.01～0.05</td><td rowspan="3">0.01～0.12</td><td rowspan="3">0.006～0.05</td><td>0.015</td><td rowspan="3">0.30Cr；0.80Ni；0.40Cu；0.20Mo</td><td rowspan="3">0.015</td></tr>
<tr><td>D</td><td>0.030</td><td>0.025</td><td rowspan="2">0.025</td></tr>
<tr><td>E</td><td>0.025</td><td>0.020</td></tr>
</table>

续表

钢级	质量等级	化学成分[a]%（质量分数）										
		C	Si	Mn	P[a]	S[a]	Nb	V	Ti[b]	N	其他	Al[d]
		≤								≤		≥
Q500M	C	0.18	0.60	1.80	0.030	0.030	0.01～0.11	0.01～0.12	0.006～0.05	0.015	0.60Cr；0.80Ni；0.55Cu；0.20Mo；0.004B	0.015
	D				0.030	0.025				0.025		
	E				0.025	0.020						
Q550M	C	0.18	0.60	2.00	0.030	0.030	0.01～0.11	0.01～0.12	0.006～0.05	0.015	0.80Cr；0.80Ni；0.80Cu；0.30Mo；0.004B	0.015
	D				0.030	0.025				0.025		
	E				0.025	0.020						
Q620M	C	0.18	0.60	2.00	0.030	0.030	0.01～0.11	0.01～0.12	0.006～0.05	0.015	1.00Cr；0.80Ni；0.80Cu；0.30Mo；0.004B	0.015
	D				0.030	0.025				0.025		
	E				0.025	0.020						
Q690M	C	0.18	0.60	2.60	0.030	0.030	0.01～0.11	0.01～0.12	0.006～0.05	0.015	1.00Cr；0.80Ni；0.80Cu；0.30Mo；0.004B	0.015
	D				0.030	0.025				0.025		
	E				0.025	0.020						

a 对于型材和棒材，P 和 S 含量可以提高 0.005%。

b 最高到 0.20%。

c 对于型材和棒材，最大碳含量可以提高 0.02%。

d 钢中应至少含有 AlNbVTi 等细化晶粒元素中的一种，单独或组合加入时，应保证其中至少一种合金元素含量不小于表中规定含量的下限。

表 4-4　低合金高强度结构钢的力学性能（《低合金高强度结构钢》（GB/T 1591—2018））

牌号		R_{eH}[a]/MPa（不小于）						R_m/MPa（不小于）					断后伸长率 A/%
钢级	质量等级	公称厚度或直径/mm											
		≤16	>16～40	>40～63	>63～80	>80～100	>100～120	≤40	>40～63	>63～80	>80～100	>100～120[b]	≥
Q355M	B、C、D、E、F	355	354	335	325	325	320	470～630	450～610	440～600	440～600	430～590	22
Q390M	B、C、D、E	390	380	360	340	340	335	490～650	480～640	470～630	460～620	450～610	20
Q420M	B、C、D、E	420	400	390	380	370	365	520～680	500～600	480～640	470～630	460～620	19

续表

牌号		R_{eH}[a]/MPa（不小于）						R_m/MPa（不小于）					断后伸长率 A/%
钢级	质量等级	公称厚度或直径/mm											
		≤16	>16～40	>40～63	>63～80	>80～100	>100～120	≤40	>40～63	>63～80	>80～100	>100～120[b]	≥
Q460M	C、D、E	460	440	430	410	400	385	540～720	530～710	510～690	500～680	490～660	17
Q500M	C、D、E	500	490	480	460	450	—	610～770	600～760	590～750	540～730	—	17
Q550M	C、D、E	550	540	530	510	500	—	670～830	620～810	600～790	590～780	—	16
Q620M	C、D、E	620	610	600	580	—	—	710～880	690～880	670～860	—	—	15
Q690M	C、D、E	690	680	670	650	—	—	770～940	750～920	730～900	—	—	14

a 屈服不明显时，可测量 $R_{p0.2}$（见附录）代替上屈服强度 R_{eH}。

b 对于型材和棒材，厚度或直径不大于 150mm。

4.5 微合金钢

微合金钢是 20 世纪 70 年代发展起来的一大类低合金高强度结构钢，其强化机制主要是细化晶粒和沉淀强化。为了充分发挥微合金元素 Ti、V、Nb 的作用，同时发展了与之配套的控制轧制和控制冷却生产工艺。微合金元素在控制轧制和控制冷却生产工艺过程中，对微合金钢的组织和性能产生了很大的影响。

4.5.1 强化机理

在铁素体-珠光体钢中，珠光体含量是影响钢强度（但不影响屈服强度）的主要因素之一。珠光体的体积分数每增加 10%，将使韧脆转变温度升高 22℃。提高钢中的碳含量，会增加珠光体含量，大大损害钢的焊接性和低温冲击韧性。因此，对于微合金钢要提高它的强度不能依靠提高钢的碳含量增加珠光体含量的方法，反而为了要满足焊接性和韧度的要求，需要将钢的碳含量进一步降低，即采用微（少）珠光体钢（碳质量分数在 0.1%以下）。但是，降低碳含量将会降低钢的强度。因此，为保证钢的强度，就必须采用其他不损害或少损害焊接性和韧性的强化措施。从前面分析可知，在细晶强化中，屈服强度每提高 15MPa，韧脆转变温度降低 10℃；在析出强化中，屈服强度每提高 15MPa，韧脆转变温度提高 4℃。因此，细晶强化既能提高强度又能降低韧脆转变温度。而析出强化虽使钢的韧脆转变温度升高，但远低于间隙固溶强化，所以微珠光体钢可通过析出强化和晶粒细化来提高钢的综合性能。采用的方法是 Nb、V、Ti 微合金化及控制轧制和控制冷却以及它们的组合。

4.5.2　微合金元素的作用

在控制轧制和控制冷却钢中，Nb、V、Ti 单个元素或它们的组合是经常采用的，它们的作用主要有细化晶粒组织和析出强化。微合金元素细化钢晶粒主要通过以下两种方式实现。

（1）阻止加热时奥氏体晶粒长大：在锻造和轧制过程中，一方面加热时晶粒会自发长大，另一方面每一道次变形再结晶完，晶粒也要发生长大。

（2）抑制奥氏体变形再结晶：在热加工过程中，奥氏体会发生变形，再结晶使晶粒回复长大。加热时未回溶析出物对再结晶的发展不产生任何影响，但是通过应变动态析出 Nb、V、Ti 的碳氮化物，沉淀在晶界、亚晶界和位错上起钉扎作用，有效地阻止奥氏体再结晶时晶界和位错的运动，从而抑制奥氏体变形再结晶（动态再结晶）。初始固溶的 Nb 还能对扩散控制的反应或相变起拖曳作用，从而大幅度抑制静态再结晶。因此微合金元素可将再结晶过程推向较高的温度。Nb、V、Ti 对变形再结晶的影响如图 4-6 所示（强文江和吴承建，2018）。

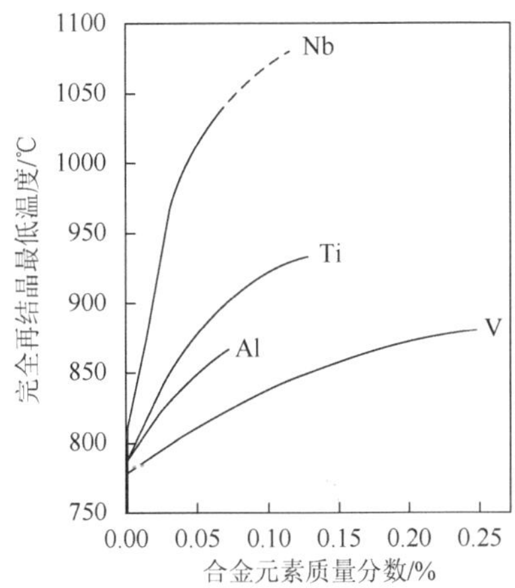

图 4-6　Nb、V、Ti 对变形再结晶的影响（虚线表示尚有争议）

由图 4-6 可见，Nb 的效果最好，Ti 次之，V 较弱。因此，微合金元素因能抑制再结晶，使轧制后有较细的铁素体晶粒。微合金元素通过阻止加热时奥氏体晶粒长大和抑制奥氏体变形再结晶这两方面作用而使轧制后铁素体晶粒细化。总之，通过微合金元素的作用并结合控制轧制和控制冷却技术，可使微珠光体钢的晶粒细化到 4～5μm，从而具有较好的强韧度配合。

Ti 和 Nb 的碳化物及氮化物有足够低的固溶度和高的稳定性（李云凯，2005），V 只有在氮化物中才具有这样的性质。V 的化合物仅在 γ/α 相变过程中或相变之后析出，析出物非常细小，有十分显著的析出强化效果。Ti 的碳化物和 Nb 的氮化物、碳化物可在高温奥氏体区内溶解，又在低温奥氏体区内析出。一般微合金钢中的沉淀析出强化相主要是低温下析出的Nb(C, N)和VC。微合金元素Nb、V、Ti细晶强化和析出强化对钢的屈服强度的贡献如图4-7所示（强文江和吴承建，2018；凤仪，2008）。

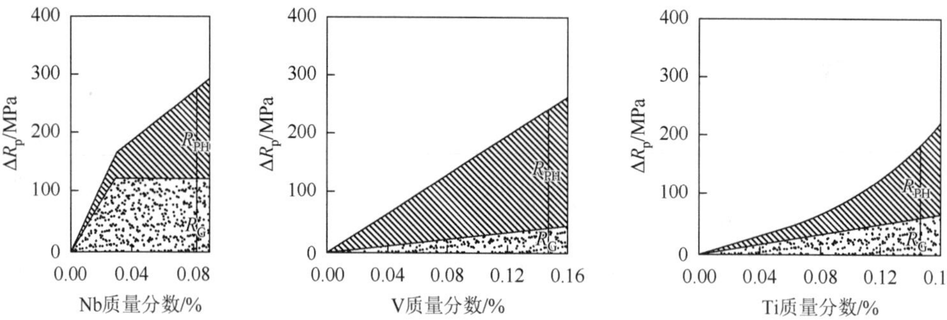

图4-7　微合金元素对钢的屈服强度的影响

ΔR_p：屈服强度增量；R_G：晶粒细化的贡献；R_{PH}：析出强化的贡献

当w(Nb)≤0.04%时，细化晶粒产生的屈服强度增量σ_G大于析出强化引起的增量σ_{PH}；当w(Nb)＞0.04%时，σ_{PH}增量大大增加，而σ_G保持不变。V引起析出强化使钢的屈服强度增量σ_{PH}最显著，而Ti的作用处于Nb和V之间。

4.5.3　控制冷却

常规热轧后的钢材，或者是自然冷却，或者是堆垛、成卷冷却。这样冷却后形成的组织比较粗大，对钢的韧性不利，而且钢材的性能也不均匀。为了进一步提高钢的性能，通过穿（喷）水、喷雾、强制风冷等手段，对轧后冷却参数进行控制，就形成了控制冷却。

控制冷却工艺对获得细小的铁素体晶粒和第二相极为重要。对于截面较大的钢材，冷却速度过慢时，析出的先共析铁素体将长大，珠光体团和片层也粗化，这就降低了钢的强度和韧性。对于微合金钢的影响还在于，冷却速度慢时，发生相间析出的温度较高，析出相过于粗大，减弱了强化效应。含Ti、Nb、V等元素的微合金钢，由于这些元素析出第二相产生强化，会带来塑性和韧性的下降。为此，必须采用控制冷却，细化组织，改善塑性和韧性。根据钢材截面大小的不同，可以采用强制风冷、喷雾、喷水等措施来控制冷却速度。

应该注意，控制冷却不等于加速冷却，因为有一些钢种要求的冷却速度比自然空冷还要慢。为此，斯太尔摩（Stelmor）控制冷却线在标准型的基础上，发展出了缓慢型和延迟型。

4.5.4　控制轧制

热轧工艺对钢的组织和性能有重要的影响，如钢坯的再加热温度和开轧温度、轧制道次和压下量、终轧温度、轧后冷却参数等都是极为重要的影响因素。20 世纪 20 年代发现降低终轧温度能够导致晶粒细化从而提高强度和韧性之后，逐渐认识到控制轧制工艺各个环节的重要性，这就发展并完善了控制轧制的理论和工艺。现在控制轧制工艺已经在实际生产中广泛应用。低合金高强度结构钢，尤其是微合金钢的发展，与控制轧制工艺密切相关。

控制轧制是一种通过细化铁素体晶粒而使钢材具有良好的强度和韧性的工艺过程，本质上是变形热处理的一种派生形式。控制轧制通常由以下三个阶段组成（伍玉娇，2011）。

1. 奥氏体再结晶区控制轧制（又称Ⅰ型控制轧制）

奥氏体再结晶区控制轧制的主要目的是通过对加热时粗化的初始奥氏体晶粒反复进行轧制再结晶，使之细化，从而使 $\gamma\rightarrow\alpha$ 相变后得到细小的铁素体晶粒。仅由于再结晶奥氏体晶粒细化而引起的铁素体晶粒细化存在一个极限。奥氏体再结晶区域轧制是通过再结晶使奥氏体晶粒细化，从这种意义上说，它实际上是控制轧制的准备阶段。奥氏体再结晶区域通常是在 950℃以上的温度范围。

Ti-V-N 钢就是为适应再结晶控制轧制而研制的一种钢，可以得到极细小的铁素体晶粒和珠光体团。同时，由于 TiN 非常细小，在焊接时阻碍热影响区的晶粒长大，极大地改善了焊接热影响区的韧性。

2. 奥氏体未再结晶区控制轧制（又称Ⅱ型控制轧制）

在奥氏体未再结晶区进行控制轧制时，奥氏体晶粒沿轧制方向伸长，在奥氏体晶粒内部产生变形带，此时不仅由于晶界面积增加，提高了铁素体的形核率，而且在变形带上出现大量铁素体晶核，这就进一步促进了铁素体晶粒的细化。随着未再结晶区的总压下率增加，伸长的奥氏体晶粒在厚度方向上的尺寸减小，相变后的晶粒随着未再结晶区总压下率的增加而变细。$\gamma\rightarrow\alpha$ 相变温度越低，相变后的 α 晶粒越细。奥氏体未再结晶的温度区间一般为 950℃～A_{r3}。

3.（$\gamma+\alpha$）两相区轧制

在 A_{r3} 温度以下的（$\gamma+\alpha$）两相区轧制时，未相变的 γ 晶粒变得更长，在晶内形成变形带。另外，已相变形成的铁素体晶粒在变形时，其晶粒内形成亚结构。在轧制后的冷却过程中前者发生相变形成细小的多边形铁素体晶粒，后者因回复变成内部有亚晶粒的铁素体晶粒。因此，两相区轧制后形成由大角度晶界的晶粒和亚晶粒组成的混合组织。后来提出的铁素体区轧制也可以归属于（$\gamma+\alpha$）两相区轧制。

在控制轧制实践中常常把这三种轧制方式联系在一起而进行连续轧制，并称为控制轧制的三个阶段。图 4-8 表示钢材在这三个阶段的轧制过程中组织的变化（唐代明等，2014）。

综合上述分析可知，控制轧制可以充分发挥微合金元素的作用。在工程结构钢中加入 Ti、Nb、V 等微合金元素后，采用控制轧制工艺时，可以使钢材有更好的综合力学性能。在常规轧制工艺下，钢中加入 Nb 可以起到第二相强化作用，结果使钢的强度提高，韧性下降。而在控制轧制工艺下，加到钢中的微量 Nb 可以使晶粒细化，从而使钢的强度上升，韧性也提高。

V 在低碳钢中的作用与 Nb 相似。在常规轧制下，钢中加入的 V 主要是提高钢的强度，但使钢的韧性比含 Nb 钢要低。在控制轧制下，V 主要起第二相强化的作用，控制轧制使钢的晶粒细化，韧性又有所改善。在微合金钢中是同时加入 V 和 Ti、Nb 和 V 或者 Nb 和 Ti，这样可以同时发挥其细化晶粒和第二相强化的作用，更能综合发挥其改善强韧性的作用。微合金化技术和控制轧制工艺相结合有相辅相成的效果。

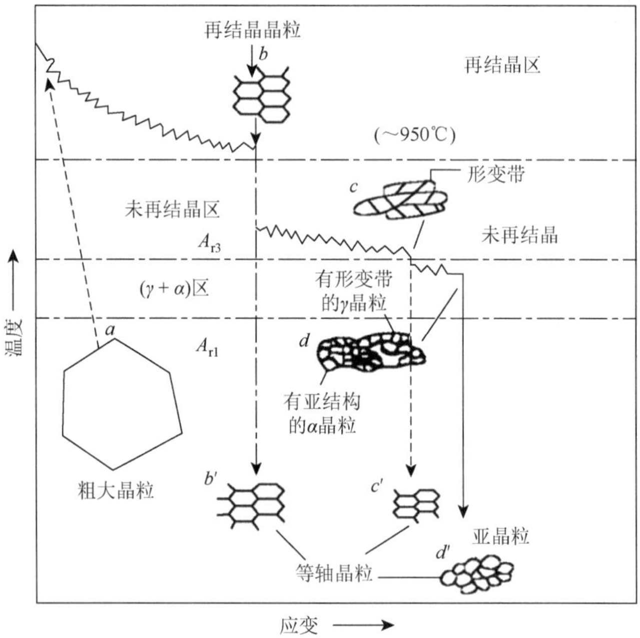

图 4-8　控制轧制方式示意图

a-粗大 γ 晶粒；*b*-再结晶 γ 晶粒；*b*′、*c*′-等轴 α 晶粒；*c*-γ 变形晶粒带；*d*-γ 晶界形成亚结构 α 晶粒；*d*′-γ 内部和晶界形成亚结构 α 晶粒

将控制轧制和控制冷却工艺相结合就形成了控制轧制和控制冷却工艺，简称控轧控冷。这种工艺可以更进一步细化钢的组织，显著改善钢的强度和韧性，也更能发挥微合金元素的作用。

控制轧制和控制冷却的工艺要点为：①选择合适的加热温度，以获得细小而均匀的奥氏体晶粒；②选择适当的轧制道次和每道次的压下量，通过再结晶获得细小的晶粒；③选择合适的再结晶区和未再结晶区停留的时间及温度，以使晶粒内发生回复，形成多边形化亚结构；④在奥氏体-铁素体两相区选择适宜的总压下量和轧制温度；⑤控制冷却速度。

4.6　工程结构钢最新发展

前面介绍了铁素体-珠光体组织的传统工程结构钢。最近几十年，由于汽车、石油、建筑等工业的发展，对工程结构钢提出了更高的要求；为了满足这些要求，开发出许多新型的工程结构钢。以下对这些新型的工程结构钢进行简单介绍，借此反映工程结构钢生产和应用的发展趋势。

4.6.1　无间隙原子钢

微合金钢，尤其是无间隙原子钢（interstitial-free steel，IF 钢）一类的产品，碳含量仅 20×10^{-6}，Nb 和 Ti 可以固定钢中的间隙原子，形成 TiN、Nb(C, N)，既可以增大 $\gamma\rightarrow\alpha$ 相变的形核率并使再结晶的 α 相保持细化，又有第二相强化的作用。高强冲压用钢、冷冲热轧薄板及气瓶用钢板等都可采用铁素体轧制工艺。

炼钢技术的发展，使生产 C、N 的质量分数分别低于 0.01%、0.002%的超低碳、氮钢成为可能。同时，应用微合金化技术，添加微量的强碳、氮化物形成元素 Ti、Nb，以形成 Ti(N, C)、Nb(N, C)化合物而将残余的碳、氮原子固定，就诞生了无间隙原子钢。加入微合金元素 Ti、Nb，使钢中无间隙原子存在，得到较纯净的铁素体，有利于冷轧钢板在退火时形成（111）的退火织构，提高其塑性应变比值 r，从而改善钢板的深冲成形性。在 IF 钢中添加的 Ti 或 Nb 与 C、N 含量相对应。例如，在钛处理的 IF 钢中，钛的加入量为

$$w(\mathrm{Ti})\geqslant 48/14w(\mathrm{N})+48/32w(\mathrm{S})+48/12w(\mathrm{C}) \qquad (4\text{-}4)$$

式中，48、14、32、12 分别为钛、氮、硫和碳的相对原子质量。当过剩钛含量不太高时，TiN 颗粒细小，当过剩钛含量太高时，TiN 颗粒将粗化。

表 4-5 列出了三种冲压用钢的力学性能（唐代明等，2014）。由表可见，IF 钢具有比沸腾钢（08F）和低碳铝镇静钢（08Al）优良的深冲性能。IF 钢也没有

应变时效倾向。但是，IF 钢有强度不高的缺点。因此，采用以下提高 IF 钢强度的措施。

（1）适当提高硅、锰的含量。通过这些元素产生的置换固溶强化，提高其强度。

（2）含 Ti 的 IF 钢在 NH_3 分解气氛中连续退火时渗氮或碳氮共渗。这一技术与普通渗碳的区别在于形成了很硬的表层。表层的硬化是由于形成了含 Ti 和 N 的细小沉淀物。其显著特点是除提高强度之外，还提高了钢板的抗凹痕性和抗弯曲性，但不降低塑性应变比值 r。

（3）利用钢的析出强化效应。在钢中残存一定量 Cu 的基础上再适当补充添加一部分 Cu，以达到足以析出细小弥散的 ε-Cu 含量。

表 4-5　三种冲压用钢的力学性能（状态：退火后平整）

钢种	R_{eL}/MPa	R_m/MPa	A/%	R_{eL}/R_m
沸腾钢（08F）	180～190	290～310	44～48	0.60～0.65
低碳铝镇静钢（08Al）	160～180	290～300	44～50	0.55～0.60
IF 钢	200	390	40	0.51

（4）利用烘烤硬化效应。用冷轧钢板制作的汽车车身零部件在冲压成形、喷涂面板漆之后，需要在大约 170℃的温度烘烤 20min 左右。这个过程相当于一个人工时效处理过程。含较多 Ti 或 Nb 的 IF 钢可以获得较高的烘烤硬化效应。

IF 钢主要用于汽车车身的冲压件，也用于制造家用电器。

4.6.2　双相低合金高强度钢

双相低合金高强度钢是指显微组织主要由铁素体和 5%～20%（体积分数）马氏体所组成的钢。在实际生产中，钢的组织中还包含少量的贝氏体和脱溶的碳化物。这种钢具有屈服强度低、初始加工硬化速率高以及强度和延性匹配好的特点，已成为一种强度高、成形性好的新型冲压用钢。

这种铁素体＋马氏体组织组成的钢，由于基体为铁素体，可以保证钢具备良好的塑性、韧性和冲压成形性，一定的马氏体可以保证提高钢的强度。因此，双相低合金高强度钢具有以下特点：①低的屈服强度，且是连续屈服，无屈服平台和上、下屈服强度；②断后伸长率较大，冷加工性能好；③塑性变形比 r 值很高；④加工硬化率 n 值大。

根据双相钢的生产工艺，双相钢又分为两种：热处理双相钢和热轧双相钢（戴起勋，2011）（图 4-9）。

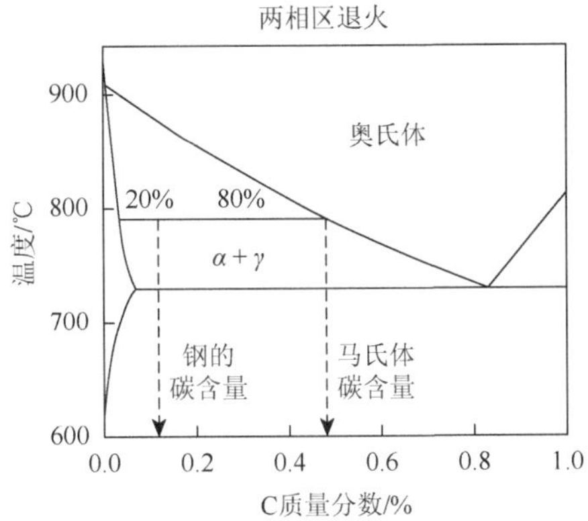

(a) 热处理双相钢

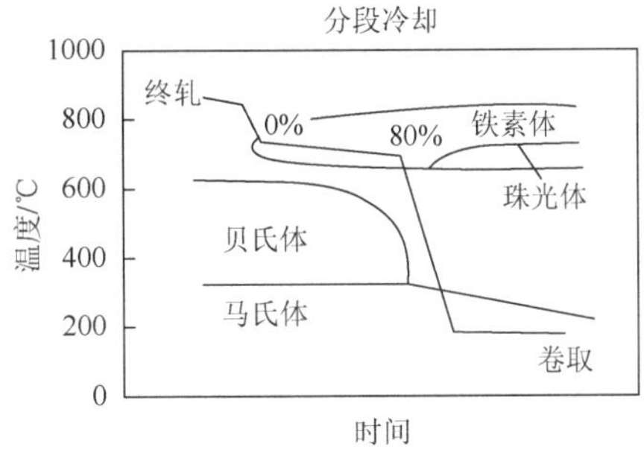

(b) 热轧双相钢

图 4-9　双相钢的两种轧制工艺

1. 热轧双相钢

热轧双相钢工艺，是指在热状态下，通过控制冷却得到铁素体 + 马氏体的双相组织。这就要求钢在热轧后从奥氏体状态时冷却，首先形成体积分数为 70%～80%的多边形铁素体，然后未转变的奥氏体因富集碳和其他合金元素而具有足够的稳定性，使其不发生珠光体和贝氏体转变，冷却时直接转变为马氏体。这就要求从合金元素量和风冷速度上来控制。这类钢比一般的低合金高强度结构钢含较高的 Si、Cr、Mo 等合金元素，一般化学成分为：$w(\mathrm{C}) = 0.04\%\sim0.10\%$，$w(\mathrm{Mn}) = 0.8\%\sim1.8\%$，$w(\mathrm{Si}) = 0.9\%\sim1.5\%$，$w(\mathrm{Mo}) = 0.3\%\sim0.4\%$，$w(\mathrm{Cr}) = 0.4\%\sim0.6\%$，以及微合金元素钒等。生产工艺为：1150～1250℃加热，870～925℃终轧，空冷到 455～635℃卷取。极低碳和合金元素硅是为了提高钢的临界点 A_3，促使形成较多含量的多边形先共析铁素体。锰、钼、铬等提高钢淬透性的元素是为了防止卷取时残余奥氏体转变为珠光体和贝氏体，最终冷却得到马氏体。

双相钢的组织主要由铁素体和马氏体（可能还有残余奥氏体、贝氏体等）组成。在光学显微镜下观察到的显微组织如图 4-10 所示（唐代明等，2014），其中暗灰色的为铁素体基体，其上分布着白亮色的岛状或颗粒状马氏体。双相钢内马氏体岛中的马氏体形态和一般钢一样，可以分为片状马氏体和板条状马氏体，其精细结构可以分为孪晶和位错。但由于双相钢中马氏体岛的尺寸一般较小，岛内的组织形态用光学显微镜难以分辨。含 Ti、Nb、V 等微合金元素的双相钢，其组织的铁素体中存在这些元素与 C、N 结合形成的沉淀相，它们起着第二相强化的作用。

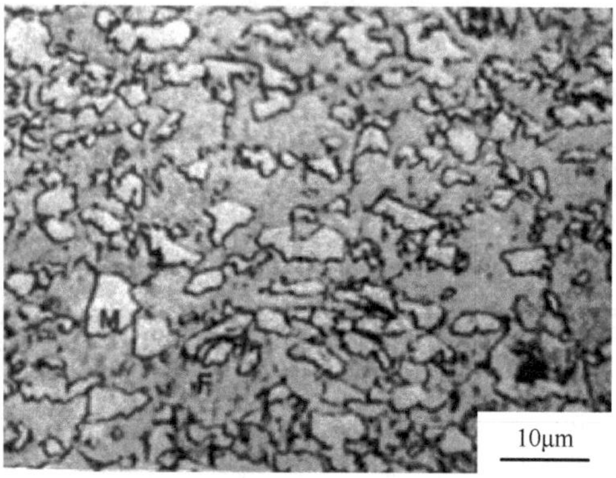

图 4-10　双相钢的光学金相显微组织

2. 热处理双相钢

热处理双相钢是将热轧板或冷轧板重新加热到临界区温度，保温一定时间，以一定的速度冷却得到希望的双相组织。自动化的连续退火生产线特别适合生产热处理双相钢。日本将水淬连续退火生产双相钢的工艺称为 CALHiTEN 法，其工艺过程为：将冷轧钢板加热到 800℃左右，保温很短时间后，在水淬设备中以 2000℃/s 的速度冷却到室温。在这样高的冷却速度下，即使奥氏体中不含合金元素，也可转变为马氏体，而且仍保持了良好的钢板形状。此时，铁素体中有相当一部分固溶碳析出，但仍保留烘烤硬化所必需的固溶碳量（约为 0.003%）。采用这种工艺和设备生产的双相钢，由于合金元素含量不高，钢板本身价格便宜，同时钢板具有良好的成形性、高的烘烤硬化性、室温抗时效稳定性、良好的电阻点焊性和油漆耐蚀性。这类钢板的应用较为广泛。

热处理双相钢也可在周期退火炉（也称为批量退火炉）中生产。当采用这种设备时，钢中应含有较多的提高淬透性的元素，或者通过控制热轧后的盘卷工艺，进一步调整钢板在冷轧后退火冷却时的淬透性，以保证在所采用的冷却条件下，得到理想的双相组织。

我国自 1990 年以来，一些钢厂就已试制出双相钢板，供给国内的汽车厂进行部分汽车零件的冲压成形性试验。现在，中国宝武钢铁集团有限公司（简称中国宝武）已商业化生产热轧和冷轧双相钢，成分为 Si-Mn 系的 DP500 冷轧双相钢性能如表 4-6 所示（唐代明等，2014）。中国宝武各类热镀锌双相钢的性能如表 4-7 所示（唐代明等，2014）。

表 4-6　中国宝武 DP500 冷轧双相钢的力学性能

性能符号	$R_{p0.2}$/MPa	R_m/MPa	A/%	n	$R_{p0.2}/R_m$
性能要求	300～370	≥500	≥26	≥0.15	—
典型性能	332	533	33	0.195	0.62

表 4-7　宝钢各类热镀锌双相钢的性能

牌号	$R_{p0.2}$/MPa	R_m/MPa		A/%	n	$R_{p0.2}/R_m$	用途
		GI[a]	GA[b]				
DP440	≥260	≥440	≥490	≥30	≥0.20	≤0.61	车门内板、外板，结构件
DP500	≥300	≥500	≥490	≥28	≥0.18	≤0.61	结构件，加强件
DP600	≥340	≥600	≥590	≥24	≥0.15	≤0.61	结构件，加强件
DP800	≥480	≥800	≥780	≥18	≥0.12	≤0.61	结构件，加强件

a GI 为热浸镀锌。

b GA 为镀锌层扩散退火。

注：我国汽车用冷轧双相钢的国家标准是《汽车用高强度冷连轧钢板及钢带　第 2 部分：双相钢》（GB/T 20564.2—2017），汽车用热轧双相钢的国家标准是《汽车用高强度热连轧钢板及钢带　第 3 部分：双相钢》（GB/T 20887.3—2022）。

4.6.3　低合金 TRIP 钢

1967 年，Zackay 等利用形变诱发马氏体转变和马氏体转变诱发塑性的原理开发出了相变诱导塑性（transformation induced plasticity，TRIP）钢。其标准成分为 9%Cr-8%Ni-4%Mo-2%Mn-2%Si-0.3%C，室温组织全为奥氏体，在应力应变的作用下转变为马氏体。马氏体的强化作用可以抵抗局部变形的发生，推迟缩颈的形成，表现出相变超塑性，即 TRIP 效应。当时的 TRIP 钢具有相当高的强度和韧性组合，但由于含有较多的 Cr、Ni、Mo 等昂贵的合金元素，其发展和应用受到限制。在较长时期内，TRIP 效应的应用被局限于本身就含较高铬、镍含量的不锈钢。

在汽车用双相钢的发展过程中有用廉价的 Mn、Si 元素取代 Cr、Ni 元素的经验。同样是在双相钢中，发现有少量 Si-Mn 系的汽车用 TRIP 钢。这种钢的典型化学成分是 Fe-0.15%C-1.5%Si-1.5%Mn，显微组织一般为 70%铁素体 + 20%贝氏体型铁素体 + 10%残余奥氏体。为了区别早期含较多 Cr、Ni、Mo 的 TRIP 钢，将这种钢称为低合金 TRIP 钢。

与双相钢类似，低合金 TRIP 钢的多相显微组织，既可以在冷轧后经临界区退火和贝氏体相变温度等温的两阶段热处理来获得（图 4-11）（唐代明等，2014），也可以通过控制轧制控制冷却工艺在热轧状态形成，图 4-11 中的虚线即表示低合金 TRIP 钢的生产工艺。低合金 TRIP 钢根据处理工艺的不同，分为热轧 TRIP 钢和冷轧 TRIP 钢。

低合金 TRIP 钢中的基本元素是 C、Mn、Si 和 Al。C 的作用主要是通过分离相变富集于残余奥氏体中，增加其数量，提高其稳定性；其次才是提高钢的强度。通常，残余奥氏体中的 C 占钢中所有 C 的 70%以上。过高的碳含量会降低

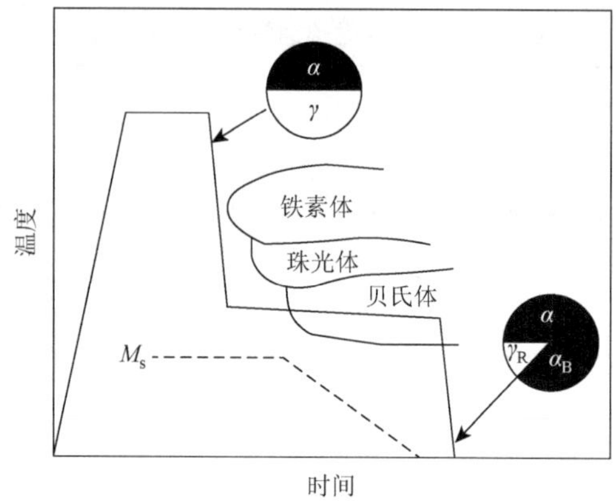

图 4-11　生产冷轧 TRIP 钢的两阶段热处理工艺

钢的焊接性。对于 $R_m = 600$～800MPa 的低合金 TRIP 钢，合适的 C 的质量分数是 0.10%～0.20%。和其他 HSLA 钢一样，Mn 是低合金 TRIP 钢中的一个主要合金元素。它在钢中起固溶强化和降低 M_s 温度的作用。降低 M_s 温度，可以提高残余奥氏体稳定性。与钢中其他固溶强化元素相比，Mn 对塑性、韧性和焊接性的不利影响较小。对 0.15%C-1%Si-(2.1%～2.4%)Mn 钢的研究发现，当 Mn 的质量分数从 2.1%提高到 2.4%时，M_s 温度上升 100℃左右；这是由于 Mn 减缓铁素体转变的速率，减少了从铁素体扩散到奥氏体的碳。因此，过高的 Mn 含量反而会降低残余奥氏体的稳定性。低合金 TRIP 钢冷却到奥氏体等温处理温度后的等温过程中，非碳化物形成元素硅抑制渗碳体的析出，促进碳扩散到奥氏体。所以，Si 在低合金 TRIP 钢中不仅起固溶强化作用，还可以使碳在奥氏体中富集，提高残余奥氏体的稳定性。对（0.1%～0.20%）C-Si-Mn 系的 TRIP 钢，Si 和 Mn 的质量分数都应在 1%～2%，且都以 1.5%为最佳。

图 4-12 为低合金 TRIP 钢的显微组织（唐代明等，2014），铁素体为暗灰色，

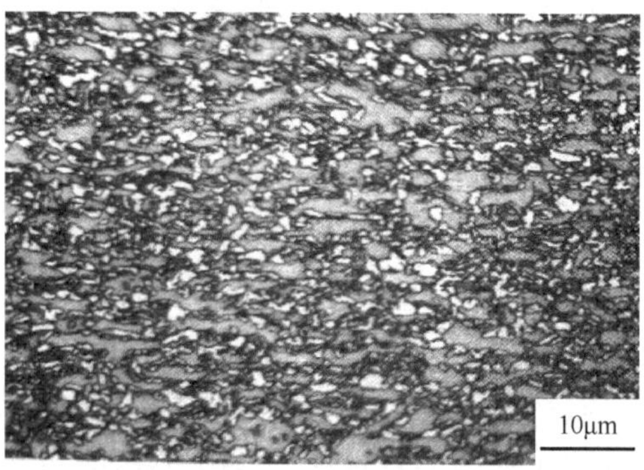

图 4-12　低合金 TRIP 钢的光学显微组织 10%偏重亚盐酸钠水溶液浸蚀

贝氏体为黑色，马氏体为白亮色。这种组织是由软性相铁素体、一部分贝氏体型铁素体，以及弥散分布的第二相残余奥氏体组成的。残余奥氏体有呈岛状或颗粒状分布在铁素体上的，也有呈薄膜状或薄片状分布在贝氏体板条束之间的。残余奥氏体的稳定性随着其中富集的碳含量增多而显著提高，薄膜状残余奥氏体的稳定性高于岛状。高稳定性的残余奥氏体可以发挥出更显著的 TRIP 效应，可以获得高的断后伸长率。

低合金 TRIP 钢的力学性能特点与双相钢基本一致；但应变硬化指数 n 值比大多数双相钢更高，当然比 HSLA 钢的更高，仅塑性应变比 r 值略低一些（在 1 左右）。表 4-8 列出了一些典型的低合金 TRIP 钢的化学成分和力学性能（唐代明等，2014）。这种钢特别适合烘烤硬化；例如，在 2%的拉伸变形后，再经典型的烤漆处理，可以获得高达 75MPa 的烘烤硬化效应。低合金 TRIP 钢有相当高的断后伸长率，强塑积 $R_m A$ 也相当高，说明其具有良好强度和塑性的配合。因此，这种钢在具有优良成形性的同时，还有高的碰撞能量吸收值，特别适合用作汽车车身的中等强度结构件。这种钢还可以用于其他领域，如煤矿的锚杆等。

表 4-8　一些典型的低合金 TRIP 钢的化学成分和力学性能

钢种	化学成分/%			力学性能					
	C	Si	Mn	$R_{p0.2}$/MPa	R_m/MPa	A/%	n	r	$R_m A$/（MPa·%）
TRIP0.8Si	0.12	0.78	1.51	374	635	29	0.25	1.14	18000
TRIP1.2Si	0.11	1.18	1.55	339	614	35	0.244	0.86	22000
TRIP1.5Si	0.11	1.50	1.534	452	698	31	0.24	1.0	22000
TRIP1.9Si	0.14	1.94	1.66	530	890	32	—	—	26000

4.6.4　管线钢

采用管线输送石油和天然气至今已经有 100 多年的历史，目前每年的生产销量已达数千万吨，而输送管线逐渐向大口径、高压、厚壁和高韧性方向发展，对管线钢的强度级别要求也相应地大幅度提高。

目前普遍认为，输油管线适宜的最大管径为 1220mm，输气管线适宜的最大管径为 1420mm。若输送压力和管线直径同时增加，则经济效益更加显著。例如，采用输送压力为 7.5MPa、直径为 1400mm 的输气管道，代替压力为 5.5MPa、直径为 1000mm 的管道，可节省投资 35%，节省钢材 19%。

20 世纪 50 年代，油气管线的输送压力普遍为 4.5MPa，60 年代增大到 5.5MPa，70 年代增大到 6.5MPa，80 年代以后国外新建的油气管线的输送压力通常都高于

7.5MPa。1985 年苏联建造的油气管线的输送压力已达到 10～12MPa，美国横贯阿拉斯加的油气管线输送压力为 11.8MPa，而欧洲油气管线的输送压力也增加到 12MPa。

我国目前大量生产使用的管线钢主要为 X53～X65 级，属于铁素体-珠光体钢，且主要采用 Nb-V 复合微合金化；我国建设的西气东输管线则主要采用 X65～X80 级的管线钢，其中大部分已国产化；我国正在研制的管线钢有 X80～X100 级。我国宝钢生产的 X100 级管线钢的化学成分和力学性能见表 4-9 和表 4-10（唐代明等，2014）。

表 4-9　一种典型的 X100 管线钢的化学成分

元素	C	Si	Mn	P	S	Cu	Ni	Cr	Mo	Nb	Ti
含量/%	0.06	0.11	1.86	0.008	0.001	0.27	0.13	0.04	0.22	0.04	0.01

表 4-10　X100 管线钢的力学性能

拉伸性能								低温韧性（–5℃）	
横向				纵向				夏比冲击	DBTT
$R_{t0.5}$/MPa	R_m/MPa	A/%	$R_{t0.5}/R_m$	$R_{t0.5}$/MPa	R_m/MPa	A/%	$R_{t0.5}/R_m$	KV_2/J	吸收能量/J
779	851	22	0.92	642	816	23	0.79	241	7781

注：DBTT 为落锤撕裂试验。

这种钢通过控制轧制和控制冷却得到的显微组织由细晶粒（12 级或更细）的多边形铁素体、30%以上的针状铁素体、高度弥散的渗碳体颗粒、少量岛状的 M-A 组元（或 M-A 岛，通常小于整个组织体积的 5%）和细而弥散的 Nb(C, N)颗粒组成。这种组织的光学显微组织如图 4-13 所示（唐代明等，2014）。针状铁素体（acicular ferrite，AF）组织的管线钢在 20 世纪 70 年代初就投入实际生产，以 Mn-Mo-Nb 合金系为典型钢种。为了改善焊接性，且过高的碳含量将损害韧性，这种钢一般采用质量分数小于 0.06%的低碳含量。Mn 的质量分数根据钢板厚度（轧制时的冷却速度）和要求的强度水平决定，一般为 1.4%～2.2%。Mo 的质量分数也是根据钢板厚度（冷却速度）的不同确定的，一般为 0.15%～0.6%。增加 Mo 能有效地推迟先共析铁素体的析出而不影响贝氏体相变；Mo 与 Mn 复合添加还有利于得到细晶粒的针状铁素体而不是粗大的多边形铁素体。当 Mo 被 Cu、Ni、Cr 代替时，通过控制轧制，也可以得到针状铁素体。通常，w(Nb) = 0.04%～0.06%，通过沉淀相 Nb(C, N)的析出能有效地产生第二相强化，并且在奥氏体热轧时，沉淀相 Nb(C, N)也可以细化晶粒，有时还加入 0.06%的 V、0.01%的 Ti，有时用稀土处理，控制硫化物的形态，提高横向冲击性能。

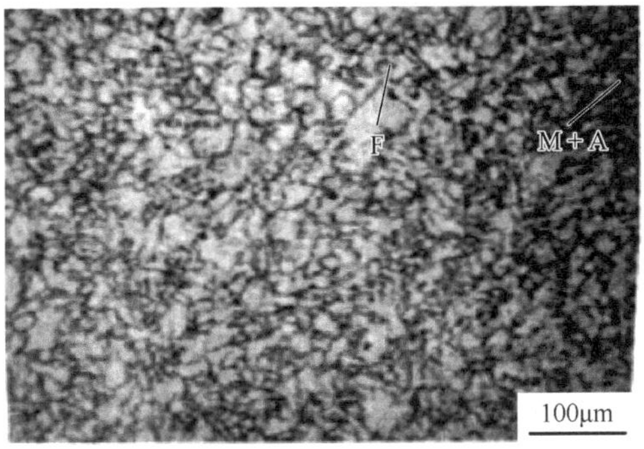

图 4-13　针状铁素体钢显微组织

为适应极地和近海能源开发的需要，在针状铁素体组织研究的基础上，超低碳贝氏体（ultra-low carbon bainite，ULCB）管线钢应运而生。这种钢主要指 $w(C)<0.03\%$的 Mn-Mo-Nb-Ti-B 系管线钢。钼、硼的加入以及各种元素组合的优化，以致存在一个形成完全贝氏体组织的较宽冷却速度范围。在保证优越的低温韧性和焊接性的前提下，通过适当提高合金元素含量和进一步完善控制轧制控制冷却工艺，超低碳贝氏体钢的屈服强度可望提高到 700～800MPa，并具有较高的低温韧性。

4.6.5　超级钢与超细晶粒钢

20 世纪末的钢铁工业，为了应对铝、镁及其合金、塑料、陶瓷等材料的挑战，以及面临能源和资源短缺等问题，日本率先于 1997 年启动了超级钢基础研究国家计划，随后，我国、韩国、欧盟等国家和地区纷纷启动了由政府支持的超细晶钢开发计划。

我国于 1998 年启动国家重点基础研究发展计划（973 计划）项目“新一代钢铁材料的重大基础研究”，提出了开发新一代钢铁材料的思想。它是在充分考虑经济性的条件下，钢材具有高洁净度、超细晶粒、高均匀度的特征，强度、韧性比常用碳素结构钢高一倍。

常用的碳素结构钢或 C-Mn 钢的化学成分中不含昂贵的合金元素，生产工艺简单，因而成本低、使用量大、应用面广，占钢材产量的一半以上。对于这些钢，在化学成分基本不变的情况下，依靠加工工艺的改进使其中的铁素体晶粒尺寸由 10μm 细化到 3～5μm，使强度大幅度提高，延长使用寿命，代替同强度级别的低合金高强度钢，将会产生巨大的经济效益。同时，碳素钢的成分简单，容易回收利用，有利于环境保护和节约资源，具有良好的社会效益，符合可持续发展的战略要求。

超细晶钢和超级钢是有区别的。超细晶钢着眼点于其组织特征，而超级钢则更多的是关注其性能。超细晶钢的核心内容是在不改变碳素结构钢化学成分的前提下，通过加工工艺使晶粒细化将屈服强度提高一倍。而超级钢则往往是利用晶粒的细化作用来提高性能。从这个意义上来说，超细晶钢和超级钢的内涵有重叠的部分。实际上，超级钢这个名称覆盖的范围要比超细晶钢大一些，可以把超细晶钢看作超级钢中的一种。

碳素钢超细晶粒的获得是基于变形诱导铁素体相变（deformation induced ferrite transformation，DIFT）理论。它是使奥氏体在低温区发生大的变形，当应变速率超过 $10s^{-1}$ 时，相变过程很难发生动态再结晶，可以使各道次变形产生的储存能累积。变形过程甚至还可能延续到 $\gamma+\alpha$ 的两相区。这样变形的结果，在奥氏体中产生大量的变形带或亚结构，$\gamma\rightarrow\alpha$ 转变时，铁素体不仅在奥氏体晶界处形核，还可以在奥氏体晶粒内部形核，从而形成大量细小等轴状铁素体晶粒，如图 4-14 所示（唐代明等，2014）。

在现有工业条件下，利用 Q235 钢已经生产出铁素体晶粒为 3～5μm，R_{eL} 在 400MPa 以上的超细晶钢的钢带，并成功地应用于汽车工业。在此基础上，通过适当增加锰含量，添加微量铌，以及轧制工艺的优化，开发出了屈服强度为 500MPa 的超细晶钢。

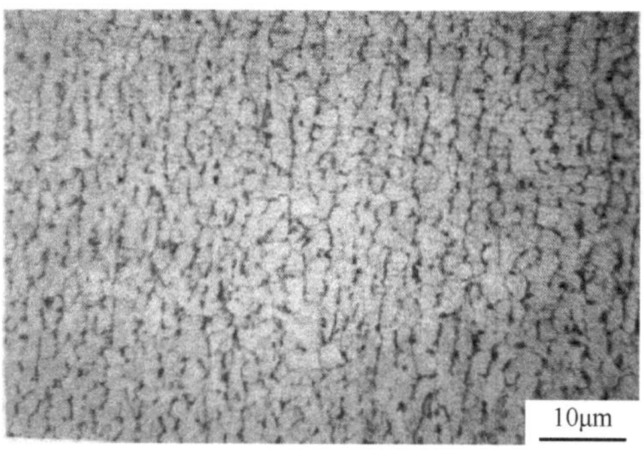

图 4-14 变形诱导铁素体组织

4.7 本 章 小 结

工程结构钢用量大，提高工程结构钢的性能意义重大。细化组织强化和沉淀析出强化及其良好的配合机制在低合金高强度钢中得到了比较充分的体现。在过去的几十年间，钢铁材料领域最重要的成果应该是微合金化钢的发展。在微合金化成分设计的基础上，正确地控制轧制和控制冷却工艺是关键因素。组织变化是在应力-温度-时间三元处理过程中动态进行的，因此获得了优异的复合强化。这是对传统的温度-时间二元处理的一个突破，从而对钢的各种强化机制也有了一个新的认识与发展。

Ti、Nb、V等微合金化元素在控制轧制和控制冷却工艺过程的各个环节中起到非常重要的作用。Ti、Nb、V等元素对材料性能的主要贡献是细化组织强化和弥散沉淀强化，合适的量及其它们的复合加入使各强化机制得到了最佳发挥。在新的科学理论和工艺技术指导下，发展了微合金钢、无间隙原子钢、双相钢、低合金 TRIP 钢、低碳贝氏体型管线钢、超级钢与超细晶粒钢等型低合金高强度工程结构钢，在国民经济建设中发挥了很大作用。

参 考 文 献

戴起勋. 2011. 金属材料学. 2版. 北京：化学工业出版社：47-60.

风仪. 2008. 金属材料学. 北京：国防工业出版社：39-40.

李云凯. 2005. 金属材料学. 北京：北京理工大学出版社：74.

齐锦刚，王冰，李强，等. 2014. 金属材料学. 北京：冶金工业出版社：24.

强文江，吴承建. 2018. 金属材料学. 3版. 北京：冶金工业出版社：74-84.

唐代明，王小红，皮锦红. 2014. 金属材料学. 西安：西安交通大学出版社：34-72.

王晓敏. 2017. 工程材料学. 4版. 哈尔滨：哈尔滨工业大学出版社：40-41.

王笑天. 1987. 金属材料学. 北京：机械工业出版社：61.

伍玉娇. 2011. 金属材料学. 北京：北京大学出版社：75.

第 5 章　机械制造结构钢

机械制造结构钢用于制造各种机械零件，如轴类、齿轮、轴承、弹簧、紧固件等，广泛应用于汽车、拖拉机、机床、工程机械、飞机、武器装备等装置上。这些零件的尺寸差别很大，但工作条件相似，主要承受拉伸、压缩、弯曲、扭转、冲击、剪切、摩擦等力的作用（表 5-1），且往往是多种载荷同时作用，可以是静载荷，也可以是动载荷或交变载荷，力的方向可以是单向的，也可以是反复的（伍玉娇，2011）。零件的工作环境为大气、水和润滑油，温度在−50～＋100℃范围。因此，要求机械零件要有良好的服役性能，有足够高的强度、塑性、韧性和疲劳强度等。作为机械结构用的零件同时要求结构紧凑、运转快速，和其他零件间要有一定的公差配合等。由此决定了机械零件用钢在性能上要求与工程构件用钢有所不同。零件用钢性能主要以力学性能为主，工艺性能为辅。

机械制造结构钢根据钢的生产工艺和用途，可分为调质钢、非调质钢、低碳马氏体钢、超高强度结构钢、轴承钢、渗碳钢、氮化钢、弹簧钢、易削钢和高锰耐磨钢等。

5.1　结构钢的强度与脆性

由表 5-1 可知，大部分机械零件的失效形式是变形和断裂。为保证零件在工作时正常运转，首先要考虑零件用钢受力是在其弹性范围，或只允许其发生微量的变形，因此零件是根据钢的比例极限或屈服强度进行设计的。设计时在许用应力和材料实际强度之间引入一个安全系数，这种方法称为强度设计。在机械设计上，为了减材降耗，零件的设计越来越轻，使用材料的强度也越来越高，对应发展起来一系列强度较高的钢种。例如，发展的中碳回火索氏体钢和低碳马氏体钢的抗拉强度可以达到 1200～1400MPa，中碳低合金马氏体钢的抗拉强度可达到 1400～2000MPa，超低碳马氏体时效钢的抗拉强度可达到 1900～2300MPa，变形热处理中合金钢的抗拉强度则可以达到 2400～3200MPa。形变热处理是压力加工与热处理相结合的金属热处理工艺，在金属材料上有效地综合利用形变强化和相变强化、将压力加工与热处理操作相结合、使成形工艺同获得最终性能统一起来的一种工艺方法。形变热处理综合应用了加工硬化、细晶强化、沉淀强化和马氏体转变强化等方法，但随着材料强度不断提高，其韧性往往会变差。例如，许多设备的失效断裂都是在工作应力远低于屈服强度下突然发生的。因此，机械零件在设计时除考虑传统的强度外，必须进行防止突然断裂的韧性设计，既要减轻重量，又要避免脆断。对于结构钢，强调的是强度和韧性的配合。

表 5-1　典型机械零件的服役工况、失效方式及材料选用指标

零件类型	服役条件	常见失效形式	材料选用主要指标
紧固螺栓	负荷种类：静载、疲劳 应力状态：拉伸、弯曲、扭转	过量变形，塑性断裂，脆性断裂，疲劳，腐蚀，咬蚀	疲劳、屈服及剪切强度
轴类零件	负荷种类：疲劳、冲击 应力状态：弯曲、扭转 其他因素：磨损	脆性断裂，疲劳，咬蚀，表面局部变化	弯、扭复合疲劳强度
齿轮	负荷种类：疲劳、冲击 应力状态：压缩、弯曲、接触 其他因素：磨损	脆性断裂，疲劳，咬蚀，表面局部变化，尺寸变化	弯曲和接触疲劳强度，耐磨性，心部屈服强度
螺旋弹簧	负荷种类：疲劳、冲击 应力状态：弯曲、扭转 其他因素：磨损	过量变形，脆性断裂，疲劳，腐蚀	扭转疲劳，弹性极限
板弹簧	负荷种类：疲劳、动载荷 应力状态：扭转 其他因素：磨损	过量变形，脆性断裂，疲劳，腐蚀	弯曲疲劳，弹性极限
滚动轴承	负荷种类：疲劳、冲击 应力状态：压缩、接触 其他因素：磨损、温度、介质	脆性断裂，表面变化，尺寸变化，疲劳，腐蚀	接触疲劳，耐磨性，耐蚀性
曲轴	负荷种类：疲劳、冲击 应力状态：弯曲、扭转 其他因素：磨损、振动	脆性断裂，表面变化，尺寸变化，疲劳，咬蚀	扭转、弯曲疲劳强度，耐磨性，循环韧度
连杆	负荷种类：疲劳、冲击 应力状态：拉伸、压缩 其他因素：磨损	脆性断裂	拉压疲劳

材料的塑性指标，在设计时并不用于工程计算，只是考虑到零件的安全性，防止过载而根据经验对其提出要求。材料的韧性指标中的冲击韧性是一次大能量的冲击性能指标，小能量多次冲击条件下的工况是很难准确反映的。所以，冲击韧性只反映钢材的脆断趋势，不能用于直接设计计算，可根据经验，提出材料在低温下冲击韧性值的临界值。冲击韧性指标也可用来检验钢的冶金质量，进行质量控制。

韧性指标中的断裂韧性可作为高强度结构设计的指标。断裂韧性是从金属材料在生产工序中总是造成钢材内部缺陷和微裂纹为出发点，研究这些裂纹在什么条件下突然失稳而开始扩展。断裂韧性指标反映的是材料抵抗裂纹扩展的能力。钢材断裂时的临界应力 σ_f 与平面应变断裂韧性 K_{IC} 之间的关系可用式（5-1）表示：

$$\sigma_f = \frac{K_{IC}}{(Ya)^{1/2}} \tag{5-1}$$

式中，a 为材料裂纹突然扩展时裂纹尺寸的 1/2；Y 为裂纹形状因子。对于具有一定显微组织的钢材，K_{IC} 是一定值，是高强度结构韧性设计的依据。

当已知钢材的断裂韧性和零件中的裂纹尺寸后，便可计算零件在多大的应力下发生突然断裂，即材料的断裂强度。当材料的断裂强度大于材料的屈服强度（$\sigma_f > \sigma_s$）时，垂直于力作用方向的平面上产生的应力先达到屈服强度，就会发生塑性变形。如果金属材料的屈服强度等于或高于断裂强度，那么垂直于力作用方向平面上的应力在达到屈服强度之前就已经达到断裂强度，材料发生脆性断裂。温度对金属材料的屈服强度和断裂强度都有影响。降低温度，金属的屈服强度迅速提高，而其断裂强度略有降低，可能会出现 $\sigma_f < \sigma_s$ 的情形；降低温度也会使材料的冲击韧性出现急剧下降的可能，所以在一定低温下，金属材料将由韧性转变为脆性。实际应用中，要求金属零件的工作温度比韧脆转变温度高若干摄氏度。

5.2　结构钢的淬透性

淬透性对机械制造结构钢有十分重要的意义。首先钢经完全淬透后，可以获得高的强度和屈强比。例如，淬火回火后淬透层的强度可达 1700MPa，屈强比为 0.8～0.9，而退火钢的强度只有 690MPa，屈强比为 0.5～0.6。其次，钢的显微组织与韧性有密切的联系，淬火马氏体组织回火后的 K_{IC} 最高，下贝氏体次之，上贝氏体最差。图 5-1 为淬火显微组织对 26CrNi3MoV 钢 K_{IC} 的影响（强文江和吴承建，2018）。完全淬透的钢回火后可以获得最高的断裂韧性、最高的疲劳强度和冲击韧性、最低的韧脆转变温度。图 5-2 为 7 种德国转子用钢调质后其韧脆

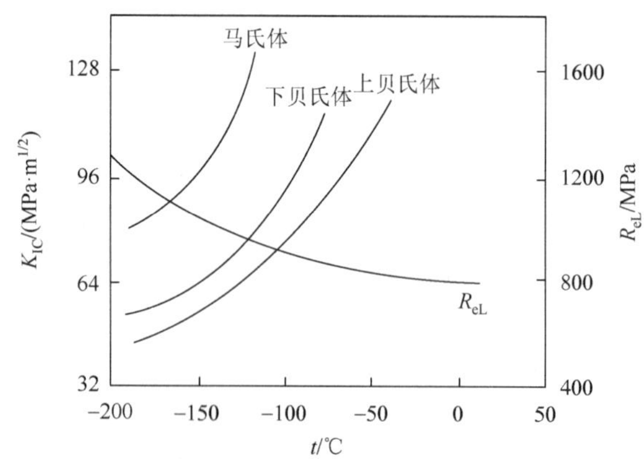

图 5-1　淬火组织对 26CrNi3MoV 钢回火空冷后的 K_{IC} 的影响

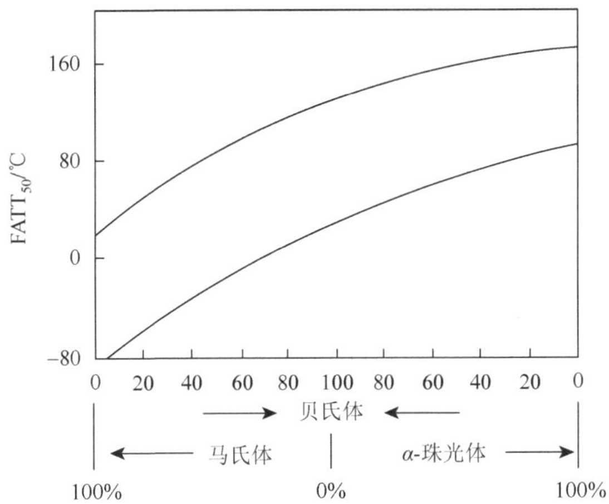

图 5-2　转子用钢锻件调质后其韧脆转变温度与淬火组织的关系

转变温度与淬火组织的关系（28NiCrMo74，25CrMo4，28NiCrMo44，25Cr3Mo，30Cr1Ni3Mo，21CrMoV511，32CrMo12）。全部淬成马氏体的韧脆转变温度最低，马氏体加贝氏体混合组织的韧脆转变温度随贝氏体含量的增加逐渐升高，当组织中出现铁素体加珠光体组织时，韧脆转变温度会继续升高。所以，为了获得良好的强度和韧性匹配，大量机器零件用钢往往在淬火回火后使用（强文江和吴承建，2018）。

对具体的零件来说，并非所有情况下截面上都要求全部淬成马氏体，这主要根据零件受力来决定。例如，对零件整个截面受力的高强度螺栓、销钉、飞机起落架等，要求完全淬透。而一些轴类零件，它们在工作中受到反复扭力和弯曲力，在表面受到的应力最大，中心最小，因此只要求在表面的一定厚度内获得全部马氏体组织即可，超过一定厚度后马氏体量可以逐渐减少，有的在中心可以少到仅含 50%的马氏体。

钢中合金元素在增大钢的淬透性中所起的作用，可从端淬曲线的比较中显示出来。图 5-3 为几种钢的顶端淬火曲线（伍玉娇，2011）。它表明了 Cr、Mn、Mo、V、B 等元素的作用。钢中常用的合金元素增大淬透性的能力按由大到小的顺序排列为 B、Mn、Mo、Cr、Si、Ni。应当指出，这些元素能够提高淬透性的前提条件是溶解在奥氏体中。不溶的碳化物一方面降低了奥氏体中碳及合金元素的浓度，另一方面可作为相变的非自发形核核心，对钢的淬透性反而起到降低的作用。

几种合金元素同时加入钢中，由于相互之间的交互作用，它们对钢淬透性的影响并不是简单的加合，而是有倍增的效果。因此，对淬透性要求不高的合金结构钢，才采用单一元素的合金化方案，要求较高淬透性的钢，均采用多种合金元

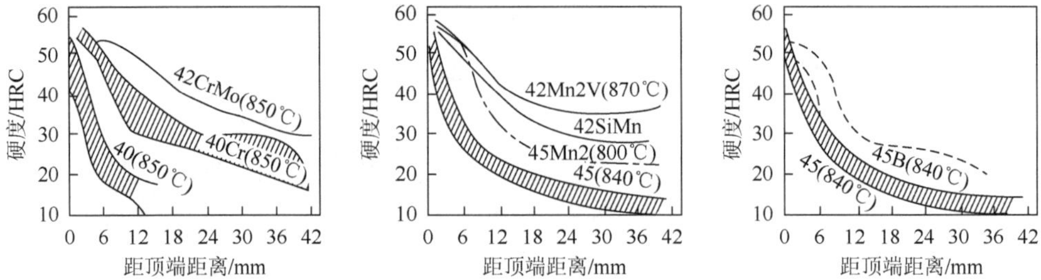

(a) 40、40Cr、42CrMo钢　(b) 45、45Mn2、42SiMn、42Mn2V钢　(c) 45、45B钢

图 5-3　几种钢的顶端淬火曲线

素综合合金化的方法，且往往是将强碳化物形成元素、中强碳化物形成元素、弱碳化物形成元素和非碳化物形成元素有效地组合起来使用，如 Cr-Ni-Mo-V 系合金钢设计和 Si-Mn-Mo-V 系合金钢设计。

5.3　调　质　钢

结构钢经淬火并高温回火处理后具有良好的综合力学性能，有较高的强度、良好的塑性和韧性。适用于这种热处理的钢种称为调质钢（强文江和吴承建，2018）。调质钢在机械零件中用量是最大的，约占 30%。

调质钢的碳含量在中碳范围内。调质钢淬火得到的马氏体组织经高温回火后，得到的组织为铁素体基体上分布着均匀细小的颗粒状碳化物。该组织有以下特点。

（1）弥散分布的粒状碳化物作为强化相，可以保证材料有较高的塑性变形抗力和疲劳强度。

（2）良好的组织均匀性减少了裂纹在局部薄弱地区形成的可能性，可以保证材料有良好的塑性和韧性。

（3）作为基体组织的铁素体是由淬火马氏体转变而成，其晶粒细小，使钢的冷脆倾向性大大减小。

研究认为，调质钢的基体组织一般保留了淬火后遗留下来的位错亚结构，是回火时经多边形化的亚晶与弥散分布的碳化物交互作用的结果，会产生一定尺寸的亚晶，亚晶尺寸取决于碳化物质点的尺寸。因此，调质钢中的碳化物起着稳定亚晶、控制亚晶尺寸的作用。根据合金元素的含量不同而引起的回火稳定性差别和回火温度的不同，调质处理后得到组织为回火索氏体或回火屈氏体组织，其主要区别在于基体铁素体是否完全再结晶和碳化物颗粒聚集长大的程度。

试验表明，$w(C) = 0.25\%\sim0.45\%$的合金结构钢调质后的室温力学性能指标大致相同，如图 5-4 所示（伍玉娇，2011）。所以，尽管钢的化学成分不同，但得到的屈服强度和塑性指标相近，这种关系可精确到±10%。这意味着不同成分的调质钢，只要其淬透性相当，就可以互换。但是，碳钢和合金钢的韧性是有差别的，图 5-5 为屈服强度相同的碳钢和合金钢断面收缩率的对比。这种差别随强度的升高更加显著。尽管如此，由于碳素调质钢价格便宜，在满足淬透性的条件下，仍广泛应用于机械零件（凤仪，2008）。

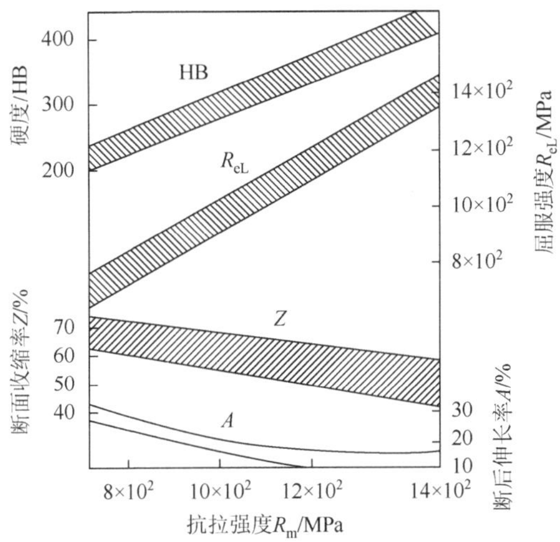

图 5-4　含 0.25%～0.45%C 的合金钢经调质后的室温力学性能

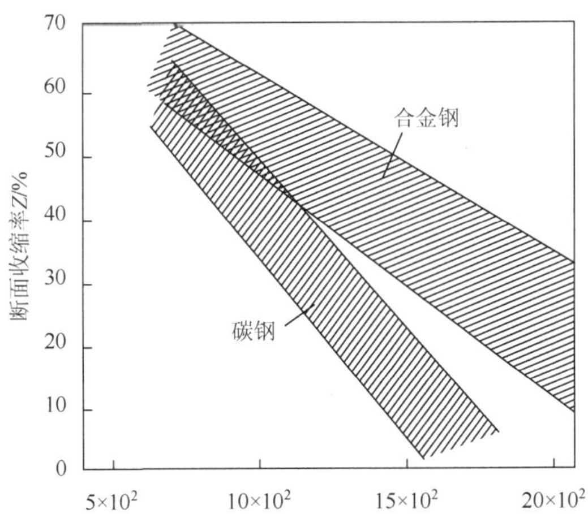

图 5-5　屈服强度相同的碳钢和合金结构钢断面收缩率变化

调质钢在化学成分上的主要特点是中碳，$w(C) = 0.3\%$～0.5%，以 0.4%居多，并辅以合金化。钢中的碳可保证有足够大的碳化物体积分数以获得高的强度。碳含量过低时，淬透性不够，碳含量过高则韧性下降。在保证强度的前提下，尽量选择较低碳含量，以保证零件的韧度；如果要求较高强度，则碳含量取上限。主加的合金元素有 Mn、Cr、Si、Ni 及 B 等，在此基础之上还可以辅加少量的 Mo、W、V、Ti 等碳化物形成元素，以进一步细化晶粒、提高回火稳定性和钢的强韧性。调质钢中合金元素的加入经历了由单一元素到复合元素的发展过程，其在淬透性上的反映是由小到大，在性能上的反映则是由单一性能到优良综合性能，从而满足机械制造上不同零件在不同负荷状态的需要，如调质钢从 40→40Mn→40CrMn→40CrMnMo 或 40→40Cr→40CrNi→40CrNiMo 的发展过程。可以看出，后者都是为了克服前者的矛盾而发展起来的。每加入一种元素，既起到其本身的特殊作用，又激发元素之间的交互作用，从而使合金化达到改善组织和性能的目的。

调质钢中的 Cr 提高钢的淬透性，同时还提高回火稳定性，但是有回火脆性倾向。加入 Mn 能提高钢的淬透性，但容易使钢有过热倾向，并有回火脆性倾向。Ni 是非碳化物形成元素，能有效地提高钢的基体韧性，并且 Ni-Cr 复合加入，提高淬透性的作用很大，但也有回火脆性倾向。Mo 能进一步提高淬透性，既提高回火稳定性，细化晶粒，又能有效地消除或大大降低回火脆性倾向。V 是强碳化物形成元素，能有效地细化晶粒，如溶入奥氏体能提高淬透性、降低钢的过热敏感性。

采用调质钢制造的机械零件，其常规的生产工艺路线如下：下料→锻造→退火（或正火）→机加工（粗加工）→调质→机加工（精加工）→装配。

机加工之前的预备热处理是为了改善切削加工性以及改善因轧、锻不适当而造成的晶粒粗大和带状组织。由于调质钢中碳质量分数较高，又含有不同量的合金元素，在热加工后其组织有较大差别。对于合金元素含量较低的钢，可进行正火或退火处理。对于合金元素含量较高的钢，因正火后可得到马氏体组织，尚需正火后再在 A_{c1} 以下温度进行高温回火，使其组织转变为粒状珠光体，硬度降低，便于切削。

调质钢的最终热处理是淬火加高温回火。调质钢的最终性能取决于回火温度的选择。图 5-6 为 40Cr 钢回火温度与性能的关系（文九巴，2011）。当要求高塑性、高韧性及一定的强度时，采用 500～600℃回火，即调质处理，获得回火索氏体组织。当零件还要求表面有良好的耐磨性时，则再进行表面淬火或化学热处理（如氮化处理）。当零件要求较高的强度和适当的塑性和韧性时，采用 450℃左右回火，以获得屈氏体组织。总之，对调质钢的回火温度选择应根据机器零件工作条件和失效分析来确定。对在小能量多次冲击条件下工作的零件，即高周疲劳时，应适当降低回火温度，以发挥材料的强度潜力；只有对于大能量冲击条件下的零件，即低周疲劳时，才适宜采用较高的回火温度，以保证有足够的塑性和韧性。

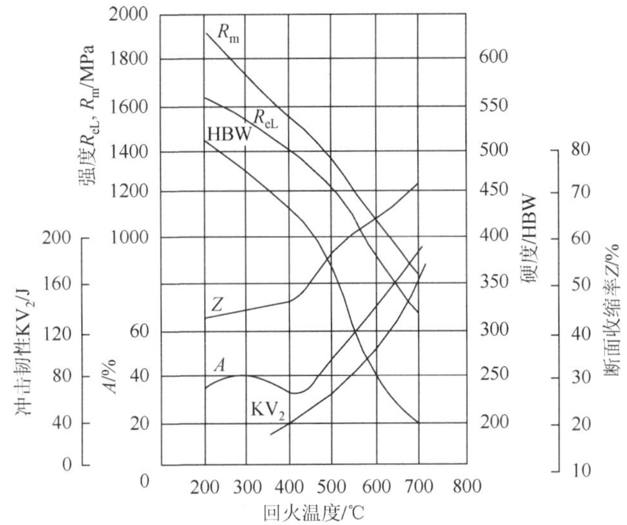

图 5-6　40Cr 钢回火温度与性能的关系

常用调质钢的热处理规范及其性能指标见表 5-2。

表 5-2　常用调质钢热处理规范及性能指标（《合金结构钢》（GB/T 3077—2015））

牌号	热处理				力学性能				
	淬火温度/℃	冷却介质	回火温度/℃	冷却介质	R_m/MPa	R_{eL}/MPa	A/%	Z/%	KU_2/J
					不小于				
45	830	水	560～520	水	700～850	450～550	15～17	40～45	40～48
40Mn2	840	油	540	水	885	735	12	45	55
40MnB	850	油	500	水、油	1000	800	10	45	60
42SiMn	880	水	590	水	885	735	15	40	47
40MnVB	850	油	500	水、油	1050	850	10	45	56
40Cr	850	油	500	水、油	1000	800	9	45	48
40CrV	880	油	650	水、油	885	735	10	50	71
40CrMn	840	油	520	水、油	1000	850	9	45	48
42CrMo	850	油	580	水、油	1100	950	12	45	64
40CrNi	820	油	500	水、油	1000	800	10	45	56
38CrSi	900	油	600	水、油	980	835	12	50	55

续表

牌号	热处理				力学性能				
	淬火温度/℃	冷却介质	回火温度/℃	冷却介质	R_m/MPa	R_{eL}/MPa	A/%	Z/%	KU_2/J
					不小于				
30CrMnSi	880	油	540	水、油	1100	900	10	45	40
35CrMo	850	油	560	水、油	1000	850	12	45	64
40CrMnMo	850	油	600	水、油	980	785	10	45	63
40CrNiMoA	850	油	600	水、油	980	835	12	55	78
37CrNi3	820	油	500	水、油	1130	980	10	50	47

为了抑制某些合金调质钢（含有 Cr、Mn、Ni 等元素）回火时慢冷造成的第二类回火脆性，回火后要快冷（一般油冷）。但对于大截面零件，中心部位难以达到快冷的目的，为了防止回火脆性，应采用含有 Mo、W 等元素的调质钢。

调质钢一般用以制作大的结构件，所以淬透性至关重要。可以按淬透性高低对调质钢进行分级，一般分为低淬透性钢、中淬透性钢和高淬透性钢。综上所述，同一级别中各钢种可以互换。低淬透性调质钢中，最普通的是碳素钢，如 45 钢，用作截面尺寸较小或不要求完全淬透的零件，由于淬透性较低，只能用盐水淬火，其水淬临界直径为 8～17mm。低淬透性合金钢有 40Cr、40Mn2、40MnB、42SiMn、35CrMo 等，一般可用油淬火，其油淬临界直径为 30～40mm。中淬透性合金钢，油淬临界直径为 40～60mm，典型的有 40CrNi、42CrMo、40CrMn，30CrMnSi 等。用作大截面零件的高淬透性调质钢有 40CrNiMo、37CrNi3、40CrMnMo 等，其油淬临界直径大于 100mm。图 5-7 为不同合金化元素对钢淬透性的影响（伍玉娇，2011）。

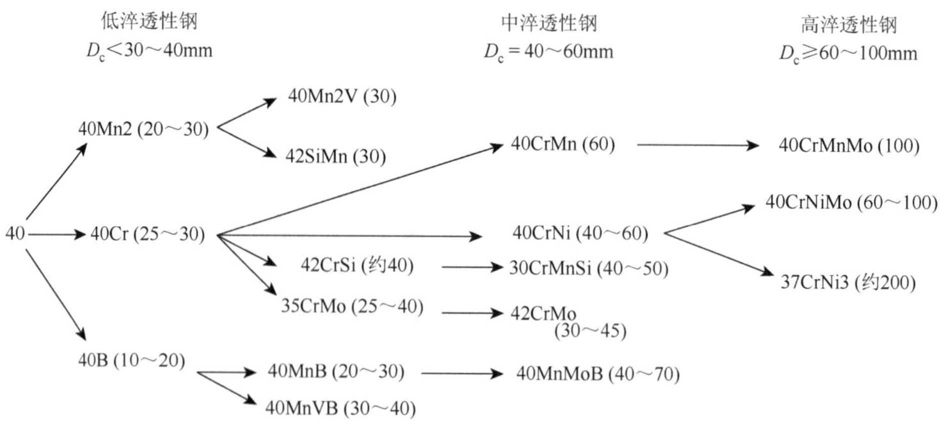

图 5-7　不同合金化元素对钢淬透性的影响（D_c 为油淬临界直径）

5.4　非调质零件用钢

非调质钢是不进行调质处理而通过锻造时控制终锻温度和锻后的冷却速度获得的具有高强韧性的钢材，其特点是在中碳钢中加入微量的 Ti、Nb、V、N 等元素，在锻轧后的冷却过程中弥散析出稳定的碳（氮）化物，使钢的性能达到近似调质钢的水平。

1. 微合金元素对强韧化的贡献

非调质钢的强化机制虽与其他钢类似，但获得强化的手段有所不同。非调质钢的组织主要是铁素体 + 珠光体 + 弥散析出的碳化物，其主要强化手段是细晶强化和相间沉淀析出强化，辅之以锰的固溶强化作用。非调质钢在轧制或者锻造工艺条件下，碳（氮）化物不但在铁素体中析出，而且在珠光体的铁素体中也沉淀析出。其中，V 对沉淀析出强化的作用最大，是主要的微合金化元素。铁素体与碳化物在过冷奥氏体的界面上形核，然后一起长大。由于合金元素 V、Nb 含量低，原子扩散速率慢，扩散的距离很小，加之碳含量也低，单位体积中可供给的碳原子数量少，碳化物不能长大成片状，而形成细小颗粒状即停止长大。最终 MC 型碳化物呈现颗粒状或周期性点列状分布，所以称为“相间沉淀”。以上点列状分布的碳化物若充分长大，连接起来，则形成片状珠光体组织。非调质钢在轧制或锻造工艺下，碳（氮）化物除在奥氏体与铁素体界面上析出以外，还可以从珠光体的铁素体中沉淀析出。微合金化元素中，V 对沉淀析出强化的作用最大，是主要的合金化元素。

“多元适量，复合加入”的合金化原则在微合金非调质钢中也适用。如 Nb-V 复合合金化，由于 Nb 的化合物稳定性好，其完全溶解的温度可达 1325～1360℃。因此，在轧制或锻造温度下仍有未溶的 Nb(C, N)，能有效阻止高温加热时奥氏体晶粒的长大，而 V 的作用主要是沉淀析出强化。同样，Ti-V 复合效果更好，其晶粒尺寸和性能基本上不受加热温度的影响。若在 49MnVS3 钢中添加微量 Ti，则奥氏体平均晶粒直径从 110μm 下降到 40μm，因此韧度大为提高。在 40Si2MnV 钢中加入约 0.04%Ti，强度、塑性都大为提高；降低钢中的碳含量至 0.33%～0.37%，则在改善钢强韧性的基础上，可得到良好的焊接性。在各强化机制中，只有细化组织既能提高强度又能改善韧度，所以细化组织是非调质钢生产中的重要目标。

2. 获得最佳强韧化的工艺因素

要使微合金非调质钢细化组织和沉淀强化达到最佳效果，工艺参数是关键。以往的工作主要是通过化学成分的调整，来达到提高韧度的目的，但是效果不很理想。现在的加工工艺主要是利用控制轧制（锻）、控制冷却技术来提高钢的强韧性能，特别是提高韧度。德国对 42MnSiVS33 进行了系统试验，研究了变形温度、变形量、变形速率等参数对组织性能的影响。根据研究结果，可按不同的性能要求来选择适宜的加工工艺参数。一般情况下，加热温度升高，奥氏体晶粒容易粗化；变形温度和变形量既影响再结晶温度和奥氏体晶粒大小，又影响变形诱发析出的程度。适当开展较低的终轧（锻）温度，可有效地产生变形诱发析出的弥散质点。同时，再结晶驱动力小，晶粒也进一步细化，这样在提高强度的同时，也大大改善了塑性和韧度。例如，对基本成分为 0.29%C-1.14%Mn-0.1%V 的非调质钢在 1050℃低温加热和进行 700℃低温控制轧制，抗拉强度为 980MPa，而冲击吸收功仍然高达 98J 以上。日本爱知制钢株式会社研究的 Svd40ST 非调质钢，采用先高温小变形量轧制，然后冷到较低温度轧制成材，得到了 9 级以上的细晶粒组织，其疲劳强度比 SCM435 合金调质钢高 98～118MPa。当然，较低的加工温度增加了设备和模具等承受的载荷，给生产带来了一定的困难。

细晶强化和沉淀析出强化在微合金非调质钢中是需要协调的。例如，加工后快冷，特别是在 800～500℃快冷能细化晶粒组织，阻止析出物长大。进一步提高强度和韧度。但过快冷却又会使相间析出不能充分进行，从而不能获得好的强化效果，所以一般冷速控制在小于 150℃/min。在化学成分一定的条件下，工艺因素实质上决定了各种强化机制的效果。

3. 组织因素对强韧性贡献的大小

细化组织和沉淀析出对钢强化的作用最大。一般认为细化组织的强化量为 50～300MPa，脆化矢量为–0.66℃/MPa，即在提高材料强度的同时还改善了韧度。间隙型碳氮化合物沉淀析出的强化量为 150～400MPa，有时甚至可达 600MPa，其脆化矢量则为正值，不过数值较小，为 0.23～0.30℃/MPa，同时沉淀析出细化了组织，补偿了本身降低韧度的不足。所以，在微合金非调质钢中，无论是在成分设计还是加工过程中都尽可能使组织细化、晶粒细化，使碳氮化合物以极细小的质点沉淀析出。从加工过程组织变化的角度来看，碳氮化合物在高温加热时的残余量变形时的析出量及其大小、分布、形态等，不仅大大影响了晶粒细化的程度，而且也影响析出强化的效果。人们在不断的探索研究中，也使钢的强韧化理论得到新的发展。

间隙固溶元素 C、N 原子在钢中固溶强化的同时，对脆化矢量的贡献分别为 0.72℃/MPa 和 1.97℃/MPa。置换型固溶元素 Mn 和 Cr 在固溶强化的同时，其脆化矢量约为零，而 Si 为 0.53℃/MPa。因为铁素体中固溶 C、N 量极小，Mn 和 Si

的固溶量又有限，所以非调质钢中固溶强化的作用相对细晶强化和沉淀强化来说较小。

位错强化的脆化矢量和沉淀析出强化的脆化矢量大致相当。当变形产生高密度位错后，在理论上可得到可观的强化量，但非调质钢主要是在高温下进行变形，一般难以得到很高的位错密度。但如果主要是低温下进行变形，位错强化就有一定的贡献。对低碳微合金高强度钢研究认为，在 $\gamma+\alpha$ 两相区第三阶段控制轧制后，基体位错和亚结构强化就占了较大的比例，其贡献仅次于细晶强化。

为了稳定地得到高强度和高韧度，许多国家又先后开发了低碳贝氏体型非调质钢。钢的韧度随贝氏体的增加而提高。低碳贝氏体型非调质钢可代替 Cr-Mo 调质钢，适用于强冲击条件下工作的零件和车辆的行走部件。低碳贝氏体型非调质钢典型成分和力学性能见表 5-3（戴起勋，2011）。

降低碳含量虽然牺牲了部分强度，却提高了韧度。若进一步降低碳含量，提高 Cr、Mn 的含量，并适当添加 Ti、B，可使强度提高，同时韧度大为改善。其原因是晶粒更细小，Cr、Mn、B 的综合作用使贝氏体淬透性更好，贝氏体量增多。锻后冷速适当加快，有利于贝氏体形成。因为下贝氏体在较低温度下形成，所以形核率高，析出物也细小、弥散分布。随着碳含量很低的贝氏体型非调质钢的开发，非调质钢已经不局限于中碳范围。

表 5-3　低碳贝氏体型非调质钢典型成分和力学性能

牌号	化学成分（质量分数）/%								R_m/MPa	R_{eL}/MPa	KV_2/J
	C	Si	Mn	Ni	Cr	Mo	V	其他			
VMC25	0.26	0.34	1.67	0.18	0.34	0.04	0.18	0.04Cu	970	730	50
VMC15-1	0.14	0.28	1.52	0.17	0.38	0.04	0.08	0.11Cu	800	520	80
B-HF2	0.046	0.33	2.66	—	1.55	—	0.06	0.017Ti、0.0016B	860	600	140

低碳马氏体型非调质钢称为第三代非调质钢。与其他非调质钢的区别是可以直接从锻造温度淬火而产生自回火，即进行锻造余热淬火。得到的组织为具有高密度位错的板条马氏体，在板条内部有自回火和回火析出的细小均匀分布的碳化物，板条间存在少量残余奥氏体薄膜。低碳马氏体钢充分利用了钢的强化和韧化手段，使钢不仅强度高，而且塑性和韧性好，强韧度达到甚至超过合金调质钢的水平。一些常用低碳马氏体结构钢的常规力学性能见表 5-4。此外，大量试验表明，低碳马氏体的冷脆倾向比较小，还有良好的工艺性能，冷变形能力良好，焊接性能优良，热处理脱碳倾向小。所以，对于在严寒地方室外工作的机件及要求低温下有高强度和高韧性的零件，采用低碳马氏体强化是很合适的。

表 5-4　一些常用低碳马氏体结构钢的常规力学性能（《合金结构钢》（GB/T 3077—2015））

牌号	热处理工艺	R_m/MPa	R_{eL}/MPa	A/%	Z/%	KU_2/J
		不小于				
20MnV	880℃水或油淬；200℃回火	785	590	10	40	55
15MnVB	860℃油淬；200℃回火	885	635	10	45	55
20MnVB	860℃油淬；200℃回火	1080	885	10	45	55
20SiMn2MoV	900℃油淬；200℃回火	1380	—	10	45	55
25SiMn2MoV	900℃油淬；200℃回火	1470	—	10	40	47
25MnTiBRE	860℃油淬；200℃回火	1380	—	10	40	47

低碳马氏体钢中碳的质量分数为0.15%～0.25%，以保证淬火后获得板条马氏体组织。低碳马氏体的强化主要是碳的固溶强化。为了提高钢的淬透性和其他性能，常加入Cr、Mn、Si、Mo、V、Ni等合金元素。在适量的范围内，Cr、Mn、Mo、Ni都能改善钢的韧性，并降低韧脆转变温度，其中Ni的作用尤为明显。加入少量V能细化奥氏体晶粒，改善钢的韧性。Cr、Mo、Si、V等元素都能有效提高钢的回火稳定性。因为低碳马氏体钢的马氏体转变开始温度M_s比较高，在淬火时容易产生自回火现象，所以加入的合金元素最好能适当地降低M_s温度，但也不能过分降低以避免增加脆裂倾向。总体来说，低碳马氏体钢的合金化方向是在保证淬透性的前提下，加入具有高的低温回火抗力和适当降低M_s温度的元素。

低碳马氏体钢的热处理工艺特点是高温加热，淬火温度在A_{c3} + 100℃左右，以避免两相区加热时未溶铁素体的存在。当组织中有铁素体时，不仅强化效果差，而且低碳马氏体 + 铁素体两相组织的塑性、韧性也不好。为促使奥氏体均匀化，应较长时间保温，同时快速冷却以提高零件心部马氏体的含量。零件的截面尺寸增大时，心部有可能淬不透，其综合力学性能将降低。因此，应根据零件的尺寸来选择相应淬透性的钢。

低碳马氏体钢在矿山、汽车、石油、机车车辆、农业机械等制造工业中得到广泛的应用，在提高产品质量，减轻零件重量及降低成本等方面有良好的效果。15MnVB、20SiMn2MoV、25SiMn2MoV是我国研制开发的低碳马氏体钢，在生产中已经得到广泛应用。

15MnVB是一种以冷镦法制造M20以下高强度螺栓的低碳马氏体钢。汽车用高强度连杆螺栓、汽缸盖螺栓、中轴螺栓等原用38Cr（或40Cr）钢制造，由于其冷镦性能差，制造厂常常因冷镦开裂、掉头而产生大量废品，使用效果不理想，工艺成本也高。改用15MnVB钢制造后，强度提高，静强度比40Cr螺栓提高了1/3以上，并且工艺性良好，不易产生表面裂纹，易于冷镦成形，使模具寿命提高了20%～30%。

20SiMn2MoV 和 25SiMn2MoV 具有较高的综合力学性能，可应用于石油机械产品的重要零件。吊环是石油钻机提升系统的重要工具之一，主要用于钻井过程的起、下钻，要求安全可靠。以前用 35 钢正火处理，强度低，产品体积大。采用 20SiMn2MoV 钢制造，经淬火低温回火，抗拉强度和屈服强度相当于正火态 35 钢的 3 倍，因此可以大为减轻吊环的重量。特别是该钢的冷脆转变温度低，在–40℃时其冲击韧性 KV_2 为 52J，比正火态 35 钢的室温 KV_2 值还要高。

对于强度和韧性配合要求特别高的零件，也可采用合金化程度高的低碳中合金钢，比中碳合金调质钢的效果更好。例如，大马力高速柴油机曲轴等，采用 18Cr2Ni4W 钢制造，经 860～870℃淬火，150～170℃回火，力学性能完全达到调质处理的效果。由于钢中含有质量比 4%的 Ni，因而改善了室温、低温韧性和断裂韧度，具有高强度、低缺口敏感性和高疲劳强度。

综上所述，低碳马氏体型结构钢的设计与开发为机械制造工业增添了一类新型钢种，用于代替中碳调质钢，可以大幅度减轻工件重量，提高使用寿命，改善工艺性能和提高产品质量，因而它是机械制造用钢的一个重要分支。

5.5 马氏体时效钢

5.5.1 马氏体时效钢中合金元素的作用

由于低合金超高强度钢主要用碳来强化，这就带来了一些先天的弱点，如随着马氏体中间隙原子碳含量的增加，钢的强度虽然大幅度提高，但塑性和韧度却大幅度降低。为了消除这一强韧化矛盾，开发了无碳的马氏体时效钢，它是在 Fe-Ni 高合金马氏体基础上，利用时效析出金属间化合物进一步增大其沉淀强化作用，属于 Fe-Ni 超低碳高合金超高强度钢。根据钢中 Ni 含量可分为 18%、20%和 25%这三种类型，其中 $w(C)<0.03\%$，并含有形成金属间化合物的 Ti、Al、Co、Mo、Nb 等强化元素。

马氏体时效钢的高强度来源于合金元素的固溶强化、马氏体转变的冷作硬化（高密度位错）和时效析出金属间化合物的沉淀强化。由于马氏体时效钢的强化效应是由置换元素在马氏体中固溶及沉淀析出所造成的，且这些置换元素大都是铁素体形成元素，因此要能够得到马氏体基体，必须加入扩大奥氏体区的元素，主要是 Ni 元素。Ni 元素的加入可保证马氏体的形成，从而增加基体的强度。同时，Ni 元素能有效地降低晶体点阵中的位错运动抗力和位错与间隙原子之间交互作用的能量，促进应力松弛，从而减少脆性断裂的倾向。此外，Ni 还有利于马氏体中沉淀相的均匀析出，保证钢具有良好的塑性变形特性。不过，随着 Ni 元素含量的增加，M_s 温度也会下降，残余奥氏体量增多，故要控制 Ni 元素的加入量，需同时加入一定量的 Co 元素。因为 Co 元素既能降低位错运动抗力和位错与间隙原子之间交互作用的能量，还能升高 M_s 温度，有利于板条马氏体的形成，甚至在其他元素处于高浓度的情况下，也可形成板条马氏体组织。板条马氏体中具有高密度的位错，为沉淀提供了大量潜在的形核位置，从而保证了时效沉淀强化的效果。这种含高 Ni 和 Co 的马氏体强度不高，但室温延性和韧性极好，尤其具有良好的低温延性和韧性。

马氏体时效钢的强度贡献中，固溶强化的贡献不大，约为 200MPa，由无碳马氏体冷作硬化提供的强度增值为 500～600MPa，而沉淀强化提供的强度增值最高，约为 1100MPa。能够形成金属间化合物进行沉淀强化的元素主要有 Ni、Ti、Al、Mo、Nb 等。它们可形成有序相和拉维斯相。有序相为 Ni_3Al、Ni_3Ti 和 Ni_3Mo，是简单点阵结构；拉维斯相为 Fe_2Mo，具有复杂六方结构。

必须指出的是，所加合金元素在形成沉淀强化的同时，还会形成一些附加的效应，如 Mo 和 Co 元素的复合加入，会使沉淀强化效应进一步加强，起到协同效应，如图 5-8 所示（唐代明等，2014，伍玉娇，2011）。这是由于 Co 元素减小了含 Mo 元素强化相的固溶度，促使更多强化相在时效时析出。Mo 元素还可降低马氏体时效钢的回火脆性。

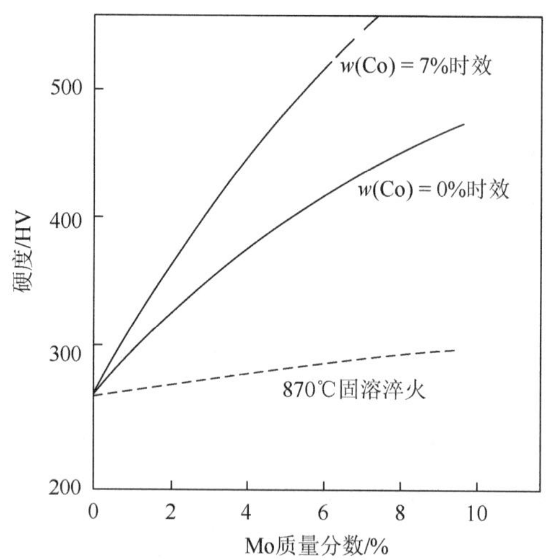

图 5-8　Mo 与 Co 对 18Ni 钢时效硬度的影响

钢中的杂质元素 C、Si、N、S、P 等对马氏体时效钢的有害影响远比低合金超高强度钢严重，因此马氏体时效钢必须是高纯净钢。微量 C 与 Mo、Ti、Nb 等作用，在晶界上析出稳定的强碳化物，如 TiC、Mo_2C 和 NbC 等，降低了钢的韧性和缺口强度，并降低这些强化元素在钢中的有效含量，使强化效应减小。固溶于基体中的碳原子钉扎位错，减少了可动位错，降低钢的塑性。钢中氮会形成氮化物夹杂，如 TiN、NbN 等，是裂纹源发生地。少量 Si 和 Mn 元素虽有强化作用，但对韧性有害。S 形成硫化物，降低钢的横向韧性。要求钢中 $w(\mathrm{Si})<0.1\%$，$w(\mathrm{S})<0.008\%$，$w(\mathrm{P})<0.005\%$。为获得高纯净钢，采用真空感应炉熔炼加真空自耗炉重熔工艺。此外，马氏体时效钢还采用微合金化方法，通过加入微量的 B、Zr、Mg 和稀土元素来改善钢的性能。

5.5.2　马氏体时效钢的热处理和性能

Fe-Ni 合金加热与冷却过程中的相变滞后现象是这类钢的组织基础。相变滞后是指这类钢在冷却过程中在 260～320℃发生马氏体转变，形成马氏体组织，但把形成的马氏体组织再加热时，则必须加热到 520℃左右，马氏体才分解。正是由于这类马氏体组织加热到一定的温度范围仍保持不变，从而保证了时效强化得以进行。马氏体时效钢的典型热处理工艺为 815℃固溶处理，由于合金中镍含量很高以及碳几乎不存在，且钢的淬透性极高，因而空冷至室温，便转变为马氏体。固溶处理后其硬度为 30～35HRC，可以很容易进行进一步的机械加工。适用于空间运载工具的扭力棒悬挂体、火箭发动机零件、直升机的柔性转动轴、飞机起落架部件、旋翼式飞机的铰链结合部件、水翼艇及潜艇的零部件，也可用于制造高压容器、螺栓、紧固件和机枪弹簧、枪管、喷油泵零件及低温服役的零件等。马氏体时效钢还可用于压铸模、塑料模和一些冷成形模具的制造。马氏体时效钢的硬化是通过 480℃时效 3～6h 来完成的。

马氏体时效钢在固溶处理和时效处理状态均表现出一系列优越性能。几种典型的马氏体时效型超高强度结构钢的牌号、热处理工艺及室温力学性能见表 5-5（文九巴，2011）。这类钢在高强度水平下还具有高的比强度以及优越的韧性，与许多常用合金结构钢相比有较好的氢脆和应力腐蚀抗力，在固溶处理和时效以后均可进行焊接而不需要预热。因此，可以说马氏体时效钢的优异性能是其他类型超高强度结构钢无法比拟的。但是这类钢的高合金度和生产工艺极其严格，这使钢的生产成本很高，所以一般只用于航空航天技术及其他重要的构件。

表 5-5　典型马氏体时效钢的力学性能

牌号	热处理工艺	R_m/MPa	R_{eL}/MPa	A/%	Z/%	K_{IC}/MPa·m$^{1/2}$
Ni18Co9Mo5TiAl（18Ni）	815℃固溶 1h 空冷，480℃时效 3h，空冷	1400～1550	1350～1450	14～16	65～70	88～176

续表

牌号	热处理工艺	R_m/MPa	R_{eL}/MPa	A/%	Z/%	K_{IC}/MPa·m$^{1/2}$
Ni20Ti2AlNb（20Ni）	815℃固溶 1h 空冷，480℃时效 3h，空冷	1800	1750	11.0	45.0	—
Ni25Ti2AlNb（25Ni）	815℃固溶 1h 空冷 + 705℃时效 4h + 冷处理 + 435℃时效 1h	2050	1970	12.0	35.0	—

5.6 弹 簧 钢

5.6.1 弹簧的服役条件及性能要求

弹簧是机械和仪器上的重要部件，应用非常广泛。弹簧主要有板簧、螺旋弹簧和其他弹性元件。弹簧的主要作用是储能减振，它一般是在动负荷下工作，即在冲击、振动或长期均匀周期改变应力的条件下工作，起到缓和冲击力的作用，使与它配合的零部件不致受到冲击而早期破坏。例如，在各种汽车、机车等车辆上广泛使用的板簧与螺旋弹簧可起到缓和冲击力的作用，使车辆平稳行驶，延长车辆的寿命。板簧主要承受弯曲载荷，主要的失效形式为疲劳破坏；螺旋弹簧根据它的不同用途有压簧、拉簧和扭簧等，主要是承受扭转应力，其主要的失效形式也为疲劳破坏。弹簧另外一种常见的失效形式是弹性减退，即弹簧材料长期在动、静载荷的作用下，在室温发生塑性变形和弹性模量降低的现象。根据弹簧的工作条件，对弹簧钢的性能有以下要求：

（1）高的弹性极限、屈服极限和高的屈强比。

（2）高的疲劳极限，以保证弹簧在长期的振动和交变应力作用下不产生疲劳破坏。

（3）为了满足成形的需要和可能承受的冲击载荷，弹簧应具有一定的塑性和韧性。

（4）有时还要求具有耐高温、耐腐蚀、导电、无磁等性能。

（5）对淬火强化处理的弹簧钢还应有足够的淬透性，如果钢的淬透性不够，那么弹性极限和疲劳强度都会下降。

对弹簧钢的材质也有较高的要求，应高于一般的工业用钢。弹簧钢应有较好的冶金质量和组织均匀性，要严格控制材料的内部缺陷。因为弹簧工作时表面承受的应力最大，所以弹簧应具有良好的表面质量。表面不允许有裂纹、夹杂、折叠、严重脱碳等现象，这些表面缺陷往往会成为应力高度集中的地方和疲劳裂纹源，显著降低弹簧的疲劳强度。

5.6.2　弹簧钢的合金化特点

弹簧钢的主要性能要求是高的弹性极限和疲劳强度，因此弹簧钢的碳含量较高。碳素弹簧钢的碳质量分数一般为 0.60%～1.05%。因其淬透性低，只能用于截面直径为 12～15mm 及该范围以下的小弹簧。低合金弹簧钢的碳质量分数为 0.40%～0.74%。碳含量过低，达不到高的屈服强度的要求；碳含量过高，钢的脆性增大。

合金弹簧钢中所含合金元素主要有 Si、Mn、Cr、V、W、Mo 等。它们的主要作用是提高淬透性和回火稳定性，强化铁素体和细化晶粒，从而大大提高钢的弹性极限，使钢的屈强比达到 0.8～0.9，疲劳强度也显著提高。Si 对提高弹簧钢屈强比的作用尤为突出。Si 能有效地提高钢的回火稳定性，使钢在相同的回火温度下具有较高的硬度和强度，但硅含量高时增大碳石墨化的倾向，且在加热时易于脱碳，而 Mn 则易于使钢过热。但是两者复合加入后，硅锰钢的脱碳和过热敏感性比硅钢、锰钢小。常用的硅锰弹簧钢有 60Si2Mn、55SiMnVB 等，主要用于机车车辆、汽车、拖拉机上的板弹簧、螺旋弹簧、气缸安全阀弹簧及其他高应力下工作的重要弹簧。

Cr、V 等碳化物形成元素的加入可以克服硅锰弹簧钢的不足。Cr、V 可以防止钢热处理时的过热和脱碳，其中 V 的作用更大，可以保证重要用途弹簧具有高的弹性极限和屈服极限。Cr、V 还有利于提高弹簧钢的高温强度。50CrV 弹簧钢是一种广泛使用的弹簧钢，与 Si-Mn 弹簧钢相比，这种钢的过热敏感性低，不易脱碳，无石墨化倾向，抗回火性较高，在 500～550℃回火后仍具有高的弹性极限和强度极限，其韧性也较高，对缺口不太敏感。这种钢淬透性高，油淬直径为 35～45mm 可以淬透，常用于制造较大截面和较高应力的弹簧以及 300℃以下工作的阀门弹簧与活塞弹簧等。

从目前国外弹簧钢选择的倾向来看，Si-Mn 系列弹簧钢正逐渐被冷落，而 Si-Cr-V 系列弹簧钢具有优异的综合力学性能，特别是极好的抗松弛性能，日益受到重视。弹簧的应力松弛是指在恒应变力下弹簧承载能力随时间延长而不断下降的现象，而 Si、Cr、V 都能提高弹簧钢的抗松弛能力。如新型高强度弹簧钢 60Si2CrV 的屈服强度可以达到 1600MPa 以上，淬透性也较高，在油中的淬透直径可达 80mm，可用于制造大型高载荷的重要弹簧，最高工作温度在 350℃以内。部分常用弹簧钢的化学成分、热处理及力学性能见表 5-6。

表 5-6 部分常用弹簧钢的化学成分、热处理及力学性能（《弹簧钢》（GB/T 1222—2016））

类别	牌号	化学成分/%				热处理			力学性能（不小于）			
		C	Si	Mn	其他	淬火温度/℃	冷却介质	回火温度/℃	R_m/MPa	R_{eL}或$R_{p0.2}$/MPa	$A_{11.3}$/%	Z/%
碳钢	65	0.62～0.70	0.17～0.37	0.50～0.80	Cr≤0.25	840	油	500	980	785	9.0	35
	70	0.67～0.75	0.17～0.37	0.50～0.80	Cr≤0.25	830	油	480	1030	835	8.0	30
	80	0.77～0.85	0.17～0.37	0.50～0.80	Cr≤0.25	820	油	480	1080	930	6.0	30
	85	0.82～0.90	0.17～0.37	0.50～0.80	Cr≤0.25	820	油	480	1130	980	6.0	30
合金钢	65Mn	0.62～0.70	0.17～0.37	0.90～1.20	Cr≤0.25	830	油	540	980	785	8.0	30
	28SiMnB	0.24～0.32	0.60～1.00	1.20～1.60	Cr≤0.25 B0.0008～0.0035	900	水或油	320	1275	1180	5.0	25
	40SiMnVBE	0.39～0.42	0.90～1.35	1.20～1.55	V0.09～0.12 B0.0008～0.0025	880	油	320	1800	1680	9.0	40
	55SiMnVB	0.52～0.60	0.70～1.00	1.00～1.30	Cr≤0.35 V0.08～0.16 B0.0008～0.0035	860	油	460	1375	1225	5.0	30
	38Si2	0.35～0.42	1.50～1.80	0.50～0.80	Cr≤0.25	880	水	450	1300	1150	8.0	35
	60Si2Mn	0.56～0.64	1.50～2.00	0.70～1.00	Cr≤0.35	870	油	440	1570	1375	5.0	20
	55SiCrV	0.51～0.59	1.20～1.60	0.50～0.80	Cr0.50～0.80 V0.10～0.20	860	油	400	1650	1600	5.0	35
	60Si2CrV	0.56～0.64	1.40～1.80	0.40～0.70	Cr0.90～1.20 V0.10～0.20	850	油	410	1860	1665	6.0	20
	60Si2MnCrV	0.56～0.64	1.50～2.00	0.70～1.00	Cr0.20～0.40 V0.10～0.20	860	油	400	1700	1650	5.0	30
	50CrV	0.46～0.54	0.17～0.37	0.50～0.80	Cr0.80～1.10 V0.10～0.20	850	油	500	1275	1130	10.0	40
	55CrMn	0.52～0.60	0.17～0.37	0.65～0.95	Cr0.55～0.95	840	油	485	1225	1080	9.0	20
	60CrMn	0.56～0.64	0.17～0.37	0.70～1.00	Cr0.70～1.00	840	油	490	1225	1080	9.0	20

弹簧钢的纯度对疲劳强度有很大影响，因此弹簧钢均为优质钢（w(S)≤0.04%、w(P)≤0.04%）或高级优质钢（w(S)≤0.035%、w(P)≤0.035%）。

5.6.3　弹簧钢的成形及强化特点

弹簧按制造特点，可分为冷成形弹簧和热成形弹簧两大类。冷成形弹簧是先通过冷变形或热处理方法使之强化后，再用冷成形方法制造成一定形状的弹簧。如在室温拉丝（拔丝）而成的弹簧钢丝称为冷拉弹簧丝，钢丝在冷拉后可以获得很高的强度，一些弹簧可以用冷拉弹簧钢丝在室温直接绕制而成。冷成形后的弹簧还需要进行 200～400℃的低温退火，以去除应力。该过程同时还有时效作用，可稍稍提高弹簧的弹性极限和强度。这样生产的弹簧表面光洁，无脱碳现象，有利于弹簧抗疲劳性能的提高。因为成形前，钢已经被强化，所以只能制作小型弹簧（丝径一般小于 8mm）。钢丝在冷拉之前一般要先经过铅淬处理或索氏体化处理，以得到强度高、塑性好的最宜于冷拉的索氏体组织。索氏体化处理是将钢加热到 A_{c3} 以上 50～100℃，得到奥氏体组织，然后在 500～550℃的铅浴里进行等温冷却，使其转变成索氏体组织，最后再经过清理，拉拔到成品所需的尺寸。

热成形弹簧一般用于制造大型弹簧或形状复杂的弹簧。弹簧在热成形后，进行淬火及中温回火，得到回火屈氏体。使弹簧具有一定的冲击韧性，较高的弹性极限、屈强比和最高的疲劳强度。弹簧钢的力学性能与回火温度关系可参见图 5-9 和图 5-10（戴起勋，2011；凤仪，2008）。

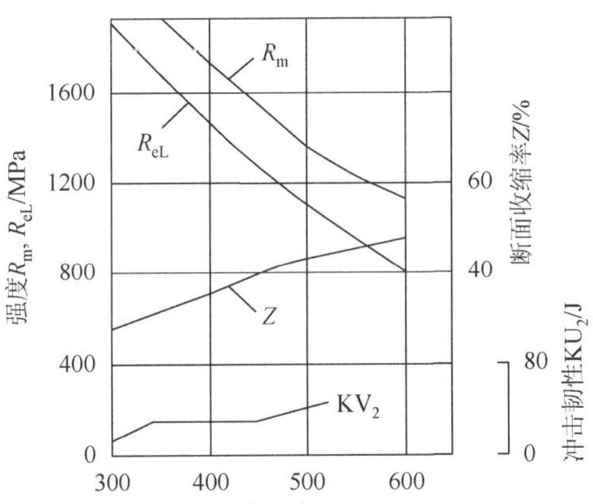

图 5-9　60Si2Mn 力学性能与回火温度间的关系

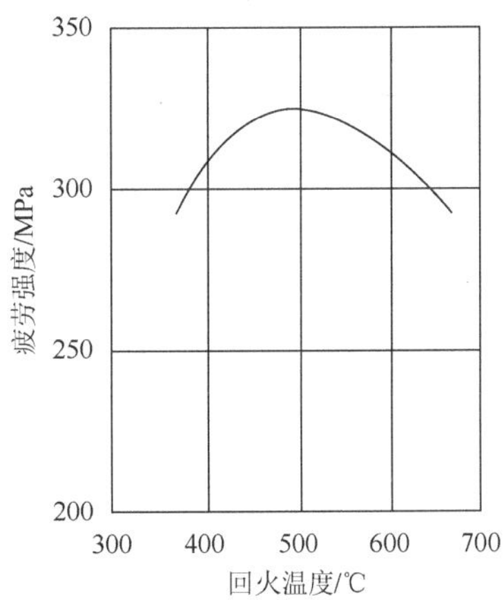

图 5-10　55Si2Mn 钢疲劳极限随回火温度的变化

对于不同合金化的弹簧钢和不同要求的弹簧，为满足弹簧的性能要求，弹簧钢的回火工艺应主要考虑弹性参数和韧性参数之间的平衡或最佳配合。弹簧钢的回火是在低温回火脆性区以上和高温回火脆性区的下限温度进行的，因此回火后要快冷，以防止高温回火脆性。

由于弹簧服役时的应力状态比较复杂，特别是弯曲和扭转应力的作用，对弹簧的表面状态要求较高。热处理加热过程中必须严格控制炉气并尽量缩短加热时间，以尽量减少表面的氧化与脱碳。

为了提高弹簧钢的强度和疲劳寿命，形变热处理及喷丸、渗氮等表面处理工艺在弹簧制造中得到了广泛的应用。弹簧在热处理后通常还要进行喷丸处理，使表面强化并在表面产生残余压应力，以提高其疲劳强度。弹簧扁钢、钢丝和尺寸较大的螺旋弹簧等可以采用形变热处理，以改善钢的显微组织，提高强韧性和疲劳强度，如 60Si2Mn 扁钢在 930℃经 18%变形后淬火，于 650℃高温回火后 R_m 为 2367MPa，Z 为 40%，KV_2 为 67J，硬度为 56HRC，疲劳寿命提高 7 倍。

近年来，人们还对钢丝的稳定化处理进行了研究和开发。高碳预应力钢丝的稳定化处理是在钢丝高速拉拔后，将钢丝在一定的拉应力下（约等于极限强度的一半）加热一段时间（温度低于再结晶温度，如碳的质量分数为 0.82%，ϕ5mm 的钢丝，350℃加热 10min），以达到提高变形抗力和改善力学性能的目的，其机制是动态的应变时效，也称为“应变回火”。其本质是钢丝在一定拉应力下加热时，使塑性变形抗力增加。高碳钢的应变时效分为两个过程，其一是在较低温度下，铁素体中的 C、N 原子聚集在位错线上；其二是在较高温度下，来自渗碳体的 C 原子扩散到位错上。

5.7 轴 承 钢

5.7.1 滚动轴承钢的服役条件及性能要求

滚动轴承是各种机械传动部分的基础零件之一，其作用主要是支撑轴。滚动轴承通常由内圈、外圈、滚动体（如滚珠、滚柱、滚轮、滚针）和保持架四部分组成，其中内圈通常与轴紧密配合，并与轴一起旋转。外圈通常与轴承座孔或机械部件的壳体配合，起支撑作用。滚动体借助保持架均匀地排列在内、外圈之间，它的形状、大小和数量直接决定轴承的承载能力。用于制作轴承的内、外圈和滚动体的钢称为滚动轴承钢。轴承里的保持架因受力较小一般由低碳钢（08F 钢和 10 钢）薄板冲压而成。实际上，目前滚动轴承钢还广泛用于制造各类工具及耐磨零件，如精密量具、冲模、机床丝杆以及喷油嘴等。

滚动轴承的工作条件极为苛刻，基本上是在高负荷、高转速和高灵敏度条件下工作的。当轴转动时，内圈和滚珠发生转动和滚动，内圈的任一部分和滚珠都会周期性地进入负荷区。当它们进入负荷区时，所受负荷迅速地由零增至极大值，又从极大值降至零，位于轴承下半部的滚动体承受最大的载荷。图 5-11 为滚珠轴承不同部位的钢球受力情况（凤仪，2008）。由于滚珠和套圈轨道之间接触面积很小，存在很大的局部交变应力集中，其值可高达 3000～5000MPa，应力交变次数可高达数万次/分。滚珠在转动时还受到离心力引起的附加载荷，它随转速的增加而加大。

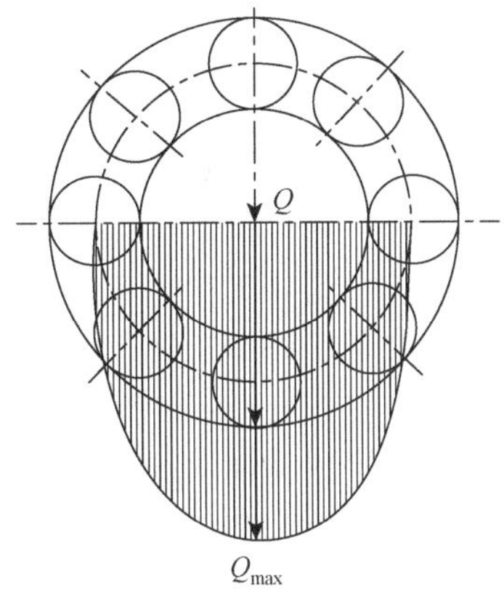

图 5-11　滚珠轴承不同部位的钢球受力情况

轴承的正常损坏形式是接触疲劳破坏，其次是摩擦磨损，使精度降低直至丧失。当轴承套圈和滚动体表面出现小块剥落时，会形成麻点，将引起噪声和振动增大，磨损加剧，工作温度不断上升，降低轴承运转精度，最后导致轴承破坏失效。轴承的接触疲劳破坏包括疲劳裂纹的产生和扩展两个过程。根据最大切应力理论，切应力在接触表面下一定深度处达到最大。在高应力长时间运转下，这个区域产生剧烈的塑性变形，显微组织可能由回火马氏体转变为回火索氏体，因而强度降低，在这个区域周围引起附加张应力。若这些部位恰好存在非金属夹杂物或粗大碳化物，它们就成了疲劳裂纹的发源地。疲劳裂纹一般沿切应力方向发展，沿 45°夹角向表面扩展，然后是压断、剥落。因此，材料内部各种缺陷、软点和夹杂物的存在是产生疲劳裂纹的主要原因，危害最大。

滚动轴承在高速运转时，不仅有滑动摩擦，还有滚动摩擦，从而产生强烈的摩擦甚至产生大量摩擦热，其失效形式是：磨损导致尺寸变化，摩擦热可以引起组织变化，由于金相组织比体积的差异，不但产生附加应力，还会由于体积效应而产生尺寸变化。总之，由摩擦磨损引起的尺寸变化会影响轴承的精度，也可能由于摩擦热使表面温度升高而造成表面“烧伤”。

另外，有时在强大的冲击载荷作用下，轴承也可能产生破碎。对于在特殊条件下工作的轴承，常与大气、水蒸气及腐蚀介质相接触，进而产生腐蚀。轴承的破坏形式是多种多样的，如疲劳剥落、卡死、套圈断裂、磨损、锈蚀等。

根据轴承的工作条件和失效破坏情况，轴承钢的性能应满足如下要求。

（1）高而均匀的硬度和耐磨性：轴承钢应有足够的淬透性和淬硬性，经热处理后才能具有高而均匀的表面硬度和耐磨性。对于套圈，61～65HRC。对于滚珠：$\phi \leqslant 45$mm，62～66HRC；$\phi > 45$mm，60～66HRC。

（2）高的接触疲劳强度：高的接触疲劳强度能保证轴承在高负荷、高转速循环疲劳的条件下不致过早产生裂纹、剥落等破坏形式。

（3）高的弹性极限和一定的韧度可以避免在高应力下产生永久变形。

（4）尺寸稳定性好，轴承钢的组织稳定性好，才能保证工作时的精度，对于精密级和超精密级的轴承更为重要。

（5）一定的耐蚀性。轴承和大气、润滑油长期接触，要有一定的耐蚀性。

（6）具有良好的工艺性能，如冷、热成形性能，切削性能，热处理工艺性能等。

对于在特殊条件下工作的轴承，还有其他的特殊要求，如高温性能、不锈耐蚀性、耐冲击和防磁等。

为了满足轴承的性能要求，对轴承钢来说，正确的化学成分、高的冶金质量和合理的处理工艺是三个关键因素。

5.7.2 轴承钢的化学成分特点

滚动轴承钢一般是指高碳铬钢。碳是轴承钢中的强化元素。为了保证轴承钢有高的硬度和耐磨性，轴承钢的碳含量很高，一般为 0.95%～1.15%，属于过共析钢。轴承钢中的碳一部分存在于马氏体基体中以强化马氏体，另一部分形成足够数量的碳化物以获得所要求的耐磨性。但过高的碳含量会增加碳化物分布的不均匀性，且易生成网状碳化物而降低钢的性能。Cr 是轴承钢中的主加合金元素。Cr 的作用是提高钢的淬透性，形成合金渗碳体，提高轴承的耐蚀性。钢中部分 Cr 形成的合金渗碳体$(Fe, Cr)_3C$ 在淬火加热时溶解较慢，减少过热倾向，经热处理后可以得到较细的组织，且碳化物能以细小质点均匀分布于基体组织上，既可提高钢的回火稳定性，又可提高钢的硬度，进而提高钢的耐磨性和接触疲劳强度。适宜的 Cr 质量分数为 0.40%～1.65%，当 $w(\mathrm{Cr})>1.65\%$时，会使残余奥氏体增加，使钢的硬度和尺寸稳定性降低，同时还会增加碳化物的不均匀性，降低钢的韧性。

制造大型轴承时，轴承钢中还需要加入更多的合金元素以提高淬透性，通常加入 Mn、Si、Mo、V 等元素。适量的 Si（质量分数）（0.40%～0.60%）在提高淬透性的同时，还能明显地提高钢的强度和弹性极限。加入 V，一部分溶于奥氏体，提高淬透性，另一部分形成 VC，提高钢的耐磨性并防止过热，通常无铬钢中都含有 V。Mo 能提高钢的高温强度。

由于轴承钢的接触疲劳性能对钢材的微小缺陷十分敏感，钢中夹杂物的种类、尺寸、形态和分布对钢的性能有重要影响，所以要降低杂质元素 S、P 的质量分数，提高轴承钢的冶金质量。通常要求 $w(\mathrm{S})<0.02\%$、$w(\mathrm{P})\leqslant 0.027\%$。

常用高碳铬轴承钢系列有 GCr15、GCr15SiMn 等（《高碳铬轴承钢》（GB/T 18254—2016））。此外，根据不同工作条件，还有渗碳轴承钢，如 G20CrNiMo、G10CrNi3Mo 等（《渗碳轴承钢》（GB/T 3203—2016））；不锈轴承钢，如 G95Cr18、G102Cr18Mo、

G65Cr14Mo 等（《高碳铬不锈轴承钢》（GB/T 3086—2019））；高温轴承钢，如 Cr4MoV 等。部分常用轴承钢的性能特点及用途见表 5-7（伍玉娇，2011）。

表 5-7　常用轴承钢的性能特点及用途

钢号	性能特点	用途举例
GCr15	高碳铬轴承钢的代表钢种，具有高而均匀的硬度、良好的耐磨性和高的接触疲劳寿命，冷、热加工工艺性能良好，对白点形成较敏感，有回火脆性倾向	用于制造壁厚小于等于 12mm、外径小于等于 250mm 的各种轴承套圈，制造尺寸范围比较宽的滚动体，如钢球、滚针和各种滚子；也可制造模具、量具及其他要求高耐磨、高接触疲劳强度的零件
GCr15SiMn	在 GCr15 钢的基础上增加了 Si、Mn 合金元素，其淬透性、弹性极限、耐磨性都有明显提高，冷加工塑性中等，可加工性稍差，同样对白点形成较敏感，有回火脆性倾向	用于制造大尺寸的轴承套圈、钢球、各种滚子，轴承零件的工作温度小于 180℃；还可用于制造模具、量具以及其他要求高硬度且耐磨的零件
GCr15SiMo	在 GCr15 钢的基础上加入 Si、Mo 合金元素而开发的新型钢种。综合性能良好，淬透性高，耐磨性好，接触疲劳寿命高，其他性能与 GCr15SiMn 相近	用于制造大尺寸的轴承套圈、滚珠、滚柱；还用于制造模具、精密量具以及其他要求硬度高且耐磨的零部件
GCr18Mo	成分相当于瑞典 SKF24 轴承钢，具有高淬透性，其他性能与 GCr15 相似	用于制造各种壁厚小于等于 20mm 的大尺寸轴承套圈
G20CrMo	低合金渗碳轴承钢，渗碳后表面硬度高、耐磨性好，心部强韧性好	用于制造汽车，拖拉机上承受冲击载荷的轴承零部件，也用于汽车齿轮等
G20CrNiMo G10CrNi3Mo	低合金渗碳轴承钢，渗碳或碳氮共渗后表面硬度高，具有高耐磨性，接触疲劳寿命明显优于 GCr15 钢，淬透性比 G20CrMo 钢好，心部有良好的强韧性配合	制造承受高冲击载荷的轴承，用于小汽车、货车的轴承和其他中小型轴承；也可以制造汽车、拖拉机齿轮、活塞杆等。G10CrNi3Mo 常用作承受高冲击载荷的大型轴承
G95Cr18 G102Cr17Mo	高碳马氏体型不锈钢，具有高硬度和高耐磨性，在大气、水及某些酸类和盐类的水溶液中具有优良的不锈与耐蚀性	用于制造在海水、河水以及海洋性腐蚀介质中工作的轴承，工作温度可达到 250～350℃，还可制作某些仪器、仪表上的微型轴承

5.7.3　轴承钢的冶金质量

研究表明，轴承钢由非金属夹杂物和碳化物不均匀性冶金质量缺陷造成的失效占总失效的 65%，因此，对轴承钢的基本质量要求是纯净和组织均匀。纯净就是杂质元素及非金属夹杂物要少，组织均匀是钢中非金属夹杂物和碳化物要细小，分布要均匀。

1. 非金属夹杂物的影响

非金属夹杂物的存在破坏了金属基体的连续性，引起应力集中，在反复应力作用下会导致疲劳破坏。轴承钢中常见的非金属夹杂物根据其化学成分主要有氧化物、硫化物和硅酸盐三种：Al_2O_3、SiO_2 等简单氧化物；尖晶石 $MnO \cdot Al_2O_3$、

MgO · Al_2O_3 等复杂氧化物；硅酸盐、硅酸盐玻璃和硫化物等，其成分复杂，有时还有 AlN 等氮化物。

非金属夹杂物按金相形态（热变形能力）可分为：①脆性夹杂物，如刚玉（Al_2O_3）、尖晶石，沿轧制方向排列呈点链状分布。②塑性夹杂物，在热变形过程中有良好的塑性，沿轧向呈连续条状分布，属于这类的有 MnS 和铁锰硅酸盐。③球状不变形夹杂物，主要是钙的铝酸盐。④半塑性夹杂物，主要是复相铝硅酸盐，含有 Al_2O_3 或尖晶石氧化物，轧后呈纺锤形。轴承钢按三项夹杂物评级，即脆性夹杂物、塑性夹杂物和球状不变形夹杂物。一般认为棱角锋锐的硬脆性夹杂物危害最大，细条状塑性夹杂物危害较小。夹杂物的危害程度按 Al_2O_3、尖晶石、球状不变形夹杂、半塑性铝硅酸盐、塑性硅酸盐、硫化物顺序依次递减。硬脆的夹杂物在钢变形时不能随之发生塑性变形，在钢发生热塑性流动时会造成夹杂物边缘上形成裂纹或空洞。塑性硅酸盐夹杂物在室温下不能变形，在基体受外力变形时它就与基体脱开，易形成裂纹。而硫化物在高温和室温都呈塑性，且膨胀系数大于基体，故其危害程度最小。另外，刚玉、尖晶石和钙的铝硅酸盐，它们的膨胀系数比钢小，在淬火后其周围基体承受附加张应力，在外加应力的叠加下，容易引起较大的应力集中。若在一定硫含量下，硫化物与氧化物共存，并包覆其外，将减少氧化物的有害作用。因此，钢中硫含量不要求越低越好。

同一类型夹杂物，尺寸越大，对轴承接触疲劳寿命的危害就越大；尺寸越大，越能在较深处影响钢的疲劳寿命。钢中夹杂物数目越少，分布越均匀，对轴承接触疲劳寿命危害越小；反之，夹杂物越多，越聚集，危害性越大。

钢中非金属夹杂物的主要来源是钢在冶炼时产生的脱氧产物，以及钢液在凝固时氧和硫因在固态钢中的固溶度很低而析出的氧化物和硫化物。另外，出钢过程中钢液与渣混出时残留在钢中的渣，冶炼和浇注时钢液对耐火材料的浸蚀，出钢时钢液的二次氧化等，也是夹杂物的来源。因此，冶炼时彻底脱氧是获得高纯净钢的必要条件，利用真空脱氧可极大提高钢的纯净度。

2. 碳化物不均匀性的影响

高碳铬轴承钢中碳化物的尺寸和分布对轴承的接触疲劳寿命也有很大的影响，大颗粒物和密集的碳化物带都是极其有害的。根据其产生条件，碳化物的不均匀性可分为三类：①液析碳化物和带状碳化物。这两种碳化物偏析区沿轧向伸长呈带状分布，直接影响钢的冷、热加工性能，严重损害了轴承的接触疲劳寿命。两种碳化物均由钢锭结晶时产生的树枝状偏析引起。液析碳化物属于偏析引起的伪共晶碳化物，尺寸一般较大，具有高的硬度和脆性，暴露在轴承表面容易引起剥落，加速轴承的磨损。带状碳化物属于二次碳化物偏析，存在带状碳化物时，钢退火不易获得均匀的粒状珠光体，严重时会使钢的淬火组织和硬度不均匀，力学性能呈现各向异性。②网状碳化物。高碳铬轴承钢为过共析钢，在锻轧热加工之后的冷却过程中，由于碳在奥氏体中固溶度降低，过饱和的碳以碳化物的形态沿奥氏体晶界呈网状析出，随后的淬火不能完全将碳化物消除，降低了钢的冲击韧性。③大颗粒碳化物。正火消除网状碳化物时加热未溶解的碳化物颗粒，在正火保温和随后退火时继续长大而形成大颗粒。

消除液析碳化物可采用高温扩散退火，一般在 1200～1250℃进行扩散退火即可消除。要消除带状碳化物偏析，则需要很长的退火时间。消除网状碳化物可采用控制轧制，终轧温度控制在 A_{cm} 和 A_1 之间，网状碳化物被破碎，得到未再结晶的奥氏体晶粒。冷却后得到细小的索氏体组织，成为球化退火的原始组织。钢中另一些冶金缺陷，如缩孔、气泡等也是不允许存在的，要严格控制和检验。

5.7.4　高碳铬轴承钢的热加工与热处理

轴承钢在使用状态下的显微组织为回火马氏体基体上分布着细小碳化物颗粒，并含有少量残余奥氏体。这样的组织能基本满足轴承工作条件的要求，具有高的硬度、强度，耐磨性好且具有较高的疲劳寿命。

轴承钢的一般工艺路线为：锻轧→球化退火→机械加工→淬火、回火→磨加工。工艺特点是工序简单，但要求比较高。由于 GCr15 是铬轴承钢中典型的钢种，下面以 GCr15 为例讨论轴承钢的热加工与热处理。

1. GCr15 钢的锻造

GCr15 钢通常的锻造温度范围为 850～1100℃，锻后进行球化退火和机加工等。合适的终轧、终锻温度应控制在 830～850℃，锻后在 700～850℃温度范围内快冷（风冷、喷雾、水冷等），要求冷却速度不低于 150～200℃/min。在 700℃以下，应缓冷，如坑冷，以防止形成白点并减小钢的内应力。根据控制轧制原理，降低终锻温度可以细化奥氏体晶粒，又可以减小网状碳化物的级别，因而有时可采用两相区锻造，即将毛坯加热到 840℃后进行锻造和挤压成形，然后在 680～700℃等温一段时间后冷却，以完成奥氏体向珠光体的转变。这样可使晶粒明显细化，并促使碳化物细化，使钢在等温冷却后可直接获得粒状珠光体，省去了锻后的球化退火工序，又可使轴承套圈的疲劳寿命提高约 50%。该工艺已应用于生产，它适合用于直径小于 62mm 的轴承套圈的生产。

2. GCr15 钢的球化退火

由于轴承钢是过共析钢，并且对碳化物的形状和分布要求较高，未溶碳化物的粒度和均匀性直接与原始组织的碳化物粒度和均匀性有关。原始组织的碳化物不均匀性通常在淬火加热条件下不能改善，要使淬火回火组织中未溶碳化物细而均匀，首先要保证原始组织中碳化物颗粒细而均匀。因此，其预先热处理通常采用球化退火，球化退火的目的是降低钢的硬度，退火后硬度一般为207～229HB，这样可改善切削加工性能，更重要的是获得均匀分布的细粒状碳化物，为淬火做好准备。球化退火组织对轴承零件的疲劳强度、韧度和耐磨性等性能有较大的影响。

球化退火前的原始组织应为细片状珠光体或没有明显网状碳化物的细片状珠光体。在退火前原始组织正常的条件下，球化退火的质量取决于加热温度、保温时间和冷却速度。

轴承钢常用的球化退火工艺一般有球化退火和等温球化退火两种，加热温度一般为780～800℃，冷却方式有连续冷却和等温转变两种，如图5-12所示（戴起勋，2011）。一般认为连续冷却比等温转变效果好，可消除过冷奥氏体稳定性的波动对退火组织的影响。

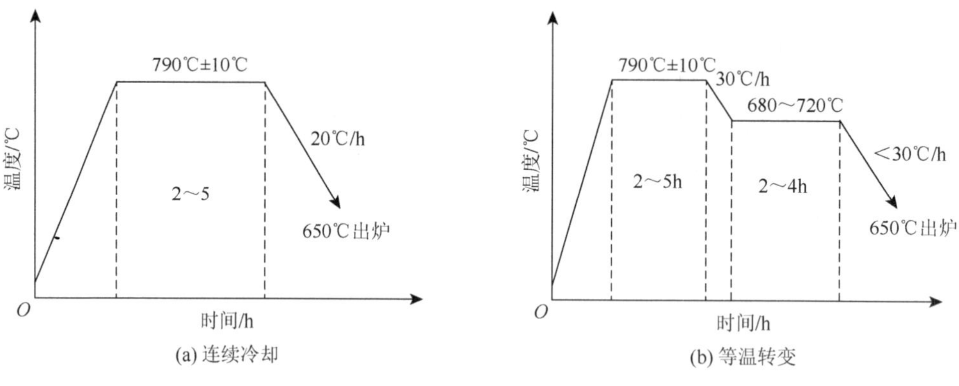

图5-12　高碳铬轴承钢典型的球化退火工艺

3. GCr15钢的淬火回火

轴承钢的最终热处理是淬火＋低温回火，可提高钢的硬度、强度、耐磨性和耐疲劳性，并使之具有适当的韧性。淬火温度要求严格，轴承钢的淬火加热应获得细小的奥氏体晶粒，快冷之后得到隐晶马氏体＋均匀分布的细粒碳化物＋少量残余奥氏体，淬火硬度为63～66HRC。

碳化物是淬火回火轴承组织中重要的组成物之一。未溶的碳化物数量过多对疲劳寿命有不利影响，但碳化物在淬火时全部溶入奥氏体将会引起晶粒粗化，从而降低疲劳寿命及耐磨性，因此淬火后存在一定数量的未溶碳化物是必要的。

残余奥氏体是淬火回火轴承组织中的不稳定相，影响轴承尺寸稳定性。淬火时残余奥氏体过多，将降低钢的硬度和耐磨性，但残余奥氏体对疲劳寿命存在有利影响。所以，在保证零件尺寸精度的前提下，可残留少量的奥氏体（10%左右）。

GCr15 钢的淬火加热温度为 820～840℃，该温度下淬火可以得到最高的硬度、冲击韧性和弯曲疲劳强度，此时奥氏体中溶解 0.5%～0.6%C、约 0.8%Cr（质量分数），从而保证钢淬火具有足够的淬透性和淬硬性。未溶碳化物能阻止奥氏体晶粒长大，以获得细小的马氏体组织。温度过高会引起过热，晶粒长大使钢的韧性和疲劳强度下降，且易淬裂和变形；温度过低，则奥氏体中溶解的 Cr 和 C 的含量不够，钢淬火硬度不足。研究表明，马氏体碳含量在 0.45%左右时疲劳寿命最高，如图 5-13 所示（凤仪，2008）。$w(C)<0.45\%$时，由于马氏体强度低，疲劳寿命不高，$w(C)>0.45\%$时，因马氏体脆性增加，疲劳寿命也降低。在生产中马氏体碳含量控制在 0.45%～0.5%比较好。轴承零件在淬火工艺中应尽量减少氧化脱碳，为防止氧化脱碳，一般采用保护气氛加热或真空加热。

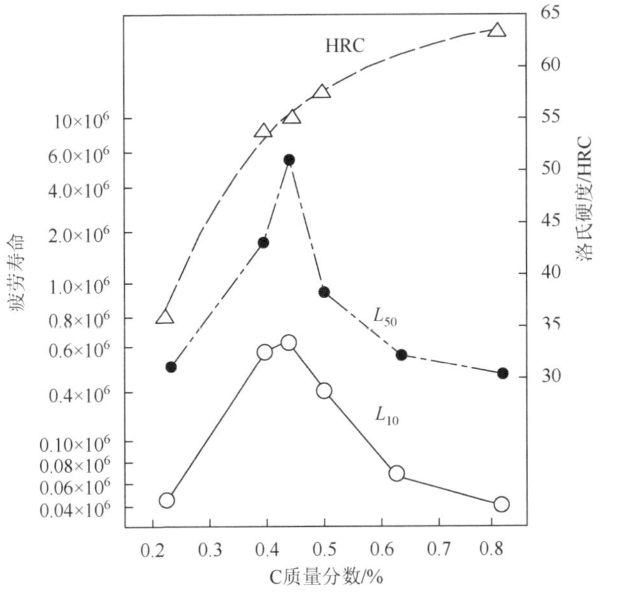

图 5-13　高碳铬轴承钢中马氏体碳含量与疲劳寿命和硬度的关系

L_{50} 指 50%的破坏概率；L_{10} 指 10%的破坏概率

淬火后应立即回火，以消除应力，提高韧性，稳定组织和尺寸。回火一般在 150～160℃保温 3h 或更长。为使回火性能均匀一致，回火温度也要严格控制，最好在油中进行。回火后的组织为极细的回火马氏体（体积分数为 80%）、分布均匀的细粒状碳化物（5%～10%）以及少量的残余奥氏体（5%～8%），回火后硬度为 62～66HRC。

精密轴承还应进行稳定化处理，减少残余奥氏体的量。内应力、回火马氏体和残余奥氏体的量是影响尺寸稳定性的主要因素，通常采用冷处理和附加回火来设法控制和消除这些不稳定因素。对于精密轴承，为保证能长期存放和在使用中不变形，在淬火后要立即进行冷处理（−80～−70℃），以使钢中未转变的残余奥氏体进一步发生转变（残余奥氏体量降到 4%～6%）。生产中一般要求淬火后到冷处理期间，在室温停留的时间不超过 4h，冷处理后立即低温回火以防开裂。轴承在磨削加工后要进行消除磨削应力的回火，一般应根据轴承精密等级来选择不同的保温时间和回火次数，一般用低于原回火温度 20～30℃的温度进行附加回火（如 120～150℃，保温 3～5h）。对精度要求特别高的零件，在粗磨、细磨和精磨后要进行 2 次或 3 次回火，时间为 15～24h。

轴承钢利用等温淬火工艺，得到下贝氏体和马氏体的混合组织，以显著提高韧性，是近年来取得的一个研究成果。如新型轴承钢 GCr18Mo 采用 870℃加热、230℃油淬 1h、200℃回火 4h 的工艺，可得到 $B_{下}$-M 的复相组织，其中下贝氏体（$B_{下}$）的体积分数为 37.5%。此时材料的抗弯强度达到 4485MPa，比马氏体淬火工艺处理后的材料提高了 60%；挠度提高了 39%，达到 3.6mm；α_K 为 108J/cm^2，比全马氏体提高了 80%；K_{IC} 为 47.8MPa·m$^{1/2}$，比全马氏体提高了 133%。这种工艺可应用到工作条件比较恶劣、冲击比较大、要求高强韧性的轴承，如大型矿山机械、铁路货车、大型轧机以及煤矿运输装置中的轴承热处理。

5.8 渗碳钢和氮化钢

机械装备中的许多机械零件，如齿轮、凸轮、活塞销、导轨等，主要在滑动、滚动、接触应力、冲击、磨损等工况条件下工作，在这种服役条件下，常见的失效形式有过量磨损、表面剥落，甚至断裂等。因此，要求钢的表面具有高的硬度、高的接触疲劳抗力和良好的耐磨性，而心部具有一定的塑韧性，这就需要进行表面化学热处理。渗碳钢和氮化钢是为了适用于渗碳热处理和氮化热处理的需要而发展起来的钢种。

5.8.1 渗碳钢

1. 渗碳工艺特点

渗碳是指将低碳钢置于适当碳势的气氛中，在高温奥氏体相区保温，使其表面增碳，即心部是低碳钢，而表层相当于高碳钢。对于连续规模生产，通常采用气体渗碳。渗碳有三个基本过程。第一个过程是高温下碳剂的热分解，析出活性碳原子[C]。第二个过程是活性碳原子[C]和 CO 被渗碳钢表面吸附，伴随有表面反应 $2CO = [C] + CO_2$，[C]吸附表面后向钢内部渗入，在奥氏体表面维持一定的碳含量。渗碳过程中炉内气氛与钢表面碳含量达到平衡时的相对碳含量称为碳势，它对渗碳质量起着决定性作用。不断向炉内输入渗碳介质就增高了分解产物活性碳原子[C]的浓度，保持高的碳势。第三个过程是碳由钢表面向钢内部扩散。钢表面吸收活性碳原子[C]后，表面碳浓度增高，这就在钢表面和内部之间构成碳浓度差，在渗碳温度下获得增厚的渗碳扩散层。根据扩散原理，影响渗碳速率的主要因素有温度、保温时间、气氛碳势、渗碳钢中的合金元素种类及其含量。其中渗碳温度越高，渗碳速度越快，渗碳层深也越厚。渗碳时间与渗碳层深呈抛物线关系。目前，常用的渗碳温度为 920～950℃，若再适当提高渗碳温度，可进行深层渗碳。

气体渗碳介质有连续式供气和滴注含碳有机液体。连续式供气用天然气，主要含甲烷（CH_4）和石油液化气，后者主要成分为丙烷和丁烷。滴注渗碳液体有煤油、苯和甲苯、甲醇、乙醇和丙酮。连续式供气适用于大批量生产的连续式渗碳工艺，而滴注式主要用于周期渗碳作业工艺。

为获得合理的渗碳层的碳分布，提高渗碳层质量和渗碳速度，在渗碳前期可将碳势提高到 1.2%～1.5%，以不产生炭黑阻碍渗碳为原则。后期降到 0.9%～1.1%。碳势控制应用最多的是露点（表征 H_2O 量）测定仪和红外吸收仪（测 CO_2 量）。

2. 渗碳钢的合金化

碳钢通过表面渗碳、整体淬火，得到表面是高碳马氏体，沿截面过渡到心部是低碳马氏体或半马氏体，可以使表面有高的弯曲和疲劳强度及耐磨性，而心部又有高强度和韧性。因此，渗碳钢的碳含量决定了渗碳零件心部的强度和韧性，从而影响零件整体的性能。心部过高的碳含量将使零件整体的韧性低，不能在有冲击载荷的状态下使用。一般渗碳钢都是低碳钢，碳的质量分数为 0.12%～0.25%，个别钢种可达到 0.28%。

渗碳钢中常用的合金化元素有 Cr、Mn、Ni、W、Si、V、Ti、Mo 等。Cr、Mn、Ni 等元素的主要作用是提高渗碳钢的淬透性，以使较大尺寸的零件在淬火时心部能获得大量的板条马氏体组织。但根据零件承受负荷大小的不同，心部需要的显微组织也有所差别。承受负荷从大到小，要求心部由低碳马氏体转变为铁素体＋珠光体组织，也就是要求钢的淬透性有所变化。Ti、V、W、Mo 等元素可以阻止奥氏体晶粒在高温渗碳时的长大，能细化晶粒，同时还可增加渗碳层硬度，进一步提高耐磨性。在航空发动机齿轮用的渗碳钢中，常加入 Ni 元素以提高渗层的韧性，并进一步降低韧脆转变温度。

渗碳层性能参数很重要，直接影响表层的接触疲劳抗力和零件的使用寿命。

渗碳层性能参数包括表层碳含量、表层碳浓度梯度和渗碳层深度。表层碳含量要适宜，一般 $w(C) = 0.80\%\sim1.05\%$。若表层碳含量太高，碳化物量过多，易造成碳化物分布不均匀，使其呈粗大块状、针状或网状分布；表层碳含量太低，硬度和耐磨性下降。浓度梯度宜平缓过渡，以免性能变化太大，内应力过大。渗碳层深度根据零件需要确定。原则上，渗碳层深度应大于零件的最大切应力深度，以保证高的接触疲劳强度。如图 5-14 所示（戴起勋，2011），渗碳层过浅和表层浓度梯度过大都会降低零件的使用寿命。渗碳层性能参数与渗碳钢的成分和渗碳工艺密切相关。合金元素对钢的渗碳工艺和渗层参数的影响见表 5-8（戴起勋，2011）。

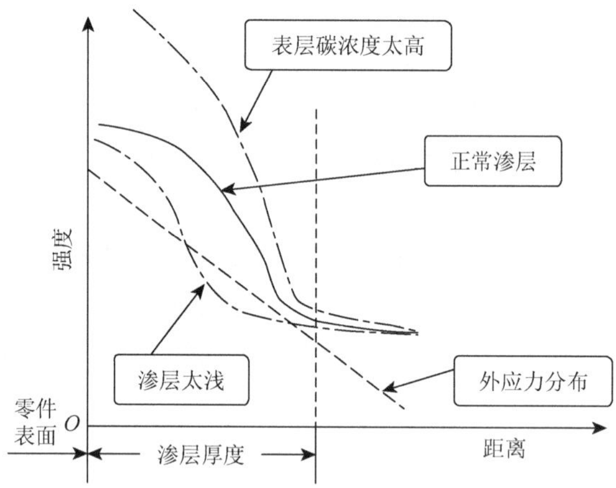

图 5-14　根据零件工作条件合理设计渗碳层参数

可见，合金元素对渗碳层深度的影响取决于其对碳扩散系数和表层碳浓度的综合作用。碳化物形成元素一方面会增强钢表面吸收碳原子的能力，增加渗碳层表面的碳含量，有利于增加渗碳层深度；另一方面又会阻碍碳在奥氏体中的扩散，因而不利于渗碳层厚度的增加。就总体效果来看，Cr、Mn、Mo 元素有利于渗碳层厚度的增加，而 Ti、V 元素能减小渗碳层厚度。非碳化物形成元素则相反，会降低钢表面吸收碳原子的能力，减少渗碳层的碳含量，加速碳在奥氏体中的扩散，因而不利于渗碳层增厚。总体效果是 Ni、Si 等元素不利于渗碳层厚度的增加，所以渗碳钢中一般不用 Si 合金化。钢中碳化物形成元素含量过高，将在渗碳层中产生许多块状碳化物，造成表面的脆性。Mn 在钢中是较好的合金元素，它既可以加速渗碳层形成，又不过多增高渗碳层的碳含量。但 Mn 容易使钢过热，宜和 Ti、V 等元素配合加入。因此，渗碳钢的合金化常常是多元适量、复合加入，如 20CrMnTi、20MnV、12Cr2Ni4W。

表 5-8　合金元素对钢的渗碳工艺和渗层参数的影响

合金元素	吸碳能力	碳扩散系数	表层碳量	渗层深度	浓度梯度	淬透性	晶粒长大倾向	含量范围/%（质量分数）
Ti V	↑	↓↓	↑↑	↓	变陡	不定	↓↓	<0.12 <0.30
W Mo Cr	↑	↓	↑	↑	变陡	↑	↓	0.4～1.2 0.2～0.6 <2
Mn	↑	影响小	影响小	↑	平缓	↑	↑	～2
Ni	↓	↑	↓	稍↓	平缓	↑	影响小	～4
Si	↓	↑	↓	↓	平缓	↑	影响小	<0.8

注：“↑”表示升高；“↓”表示降低。

3. 常用渗碳钢及热处理

常用渗碳钢按淬透性大小可分为低淬透性钢、中淬透性钢和高淬透性钢三类。应根据零件对淬透性和力学性能的要求，并考虑合金元素对渗碳工艺的影响，合理地选择渗碳钢。常用合金渗碳钢的热处理、力学性能及用途举例见表 5-9（文九巴，2011）。

表 5-9　常用合金渗碳钢的热处理、力学性能及用途

牌号	热处理/℃				力学性能					毛坯尺寸/mm	用途举例
	渗碳	预备热处理	淬火	回火	R_m/MPa	R_{eL}/MPa	A/%	Z/%	KV_2/J		
15	930	890±10 空	770～800 水	200	≥500	≥300	15	≥55		<30	活塞销等
20Mn2	930	850～870	770～800 油	200	820	600	10	47	60	25	小齿轮、小轴活塞销等
20Cr	930	880 水，油	800	200	850	550	10	40	60	15	齿轮、小轴活塞销等
20MnV	930		880 水，油	200	800	600	10	40	70	15	齿轮、小轴活塞销等也可做锅炉、高压容器管道
20CrV	930	880	800	200	850	600	12	45	70	15	齿轮、小轴、顶杆活塞销、耐热垫圈等
20CrMn	930		850 油	200	950	750	10	45	60	15	齿轮、轴、蜗杆、活塞销、摩擦轮等
20CrMnTi	930	880 油	870 油	200	1100	850	10	45	70	15	汽车、拖拉机变速箱齿轮

续表

牌号	热处理/℃				力学性能					毛坯尺寸/mm	用途举例
	渗碳	预备热处理	淬火	回火	R_m/MPa	R_{eL}/MPa	A/%	Z/%	KV_2/J		
20Mn2TiB	930		860 油	200	1150	950	10	45	70	15	代 20CrMnTi
20SiMnVB	930	860～880 油	780～800 油	200	≥1200	≥1000	≥10	≥45	≥70	15	代 20CrMnTi
18Cr2Ni4WA	930	950 空	850 空	200	1200	850	10	45	100	15	大型渗碳齿轮和轴类
20Cr2Ni4A	930	880 油	780 油	200	1200	1100	10	45	80	15	大型渗碳齿轮和轴类
15CrMn2SiMo			860 油	200	1200	900	10	45	80	15	大型渗碳齿轮、飞机齿轮

低淬透性钢，如 15Cr、20Cr、15Mn2、20Mn2 等：这类钢经渗碳、淬火与低温回火后心部强度较低，锰钢的淬透性比铬钢强，而切削加工性能差些，渗碳时晶粒易长大。若性能要求较高，这类钢宜采用渗碳后重新加热淬火处理（一次淬火法）。低淬透性钢的水淬临界直径为 20～35mm，低温回火后的心部组织为回火马氏体。这类钢用作受力不太大，心部强度不需要很高的耐磨零件，如活塞销、滑块、柴油机的凸轮轴、小齿轮等。

中淬透性合金渗碳钢，如 20CrMnTi、12CrNi3A、20CrMnMo、20MnVB 等：这类钢合金元素总的质量分数在 4%左右，其淬透性和力学性能较高，油淬临界直径为 25～60mm。由于钢中含有 Ti、V、Mo 等元素，渗碳时奥氏体晶粒长大倾向较小，渗碳后可采用直接淬火法获得良好的力学性能。20CrMnTi 钢齿轮在渗碳后可预冷到 875℃左右直接淬火。先预冷再淬火是为了减少淬火变形。同时，在预冷过程中，渗碳层析出一些二次碳化物，在随后淬火时减少了渗碳层中的残余奥氏体数量。经过这种处理后，20CrMnTi 钢可以获得耐磨性较高的渗碳层，而且零件心部具有较高的强度和良好的韧性。这种钢广泛应用于承受高速、中载并且要求抗冲击和耐磨损的零件，如汽车、拖拉机后桥和变速箱齿轮，离合器轴和车辆上的锥齿轮及主动轴等。

高淬透性合金渗碳钢，如 12Cr2Ni4A、18Cr2Ni4WA、20Cr2Ni4A 等：这类钢合金元素总的质量分数小于 7.5%，淬火及低温回火后心部强度很高，主要用作重载和强烈磨损的大型零件，如内燃机的主动牵引齿轮、高速柴油机及航空发动机曲轴、齿轮等。这类钢的淬透性很好，油淬临界直径在 100m 以上，甚至在空气中冷却也能获得马氏体组织。此外，钢中含有较多的合金元素，使马氏体转变温度大大降低，渗碳表层在淬火后往往会有大量的残余奥氏体，为减少淬火后的残余奥氏体量，生产中常采用的方法有以下三种：①渗碳及正火后，加热到600～620℃进行一次高温回火（戴起勋，2011）（图 5-15），从马氏体和残余奥氏体中析出碳化物，随后再加热到较低温度（A_{c1} + 30～50℃）淬火时，这些碳化物不再溶入奥氏体中，从而减少了奥氏体中的碳及合金元素含量，使马氏体转变温度有所升高，淬火后残余奥氏体的含量自然就少了。最后再进行低温回火，以消除内应力，并提高渗层的强度和韧性。②淬火后进行图 5-15 所示的冷处理（–60～–100℃），使残余奥氏体继续转变为马氏体。若上述两种减少残余奥氏体的办法同时采用，效果更好。③渗碳后进行喷丸强化，也可以有效地使渗层中的残余奥氏体转变为马氏体。

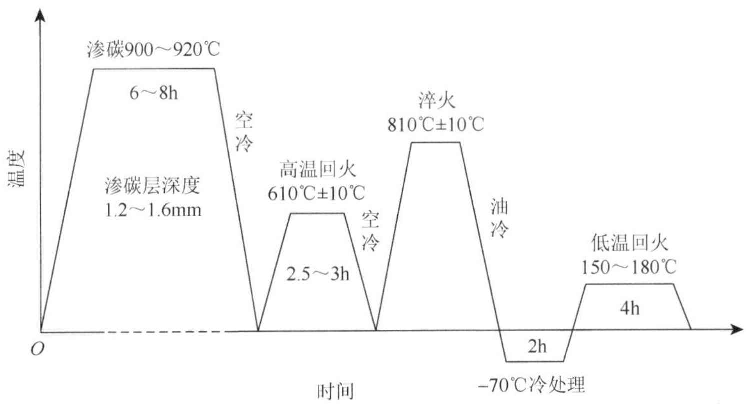

图 5-15　20Cr2Ni4A 钢齿轮渗碳及随后的热处理规范

对于性能要求很高的零件，渗碳后应采用二次淬火法，其工艺曲线如图 5-16 所示（凤仪，2008）。第一次淬火加热温度在心部的 A_{c3} 温度以上（850～900℃），目的是细化心部的组织，改善心部的性能，同时可以消除表层的网状碳化物。第二次淬火加热至 A_{c1} + 30～50℃，进行不完全淬火，目的是细化表层组织，使表层获得细小的隐晶马氏体加均匀而细小的粒状碳化物组织，并减少残余奥氏体量。二次淬火后再进行低温回火。二次淬火的工艺较烦琐，成本高，容易产生淬火变形和表面氧化、脱碳，应尽量少采用。

实际生产中，渗碳钢的淬透性常因炉次、浇锭首盘和末盘而发生很大波动，具有较宽的淬透性带。对于用渗碳钢生产的齿轮，成批生产的齿轮要求从表面到心部显微组织和硬度分布完全一致，才能保证产品变形一致性及尺寸精度，这样配对的齿轮啮合程度好、齿面受力均匀、运转平稳、噪声小，从而提高了齿轮寿命。因此，需要对钢的淬透性水平及波动严格控制，这种钢称为 H 钢，即保持淬透性结构钢。国家标准（《保证淬透性结构钢》（GB/T 5216—2014））中已有

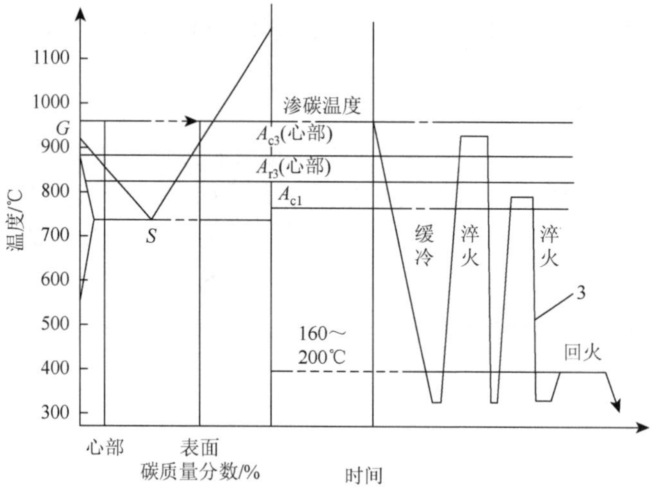

图 5-16　渗碳钢的二次淬火工艺曲线

明确的化学成分和淬透性规定，汽车传动用渗碳齿轮钢是渗碳钢技术水平的重要标志。根据国外各种车型所用齿轮钢来分析，具有如下特点：①不同零件选用不同的钢号，在不同齿轮之间形成良好的性能匹配；②钢的淬透性带比较窄，这对控制淬火变形、提高精度非常有利；③钢的纯净度比较高，硅含量比较低，Si 的质量分数小于 0.12%。

5.8.2　氮化钢

有些机器零件，如精密机床的主轴等，其工作状况为：在工作时载荷不大，基本上无冲击力；有摩擦，但比齿轮等零件的磨损要轻，同时也受到交变的疲劳应力。对这类零件的重要要求是能保持高的精度，因此在性能要求上与渗碳钢有所区别。显然，渗碳钢的渗碳处理是不能满足高精度要求的，因此这类零件常采用氮化钢进行渗氮处理，可达到其性能要求。

1. 氮化工艺特点

氮化是用氮饱和钢表面的工艺过程，当前应用最广泛的是气体渗氮，其次是离子氮化。气体渗氮是在氨分解气氛中进行的，氨气在 500～580℃加热时分解出活性氮离子，而铁是最主要的氨分解催化剂，故洁净的钢表面就具有氨分解的催化作用，在钢表面产生的活性氮原子[N]被钢表面吸收，然后向内部扩散。离子氮化是在低压氮气（130～1300Pa）中，氮化零件为阴极，罩式炉壁为阳极，在电场作用下，激发辉光放电，将氮气电离，产生氮离子，在电场加速作用下，轰击处于阴极的零件，使之升温到 480～560℃，氮离子被零件表面吸附，并向零件内部扩散。这种工艺的优点在于能更好地控制氮化层的相组成，生产周期缩短，氮化层增厚速度提高。

当钢在低于共析温度（590℃）范围内进行氮化时，其扩散层由三部分组成。表层为 $\varepsilon(Fe_{3\text{-}2}N)$相，又称为白色层，紧接着是 $\gamma'(Fe_4N)$相，再向内的氮扩散层为 α 相基体内析出的弥散的 γ'相层，这一层在光学显微镜下呈黑色，又称为黑色层。一般情况下，氮化钢扩散层取决于钢的成分、加热温度和时间，以及氮化后的冷却速度。氮化钢的高硬度和耐磨性主要靠合金氮化物（MoN、AlN 等）来保证。但是，由于钢中含有一定量的碳，因而氮化时，事实上要形成碳氮化合物相。

2. 氮化钢的合金化

氮化钢多为碳含量偏低的中碳铬钼铝钢，氮化的目的在于提高钢的表面硬度、耐磨性、热稳定性和耐蚀性。氮化以前，零件要经过调质热处理以得到稳定的回火索氏体组织，以保证零件最终的使用性能和使用过程中的尺寸稳定性，同时也为获得需要的氮化层做好组织准备。提高氮化层性能最有效的合金元素是 Al、Nb、V 等，这些合金元素所形成的合金氮化物最稳定，其次是 Cr、Mo、W 的合金氮化物。Cr 是优良的氮化物促进元素，尤其在不含铝渗氮钢中，Cr 是最主要的元素。合金元素对氮化层深度和表面硬度存在重要影响，如图 5-17 所示（王笑天，1987；李云凯，2006；戴起勋，2011）。

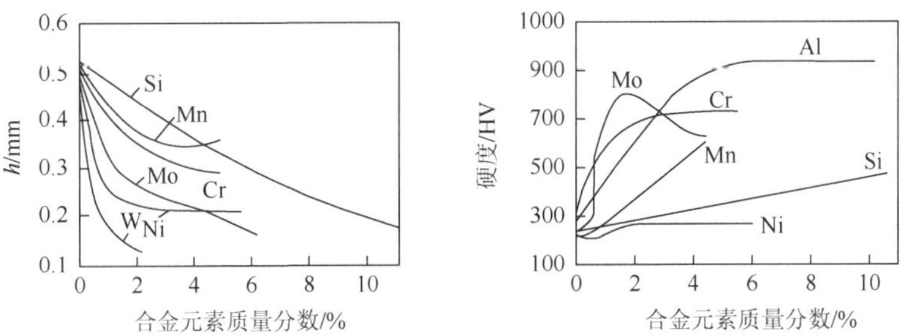

(a) 对氮化层深度的影响　(b) 对表面硬度的影响

图 5-17　合金元素对氮化层深度和表面硬度的影响（550℃氮化 24h）

不含铝时，形成的氮化层脆，容易剥落。要得到满意的氮化层，钢中要含质量分数为 1%左右的铝。Cr、Mo、Mn 元素提高钢的淬透性，以满足调质处理要求。Mo、V 元素使调质后的组织在长时间氮化处理时保持稳定，也防止了钢的第二类回火脆性。氮化钢的碳含量比渗碳钢高，一方面是因为服役条件不同，另一方面能获得比较高的硬度，以支撑高硬度表层，保证在过渡区有良好的硬度匹配。

3. 常用氮化钢

我国一些常用氮化钢的主要化学成分和力学性能见表 5-10。

表 5-10　几种常用氮化钢的主要化学成分和力学性能（《渗氮钢》（GB/T 37618—2019））

牌号	化学成分/%				热处理温度/℃		力学性能			
	C	Cr	Mo	其他	淬火	回火	R_m/MPa	$R_{p0.2}$/MPa	A/%	KV_2/J
							不小于			
32Cr3Mo	0.28～0.35	2.80～3.3	0.30～0.50	—	870～930 油、水	580～700	1030	835	10	25
33Cr3MoV	0.29～0.36	2.80～3.3	0.70～1.00	V0.15～0.25	870～930 油、水	580～700	1150	950	11	30
32Cr2MoAl	0.28～0.35	1.50～1.80	0.20～0.40	Al0.8～1.2	870～930 油、水	580～700	950	750	11	25
38CrMoAl	0.35～0.42	1.35～1.65	0.15～0.25	Al0.8～1.12	940±15 水、油	640±50	980	835	140	71（KU2）
34Cr2NiMoAl	0.30～0.37	1.50～1.80	0.15～0.25	Ni0.85～1.15 Al0.80～1.20	870～930 油、水	580～700	900	680	10	30

在实际使用中要求具有高耐磨性的零件应有高硬度的表面氮化层，一般采用含强氮化物形成元素铝的钢种，如 38CrMoAl。经调质和表面氮化处理后，38CrMoAl 钢表面可获得最高氮化层硬度（900～1000HV）。仅要求高疲劳强度的零件，可采用不含铝的 Cr-Mo 型氮化钢，如 32Cr3Mo、24Cr3Mo 等，其氮化层的硬度控制在 500～800HV（齐锦刚等，2014；文九巴，2011）。

氮化处理提高零件疲劳强度和耐磨性的原因，首先是在表面形成了高硬度的 ε-$Fe_{3\text{-}2}N$ 和 γ'-Fe_4N 层；其次是渗入的氮原子与氮化物形成元素形成弥散的合金氮化物，提高表面氮化层的强度和硬度；另外，表面渗入氮原子后体积膨胀，因而在表面产生了残余压应力，能抵消外力作用产生的张应力，减少了表面疲劳裂纹的产生。

5.9　其他机械制造结构钢

5.9.1　低淬透性钢

前面介绍的渗碳钢、氮化钢，为了提高材料表面的接触疲劳强度和耐磨性，通过化学反应扩散改变了原材料的表面化学成分，加工时间长，工序复杂。感应加热表面淬火，是指利用通入交流电的加热感应器在工件中产生一定频率的感应电流，感应电流的集肤效应使工件表层被快速加热到奥氏体区后，立即喷水冷却，工件表层获得一定深度的淬硬层。该工艺与渗碳和氮化相比，具有如下特点：①不改变表面化学成分，表面硬化而心部仍然保持较高的塑性和韧度；②表面局部加热，零件的淬火变形小；③加热速度快，可以完全消除表面的脱碳和氧化现象；④在零件表面形成了残余压应力，提高疲劳强度。所以，在工业生产上，许多零件都采用感应加热淬火工艺。与渗碳钢相比，感应加热淬火工艺常用于轻负荷工件或需要局部淬硬的轴类零件，其耐磨性和疲劳抗力不如渗碳工艺。感应加热表面淬火钢主要有中碳低淬透性调质钢和低淬透性钢。这里主要介绍低淬透性钢。

对于形状复杂的零件，采用一般的感应加热淬火钢，淬硬层很难沿着零件轮廓均匀分布。例如，针对齿轮的感应淬火，若淬火后齿的心部也硬化，且硬度超过了 50HRC，当齿轮承受冲击载荷时，由于韧度低会经常发生断齿、崩角等现象。为了得到沿着齿轮廓表层均匀分布的硬化层，而心部仍然保持有一定韧度的效果，必须降低钢淬透性，因此发展了低淬透性钢。低淬透性钢专门用于中、小模数（$m=3\sim8$）的齿轮，因为淬透性低，所以在感应加热淬火时，能得到沿着轮廓分布的硬化层，称为“仿形硬化”。在零件承受载荷不很大的情况下，可采用低淬透性钢感应加热淬火工艺来代替渗碳钢的渗碳淬火。

降低钢淬透性的措施有以下两种：①冶金时尽可能地降低能提高淬透性的元素，如 Mn、Si、Ni、Cr 等元素；②在钢中加入强碳化物形成元素 Ti，Ti 形成的 TiC 在淬火加热时不溶于奥氏体，冷却时又成为珠光体相变的核心，从而降低了钢的淬透性。

目前，我国采纳的低淬透性钢有 55Ti、60Ti、70Ti 等，其化学分和用途见表 5-11（伍玉娇，2011）。

表 5-11　低淬透性钢的化学成分和用途

牌号	化学成分（质量分数）/%				用途
	C	Si	Mn	Ti	
55Ti	0.51～0.59	≤0.25	≤0.23	0.03～0.10	可部分代替渗碳钢，制造车辆的齿轮和承受冲击载荷的半轴和花键轴等，制造对强度要求不高的模数在 5 以下的齿轮
60Ti	0.57～0.65	≤0.30	≤0.23	0.03～0.10	可部分代替渗碳钢，用于制造要求低淬透性的齿轮、轴等零件。由于强度高于 55Ti，适于制造模数大于 6 的大、中型齿轮
70Ti	0.64～0.73	≤0.35	≤0.28	0.04～0.12	

5.9.2 易切削钢

机械加工是生产大部分钢制工程零部件的重要环节。在汽车工业中，机械加工成本可占总成本的60%。因此，机械制造业要求钢具有良好的机械加工能力，同时还能保持其力学性能以满足服役要求。普通的机械加工过程包括铣削、车削、钻孔、研磨、螺纹加工和锯削，在生产过程中，这些过程可由自动车床来完成。由于每种加工过程切削金属的方式不同，涉及的温度、应变速率和切屑形成的条件亦不同，钢的机械加工性能就不能用单一的参数来定义。一般来说，如果某种钢在切削时消耗的功率较小，能够以很快的速度切削，很容易获得光洁的表面，且对刀具的磨损不大，它的机械加工性能就被认为优于其他钢种，这就是易切削钢。

易切削钢在切削加工时切屑很小。小的切屑减少了工件和刀具之间的接触长度，从而减少了摩擦力、摩擦生热、所需功率和刀具的损耗。同时也减少了碎屑缠绕的概率。为了得到小的切屑，可以向钢中加入S、P、Pb、Te、Bi、Se和Ca等合金元素，使之在钢中形成特殊的非金属夹杂物或金属间化合物。这些非金属夹杂物或金属间化合物在易切削钢中的主要作用如下：①形成应力集中源，从而细碎化切屑，但又不至于使工件产生裂纹。②自身保持一定的塑性，使切削时被加工金属仍能塑性流变。③能阻碍在切削物和刀具之间的热传导，减小刀具温升。④具有光滑表面，与刀具间摩擦系数较低，不致划伤刀具。

易切削钢中S是最廉价且广泛使用的添加元素。虽然大多数工程结构钢中对S的质量分数都有严格的限制（不超过0.05%）。但在易切削钢中，S的质量分数最高可达0.35%。因为FeS能导致热脆性，所以在添加大量S的同时，需要添加大量的Mn来保证S以MnS的形式存在，而不是以FeS的形式存在。MnS化合物是一种软质相，会使切屑断裂不连续，它同时也充当固体润滑剂，避免刀具上积屑瘤的形成。Pb是另一种最常用的添加元素，在易切削钢中的质量分数为0.15%～0.35%。Pb能溶于钢水，但在凝固时会以分散的粒子形式析出。在切削产生的高温环境下Pb粒子会重新熔化，能够减小刀具与切屑界面间的摩擦效应。还有研究认为，Pb在材料主剪切带处能够产生脆化效应，使切屑变小，改善工件表面的光洁度。Pb在组织内通常以球形存在，对钢的室温机械强度几乎没有影响。Te是易切削钢中一种有效但相对昂贵的添加元素，通常质量分数被限制在0.1%以下，在钢中以MnTe的形式存在。MnTe是一种低熔点化合物，在钢中与铅的作用类似。Se在低合金钢中的通常添加质量分数为0.05%～0.1%，但在易切削不锈钢中的最少添加质量分数为0.15%。它通常以硫化物-硒化物混合物的形式存在，少量的硒可以使硫化物球化。Bi在易切削钢中的作用类似于Pb，它的典型添加质量分数可以达到 0.1%。由于 Bi 的密度和 Fe 相当，因此它在钢中的分布会更均匀，相对于铅来说，也更环保。

钢中的氧化物夹杂，尤其是氧化铝，硬度高，容易充当磨粒，从而降低钢的机械加工性能。Al 是作为脱氧剂和细化晶粒元素添加到钢中的，它对机械加工性能的不良作用可以通过加入 Ca 来抑制。Ca 和 Al 会形成铝酸钙化合物，这种形式的夹杂物会在高速切削时软化，且在硬质合金刀具上形成保护层。

钢中添加的易切削合金元素大部分处于夹杂物中，因而热处理工艺与相同成分的非易切削钢相似，淬透性不变，热处理后的力学性能不变，而横向塑性和韧性有所降低。因此，在具体应用时要综合考虑各方面影响因素，选出一个折中方案。

表 5-12 列出了几种易切削钢的热处理工艺和力学性能数据（文九巴，2011）。易切削钢在牌号前加“易”的汉语拼音字母“Y”。对含有元素 Se 的钢，在牌号后加 S；而含 Pb 的钢则在 Y 后加“P”；提高 S、P 元素含量的钢，除了加“Y”以外，不再加其他符号。

表 5-12　易切削钢的热处理工艺和力学性能

牌号	热处理温度/℃		$R_{p0.2}$/MPa	R_m/MPa	A/%	Z/%	α_K/(J/cm^2)
	淬火	回火					
Y12	热轧态	—	—	420	22	34	—
Y20	热轧态	—	—	460	20	30	—
Y40Mn	热轧态	—	—	600	14	20	—
YP40	正火态	—	340	580	19	45	60
Y35S	正火态	—	320	540	20	45	70
Y40CrS	860，油	500，水	800	1000	10	45	60
YP12CrNi	900～920，油	150～180，空气	450	650	10	—	90
YP30CrMo	860～880，油	510～560，空气	750	900	12	45	80

注：α_K 表示冲击韧性。

5.9.3　高锰耐磨钢

高锰钢是一类高锰奥氏体铸钢，它在强力冲击载荷下发生冷作硬化，表面硬度可由原来的 180～220HB 变化到 500～550HB，具有高抗冲击磨损性能，用于制作承受大冲击载荷、强烈磨损工况下工作的零件，如各式碎石机的衬板、颚板、挖掘机斗齿、铁路道岔、坦克履带板等。

高锰钢的基本成分是高碳、高锰，w(C) = 0.9%～1.4%，w(W) = 10%～14%，

为了提高性能还可加入 Cr、Mo、Ni、V 等元素。Mn 的作用是促进奥氏体的形成，它与 C 配合可获得单相奥氏体组织。锰含量过低时，不能满足生成奥氏体的需要，过高时不仅对力学性能无明显益处，反而易产生粗大柱状晶粒和易形成裂纹。Mn 元素可降低 A_1 温度，高锰钢的共析温度为 580℃，在铸造条件下共析转变难以进行，因此铸态组织为奥氏体加碳化物。固溶处理后可得到单相奥氏体组织，这种奥氏体组织软且有很高的韧性，并具有低的屈服强度（屈服强度为 250～400MPa，断后伸长率为 35%～55%，冲击韧性大于 150J/cm^2）。C 固溶于奥氏体中能提高钢的强度和抗磨性，碳含量过低时加工硬化后达不到要求的硬度；碳含量过高时铸态组织中出现大量粗大碳化物，在随后的固溶处理过程中，这些碳化物是很难完全溶入奥氏体中的。高锰钢中加入 2%～4%的 Cr 或适量的 Mo 和 V，能形成细小的碳化物，提高屈服强度、冲击韧性和抗磨性。加入稀土元素可进一步提高钢液的流动性，增加钢液充填铸型的能力，减少热裂倾向，显著细化奥氏体晶粒，延缓铸后冷却时在晶界析出碳化物。稀土元素还能显著提高高锰钢的冷作硬化效应以及韧性，提高其使用寿命。

高锰铸钢表面硬度在冲击载荷作用下增加的原因主要有两方面。一方面，高锰铸钢中的奥氏体组织为碳过饱和的奥氏体，具有较强的应变硬化能力（变形时产生大量的层错、孪晶）。另一方面，高锰铸钢表层组织在应力作用下能够诱发马氏体转变（形成 ε 马氏体和 α 马氏体）。这些因素都是位错运动的障碍，导致钢表面在使用过程中迅速硬化，但钢的心部在使用时仍保持奥氏体的组织结构，因而具有良好的抗脆断能力，使该材料具有优良的韧性。钢表层在使用过程中被逐渐磨损掉的同时，在冲击和强烈磨损的作用下，硬化层会不断地向内发展，因此即使零件磨损到很薄，仍能承受较大的冲击载荷而不破裂。需要注意的是，在低应力磨损和低冲击载荷下，由于不能产生足够的加工硬化，这时高锰钢的耐磨性往往不一定比硬度相当的其他钢种好。

高锰钢铸态组织中的碳化物可显著降低强度、韧性和抗磨性等，对性能危害很大。因此，必须将钢加热至高温奥氏体区，经过足够的保温时间，并在此温度下迅速浸入水中，以快速冷却条件使过饱和的碳固溶于奥氏体中，以获得单相奥氏体组织。此热处理工艺是以水急冷而获得性能柔韧的奥氏体组织，故称为“水韧处理”。水韧处理的加热温度应在 A_{cm} 以上，一般为 1050～1100℃，在一定的保温时间下，使碳化物全部溶入奥氏体中。高锰钢的导热性比较差，所以要缓慢加热，以避免产生裂纹。铸件出炉至入水时间应尽量缩短，以避免碳化物析出。冷速要快，常采用水冷。水冷前水温不宜超过 30℃，水冷后水温应低于 60℃；由于高锰钢在温度高于 250℃时，会析出碳化物。因此，水韧处理后不宜再进行 250～350℃的回火处理，也不宜在 250～350℃以上温度环境中使用。

奥氏体锰钢的热加工比较困难，因此常通过铸造进行最终产品的成型，常用的牌号有 ZG110Mn13、ZG120Mn13、ZG120Mn13Cr2、ZG90Mn14Mo 等（《奥氏体锰钢铸件》（GB/T 5680—2023））。牌号前的“ZG”代表铸钢，“ZG”后面的数字代表钢碳含量的万分之几。

5.10　机械零件选择材料的基本原则和方法

在机械零件产品的设计与制造中，合理地选择和使用金属材料是一项十分重要的工作，不仅要考虑材料的性能以适应零件的工作条件并保证其使用寿命，而且要考虑材料的加工工艺性能和经济性，以便提高零件的生产率、降低成本、减少消耗等。本节就一般结构零件的选材思路进行简要介绍。

5.10.1　选择材料的基本原则

1. 材料的使用性能原则

材料的成分、热处理强化工艺、组织、性能之间是密切相关的，其相互关系可用图 5-18 表示（文九巴，2011）。在设计零件并进行选材时，应根据零件的服役条件和失效形式找出所选材料的主要力学性能指标，这是保证零件耐用的先决条件。

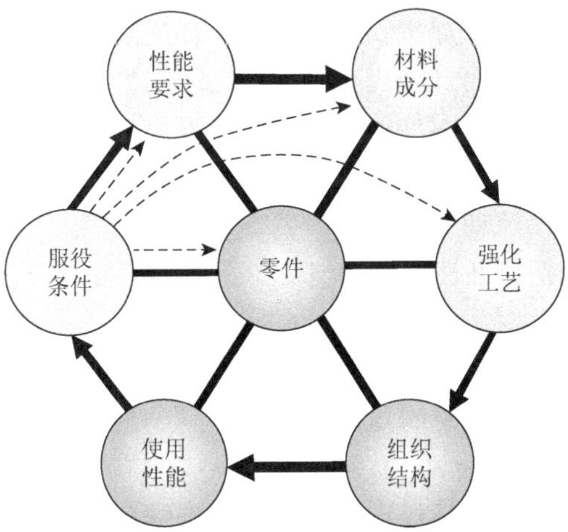

图 5-18　材料的成分、热处理强化工艺、组织与性能之间的关系

实际零件受力及失效的情况是复杂的。如汽车、拖拉机或柴油机上的连杆螺栓，在工作时整个界面不仅承受均匀分布的拉应力，而且拉应力是周期变动

的，其损坏形式除由于强度不足引起过量塑性变形而失效外，多数情况下是由于疲劳破坏而造成断裂。因此，对连杆螺栓材料的力学性能除要求有高的屈服强度外，还要求有高的疲劳强度。该螺栓是整个截面均匀受力，因此材料的淬透性也需要考虑。除此之外，零件的短时过载、润滑不良、材料内部缺陷等因素也会影响其使用寿命。所以，如果是设计一般常用零件（如轴类零件和齿轮等），可以参考同类型产品中零件的有关情况和国内外失效分析报告，找出主要和次要失效抗力指标，进行选材。如果是新设计的关键零件，还要根据实际工况运转时的服役条件，进行系统的试验，结合力学性能试验，综合确定该零件的主要和次要失效抗力指标。

在工程设计上，材料的力学性能数据一般是以该材料制成的试样进行力学性能试验测得的，它虽然能表明材料性能的高低，但试验条件与机械零件的实际工作条件有差异，因而严格来说，材料的力学性能数据仍不能确切地反映机械零件承受载荷的实际能力，况且目前用此方法来进行生产检验还存在一定的困难。生产中最常用的检验材料力学性能的方法是硬度检验法，因为硬度检验法不破坏零件、比较方便，而且硬度与力学性能之间存在一定的关系，所以零件图样上一般都以硬度作为主要的热处理技术条件。

2. 材料的工艺性能原则

现代工业所用的机械设备大部分是由金属零件装配而成的，所以金属零件的加工是制造机械设备的重要步骤。用金属材料制造零件的基本加工方法通常有下列四种：铸造、压力加工、焊接和机械加工。热处理是作为改善机械加工性能和使零件得到所要求的性能而安排在有关工序之间的。

材料工艺性能的好坏对零件的加工生产有着直接影响。几种重要的工艺性能如下。

（1）铸造性能包括流动性、收缩、偏析、吸气性等。

（2）锻造性能包括可锻性（塑性与变形抗力的综合）、抗氧化性、冷镦性、锻后冷却要求等。

（3）切削加工性能包括切削效率、切削表面光洁度等。

（4）焊接性能包括形成冷裂纹或热裂的倾向、形成气孔的倾向、热影响区的大小等。

（5）热处理工艺性能包括淬透性、变形开裂倾向、过热敏感性、回火脆性倾向、氧化脱碳倾向、冷脆性等。

一般来说，碳钢的锻造及切削加工性能较好，其力学性能可以满足一般零件的工作要求，因此碳钢的用途较广泛，但它的强度不高，淬透性较差，所以制造大截面、形状复杂和高强度的淬火零件时，常选用合金钢。合金钢的淬透性好、强度高，但其锻造、切削加工等工艺性能较差。

在小批量生产时，工艺性能的影响并不突出，而大批量生产时，工艺性能则可以成为决定因素。例如，某厂试制一种 24SiMnWV 钢作为 20CrMnTi 钢的代用材料，虽然其力学性能较 20CrMnTi 钢为优，但因其正火后硬度较高，切削加工性能差，不能适应大批量生产的要求而未被采用。

在设计零件时，也要注意材料的热处理工艺性能。若零件的结构形状复杂，则应选用淬透性较好的钢，如油淬钢，以减少其淬火变形。

当然，针对特定的金属材料，通过改变工艺规范、调整工艺参数、改进刀具和设备、变更热处理方法等途径，可以改善其工艺性能。

3. 材料的经济性原则

零件制造的经济性涉及材料的价格、加工成本、国家资源情况、生产设备的可能性等因素。在满足使用性能的前提下，选用零件材料时还要注意降低零件的总成本以及资源情况。零件的总成本包括材料本身的价格和与生产有关的其他一切费用。

在金属材料中，碳钢和铸铁的价格是比较低廉的，因此在满足零件使用性能的前提下应尽量选用碳钢和铸铁，它们不仅具有较好的加工工艺性能，而且可降低成本。但低合金钢由于强度比碳钢高，总的经济效益比较显著，有扩大使用的趋势。

确定材料种类后，为降低加工成本，减少材料损耗，还需要考虑合适的型材，例如，筒状零件最好选用管材，圆形零件最好选择棒材，不重要的零件可以直接选用特定的型材。

在选材时还应该考虑国家的生产和供应情况，所选钢种应尽量少而集中，以便采购和管理。

总之，作为设计和工艺人员，在选材时必须了解我国的工业发展形势，要按照国家标准，结合我国的生产和资源条件，从实际情况出发，全面考虑材料的力学性能、工艺性能和经济性等方面的因素。

5.10.2　典型零件选择材料的基本方法及实例

1. 一般机械零件的选材方法

机械零件种类千差万别，其性能要求各不相同，选材方法也不可能规定千篇一律的步骤，但大部分可遵循以下基本方法进行。

（1）分析零件的工作条件、尺寸形状和应力状态，确定零件的技术要求。

（2）通过分析和试验，结合同类零件失效分析的结果，找出实际运转中零件的主要和次要失效抗力指标作为选材依据。

（3）根据所要求的主要力学性能指标，正确地选择钢种。首先选择合适的碳含量，然后根据技术要求，利用淬透性曲线或有关手册资料进行选材。综合考虑延长使用寿命、减轻重量和节约成本等因素，分析是否能以低碳马氏体钢代替调质钢；以碳钢或低合金钢代替高合金钢；以弹簧钢或工具钢制造结构零件等。

（4）综合考虑钢种满足次要失效抗力指标的可能性和必要的工艺措施。

（5）审核所选钢种是否满足工艺性能要求（包括锻造性能、切削性能和热处理工艺性能等）。

（6）审核所选钢种在保证实现先进工艺和现代化生产组织方面的可能性。

（7）考虑所选钢种的生产经济性和热处理的生产成本。

（8）提出所选钢种在供应状态下的技术要求。

2. 典型零件的材料选择及工艺分析

1）齿轮类零件

齿轮是机械工业中应用最广泛的重要零件之一。它的主要作用是传递动力、改变运动速度和方向。传递动力时，齿根部位受到大的交变弯曲应力，而齿面有很大的接触疲劳应力和强烈的摩擦，并且有时还受到一定的冲击力，所以其主要的失效形式为疲劳断裂、表面损伤（麻点、剥落、磨损）和过载断裂。所以，对齿轮的力学性能要求主要是高的弯曲疲劳强度、高的接触疲劳抗力、足够的塑性和韧度，耐磨性好。但是，不同机械的齿轮，其工作条件差别很大，所以在选择材料和热处理工艺上也有很大不同。

对于机床齿轮，载荷不大，工作平稳，一般无大的冲击力，转速也不高。一般选用调质钢制造，如 45、40Cr、42SiMn 等钢，热处理工艺为正火或调质，轴颈等处可用高频感应加热淬火。其工艺路线为：备料→锻造→正火→粗加工→调质处理→半精加工→高频淬火＋回火→磨削。

汽车、拖拉机上的变速箱齿轮一般属于重载荷齿轮。这些齿轮受力比较大，频繁地受到冲击，因此在耐磨性、疲劳强度、抗冲击能力等方面的要求均比机床齿轮高。为了满足表面高耐磨和整体强韧性的要求，一般都采用渗碳钢，如 20Cr、20CrMnTi 等，进行渗碳热处理。一般工艺路线为：备料→锻造→正火→粗加工→渗碳＋淬火＋回火→喷丸→磨削。

航空发动机齿轮和一些重型机械上的齿轮承受高速和重载，比汽车、拖拉机上齿轮的工作条件更为恶劣，齿轮的心部强度和韧度要求更高。所以，一般采用高淬透性渗碳钢，如 12CrNi3A、20Cr2Ni4A、18Cr2NiWA 等钢，其工艺路线较为复杂：备料→模锻→正火＋高温回火→机械加工→渗碳→高温回火→机械加工→

淬火＋回火→机械精加工→检验。

2）轴类零件

轴是各种机械中最基本的零件，也是关键零件。它直接影响机械的精度和寿命，各种机械的轴差别很大，单从尺寸来说，钟表上的轴直径在 0.5mm 以下，而汽轮机转子轴直径在 1m 以上。从大多数轴的服役条件看，主要的共同点是：传递扭矩，有交变性，有时还有弯曲、拉压载荷；都由轴承支撑，轴颈处需要高硬度，耐磨性好；大多数承受一定的冲击或过载。因此，其失效形式主要为断裂（过载冲击造成）、疲劳断裂和过量变形，大部分是疲劳断裂。因此，轴类零件的选材主要是按照强度来确定的，同时考虑一定的韧度和耐磨性。

目前常用轴的材料及工艺如下：

（1）轻载主轴。如普通车床的主轴，负荷小，冲击力不大，磨损也不严重，一般采用 45 钢，整体经正火或调质处理，轴颈处高频感应加热淬火。

（2）中载主轴。如铣床，中等负荷，有一定的冲击力，磨损也较重，一般用合金调质钢 40Cr 等制造，进行调质处理，轴颈处高频感应加热淬火。对于冲击力较大的，也可用渗碳钢 20Cr 等来制造，进行渗碳淬火。

（3）重载主轴。如组合机床的主轴，负荷较大，冲击力大，磨损严重，可用 20CrMnTi 渗碳钢制造，进行渗碳淬火。

（4）高精度主轴。如精密镗床的主轴，虽然负荷不大，磨损也不严重，但是精度要求高，一般可用 38CrMoAlA 氮化钢制造，经调质后氮化处理，可满足要求。

3. 零件选材的典型实例

一根直径为 45mm×192mm 的发动机轴，承受的最大扭转应力为 176MPa，弯曲应力为 563MPa，试选择合适的钢材。

首先，由于扭转所产生的切应力尚不及弯曲所产生的切应力的一半，只考虑弯曲时所产生的应力。轴类零件弯曲应力在轴的中心线上接近零，显然没有必要全部淬透，如果淬透还有可能产生淬火裂纹，同时也对表面残余应力不利（淬透时表面容易产生拉应力）。其次，考虑轴是在疲劳载荷下工作的，因此根据疲劳强度和硬度的关系曲线可以确定。

由于轴类零件一般选用中碳钢制造，对于 $w(C)=0.4\%$的钢，在组织中应有体积分数不少于 80%的马氏体（文九巴，2011）（图 5-19），即受弯、扭零件距其表面 1/4*R*（即距中心 3/4*R*）处应有 80%的马氏体。由图 5-20 可知，直径为 45mm 的轴，在油中淬火时，其距离中心 3/4*R* 处的冷速同顶端淬火样品 11mm 处的冷速相同。因此，所选择的钢材其端淬样品距顶端 11mm 处能否达到 45HRC，是判断该钢是否合格的标准（文九巴，2011）。

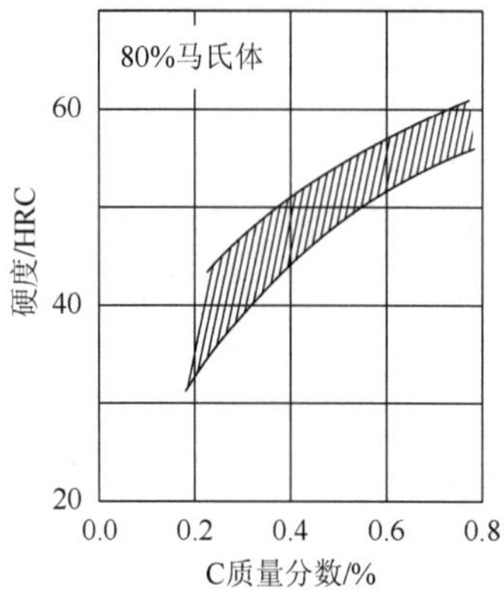

图 5-19　组织中含有 80%马氏体的淬火钢硬度与碳含量的关系

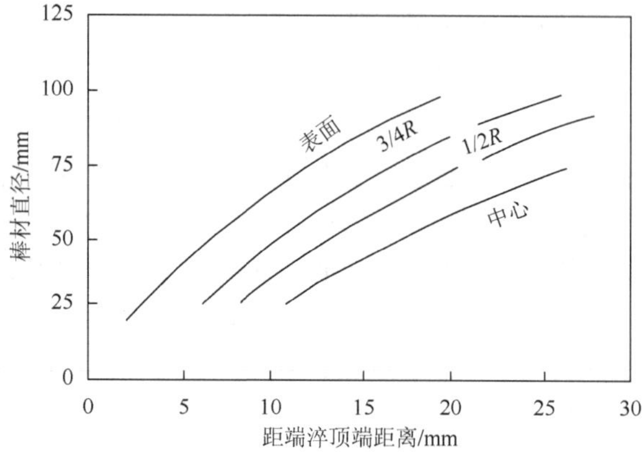

图 5-20　40 钢棒沿截面径向各点的冷却速度与顶端淬火试样对应关系（油淬）

5.11　本 章 小 结

机械制造结构钢是用来制备各种机械零件的一类钢，根据服役的特点，该类钢的主要矛盾是强度和塑韧性之间的配合，要求它们既具有较高的强度和疲劳强度，又要有良好的塑性和韧性。所以，这类钢多数需经淬火回火处理后使用。一般情况下，随着碳含量的增加，钢的强度不断提高，而塑性和韧度不断下降。所以，除少数钢外（轴承钢、高锰耐磨钢），机械制造结构钢一般为亚共析钢。钢中合金元素总的质量分数一般小于 5%，少数为 5%～10%，即大部分机器零件用钢为低合金钢和中合金钢，且大都是优质钢和高级优质钢。机器零件用钢的合金化元素主要有 Cr、Mn、Si、Ni、Mo、W、V、B 等，或是单独加入，或是复合加入。主加元素为 Cr、Mn、Si、Ni，其作用主要是提高钢的淬透性和综合力学性能。辅加元素有 Mo、W、V、B 等，这些元素的配合加入，能降低钢的过热敏感性与回火脆性，进一步提高淬透性。

机械制造结构钢可以分为以下几类：调质钢、非调质钢、马氏体时效钢、弹簧钢、轴承钢、渗碳钢、易切削钢、高锰钢等。调质钢包括中碳碳素钢和中碳合金钢，淬火高温回火后为回火索氏体，具有较好的强度与韧性，适合制作轴、连杆等零件。中碳合金钢需要避免高温回火脆性。低碳马氏体钢是低合金钢，淬火低温回火后为回火马氏体，具有较高强度和韧性，可用于大马力高速柴油机曲轴等。弹簧钢属于中高碳钢，包括碳素弹簧钢和合金弹簧钢，淬火中温回火后为回火屈氏体，具有较高强度和弹性极限，主要用于制作各种弹簧。轴承钢是高碳钢，淬火＋低温回火后为回火马氏体，具有较高强度和耐磨性，主要用于制作轴承及小型工具等。渗碳钢是低碳钢，包括碳素渗碳钢和合金渗碳钢，预备热处理后渗碳，再进行淬火低温回火，主要用于齿轮等对心部要求韧性较好而表面要求耐磨的零件。易切削钢通常含有 S、Pb、Ca 等合金元素，形成夹杂物有利于切削，获取良好切削性能。高锰耐磨钢是奥氏体铸钢，它在强力冲击载荷下表面会发生冷作硬化，具有高的抗冲击、抗磨损性能，同时心部仍然保持较高的韧性，是制作承受大冲击载荷、强烈磨损零件的主要金属材料。

由于机械制造结构钢服役条件及受力的复杂性，针对具体机械零件的选材基本遵循以下过程进行。零件服役条件→失效方式→性能要求→选择材料→热处理工艺→组织结构→最终性能→生产应用。在这一过程中应尽量寻求最佳方案，充分发掘材料潜力。需要注意的是，同一工况下的零件可选用不同材料及相应工艺，同一材料可采用不同的强化工艺。强化工艺不同，组织有所不同，但都有可能满足零件的性能要求。

本章学习的主要目的是了解各种机器零件用钢，学会根据机器零件的服役条件、失效形式、性能要求等正确选择钢种；能够根据钢种正确制定热处理工艺，并能够分析热处理工艺与显微组织、力学性能之间的关系。

参考文献

戴起勋. 2011. 金属材料学. 2 版. 北京：化学工业出版社：78.

凤仪. 2008. 金属材料学. 北京：国防工业出版社：54-58.

李云凯. 2006. 金属材料学. 北京：北京理工大学出版社：92-95.

齐锦刚，王冰，李强，等. 2014. 金属材料学. 北京：冶金工业出版社：43-45.

强文江，吴承建. 2018. 金属材料学. 3 版. 北京：冶金工业出版社：90-95.

唐代明，王小红，皮锦红. 2014. 金属材料学. 西安：西安交通大学出版社：88 92.

王笑天. 1987. 金属材料学. 北京：机械工业出版社：93.

文九巴. 2011. 金属材料学. 北京：机械工业出版社：111-117.

伍玉娇. 2011. 金属材料学. 北京：北京大学出版社：51-63.

第6章 工 具 钢

工具钢是用以制造各种加工工具的钢种。根据用途不同，工具钢可分为刃具用钢、模具钢和量具钢。按化学成分不同，工具钢又可分为碳素工具钢、合金工具钢和高速钢。

各类工具钢由于工作条件和用途不同，人们对其性能的要求也不同。但各类工具钢除具有各自的特殊性能之外，在使用性能及工艺性能上也有许多共同的要求，如高硬度、高耐磨性是工具钢最重要的使用性能之一。工具若没有足够高的硬度是不能进行切削加工的，否则在应力作用下，工具的形状和尺寸都要发生变化而失效；高耐磨性则是保证和延长工具寿命的必要条件。

刃具钢在切削过程中受到弯曲、剪切、冲击、扭转、振动、摩擦等力的作用，产生一定的热量，可使刀刃温度升高到 600℃甚至更高，同时刃部也会发生磨损。因此，要求刃具具有高硬度、高耐磨性、一定的韧性和塑性，有的还要求有热硬性。

模具钢根据工作状态可分为热作模具钢、冷作模具钢和塑料模具钢。热作模具用于加工赤热金属或液态金属，使之成形。模具温度周期升降受到“热疲劳”作用，还将受到巨大压力、冲击、摩擦和冲刷，要求高温下有较好的硬度和强度、抗热疲劳和良好的韧性。冷作模具如冷冲模、冷镦模、剪切片和冷轧辊等，要求高硬度、耐磨性和一定的韧性。塑料制品大部分用模压成形，塑料模具钢也逐渐发展成专用钢系列。

量具钢用来制作量规、卡尺、样板等，用来测量工件尺寸和形状，要保证测量的准确性，除要求具有高硬度、高耐磨性外，还要求高的尺寸稳定性和一定的耐蚀性。

因此，大多数工模具钢是在承受很大局部压力和强烈磨损条件下工作，所以工模具钢的主要矛盾是韧性和耐磨性之间合理平衡，进而进行材料的优化设计和工艺处理。而影响这个矛盾的双发的因素主要有基体的成分及硬度和第二相碳化物的性质、数量、形态和分布。

6.1 碳素及低合金工具钢

碳素工具钢含有 0.65%～1.35%C。该钢经球化退火、不完全淬火和低温回火后，硬度为 58～64HRC。钢号从 T7 到 T13，对应的碳含量逐渐升高，钢的硬度和耐磨性也逐渐增加，而塑性和韧性则逐渐降低。T7、T8 钢中等硬度，具有较好的塑性、韧性，但切削性能差。用于制造承受冲击负荷不大，且要求具有适当硬度、耐磨性和韧性的工具，如冲模、小型拉拔、挤压模具等。T9、T10 和 T11 钢用于中韧性、高硬度的工具，如低速切削的车刀、扩孔钻、木工工具、锯条、丝锥、刮刀、冲头等。T12、T13 钢具有极高的硬度和耐磨性，但塑性、韧性很低，主要用于量具、锉刀、精车刀等。碳素工具钢因其成本低、加工性能好、热处理简单而广泛使用。其不足之处在于淬透性低，必须用盐水或碱水淬火，适合于制作断面尺寸小于 15mm 的工具。碳素工具钢淬火变形开裂倾向大，而其工具的工作温度应低于 200℃。

人们为了弥补碳素工具钢的不足而加入 Cr、Mn、Si、W、Mo、V 等合金元素。这些合金元素的加入提高了钢的淬透性，可用油淬等缓慢冷却的方式，减少变形开裂。适量的碳化物形成元素，如 Cr 元素，细化了碳化物，使合金渗碳体均匀分布且易于球化，Cr 在低合金工具钢中的质量分数一般在 1%左右。形成的合金渗碳体较稳定，所以在淬火加热时会阻碍奥氏体晶粒长大。Si 元素能有效地提高低温回火稳定性，提高钢的强韧性。但是，由于 Si 强化铁素体作用明显，使退火钢的硬度提高，增加了切削加工的困难，而且含 Si 钢的脱碳敏感性比较大，所以一般不单独加入，质量分数也在 1%左右。在 $w(\mathrm{C}) = 1\%$的钢中，当 $w(\mathrm{W}) > 1.0\%$时，在钢中开始形成特殊碳化物 $M_{23}C_6$，而当 $w(\mathrm{W}) > 5\%$时，容易形成 M_6C 型碳化物，对提高耐磨性有利。但在低合金工具钢中，W 的质量分数太多，将使碳化物分布不均匀，恶化性能，所以 W 的质量分数一般在 0.5%～1.5%的范围内。常用低合金工具的化学成分见表 6-1（王笑天，1987）。

表 6-1　常用低合金工具钢的化学成分（《工模具钢》（GB/T 1299—2014））

钢号	化学成分/%					供货状态硬度/HBW
	C	Si	Mn	Cr	W	
9SiCr	0.85～0.95	1.20～1.60	0.30～0.60	0.95～1.25	—	197～241
CrWMn	0.90～1.05	≤0.40	0.80～1.10	0.90～1.20	1.20～1.60	207～255
9Mn2V	0.85～0.95	≤0.40	1.70～2.00	—	0.10～0.25V	≤229
8MnSi	0.75～0.85	0.30～0.60	0.80～1.10	—	—	≤229
Cr06	1.30～1.45	≤0.40	≤0.40	0.50～0.70	—	187～241
Cr2	0.95～1.10	≤0.40	≤0.40	1.30～1.65	—	179～229
9Cr2	0.80～0.95	≤0.40	≤0.40	1.30～1.70	—	179～217
W	1.05～1.25	≤0.40	≤0.40	0.10～0.30	0.80～1.20	187～229

低合金工具钢的球化退火一般采用等温退火工艺，退火温度以 30～40℃/h 的速度冷却至 700℃左右，等温 4h，再炉冷到 600℃出炉。低合金工具钢淬火温度一般为 A_{c1} +（30～50）℃。钢的显微组织为碳含量 0.5%～0.6%的奥氏体加细小未溶粒状碳化物，这些剩余碳化物将阻碍奥氏体晶粒长大，这样既保证了基体硬度，又使淬火时变形开裂倾向减小。同时，剩余碳化物的存在也有利于工具钢耐磨性的提高。淬火介质可用油冷，也可以用熔盐分级淬火，还可以采用等温淬火，这些冷却方式大大减小了工件变形和开裂的可能性。

9SiCr 钢由于 Si、Cr 的作用提高了淬透性。一般油淬临界直径小于 40mm，淬火后的残余奥氏体在 6%～8%的范围内。钢的回火稳定性比较好，经约 250℃回火后硬度仍然大于 60HRC。碳化物细小，分布均匀，使用时不容易崩刃。通过分级或等温处理，钢的变形比较小。用 9SiCr 钢制造丝锥，在 860～870℃的盐浴炉中加热后，放入 160～170℃的熔盐中等温停留 45min，再在 160～190℃回火 90min。处理后的硬度为 61～63HRC，变形程度比分级淬火还要小。9SiCr 钢适于制作形状较复杂、变形要求小的工件，特别是薄刃工具，如丝锥、钻头、铰刀等。但是该钢由于 Si 的存在，脱碳倾向较大，切削加工性相对也差些。

CrWMn 钢由于 Cr、W、Mn 三元复合作用，有较高的淬透性，油淬临界直径为 50～70mm，淬火后钢中的残余奥氏体可达 18%～20%，淬火后变形小。由于碳含量高，保证形成比较多的碳化物，并且 Cr、W 的碳化物比较稳定，也使淬火加热时的奥氏体晶粒细小，所以该钢具有高硬度、高耐磨性。CrWMn 钢的回火稳定性和 9SiCr 钢相似，当回火温度超过 250℃时，硬度才低于 60HRC。由于 W 的作用，钢中碳化物较多且容易形成网状，若出现网状碳化物，工模具的刃部有剥落的危险，从而降低工模具的使用寿命。有碳化物网的钢必须根据其严重程度进行锻造或正火。CrWMn 钢适于制作变形要求小、耐磨性要求高的工件，如拉刀、长丝锥等，也可制作量具及形状较复杂的高精度冲模。

9Mn2V 钢是在 T9 钢的基础上加入合金元素 Mn、V 而形成的低合金工具钢，由于钢中含有质量分数为 2%的 Mn 和 1%的 V，提高了钢的淬透性，该钢的油淬临界直径约为 30mm。由于 Mn 的存在，使马氏体转变开始温度 M_s 降低，在室温下有较多的残余奥氏体（20%～22%），使钢淬火时变形比较小。但是，Mn 具有促进晶粒长大、增大钢的过热敏感性的缺点。V 是碳化物形成元素，适量的 V 能克服 Mn 的缺点，降低钢的过热敏感性，细化晶粒，并且少量的 VC 提高了钢的耐磨性。9Mn2V 钢的不足之处是硬度稍低，回火稳定性较差，一般的回火温度在 200℃以下，并且 VC 使钢的磨削性能变差。9Mn2V 钢符合我国的资源特点，它克服了 T10 钢淬透性低、变形大的缺点，又没有 CrWMn 钢网状碳化物难以消除的缺陷，所以几乎可以制作各种类型的冷作模具。

Cr2 钢（GCr15）是在 T10 的基础上添加一定量的 Cr，淬透性提高，硬度、耐磨性也比碳素工具钢高，接触疲劳强度也高，淬火变形小。适宜制造木工工具、冷冲模及冲头，也用于制作中小尺寸冷作模具。常用低合金工具钢的淬火硬度及应用特点见表6-2。

表6-2 常用低合金工具钢的淬火硬度值及应用特点（《工模具钢》（GB/T 1299—2014））

钢号	淬火温度/℃	淬火硬度/HRC	应用特点
9SiCr	820～860（油冷）	≥62	比铬钢具有更高的淬透性和淬硬性，且回火稳定性好。适宜制造形状复杂、变形小、耐磨性要求高的低速切削刃具，如钻头、螺纹工具、手动铰刀、搓丝板及滚丝轮等；也可以制作冷作模具（如冲模、打印模等），冷轧辊，矫正辊以及细长杆件
CrWMn	800～830（油冷）	≥62	由于钨形成碳化物，在淬火和低温回火后比9SiCr钢具有更多的过剩碳化物、更高的硬度和耐磨性和较好的韧性。适宜制作丝锥、板牙、铰刀、小型冲模等
9Mn2V	780～810（油冷）	≥62	具有较高的硬度和耐磨性，淬火时变形较小，淬透性好。适宜制造各种精密量、样板，也可用于制造尺寸较小的冲模及冷压模、雕刻模、落料模等，以及机床的丝杆等结构件
8MnSi	800～820（油冷）	≥60	在T8钢基础上同时加入Si、Mn元素形成的低合金工具钢，具有较高的回火稳定性、较高的淬透性和耐磨性，热处理变形也较非合金工具钢小。适宜制造木工工具、冷冲模及冲头；也可制造冷加工用的模具
Cr06	780～810（水冷）	≥64	在碳素工具钢基础上添加一定量的Cr，淬透性和耐磨性较碳素工具钢高，冷加工塑性变形和切削加工性能较好，适宜制造木工工具，也可制造简单冷加工模具，如冲孔模、冷压模等
Cr2	830～860（油冷）	≥62	淬透性提高，硬度、耐磨性也比碳素工具钢高，接触疲劳强度也高，淬火变形小。适宜制造木工工具、冷冲模及冲头，也用于制作中小尺寸冷作模具
9Cr2	820～850（油冷）	≥62	与Cr2钢性能基本相似，但韧性好于Cr2钢。适宜制造木工工具、冷轧辊、冷冲模及冲头、钢印冲孔模等
W	800～830（水冷）	≥62	在碳素工具钢基础上添加一定量的W，热处理后具有更高的硬度和耐磨性，且过热敏感性小，热处理变形小，回火稳定性好等特点。适宜制造小型麻花钻头，也可用于制造丝锥、锉刀、板牙，以及温度不高、切削速度不快的工具

6.2 高速工具钢

6.2.1 高速钢的分类

在高速切削过程中，刀具的刃部温度可达600℃以上，低合金工具钢难以满足这种高速切削加工的要求。以9SiCr钢为例，当其工作温度高于300℃时，硬度就降低到了60HRC以下。因此，就必须设计能在高速切削条件下具有足够热稳定性的钢，这就是高速工具钢（高速钢）。高速钢主要含有C、W、Mo、Cr、V、Co、Al等合金元素，属于高碳高合金钢，它在600℃工作时仍能保持60HRC以上的硬度，从而保证了刀具的切削性能和耐磨性。所以，高速钢是机械制造工业中最广泛使用的工具材料之一。

高速钢按照其成分和性能可分为以下几类。

（1）钨系高速钢：典型牌号为 W18Cr4V（简称 18-4-1），是工业生产中最广泛应用的钢种。

（2）钨钼系高速钢：W6Mo5Cr4V2（简称 6-5-4-2）、W6Mo5Cr4V3 等，应用最为普遍。

（3）一般含钴高速钢：如 W18Cr4VCo5、W6Mo5Cr4V2Co5，这类钢热硬性高，但是价格昂贵，并且钴资源稀缺，现在一般提倡高速钢中不加钴和少加钴。

（4）超硬高速钢：典型牌号为 W6Mo5Cr4V2Al，具有高硬度（65～70HRC）、高热硬性（600℃时为 54～55HRC）的特点，一般认为达到了超硬型钴高速钢的水平，而成本比钴高速钢低 2～4 倍。

习惯上又把钨系和钼系高速钢称为通用型高速钢，而把其他类型称为特殊用途高速钢或高性能高速钢。国内常用的高速钢牌号及化学成分见表 6-3。

表 6-3　国内常用的高速钢牌号及化学成分（《高速工具钢》（GB/T 9943—2008））

牌号	化学成分/%							
	C	Mn	Si	Cr	V	W	Mo	Co
W3Mo3Cr4V2	0.95～1.03	≤0.40	≤0.45	3.80～4.50	2.20～2.50	2.70～3.00	2.50～2.90	—
W4Mo3Cr4VSi	0.83～0.93	0.20～0.40	0.70～1.00	3.80～4.40	1.20～1.80	3.50～4.50	2.50～3.50	—
W18Cr4V	0.73～0.83	0.10～0.40	0.20～0.40	3.80～4.50	1.00～1.20	17.20～18.70	—	—
W2Mo8Cr4V	0.77～0.87	≤0.40	≤0.70	3.50～4.50	1.00～1.40	1.40～2.00	8.00～9.00	—
W2Mo9Cr4V2	0.95～1.05	0.15～0.40	≤0.70	3.50～4.50	1.75～2.20	1.50～2.10	8.20～9.20	—
W6Mo5Cr4V2	0.80～0.90	0.15～0.40	0.20～0.45	3.80～4.40	1.75～2.20	5.50～6.75	4.50～5.50	—
CW6Mo5Cr4V2	0.86～0.94	0.15～0.40	0.20～0.45	3.80～4.40	1.75～2.20	5.90～6.70	4.70～5.20	—
W6Mo6Cr4V2	1.00～1.10	≤0.40	≤0.45	3.80～4.50	2.30～2.60	5.90～6.70	5.50～6.50	—
W9Mo3Cr4V	0.77～0.87	0.20～0.40	0.20～0.40	3.80～4.40	1.30～1.70	8.50～9.50	2.70～3.30	—
W6Mo5Cr4V3	1.15～1.25	0.15～0.40	0.20～0.45	3.80～4.50	2.70～3.20	5.90～6.70	4.70～5.20	—
CW6Mo5Cr4V3	1.25～1.32	0.15～0.40	≤0.70	3.75～4.50	2.70～3.20	5.90～6.70	4.70～5.20	—
W6Mo5Cr4V4	1.25～1.40	≤0.40	≤0.45	3.80～4.50	3.70～4.20	5.20～6.00	4.20～5.00	—
W6Mo5Cr4V2Al	1.05～1.15	0.15～0.40	0.20～0.60	3.80～4.40	1.75～2.20	5.50～6.75	4.50～5.50	Al：0.80～1.20
W12Cr4V5Co5	1.50～1.60	0.15～0.40	0.15～0.40	3.75～5.00	4.50～5.25	11.75～13.00	—	4.75～5.25
W6Mo5Cr4V2Co5	0.87～0.95	0.15～0.40	0.20～0.45	3.80～4.50	1.70～2.10	5.90～6.70	4.70～5.20	4.50～5.00

续表

牌号	化学成分/%							
	C	Mn	Si	Cr	V	W	Mo	Co
W6Mo5Cr4V3Co8	1.23～1.33	≤0.40	≤0.70	3.80～4.50	2.70～3.20	5.90～6.70	4.70～5.30	8.00～8.80
W7Mo4Cr4V2Co5	1.05～1.15	0.20～0.60	0.15～0.50	3.75～4.50	1.75～2.25	6.25～7.00	3.25～4.25	4.75～5.75
W2Mo9Cr4VCo8	1.05～1.15	0.15～0.40	0.15～0.65	3.50～4.25	0.95～1.35	1.15～1.85	9.00～10.00	7.75～8.75
W10Mo4Cr4V3Co10	1.20～1.35	≤0.40	≤0.45	3.80～4.50	3.00～3.50	9.00～10.00	3.20～3.90	9.50～10.50

6.2.2 高速钢中合金元素的作用

1. C 的作用

高速钢中 C 的质量分数一般为 0.70%～1.15%，在某些钢中可以达到 1.40%，而最普遍的情况是在 0.70%～0.90%范围内。碳在高速钢中是重要元素，对高速钢的性能影响很大，它保证形成碳化物所需要的碳和保证马氏体能够获得高硬度。随着钢中碳含量的增加，淬火回火后硬度和热硬性都相应地提高。但高速钢中碳含量的增加也带来下列问题：①碳含量增加导致钢中碳化物总量增加，碳化物不均匀性加重；②淬火后残余奥氏体量增多，需要多次回火才能消除；③钢的固相线温度降低，使淬火温度下降，淬火加热时合金碳化物溶解不足。因此，在高速钢设计时，碳含量必须与合金元素的含量相匹配，过高或过低对其性能都有不利影响。研究发现，合金元素及碳含量满足合金碳化物分子式中定比关系时，钢在淬火回火时的合金碳化物沉淀对钢的二次硬化效果最好，这称为定比碳规律（也称为平衡碳理论）。定比碳经验关系式为

$$w(\mathrm{C}) = 0.033w(\mathrm{W}) + 0.063w(\mathrm{Mo}) + 0.20w(\mathrm{V}) + 0.060w(\mathrm{Cr}) \tag{6-1}$$

从中可知，除高钒高速钢由于钒的需要而把 C 的质量分数提高到 1.15%～1.40%以外，一般高速钢 C 的质量分数均为 0.70%～0.90%，且限制在较窄的成分范围内。

2. W 和 Mo 的作用

W 是高速钢的主要合金元素，也是使高速钢具有红硬性的主要元素（红硬性指标是指在 600～700℃区间加热保温 1h 冷却，连续四次，仍能保持 60HRC 的最高温度）。W 在高速钢中主要形成 M_6C 型碳化物，是共晶碳化物的主要组成。在淬火加热时，未溶 M_6C 型碳化物阻碍奥氏体晶粒长大，一部分 M_6C 型碳化物溶

入奥氏体。碳化物的溶解提高了奥氏体的合金度，由于 W 和 C 的结合力较强，提高了马氏体的回火稳定性，在 560℃回火时析出 W_2C，产生弥散强化，并且提高钢的耐磨性。当 W 的质量分数大于 20%时，钢中碳化物不均匀性明显增加，从而使钢的强度、塑性大为降低。W 还是强烈降低钢热导率的元素，因此高速钢等含 W 的高合金钢在加热和冷却时，必须缓慢进行。

Mo 在高速钢中的作用和 W 相似。由于两者原子量的差别，质量分数为 1%的 Mo 可取代 1.5%～2.0%的 W。例如，6-5-4-2 型高速钢和 18-4-1 型高速钢性能相近，可以代用。由于前者合金元素含量较少，碳化物数量和不均匀性降低，所以其塑性较好，具有良好的力学性能和热加工性能。但由于 Mo_2C 不如 W_2C 稳定，钼高速钢的脱碳敏感性和过热敏感性较大。

3. V 的作用

V 能显著提高高速钢的红硬性，并能提高硬度和耐磨性，同时还能有效地细化晶粒，降低钢的过热敏感性。V 是强烈形成碳化物的元素，在钢中主要以 VC 的形式存在，也少量溶于其他类型碳化物中。淬火加热时 VC 部分溶于奥氏体中，淬火后使马氏体回火稳定性提高，强烈阻碍马氏体的分解，在一定回火温度下又以 VC 弥散析出，并与基体共格，从而产生二次硬化。淬火加热时未溶的 VC 起阻止晶粒长大的作用。高速钢中加 V 的主要目的是使钢具有良好的红硬性，钒含量提高，红硬性亦有明显提高，如 W18Cr4V 钢中 V 的质量分数从 1.2%提高到 1.9%时，其红硬性由 610℃提高到 628℃。但由于 VC 的硬度较高，钢的磨削性变差。

4. Cr 的作用

Cr 的作用主要是提高钢的淬透性。Cr 在高速钢中主要存在于 M_6C 中。由于 Cr 的溶入使 M_6C 稳定性下降，在高温时容易溶解。还有一部分 Cr 能形成 $M_{23}C_6$ 型碳化物，它的稳定性更低，在加热时几乎全部溶解于奥氏体中，从而保证了钢的淬透性。目前，绝大部分高速钢中都含有质量分数为 4%左右的 Cr。Cr 也增强高速钢的耐蚀性和抗氧化能力，利用 Cr 氧化膜的致密性减少黏刀现象，降低磨损，改善刃具的切削能力。

5. Co 的作用

Co 可显著提高钢的红硬性。Co 为非碳化物形成元素，淬火加热时溶于奥氏体，淬火后存在于马氏体中，增强马氏体的回火稳定性，提高二次硬化效果。Co 与 W、Mo 原子之间的结合力强，因此可降低 W、Mo 原子的扩散速率，减慢合金碳化物的析出和聚集长大速度，增加红硬性。Co 可提高高速钢的熔点，使其淬火加热至更高的温度而不致过热，这样更多的碳化物能够溶入基体，增强二次硬化效果。Co 还可以与 W 形成 CoW 金属间化合物，也产生弥散强化效果，并能阻止其他碳化物聚集长大。所以，高红硬性高速钢中一般含有 5%～12%质量分数的 Co，主要分为 5%、8%、12%三个级别。Co 对高速钢性能也有不利影响，如降低钢的韧性、增大钢的脱碳倾向等。为防止氧化和脱碳，在淬火加热时宜采用还原性气氛。

6. 微合金元素的作用

为了改善高速钢的性能，人们研究了微量合金元素对钢组织和性能的影响。在高速钢中加入的微量 N 可溶于碳化物中，形成合金碳氮化合物，使碳化物稳定性增高，减小聚集倾向。N 可细化奥氏体晶粒，提高晶界的开始熔化温度，因而提高了淬火温度和合金元素溶解量，增加了淬火回火硬度和红硬性，同时也提高了抗弯强度和挠度，改善了韧性。一般高碳超硬高速钢中可加入质量分数为 0.05%～0.10%的 N。

稀土元素加入高速钢中，降低了 S 在晶界的偏聚，可明显改善其在 900～1150℃温度的热塑性。我国生产的含稀土高速钢有 W18Cr4VRE、W12Mo2Cr4VRE。由于有较高的热塑性，可适应刃具的热扭轧工艺。

6.2.3 高速钢中的相组成和碳化物

普通型钨系和钨-钼系高速钢中，含有高 W、Mo、Cr、V 等合金元素，平衡态组织为合金铁素体和合金碳化物。合金碳化物为 M_6C、$M_{23}C_6$、MC 三种类型的碳化物，在含 W、Mo 较少的高速钢中还有 M_7C_3 型碳化物。M_6C 型碳化物是以钨或钼为主的碳化物，其组成为 Fe_2W_4C～Fe_4W_2C 或 Fe_2Mo_4C～Fe_4Mo_2C。在钨-钼系高速钢中，M_6C 型碳化物为 $Fe_2(W、Mo)_4C$～$Fe_4(W、Mo)_2C$，W、Mo 元素可互换，并溶有一定量的 Cr、V 等元素。$M_{23}C_6$ 型碳化物以 Cr、W、Mo 为主，并溶入 Fe 等元素，其组成为$(Cr、Mo、W、Fe、V)_{23}C_6$。M_7C_3 型碳化物组成与 $M_{23}C_6$ 型类似。MC 型碳化物是以 V 为主的 VC，也能溶解少量的 W、Mo、Cr 等元素。在淬火加热过程中，碳化物的溶解顺序为：（M_7C_3 型）$M_{23}C_6$ 型在 1000℃左右溶解→M_6C 型在 1200℃部分溶解→MC 比较稳定，在 1200℃时开始少量溶解。其中，溶入奥氏体的碳化物可增加钢的红硬性及淬透性，而未溶入奥氏体的碳化物则可细化晶粒，增加钢的耐磨性。W18Cr4V 钢在不同热处理状态下的碳化物存在情况见表 6-4（伍玉娇，2011）。在淬火回火过程中，当温度超过 500℃时，马氏体中会析出 M_2C 型亚稳碳化物，其组成为 W_2C 和 Mo_2C，从而引起钢的弥散强化；当回火温度超过 650℃时，则析出 M_6C 及 M_7C_3 型碳化物，它们容易聚集长大，使钢的硬度下降。

表 6-4 W18Cr4V 钢在不同热处理状态下的碳化物存在情况（体积分数）

（单位：%）

热处理状态	总量	$M_{23}C_6$	M_6C	MC
退火态	29	9	18.5	1.5
淬火（1280℃）	10	—	9	1

高速钢合金元素含量高，属于莱氏体钢，其相图比较复杂。下面以 W18Cr4V 钢为例来分析其平衡结晶过程。图 6-1 为 W18Cr4V 钢的变温截面相图。当碳的质量分数为 0.70%～0.80%（近似于 18-4-1 钢的成分）的钢液从高温缓慢冷却开始结晶时，将会发生下列反应（伍玉娇，2011）。

（1）首先发生匀晶转变，L→δ（高温 α 相），由液体中析出的 δ-Fe 相呈树枝状，且 L 相有剩余（文九巴，2011）（图 6-2（a））。

（2）冷却到 1400℃时发生包晶转变，L + δ→γ。γ 在 δ 相周围形核，随着温度降低，γ 向 δ 及 L 相两个方向长大，使后两者减少，但仍未耗尽（图 6-2（b））。

（3）在 1345℃附近很窄的温度范围内发生包共晶转变，L + δ ⟶ γ + M_6C，M_6C 沿 γ 周围形核成长，δ 相逐渐耗尽，L 相仍剩余（图 6-2（c））。

（4）在 1330～1300℃发生共晶转变 L→γ + M_6C，一直到完全凝固，形成由奥氏体和碳化物组成的莱氏体（L_d），其中，碳化物（M_6C）呈鱼骨状，骨骼之间为 γ 相（图 6-2（d））。这时结晶已完成，组织为 γ + L_d。随着温度的下降，发生固态相变。

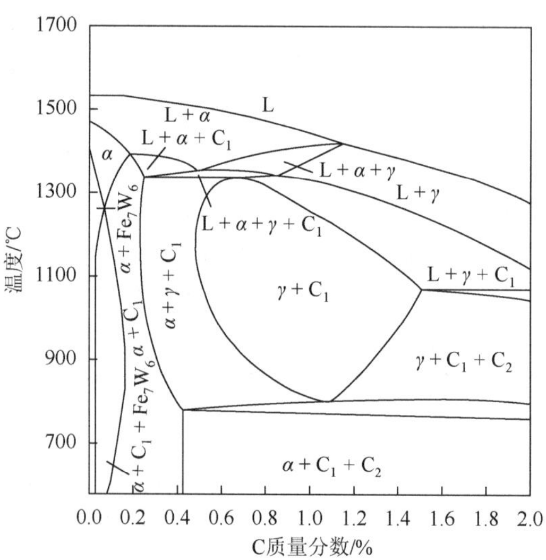

图 6-1 W18Cr4V 钢的变温截面相图

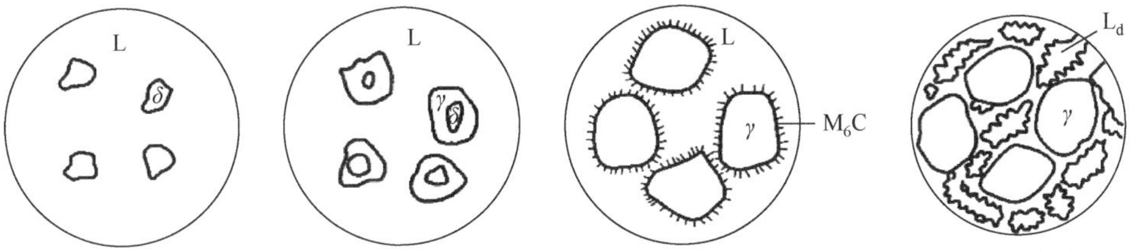

(a) 匀晶转变　(b) 包晶转变　(c) 包共晶转变　(d) 共晶转变

图 6-2　高速钢接近平衡凝固时的冷却过程示意图

（5）凝固后继续冷却时，由奥氏体中析出合金碳化物，$\gamma \to M_6C$，之后，在 870～800℃发生包析转变，$\gamma + M_6C \to \alpha$，γ 相未转变完全。

（6）冷却到 800℃左右发生共析转变，$\gamma \to \alpha + M_6C + Fe_3C$。

这样，18-4-1 钢在室温下的平衡组织为莱氏体 + 珠光体 + 碳化物（组成相为 $\alpha + M_6C + Fe_3C$）。但是，在实际铸锭冷却条件下，合金元素来不及扩散，包晶反应不能充分进行，仍有部分高温铁素体 δ 相被保留下来，在继续冷却时发生共析转变 $\delta \to \gamma + M_6C$，该转变产物称为 δ-共析体，δ-共析体组织易被腐蚀，在金相组织上呈黑色，故又称为“黑色组织”。随后的冷却，$\gamma \to M_6C$ 和 $\gamma \to \alpha + M_6C + Fe_3C$ 也均被抑制，在更低的温度，过冷 γ 相转变为马氏体和残余奥氏体，形成“白亮组织”。所以，其铸态组织常常为鱼骨状莱氏体（L_d）+ δ-共析体（黑色组织）+（$M + \gamma'$）（白亮组织），如图 6-3 所示（文九巴，2011）。

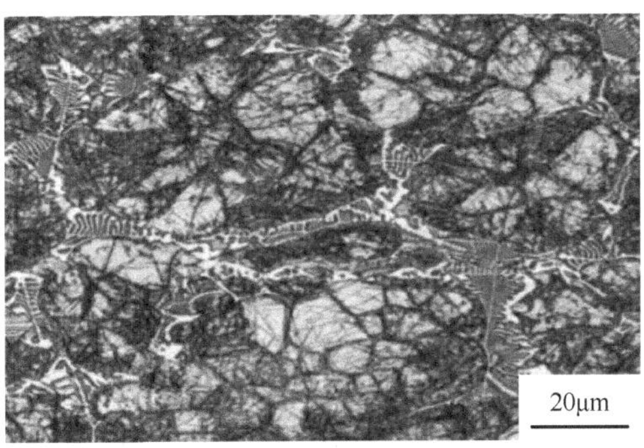

图 6-3　W18Cr4V 钢的铸态组织

铸态高速钢组织很不均匀，分布着大量不均匀的粗大共晶碳化物，这些共晶碳化物必须经过锻轧将其破碎，使其尽量成为均匀分布的颗粒状碳化物。铸态高速钢在锻造时，必须要有足够的锻造比，如果锻轧变形不足，可能会存在粗碳化物网和带状碳化物。如果碳化物的不均匀性严重，会导致热处理工艺性能变坏。淬火加热时，碳化物较少区域的奥氏体晶粒容易长大，淬火后组织不均匀，硬度也不均匀；在碳化物密集区域，由于合金元素多，残余奥氏体量大，会造成回火不足，使组织不稳定，内应力增大，脆性大，容易变形开裂，工作时易引起崩刃。粗大碳化物在淬火加热时会导致溶解量少，使附近奥氏体合金度低，热处理后刃具的硬度、红硬性和耐磨性都会比较低，抗弯强度、韧性、挠度等力学性能会因碳化物不均匀而降低。碳化物不均匀还可能使钢产生各向异性。因此，碳化物的均匀分布程度是考核高速钢质量的主要技术指标之一。

改善铸态高速钢中碳化物不均匀性的主要措施是采用锻造工艺，通过正确的锻造，使共晶碳化物得以破碎，并呈颗粒状均匀分布。高速钢仅锻造一次是不够的，往往要经过二次、三次甚至多次的镦粗、拔长，锻造比越大越好。实践证明，总的锻造比达 10%左右时，效果最佳。钨系高速钢的始锻温度一般为 1140～1180℃，终锻温度为 900℃左右。钼系及钨-钼系高速钢的始锻温度要低一些，为了减少氧化与脱碳，可以降低至 1000℃左右，终锻温度为 850～870℃。终锻温度太低会引起锻件开裂，而终锻温度太高会造成晶粒的不正常长大，出现萘状断口。锻造时为避免碳化物不均引起的应力集中开裂，应先轻锤快打，后重锤锻打。高速钢的导热性能较差，锻造加热过程中，一般应在 850～900℃以下缓慢进行，锻轧后为防止产生过量马氏体组织，应缓慢冷却（常用灰坑缓冷），以防止产生过高的应力和开裂。高速钢锻后硬度为 240～270HB。

值得指出的是，近年来，已有用粉末冶金的方法制造高速钢的实践，这样可获得细小、均匀分布、无偏析的碳化物，从而提高刃具的寿命。

6.2.4　高速钢的热处理

高速钢锻造以后必须进行球化退火处理，其目的不仅在于降低钢的硬度，以利于切削加工，而且也为淬火做好组织准备。高速钢的 A_{c1} 在 820～840℃范围内，普通的退火温度为 860～880℃，保温 2～3h 之后缓慢冷却至 500℃，然后出炉空冷。保温的时间不宜过长，这样大部分合金碳化物未溶入奥氏体中，奥氏体稳定性较小，冷却时易转变成粒状珠光体。为了缩短退火时间，也可采用等温退火，即从 860～880℃迅速冷却到 720～750℃，保温 4～6h 后炉冷至 500℃，出炉空冷。高速钢普通退火和等温退火工艺如图 6-4 所示（文九巴，2011；唐代明等，2014）。W18Cr4V 钢退火后硬度为 207～255HB，其组织为索氏体 + 碳化物（图 6-5），总的碳化物和各类型碳化物的体积分数见表 6-5（文九巴，2011）。

高速钢的淬火是通过加热获得高合金的奥氏体，然后淬火获得高合金的马氏体，再通过高温回火时析出的弥散合金碳化物产生二次硬化，使钢具有高的硬度、耐磨性和回火抗力。

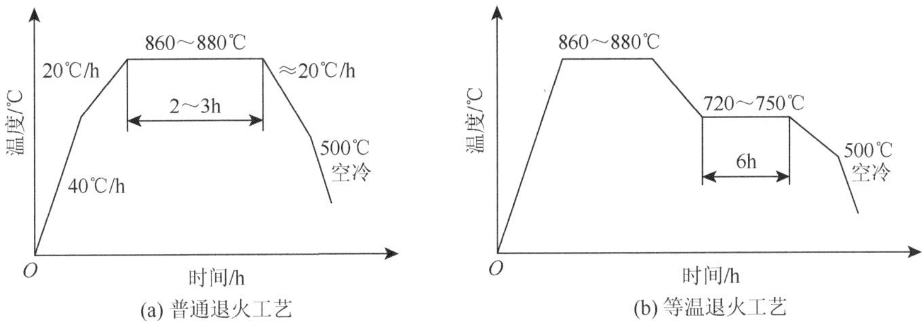

图 6-4　高速钢退火工艺曲线

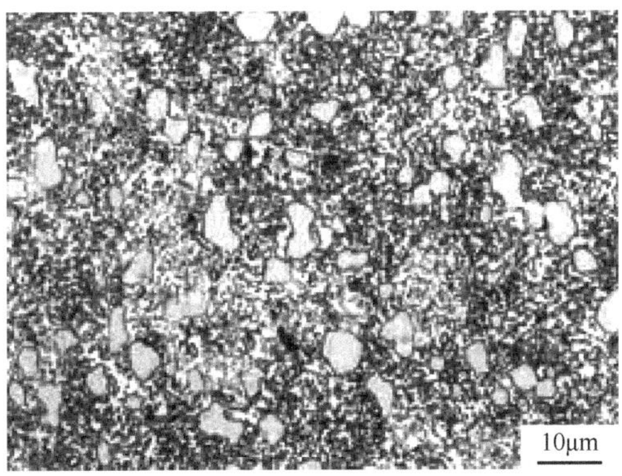

图 6-5　W18Cr4V 钢锻造、退火后的组织

高速钢中的合金碳化物 M_6C、$M_{23}C_6$ 和 MC 比较稳定，必须在高温下才能将其溶解。在三种碳化物中 $M_{23}C_6$ 稳定性最差，在 900℃以上大量溶解，M_6C 在 1037℃以上开始溶解，而 MC 型碳化物在 1100℃以上才逐渐溶解。因此，高速钢的淬火加热温度必须在 $A_{c1}+400$℃以上。这么高的温度下，高速钢淬火加热保温时间的确定要有一个基本原则，即保证一定量的碳化物溶入奥氏体中，而奥氏体晶粒不致长大。按照这个原则，对于一定的淬火温度，要有一个合适的保温时间，高速钢的保温时间控制很严格，一般是以秒来计算与控制的。W18Cr4V 钢在正常淬火温度（1280℃）和合适的保温时间下，未溶碳化物总量控制在 10%左右为佳，其中 M_6C 大约占 9%，MC 约 1%。这些碳化物的存在阻止了奥氏体晶粒的长大，使高速钢的晶粒保持细小。

此时，基体合金元素的质量分数为：$w(C)=0.4\%\sim0.6\%$、$w(Cr)=4\%$、$w(W)=7.8\%\sim8.5\%$、$w(V)=1\%\sim1.5\%$。淬火温度增加或保温时间过长，碳化物的溶解虽然还能增加，但奥氏体晶粒将急剧增加，甚至在晶界处发生熔化现象。

由于高速钢是高合金钢，其热导率低，淬火加热温度又很高，所以工件在加热时都要进行预热。预热可减少工件在淬火加热过程中的变形和开裂倾向，缩短高温保温时间，减少氧化脱碳，还可以准确地控制炉温稳定性，根据情况可采用一次预热和二次预热，一般直径小的工具采用在 800～850℃一次预热的工艺。截面大、厚薄不均、有尖角的刃具采用两次预热工艺，第一次在 500～600℃，第二次在 800～850℃，预热时间一般为淬火加热时间的 2 倍。

高速钢淬火加热过程中经常产生的缺陷有过热、过烧、欠热等。由于淬火加热温度过高，造成晶粒过度长大，碳化物溶解过多，并且未溶碳化物发生粘连、拖尾、角状化，而且由于奥氏体中合金度过高，即使后面冷却很快，也会在奥氏体晶界上析出碳化物，呈网状分布，这种现象称为过热。如果温度再高，接近钢的熔化温度，导致晶界熔化，出现铸态组织特征，主要为鱼骨状共晶莱氏体及黑色组织，这就是过烧。钢出现过烧时，脆性很大，不能使用，是不可挽救的缺陷。欠热是淬火温度过低，大量碳化物未固溶，使合金元素溶入奥氏体量过少，影响钢的使用性能。W18Cr4V 钢淬火温度超过 1300℃时，容易出现过热特征，加热温度超过 1320℃将发生过烧现象。图 6-6 所示为 W18Cr4V 钢的正常淬火组织以及欠热、过热、过烧的金相组织特征，主要由碳化物 Km 和回火马氏体 $M_{回}$ 组成。表 6-5 为常用高速钢的淬火加热温度（戴起勋，2011）。

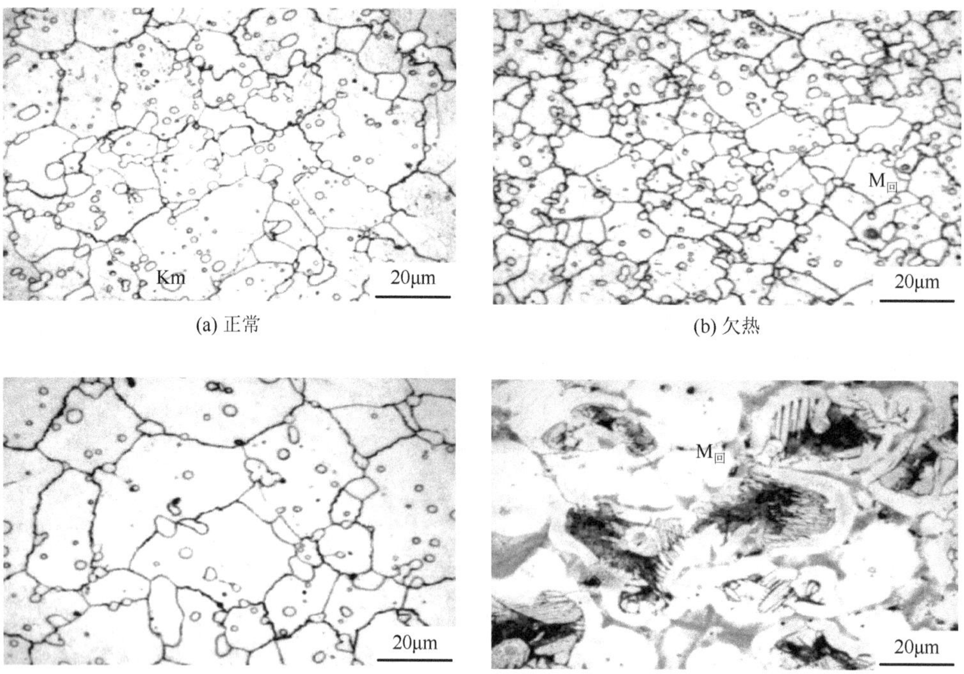

(a) 正常　(b) 欠热　(c) 过热　(d) 过烧

图 6-6　W18Cr4V 钢的正常淬火组织

表 6-5　常用高速钢的淬火加热温度（《高速工具钢》（GB/T 9943—2008））

牌号	淬火温度/℃		回火温度/℃	回火硬度/HRC
	盐浴炉	箱式炉		
W18Cr4V	1250～1270	1270～1285	550～570	≥63
W9Mo3Cr4V	1200～1220	1220～1240	540～560	≥64
W12Cr4V5Co5	1220～1240	1230～1250	540～560	≥65
W6Mo5Cr4V2	1200～1220	1210～1230	540～560	≥64
CW6Mo5Cr4V2	1190～1210	1200～1220	540～560	≥64
W6Mo5Cr4V2Al	1200～1220	1230～1240	550～570	≥65
W6Mo5Cr4V3	1190～1210	1200～1220	540～560	≥64
W2Mo9Cr4VCo8	1170～1190	1180～1200	540～560	≥66
W6Mo5Cr4V2Co5	1190～1210	1200～1220	540～560	≥64
W7Mo4Cr4V2Co5	1180～1200	1190～1210	540～560	≥66

高速钢的冷却很重要，方式也很多，可根据工件的不同情况进行选择。W18Cr4V 钢的常用热处理工艺如图 6-7 所示（戴起勋，2011）。高速钢的淬透性较大，即使在空气中冷却也可得到大量的马氏体和较高的硬度。但是为了避免在高温区停留时间过长，析出碳化物，降低钢的红硬性和高温时表面的氧化腐蚀，高速钢一般不采用空冷。对于形状简单、尺寸在 30～40mm 以下的工具可以采用直接油冷淬火。为了避免开裂，在油中的冷却时间也不宜太长，最好保持到当工具从油中取出时，附在上面的油能着火，即保证工具的温度在 200℃以上。

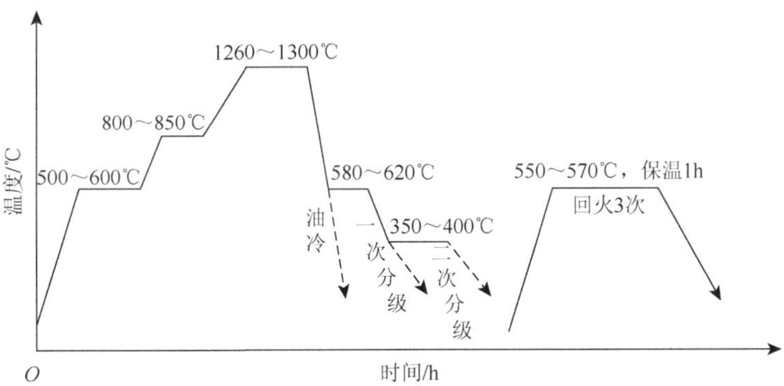

图 6-7　W18Cr4V 高速钢的常用热处理工艺

高速钢最常采用的冷却方式是分级淬火，根据工件的形状和要求可分别选用一次分级或多次分级方法。对于淬火后变形和开裂倾向不严重的工件，可采用在

580～620℃一次分级淬火。一次分级淬火应用比较广泛，大约有80%的高速钢工具采用一次分级淬火。对于尺寸较大（有效厚度在40mm以上）或形状比较复杂、细长杆件或薄片零件可采用二次分级淬火。一般情况下，二次分级淬火是先在580～620℃盐浴中保持一段时间后，再转入350～400℃硝盐中冷却，目的是进一步降低热应力和组织应力，减小变形和开裂倾向。分级保温时间可与加热时间相似。分级冷却后，可在空气中冷至150℃左右及时回火。高速钢的正常淬火组织是马氏体＋碳化物＋残余奥氏体（体积分数为30%左右）。

高速钢还可以采用等温淬火工艺，采用较多的是贝氏体等温淬火。高速钢在235～315℃长期停留（2～4h）可得到大量的贝氏体，其组织为贝氏体＋淬火马氏体＋残余奥氏体＋碳化物（伍玉娇，2011）（图6-8）。对于中心钻、滚丝及各类冲压模具、仪表刀具等，在使用中经常发生断头、崩刃、折断等现象，采用贝氏体等温淬火可以提高工具的强度、韧度和切削性能，有效地克服了上述损坏现象。对于搓丝板、滚丝模、剃齿刀等工具，采用贝氏体等温淬火基本上防止了工具中的内孔开裂和胀缩，大大减小了变形。对于形状复杂的大型工具也可以采用马氏体等温淬火工艺，等温温度在 M_s 点附近（200℃左右），一般停留时间为5～60min。

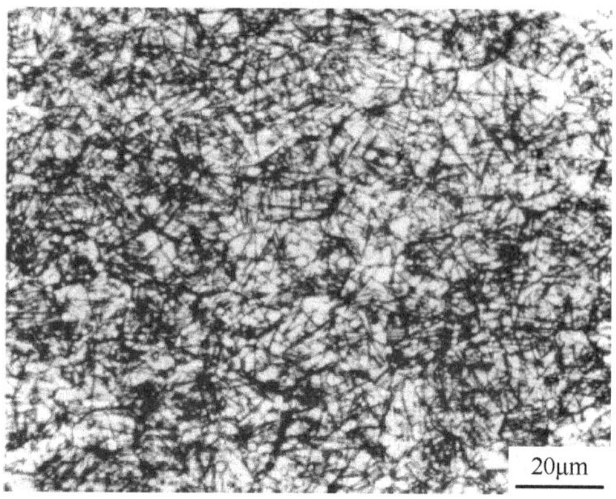

图6-8　W18Cr4V钢贝氏体等温淬火组织

对于形状复杂的大型工具也可以采用马氏体等温淬火工艺，等温温度在 M_s 点附近（200℃左右），一般停留时间为5～60min。为了消除淬火应力，稳定组织，减少残余奥氏体的量，产生二次硬化，高速钢一般进行三次560℃保温1h的回火处理。高速钢淬火组织回火时，其组织中的过剩碳化物不发生变化，只有马氏体和残余奥氏体发生转变，从而引起性能的变化。图6-9为回火温度对W18Cr4V和W6Mo5Cr4V2钢力学性能的影响（齐锦刚等，2014；文九巴，2011）。

高速钢在回火过程中，大约在270℃自马氏体中析出 ε-碳化物，300℃以上 ε-

碳化物溶解而析出 Fe_3C 并聚集长大，相应淬火硬度有所下降。在 400～500℃回火温度范围内，马氏体中的 Cr 开始向碳化物中转移，碳化物的类型也逐渐由渗碳体型转变为弥散的富 Cr 的合金碳化物 M_6C，使钢的硬度逐渐上升。在 500～600℃回火时，钢的强度、硬度和塑性均有提高，而在 550～570℃时可达到硬度、强度的最大值。在此温度区间，自马氏体中析出弥散的 W（Mo）及 V 的碳化物（M_2C、MC），使钢的硬度明显提高，这种现象称为“二次硬化”。高速钢淬火后的残余奥氏体合金度高，稳定性大，在回火加热过程中不分解，仅在 500～600℃保温时，由于应力松弛，从中析出部分合金碳化物，这使残余奥氏体中合金元素和碳的含量下降，M_s 温度升高。这种贫化的残余奥氏体在回火过程中转变为马氏体，使钢的硬度有所提高，这种现象称为“二次淬火”，但其硬化效果不如二次硬化效果显著。

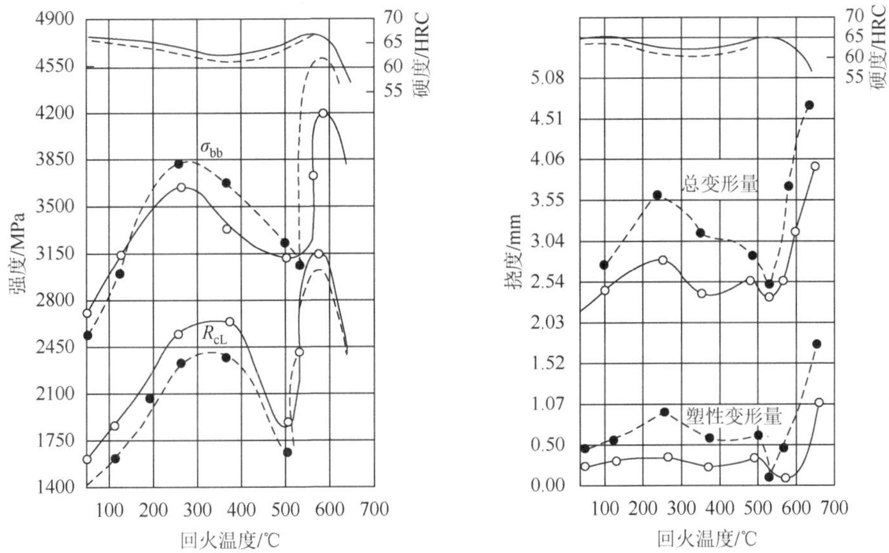

(a) 强度　(b) 塑性

图 6-9　回火温度对 W18Cr4V 和 W6Mo5Cr4V2 钢力学性能的影响

实线：W18Cr4V 钢，奥氏体化温度 1280℃；虚线：W6Mo5Cr4V2 钢，奥氏体化温度 1215℃

高速钢淬火组织中有大量的残余奥氏体，经过一次回火后仍有 10%左右的残余奥氏体未转变，经过两次回火，残余奥氏体量可降至 5%以下。第一次回火只对淬火马氏体回火，而在回火冷却过程中转变的二次马氏体产生了新的淬火应力。经第二次回火后，可使二次马氏体得到回火。同时，在第二次回火冷却过程中转变的马氏体又会产生新的内应力，因此需要进行第三次回火。W18Cr4V 钢回火次数与残余奥氏体量和性能的关系如图 6-10 所示（强文江和吴承建，2018；李云凯，

2006)。正常回火后的硬度为 63～66HRC，组织为回火马氏体 + 碳化物 + 少量的残余奥氏体，如图 6-11 所示。

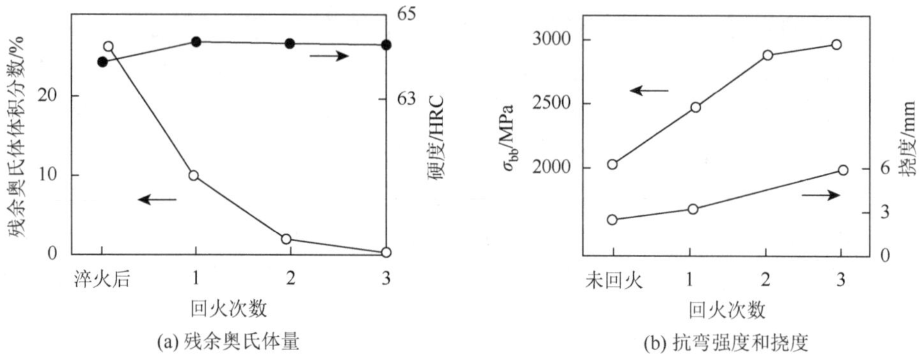

图 6-10　W18Cr4V 钢回火次数与残余奥氏体量和性能的关系

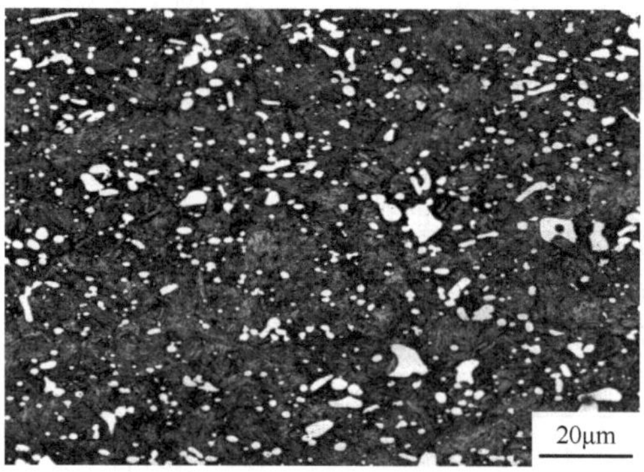

图 6-11　W18Cr4V 钢的淬火、回火后的组织

6.3　冷作模具钢

冷作模具钢是指使金属在冷态下变形或成形所使用的模具钢。冷作模具通常是将板材、棒材等通过冲压、拉深、冷镦或冷挤成形，包括拉深模、拉丝模、压弯模、冷镦模、挤压模、冲裁模等。这些冷作模具虽然冷变形工艺不同，模具的服役条件有所区别，但它们都具有共同的特点，即模具工作温度不高，主要承受高的压应力或冲击力，和金属之间有强烈的摩擦等。因此，冷作模具钢的主要性能要求为具有高硬度和高耐磨性，同时具有一定的韧性。在工艺上则要求具有足够的淬透性，淬火变形要小。

冷作模具钢按性能可分为：①碳素模具钢，主要有 T8～T12 等；②低合金模具钢，主要有9SiCr、CrWMn、9Mn2V等；③高铬模具钢，主要有Cr12、Cr12MoV等；④中铬模具钢，主要有Cr4W2MoV、Cr6WV等；⑤基体钢，主要有6Cr4W3Mo2VNb、6Cr4Mo3Ni2WV等；⑥新型冷作模具钢，主要有7Cr7Mo2V2Si、8Cr8Mo2V2Si等。

常用的碳素钢和低合金模具钢的优点是可加工性好、价格便宜，但其耐磨性差、淬透性低、使用寿命短，一般适合制造一些工作负荷不大、形状简单、尺寸不大的模具，这类钢的化学成分、热处理特点在6.1节已有介绍，这里不再重复。

6.3.1 高铬和中铬模具钢

高铬和中铬模具钢是碳含量和铬含量较高的高碳铬合金钢，该类钢具有淬透性好、淬火变形小、耐磨性高等优点，所以广泛用于制造负荷大、耐磨性要求高、生产批量大、热处理变形要求小的形状复杂的冷作模具。

1. 高碳高铬型模具钢

高碳高铬型模具钢是Cr的质量分数为12%左右的高碳亚共晶莱氏体钢，典型的牌号有Cr12、Cr12MoV，其化学成分见表6-6。

表6-6 我国常用的高铬和中铬模具钢的化学成分（《工模具钢》（GB/T 1299—2014））

牌号	化学成分/%							供货状态硬度/HBW
	C	Si	Mn	Cr	Mo	W	V	
Cr12	2.00～2.30	≤0.40	≤0.40	11.50～13.00	—	—	—	271～269
Cr12MoV	1.45～1.70	≤0.40	≤0.35	11.00～12.50	0.40～0.60	—	0.15～0.30	207～255
Cr4W2MoV	1.12～1.25	0.40～0.70	≤0.40	3.5～4.00	0.80～1.20	1.90～2.60	0.80～1.10	≤255
Cr5Mo1V	0.95～1.05	≤0.50	≤1.00	4.75～5.50	0.90～1.40	—	0.15～0.50	202～229

高碳以保证获得高硬度和高耐磨性。高铬主要是形成大量的$(Cr, Fe)_7C_3$型碳化物，在退火态时，其体积分数可达16%～20%，Mo和V也有可能少量溶入其中。在铬的碳化物中，M_7C_3型碳化物具有最高的硬度（2100HV），可增加模具钢的耐磨性。随钢中碳含量的增高，共晶碳化物增多，碳化物不均匀性也加大，尤其是碳含量较高的Cr12钢。在Cr12钢的基础上加入Mo、V，适当降低碳含量，发展出了Cr12MoV钢。该钢减少并细化了共晶碳化物，细化晶粒，进一步提高了钢的回火稳定性，增加淬透性。

高碳高铬型钢的组织与性能和高速钢有许多相似之处，其铸态组织也有网状共晶莱氏体存在，需通过锻造或轧制将共晶碳化物破碎，减少碳化物的不均匀分布。锻造后通常采用850～870℃保温3～4h的等温球化退火工艺。退火后组织为索氏体＋粒状碳化物，硬度为207～267HBW。

高碳高铬型钢的组织和性能与其淬火温度有很大关系。图6-12为Cr12MoV钢的硬度和残余奥氏体量与淬火温度的关系（强文江和吴承建，2018；戴起勋，2011）。由图可见，淬火温度在1050℃时，硬度达到最高值。若淬火温度再升高，由于奥氏体中合金元素含量增多，使M_s温度降低，从而导致残余奥氏体量增多，在1100℃时残余奥氏体的体积分数可达到80%，硬度急剧下降。不同淬火温度下，回火温度对高碳高铬型钢的性能也有较大影响，如图6-13所示（左汝林等，2008；凤仪，2008）。因此，高碳高铬型钢的淬火、回火处理通常有两种工艺方法。

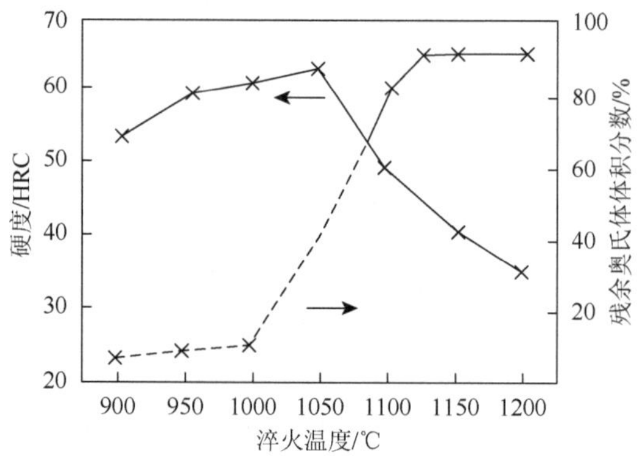

图6-12　Cr12MoV钢硬度、残余奥氏体量与淬火温度的关系

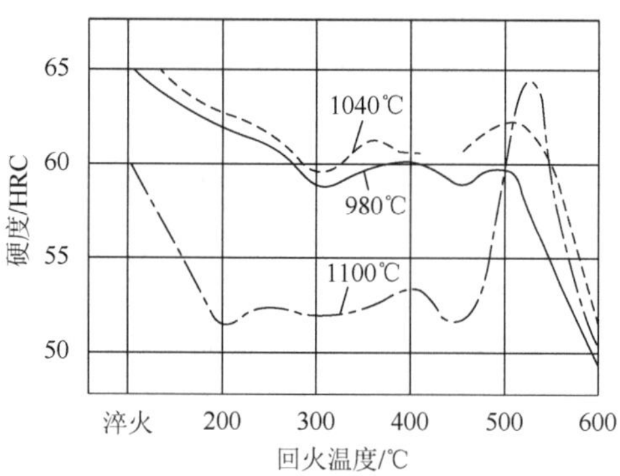

图6-13　回火温度对Cr12MoV钢硬度的影响

（1）一次硬化法。即采用较低的淬火温度＋低温回火（低淬低回）。较低的淬火温度可使晶粒细小，钢的强韧性较好。通常Cr12MoV钢的淬火加热温度采用

980～1030℃，若希望得到较高的硬度，淬火温度可取上限。Cr12钢的淬火温度采用950～980℃。低温淬火处理后，钢中的残余奥氏体量大约为20%。回火温度一般在200℃左右，回火温度升高则硬度降低，强度和韧性提高。一次硬化处理使钢具有高的硬度（61～63HRC）和耐磨性，较小的热处理变形。大多数Cr12型钢制作的冷作模具均采用此工艺。

（2）二次硬化法。即采用高的淬火温度＋多次高温回火（高淬高回）。这种方法与高合金刃具钢（高速钢）类似，淬火回火后可以达到二次硬化的目的，同时也使钢获得高的回火稳定性，但钢的强度和韧性较一次硬化法有所下降，工艺上也较复杂。Cr12MoV钢二次硬化法采用的淬火温度为1050～1100℃，淬火后钢中有大量的残余奥氏体，硬度较低。然后采用较高的温度（490～520℃）进行三或四次回火，回火后硬度达到60～62HRC。硬度的提高主要是由于残余奥氏体在回火过程中转变成了马氏体。为了减少回火次数，对于尺寸不大、形状简单的模具可以进行冷处理（–78℃）。高碳高铬型模具钢淬火后在室温停留30～50min后残余奥氏体会发生稳定化，因而冷处理应在淬火后立即进行，随后再进行490～520℃回火，硬度可提高至60～61HRC。二次硬化处理适合工作温度较高且载荷不大，或淬火后表面需要氮化的模具。

综上所述，高碳高铬型冷作模具钢具有以下特点：①高的耐磨性。这主要是由于存在大量的M_7C_3型碳化物。②高的淬透性。经900～1000℃淬火加热后，奥氏体中含有4%～5% Cr，过冷奥氏体稳定性提高，直径大于200～300mm的工模具均可以完全淬透。③体积变形小。随着淬火温度的升高和残余奥氏体量的增多，模具的体积变化减小，至某一温度淬火后，尺寸变化可以接近零。此外，残余奥氏体的量还可以通过适当的回火工艺来调整，以获得微变形。④高的红硬性。经二次硬化处理后可获得较高的红硬性和耐磨性。

2. 高碳中铬型模具钢

高碳中铬型冷作模具钢的碳含量相对较低，铬含量也低，属于过共析钢。但由于凝固时的偏析，其铸态组织中仍有部分莱氏体共晶。这类钢中的碳化物也是以M_7C_3型为主，并有少量M_6C和MC型，且分布较均匀。退火态含有体积分数大约为15%的碳化物。这类钢具有耐磨性好和热处理变形小的特点，适于制作既要求耐磨性，又要具有一定韧性的冷作模具。其典型牌号有Cr4W2MoV和Cr5Mo1V钢，钢中加入W（Mo）和V的作用与高碳高铬钢相同。

Cr4W2MoV钢是一种代替高碳高铬钢的高碳中铬钢，其成分特点是降低碳和铬的含量，合金元素总量减少1/3，但性能与Cr12型钢接近。Cr4W2MoV钢含有的W、Mo、V合金元素能细化奥氏体晶粒，提高钢的淬透性和回火稳定性。该钢的热处理工艺与高碳高铬钢相似，也有两种方式：在考虑硬度和强韧性时，可采用 960～980℃淬火，260～320℃回火两次，每次 1h；对要求热稳定性好以及需要进行化学热处理时，则采用 1020～1040℃淬火，500～540℃回火三次，每次 1～2h。适宜于制作要求较高淬透性、淬硬性、耐磨性和尺寸稳定性的各种冲模、冷镦模、落料模、冷挤凹模及搓丝板等工模具。

Cr5Mo1V 钢是一种空冷淬硬型冷作模具钢，与美国的 A2 钢（Cr5MoV）相同，是国际上通用的钢种。直径为 100mm 以下的工件可空气淬火，这对于形状复杂、要求热处理变形小的模具是非常有利的。Cr5Mo1V 钢加热时通常采用 300～400℃和 800～850℃两次预热，热处理淬火工艺可采用低淬低回和高淬高回两种方式：低淬低回工艺为 940～960℃淬火加热，空冷或油冷，180～220℃回火，硬度为 60～64HRC；高淬高回工艺为 980～1010℃淬火加热，空冷或油冷，510～520℃回火，硬度为 57～60HRC。既有较好的耐磨性，又有良好的韧性和抗回火软化能力。其正常热处理后的耐磨性优于 CrWMn 钢，而韧性优于 Cr12 型高碳高铬钢，通用性强，特别适宜制作既要求好的耐磨性又要求好的韧性的冷作模具，如下料模、冲裁模、冲头、剪刀片、轧辊、压延模和滚丝模等。

6.3.2 基体钢

基体钢是指钢的化学成分与高速钢的淬火组织中基体的化学成分相同的钢种。这种钢既具有高速钢的高强度、高硬度，又因为不含有大量的碳化物而使钢的韧性和疲劳强度优于高速钢。既可以用作冷热变形模具钢，也可以作为超高强度钢使用。对基体钢目前还没有确切的定义，但一般认为凡是在高速钢基体成分上添加少量其他元素，适当增减碳含量以改善性能的钢都称为基体钢。部分我国研制并生产应用的基体钢化学成分见表 6-7。

表 6-7 部分基体钢的化学成分（《工模具钢》（GB/T 1299—2014））

牌号	化学成分/%							
	C	Cr	W	Mo	V	Si	Mn	其他
6Cr4W3Mo2VNb	0.60～0.70	3.80～4.40	2.50～3.50	1.80～2.50	0.80～1.20	≤0.40	≤0.40	Nb 0.20～0.35
5Cr4Mo3SiMnVAl	0.47～0.57	3.80～4.30	—	2.80～3.40	0.80～1.20	0.80～1.10	0.80～1.10	Al 0.30～0.70
6W6Mo5Cr4V	0.55～0.65	3.70～4.30	6.00～7.00	4.50～5.50	0.70～1.10	≤0.40	≤0.60	—

6Cr4W3Mo2VNb 钢是用量较大的高韧性高耐磨性冷作模具钢，简称 65Nb 钢，它是在 6-5-4-2 钢淬火基体成分的基础上适当提高碳含量，并加入少量 Nb，以改善塑性、韧性和疲劳抗力而发展的钢种。钢中 $w(C) = 0.65\%$左右，较高的碳含量

可以增加碳化物量从而提高耐磨性，同时加入V、Nb可有效细化晶粒，提高韧性，改善钢的工艺性能。这种钢容易锻造，锻后缓冷，退火后硬度小于等于217HBW。该钢具有较高的淬透性，直径为50mm可以在空气中淬透，直径为80mm可以在油中淬透。其淬火加热温度为1080～1180℃，常用的回火温度为520～580℃，两次回火。由于该钢具有较高的回火稳定性，所以可进行气体软氮化或离子氮化，以提高表面的耐磨性。该钢适于制作形状复杂、冲击负荷较大或尺寸较大的冷作模具，如冷挤压模、厚板冷冲、冷镦模、温锻模的凸模、冲头等。也可以作为热作模具的工作零件。

5Cr4Mo3SiMnVAl钢采用了碳化物形成元素Cr、Mo、V与非碳化物形成元素Si、Al和弱碳化物形成元素Mn的综合合金化设计思路。该钢的碳含量在国产基体钢中是最低的，能够较好地满足冷、热变形模具的不同要求，是冷作、热作兼用的模具钢。用于冷作模具钢时，其热处理工艺是500℃及850℃两次预热，1090～1120℃加热保温，油冷，510℃保温2h，回火两次，最终硬度为60～62HRC，与Cr12型及低合金模具钢相比具有高的韧性。用于热作模具时，可将回火温度提高到560℃或600～620℃，保温2h，回火两次，最后硬度为52～54HRC，具有较高的热强性、高温硬度、抗回火稳定性，并具有较好的耐磨性、抗热疲劳性、韧性和热加工塑性。模具工作温度可达700℃，抗氧化性好。其高温强度和热疲劳性能优于3Cr2W8V钢。5Cr4Mo3SiMnVAl钢主要用于轴承行业的热挤压模和标准件行业的冷镦模。

6.3.3 硬质合金

硬质合金是金属陶瓷的一种，它是以硬度、耐磨性和热稳定性均较高的金属碳化物（如WC、TiC、TaC等）为基体，再加入适量金属粉末（如Co、Ni、Mo等）作为黏结剂而制成的具有金属性质的粉末冶金材料。该类材料的性能特点为：①高硬度、高耐磨性和热硬性。常温下硬度可达到86～93HRA（相当于69～81HRC），热硬性可达到900～1000℃。所以，硬质合金作为切削刀具使用时，其耐磨性、切削速度和寿命都比高速钢显著提高。②抗压强度及弹性模量高，抗弯强度低。抗压强度可达到6000MPa，高于高速钢；弹性模量为高速钢的2～3倍；但抗弯强度低仅有高速钢的1/3～1/2，韧性很差，为淬火钢的30%～50%。硬质合金还有良好的耐蚀性和抗氧化性，但由于脆性大、导热性差，在加工、使用过程中要避免冲击和温度急剧变化，不能采用一般的切制方法加工，只能采用电加工（电火花、线切割）和专门的砂轮磨削。

常用硬质合金按成分和性能特点分为三类。

（1）钨钴类硬质合金：由碳化钨和钴组成，常用代号有YG3、YG6、YG8等。

代号中“YG”为“硬”“钴”两字的汉语拼音前缀，后面的数字表示钴的质量分数。

（2）钨钴钛类硬质合金：由碳化钨、碳化钛和钴组成，常用代号有 YT5、YT15、YT30 等。代号中“YT”为“硬”“钛”两字的汉语拼音前缀，后面的数字表示 TiC 的质量分数。

（3）通用或万能硬质合金：通用硬质合金是在成分中添加 TaC 或 NbC 来取代部分 TiC，其代号用“硬”和“万”两字的汉语拼音前缀“YW”加顺序号表示，如 YW1、YW2。它的红硬性大于 1000℃，其他性能介于钨钴类与钨钴钛类之间。

在机械制造中，作为切削刀具使用时，钨钴类合金主要用于切削加工产生断续切屑的脆性材料，如铸铁、非铁金属、胶木及其他非金属材料；钨钴钛类合金主要用于切削加工韧性材料，如各种钢。在同类硬质合金中，钴量多的硬质合金韧性较好，适宜粗加工，而钴量少的适宜精加工。通用硬质合金既可切削脆性材料，又可切削韧性材料，特别是对于不锈钢、耐热钢、高锰钢等特殊性能钢种，其切削加工效果更好。

硬质合金也用于冷拔模、冲模、冷挤压模及冷镦模。在量具的易磨损工作面上镶嵌硬质合金，可使量具的使用寿命和可靠性都得到提高。许多耐磨零件，如机床顶尖、无心磨床导杠和导板等，也都采用硬质合金。

6.4 热作模具钢

热作模具钢是指使金属在加热态或液态下变形或形成一定形状所使用的模具钢。如锤锻、挤压是对红热的固态金属施加压力，使之在模具型腔内热变形成形；压铸是在压力下使熔融金属注入模具型腔内凝固。这些模具是在反复加热和冷却条件下进行工作的，例如，锤锻模具工作时型腔表面可达 300～400℃，热挤压模可达 500～800℃，用于黑色金属的压铸模模腔温度则达到 1000℃以上。另外，许多模具还会受到比较大的冲击力，这就要求热作模具钢应具有高的抗热塑性变形能力、高的韧性、高的抗热疲劳性及良好的抗热烧蚀性。根据模具的工作条件，热作模具钢通常可分为四大类：热锤锻模具钢、热挤压模具钢、压铸模具钢和塑料模具钢。

热作模具钢的化学成分与合金调质钢相似，一般 $w(C) = 0.3\%\sim0.6\%$，并含有 Cr、Mn、Ni、Mo、W、Si、V 等合金元素。中碳可以保证钢具有足够的强韧性，碳含量过低，钢的硬度和强度会下降；碳含量过高，钢的导热性能低，对抗热疲劳不利。合金元素的加入一方面可以强化铁素体基体和增加淬透性，另一方面，还可以提高钢的回火稳定性，并在回火过程中产生二次硬化，从而提高钢的高温强度和热塑性变形抗力。适量铁素体形成元素的加入还可以提高钢的临界点，并使模面在交替受热与冷却过程中不致发生体积变化较大的相变，从而提高钢的热疲劳抗力。因为这类钢的最终热处理是淬火加高温回火，所以 Mo、W 的加入可以抑制第二类回火脆性的出现。我国常用的热作模具钢及其化学成分见表 6-8。

表 6-8 我国常用的热作模具钢及其化学成分（《工模具钢》（GB/T 1299—2014））

牌号	化学成分/%							
	C	Si	Mn	Cr	Mo	W	V	
5CrNiMo	0.50～0.60	≤0.40	0.50～0.80	0.50～0.80	0.15～0.30	—	—	1.40～1.80Ni
5CrMnMo	0.50～0.60	0.25～0.60	1.20～1.60	0.60～0.90	0.15～0.30	—	—	—
4CrMnSiMoV	0.35～0.45	0.80～1.10	0.80～1.10	1.30～1.50	0.40～0.60	—	0.20～0.40	—
8Cr3	0.75～0.85	≤0.40	≤0.40	3.20～3.80	—	—	—	—
3Cr2W8V	0.30～0.40	≤0.40	≤0.40	2.20～2.70	—	7.50～9.00	0.20～0.50	—
4Cr5MoSiV（H11）	0.33～0.43	0.80～1.20	0.20～0.50	4.75～5.50	1.10～1.60	—	0.30～0.60	—
4Cr5MoSiV1（H13）	0.32～0.45	0.80～1.20	0.20～0.50	4.50～5.50	1.10～1.75	—	0.80～1.20	—
4Cr5W2VSi	0.32～0.42	0.80～1.20	≤0.40	4.50～5.50	—	1.60～2.40	0.60～1.00	—
3Cr3Mo3W2V	0.32～0.42	0.60～0.90	≤0.65	2.80～3.30	2.50～3.00	1.20～1.80	0.80～1.20	—
5Cr4W5Mo2V	0.40～0.50	≤0.40	≤0.40	3.40～4.40	1.50～2.10	4.50～5.30	0.70～1.10	—
4Cr3Mo3SiV	0.35～0.45	0.80～1.20	0.25～0.70	3.00～3.75	2.00～3.00	—	0.25～0.75	—

6.4.1 热锤锻模具钢

热锤锻模具是在高温下通过冲击强迫金属成形的工具。模具在工作过程中经受巨大的冲击负荷，同时承受压应力、拉应力和附加的弯曲应力。被锻金属在模具型腔内流动，产生强烈的摩擦力。模具型腔表面与高温金属接触，可被加热至400℃左右，局部可达 600℃，且因为经常受到反复加热和冷却，所以极易产生纵向、横向以及网状裂纹（龟裂），即所谓的热疲劳裂纹。型腔磨损也是热锤锻模具的常见失效方式。因此，热锤锻模具钢应具有较高的高温强度和耐磨性、良好的耐热疲劳性和导热性以及高的淬透性，以保证整个模具截面具有均匀的力学性能、良好的抗烧蚀性和抗热冲刷能力以及良好的冲击韧性和低的回火脆性倾向。

热锤锻模具钢碳的质量分数为 0.45%～0.60%，以保证一定的硬度和冲击韧性。通常加入 Cr、Ni、Mn、Mo、W、V、Si 等合金元素，以提高钢的各种性能。Cr 的质量分数一般为 1%左右，可增加钢的淬透性，提高回火稳定性，改善钢的冲击韧性；Ni 能显著地提高冲击韧性，和 Cr 共同作用大大提高了钢的淬透性；Mn 可代替 Ni，但 Mn 增加钢的过热敏感性并容易引起回火脆性；Si 能提高钢的强度、回火稳定性和耐热疲劳性，但 Si 的质量分数较高时（$w(\text{Si})>1\%$），会增加回火脆性，降低冲击韧性；Mo 和 V 都能有效地细化晶粒，减少过热敏感性，提高回火稳定性；Mo（W）最重要的作用是降低钢的回火脆性，因此不仅是热锤锻模具钢含有钼，几乎所有的热作模具钢都含有 Mo（W）元素。

工业生产中使用最广泛的是 5CrNiMo 和 5CrMnMo 钢。一般中小型热锤锻模具都采用 5CrMnMo 钢制造，大型热锤锻模具采用 5CrNiMo 钢制造。例如，模高小于 400mm 的中、小型（模高＜300mm）热锤锻模具，常采用中等淬透性的 5CrMnMo 等钢种；而模高大于 400mm 的大型热锤锻模具，常采用高淬透性的 5CrNiMo 钢及新型钢种 4CrMnSiMoV 和 5Cr2NiMoSiV。后两种新型钢具有更高的高温强度、冲击韧性和热稳定性，所制作的大截面热作模具具有较长的使用寿命。

热作模具钢淬火回火后可获得均匀的回火托氏体组织或回火索氏体组织。由于模具尺寸较大，淬火过程中要注意预热和预冷，同时还要注意保护模面和模尾，以避免氧化和脱碳。由于锻模的热容量大，为使其均匀冷却，须使用油循环冷却。淬火后必须立即回火，绝对不允许冷至室温。因为在空气中继续冷却会产生马氏体转变，使锻模内应力增大，容易造成开裂。锻模自油中取出后，装入炉温为 250～350℃的回火炉内进行保温，然后将炉温缓慢升至回火温度。

热锤锻模由型腔和模尾两部分组成，锻模模面和模尾的硬度要求是不同的，大中型模的型腔部位要求硬度为 36～42HRC；模尾部位承受冲击，要求硬度为 30～35HRC。为了降低模尾硬度，生产上常使用一些特殊的工艺方法。例如，可以采用自行回火的方法，节省尾部回火工序。即整个锻模在油中冷却 3～5min 后把模尾提出油面，停留一段时间，使温度回升，然后再放入油中，再提出，反复 3～5 次以达到要求。也可以采用分段冷却方法，将锻模自炉中取出后，放在空气中局部冷却，去除模尾部分的保护物，在空气中预冷到 650℃左右，而铁盘内的模面部分温度仍很高，这时再去掉铁盘，将整个锻模放入油中淬火冷却。另一个方法是模尾补充回火，即把未采用自行回火的模尾在 600～660℃内进行补充回火，以降低硬度，提高韧度。

回火温度的确定要根据钢种及所要求的硬度而定，在实际生产中可根据模具尺寸、形状和生产批量等因素来选择不同钢种。

6.4.2　热挤压模具钢

与热锤锻模具相比，热挤压模具工作时与被挤压的金属接触时间较长，模具受热的温度往往更高。热挤压模具还承受很大的压应力和摩擦力，要求具有高的热稳定性、较高的高温强度、耐热疲劳性和高的耐磨性。这类模具的尺寸一般都不大，按主要合金成分可将其模具钢分为三类：铬系热挤压模具钢、钨系热挤压模具钢和钼系热挤压模具钢。

铬系模具钢中 Cr 的质量分数大约为 5%，并加入 Mo、W、V、Si 等元素。这类钢的淬透性比较高，加入 1%的 Mo 时，淬透性更高，故尺寸很大的模具淬火时也可以采用空冷。这类钢淬火回火后具有较高的强度和韧性。高的铬含量和一定的硅含量不仅提高了钢的临界点，有利于提高钢的抗热疲劳性能，还使钢具有良好的抗氧化性能。此外，钢中的 V 可增强钢的二次硬化效果。常用的钢种有 4Cr5MoSiV（H11）、4Cr5MoSiV1（H13）、4Cr5W2SiV 等。铬系模具钢是主要的热作模具钢，常用于制作较小的热锻模、钢及铜的热挤压模、铝及铜合金的压铸模等。

钨系模具钢就其基体成分而言，实际上是一种低碳的高速钢成分，含有较多的 W，我国使用的典型牌号是 3Cr2W8V 钢，该牌号在国外已基本停止使用，代之以 H 系列的热作模具钢，其中，以 H13 应用比较广泛。钨系模具钢的主要特点是具有高的热稳定性和耐磨性，钨含量越高，热稳定性和耐磨性越好。合金中的 Cr 增加钢的淬透性，使模具具有较好的抗氧化性。3Cr2W8V 钢中由于合金元素含量高，虽然碳含量较低，但属于过共析钢。较低的碳含量保证了钢的塑性和韧性，碳化物形成元素 Cr、W 提高钢的临界点温度，因而提高抗热疲劳性能，同时在高温下与低合金热作模具钢相比具有更高的强度和硬度。

3Cr2W8V 钢的淬火温度一般为 1080～1150℃，随着淬火温度的提高，回火后的硬度也增加。在 560～600℃回火，析出 M_2C 型碳化物，产生二次硬化现象。当淬火加热温度高于 1150℃后，奥氏体晶粒开始快速长大，冲击吸收能量显著降低。所以，强调高温性能时（如压铸模），采用上限加热温度，使合金碳化物充分溶解，保证钢的高硬度和高的热硬性。对于承受冲击载荷、要求韧性好的模具（热锻模），则采用下限淬火温度。淬火冷却通常采用油冷，为了减少淬火变形，可以进行分级淬火。淬火后的组织为马氏体 + 过剩碳化物 + 残余奥氏体，硬度为 50～55HRC。回火通常两次，为了避免回火脆性，回火后采用油冷，然后再经 160～200℃补充回火。回火后的组织为回火马氏体 + 过剩碳化物，硬度为 40～48HRC。实际生产中也可以根据具体热模的大小及性能要求选择合适的热处理工艺。

钼系模具钢的性能介于铬系和钨系之间，即热稳定性比铬系要好，韧性比钨系要好。工业生产中应用最广泛的是 3Cr3Mo3V 钢、3Cr3Mo3VNb 钢，常用于制作热挤压模和中、小型热锻模。Nb 的加入可在钢中形成稳定的 NbC，阻止晶粒长大，以改善高温性能和提高韧性。3Cr3Mo3VNb 钢常用的淬火加热温度为 1020～

1120℃，如采用上限淬火温度，晶粒为 8～9 级，高温强度较高，而韧性较低。如采用下限淬火温度时，晶粒细小（10 级），室温下的冲击韧性较高。要满足强度和韧性的综合要求，可采用 1060～1090℃的淬火加热温度。

6.4.3 压铸模具钢

压力铸造是在高的压力下，使液态金属挤满型腔成形。模具型腔面与炽热金属接触，被反复加热与冷却，易产生热疲劳，且型腔与高速注入的炽热金属接触，易发生化学腐蚀和磨损作用，使模具型腔变得粗糙。因此，要求压铸模具钢具有高的耐热疲劳性、较高的导热性、良好的耐磨性和耐蚀性以及较高的高温强度等。

目前，用于压力铸造成型的金属材料大致可分为铝合金、锌合金、镁合金、铜合金和钢铁材料五大类。压铸模具钢的选择，首先要根据浇注金属的温度和种类来决定。

铝合金、锌合金及镁合金是低熔点金属，压铸这些合金的模具可以选择低合金钢来制造。例如，压铸锌合金的模具可采用 30CrMnSi 钢、40Cr 钢、3Cr2Mo 钢、5CrMnMo 钢。压铸铝合金、镁合金的模具可选用 3Cr2W8V 和 4Cr5MoSiV1 等钢。铜合金和钢铁材料的熔点比较高，压铸温度一般在 950℃以上，模具表面的接触温度也在 650℃以上，模具的工作条件相对比较苛刻。所以，一般的钢制模具难以满足生产要求，需要采用以难熔金属为基的合金，如钼基合金、钨基合金等。

6.4.4 塑料模具钢

随着社会的发展和科技的进步，采用塑料制品代替金属、木材、皮革等传统资源性材料制品已成为发展的趋势，因此近年来塑料制品成形用模具的需求量迅速增加，许多工业用模具的产值已经超过冷作模具的产值，在模具制造业中占据首位。

塑料制品很多是采用模压成形的，无论是热塑性塑料还是热固性塑料的成形，压制塑料的工作温度通常在 200～250℃。部分塑料品种在压制时还会放出有害气体，如含氯、氟的塑料，这会对金属模具型腔造成一定的侵蚀作用。

因为塑料制品形状的复杂性，塑料模具的制作成本往往比较高，材料费用仅占模具成本的一小部分，一般为 10%～20%，所以模具材料一般优先选用工艺性好、性能稳定和使用寿命长的材料。

根据塑料模具的工作条件和特点，对塑料模具钢提出以下要求。

（1）模具加工表面应有较低的粗糙度，因此要求模具材料夹杂物少，组织均匀，表面硬度高。

（2）表面具有较高的耐磨性和一定的耐蚀性，能长期保持一定的表面粗糙度。

（3）有足够的强度、硬度和良好的韧性，能承受一定的负荷而不变形。

（4）热处理变形要小，以保证互换性和配合精度，这点对于精密产品更为重要。

非合金塑料模具专用钢主要有SM45、SM50、SM55等，工业生产中用量比较大，主要用于一般零件塑料件上。对于中、小型且不很复杂的模具，现在还较多地采用T7A、T10A、9Mn2V、Cr2、CrWMn等工具钢制造。在热处理时要采取措施使变形尽量减小，使用硬度一般为45～55HBRC。对于大型、精密塑料模具，可采用SM4Cr5MoSiV、SM4Cr5MoSiV1或空冷微变形钢。如要求较高耐磨性时可选用SMCr12Mo1V1钢和Cr12MoV钢。

渗碳型塑料模具钢一般不宜采用结构钢中的渗碳钢，如20Cr、20CrMnTi等。对于塑料模具零件，从工作性质、服役条件和对性能的要求来看，大多数没有必要采用渗碳钢和渗碳工艺来强化。有些复杂而精密的模具可使用SM1CrNi3、12Cr2Ni4A等渗碳钢制造，以减小淬火变形，也可采用空冷微变形钢和预硬钢制作。预硬钢是将模块预先进行热处理，供使用者直接进行成形和切削加工，不再进行热处理。预硬钢的使用硬度一般为30～40HRC，过高的硬度将使可加工性变坏。常用的预硬钢有40CrMo、5CrNiMo等传统钢和专门开发的塑料模具钢，如SM3Cr2Mo、SM3Cr2Ni1Mo、8Cr2MnWMoVS等。

对于成形时会产生有害气体的塑料用模具，可采用SM20Cr13、40Cr13、4Cr13NiVSi、95Cr18等不锈钢制作。SM20Cr13制作的模具可在950～1000℃加热淬火，油中冷却，在200～222℃回火。即使是大型模具，热处理后硬度也可达到45～50HBC。这类模具不需要镀铬。

塑料模具在淬火加热时要注意保护，防止表面氧化和脱碳。回火后，模具的工作表面要经过研磨和抛光，最好是进行镀铬，以防止腐蚀、黏附，同时也可提高模具的耐磨性。

塑料模具用钢的选择除了应根据模具的工作条件和生产情况，还要综合考虑其经济性、技术上的先进性，以及模具材料的通用性。

6.5 量 具 钢

量具钢用于制作各种测量工具，如千分尺、量规、量块等。量具在工作过程中一般不受大的载荷，但为了保证测量精度，不容许有较大的变形或尺寸变化，因此，量具应具有较高的硬度、耐磨性以及尺寸稳定性。

量具钢没有单独的专用钢，都是选用各类结构钢和工具钢等常用钢种来制造。

简单量具可用高碳钢制作，复杂的高精度量具一般用低合金刃具钢（或高碳不锈钢）制作。如 CrWMn 钢，它的淬透性较高，淬火时可缓慢冷却，同时因为碳含量高，淬火组织中有较多的残余奥氏体，淬火变形很小。

在工业生产中，对量具钢的基本要求为：①量具的工作部位应具有高的硬度（≥62HRC）和耐磨性，以保证其在长期使用过程中不因磨损而失去原有的精度；②量具在使用过程中和保存期间应具有尺寸稳定性，以保证高的精度；③量具在使用过程中偶尔受到碰撞和冲击时，不致发生崩落和破坏。

由于量具的用途和所要求的精度不同，所选用的钢种和热处理工艺也不同。精度较低、形状简单的量具如量规等，可采用 T10A、T12A、9SiCr 等钢制作。10 钢、15 钢经渗碳、淬火及低温回火，或 50 钢、55 钢、60 钢、60Mn 钢经感应加热表面淬火后可用来制作精度不高、耐冲击的样板、直尺等量具。

高精度的量具如塞规、量块等，常用热处理变形小的钢，如 GCr15 钢和 CrWMn 钢制作。这些钢若采用一般的淬火 + 低温回火工艺，其使用状态的组织为回火马氏体和残余奥氏体，并残存一定的淬火应力。这种组织状态在长期放置和使用过程中会因自然时效影响尺寸和形状精度，即残余奥氏体会转变为马氏体，使尺寸增大，残余应力则会重新分布或消失从而引起量具尺寸的变化。为使量具尺寸和形状稳定，确保其精度，精密量具的淬火温度应适当低些，采用油冷，同时在淬火后立即将其冷至−80℃左右，甚至在液氮中进行冷处理，然后取出再进行正常回火。对于某些精密量具，在精磨或研磨之前，必须进行时效处理，以进一步消除内应力，必要时这种处理可重复多次。

6.6 本章小结

工具钢是用于制造切削、锻造、挤压、冲裁、剪切等刃具、模具用的重要钢种，它要求具有比被加工材料更高的硬度、强度及更好的耐磨性，同时也必须具有一定的塑性和韧性。所以，强度、耐磨性与塑性、韧性的合理配合是工具钢的主要矛盾。工具钢的合金化和热处理工艺基本上都是围绕这个主要矛盾进行优化设计的。

工具钢合金化的主要目的是提高淬透性、改变碳化物类型、提高回火稳定性、改善力学性能等。热处理的主要目的是使钢具有一定的强度和韧性，热处理工艺的制定要尽可能保证基体的化学成分、降低淬火应力、减少变形开裂倾向和稳定组织。所以，在工艺措施上，经常采用预热、预冷，淬火常用等温、分级、双液淬火等方法，且需要及时回火。

工具钢使用状态的组织一般都有第二相碳化物，它对钢的性能起重要作用。工具钢的热处理比结构钢更要精确。对于一定成分的钢，在淬火加热时碳化物的溶解量决定了基体的碳含量和合金元素含量，在回火过程中基体成分的变化和碳化物的析出程度主要取决于回火温度和时间。碳化物的形状、大小、数量和均匀性对工具的性能有很大影响。因此，工具钢的锻造工艺非常重要，它决定了工具钢最终热处理前的组织状态，特别是碳化物的形态和分布，是保证最终热处理性能质量的前提。钢的合金度高时，其热处理工艺往往也相对复杂，而且工艺可变性也比较大，这为热处理工艺的优化选择带来了较大的空间，采用不同的热处理工艺参数，可以得到不同的组织和性能，从而适用于不同服役条件或不同性能要求的工具。

参考文献

戴起勋. 2011. 金属材料学. 2版. 北京：化学工业出版社：109.
凤仪. 2008. 金属材料学. 北京：国防工业出版社：83-87.
李云凯. 2006. 金属材料学. 北京：北京理工大学出版社：101-106.
齐锦刚，王冰，李强，等. 2014. 金属材料学. 北京：冶金工业出版社：57-62.
强文江，吴承建. 2018. 金属材料学. 3版. 北京：冶金工业出版社：119.
唐代明，王小红，皮锦红. 2014. 金属材料学. 西安：西安交通大学出版社：126-133.
王笑天. 1987. 金属材料学. 北京：机械工业出版社：118.
文九巴. 2011. 金属材料学. 北京：机械工业出版社：133-144.
伍玉娇. 2011. 金属材料学. 北京：北京大学出版社：108-113.
左汝林，曾军，陈建斌，等. 2008. 金属材料学. 重庆：重庆大学出版社：68-76.

第7章　不　锈　钢

不锈钢是对在自然环境或者一定介质中具有耐蚀性的钢种。广义的不锈钢包括不生锈的钢和耐蚀钢，其中不锈钢是指在大气和淡水等弱腐蚀介质中不生锈的钢种，耐蚀钢是在酸碱盐和海水等苛刻腐蚀介质中耐蚀的钢种。

石油工业和化学工业部门中反应容器、反应塔、管道、各种泵、阀门等经常在各种酸、盐及含腐蚀性气体等腐蚀性气氛中服役，经常发生腐蚀破坏，影响生产的连续进行。这些环境中必须用不锈钢防止或降低材料的损耗，提高服役寿命。现实生活中也广泛应用不锈钢生产生活用品，如厨房用品、防护栏杆、各种装饰面板等。

目前，我国的不锈钢产量和消费量均已是世界首位，充分了解不锈钢的基础知识，创新、创造出高效的不锈钢生产和加工工艺，制造更优质的不锈钢产品，使我国从不锈钢生产大国发展到不锈钢强国，是当代钢铁制造水平非常重要的标志之一。

7.1　不锈钢概述

7.1.1　不锈钢的“不锈”

早期不锈钢的“不锈”，曾被人们认为是一种神奇的现象，但是经过长期研究和实践，人们对此已经有了清楚的了解。研究发现，随着钢中铬含量的增加，钢的耐蚀性提高，当钢中铬含量大于等于13%后，在大气中耐蚀性有一个突变，钢从不耐腐蚀到耐腐蚀，而且达到钝化态不再生锈（陆世英，2013）（图7-1）。通俗地说，钝（化）态实际上是不锈钢与周围腐蚀性介质之间的反应迟钝，即不敏感的状态。据统计，全世界每年因腐蚀而报废的金属件占产量的15%（戴起勋，2011）。使用不锈钢是减少钢材因腐蚀而损失的有效途径。

研究表明，铬含量大于等于13%后，钢表面自动形成一层厚度为2～5nm连续、致密的富铬氧化物膜，这层膜的形成阻止了外界介质与钢的接触，防止了钢的生锈，这层膜称为钝化膜。不锈钢的钝化膜实际上起到保护钢的作用。

所以说，不锈钢的“不锈”不是不锈钢不腐蚀，而是利用钝化膜阻止了腐蚀介质与不锈钢接触，达到不生锈的目的。这是不锈钢“不锈”的主要原因之一。

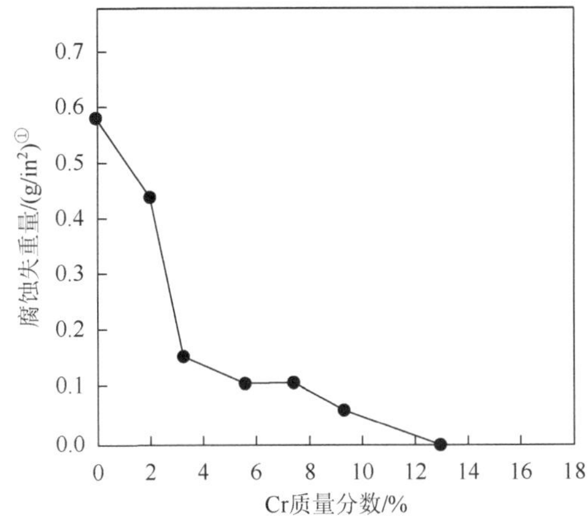

图 7-1　低碳钢中铬含量对腐蚀速率的影响

7.1.2　金属腐蚀的基本类型

要了解不锈钢的耐蚀性，首先要了解一下金属腐蚀的基本知识。金属腐蚀是其表面在介质中直接的化学反应或电化学反应，导致金属生成腐蚀产物而流失的现象。如钢在高温下与氧气发生的高温氧化反应属于化学腐蚀，而金属在电解质作用下，不同部位、不同相或同一相晶内和晶界之间由于电极电位不同而构成的原电池反应称为电化学腐蚀。在实际生产中电化学腐蚀更为普遍，常见的有均匀腐蚀、点腐蚀（点蚀）、晶间腐蚀、应力腐蚀、磨损腐蚀、腐蚀疲劳等。

7.1.3　不锈钢的性能要求

不锈钢主要性能要求有耐蚀性、力学性能和工艺性能等。

1. 耐蚀性

与一般结构材料更强调力学性能不同，耐蚀性是不锈钢最重要的性能指标。这里耐蚀性的含义是对具体工作介质而言的，如某种不锈钢在特定介质中具有耐蚀性，而在另一种介质中不一定耐蚀，在工程中可根据使用工作介质的不同来选择不同的不锈钢。例如，在弱腐蚀性介质中服役的金属构件可选择不生锈的钢；而在酸、碱、盐等强腐蚀介质中服役的金属构件可选择耐蚀钢。

---

① 1in = 2.54cm。

2. 力学性能

力学性能是对金属结构材料的基本要求，不锈钢也不例外。在使用中可根据工作载荷形式或应力大小来选择不锈钢的类型及所能达到的强度、硬度、塑性及韧性等指标。

3. 工艺性能

不锈钢材料有板材、管材、型材等各种类型，需要冷、热加工成形。许多构件还要经过切削加工和焊接连接，因此对不锈钢也有一定的工艺性能要求。例如，某些需要焊接连接的不锈钢构件，要求其具有良好的焊接性，且焊接热影响区的耐蚀性不应下降，晶粒不粗大，力学性能良好。冷热加工塑性变形性能要好，便于加工等。

7.1.4 不锈钢的合金化原理

不锈钢的合金化是钢有高的耐蚀性、良好的力学性能和加工工艺性能的保证。这里重点讲述不锈钢提高耐蚀性的合金化原理。

合金化是提高钢耐蚀性的主要途径，其作用是：①提高金属的电极电位；②使金属易于钝化；③使钢获得单相组织，且具有均匀的化学成分、组织结构和金属的纯净度，其目的是避免形成微电池。

1. 不锈钢的钝化

不锈钢具有良好的耐蚀性是由于它的表面能产生钝化。钝化机制认为：金属与周围介质之间生成一层极薄的氧化膜（钝化膜），这层钝化膜作为金属与介质间的屏障，降低金属的腐蚀速率。这种钝化膜在一定条件下是致密的，不易溶解，即使损坏还可以再钝化。钝化膜的存在使阳极反应过程受到阻滞，从而提高金属的化学稳定性和耐蚀性。另外，在钝化膜的下面及膜的表面又有氧的吸附层，吸附的氧能饱和金属表面原子的未饱和位，就会产生钝性，使化学反应速率显著减小，这就是钝化的原因。钢中加入 Cr、Al、Si 等元素，可在钢的表面生成 Cr_2O_3、Al_2O_3 和 SiO_2 等致密的钝化膜，起到防腐蚀作用，其中，Cr 是最有效的元素。

2. 电极电位的提高

研究表明，当 Cr 元素加入铁中形成固溶体时，能显著提高固溶体的电极电位，如图 7-2 所示。并随着铬含量的提高，钢的电极电位呈跳跃式增高，即当

Cr与Fe的原子比达到1/8、2/8、3/8…时，铁的电极电位就发生跳跃式增高，腐蚀也跳跃式地显著减弱，这一规律称为Tammann定律，也称为二元合金固溶体电位的*n*/8规律（王晓敏，2017；伍玉娇，2011）。也就是说原子比1/8换算成质量分数11.7%，就是构成不锈钢的最低限度Cr的需要量。但由于碳是钢中必然存在的元素，它能与Cr形成一系列的碳化物，为使钢中固溶体的铬含量不低于11.7%，铬的质量分数应适当提高一些，这就是实际应用的不锈钢中铬的质量分数不低于13%的原因。

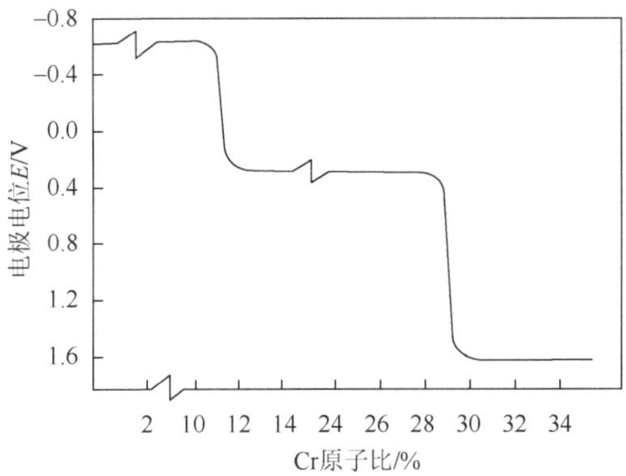

图7-2 Cr对Fe-Cr合金电极电位影响

3. 单相组织的形成

合金元素能使钢在室温呈单相组织。当钢中加入质量分数为11.7%的铬时，它能封闭γ相区，获得单相铁素体组织；当铬、镍复合加入时，可获得单相奥氏体组织，从而减少了微电池数量，可减轻电化学腐蚀。

7.1.5 不锈钢的分类

不锈钢的牌号、成分、性能各异，通常按钢的主要化学成分和组织结构以及两者相结合的方法来进行分类。

1. 按钢中的主要化学成分分类

最常用是按不锈钢中特征元素分为铬系不锈钢和铬镍系不锈钢两大类。

1）铬系

除Fe外，钢中的主要合金元素是Cr，这类不锈钢称为铬系不锈钢，如40Cr18Ni10等。

2）铬镍系

除 Fe 外，钢中的主要合金元素是 Cr 和 Ni，这类不锈钢称为铬镍系不锈钢，如 06Cr18Ni10、14Cr17Ni2 等。

2. 按钢的组织结构特征分类

钢的组织结构是指钢的晶体结构和钢的显微组织的特征。不锈钢按其正火状态的组织结构进行分类，主要可分为五大类：铁素体不锈钢、奥氏体不锈钢、马氏体不锈钢、双相不锈钢和沉淀硬化不锈钢。这是不锈钢最基本的分类方法。

3. 按照用途和特点分类

（1）按照使用介质，可分为耐硝酸不锈钢、耐硫酸不锈钢、耐海水不锈钢等。

（2）按照功能特点，可分为无磁性不锈钢、易切削不锈钢、高强度不锈钢、低温不锈钢和超塑性不锈钢等。

7.1.6　不锈钢的牌号

2008 年，我国发布了不锈钢新牌号标准《钢铁产品牌号表示方法》（GB/T 221—2008）。新牌号与旧牌号在标志上基本没有太大变动，主要的化学元素标志都没有变动，只有碳含量标志和个别钢种里面的化学元素发生了变动。

1. 旧牌号

碳含量以千分之几表示，如 1Cr17Mn6Ni5N 钢中碳含量为千分之一；2Cr13、7Cr17 分别表示碳含量为 0.2%和 0.7%。w(C)≤0.08%为低碳，标识为“0”，如 0Cr18N9；w(C)≤0.03%为超低碳，标识为“00”，如 00Cr17Ni14Mo2。

2. 新牌号

在《钢铁产品牌号表示方法》（GB/T 221—2008）中，不锈钢牌号中碳含量的表示方法与合金结构钢的碳量表示方法类似。

在对碳含量规定上、下限时，碳含量及合金元素的表示方法与合金结构钢相同（以平均碳含量×100 表示或万分之几表示）。

在只规定碳含量上限，当碳含量上限不大于 0.10%时，以其上限的 3/4 表示碳的含量，如碳含量上限为 0.08%，碳含量以 06 表示；当碳含量上限大于 0.10%时，以其上限的 4/5 表示碳含量，如碳含量上限为 0.20%，碳含量以 16 表示，碳含量上限为 0.15%，碳含量以 12 表示。

对于超低碳不锈钢（碳含量不大于 0.030%），用 3 位阿拉伯数字表示碳含量最佳控制值（以十万分之几计），碳含量上限为 0.020%，碳含量以 015 表示；碳含量上限为 0.030%，碳含量以 022 表示。

合金元素的表示方法仍与合金结构钢相同，钢中有意加入的 Nb、Ti、Zr、N 等合金元素，虽然含量很低，也应在牌号中标出。

例如，C 的质量分数为 0.15%～0.25%，Cr 的质量分数为 14.00%～16.00%，Mn 的质量分数为 14.00%～16.00%，Ni 的质量分数为 1.50%～3.00%，N 的质量分数为 0.15%～0.30%的不锈钢，牌号为 20Cr15Mn15Ni2N。C 的质量分数不大于 0.08%，Cr 的质量分数为 18.00%～20.00%，Ni 的质量分数为 8.00%～11.00%的不锈钢，牌号为 06Cr19Ni10。C 的质量分数不大于 0.03%，C 的质量分数为 16.00%～19.00%，Ti 的质量分数为 0.10%～1.00%的不锈钢钢，牌号为 022Cr18Ti。

7.2 合金元素对不锈钢组织和性能的影响

合金元素是指为了获得所需要的不锈钢组织和性能，向钢中加入一定含量范围的元素。

不锈钢中加入的合金元素主要是金属元素，如 Cr、Ni、Mo、Si、Cu、Mn、W 等，但也有非金属元素，如 C、N 等。

不锈钢加入的合金元素的主要去向和作用：合金元素作为溶质，以原子状态进入铁的晶格中，形成不锈钢的各种基体组织（固溶体）；各合金元素间或与 Fe 相互作用，形成各种化合物；有的合金元素（如 Cu、Pb 等）当其含量超过它在钢中的固溶度时，还可以单质金属相存在于基体中；一些比较活泼的元素可与钢中 O、S 等结合，形成各种非金属夹杂物。不锈钢中的合金元素正是通过这些作用对钢的组织和性能产生各种影响。

因为不锈钢的组织与性能在许多条件下主要由钢中的合金元素所决定，所以研究不锈钢中成分、组织、性能之间的关系一直为人们所关注。

7.2.1 合金元素对不锈钢组织的影响

1. 影响不锈钢组织的两大类合金元素

铁素体形成元素：Cr、Mo、Si、Al、W、Ti、Nb 等。

奥氏体形成元素：C、N、Ni、Co、Mn、Cu 等。

在一定温度条件下，不锈钢的基体组织是由钢中铁素体形成元素和奥氏体形成元素间的相互作用所决定的。当铁素体形成元素在钢中占优势时，钢的基体组织就是铁素体；当稳定奥氏体的元素在钢中占优势时，钢的基体组织就是奥氏体；

如果稳定奥氏体的元素其作用程度还不足以使钢的马氏体转变开始温度（M_s）降至室温以下，那么自高温冷却的奥氏体在高于室温即转变成马氏体，这样钢的基体组织就是马氏体。由于这两类元素作用的结果，有时钢的基体组织还会出现铁素体-奥氏体或奥氏体-马氏体组织。

2. 铬当量和镍当量

为了简便起见，可把铁素体形成元素折合成铬的作用，把奥氏体形成元素折合成镍的作用，用铬当量 $w(\mathrm{Cr})_{\mathrm{eq}}$、镍当量 $w(\mathrm{Ni})_{\mathrm{eq}}$ 绘制不锈钢的实际成分和组织关系图，如图 7-3 所示（王晓敏，2017；伍玉娇，2011；李云凯，2006）。此图是根据 Schaeffler 早期研究不锈钢焊缝区组织所建立起来的，后来推广到不锈钢开发中，它适用于铬镍钢系统。

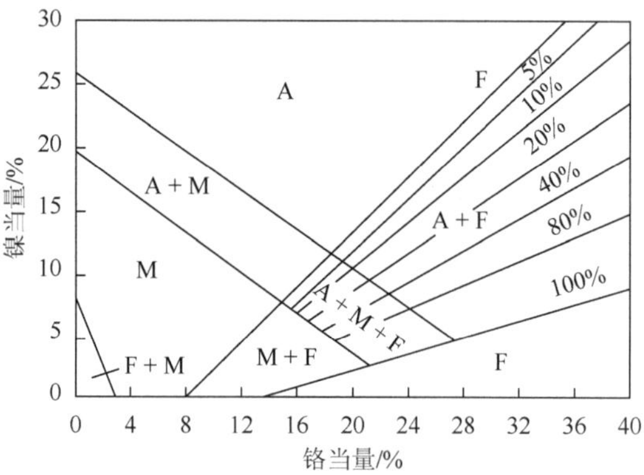

图 7-3　不锈钢组织图

$$镍当量\ w(\mathrm{Ni})_{\mathrm{eq}} = 1\times w(\mathrm{Ni}) + 0.5\times w(\mathrm{Mn}) + 30\times(w(\mathrm{C}) + w(\mathrm{N}))$$

$$铬当量\ w(\mathrm{Cr})_{\mathrm{eq}} = 1\times w(\mathrm{Cr}) + 1\times w(\mathrm{Mo}) + 1.5\times w(\mathrm{Si}) + 0.5\times w(\mathrm{Nb})$$

式中，各元素均为质量分数。

可以根据钢的化学成分换算成铬当量和镍当量来估算钢的组织状态。根据目前使用的不锈钢的基体组织来看，可分为以下几类：马氏体不锈钢、铁素体不锈钢、奥氏体不锈钢、奥氏体-铁素体不锈钢和沉淀硬化不锈钢。

7.2.2　合金元素对不锈钢性能的影响

不锈钢的性能指化学性能、力学性能和物理性能。例如，在化学介质作用下，钢的不锈性和耐蚀性等；在力学因素作用下，钢的强度、塑性、韧性等；在物理因素作用下，钢的导热性、磁性等。

不锈钢中加入合金元素，这些合金元素本身的特性也会赋予不锈钢新的特性。合金元素对不锈钢性能的影响，一是合金元素直接影响不锈钢的性能，二是通过前面叙述的改变不锈钢的微观组织结构来影响不锈钢的性能。一般来说，合金元素所直接影响的主要是不锈钢的耐蚀性，而微观组织结构所影响的主要是钢的力学性能、冷热加工性、焊接物理冶金等性能。这是化学成分和钢的微观组织结构共同作用的结果。

下面分别介绍不锈钢中常见的合金元素对不锈钢性能的影响。

1. 铬

前面已经述及铬对钢的不锈性和耐蚀性的重要影响。随着不锈钢中铬含量的增加，不仅在氧化性酸介质中耐蚀性增加，而且对提高不锈钢在氯化物溶液中（包括含 Cl^- 的大气和水介质）耐应力腐蚀、点蚀、缝隙腐蚀等局部腐蚀的能力也有重要作用。

铬与不锈钢中的碳形成碳化物，虽然降低了钢的耐蚀性，易引起晶间腐蚀，但当碳含量一定时，随钢中铬含量增加，晶间腐蚀敏感性下降。

在 Fe-Cr-C 马氏体不锈钢中，铬提高钢的淬透性，使钢的强度、硬度增加。但其他的一些不锈钢，随着铬含量增加，钢的强度也提高，但钢的塑韧性、冷成形性等会有所降低。

铬还能显著提高不锈钢的高温抗氧化性、抗硫化性以及高温强度。

2. 镍

镍是不锈钢中仅次于铬的重要合金元素。为了耐还原性酸和碱介质的腐蚀，钢中仅含铬是不够的，必须向钢中加入镍。镍可促进不锈钢钝化膜的稳定性，提高不锈钢的热力学稳定性。因此，不锈钢中铬与镍共存可显著强化不锈钢的不锈性和耐蚀性。镍对不锈钢的高温抗氧化性有益，但对钢高温抗硫化作用提高不大。因为镍与硫作用易形成低熔点硫化物。而低熔点硫化物的形成会显著降低钢的热加工性。

镍与铬组合能显著提高奥氏体不锈钢在苛性介质（如 NaOH）中的耐蚀性。

镍能显著改善不锈钢的塑韧性，可使具有韧脆转变温度的一些不锈钢的脆性温度下移。镍可提高一些不锈钢的冷成形性和焊接性，降低奥氏体不锈钢的冷加工硬化倾向。镍能显著降低一些不锈钢对 σ、χ 等金属间化合物析出的敏感性，从而防止和降低它们的有害作用。

随奥氏体不锈钢中镍量增加，碳在钢中的固溶度下降，导致钢的晶间腐蚀敏感性增加，因此高镍奥氏体不锈钢中碳含量需小于等于 0.02%。

3. 钼

钼是除铬、镍外不锈钢中最重要的合金元素之一。

研究已证实，在海洋性大气中，仅靠铬，甚至铬含量高达近 24%也很难完全防止不锈钢的锈蚀，必须加入钼元素。但钼对不锈钢耐蚀性的有益作用的前提是钢中必须含有足够量的铬元素。而且随着钢中铬含量提高，钢中钼的有益作用也会显著增加。

钼能显著促进铬在钝化膜中的富集，从而增强不锈钢钝化膜的稳定性，显著强化钢中铬的耐蚀作用，从而大大提高各类不锈钢的不锈性和对各种还原性酸介质的耐蚀性。

钼在不锈钢中，能提高钢的再钝化能力，其耐点蚀和缝隙腐蚀的能力约为铬的 3 倍。钼还对防止以点蚀为起源的应力腐蚀有利。钼对不锈钢耐点蚀性能和缝隙腐蚀性能的影响分别如图 7-4 和图 7-5 所示（陆世英，2013）。

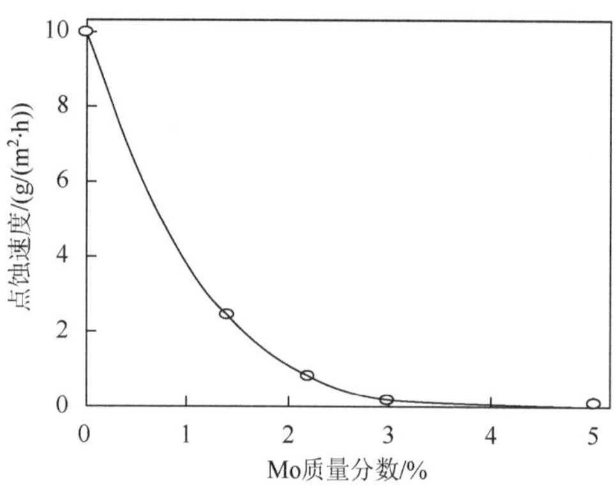

图 7-4 钼对 25Cr-7Ni 双相不锈钢耐点蚀性能的影响

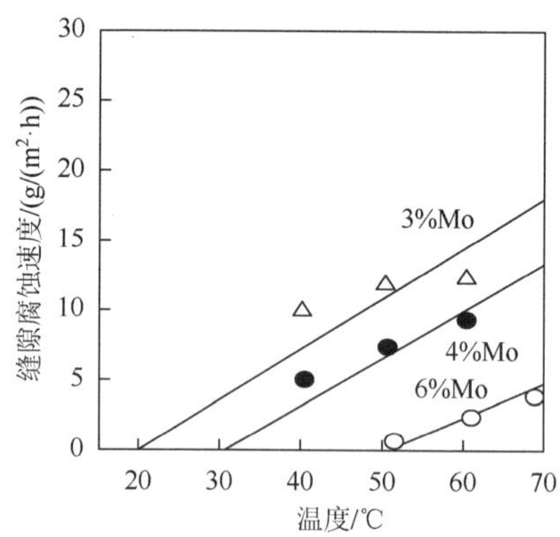

图 7-5 不同温度下，钼对 11Cr25Ni2 不锈钢耐缝隙腐蚀性能的影响

4. 氮

氮在不锈钢中的普遍且大量应用是近十多年的事，也是近期不锈钢材料领域最重大的进展之一。除铁素体不锈钢外，近十多年来几乎所有类型的不锈钢，特别是奥氏体和双相不锈钢均普遍用氮进行合金化，从而使奥氏体和（$\alpha+\gamma$）双相不锈钢进入了现代不锈钢时代。

氮是在不锈钢中应用的唯一一种气态合金元素，它取之容易且储量无限，价格低廉，生产中加入方便，有益作用显著，但副作用较少，是现代不锈钢中非常有发展前途的重要合金元素。

氮在铁素体不锈钢中固溶度极低，而在奥氏体中固溶度很高，因此氮有益作用主要体现为改善奥氏体不锈钢和双相不锈钢组织和性能。

氮通过固溶强化等可显著提高奥氏体不锈钢的室温和高温强度，如图 7-6 所示（陆世英，2013）。在铬镍奥氏体不锈钢中加入 0.1%N，可使钢的强度提高 60～100MPa，但当氮含量适宜时，并不显著降低钢的塑韧性。氮的大量加入可使高氮奥氏体不锈钢获得非常高的强度，但钢的断裂韧性并不降低。

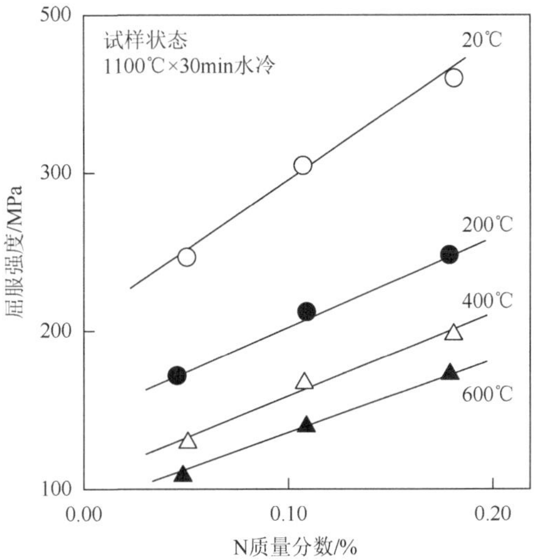

图 7-6　氮对 06Cr17Ni14Mo2 不锈钢强度的影响

氮不仅显著提高奥氏体和双相不锈钢的耐氧化性酸、还原性酸介质的全面腐蚀性能，还提高它们的耐晶间腐蚀、耐点蚀、耐缝隙等局部腐蚀性能，一些试验研究结果表明，氮在不锈钢中提高钢的耐点蚀、耐缝隙腐蚀的能力为钢中铬含量的 16～30 倍。

当钢中氮含量超过某一定量时，将对不锈钢的性能产生某些不良影响。例如，对奥氏体不锈钢而言，氮的质量分数超过 0.12%～0.15%时，钢的冷、热加工性将有所下降，因氮可降低钢的层错能，从而提高奥氏体不锈钢的加工硬化率。高氮含量不仅显著降低钢的热塑性，对热加工性不利，而且由于 Cr_2N 会沿晶界析出，提高钢的晶间腐蚀敏感性。氮在铁素体不锈钢中是一种有害元素（氮化物析出，易引起铁素体不锈钢晶粒粗大导致的脆性）。

5. 铜

铜可提高不锈钢的不锈性和耐蚀性，特别是在硫酸等还原性介质中的作用更为明显。当铜与钼复合加入钢中时，效果更佳。研究表明，向不锈钢中加入适量的铜可提高钢耐海洋大气的腐蚀性能。这与铜可促进表面钝化膜中铬的富集有关。

铜可显著降低不锈钢的强度和冷加工硬化倾向，改善钢的塑性，因此铜是显著提高各类不锈钢冷成形性的重要元素。但随不锈钢中铜含量的增加，不锈钢热塑性降低，影响不锈钢的热成形性。

6. 碳

碳是钢中最重要的合金元素，是不锈钢中，尤其是传统马氏体不锈钢中最重要的合金元素。钢中铬、碳两元素的合理配比，发展出高、中、低碳三类 Fe-Cr-C 马氏体不锈钢。碳的作用是扩大 γ 区，提高钢的淬透性。但随钢中碳含量的增加与马氏体不锈钢的强度、硬度增加的同时，钢的塑韧性、耐蚀性、冷成形性和焊接性都降低。

对于碳在不锈钢中的作用，除对马氏体不锈钢有重要影响外，对奥氏体不锈钢和铁素体不锈钢以及双相不锈钢而言，一般认为其弊远远大于其利。

碳可提高不锈钢的强度，但又显著降低钢的塑韧性。

碳与钢中铬结合，在晶界形成富铬碳化物 $Cr_{23}C_6$，造成晶界处铬贫化而引起晶间腐蚀，导致耐蚀性下降。为此，奥氏体、铁素体和双相不锈钢以及超级马氏体不锈钢中的碳含量日益降低。例如，奥氏体和双相不锈钢一般要求碳的质量分数为 0.02%～0.03%；现代铁素体不锈钢和超级马氏体不锈钢的一些牌号则要求碳含量低于 0.01%。

7. 钛和铌

钛和铌作为不锈钢中强烈形成碳氮化物的稳定化元素，主要用于防止钢中铬与碳结合形成铬碳化物而引起的铬浓度降低导致耐蚀性下降，防止其晶间腐蚀；钛还可与钢中硫结合形成 TiC_2S 化合物以防止 MnS 引起的点蚀；但含钛奥氏体不锈钢焊后易产生刀状腐蚀。刀状腐蚀是含钛的 18-8 型奥氏体不锈钢（18-8 钢）焊后熔合线上所出现的由贫铬引起的一种晶间腐蚀。

钛和铌可提高不锈钢的室温和高温强度，它们与镍形成金属间化合物，在钢中弥散析出，是沉淀硬化不锈钢的主要强化手段。在铁素体不锈钢中，钛和铌的单独和复合加入可提高铁素体不锈钢的抗疲劳性和冷成形性以及焊接性，但对钢的韧脆转变温度不利。

钛和铌所形成的氮化物 TiN 作为夹杂物会影响钢的表面和内在质量，NbN 还会降低钢的热塑性。

7.3 马氏体不锈钢

7.3.1 马氏体不锈钢组织性能特点

马氏体不锈钢是一类可以发生同素异构转变、由奥氏体形成马氏体的不锈钢。按其成分特点可以分为马氏体 Cr 不锈钢（Fe-Cr-C 马氏体不锈钢）和马氏体 Cr-Ni 不锈钢（Fe-Cr-Ni 马氏体不锈钢）。经淬火回火后的马氏体不锈钢具有很高的硬度，同时具备一定的耐蚀能力。但相对其他不锈钢而言，马氏体不锈钢由于其较低的铬含量[$w(Cr) = 12\%\sim14\%$]和较高的碳含量（与其他不锈钢相比），其耐蚀性不如其他不锈钢。这种钢一般应用于同时要求高强度和耐腐蚀的大气环境中。因为马氏体不锈钢的 Cr 及其他合金元素含量低，所以其价格也是不锈钢中最低的。根据世界范围内的统计，此类钢的产量占不锈钢总产量的 1%左右。

马氏体不锈钢的一般用途包括在较低温度下工作的蒸汽轮机、燃气轮机和喷射式涡轮发动机叶片、蒸汽管道、大型水轮机、淡水运河船闸、石油采集及精炼用管道和阀门以及连铸辊表面熔敷金属等。超低碳的马氏体不锈钢越来越多地应用于油、气管道。而高碳高铬类马氏体不锈钢则主要用于制造外科手术器械、餐具、齿轮和轴等物件。

马氏体不锈钢一般不用于高于 650℃的工作环境，因为力学性能和耐蚀能力都会变差。

焊接冷却过程因容易形成马氏体，发生焊接冷裂纹，其焊接性能是不锈钢中最差的。

马氏体不锈钢的牌号及化学成分见表 7-1。主要的钢种类型如下。

（1）低碳及中碳的 Cr13 型钢，如 12Cr13、20Cr13、30Cr13、40Cr13 等。

（2）低碳高铬低镍钢，如 14Cr17Ni2 钢。

（3）高碳的 Cr18 型钢，如 95Cr18、90Cr8MoV。

表 7-1　马氏体不锈钢的牌号及化学成分（《不锈钢棒》（GB/T 1220—2007））

新牌号	化学成分（质量分数）/%							
	C	Si	Mn	P	S	Ni	Cr	Mo
12Cr12	0.15	0.5	1.00	0.04	0.030	（0.60）	11.50～13.00	—
06Cr13	0.08	1.0	1.00	0.04	0.030	（0.60）	11.50～13.50	—
12Cr13	0.08～0.15	1.0	1.00	0.04	0.030	（0.60）	11.50～13.50	—
Y12Cr13	0.15	1.0	1.25	0.06	≥0.15	（0.60）	12.00～14.00	（0.60）

续表

新牌号	化学成分（质量分数）/%							
	C	Si	Mn	P	S	Ni	Cr	Mo
20Cr13	0.16～0.25	1.0	1.00	0.04	0.030	（0.60）	12.00～14.00	—
30Cr13	0.26～0.35	1.0	1.00	0.04	0.030	（0.60）	12.00～14.00	—
Y30Cr13	0.26～0.40	1.0	1.25	0.06	≥0.15	（0.60）	12.00～14.00	（0.60）
40Cr13	0.36～0.45	0.6	0.80	0.04	0.030	（0.60）	12.00～14.00	—
14Cr17Ni2	0.11～0.17	0.8	0.80	0.04	0.030	1.50～2.50	16.00～18.00	—
17Cr16Ni2	0.12～0.22	1.0	1.50	0.04	0.030	1.50～2.50	15.00～17.00	—
68Cr17	0.60～0.75	1.0	0.04	0.04	0.030	（0.60）	16.00～18.00	（0.75）
85Cr17	0.75～0.95	1.0	0.04	0.04	0.030	（0.60）	16.00～18.00	（0.75）
108Cr17	0.95～1.20	1.0	0.04	0.04	0.030	（0.60）	16.00～18.00	（0.75）
Y108Cr17	0.95～1.20	1.0	0.06	0.06	≥0.15	（0.60）	16.00～18.00	（0.75）

在马氏体不锈钢中，随着碳质量分数的提高，强度提高，耐蚀性将降低。随着铬质量分数的提高，耐蚀性提高。加入 Ni 的目的是提高耐蚀性和强度及韧性，加入 Mo、V 则是为了提高硬度。

马氏体不锈钢在氧化性介质（如大气、水蒸气、氧化性酸）中耐蚀，在非氧化性介质（如盐酸、碱、硫酸）中不耐蚀。

马氏体不锈钢因碳的质量分数较高，而且有较高的强度和耐磨性，其耐蚀性、塑性、焊接性能等较奥氏体不锈钢和铁素体不锈钢差。在马氏体不锈钢中碳质量分数较低的钢，如 12Cr13、20Cr13、14Cr17Ni2 等，类似于调质钢，主要用作耐蚀机械零件，如汽轮机叶片，水压机阀等。而碳质量分数较高的钢，如 30Cr13、40Cr13、95Cr18 等，类似于工具钢，主要用于医用手术工具、不锈钢弹簧、轴承等。

7.3.2 马氏体不锈钢的热处理

Cr13 型不锈钢是价格最低廉的不锈钢。图 7-7 为 Fe-Cr-C 相图在 Cr 的质量分数为 13%的垂直截面（王晓敏，2017）。从图中可以看出，Cr13 型不锈钢室温平衡组织为 $\alpha + Cr_{23}C_6$，并且这类钢在加热和冷却过程中有 $\alpha \rightarrow \gamma$ 转变，并且这类钢因含有较多的 Cr 元素，过冷奥氏体稳定性和淬透性很高，空冷即可获得马氏体。

为了保证 Cr13 型马氏体不锈钢的高强度、高耐磨性及高耐蚀性，这类钢都需经过热处理后使用。热处理工艺包括软化处理、淬火和回火。

Cr13 型马氏体不锈钢软化处理：经锻轧后空冷即可得到马氏体组织。为了降低硬度，改善其切削加工性能；同时也为了消除锻件内应力和防止开裂，应进行

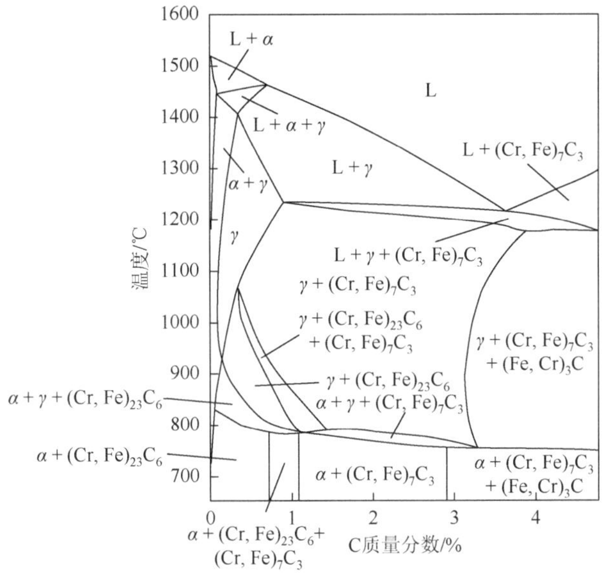

图 7-7 Fe-Cr-C 相图在 Cr 质量分数为 13%的垂直截面

软化处理。软化处理有两种方法：一是高温回火，将锻件加热至 700～800℃保温 2～6h 后空冷，使马氏体转变为回火索氏体，使硬度降低。经高温回火后 12Cr13 硬度为 170～200HB，20Cr13～40C13 硬度为 200～230HB；另一种软化处理是完全退火，即将锻件加热至 840～900℃，保温 2～4h 后，以小于等于 25℃/h 的速度冷却至 600℃后空冷，12Cr13 与 20Cr13 钢的硬度可降至 170HB 以下，30Cr13 与 40Cr13 钢的硬度可降至 217HB 以下。

淬火 Cr13 型马氏体不锈钢：随淬火加热温度升高碳化物逐渐溶解，淬火后硬度也相应升高。30Cr13、40Cr13 钢中碳含量较高，淬火温度相应也应高一些，可保证碳化物充分溶解，通常 Cr13 不锈钢淬火加热温度范围为 1000～1050℃，12Cr13 与 20Cr13 取温度下限，30Cr13、40Cr13 取温度上限。

Cr13 型马氏体不锈钢淬火后回火不仅硬度较高，而且钢中内应力较大，必须及时进行回火，否则会引起开裂。Cr13 型不锈钢回火方式有两种：低温回火和高温回火。对于要求高硬度和耐磨性能的零件，一般采用 200～250℃低温回火。例如，30Cr13、40Cr13 钢多采用低温回火，得到回火马氏体组织，硬度为 48～50HRC，此时大量的铬仍保持在固溶体中，因此在保证较高硬度的同时耐蚀性也比较高。对于要求综合力学性能的零件，一般采用 600～750℃高温回火。例如，12Cr13 与 20Cr13 钢一般均采用高温回火，得到回火索氏体组织。由于回火温度高，合金元素扩散比较容易，在回火过程中固溶体中析出的碳化铬附近的贫铬区容易获得铬浓度的重新平衡，因此钢仍具有好的耐蚀性。一般 Cr13 型不锈钢不宜在 400～

600℃范围内进行回火，由于在此温度回火钢中易弥散析出铬的碳化物，不仅钢的耐蚀性降低，而且冲击韧性也较低。Cr13 型不锈钢也具有回火脆性倾向。其中，20Cr13 钢淬火、高温回火后回火脆性更为明显，因此 20Cr13 钢淬火后，高温回火时应油冷。对于精密零件，其高温回火后，为消除油冷内应力可再于 400℃补充一次消除应力的回火。30Cr13、40Cr13 钢有时也采用淬火加高温回火，用来制作长时间工作、温度不超过 400～450℃的弹簧。如汽轮机中的汽封弹簧片。

马氏体型不锈钢是价格最低廉的不锈钢。12Cr13、20Cr13 主要制作要求塑性、韧性高与受冲击载荷的零件，如汽轮机叶片、水压机阀、热裂设备配件等，还可以制作常温下盛放腐蚀性介质（盐水、硝酸及某些浓度不太高的有机酸）的设备。30Cr13、40Cr13 主要用于要求高硬度又具有耐蚀性的零件或工具，如医疗器械、滚珠轴承部件等。

14Cr17Ni2 钢是在 Cr17 型铁素体钢的基础上加 2%Ni 而得到的。镍是扩大奥氏体区元素，2%Ni 的加入可使 14Cr17 钢的组织由铁素体过渡到高温时的 $\gamma+\alpha$ 两相状态，淬火后奥氏体相转变为马氏体。这样，14Cr17Ni2 钢既保持了 1Cr17 型钢的耐蚀性，又具备 12Cr13、20Cr13 钢的力学性能。这类钢在海水和硝酸中具有较好的耐蚀性，特别在海水中与铜合金接触时具有很高的电化学腐蚀性能。例如，船舶尾轴、压缩机转子等制造中广泛应用 14Cr17Ni2 钢。

14Cr17N2 锻轧后的软化处理与 Cr13 型不锈钢一样，也是采用高温回火或完全退火。需要特别指出的是，14Cr17Ni2 钢是不锈钢中对白点敏感的钢，对于大型锻件锻后应进行去白点退火。

14Cr17Ni2 钢较适宜的淬火加热温度为 980～1000℃，淬火冷却方法一般采用油冷，淬火组织为马氏体加铁素体及少量残余奥氏体。

14Cr17Ni2 钢淬火后采用 275～350℃低温回火或 600～700℃高温回火，回火后的组织分别为回火马氏体或回火索氏体。这类钢一般不采用中温 350～500℃回火，在此温度回火钢的耐蚀性和冲击韧性均低，这与钢在此温度下具有回火脆性及 475℃脆性有关。

由于 Cr13 型马氏体类钢淬火能产生马氏体转变，可以获得优越的热处理强化，所以这类钢可进行多种热处理，以控制和调节这种相变，满足不同的力学性能要求。

7.4　铁素体不锈钢

7.4.1　铁素体不锈钢的种类、化学成分及组织

铁素体不锈钢是一类具有体心立方结构、碳含量小于等于 0.20%、铬含量为

10.5%～32%、在高温和室温下均为铁素体组织的不锈钢，也是一类通过热处理不能使之强化的不锈钢。

铁素体不锈钢产量仅次于铬镍奥氏体不锈钢，在世界不锈钢总产量中，铁素体不锈钢的产量一般占 30%左右，铁素体不锈钢是产量大、应用范围广、综合性能优良的一类不锈钢，由于此类钢不含镍或个别牌号仅含少量镍，成本和价格相对较低，是不锈钢中最主要的节镍不锈钢类。

铁素体不锈钢的耐蚀性（对硝酸、氨水等）和抗氧化性较好。特别是抗应力腐蚀性能和切削加工性能均优于奥氏体不锈钢，但由于存在脆性，缺口敏感性大和焊接性差等缺点，在生产和应用上受到很大限制。自 20 世纪 70 年代以来，各国广泛采用氩氧脱碳法(argon-oxygen decarburization，AOD）和真空吹氧脱碳法（vacuum oxygen decarburization，VOD）等精炼技术发展了超纯铁素体不锈钢，极大地改善了钢的性能，从而开创了铁素体不锈钢应用的新篇章。铁素体不锈钢多用于受力不大的耐酸结构和作为抗氧化钢使用。

表 7-2 列出了我国的铁素体不锈钢的种类、热处理及力学性能（王晓敏，2017）。根据表中主要化学成分的铬含量可将铁素体不锈钢分成三种类型：Cr13 型、Cr17 型和 Cr25-28 型。

这类钢碳含量较低，约为 0.1%。钢中铬含量较高，平均铬含量从最低的 13%至最高的 28%。除了这些主要成分外，还可以根据不同的性能要求加入其他的合金元素。例如，向钢中加 Mo、Cu 是为了提高钢在非氧化性介质及有机酸中的耐蚀性能；加 Ti 可以防止高铬铁素体钢的晶间腐蚀；加 N 可使高铬铁素体钢铸态组织细化；向钢中加入铝和硅可以进一步提高钢抗氧化性能；此外，为了改善钢的切削加工性能，有时向钢中加适量的硫和硒。

表 7-2 铁素体不锈钢的力学性能

类型	钢号	热处理				力学性能（不小于）			
		淬火/℃	冷却剂	回火/℃	冷却剂	R_m/MPa	R_{eL}/MPa	A/%	Z/%
铁素体型	06Cr13	1000～1050	油、水	700～790	油、水、空	500	350	24	60
	12Cr14S	1010～1050	油	680～780	油、水	550	300	16	55
	10Cr17	—	—	退火 750～800	空	400	250	20	50
	12Cr28	—	—	700～800	空	450	300	20	45
	06Cr17T	—	—	700～800	空	450	300	20	—
	10Cr17Ti	—	—	700～800	空	450	300	20	—
	10Cr25Ti	—	—	700～800	空	450	300	20	45
	08Cr17Mo2Ti	—	—	750～800	空	500	300	20	35

7.4.2 铁素体不锈钢的组织和性能

铁素体室温平衡组织为 $\alpha + Cr_{23}C_6$。主要性能优缺点分述如下。

1. 性能优点

铁素体不锈钢冷加工硬化倾向小，对于较大的冷变形，一般不需要中间退火处理，易于冷弯、冲压、扩管、卷边、旋压、冷锻和切削。

铁素体不锈钢有优良的耐全面腐蚀和耐各种局部腐蚀的性能，特别是耐氯化物应力腐蚀性能优异，实践中未发现氯化物应力腐蚀的实例。

铁素体不锈钢热导率高，约为 Cr-Ni 奥氏体不锈钢的 135%，非常适合有热交换的用途。热膨胀系数小，仅约为 Cr-Ni 奥氏体不锈钢的 60%，非常适合有热胀冷缩、有热循环的使用条件，如以水为介质的蒸发器和热交换器的传热管和隔板等典型用途。

铁素体不锈钢有磁性，可用作耐蚀性软磁材料，如电磁阀、电磁锅等。

2. 性能缺点

铁素体不锈钢性能的主要缺点是韧性低、脆性大、韧脆转变温度高、晶间腐蚀敏感，与奥氏体不锈钢相比，冷成形性较差。下面详细介绍导致铁素体不锈钢脆性的主要原因。

1）晶粒粗大

这类钢铸态组织晶粒粗大，粗大的晶粒组织，不能通过加热冷却过程中的相变来细化，只能通过压力加工（热轧、锻造）来细化。当加工温度超过再结晶温度后，晶粒长大倾向很大，加热至 900℃以上晶粒即显著粗化。由于晶粒粗大，这类钢冷脆性大，韧脆转变温度高，室温冲击韧性低。

生产中需要将这类钢的终轧、终锻温度控制在 750℃或更低的温度。此外，向钢中加入少量的钛，可使晶粒粗化倾向稍有降低。

2）σ 相析出

铁素体不锈钢在 550～850℃长期停留将从 δ 铁素体中析出 σ 相，使钢变脆。σ 相为高硬度（＞85HRC）的 FeCr 金属间化合物，具有复杂六方点阵，析出时还伴随体积变化，故引起很大脆性。σ 相常常沿晶界析出，还可引起晶间腐蚀。在实际生产中，由于铬钢中成分偏析和其他稳定 α 相合金元素（如 Si、Nb、Ti、Mo 等）作用，$w(Cr) = 17\%$的不锈钢就可能形成 σ 相。锰能大量溶于 σ 相中，使形成 σ 相的极限铬含量降低。镍则有与锰相反的作用，并升高 σ 相的上限温度。碳和

氮使 σ 相的极限铬含量提高。预先冷加工也促使形成 σ 相的倾向增大，并使形成 σ 相的温度降低。

σ 相形成是缓慢的，温度越低形成速度越慢，例如，$w(Cr) = 27\%$的钢在 550℃加热几千小时，才能形成 σ 相。已形成 σ 相而变脆的钢，加热到 850℃以上，保温时间不少于 1h，则 σ 相会重新溶解，使钢的塑性、韧性恢复正常。对于含有 Ni、Mo、Mn 的钢，欲使 σ 相溶解，则必须加热到更高的温度且长时间保温。

σ 相不仅见于高铬铁素体钢，还见于奥氏体-铁素体不锈钢以及奥氏体不锈钢，不过 σ 相在铁素体不锈钢中更容易形成。

3）475℃脆性

在高铬铁素体钢中，$w(Cr) > 15\%$时，在 400～525℃温度范围长时间加热或在此温度范围内缓冷时，钢在室温下变得很脆，并且最高脆化温度在 475℃左右，这种脆性称为 475℃脆性。这种脆性可以通过高于 475℃温度加热（600～650℃），随后快冷来消除。大量研究表明，引起 475℃脆性原因是：在 475℃加热时，在铁素体内的铬原子趋于有序化，形成许多富铬（$w(Cr) = 80\%$，$w(Fe) = 20\%$）小区域，它们与母相共格，引起点阵畸变和内应力，使钢的韧性降低，强度升高。

4）高温脆性

高铬铁素体不锈钢，当加热到 900～1000℃以上，然后冷却到室温时，会呈现严重脆化，其耐蚀性急剧降低，这种现象称为高温脆性。

研究表明，产生脆性的原因是：对含有较多间隙原子（C、N）的铁素体不锈钢，从高温冷却到室温时，会在晶界处或位错上析出引起脆性的高铬碳化物或氮化物；还有人认为高铬铁素体钢（Cr17、Cr25）在 900℃以上加热淬火时，由于 C、N 及合金元素向晶界吸附，晶界区稳定奥氏体元素浓度增高，形成一层包围铁素体晶粒的奥氏体层，在淬火冷却时转变为马氏体，也能造成钢的韧性下降。

7.4.3 铁素体不锈钢的压力加工及热处理

高铬铁素体不锈钢晶粒粗化倾向很大，因此在热压力加工时，一般采用较低的始锻（轧）温度和终锻（轧）温度，通常采用的始锻温度为 1040～1120℃，终锻温度为 700～800℃，以得到细晶粒。为了消除热压力加工应力和获得成分均匀的铁素体组织，高铬铁素体不锈钢热锻（轧）后的热处理淬火或退火温度一般不超过 900℃，为了避免 σ 相析出及出现 475℃脆性，淬火和退火加热保温时间不宜过长（一般保温 1h），另外退火至 600℃左右也应快冷。

7.5　奥氏体不锈钢

在不锈钢中，奥氏体不锈钢应用最为广泛，约占不锈钢总产量的2/3。这是因为奥氏体不锈钢具有较好的耐蚀性（通常称为耐酸钢）、冷加工成形性、可焊性等一系列优点。除了可作为耐蚀构件，这类钢还可用于高温下承受低载荷的热强钢。

奥氏体不锈钢在高温和室温下均具有奥氏体组织，没有组织转变，因此奥氏体不锈钢也是一类不能通过热处理来使钢强化的不锈钢，但由于奥氏体不锈钢易于冷作硬化，所以奥氏体不锈钢可能通过冷作硬化（冷变形）来提高它的强度。此类钢的固溶态强度偏低，曾经是奥氏体不锈钢的一大弱点。

铬镍奥氏体不锈钢是现有五大类不锈钢中综合性能最好、牌号最多、品种规格最全、适用范围最广、发展最快、产量最大、消费领域最广的一类不锈钢。在世界范围内和在各主要不锈钢产钢国中，铬镍奥氏体不锈钢的产量一般占不锈钢总产量的50%～60%。

由于镍是稀缺且昂贵的元素，特别是在战时尤为紧缺。20世纪40年代问世的以锰、氮代镍的标准型铬锰奥氏体不锈钢，虽然开发时间长，但用途窄，产量也低，美国年产量仅占其不锈钢总产量的百分之几，欧洲仅占其不锈钢总产量的1%左右。近年来，高氮高强度、超高强度的铬锰奥氏体不锈钢的出现以及高氮无锰奥氏体不锈钢所取得的研究进展引起了人们的广泛关注。

奥氏体不锈钢按化学成分可分为铬镍、铬-锰-氮、铬-锰-镍-氮钢种，后两种是以锰氮代镍及锰、氮节镍的钢种。表7-3为常用奥氏体不锈钢热处理、力学性能。

表7-3　奥氏体不锈钢的热处理、力学性能（《不锈钢棒》（GB/T 1220—2007））

牌号	热处理		力学性能（不小于）				
	淬火温度/℃	冷却介质	R_m/MPa	R_{eL}/MPa	A/%	Z/%	HRW
022Cr19Ni10	1010～1150	水	480	175	40	60	≤187
12Cr18Ni9	1010～1150	水	520	205	40	60	≤187
	920～1150		520	205	40	50	
06Cr19Ni10	1010～1150	水	520	205	40	60	≤187
06Cr17Ni12Mo2	1010～1150	水	520	205	40	60	≤187
022Cr17Ni12Mo2	1010～1150	水	480	175	40	60	≤187

7.5.1 铬镍奥氏体不锈钢

1. 18-8 型奥氏体不锈钢的钢种、成分和组织

由表 7-3 可知，奥氏体不锈钢的成分特点是高铬、高镍、低碳（或超低碳），适当地加 Ti、Nb、Mo 等元素。用 $w(Cr) = 18\%$与 $w(Ni) = 9\%$配合获得单相奥氏体组织，习惯上称为 18-8 钢。表中的许多钢种就是在 $w(Cr) = 18\%$和 $w(Ni) = 9\%$基础上发展起来的。$w(Cr) = 18\%$、$w(Ni) = 9\%$的配合是世界各国铬镍奥氏体不锈钢最典型、最基本的成分。

为了使 $w(Cr) = 18\%$的合金获得单相奥氏体组织，合金中镍含量必须达到 9%（质量分数，下同）左右，如果镍含量降低，就不能获得单相奥氏体组织。而且镍有助于钝化，当 Cr、Ni 配合其总质量分数达到 18% + 9% = 27%时，不锈钢的耐蚀电位已接近 $n/8$ 规律中 $n = 2$ 时的电位值，其耐蚀性达到较高水平。

在 18-8 钢的基础上再增加 Cr、Ni 含量都能提高钢的钝化性能，使钢的耐蚀性更为优良。有时还向钢中添加 Ti、Nb、Mo、Cu 等元素。例如，加 Ti、Nb 是为了消除晶间腐蚀；加 Mo、Cu 是为了提高钢在硫酸、盐酸和某些有机酸中的耐蚀性以及提高抗点蚀能力。由于 Ti、Nb、Mo 为铁素体形成元素，为了得到单一奥氏体组织，必须相应地提高钢中的镍含量，如 1Cr18Ni11Nb、1Cr18Ni12Mo2Ti 等。

由于碳的存在，18-8 钢在室温下平衡相为 $\gamma + \alpha + C$（$M_{23}C_6$），如图 7-8 所示（戴起勋，2011）。这是因为这类钢在高温下有一个含碳较宽的奥氏体相区。在

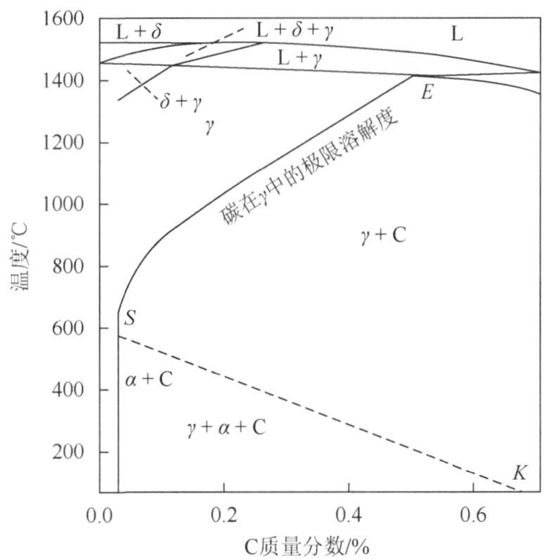

图 7-8 Fe-Cr-Ni-C 相图在 18%Cr-8%Ni 处的垂直截面

缓慢冷却时，沿 *ES* 线碳以合金碳化物形式析出：主要为$(Fe, Cr)_{23}C_6$。缓冷至 *SK* 线以下，部分 γ 转变为 α，故其室温的平衡组织为 $\alpha + \gamma + M_{23}C_6$。在加热时，当加热温度达到 *ES* 线以上时，$M_{23}C_6$ 又可完全溶于奥氏体中，经淬火，高温状态的碳等元素的过饱和固溶体将保持至室温。因此，18-8 钢所得的单一奥氏体组织是通过热处理的配合而获得的。此外，如果加热温度过高，还会有 δ 铁素体形成。如果钢中铬含量过高或含有其他铁素体形成元素，钢在 650～850℃还会有 σ 相析出。

2. 18-8 型奥氏体不锈钢的冷、热加工

奥氏体不锈钢高温强度比较高，一般应将钢锭加热至 1220～1240℃均匀热透后，再进行开坯锻造。从热加工性能来看，单相组织的钢具有好的热塑性。在 18-8 钢中，由于合金元素含量上下限的波动，钢中会出现 δ 铁素体，铁素体的体积分数可在 0%～30%。另外，铁素体-奥氏体不锈钢 δ 铁素体的体积分数更大。δ 铁素体的存在将降低钢的高温塑性，经大量变形时，将在 γ/δ 相界面产生裂纹。

奥氏体不锈钢具有良好的冷加工变形能力。18-8 钢经过大变形量冷轧后，其强度将大大提高，而塑性下降。其强化原因，除点阵畸变外，还与钢在变形条件下奥氏体稳定性降低而引起的变形诱发相变（部分奥氏体转变为马氏体）有关。对于具有奥氏体稳定组织的钢（如 $w(Cr) = 18\%$，$w(Ni) = 12\%$），在冷变形时，不发生奥氏体向马氏体转变，钢的强度增加纯属形变冷作硬化所引起的，因此其强化效果较小。

对于经强烈冷作硬化的奥氏体不锈钢可以制作高强度不锈钢弹簧，用于钟表和特殊仪器设备上。在轧制不锈钢弹簧时，为了进一步提高钢的弹性极限，一般冷却后采用低温回火（400℃左右）的方式，回火温度不能太高，回火温度太高，如高于 450℃，钢的强度将明显下降。

奥氏体不锈钢和奥氏体-马氏体不锈钢在焊接中一个重要问题就是防止焊缝出现热裂。热裂经常发生在焊缝金属或接近母材金属的焊缝热影响区。在高温下，单相奥氏体组织不锈钢对热裂更为敏感。大量研究表明，这与焊缝金属或与熔融金属接触的母材的晶界有低熔点液态夹层存在有关。由于晶界强度不够，裂纹可沿已经凝固晶界继续扩展。单相奥氏体钢焊缝组织是粗大柱状晶，组织有方向性，低熔点液态夹杂物分布集中，容易在凝固收缩时引起热裂。如果焊缝金属采用 $\gamma + \delta$ 复相组织，那么可消除奥氏体和奥氏体-马氏体不锈钢焊接热裂现象。这是因为焊缝金相组织由于 δ 铁素体先析出，并发生 $\delta + L \rightarrow \gamma$ 的包晶转变，使焊缝组织细化，并使焊缝组织无明显方向性，就使晶界低熔点夹层变薄，也就防止焊缝热裂。另外，钢中碳及硫都能促进热裂发生，也应尽量降低它们的含量。

3. 18-8型奥氏体不锈钢的热处理

18-8钢热处理一般有三种形式，即固溶处理、消除应力处理和稳定化处理。

1）固溶处理

18-8钢的固溶处理就是把钢加热到其相图上的单一奥氏体区（图7-8），得到成分均匀的单一奥氏体组织，然后快冷，使高温成分均匀过饱和固溶体组织状态保持到室温。固溶处理是奥氏体不锈钢最大程度的软化处理，钢具有最低的强度和硬度。固溶处理后，钢的焊接、热加工、冷加工及其他工艺操作中的应力和晶间腐蚀倾向均得到消除。因此，固溶处理后的钢具有最高的耐蚀性，是防止晶间腐蚀的重要手段。

18-8钢固溶处理加热温度一般采用1050～1150℃，加热温度不能太高，特别是碳含量较低以及还含有除铬以外的铁素体形成元素的钢，当加热温度高时会出现δ相（图7-8），并引起晶粒长大。固溶处理加热温度也不能太低，温度太低钢中的碳化物（$Cr_{23}C_6$）溶解不充分，并且组织不均匀。固溶处理冷却速度应保证能完全固定高温时的奥氏体组织状态，因此应迅速快冷（薄壁件可空冷），一般多采用水冷，以避免钢在缓冷时又有$M_{23}C_6$型的铬碳化物析出。

18-8钢固溶处理后再加热至400～800℃，钢中铬的碳化物析出更为强烈，使钢对晶间腐蚀更为敏感，将钢加热至这一温度，均称为敏化处理。例如，18-8钢的焊接接头热影响区也部分受到这种敏化处理影响。出现敏化处理现象的钢可用固溶处理来消除。

2）稳定化处理

稳定化处理是针对加钛或铌的18-8钢而设计的一种热处理工艺。加钛或铌的目的是让钢中的碳和钛或铌形成稳定的TiC或NbC，而不形成或少形成$C_{23}C_6$，这样就可以防止18-8钢的晶间腐蚀。那么怎样才能使钢中的碳只形成钛或铌的碳化物，不形成铬的碳化物呢？一般来说只要将钢的温度加热到高于$M_{23}C_6$的溶解温度，低于TiC或NbC的溶解温度，并在此温度保温几个小时再冷至室温就可以实现，这种处理称为稳定化处理。因此，含钛、铌稳定的18-8钢必须经稳定化处理才可以防止晶间腐蚀。稳定化处理工艺为：加热温度一般为850～950℃，保温2～4h，然后空冷。对12Cr18Ni9Ti钢常采用的工艺为：860～880℃，保温6h空冷。加热温度太高，TiC会溶解或部分溶解，溶解的碳会进入钢基体中导致奥氏体晶粒长大，在400～800℃温度区间冷却或冷至室温后再加热至400～800℃温度区间钢中易析出$M_{23}C_6$，而不易析出TiC、NbC。这是因为钛与铌原子半径均大于铬，所以在较低温度下与铬相比不容易扩散，所以形成不了TiC或NbC。因此，稳定化处理的加热温度必须选择恰当。对于已进行固溶处理的含钛和铌的钢，一般也必须再加热至 850～950℃进行稳定化处理，才能保证钢在不同使用条件下无晶间腐蚀倾向。

3）消除应力处理

消除应力处理通常用于两种情况。一是为了消除冷加工后钢的内应力，使钢在断后伸长率无显著变化的情况下，屈服强度和疲劳强度有很大提高。这种消除应力处理可在较低的温度下进行，一般在 250～450℃保温 1～2h 空冷。对于不含钛和铌的钢，以及虽含钛和铌但未经稳定化处理的钢，消除应力处理温度应不超过 450℃，以免析出碳化铬使钢对晶间腐蚀敏感。第二种情况是消除钢经冷加工后对应力腐蚀敏感及消除焊接内应力，因此需要在较高温度下进行，一般要在 850℃以上。对于不含钛、铌的钢加热后应快冷至 540℃再空冷，以迅速通过碳化铬析出的温度区间，防止晶间腐蚀。对于含钛、铌的钢加热后可直接空冷。

7.5.2　铬-锰、铬-锰-氮、铬-锰-镍-氮奥氏体不锈钢

镍在世界范围内都是比较稀缺的元素。从 20 世纪 50 年代以来，为了节约镍的消耗，国内外研究和发展了许多节镍和无镍的奥氏体不锈钢。目前，大体有三种类型：第一种是以锰代镍的铬-锰不锈钢；第二种是以锰、氮共同代镍的铬-锰-氮不锈钢；第三种是以锰、氮代替部分镍的铬-锰-镍-氮不锈钢。

1. 铬-锰不锈钢

锰是奥氏体形成元素，但稳定奥氏体的能力仅为镍的 1/2，那么用多少锰比较适宜呢？研究表明，只有当 $w(\mathrm{Cr})<12\%$，$w(\mathrm{Mn})>20\%$时才能得到单一奥氏体组织，但当 $w(\mathrm{Cr})>12\%$时就得不到单一奥氏体组织。铬-锰奥氏体不锈钢耐蚀性主要取决于钢中的铬，而铬含量又受到限制，故不能广泛用于耐强烈介质腐蚀的部件。铬-锰奥氏体不锈钢，如 14Cr17Mn9，主要用于食品工业。这类钢是典型的两相组织，其铁素体与奥氏体的含量基本相同，在 600～800℃停留一段时间后便有 σ 相生成。

2. 铬-锰-氮不锈钢

氮也是稳定奥氏体元素，无镍不锈钢经常用锰、氮共同代替镍元素来稳定奥氏体。氮的添加还能扩大奥氏体中铬的极限含量，从而有利于提高奥氏体的耐蚀性。钢中添加氮还可以提高钢室温及高温强度，而不降低室温韧性。受固溶度限制，钢中氮含量不能添加太多，铬-锰不锈钢中 $w(\mathrm{N})$在 0.3%～0.5%以下。添加氮含量太高，钢锭中容易因氮的气体态析出而形成气孔。另外，氮与钛亲和力很强，易形成氮化钛夹杂物。

通常铬-锰-氮奥氏体不锈钢的组织中均含有一定量的δ铁素体，适量的δ铁素体相存在可降低钢晶间腐蚀敏感性。为了进一步提高铬-锰-氮不锈钢的耐蚀性，有时还向钢中添加铜、钼等元素。

06Cr17Mn13Mo2N 是我国研制的一种铬-锰-氮不锈钢，具有奥氏体、铁素体双相组织，其晶间腐蚀、应力腐蚀倾向比纯奥氏体组织的不锈钢小，力学性能、焊接性能也较好。由于存在δ相，钢的冷、热加工成形性能差，还易形成σ相。该钢在乙酸中耐蚀性优于 12Cr18Ni9Ti，在磷酸中使用可代替 12Cr18Ni9Ti，在尿素、化纤、印染介质中使用可代替 12Cr18Ni9Ti、12Cr18Ni12Mo2Ti 等。

3. 铬-锰-镍-氮不锈钢

用锰、氮完全代镍的铬-锰不锈钢及铬-锰-氮不锈钢，很难得到单一的奥氏体组织，但如果钢中加入少量的镍和氮，在钢中铬的质量分数高于 15%时，仍可以得到单一奥氏体组织。

目前，国内外铬-锰-镍不锈钢发展很快，较成熟的钢种较多。12Cr18Mn8Ni5N 就是以锰、镍代替部分镍且比较成熟的钢种。在 1100～1150℃淬火后使用，具有良好的耐蚀性、较高的强度、塑性以及可焊接性能，可代替 18-8 型铬镍奥氏体不锈钢用于硝酸及化肥工业中的耐蚀构件。在 12Cr18Mn8Ni5N 基础上添加 Mo（质量分数 2.5%～3.5%）和相应提高锰量可进一步提高该类钢耐蚀性，如 12Cr18Mn10Ni5Mo3N 其性能与 12Cr18Ni12Mo3Ti 相近，可用于尿素、磷酸、乙酸等工业中的耐蚀构件。

7.5.3 奥氏体不锈钢的晶间腐蚀、应力腐蚀及点蚀

晶间腐蚀、应力腐蚀和点蚀是奥氏体不锈钢在使用中最为普遍和经常发生的腐蚀破坏形式，因此也是奥氏体不锈钢在使用中最主要缺点。

1. 奥氏体不锈钢的晶间腐蚀

奥氏体不锈钢在 450～800℃加热一段时间之后以及奥氏体不锈钢焊接接头在焊接后其热影响区母材（曾在 450～800℃受过热），在许多腐蚀介质中（如在质量分数为 50%～60%的热的硝酸盐溶液，含有铜盐和氧化铁的硫酸溶液，热有机酸等）会发生晶间腐蚀。关于奥氏体不锈钢晶间腐蚀的原因解释很多，比较为大家接受和最主要的说法是晶界贫铬理论。即奥氏体不锈钢的晶间腐蚀是由于在敏化温度 450～800℃加热或时效过程中，沿晶界析出 $Cr_{23}C_6$，引起奥氏体晶界附近贫铬，如图 7-9 所示（戴起勋，2011；王笑天，1987）。其原

因是晶界析出了$(Cr, Fe)_{23}C_6$，使晶界附近固溶体中铬含量降至钝化所需极限含量以下。

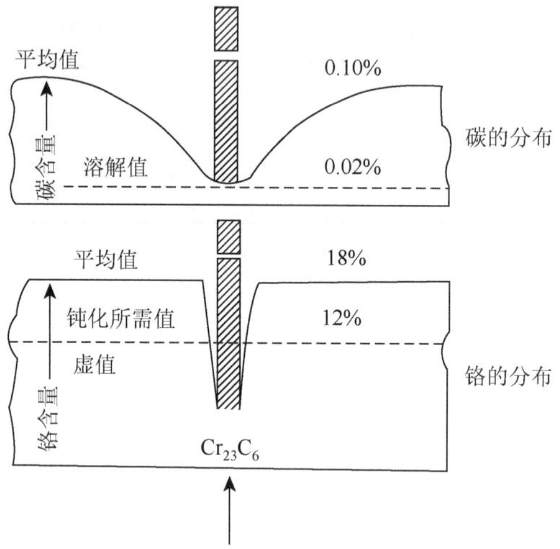

图 7-9　晶间腐蚀贫铬区示意图

晶间腐蚀是一种危害性很大的腐蚀破坏形式，在石油化工装置中奥氏体不锈钢晶间腐蚀破坏现象非常多，因此研究和防范奥氏体不锈钢的晶间腐蚀有非常重要的意义。

防止奥氏体不锈钢晶间腐蚀的措施有以下几种。

（1）固溶处理：对于非稳定化奥氏体不锈钢，即不含 Ti、Nb 元素的 Cr-Ni 奥氏体不锈钢，常采用的固溶处理工艺如图 7-10（a）所示（戴起勋，2011；文九巴，2011）。固溶处理后对其进行退火，可以提高晶界铬的浓度，使其具有高的抗晶间腐蚀性能。对于用 Ti、Nb 元素稳定化的奥氏体不锈钢，固溶处理加热温度选择在奥氏体 + 特殊碳化物的两相区，通常为 1000～1100℃，如图 7-10（b）所示。

（2）降低钢中碳含量：这样在晶界处就不会析出或少析出 $Cr_{23}C_6$，以防止晶界区域贫铬和达到防止晶间腐蚀的目的。

（3）加钛、铌并进行稳定化处理：向钢中加与碳亲和力大的钛、铌等元素并进行稳定化处理，使它们与碳形成稳定的 TiC、NbC，而不形成 $Cr_{23}C_6$。

（4）改变晶界上碳化铬析出数量及分布状态：可通过调整钢的化学成分，使组织中出现 5%～20%（体积分数）的铁素体，这样钢在时效过程中 $Cr_{23}C_6$ 将首先在 δ/γ 相界和 δ 相内析出，这样在奥氏体晶界上 $Cr_{23}C_6$ 析出数量将减少并且也不会连续分布，也就降低了钢晶间腐蚀倾向。但 δ 铁素体的存在将带来另一方面缺点，奥氏体、铁素体双相存在就造成它们电位不同，使钢点蚀倾向增大；在高温长时间工作会从铁素体内产生 σ 相，引起脆性并降低耐蚀性。

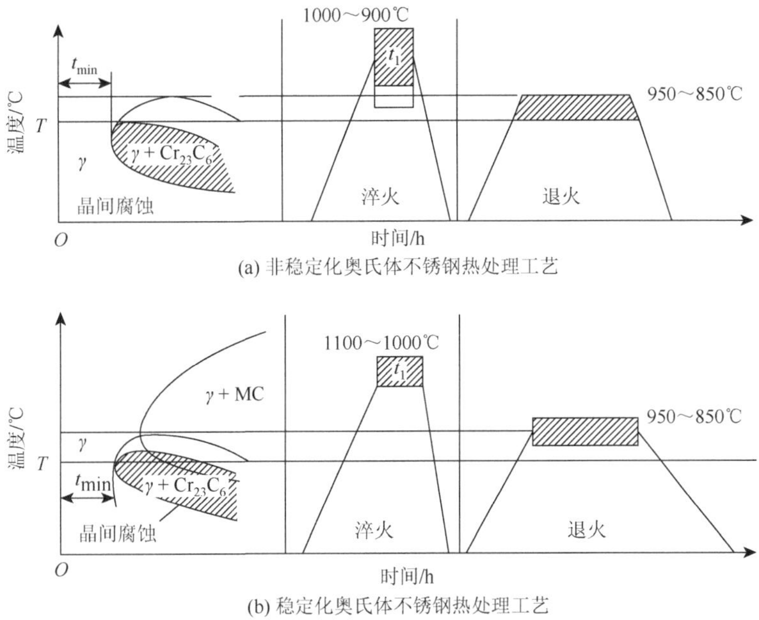

图 7-10　奥氏体不锈钢的热处理工艺

在这些方法中，以固溶处理、降低钢中碳含量及添加钛、铌元素等方法在铬-镍奥氏体不锈钢中应用比较广泛，而调整成分得到双相组织的方法，在铬-锰及铬-锰-氮不锈钢中应用较多。

2. 奥氏体不锈钢的应力腐蚀

应力腐蚀也是奥氏体不锈钢非常敏感且经常发生的腐蚀破坏形式，如石油化工装置中的压力容器、输送管线、换热器管线等所使用的奥氏体不锈钢，应力腐蚀事故屡屡发生。影响奥氏体不锈钢应力腐蚀的主要因素是介质特点、附加应力以及钢的化学成分等。

关于奥氏体不锈钢应力腐蚀机理还有争议，但一般认为它是应力和电化学腐蚀共同作用的结果。奥氏体不锈钢，特别是 18-8 型镍铬奥氏体不锈钢屈服强度较低，很容易变形。由于拉应力的作用，在奥氏体不锈钢表面局部区域内将产生滑移，当位错在滑移面上移出到表面后，就使钢表面局部钝化膜遭受破坏，在遭受破坏的钝化膜处，钢的基体表面就裸露出来。于是以裸露出的表面为阳极，周围连续的钝化膜为阴极，组成腐蚀微电池。在含有氯离子（Cl^-）和浓的氢氧根离子

（OH^-）介质中，其结果发生阳极溶解，形成腐蚀小坑。这种腐蚀小坑向纵深发展，并在拉应力作用下，互相连接形成细小的腐蚀裂缝。腐蚀裂缝在张应力作用下，裂缝尖端形成三向张应力区，造成尖端阳极进一步溶解。这个过程不断进行下去，最后导致穿晶腐蚀破裂。

如果钢的钝化能力很强，例如，含硅的奥氏体不锈钢，能迅速修补好被破坏的钝化膜，就不会产生应力腐蚀破裂。另外，奥氏体不锈钢的应力腐蚀破裂敏感性还和钢中的晶体缺陷结构有关。在面心立方点阵钢中，如 18-8 型铬镍奥氏体不锈钢层错能低，经微量变形后位错呈平面分布，钢表面出现的滑移台阶较宽，腐蚀微裂纹易出现，则对应力腐蚀敏感。对于高镍奥氏体不锈钢，层错能高，塑性变形取交滑移方式，位错呈网状分布，钢表面滑移台阶较小，钝化膜不易破坏或破坏后容易修补完善，则具有较高的应力腐蚀抗力。钢中碳和镍一样增高层错能，促进位错呈网状分布，氮正好相反，它促进位错呈平面分布，因此氮对应力腐蚀是有害的。

目前防止奥氏体不锈钢应力腐蚀的方法主要应从三个方面来考虑，即应力和强度、介质和环境及材料成分。

（1）应力和强度：降低拉应力可降低应力腐蚀敏感性。例如，焊接焊头焊后消除应力退火可以避免或减轻应力腐蚀破坏。另外，提高奥氏体不锈钢的屈服强度也可以提高抗应力腐蚀敏感性。

（2）介质和环境：改善奥氏体不锈钢的使用介质条件，如降低或控制介质中的 Cl^-和 OH^-含量，向介质中加无机缓蚀剂或有机缓蚀剂也可以降低应力腐蚀敏感性。温度也是重要的环境因素，奥氏体不锈钢在 60℃以上易出现应力腐蚀，因此在设计和操作上应避免不必要的介质过热现象。

（3）材料成分：18-8 型铬镍奥氏体不锈钢容易产生应力腐蚀，因此可以适当改变其化学成分来提高其应力腐蚀抗力。例如，可采用高镍奥氏不锈钢；在奥氏体或复相不锈钢中加入硅；控制钢中氮的质量分数低于 0.04%及尽量减少钢中磷、砷、锑、铋等杂质元素含量。

3. 奥氏体不锈钢的点蚀

点蚀也是奥氏体不锈钢在使用中经常出现的腐蚀破坏形式之一。这是因为奥氏体不锈钢在氢氟酸、盐酸、钝化条件不良的海水、沸腾的强碱、沸腾的冰乙酸、沸腾的 65%（质量分数，下同）硝酸、沸腾的 10%铬酸、草酸和熔碱、亚硫酸、硫酸中均不耐蚀，有显著点蚀倾向。严重的点蚀可将几毫米厚不锈钢钢板穿孔。

关于不锈钢点蚀机制，目前有一定共识，一般认为点蚀是由于腐蚀性阴离子（如 Cl^-等）在氧化膜表面上吸附后离子穿过钝化膜。腐蚀性阴离子与金属离子结合形成强酸盐进而溶解钝化膜，使不锈钢钝化膜破坏；或者腐蚀性阴离子，如[Cl^-]与[O^{2-}]交换，使膜产生空位等。这种钝化膜的局部破坏就形成许多尺寸较小的蚀孔，如果钢的钝化能力很强，破坏的钝化膜可发生再钝化，小蚀孔就不再生长。否则小蚀孔将继续扩大，当超过临界尺寸时就成为点蚀源，这时蚀孔为小阳极，钝态表面为大阴极，两者构成腐蚀电池，蚀孔不断向金属深处发展，直至将金属穿透。

影响不锈钢抗点蚀的因素很多，除钢的化学影响外，钢的组织不均匀部位往往也促进点蚀。例如，钢中的晶界、硫化物、氧化物夹杂、显微偏析区、零件表面加工刀痕、残留拉应力、表面油污和缝隙、孔洞等都可能成为点蚀的起源。

提高不锈钢抗点蚀性最好的方法是合金化，钢中加入 Cr、Mo、N 可显著提高抗点蚀能力；Ni、Si、RE 元素等也有一定作用。目前，提高奥氏体不锈钢抗点蚀性的主要措施是加入合金元素 Mo，这可能是 Mo 与腐蚀性阴离子（Cl^-）结合成 $MoCl_2$ 保护膜，从而防止氯离子穿透钝化膜有关。另外，钢中铬含量增加，使不锈钢的氧化膜化学稳定性增加，点蚀倾向显著减小，所以高铬不锈钢（Cr25 型）的点蚀倾向较小。

7.6 铁素体-奥氏体双相不锈钢

双相不锈钢是近十几年发展起来的新型不锈钢，其组织为铁素体加奥氏体。表 7-10 列出了国外几种典型的铁素体奥氏体双相不锈钢的化学成分。由化学成分可知，这类钢为铬镍不锈钢。这类钢除了低碳、超低碳、高纯净、运用 AOD、VOD 提高钢材质量，在双相的成分调整中，注意高的铬含量并含有一定量的镍（$w(\mathrm{Cr}) = 18\%\sim26\%$，$w(\mathrm{Ni}) = 4\%\sim7\%$），以使铁素体、奥氏体两个相都具有独立的钝化能力，因此就不会因为双相组织而引起耐蚀性下降。根据不同用途还分别加入 Mn、Mo、Cu、Ti、W、N 等元素。

因为双相不锈钢的组织是铁素体加奥氏体，所以这类钢兼有铁素体不锈钢和奥氏体不锈钢的特性。奥氏体的存在降低了钢的脆性，提高了钢的可焊性和韧性；铁素体的存在提高了钢的屈服强度、抗应力腐蚀敏感性；铁素体、奥氏体双相组织的存在降低了钢晶间腐蚀倾向。例如，3RE60 钢，铁素体奥氏体质量比例为 60∶40，钢的室温屈服强度比铬镍奥氏体钢高一倍左右，同时具有高的塑性、韧性，其冷热加工性能较好，可焊性也较好。

双相不锈钢还存在一定的脆性倾向，尤其在焊接区。脆性主要是由 σ、χ、η 相沉淀和 α'相析出引起的。双相不锈钢通常采用 1000～1100℃淬火韧化，可获得 60%左右铁素体加奥氏体组织。

7.7 沉淀硬化不锈钢（超高强度钢）

沉淀硬化不锈钢包括两种：一种是以 Cr18Ni9 钢为基础发展起来的奥氏体-马氏体型沉淀硬化不锈钢，另一种是以 Cr13 型马氏体不锈钢发展起来的低碳马氏体沉淀硬化不锈钢。这两类钢都是在最后形成马氏体基础上经过时效处理产生沉淀强化而得到超高强度的。即这两类钢既能保持 Cr18Ni9 钢的优良的焊接性能，又具有马氏体钢的高强度，是发展航空和宇航应用超高强度钢的主要钢种。

7.7.1 奥氏体-马氏体沉淀硬化不锈钢

这类钢碳含量低，在室温下主要是不稳定的奥氏体组织，因此有较好的塑性和压力加工性能、焊接性能。在成分设计时使 M_s 温度略低于室温，以便通过各种处理使不稳定奥氏体转变成低碳马氏体，然后再通过时效沉淀析出金属间化合物以提高强度。

钢中的时效沉淀强化元素有铝、钛、钼，它们又是铁素体形成元素。为了得到单一奥氏体组织，加入适量镍、锰、铜等与之平衡。实际上，经固溶处理后，这类钢均含有一定量铁素体。钢中含有少量 δ 铁素体对调整 M_s 温度是非常有益的，因为纯奥氏体钢在 600～800℃时碳化物析出缓慢，有 δ 铁素体存在有利于 $Cr_{23}C_6$ 首先在 δ/γ 相界析出，$Cr_{23}C_6$ 析出使钢中特别是奥氏体中合金元素含量降低，进而提高 M_s 温度，有利于使不稳定奥氏体转变成马氏体。这类钢可以通过以下三种方法来获得马氏体和进一步沉淀强化。

第一种方法为两次时效：钢经 1050℃固溶处理后，在 750℃保温 1.5h 并空冷（可通过 $Cr_{23}C_6$ 析出调整 M_s 温度，17-7PH 钢的 M_s 温度由−100℃以下提高到 70℃以上）得到马氏体；再经 510～560℃时效 30min，使马氏体通过时效沉淀析出金属间化合物 Ni_3Al 等得到进一步强化。

第二种方法为冷处理加时效：钢经 1050℃固溶处理后，再经 950℃保温 1.5h 调节处理并冷至室温（高温调节处理，主要目的是降低奥氏体稳定性，将 M_s 温度提高，钢中无 $Cr_{23}C_6$ 析出）得到部分马氏体；再冷至−73℃进行冷处理，停留 8h 得到马氏体的组织，最后在 510℃时效 1h，使马氏体通过时效沉淀析出金属间化合物进一步强化。

第三种方法是冷加工加时效：钢经 1050℃固溶处理后，在室温进行塑性变形获得马氏体，最后在 480℃时效 1h。

经上述三种方法处理后，常用的 PH15-7Mo 及 17-7PH 钢的抗拉强度 R_m 为 1400～1850MPa，硬度为 43～50HRC。

这类钢在固溶处理后主要组织为奥氏体＋（5%～30%）铁素体（体积分数），因此冷加工性能良好，适于冷加工成形或焊接。经后续时效处理后，金属间化合物的沉淀析出使钢不仅具有超高强度，而且中温强度也较高，因此可做飞机体的薄壁结构、蜂巢结构和蒙皮，还可以做燃料储箱、火箭发动机外壳、高压容器等。但在使用温度高于或等于 315℃时，因为金属间化合物继续沉淀而使材料变脆，所以使用温度在 315℃以下。

7.7.2　马氏体沉淀硬化不锈钢

马氏体沉淀硬化不锈钢是在马氏体不锈钢中加入 Mo、W、Ti、Nb 等元素，在时效（400～650℃）中沉淀析出一系列金属间化合物（如 Fe_2Mo、Fe_2Ti、Fe_2Nb 及 χ 相（$Fe_{36}Cr_{12}Mo_{10}$）等）而强化的。在 Cr13 型基础上加入这些铁素体形成元素必然出现 δ 铁素体。为了保证得到单一奥氏体组织，加入 Ni、Co 元素，Ni 元素使 M_s 温度下降，所以一般 Ni 控制在 4%左右，Cr 控制在 10%～20%。此外，钴含量增加除固溶强化外，还因降低 Mo 在基体中固溶度而促进时效沉淀强化。

17-4PH 是最早使用的马氏体沉淀硬化不锈钢，经 1000～1050℃固溶处理后得到低碳马氏体，硬度 340HB 左右，机械加工性能不太好。为了改善机械加工性能需经 650℃时效处理，以得到最大限度软化，此时硬度为 300HB。经 480℃时效 1h 可沉淀强化，硬度为 420HB。目前应用的铬钼钴马氏体时效钢有两种基本成分，即 Cr13%-Mo5%-Co13%和 Cr13%-Mo(2%～3%)-Co（15%～20%）。

铬-钼-钴沉淀硬化不锈钢经固溶处理冷到室温后，组织中除马氏体外还含有大量残余奥氏体，经–73℃冷处理可大大减少残余奥氏体量。例如，AFC-77 钢经 1093℃固溶处理后，油冷至室温残余奥氏体和马氏体的质量分数各占 50%，经–73℃冷处理，残余奥氏体的质量分数减少，在 480～650℃时效后有较高强度。

这类钢在大气、水及一些介质中具有耐蚀性，由于价格昂贵，目前主要用于制作火箭和导弹的蒙皮。

7.8　本 章 小 结

不锈钢是指在大气和一般介质中具有高耐蚀性的钢种，和一般结构钢不同的是：其主要性能是耐蚀性，其次才是力学性能。不锈钢合金化的主要成分是铬元素，其耐蚀能力遵循 $n/8$ 规律。不锈钢按组织状态分为铁素体不锈钢、马氏体不锈钢和奥氏体不锈钢。典型的铁素体不锈钢为 Cr17 型，这类钢加热后仍为单相铁素体组织，不能热处理强化，一般用于工作应力不大的化工设备、容器和管道以及食品工厂设备等。典型的马氏体不锈钢为 12C13、20Cr13、30Cr13、40Cr13 等，这类钢可热处理强化，具有较高的强度、硬度及耐磨性，是不锈钢中力学性能最好的钢种。其缺点是耐蚀性稍差、焊接性差，主要用于制作弹簧、汽轮机叶片、水压机阀及医疗器械等。不锈钢中用量最大的是奥氏体不锈钢，常见的 18-8 钢，是通过固溶处理 + 淬火得到的单相奥氏体组织。它是不锈钢中耐蚀性最好的钢种，并具有良好的韧性、塑性及焊接性。这类钢用来制作耐酸设备、输送管道、设备零件等。奥氏体不锈钢的主要弱点是耐应力腐蚀、晶间腐蚀及点蚀能力弱。

参 考 文 献

戴起勋. 2011. 金属材料学. 2 版. 北京：化学工业出版社：135-138.

李云凯. 2006. 金属材料学. 北京：北京理工大学出版社：116-119.

陆世英. 2013. 不锈钢概论. 北京：化学工业出版社：2-40.

强文江，吴承建. 2018. 金属材料学. 3 版. 北京：冶金工业出版社：135.

唐代明，王小红，皮锦红. 2014. 金属材料学. 西安：西安交通大学出版社：160-162.

王晓敏. 2017. 工程材料学. 4 版. 哈尔滨：哈尔滨工业大学出版社：107.

王笑天. 1987. 金属材料学. 北京：机械工业出版社：173-175.

文九巴. 2011. 金属材料学. 北京：机械工业出版社：171-175.

伍玉娇. 2011. 金属材料学. 北京：北京大学出版社：139-148.

第8章 耐 热 钢

各种动力机械（如热电站中的锅炉和蒸汽轮机、航空和舰艇用的燃气轮机）、石油化工设备以及原子反应堆工程等结构中的许多结构件是在高温状态下工作的，有的工作场合温度甚至达到 1000℃以上。工作温度的升高，一方面降低钢的化学稳定性，另一方面降低钢的强度。耐热钢是指在高温下工作并具有一定强度和抗氧化、耐腐蚀能力的铁基合金。耐热钢包括抗氧化钢和热强钢。抗氧化钢是指在高温下抗氧化或抗高温介质腐蚀而不破坏的钢种，如炉底板、炉栅等。它们工作时的主要失效形式是高温氧化，而单位面积上承受的载荷并不大。热强钢是指在高温下有一定抗氧化能力并具有足够强度而不产生大量变形或断裂的钢种，如高温螺栓、涡轮叶片等。它们的服役性能最重要的指标是高温强度。

本章主要从耐热钢工作条件和性能要求出发，着重介绍耐热钢的种类、成分、组织及性能特点。

8.1 耐热钢的工作条件及性能特点

8.1.1 耐热钢的工作条件和性能要求

石油化工设备的高温工艺管线、反应塔和加热炉，火力发电设备的汽轮机和锅炉，汽车和船舶的内燃机，航空航天工业的喷气发动机和火箭发动机等都是高温装置。它们都是在高温、高应力以及高温氧化性或腐蚀性介质中工作的，其失效类型有高温氧化（热腐蚀）、蠕变和热疲劳等。因此，对其高温性能要求与对室温下工作的材料性能要求颇为不同。作为耐热金属材料，其最基本的特性是高温化学稳定性和优良的高温力学性能。此外，还应考虑高温下的有关物理性能（如热传导性、热膨胀性等）及良好的加工工艺性能等。以下是具体的耐热钢性能要求。

（1）高温服役环境下，钢材首先面对的是材料的表面氧化、腐蚀问题，因此耐热钢和高温合金必须要有优良的抗氧化性。

（2）在高温、应力作用下，金属高温强化机制的变化导致材料会发生蠕变等破坏形式。因此，耐热钢的热强性、抗蠕变性、抗热松弛性和热疲劳性要好。

（3）由于高温会引起组织的不断变化，耐热钢高温下的组织稳定性要好，以保证强化机制在高温下的有效性。

（4）耐热钢在高温温度场中要有大的热传导性和小的热膨胀性。

（5）良好的室温加工性能和经济性，如铸造性、锻造性、焊接性，良好的成批生产性。

8.1.2　耐热钢的抗氧化性及途径

耐热金属材料要在各种环境中暴露，在高温下的化学稳定性依照其用途不同有各种各样的要求：在氧化性环境中要求不氧化不脱碳；在渗碳性气氛中要求不渗碳；在含有 V、Na、S 的燃烧气体中不发生强烈腐蚀等。但耐热金属材料在高温下的化学稳定性最基本且最重要的是抗氧化性。

钢的抗氧化性是指钢在高温下抗氧化或抗高温介质腐蚀的能力。钢的抗氧化性一般用单位时间单位面积上氧化后质量增加或减少的数值表示，单位为 g/m^2。质量增加常用于冷却后氧化物仍然紧密附着在金属表面上的材料，如高合金钢的氧化；质量减少常用于碳钢、低合金钢或氧化物容易剥落的材料。

其他条件相同时，减小质量或增加质量的程度越小，钢的热稳定性越高。

氧化是一种典型的化学反应，即介质与金属直接接触发生化学反应，腐蚀产物可以附着在金属表面，称为氧化膜。若能在金属表面形成一层致密的、完整的并能与金属表面牢固结合的氧化膜，那么钢将不再被氧化。但是碳钢一般不能满足这个要求。

铁与氧可以形成 FeO、Fe_3O_4 和 Fe_2O_3 共三种氧化物，但氧化膜的结构与温度有关。560℃以下形成的氧化膜由 Fe_2O_3 和 Fe_3O_4 组成，这种氧化膜较致密，点阵结构复杂，点阵常数小，铁离子在其中扩散系数小，氧化速率较低。当温度超过560℃时，在 Fe_2O_3 和 Fe_3O_4 下面形成 FeO 层。FeO 层很厚（其 Fe_2O_3、Fe_3O_4、FeO 的三层厚度比为 1∶10∶100），点阵结构简单，是铁原子的缺位固溶体，点阵中的原子有一些空隙，铁离子很容易通过 FeO 层进行扩散，氧原子也易于向内扩散与铁离子结合，因此加剧铁的氧化。

在高温下工作的钢件，因为氧化具有自发的趋势，所以是一定要发生的。但氧化的速率、继续氧化的问题是可以改变和控制的，通过加入合金元素，改变氧化膜层的传导性，降低氧化膜中的扩散，提高氧化膜的稳定性，形成致密稳定的合金元素氧化膜层，提高膜的保护性，从而提高钢的抗氧化性，是研究发展抗氧化钢的主要途径。

（1）加入合金元素，降低氧化膜中的扩散：加入不同的合金元素会改变钢表面氧化膜的结构和性质。这方面的基本概念是当加入合金元素后，基体金属（A）、合金元素（B）在氧化时可能出现三种情况：形成A的氧化物中含有B离子；形成B的氧化物中含有A离子；A、B各自形成氧化物。当这些不同结构的氧化物形成时，氧化膜中的空位也同时发生变化。

（2）加入合金元素，提高钢氧化膜的稳定性。研究表明，Cr、Si、Al使FeO形成的温度（共析温度）显著提高。在Cr、Si、Al含量高时，FeO相区消失。当这些元素溶入氧化膜，形成固溶体时，氧化膜会获得固溶强化，固溶强化也会降低氧化膜中的热传导性，增加氧化膜的稳定性。

（3）加入合金元素，形成致密、稳定的合金氧化膜层。当钢中加入合金元素Cr、Ti、Al、Si等时，则在氧化的过程中，由于铁离子氧化消耗，而铬、铝、硅等氧化物稳定，会使氧化膜底层逐渐富集为稳定氧化物的膜层，形成以合金元素氧化物为主的氧化膜，如Al_2O_3、SiO_2、Cr_2O_3（或$Al_2O_3·FeO$）等。当这些氧化膜形成时，Fe、O通过它的扩散严重受阻，钢的抗氧化性则显著提高。钢中加入Cr、Al、Si后的氧化失重试验也表明，当Cr、Si、Al含量分别达到一定值时，钢的氧化速率显著降低。

在实际应用中，Cr、Si、Al等元素复合加入，形成互溶的氧化物或复杂尖晶石结构，则抗氧化性还会更好。下面详细介绍下列钢中常见合金元素对钢高温氧化性能的影响。

（1）铬：当以铬合金化提高抗氧性时，铬还能提高基体电极电位，从而提高抗氧化性。铬在提高抗氧化性的同时还提高热强性。铬含量高达18%～28%时，钢仍有很好的抗氧化性，所以铬是抗氧化钢的主要合金化元素。要使氧化膜具有良好的抗氧化性，单一加入铬的用量如下。

工作温度600℃，需质量分数为5%的Cr。

工作温度800℃，需质量分数为12%的Cr。

工作温度950℃，需质量分数为20%的Cr。

工作温度1100℃，需质量分数为28%的Cr。

复合加入Si、Al，则可降低铬的质量分数，提高热强性，如复合加入CrSi、CrAl、CrSiAl等。

（2）Al、Si：Al、Si显著提高抗氧化性能，但会严重恶化工艺性能，使钢的脆性增大，因此很少单独使用，常常配合在铬钢、铬-镍钢、铬-锰-氮钢中使用。含硅的抗氧化钢在含硫气氛中具有稳定性且抗渗碳。在水汽分压较高的气氛中，含硅的钢抗氧化性不好。

（3）Ni、Mn：Ni、Mn对钢的抗氧性影响较弱，Mn略降低抗氧化性。Ni、Mn的使用主要是为了获得工艺性良好的奥氏体，再利用奥氏体基体进行Cr、Al、Si的抗氧化合金化。镍含量高时，在含硫气氛中由于会生成Ni_3S_2，而Ni_3S_2和Ni能形成共晶，共晶温度为645℃。由于硫一般是沿晶界渗入形成Ni_3S_2的，这样，低熔点共晶将沿晶界出现，会使钢产生严重破坏，所以高镍钢不宜用于含硫气氛中。

（4）C、N：C、N 在抗氧化钢中，当溶于基体中形成固溶体时，对钢的抗氧化性影响不大；当它们以化合物析出时，这种析出物会妨碍表面氧化膜结晶上的连续性，降低钢中抗氧化元素的含量，从而降低钢的抗氧化性。

（5）Mo、V：Mo、V 由于其氧化物熔点较低，MoO_3（795℃）、V_2O_5（658℃），容易挥发，都使抗氧化性变差，但对于铁素体和珠光体基体耐热钢则具有一定的保护作用，同时具有沉淀强化作用。

近年来的研究还指出，当钢中加入镧系稀土时，氧化膜和基体之间结合力会增加，有利于抗氧化性的提高。

8.1.3　耐热钢的热强性能

1. 金属在高温下的力学性能特点

金属在高温下长时间承受载荷时，工件在远低于抗拉强度的应力作用下会产生破断；在工作应力远低于屈服应力的情况下，会连续地和缓慢地发生塑性变形。这就是说，与室温强度不同的是高温下金属的强度受温度和时间影响。图 8-1 为 40 钢的强度随温度和时间的变化（王晓敏，1999；王笑天，1987）。由图可以看到，钢的强度随服役温度升高和载荷作用时间延长而逐渐下降。其中，200℃强度比 20℃更高是时效造成的结果。

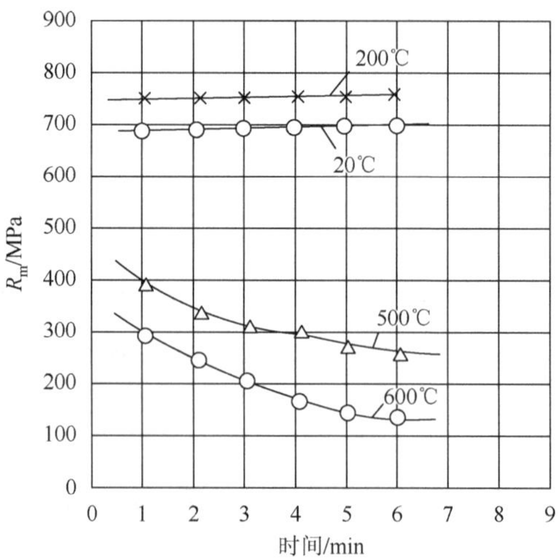

图 8-1　40 钢的强度随温度和时间的变化

受温度和时间影响，金属在低温下断裂与高温下的断裂形式也发生变化。在高温下金属的断裂形式由低温穿晶断裂（韧性断裂）过渡到高温的晶间断裂（脆性断裂）。其原因是：金属强度是由晶粒和晶界强度组成的。温度升高，由于原子结合力下降，晶内和晶界强度都要下降。但由于晶界缺陷较多，原子扩散较晶内快，因此晶界强度比晶内下降得快。到一定温度时，原来室温下晶界强度高于晶内的状况会转变为晶界强度低于晶内。晶内强度和晶界强度相等的温度称为等强温度。当加载速度较慢时，由于扩散有时间保证，等强温度也下降。

综上所述，金属在高温下力学性能与温度和加载时间有关，其高温强度或热强性不能用室温下的屈服强度和断裂强度作为设计依据。热强性是指耐热钢在高温和载荷作用下，抵抗塑性变形和破坏的能力。热强性包括材料在高温条件下的瞬时性能和长时性能。

瞬时性能是指在高温条件下进行常规力学性能试验所测得的性能指标，如高温拉伸、高温弯曲和高温冲击等。其特点是高温短时加载，其性能指标只能作为选材的一个参考指标。长时性能是指材料在高温及载荷共同长时间作用下所测得的性能指标，包括蠕变极限、持久强度、应力松弛、高温疲劳强度，以及冷、热疲劳等，这是评定高温材料必须建立的性能指标。

2. 提高耐热钢热强性途径

1）影响耐热钢热强性的因素

随着温度的升高，耐热钢抵抗塑性变形和断裂的能力不断降低，这主要是由以下两个因素造成的。

（1）影响耐热钢的软化因素。随着温度升高，钢的原子间结合力降低，原子扩散系数增大，从而导致钢的组织由亚稳态向稳态过渡。例如，第二相的聚集长大、多相合金中的成分变化，亚结构粗化及发生再结晶等这些因素都导致钢的软化。

（2）变形断裂方式的变化。金属材料在低温下变形时一般都以滑移方式进行，但随着温度升高，载荷作用时间加长，这时不仅有滑移，而且还有扩散变形及晶界的滑动与迁移等方式。扩散变形是在金属发生变形，但看不到滑移线的情况下进行的。这种变形机制使高温时金属内原子热运动加剧，致使原子发生移动，但在无外力作用下原子的移动无方向性，故宏观上不发生变形；当有外力作用时，原子振动极易发生且有方向性，因而促进变形。当温度升高时，在外力作用下晶界也会发生移动和迁移。温度越高、载荷作用时间越长，晶界滑动和迁移就越明显。

常温下金属的断裂在正常情况下均属穿晶断裂，这是由于晶界区域晶格畸变程度大，晶内强度低于晶界强度。但随温度升高，晶界区域晶格畸变程度小，使原子扩散速率增加，晶界强度减弱。温度越高，载荷作用时间越长，则金属断裂方式更多地呈晶间断裂。

2）提高钢的热强性途径

基于上述分析，提高钢的热强性主要途径有三个方面：基体强化、第二相沉淀强化、晶界强化。

（1）基体强化。主要出发点是提高基体金属的原子间结合力，降低固溶体的扩散过程。研究表明，从钢的化学成分来说，凡是熔点高、自扩散系数小、能提高钢的再结晶温度的合金元素固溶于基体后都能提高钢的热强性。如铁基及镍基高温合金中主要的固溶强化元素有钼、钨、钴和铬等。从固溶体的晶格类型来说，奥氏体基体比铁素体基体的热强性高。这是由于奥氏体的点阵排列较铁素体致密，扩散过程不易进行。例如，铁基合金奥氏体中的铁、碳、铬等元素的扩散系数均显著地比铁素体中的要小，这就使回复和再结晶过程减慢，第二相聚集速度减慢，从而使钢在高温状态下不易软化。

（2）第二相沉淀强化。主要出发点是要求第二相稳定，不易聚集长大，能在高温下长期保持细小均匀的弥散状态，耐热钢大多用难熔合金碳化物作为强化相，如 MC、$M_{23}C_6$、M_6C 等。为获得更高热强性，可用热稳定性更高的金属间化合物，如 Ni_3（Al，Ti）、Ni_3Ti、Ni_3Al 等作为基体的强化相。

（3）晶界强化。高温下晶界强度较低，所以在耐热钢及合金中希望得到适当粗的晶粒，以减少晶界数量。与此同时还采用以下方法来进一步强化晶界：①净化晶界。在耐热钢中的硫、磷等低熔点杂质易在晶界偏聚和形成低熔点共晶，削弱晶界强度。向钢中加入硼、稀土等，与上述低熔点杂质形成高熔点稳定化合物，就可以净化晶界强化。②填充晶界空位。晶界上空位较多，有利于扩散和蠕变裂纹扩展。加入适当元素如硼，硼的原子尺寸比铬、铁、钴小，比碳、氮等要大。它的微量加入，无论处于置换还是间隙状态，都能稳定地填空晶界空位，使晶界强化。③晶界沉淀强化。在晶界上沉淀析出不连续骨架状强化相（如 M_7C_3、$M_{23}C_6$ 等），也可以强化晶界使裂纹沿晶扩展受阻。

除此之外，还可用形变热处理方法改变晶界形状呈锯齿状晶界和在晶内造成多边化的亚晶界，进一步提高钢的热强性。

现代耐热钢和高温合金大都综合采用上述几种强化方法。

8.2　抗氧化钢

抗氧化钢主要用于制作在高温条件下长期工作且承受载荷不大的构件，如工业加热炉中的构件、炉底板、料架、马弗罐、辐射管等。这类钢包括铁素体和奥氏体两类，它们都具有很好的抗氧化性能。

8.2.1 铁素体型抗氧化钢

铁素体型抗氧化钢是在铁素体不锈钢基础上，进一步加适量的硅、铝而发展起来的。铁素体型抗氧化钢的热处理制度及力学性能见表 8-1。

从表 8-1 可见，铁素体型抗氧化钢的钢种主要有三种类型，即 Cr13 型（06Cr13Al，022Cr12）、Cr18 型（10Cr17）及 Cr25 型（16Cr25N）。随着 Cr 质量分数的提高，钢种的使用温度也相应提高。Cr13 型钢的使用温度为 800～850℃；Cr18 型钢的使用温度为 850～900℃；Cr25 型钢的使用温度为 900～1100℃。

表 8-1 铁素体型抗氧化钢的热处理制度及力学性能（《耐热钢棒》（GB/T 1221—2007））

牌号	退火/℃	$R_{p0.2}$/MPa	R_m/MPa	A/%	Z/%	硬度/HBW
		不小于				不大于
06Cr13Al	780～830，空冷或缓冷	175	410	20	60	183
022Cr12	700～820，空冷或缓冷	195	360	22	60	183
10Cr17	780～850，空冷或缓冷	205	450	22	50	183
16Cr25N	780～880，快冷	275	510	20	40	201

铁素体型抗氧化钢具有类似铁素体不锈钢的特点，无相变，有晶粒长大倾向，韧性较低，不宜制作承受冲击负荷的零件，但它们的抗氧化性强，在含硫的气氛中有好的耐蚀性，适宜制作各种承受应力不大的炉用构件，如退火炉罩、热交换器、散热器等。

铁素体型抗氧化钢一般在 700～850℃退火后使用。

8.2.2 奥氏体型抗氧化钢

奥氏体型抗氧化钢是在奥氏体型不锈钢的基础上进一步经 Si、Al 抗氧化合金化形成的钢种，比铁素体型抗氧化钢有更好的工艺性和热强性。奥氏体型抗氧化钢的特性及应用见表 8-2。

表 8-2 奥氏体型抗氧化钢的特性及应用（《耐热钢棒》（GB/T 1221—2007））

牌号	特性和说明
26Cr18Mn12Si2N	具有较高的高温强度和一定的抗氧化性，并且有较好的抗硫及抗增碳性，用于吊挂支架、渗碳炉构件、加热炉传送带、料盒及炉爪
22Cr20Mn9Ni2Si2N	特性同 26Cr18Mn12Si2N，还可用于盐浴坩埚和加热炉管道等

续表

牌号	特性和说明
06Cr19Ni10	通用耐氧化钢，可承受870℃以下反复加热
16Cr23Ni13	承受980℃以下反复加热的抗氧化钢，用于加热炉部件及重油燃烧器
06Cr23Ni13	耐蚀性比06Cr19Ni10钢好，可承受980℃以下反复加热，用于炉用材料
20Cr25Ni20	承受1035℃以下反复加热的抗氧化钢，主要用于炉用部件、喷嘴、燃烧室
06Cr25Ni20	抗氧化性比06Cr23Ni13钢好，可承受1035℃以下反复加热，炉用材料、汽车排气净化装置等
12Cr16Ni35	抗渗碳、抗氮化性好的钢种，在1035℃以下反复加热，炉用材料，石油裂解装置
06Cr18Ni13Si4	具有和06Cr25Ni20钢相当的抗氧化性。用于含氯离子环境，如汽车排气净化装置等
16Cr20Ni14Si2	具有较高的高温强度和抗氧化性，对含硫气氛较敏感，在600～800℃有析出相的脆化倾向，适用于制作承受应力的各种炉用构件

从表8-2可以看出，奥氏体型抗氧化钢的钢种主要有三种类型，即铬-镍系、铬-镍-硅系及铬-锰-硅-氮系。

1. 铬-镍系

铬-镍系又分为低碳铬-镍系和高碳铬-镍系。从表8-2可见，低碳铬-镍系的06Cr19Ni10是应用很广的不锈耐氧化钢，06Cr23Ni13及06Cr25Ni20的抗氧化性随铬的质量分数的增加而提高。高碳铬-镍系的钢使用温度与相同铬镍质量分数的低碳铬-镍系钢相同，强度较高。

2. 铬-镍-硅系

铬-镍-硅系的06Cr18Ni3Si4抗氧化性与06Cr25Ni20相当，而16Cr20Ni4Si2和16C25Ni20Si2则有较高的高温强度，适合制作各种承受应力的炉用构件。

3. 铬-锰-硅-氮系

铬-锰-硅-氮系的26Cr18Mn12Si2N钢和22Cr20Mn10Ni2Si2N钢，以Mn、N部分或完全代替Ni，具有较高的高温强度和一定的抗氧化性，并且具有较好的抗硫及抗增碳性，可用作渗碳炉构件等。22Cr20Mn10Ni2SiN还可用于盐浴炉坩埚等。

奥氏体型抗氧化钢与奥氏体型不锈钢一样，均在固溶处理后使用。

8.3 珠光体耐热钢

珠光体型耐热钢是指在正火状态下，显微组织由珠光体加铁素体所组成的一类耐热钢。它的合金元素的质量分数小，工艺性能好，广泛用于600℃以下工作的动力工业和石油工业的构件。

珠光体耐热钢按碳含量的高低可分为以下两类。

（1）低碳珠光体耐热钢。这类钢主要用作锅炉管线等，工作温度范围一般低于600℃。

（2）中碳珠光体耐热钢。这类钢主要用作耐热紧固件（螺栓、螺母、阀杆等）和汽轮机转子等（包含主轴、叶轮）。

8.3.1 低碳珠光体耐热钢（锅炉管子用钢）

1. 工作条件及性能要求

低碳珠光体耐热钢主要用于制作锅炉管线。对锅炉管线来说，其管内是高压蒸汽、外壁与火焰及烟气接触。为了使管子在长期工作条件下安全可靠，对管子用钢一般有如下要求：①足够的高温强度和持久塑性；②足够的抗氧化及耐蚀性；③足够的组织稳定性；④良好的冷、热加工工艺性能，如轧制、穿管、冷拔、弯管以及焊接等。

2. 化学成分特点

（1）低碳。这类钢碳的质量分数控制在0.08%～0.2%。碳含量低可使钢具有良好冷热加工性能；低碳不仅使钢管具有较好的抗氧化性能，而且使碳化物数量减少，钢中还不易产生碳化物聚集长大、球化和石墨化。

（2）主加元素为 Cr、Mo。主要目的是强化铁素体，提高热强性和再结晶温度，并有效阻止珠光体球化和石墨化倾向，进一步提高钢抗氧化性能。

（3）辅加元素 V、Ti、Nb、W。主要作用是形成稳定的碳化物相，起弥散强化的作用，同时也阻止 Cr、Mo 向碳化物转移，保持基体固溶强度，阻止珠光体球化和石墨化。

3. 服役中组织稳定性问题

低碳珠光体耐热钢的基体组织为铁素体加珠光体。在使用过程中组织将发生一系列变化而导致构件失效。图 8-2 是低碳珠光体耐热钢在高温使用中球化程度示意图（王晓敏，1999）。其主要问题有如下三个方面。

（1）珠光体球化及碳化物聚集长大：所有珠光体耐热钢，在长期高温下工作，都发生层片状珠光体球化和片状渗碳体的聚集长大。珠光体球化程度越大，钢的抗蠕变能力和持久强度越明显地降低。根据试验数据，珠光体耐热钢完全球

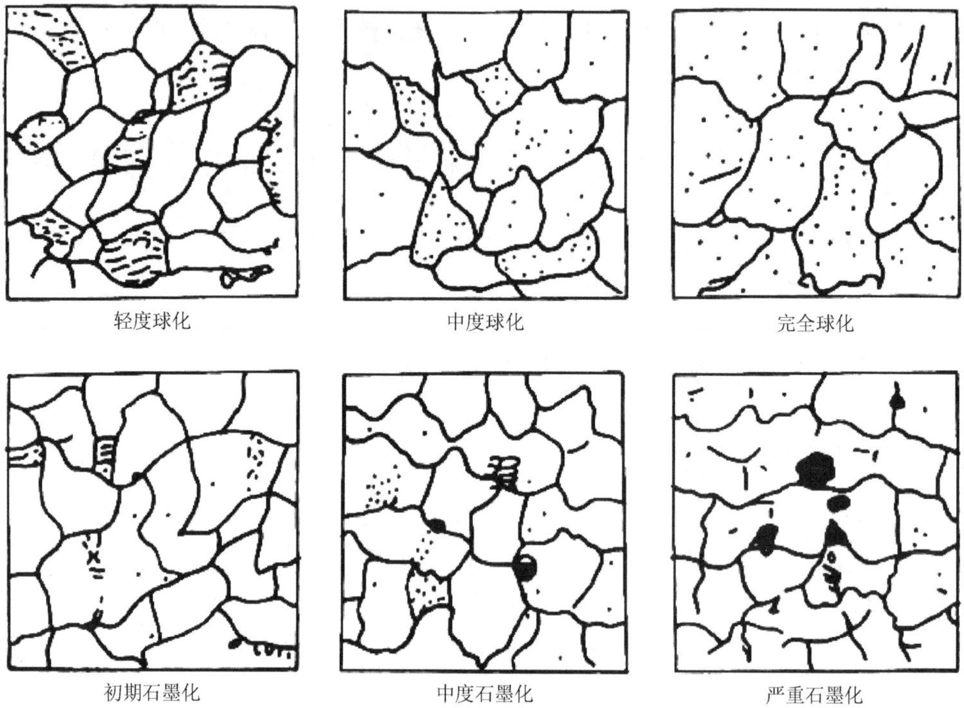

图 8-2　低碳珠光体耐热钢在高温使用中球化程度示意图

化后的持久强度比未球化的降低 1/3 左右。碳钢最容易球化，碳含量越高球化速度越快。钢中加入 Cr、Mo、V 等碳化物形成元素，可明显阻止渗碳体球化和聚集长大。锰含量大于 1%时，会明显促进球化。因此，在低碳珠光体耐热钢的成分设计上，应力求减少碳和锰含量，适当加入 Cr、Mo、V 等元素。

（2）石墨化：石墨化是锅炉管子用钢组织变化中最危险的组织。如前所述，钢中的渗碳体是一个不稳定的化合物，在一定温度条件下长期使用会发生石墨化现象。石墨化现象是渗碳体分解造成的，即 $FeC_3 \rightarrow Fe + G$（石墨）。严重的石墨化组织出现可使钢的蠕变极限、持久强度、塑性、韧性显著下降，造成锅炉管应力集中和发生脆性断裂。1943 年美国某电站采用含 $w(Mo) = 0.5\%$的珠光体耐热钢制作主蒸汽管，在 505℃下仅用五年半就发生了脆断破裂。后经分析证明是发生了石墨化的缘故。石墨化是珠光体耐热钢中最危险的组织转变之一。已经证明，合金元素 Mo、Al、Si、Ni 促进石墨化。而钢中加入 $w(Cr) = 0.3\% \sim 0.5\%$可以有效防止钢的石墨化，强碳化物形成元素可抑制石墨化。

（3）合金元素在固溶体和碳化物相中的扩散和再分配。16Mo、15CrMo 等钢，由于在高温（500℃或更高一些温度）下工作，固溶体中钼含量逐渐减少，而碳化物中钼的含量逐渐增多。随着温度的提高或时间延长，这种元素扩散和重新分布的现象加剧。合金元素重新分布的结果使强化固溶体的 Mo 元素减少，因而降低了钢的热强度。

为了降低合金元素重新分配，珠光体耐热钢的合金化方向是：①固溶体复合合金化，即在钢中同时加入 Cr、Mo、W 等元素，有效地提高基体的原子结合力，使扩散难以进行；②加入 Ti、V、Nb 等强碳化物形成元素，形成稳定碳化物相（TiC、NbC、VC）。一方面，减少钢中渗碳体型碳化物，另一方面，TiC、NbC、VC 中很少溶进 W、Mo 元素，因此可以有效地阻碍固溶强化元素 W、Mo 等向碳化物相中过渡。

4. 低碳珠光体耐热钢的热处理

这类钢热处理工艺一般均为正火加高温回火。正火加热温度比通常的 A_{c3} + 50℃高 100～150℃。由于这类钢中有的还含有一定量 Cr、W、Mo、V 等元素，因此正火空冷后的组织依据合金元素种类、含量及构件尺寸不同，可分别获得贝氏体、低碳马氏体以及铁素体加珠光体组织。高温回火的目的是稳定组织，并使固溶体基体与碳化物相之间合金元素合理分配，一般回火温度要高于构件使用温度 100℃。低碳珠光体耐热钢的热处理工艺见表 8-3。

表 8-3 高压锅炉用珠光体型热强钢的热处理制度（《高压锅炉用无缝钢管》（GB 5310—2017））

牌号	热处理制度
15MoG、20MoG	890～950℃正火
12CrMoG	900～960℃正火，670～730℃回火
15CrMoG	900～960℃正火，680～730℃回火
12Cr2MoG	壁厚 S≤30mm 的钢管 900～960℃正火，700～750℃回火。壁厚 S>30mm 的钢管不低于 900℃淬火，700～750℃回火；900～960℃正火，700～750℃回火，但正火后应快冷
12Cr1MoVG	壁厚 S≤30mm 的钢管 980～1020℃正火，720～760℃回火。壁厚 S>30mm 的钢管 950～960℃淬火，720～760℃回火；980～1020℃正火，720～760℃回火，但正火后应快冷
12Cr2MoWVTiB	1020～1060℃正火，760～790℃回火
12Cr3MoVSiTiB	1040～1090℃正火，720～770℃回火

8.3.2 中碳珠光体耐热钢（紧固件及汽轮机转子用钢）

中碳的珠光体耐热钢主要用于耐热的紧固件（螺栓、螺母、汽封弹簧片、阀杆等）、汽轮机转子（主轴、叶轮）等。这类零部件承受温度低于锅炉蒸汽管道构件的温度，但有时要承受因扭转、弯曲、振动所产生的应力和由温度梯度引起的热应力等。因此，要求更高的热强性、热疲劳强度、高温塑性、韧性等综合性能。

这类零部件一般采用锻造成形，较少要求焊接等。因此，这类钢碳含量都高于低碳珠光体热强钢。为了提高淬透性和回火稳定性，这类钢合金化以铬、钼为主并根据用途不同适量加入 Ti、V、Nb、B 等，并且其含量也比低碳珠光体耐热钢稍有提高。这类钢一般都采用淬火加高温回火，使用状态组织一般为回火索氏体。这类钢的主要牌号、热处理工艺及用途见表 8-4（王晓敏，1999）。

表 8-4　珠光体耐热钢的典型钢号、成分、热处理工艺、力学性能、用途

类别	钢号	化学成分/%						用途举例
		C	Si	Mn	Cr	Mo	V	
叶轮转子紧固件用钢	24CrMoV	0.20～0.28	0.17～0.37	0.3～0.6	1.2～1.5	0.5～0.6	0.15～0.25	450～600℃工作的叶轮，<525℃紧固件
	25Cr2MoVA	0.22～0.29	0.17～0.37	0.4～0.7	1.5～1.8	0.25～0.35	0.15～0.3	<540℃紧固件
	25Cr2MoV	0.22～0.30	0.17～0.37	0.55～0.8	2.1～2.5	0.9～1.1	0.3～0.5	<565℃紧固件
	25Cr1Mo1VA（P2）	0.22～0.29	0.3～0.5	≤0.6	1.5～1.8	0.6～0.8	0.2～0.3	<535℃整段转子
	35CrMo	0.32～0.40	0.17～0.37	0.4～0.7	0.8～1.1	0.15～0.25	—	<480℃螺栓 <510℃螺母
	35CrMoV	0.30～0.38	0.17～0.37	0.4～0.7	1.0～1.3	0.2～0.3	0.1～0.2	500～520℃工作的叶轮及整段转子

8.4　马氏体耐热钢

马氏体耐热钢包括两种类型：一种是用于制作工作温度在 450～620℃的汽轮机叶片，称为叶片用钢；另一种主要用于制作工作温度在 700～850℃的内燃机排气阀，故称为排气阀用钢。这类钢的主要牌号、成分见表 8-5（王晓敏，1999）。

表 8-5　马氏体耐热钢的典型牌号、成分

钢号		化学成分/%								
		C	Si	Mn	Cr	Mo	W	Nb	B	V
叶片钢	15Cr11MoV	0.11～0.18	≤0.5	≤0.6	10～11.5	0.5～0.7				0.25～0.40
	15Cr12WMoVA	0.12～0.18	≤0.4	0.5～0.6	11～13	0.5～0.7	0.7～0.11	Ni0.4～0.8		0.15～0.30
	15Cr12WMoVNbB（类似ЭИ993）	0.14～0.19	0.2～0.4	0.4～0.6	11～12	0.45～0.6	0.45～0.6	0.25～0.35	0.01～0.24	0.2～0.3

续表

钢号		化学成分/%								
		C	Si	Mn	Cr	Mo	W	Nb	B	V
阀门钢	40Cr9Si2	0.35～0.50	2～3	≤0.7	8～10					
	40Cr10Si2Mo（ЭИ107）	0.35～0.45	1.9～2.6	≤0.7	0.5～9	0.7～0.9	Ni≤0.5			

8.4.1　叶片用钢

汽轮机叶片工作温度为 450～620℃，和锅炉管子工作温度相近，但要求更高的蠕变强度、耐蚀性和耐腐蚀磨损性能，因此珠光体型热强钢难以适应这种要求，必须选用马氏体型耐热钢（伍玉娇，2011）。这类钢是在 Cr13 型马氏体不锈钢基础上适当调整化学成分而发展起来的。为了提高叶片工作温度，在 Cr13 基础上加钼、钨、钒和铌以强化基体和形成稳定碳化物，并加硼以强化晶界。必须指出，上述合金元素加入后，为避免形成较多的 δ 铁素体，应适当降低铬含量，有时还加入一定量的镍元素，以保证淬火加热时获得单一的奥氏体组织。

8.4.2　排气阀用钢

汽车和内燃机中的排气阀工作温度一般为 700～850℃。燃气中还含有硫、钠、钒等气体及盐类腐蚀介质，同时在工作中气阀还经常受到机械疲劳、热疲劳及气体冲刷等。因此，排气阀用钢应具有更高的高温强度、硬度、韧性、抗氧化、抗腐蚀性能以及更好的组织稳定性和良好的工艺性能。为了达到上述性能要求，马氏体排气阀钢碳含量较高，并添加硅元素进一步提高抗氧化性能。钢中的钼除提高淬透性外，还可以降低第二类回火脆性。

马氏体耐热钢一般在 1000℃以上加热淬火，以保证所有碳化物固溶并与合金元素有效作用，然后空冷或油冷。回火温度应根据要求选用。叶片用钢的回火温度在 650～750℃选择；排气阀用钢的回火温度一般应高于使用温度 100℃，并应避开 400～600℃回火脆性区间。

8.5　奥氏体耐热钢

动力工业的燃气轮机叶片、轮盘、发动机气阀和喷气发动机的某些零件，主要工作温度为 600～750℃，有的可达 850℃左右。许多石油化工装置构件，如制氢转化炉管、乙烯裂解炉管等，其工作温度有的已达到1050℃，并且还经受高压、氧化及渗碳性介质的强烈作用。因此，珠光体、马氏体类型耐热钢（α-Fe基）在化学稳定性和热强性两个方面都很难胜任，必须更换基体组织，即采用γ-Fe基的奥氏体钢。γ-Fe基比α-Fe基具有更高的热强性，其原因为：γ-Fe晶格的原子间结合力比α-Fe大；γ-Fe中铁及其他元素原子的扩散系数小，再结晶温度高，可达800℃以上，而α-Fe再结晶温度仅为450～600℃。γ-Fe基耐热钢还有较好的抗氧化性、高的塑性和韧性，良好的可焊性。但也有室温强度低，导热性差、压力加工及切削困难等缺点。

根据合金化方法及强化机制，奥氏体耐热钢及铁基合金可以分成三类：①固溶强化型；②碳化物沉淀强化型；③金属间化合物沉淀强化型（铁基耐热合金）。典型耐热钢及合金的牌号、成分见表8-6（王晓敏，1999）。

表8-6　典型奥氏体耐热钢及合金牌号、成分

钢号		化学成分/%				
		C	Cr	Ni	Mo，W	Ti，Al，Nb，Ta，B
固溶强化	12Cr18Ni9Mo	<0.14	17～19	9～11	Mo2.5	
	12Cr18Ni11Nb（347H）	≤0.10	17～20	9～13		Nb<0.15
	12Cr14Ni19W2Nb（ЭИ695）	0.07～0.12	13～15	18～20	W2.0～2.7	Nb0.9～1.3
	Cr20Ni32（Incoloy800）	<0.10	20.5	32		Ti0.3，Al0.3，Cu0.3
碳化物沉淀强化	40Cr25Ni20（A351、HK-40）	0.35～0.45	24～26	19～26		
	40Cr25Ni35Nb（HP-Nb）	0.30～0.50	23～27	33～37		Nb1.0～1.5
	40Cr25Ni35WNb（Manaurite36xs）	0.35～0.45	24～27	32～35	1.0～2.0	Nb1.0～2.0
	40Cr25Ni35Co15W5（Supertherm）	0.4～0.5	24～28	33～37	5.0～6.4	Co13～17
	40Cr12Ni8Mn8MoVNb（GH2036、ЭИ481）	0.34～0.4	11.5～13.5	7～9	Mn7.5～9.5 Mo1.1～1.4	Nb0.25～0.50，V1.25～1.55，Si0.3～0.8
金属间化合物强化	06Cr15Ni26MoTi2AlVB（GH2132、A286）	0.08	13.5～16.0	24～27.0	Mn1.0～2.0 Mo1.0～1.5	Ti1.75～2.30，Al≤0.4，Si0.4～1.0，B0.001～0.01
	06Cr15Ni35W2Mo2Ti2Al3B（GH2135、808）	≤0.08	14～16	33～36	Mn0.5 Mo1.7～2.2 W1.7～2.2	Ti2.1～2.5，Al2.4～2.8，B≤0.015，Ce≤0.03，Si≤0.40
	06Cr14Ni37W6Ti3Al2B（GH2130）	≤0.08	12～16	35～40	Mn≤0.5 W5～6.5	Ti2.4～3.2，Al1.4～2.2，B<0.02，Ce<0.02，Si<0.6

8.5.1 固溶强化型

这类钢是 18-8 型奥氏体不锈钢发展而来，低碳、主加元素为 Cr、Ni 的奥氏体组织的钢，为了进一步固溶强化和提高热强性，钢中常含有 W、Mo 元素。这类钢焊接及冷加工成形性能良好，一般在固溶处理状态下使用。这类钢可用在受热温度较高、承受载荷不大的零部件上，如工业加热炉马弗罐、辐射管、传送带；喷气发动机排气管、冷却良好的燃烧室部件以及工业炉热交换器管线等。Cr20Ni32（Incoly800）合金常用于制作石油化工装置、使用温度在 800℃左右的制氢转化炉下集气管。

8.5.2 碳化物沉淀强化型

碳化物沉淀强化型耐热钢的化学成分特点是：既含有较高的 Cr、Ni 以形成奥氏体；又含有 W、Mo、Nb、V 等强碳化物形成元素，是以碳化物为沉淀强化相的奥氏体铁基高温合金。按照使用时的加工工艺状态及强化特点可分为铸态下使用和锻、轧后经固溶处理＋时效处理后使用。40Cr25Ni20、50Cr25Ni35 等一般在铸态下使用，以 M_7C_3、MC 骨状的共晶碳化物强化晶界，在高温使用中晶内沉淀析出 $M_{23}C_6$ 型碳化物，以强化基体。这类钢目前主要用于石油化工装置，如使用温度在 600～1050℃下，载荷应力并不太高的制氢转化炉管和乙烯裂解炉管。40Cr12Ni8Mn8MoVNb（GH2036）、40Cr14Ni4W2Mo（ЭИ49）等，它们在锻、轧成形后，必须进行固溶处理和预先时效后使用。在预先时效过程中，通过钢中析出大量的弥散碳化物 $M_{23}C_6$、MC 等，一方面使钢沉淀强化，另一方面也稳定组织。时效温度一般高于使用温度。这类钢主要用于使用温度为 600～650℃的发动机轮盘、高温紧固件等。40Cr14Ni4W2Mo 也可制作内燃机车排气阀。

8.5.3 金属间化合物沉淀强化型

这类合金的特点是碳含量很低（一般为 0.08%），镍含量较高（25%～40%），同时还含有一定量的 Al、Ti、Mo、W、V、B 等元素，也称为铁基高温合金。高的镍含量除了保证得到稳定奥氏体组织外，镍在时效中还要与 Al、Ti 等元素形成 γ 相[Ni_3(Al, Ti)]沉淀强化；合金中的 W、Mo 可溶于奥氏体基体产生固溶强化；合金中的 V 和 B 能强化晶界，B 还可以使晶界网状沉淀相改变为断续沉淀相，因而还可提高合金的持久塑性。

表 8-6 中所列出的 06Cr15Ni26MoTi2AlVB（GH2132）、06Cr15Ni35W2Mo2Ti2Al3B

（GH2135）、06Cr14Ni37W6Ti3Al2B（GH2130）是几种典型的以金属间化合物为沉淀强化相的奥氏体铁基高温合金。它们都是通过锻、轧成形后，再经固溶处理和预时效处理后使用的。这类合金在航空工业中得到广泛应用，主要在较高温度下工作的耐热钢，需选择奥氏体基的耐热钢，更高温度的服役场合耐热钢难以胜任，就需要采用镍基、钴基等具有更高耐热性材料来制造。用于制作使用温度在 650～700℃载荷应力较大的涡轮盘、涡轮机匣、涡轮导向器叶片等。

8.6 本 章 小 结

耐热钢可分为抗氧化钢和热强钢两大类。抗氧化钢常用于工业炉等环境不受力或受力很小的高温构件，要求能耐工作介质的化学腐蚀和高温氧化。热强钢既要求具有高温力学性能，又要求良好的表面抗氧化性。从合金化方面考虑，提高钢高温强度及组织稳定性的主要措施有增强固溶体原子间结合力、强化晶界、稳定第二相的弥散强化等。提高抗氧化性加入合金元素铬、钛、铝、硅等时，形成连续、致密、稳定的合金氧化膜层阻挡腐蚀介质与基体接触，或者做抗氧化的防护膜层等。

不同合金化的耐热钢都有其适宜的使用温度范围。使用温度越高，对耐热钢的要求也就越严格。珠光体耐热钢、铁素体基耐热钢服役温度不能太高，在较高温度下工作的耐热钢，需选择奥氏体基的耐热钢，更高温度的服役场合耐热钢难以胜任，就需要采用镍基、钴基等具有更高耐热性的材料来制造。

参 考 文 献

王笑天. 1987. 金属材料学. 北京：机械工业出版社：190.

王晓敏. 1999. 工程材料学. 北京：机械工业出版社：163-178.

伍玉娇. 2011. 金属材料学. 北京：北京大学出版社：177-181.

第9章 铸　铁

一般情况下，铸铁是指碳含量大于 Fe-Fe_3C 相图 E 点（$w(C) = 2.11\%$，质量分数，下同）并含有较多的 Si、Mn、S 和 P 等元素组成的多元铁基合金。铸铁的化学成分范围大致为：$w(C) = 2.40\%$～4.00%、$w(Si) = 0.6\%$～3.00%、$w(Mn) = 0.20\%$～1.20%，$w(P) = 0.04\%$～1.2%、$w(S) = 0.04\%$～0.20%，P、S 一般为杂质。为了提高铸铁的力学性能，通常可在铸铁中添加少量的 Cr、Ni、Cu、Mo 等合金元素制成合金铸铁。

铸铁是人类最早使用的金属材料之一，具有优良的铸造和切削加工等工艺性能以及良好的耐磨和消振等使用性能。同时，铸铁的生产工艺简单、成本低廉，广泛应用于机械制造、冶金、矿山、石油化工、交通运输、建筑和国防等领域。例如，机床床身、内燃机的汽缸体、缸套、活塞环及轴瓦、曲轴等都可用铸铁制造。据统计，按质量计算，在机床和重型机械中铸铁件占 60%～90%，在农业机械中铸铁件占 40%～60%，在汽车、拖拉机中铸铁件占 50%～70%等。随着科技的不断进步和发展，虽然新材料不断涌现，但铸铁仍不失为一种广泛使用的、经济的金属材料，特别是近年来发展的各种高性能铸铁和特殊性能铸铁还可代替部分昂贵的合金钢和有色金属材料。

9.1　铸铁的石墨化影响因素

9.1.1　铸铁的组织特点、分类及牌号表示方法

铸铁的组织是由基体和石墨组成的，其基体组织与钢相似，有铁素体、珠光体和铁素体 + 珠光体三种，所以铸铁的组织实际上是钢的基体上分布着不同形态石墨的组织。石墨是铸铁中重要的组成相，石墨的形态、大小、数量和分布对铸铁的性能有至关重要的影响。

铸铁的种类很多，分类方式也各有不同，而工业生产中主要以铸铁中碳的存在形式和石墨的形态为依据进行分类。铸铁中碳主要有三种存在形式，即碳固溶于铁基体中形成间隙固溶体，如铁素体和奥氏体等；与铁作用形成渗碳体（Fe_3C）或其他碳化物；以游离的石墨（G）形式析出。根据碳在铸铁中存在的形式和石

墨的形态，铸铁可分为白口铸铁、灰铸铁、球墨铸铁、蠕墨铸铁和可锻铸铁，具体如下。

（1）白口铸铁：碳全部或大部分以化合态渗碳体形式存在，断口呈亮白色，所以称为白口铸铁。因为白口铸铁组织中含有大量的渗碳体和共晶莱氏体组织，所以其性能硬而脆，很少作为结构材料使用，仅用于一些生产强度不高的耐磨件。

（2）灰铸铁：碳全部或大部分以片状石墨析出，断口呈暗灰色，所以称为灰铸铁。

（3）可锻铸铁：碳全部或大部分以游离态团絮状石墨形态存在，经石墨化退火处理而得到。与灰口铸铁相比，可锻铸铁具有较好的塑性和韧性，所以称为可锻铸铁，而实际上不可锻造。

（4）球墨铸铁：碳全部或大部分以球状的石墨形态存在，所以称为球墨铸铁。

（5）蠕墨铸铁：碳全部或大部分以蠕虫状石墨形态存在，所以称为蠕墨铸铁。

表 9-1 列举了各类铸铁的石墨形态、基体组织和牌号表示方法，铸铁牌号表示方法依据《铸铁牌号表示方法》（GB/T 5612—2008），分别规定了铸铁牌号用代号、抗拉强度和断后伸长率的表示方法（齐民和于永泗，2017）。

表 9-1　各类铸铁名称、石墨形态、基体组织和牌号表示方法

铸铁名称	石墨形态	基体组织	牌号表示方法		牌号实例
灰铸铁	片状	F	HT + 一组数字	HT 为灰铸铁的代号，数字表示抗拉强度，MPa	HT100
		F + P			HT150
		P			HT200
球墨铸铁	球状	F	QT + 两组数字	QT 为球墨铸铁的代号；第一组数字表示抗拉强度，MPa；第二组数字表示断后伸长率，%	QT400-15
		F + P			QT600-3
		P			QT700-2
蠕墨铸铁	蠕虫状	F	RuT + 一组数字	RuT 为蠕墨铸铁的代号，数字表示抗拉强度，MPa	RuT300
		F + P			RuT350
		P			RuT400
可锻铸铁	团絮状	F	KTH + 两组数字	KTH、KTB 和 KTZ 分别为黑心、白心和珠光体可锻铸铁的代号；第一组数字表示抗拉强度，MPa；第二组数字表示断后伸长率，%	KTH300-06
		表层 F、心部 P	KTB + 两组数字		KTB350-04
		P	KTZ + 两组数字		KTZ450-06

9.1.2　铁碳合金双重相图

在以前所学的材料科学课程中，学过 Fe-Fe_3C 相图，并分析过 Fe-C 合金的结晶过程和组织形成规律。然而，在工业生产实践中常用的铸铁组织中不含有莱氏体组织，铸铁中碳的存在形式主要为石墨。事实上，渗碳体为亚稳相，在一定条件下可以分解为铁基固溶体和石墨，说明石墨才是稳定相。因此，描述 Fe-C 合金的结晶过程和组织形成规律的相图有两种，即 $Fe\text{-}Fe_3C$ 相图（Fe-C 亚稳系相图）和 Fe-G 相图（Fe-C 稳定系相图）。在研究铸铁时，一般将这两种相图叠加在一起，称为 Fe-C 合金的双重相图，如图 9-1 所示（伍玉娇，2011）。图中虚线表示 Fe-G 系相图，实线表示 $Fe\text{-}Fe_3C$ 系相图。这两种相图几乎重合，只是 *E*、*C* 和 *S* 点的成分和温度略有变化，根据成分和工艺条件的不同，铁碳合金可以全部或部分按其中一种相图结晶。

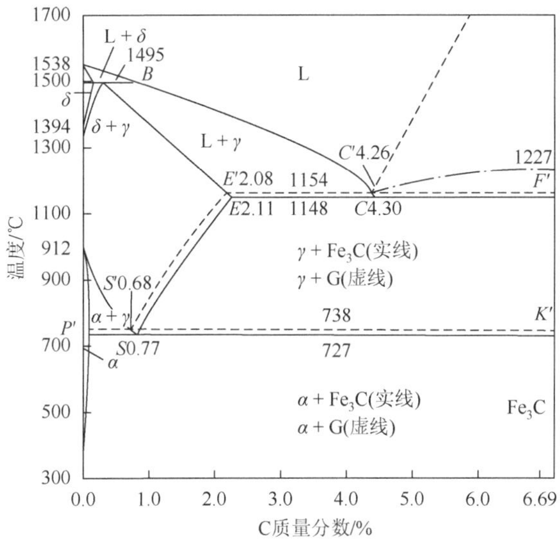

图 9-1　Fe-C 合金的双重相图

图 9-2 是铸铁中各种组织的自由能随温度变化的曲线（王笑天，1987；齐锦刚等，2014）。从图中可以看到，当共晶液体的温度高于 $T_{C'}$（1154℃）时，共晶液体的自由能最低，因此不会发生任何相变。当液体温度冷却到 $T'_C \sim T_C$ 范围内时（1154～1148℃），由于共晶液体的自由能比（$\gamma + G$）两相组成物的自由能高而低于（$\gamma + Fe_3C$）两相组成物的自由能，因此，只能发生共晶转变。

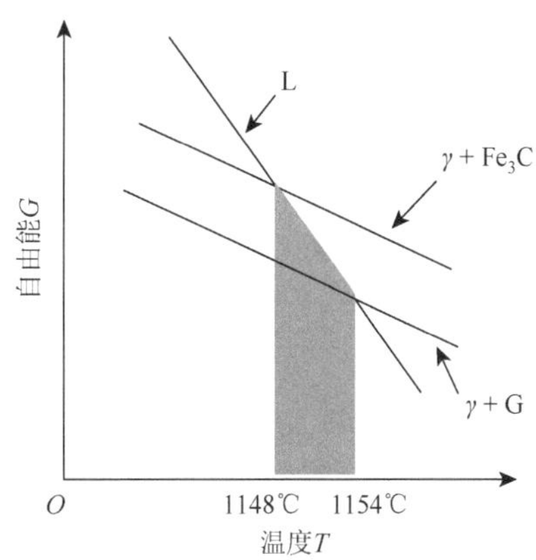

图 9-2　铸铁中各种组织的自由能随温度变化的曲线

当合金液体过冷到 T_C（1148℃）以下时，（$\gamma + G$）两相组成物的自由能和 $\gamma + Fe_3C$ 两相组成物的自由能都低于共晶液体的自由能，但

是 $\gamma+G$ 两相组成物的自由能最低。因而，当共晶液体结晶时，从热力学条件来看，有利于石墨化的过程。

在实际生产中，当共晶铁水的冷却速度较大，合金过冷到 T_C 以下时，铁水常常结晶形成莱氏体共晶组织，而不是按热力学条件结晶出奥氏体 + 石墨组织。发生这样的转变，是因为形成石墨和渗碳体的动力学条件不同。

动力学条件主要有成分起伏、能量起伏和结构起伏。当由过冷液体中析出石墨时，石墨的形核需要很大的碳的成分起伏，即须由 4.3%集中到 100%；石墨的长大需要铁原子从晶核处做反向长距离的扩散。而渗碳体的形核和长大则比石墨的形核和长大容易得多，渗碳体形核时，碳的成分起伏只需从 4.3%集中到 6.69%；此外，渗碳体的长大，由于渗碳体是间隙型金属间化合物，碳原子只是在铁原子的间隙处存在，不需铁原子从晶核处做反向长距离的扩散。因此，从动力学条件来看，有利于渗碳体的形成。

从以上分析可知，要从铁水中获得奥氏体 + 石墨共晶组织，就必须使液体不要过冷到 T_C 以下。只有这样，原子扩散较充分，铁水中具有一定的成分起伏，才能使动力学条件较差的奥氏体 + 石墨的共晶转变获得时间充分的形核和长大，最终获得所需的组织。

9.1.3 铸铁的石墨化过程

如前所述，石墨是铸铁中重要的组成相，石墨的形态、大小、数量和分布对铸铁的性能有至关重要的影响。石墨的形成、石墨形态及基体组织均与铸铁的石墨化有关。石墨化就是铸铁中碳原子的析出和形成石墨的过程。石墨可以直接从熔体中析出，也可以从奥氏体中析出，还可以从渗碳体中分解获得。不同种类的铸铁石墨的析出方式也有差异。灰铸铁、球墨铸铁、蠕墨铸铁中的石墨都是从高温熔体通过冷却结晶过程获得的；而可锻铸铁中的石墨则是首先通过高温熔体冷却结晶获得白口组织，然后经过长时间高温退火分解渗碳体得到的。

根据铁碳合金的双重相图，铸铁的结晶过程和组织转变依化学成分和铸造工艺条件不同，可以按 Fe-G 相图进行，析出后形成石墨，也可以按 $Fe\text{-}Fe_3C$ 相图进行，析出后形成渗碳体。从图 9-1 的铁碳合金的双重相图可以看出，在稳定系 Fe-G 相图中的共晶温度和共析温度都比亚稳系 $Fe\text{-}Fe_3C$ 要高一些。铸铁按 $Fe\text{-}Fe_3C$ 亚稳系相图进行结晶和组织转变可以得到渗碳体组织，如白口铸铁，铸铁按 Fe-G 稳定系相图进行就可以形成石墨，如灰铸铁、球墨铸铁、蠕墨铸铁。

铸铁的石墨化过程可分为两个阶段：依据 Fe-G 相图，在 $P'S'K'$线温度以上发生的石墨化过程称为第一阶段石墨化，包括从铸铁熔体中直接析出一次石墨、从过饱和奥氏体中析出二次石墨和从铸铁熔体中直接发生共晶转变形成共晶石墨的过程以及加热时一次渗碳体、二次渗碳体和共晶渗碳体分解形成石墨的过程；在 *P'S'K'* 线温度以下发生的石墨化过程称为第二阶段石墨化，包括冷却时发生共析转变形成共析石墨的过程和加热时共析渗碳体分解而形成石墨的过程。

石墨化程度不同，所获得的铸铁类型和组织也不同，见表 9-2（齐民和于永泗，2017）。第一阶段石墨化完全进行获得的铸铁类型为灰口铸铁，如果第二阶段石墨化也完全进行时基体为铁素体，部分进行时基体为铁素体 + 珠光体，未进行时基体则为珠光体。这种铸铁是工业上主要使用的铸铁，也是本章主要介绍的铸铁。第一阶段石墨化部分进行而且第二阶段石墨化未进行时，获得的铸铁类型为麻口铸铁，其组织中除石墨外还有莱氏体或游离渗碳体存在。第一阶段和第二阶段石墨化均未进行时，获得的铸铁类型为白口铸铁，其显微组织一般为莱氏体。

表 9-2　铸铁的石墨化与组织之间的关系（以共晶成分为例）

石墨化进行情况		铸铁的显微组织	铸铁类型
第一阶段石墨化	第二阶段石墨化		
完全进行	完全进行	F + G	灰口铸铁
	部分进行	F + P + G	
	未进行	P + G	
部分进行	未进行	L_d + P + G	麻口铸铁
未进行	未进行	L_d	白口铸铁

9.1.4　铸铁石墨化的控制

铸铁的组织和性能取决于石墨化进行的程度，为了获得所需要的组织和性能，关键在于控制石墨化进行的程度。实践证明，铸铁的化学成分和结晶时的冷却速度是影响石墨化和铸铁组织及性能的主要因素。

1. 化学成分的控制

（1）碳和硅：碳和硅元素是铸铁中最基本的成分，它们都是强烈石墨化的元素，不仅能促进第一阶段石墨化，也能促进第二阶段石墨化。在实际生产中，控制碳和硅的含量是获得所需要铸铁组织和性能最基本的措施之一（强文江和吴承建，2018）。

石墨来源于碳，随着碳含量的增加，铁水中的碳浓度增加，有利于石墨的形核，从而促进了石墨化。

硅与铁原子之间的结合力大于碳与铁原子之间的结合力。因此，当硅溶于铁的固溶体中时，可以削弱碳与铁原子的结合力，促进石墨化。同时，硅的加入会导致 Fe-G 相图发生变化，使共晶点和共析点碳含量随硅含量的增加而减少，使共晶和共析转变在一个温度范围内进行，提高了共晶和共析温度。因此，硅的加入可以促进铸铁的石墨化。在普通铸铁中，硅的质量分数一般控制在 0.8%～3.5%。

总之，随着碳和硅含量的增加，可以减少白口倾向，促进铸铁的石墨化。然而，碳和硅含量太高容易导致生成的石墨含量太多和石墨较粗大，降低铸铁的力学性能。

为了综合考虑碳和硅元素对铸铁石墨化的影响，常用碳当量（$w(\mathrm{C})_{\mathrm{eq}}$）和共晶度（$S_{\mathrm{C}}$）来描述。碳当量就是将铸铁中实际的碳含量加上石墨化元素（如硅和磷等）折算成相当的碳含量之和。共晶度是指铸铁中实际碳含量与其共晶碳含量的比值，反映了铸铁中实际成分接近共晶成分的程度。

碳当量（$w(\mathrm{C})_{\mathrm{eq}}$）和共晶度（$S_{\mathrm{C}}$）可分别采用下式进行计算：

$$w(\mathrm{C})_{\mathrm{eq}} = w(\mathrm{C}) + w(\mathrm{Si}+\mathrm{P})/3 \quad (9\text{-}1)$$

$$S_{\mathrm{C}} = w(\mathrm{C})/[4.3 - w(\mathrm{Si}+\mathrm{P})/3] \quad (9\text{-}2)$$

随着碳当量（$w(\mathrm{C})_{\mathrm{eq}}$）和共晶度（$S_{\mathrm{C}}$）的增加，铸铁的石墨化能力增强，石墨的含量增多变得粗大，铁素体数量增多，铸铁的力学性能下降。

（2）磷：磷元素也是一种促进石墨化的元素，但作用不如碳强烈。磷在奥氏体和铁素体中固溶度都很低，当磷元素的质量分数大于 0.2%后，就会出现以二元磷共晶或三元磷共晶形态存在的 $\mathrm{Fe_3P}$。磷共晶性硬且脆，在铸铁组织中磷共晶细小、孤立且均匀分布时，可以提高铸铁件的耐磨性。因此，如果存在粗大的磷共晶且呈连续网状分布，将降低铸件的强度，增加铸件的脆性。所以，除在耐磨铸铁中磷作为合金化元素外，普通铸铁中磷一般都作为杂质，质量分数应控制在 0.2%以下。

（3）锰：锰元素是一种阻碍石墨化的元素。它能溶于铁素体和渗碳体内，增加碳与铁原子之间的结合力，而且还会降低共晶和共析温度，因此会阻碍铸铁石墨化。锰能与硫结合生成 MnS，削弱硫的有害作用。锰还能溶于基体及碳化物中，可以强化基体促使珠光体形成并细化珠光体。铸铁中锰的质量分数一般应控制在 0.5%～1.4%。为获得铁素体基体，锰含量应取下限。

（4）硫：硫元素是一种促进白口化的元素，而且会降低铁水的流动性，并使铸铁内产生气泡。因此，硫是一个有害的元素，其质量分数应尽量低，一般应将硫控制在 0.15%以下。

综合铸铁中较为常见的合金元素和微合金元素，按其对石墨化的影响程度不同，可分为促进石墨化元素和阻碍石墨化元素两大类：

促进石墨化 ← → 阻碍石墨化

Al、C、Si、Ni、Cu、Zr、Nb、W、Mn、Mo、S、Cr、V、Fe、Mg、B

其中，Nb 是中性的，它左侧的元素是促进石墨化的元素，它右侧的元素是阻碍石墨化的元素，距离 Nb 越远，其作用越强烈。因此，可以通过成分控制铸铁的石墨化程度，进而控制铸铁的组织和性能。

2. 冷却速度的控制

化学成分确定后，可以通过控制铸铁共晶阶段的冷却速度，在很大范围内控制铸铁的组织为灰口或白口组织。控制共析转变时的冷却速度，产生的组织也会发生很大变化。一般来说，冷却速度越小，越有利于铸铁按照 Fe-G 相图进行结晶和转变，即越有利于灰口组织的形成。反之，若冷却速度越大，碳原子扩散越慢，来不及进行石墨化，越有利于按照 Fe-Fe_3C 系相图进行结晶和转变，形成白口组织。在共析阶段的石墨化，由于温度较低，冷却速度越大，原子扩散越困难，所以通常情况下第二阶段的石墨化难以完全进行。

在铸造生产实际中，铸件的冷却速度是一个综合的因素，它与浇注温度、铸型材料和铸件壁厚等因素均有关联。一般来说，在同一铸件中，不同壁厚处具有不同的组织和性能，厚壁处更容易得到灰口组织而薄壁处更易获得白口组织。不同的铸型材料具有不同的导热能力，能导致不同的冷却速度，如干砂型导热较慢，湿砂型导热较快，而金属型导热更快。化学成分和铸件壁厚（冷却速度）对铸件组织的影响如图 9-3 所示（王晓敏，2017；凤仪，2008）。

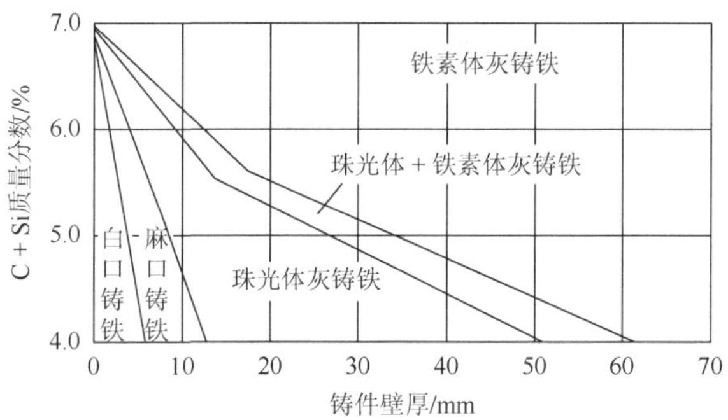

图 9-3 化学成分和铸件壁厚（冷却速度）对铸件组织的影响

9.2 常用的铸铁性能及热处理

本节主要介绍工业上常用的四种铸铁：灰铸铁、可锻铸铁、球墨铸铁和蠕墨铸铁。

9.2.1　灰铸铁

灰铸铁是指断面呈灰色，其中的碳主要以片状石墨形式存在的铸铁。灰铸铁价格便宜、应用最广泛，在各类铸铁中灰铸铁产量占铸铁总产量80%以上。

1. 化学成分与组织

灰铸铁的化学成分一般为：$w(C) = 2.5\%\sim4.0\%$、$w(Si) = 1.0\%\sim3.0\%$、$w(Mn) = 0.5\%\sim1.3\%$，$w(P)\leqslant0.3\%$、$w(S)\leqslant0.15\%$。

灰铸铁的组织是铁液通过缓慢冷却进行石墨化形成的，主要由金属基体组织和片状石墨组成。金属基体主要有铁素体、珠光体及珠光体与铁素体混合组织三种组织。灰铸铁的显微组织如图9-4所示（夏建元等，2012）。灰铸铁的性能与基体中石墨片的大小、数量、形状和分布等密切相关。

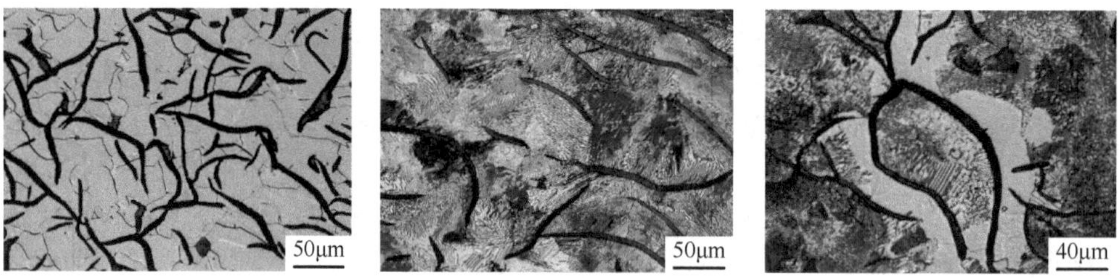

(a) 铁素体灰铸铁　(b) 珠光体灰铸铁　(c) 铁素体 + 珠光体灰铸铁

图9-4　灰铸铁的显微组织

灰铸铁中的石墨是在与铁水相接触的条件下以片状方式生长的，其生长机理如图9-5（a）所示（戴起勋，2011）。一方面，从结晶学的晶体生长理论来看，由于石墨晶体中层与层之间的结合力很弱，在已经形成石墨的原子层面上生长另一新的原子层，便有可能重新溶入铁液中，所以沿垂直于层面方向，石墨的生长速度较慢。相反，在每一原子层面上边缘的碳原子，总留有一个没有结合的共价键，只要铁液中有碳原子进入适当的位置，便能很牢固地结合而且不易重新溶入铁液中，所以在沿垂直于柱面的方向上石墨的生长速度就较快。另一方面，从石墨生长动力学看，石墨在形核和生长过程中会导致其相邻近的熔体内贫碳富硅，容易促进奥氏体的形成，生成一层包围着石墨片的奥氏体壳。实际上，奥氏体壳很难把石墨片全部包围，石墨片端部仍与铁水直接接触。这样，如果石墨片向两侧加厚生长，就必须依靠碳原子从铁水中先扩散到奥氏体层，然后再扩散到石墨周围，再结合到石墨两侧面上；与此同时，铁原子还必须向奥氏体层外进行反方向扩散，显然这些扩散过程是比较困难的，因此石墨片向两侧增厚的生长是比较慢的。相反，由于石墨片的端部与熔体直接接触，碳原子的扩散和铁原子的反向扩散比较容易进行。因此，石墨片的生长过程呈方向性，即向厚度方向生长慢，沿平面方向生长快，故最后生长为片状。应该指出的是，灰铸铁中石墨的实际形貌为花朵状的三维形貌，如图 9-5（b）所示，而在显微组织中观察到的只是某一截面上的二维形貌，因此呈现出孤立的长短不一的片状石墨。

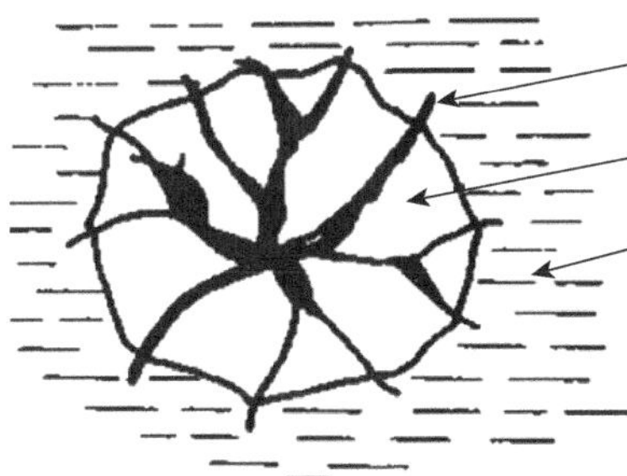

(a) 石墨尖端

(b) 石墨三维形貌

图 9-5　片状石墨生长机理和石墨三维形貌示意图

根据片状石墨的形态，可以将其分为 A、B、C、D、E 和 F 六种（夏建元等，2012），它们对铸铁的力学性能有很大影响，其中 A 型石墨最好。如图 9-6 所示，A 型石墨是在石墨形核能力较强、冷却速度较慢的条件下形成的，此时石墨分枝不发达，分布较为均匀，是灰铸铁中经常出现的一种石墨形态。D 型石墨是在石墨形核条件较差、碳当量较低、冷却速率较大的情况下形成的，又称为“过冷石墨”。由于石墨难以形核，奥氏体枝晶率先析出，枝晶间则形成细小无取向的石墨。B 型石墨呈花朵状，其实质是中心部分由 D 型石墨组成，花朵外围为 A 型石墨，它的形核条件较 A 型石墨差，由于共晶结晶时凝固潜热的释放，过冷度降低转而形成的分枝较少、较为粗大的外围 A 型石墨。E 型石墨则是亚共晶程度较大的铸铁在慢冷的条件下形成的，初生奥氏体枝晶量较多，形成的共晶石墨沿着枝晶干方向生长呈现一定方向性。C 型石墨则是在碳当量很高、冷速很慢的情况下形成的。孕育剂的加入量过大，造成局部硅元素的富集，出现较为粗的初生石墨片，而共晶析出 A 型石墨。F 型石墨是在大块石墨上分布着许多小的石墨片，其大块石墨是高碳当量铁水在较大过冷条件下形成的，大块石墨相当于 C 型石墨，小片状石墨是在其上生长的。

由于灰铸铁本身力学性能不高，而且普通灰铸铁铸件在壁厚方向组织和性能存在不均匀性，所以在实际生产中，大部分铸铁都经过孕育处理进一步提升灰铸铁的性能。经过孕育处理的灰铸铁称为孕育铸铁。孕育处理是指把孕育剂加入

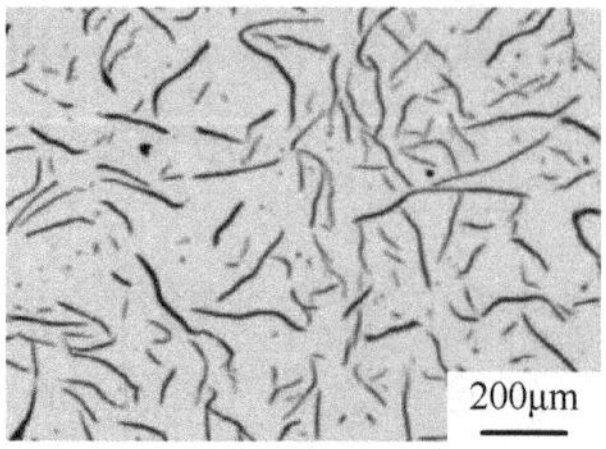

(a) A型石墨

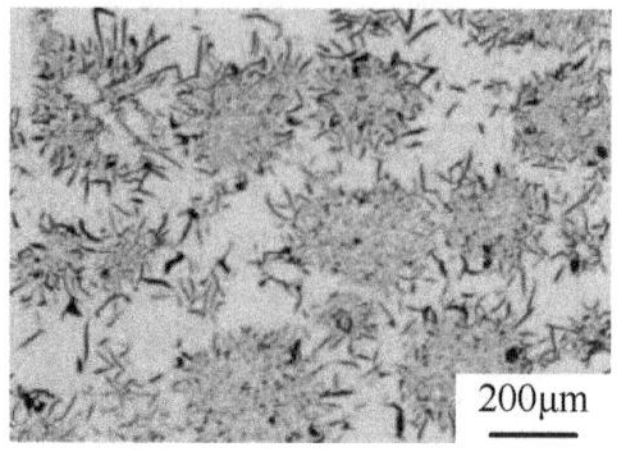

(b) B型石墨

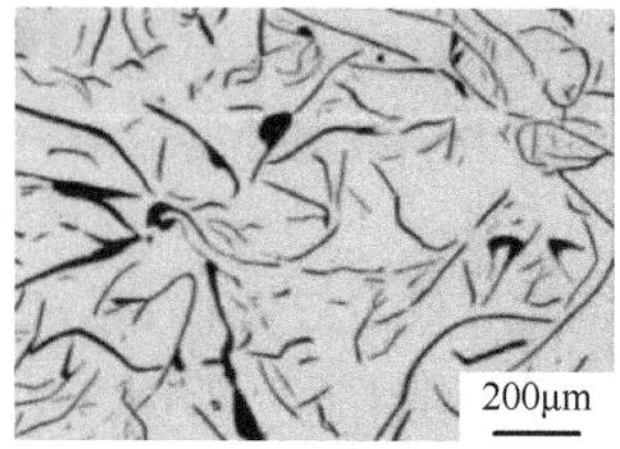

(c) C型石墨

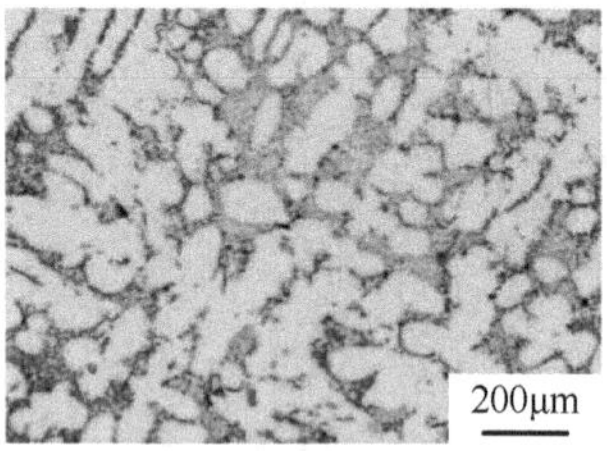

(d) D型石墨

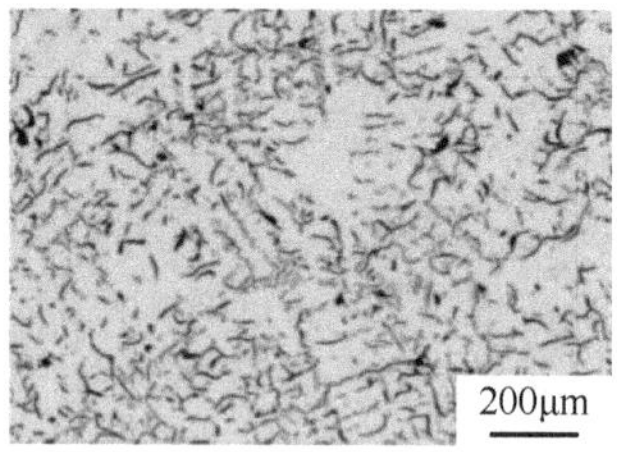

(e) E型石墨

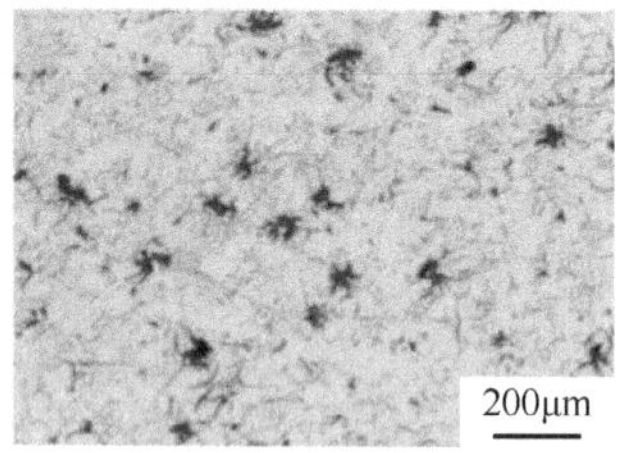

(f) F型石墨

图 9-6　片状石墨的分布类型

铁液中，以改变铁液的冶金状态，从而改善铸铁的组织和性能。常用的孕育剂有硅铁、硅钙、硅锶等合金。孕育处理的目的在于通过孕育剂的作用促进石墨非自发形核和激发自身形核，有利于石墨化，减少白口组织倾向、控制石墨形态以及适当增加共晶团数和促进细片状珠光体的形成。因此，孕育处理能改善铸铁的强度性能、减少壁厚敏感性和改善其他性能（如致密性、耐磨性、切削性等）。

2. 牌号、性能及热处理

如表 9-1 所示，灰铸铁的牌号是由“灰铁”的拼音大写首字母“HT”与一组数字组成，数字表示灰铸铁的最低抗拉强度，单位是 MPa。灰铸铁具有 HT100、HT150、HT200、HT250、HT300 和 HT350 六个国家标准牌号。

在灰铸铁组织中，金属基体与石墨是决定铸铁性能的两个主要因素。一般来说，石墨是这两个因素中的主要方面，石墨的作用是双重的，一方面使力学性能降低，另一方面又能使铸铁具有一些其他优良性能。灰铸铁的主要性能特点如下。

1）抗拉强度较低、塑韧性很差

灰铸铁和钢具有基本相同的基体组织，而且基体的强度要高于碳钢，然而灰铸铁中有片状石墨的存在，导致灰铸铁的强度性能远低于碳钢。由于石墨晶体结构中基面间的结合力弱，容易发生滑移，所以石墨几乎没有强度、塑性和韧性。另外，石墨片的尖端相当于铸铁中存在的裂口，一方面，由于它在铸铁中占有一定量的体积，减少了金属基体受载荷的有效截面积，称为石墨的缩减作用；另一方面，铸铁在承受载荷时在石墨片的尖端容易造成应力集中，称为石墨的缺口作用（切割作用）。由于石墨产生的这两个作用，导致普通灰铸铁不能充分发挥基体强度的作用，基体强度利用率仅为 30%～50%，表现为灰铸铁的抗拉强度很低。另外，石墨的缺口作用造成了严重的应力集中，导致铸铁在承受载荷时裂纹的早期发生并迅速扩展而出现脆性断裂，表现为灰铸铁的塑性和韧度很差。因此，灰铸铁的抗拉强度性能较低、塑韧性很差，可看成一种脆性材料。

2）低的缺口敏感性，可切削性好

由于灰铸铁中有大量片状石墨的存在，大量的石墨相当于在灰铸铁已经存在了许多缺口，所以工件的缺口敏感性小。石墨在机械加工时可以起到断屑和对刀具的润滑减摩作用，所以灰铸铁的可切削性是优良的。

3）良好的铸造性

由于灰铸铁的化学成分接近共晶点，灰铸铁不仅熔点较低，流动性好，而且铁水在凝固过程中会析出比容大的石墨，部分补偿了基体的收缩，减小了灰铸铁的收缩率，所以灰铸铁可以浇铸出形状非常复杂的铸件。灰铸铁件凝固后，不易形成集中缩孔和分散缩孔，能够获得比较致密的铸件。

4）良好的减振性和减摩性

减振性是指材料在交变负荷下吸收（衰弱）振动的能力。灰铸铁内部由于存在大量的片状石墨，割裂了基体，破坏了基体的连续性，因而可以阻止振动的传播，并能把它转化为热能而发散，因而灰铸铁具有很好的减振性。石墨组织越粗大，减振性也越好。

灰铸铁内部由于存在大量软的石墨，一方面，石墨本身就是良好的润滑剂；另一方面，在石墨被磨掉的地方会形成大量的显微“口袋”，可以储存润滑油和收集磨耗后所产生的微小磨粒，因此具有良好的减摩性。

热处理只能改变灰铸铁的基体组织，但不能改变片状石墨的形态和分布。在灰铸铁中，由于存在石墨的缩减和切割作用，金属基体的利用率仅为 30%～50%，因此，热处理强化对于灰铸铁效果不大。灰铸铁热处理方式主要有去应力退火和石墨化退火两种。

（1）去应力退火。

消除铸件的内应力，减少变形、开裂等，也有采用振动时效消除铸件的内应力，常用工艺如图 9-7（a）所示（伍玉娇，2011）。

（2）石墨化退火（消除白口铁退火）。

当铸件有白口组织时或铸件内自由碳化物较多时，可通过高温石墨化退火，降低铸件硬度以改善加工性能，常用工艺如图 9-7（b）所示。

其他如利用表面淬火来提高铸铁件的耐磨性，在机床导轨的生产中也有使用。

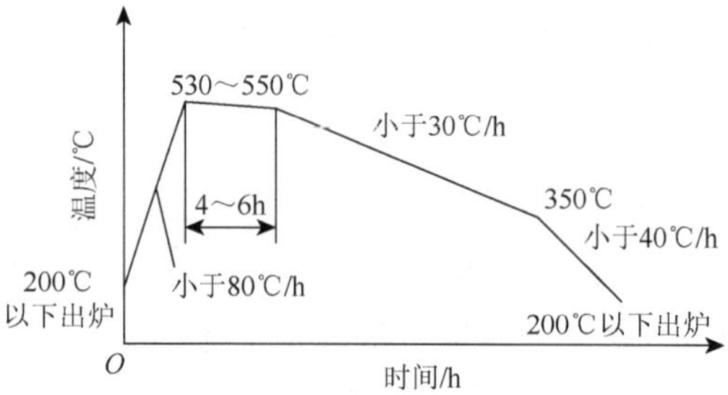

(a) 去应力退火

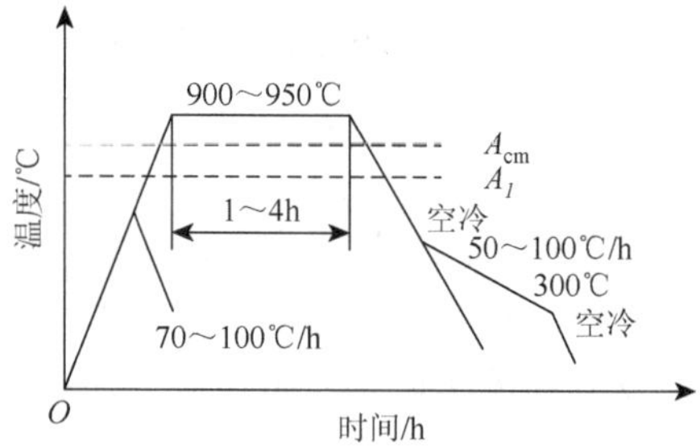

(b) 石墨化退火

图 9-7　灰铸铁热处理工艺

9.2.2　球墨铸铁

球墨铸铁是将铁液在浇注前加入一定量的球化剂进行球化处理，并加入少量孕育剂促进石墨化后，使凝固后的组织中片状石墨转化为球状石墨的一种铸铁。球墨铸铁生产常用的球化剂有镁、稀土元素或稀土镁合金等。球墨铸铁具有很多优良性能，在汽车、冶金、农机、船舶、化工等领域获得广泛使用。在一些主要工业国家中，其产量已超过铸钢，成为仅次于灰铸铁的铸铁材料。

1. 化学成分与组织

球墨铸铁的化学成分一般为：$w(C) = 3.8\%\sim4.0\%$、$w(Si) = 2.0\%\sim2.8\%$、$w(Mn) = 0.6\%\sim0.8\%$，$w(P)\leqslant0.1\%$、$w(S)\leqslant0.04\%$。与灰铸铁相比，球墨铸铁的碳当量较高，一般为过共晶成分，有利于石墨球化。

球墨铸铁的组织是由金属基体组织和球状石墨组成的。铸态下金属基体组织主要有铁素体、珠光体及珠光体与铁素体混合组织三种。球墨铸铁的显微组织如图 9-8 所示（夏建元等，2012）。

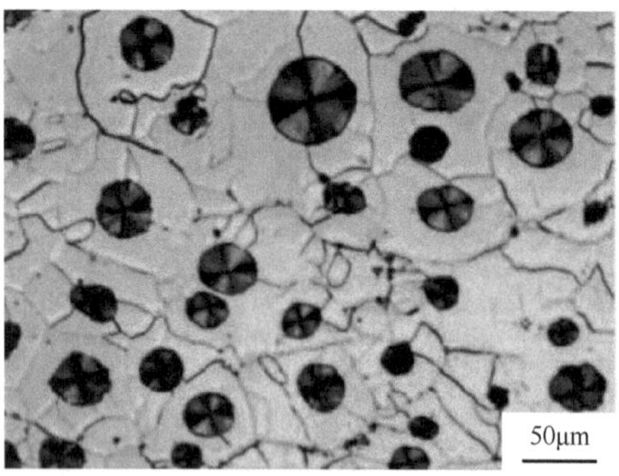

(a) 铁素体球墨铸铁

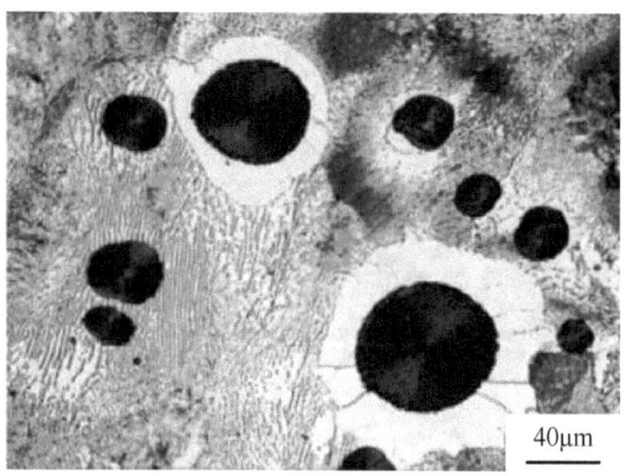

(b) 铁素体 + 珠光体球墨铸铁

图 9-8　球墨铸铁的显微组织

球状石墨在低放大倍数下观察为近球形，而在高放大倍数下观察为内部呈现放射状的多边形形貌。图 9-9 是球状石墨中心截面的 TEM 照片（Zhou，2010），从图中可以看到，石墨球内部结构具有年轮状的特点，即球墨内部有一个核心，从核心向外，碳原子形成年轮状堆积。在年轮状的中心可以看到白色小点，是球状石墨形成和长大的核心。从球状石墨的结构和外形特征，结合石墨的晶体结构，认为球状石墨是由与石墨晶体的基面（0001）成垂直方向的一系列柱状单晶体所组成的。这些单晶体以共同的结晶核心各自沿直径方向上呈近似于锥形的石墨单晶体，每个石墨球的球面由锥形石墨的单晶体的基面（0001）构成，如图 9-10 所示（文九巴，2011）。

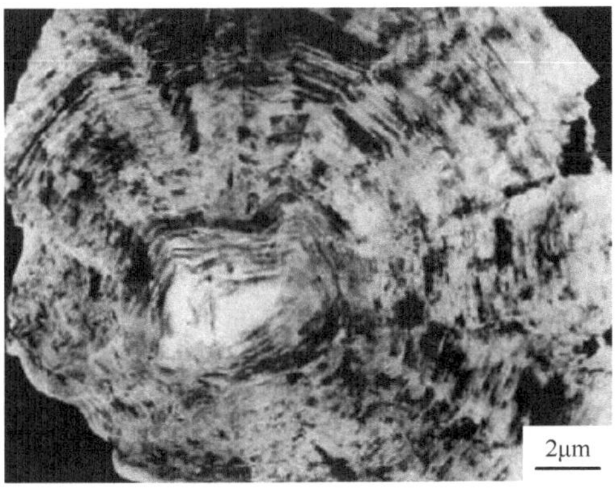

图 9-9　球状石墨内部的年轮状结构

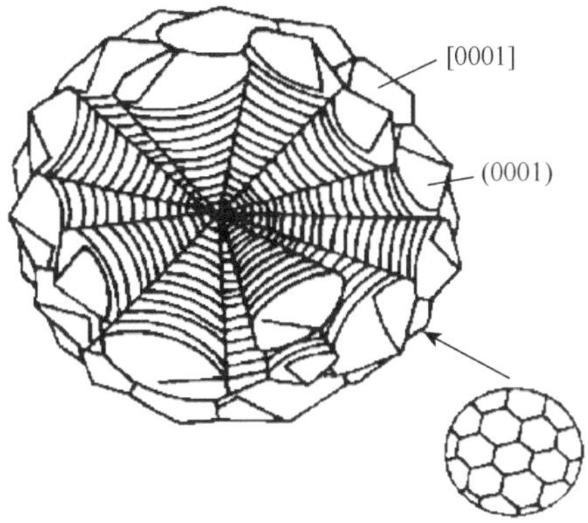

图 9-10　球状石墨的结构示意图

球状石墨形成的两个必要条件是铁液凝固时必须有较大的过冷度和较大的铁液与石墨间的界面张力。当在铁液中加入任何一种球化剂（Mg、Ce、Y、La 等）时，一方面会使铁液的过冷度加大，为球状石墨的形成提供了第一个条件；另一方面，球化剂与铁液中的表面活性物质氧、硫发生反应，使铁液中的氧、硫含量降低，铁液的表面张力升高，同时也使铁液/石墨间的界面张力增加，因而为球状石墨的形成提供了第二个条件。

研究表明，共晶、亚共晶和过共晶成分球墨铸铁中的石墨都是从铁水中直接析出的，并能长大到一定尺寸。球状石墨的形成不是取决于晶核的形成，而是取决于晶核的生长过程。球状石墨的形核是以硫化物及氧化物夹杂微粒作为结晶的中心。对于球状石墨的生长机理，有许多学说，但也很难完美解释。下面分别用当下比较流行的螺旋位错理论和气泡理论分别阐述球状石墨的形成过程。

1）螺旋位错理论

球状石墨的晶核一旦形成，便向各个方向长大。在球状石墨长大的过程中，不可避免地存在大量的晶体缺陷，其中对球状石墨的生长起主要作用的是螺旋位错。由于螺旋位错的存在，碳原子优先在晶体表面造成的螺旋台阶旋出口作为开始生长的最有利位置。虽然看来是沿基面螺旋式生长，但其效果都使石墨晶体在垂直于基面方向得到发展，如图 9-11（a）所示（戴起勋，2011）。在生长过程中，如果各个螺旋台阶按同样的速度生长，晶体将长成一个近似球状的多面体，如图 9-11（b）所示。

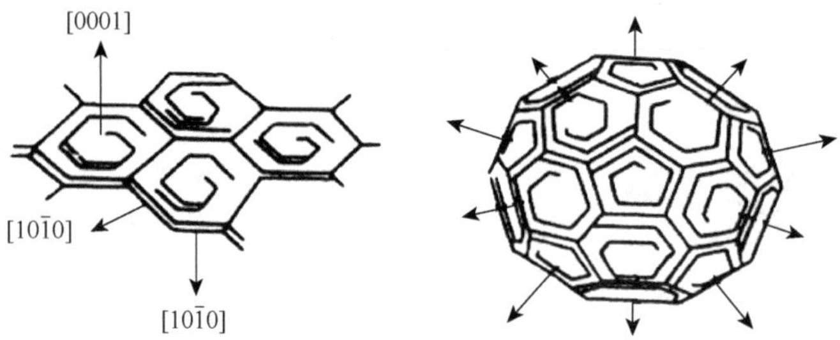

(a) [0001]方向生长　　(b) 长成为球状多面体

图 9-11　球状石墨晶体螺旋位错生长示意图

在石墨的生长过程中，某些表面活性元素（如氧、硫）容易吸附在螺旋台阶的旋出口处而降低铁液/石墨的界面张力，抑制螺旋晶体的生长，导致不同螺旋晶体的生长速度不同，形成畸变的球状石墨。球化剂中的元素可以去除表面活性元素（氧、硫）对石墨呈球状生长的干扰作用，而且认为氧的干扰作用大于硫。

2）气泡理论

气泡理论认为，铁液经过球化处理后在铁液中会形成大量的微小气泡，铁液凝固过程中，石墨会在这些微小气泡中形核长大而形成球状石墨。

铁液中气泡的气相和液相界面为石墨提供了有利的形核位置，于是石墨在气泡界面上形成大量的石墨晶核。石墨沿基面生长速度远大于垂直于基面生长速度，并且石墨沿气泡界面生长为板状晶体。当板状晶体之间生长至相互接触时，就会形成石墨晶界。同时，石墨沿垂直于基面继续向气泡内侧进一步形成板状晶。此过程重复进行一直持续至填满球形气泡时，就会形成外形呈球状、内部结构呈放射状的多层叠加的实心网状结构。如果铁液中尚有过剩的碳，石墨将会在气泡外侧生长长大，球状石墨的气泡理论形成过程示意图如图 9-12 所示（伍玉娇，2011）。球状石墨的大小和数量取决于铁液中气泡的大小和数量。

2. 牌号、性能及热处理

依据《铸铁牌号表示方法》（GB/T 5612—2008）标准，见表 9-1，球墨铸铁的

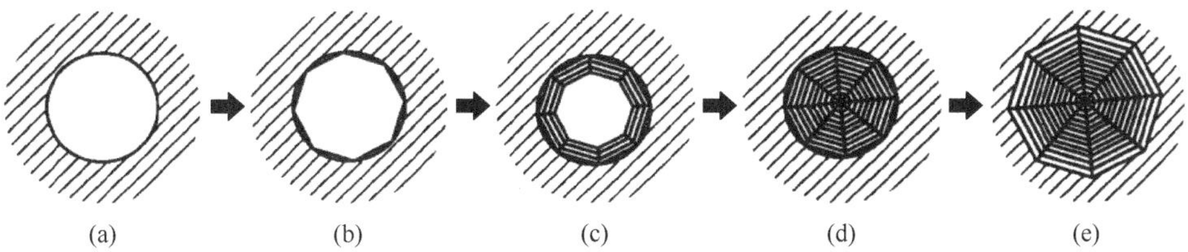

图 9-12 球状石墨的气泡理论形成过程示意图

牌号由“球铁”的拼音大写首字母“QT”与两组数字组成，第一组数字表示球墨铸铁的最低抗拉强度，单位是 MPa；第二组数字表示最低断后伸长率，用%表示。典型的牌号有 QT400-18、QT400-15、QT450-10、QT700-2、QT800-2、QT500-7 和 QT600-3 等。

球墨铸铁中球状石墨的圆整度高，对基体的割裂作用和产生的应力集中小，基体强度利用率可达 70%～90%。因此，球墨铸铁表现出优良的力学性能，它的强度接近碳钢，塑性和韧性等均高于其他铸铁。球墨铸铁的突出特点是屈强比高，为 0.7～0.8，而钢一般只有 0.3～0.5。此外，球墨铸铁还保留了灰铸铁的优良性能，如良好的铸造性、切削加工性、减振性、耐磨性和低的缺口敏感性等。因此，球墨铸铁可用于负荷较大、受力较复杂的零件，甚至可以替代碳钢制造某些零件。例如，铁素体球墨铸铁可以用于制造汽车、拖拉机底盘零件和后桥外壳等，珠光体球墨铸铁可用于制造机床的主轴和镗床拉杆等，铁素体和珠光体混合基体的球墨铸铁经常用于制造汽车、农业机械、冶金设备及柴油机中的一些部件等。球墨铸铁的球化率越高，石墨球径越小、圆整度越高，球墨铸铁的综合性能越好。

球墨铸铁对基体的割裂作用和产生的应力集中作用小，使球墨铸铁的力学性能主要取决于基体，通过热处理改善基体组织可以有效提高球墨铸铁的力学性能以满足不同零件的要求，凡是对钢有效的热处理都适用于球墨铸铁。球墨铸铁的热处理工艺包括退火、正火、调质、高温淬火和感应加热淬火等。然而，由于其成分和组织特点，球墨铸铁的热处理有其特殊的特点。

1）消除内应力退火

球墨铸铁的弹性模量比灰铸铁高，产生的铸造内应力要比灰铸铁高 2～3 倍。因此，即使不需要进行其他热处理的球墨铸铁件，特别是形状复杂及壁厚不均匀的铸件，也应当进行消除内应力退火。消除内应力退火通常是以 50～100℃/h 加热速度将铸件加热到 550～650℃，保温 2～8h 后随炉缓慢冷却到 200～250℃出炉空冷。在消除内应力退火中一般不发生组织转变。

2）高温石墨化退火

高温石墨化退火主要是为了消除铸态组织中的自由渗碳体，以获得铁素体球墨铸铁并提高其切削加工性。高温石墨化退火通常是将铸件加热到 900～950℃，保温 2～4h，获得的组织为球状石墨和奥氏体。若要获得具有高韧度的铁素体基体，则应保温后随炉缓冷至 600～650℃出炉空冷。

3）低温石墨化退火

低温石墨化退火主要是为了消除铸态组织中的共析渗碳体，以获得具有单相铁素体基体组织的高韧度铁素体球墨铸铁。尽管基体组织中没有游离渗碳体的存在，但存在的少量共析渗碳体也会显著降低球墨铸铁的韧度，特别是低温韧度。低温石墨化退火通常是将铸件加热到 720～750℃，保温 2～6h 后，随炉冷却至 550～600℃出炉空冷。

4）正火处理和调质处理

正火处理的目的在于获得珠光体的组织和提高珠光体的分散度，以提高铸件的力学性能。正火也可为表面淬火进行组织准备。根据正火温度的不同，可分为高温正火（完全奥氏体化正火）和低温正火（部分奥氏体化正火）。高温正火通常是将铸件加热到 880～920℃，保温 1～3h 后空冷，如图 9-13（a）所示（戴起勋，2011），得到的组织是珠光体加石墨。低温正火通常是将铸件加热到 840～860℃，保温 1～4h 后空冷，如图 9-13（b）所示，得到的组织是珠光体加破碎状或分散状铁素体和石墨。除空冷外，为了提高珠光体量，还常采用风冷和喷雾冷却等方法来加快冷却速度。正火后的球墨铸铁同时具有良好强度、较高的断后伸长率和冲击吸收能量。

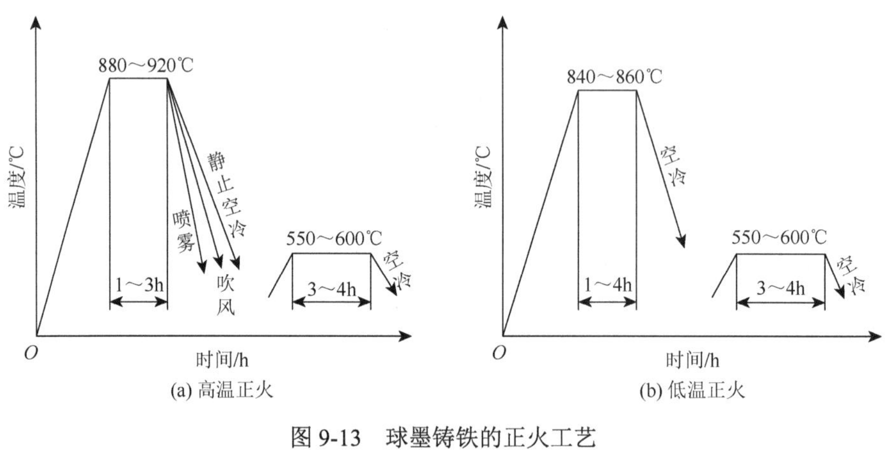

图 9-13　球墨铸铁的正火工艺

为了获得更好的综合力学性能，可对球墨铸铁进行调质处理，得到回火索氏体组织，这种组织的球墨铸铁具有高的强度及良好的韧性。调质处理通常是将铸件加热到 850～900℃，使基体全部奥氏体化后在油中淬火，得到细片状马氏体基体加球形石墨组织，然后经 550～600℃回火，空冷后得到回火索氏体基体加球形石墨组织。

5）等温淬火处理

为了满足高速、大功率机器中受力复杂件（如齿轮、曲轴和凸轮轴等）的要求，可对球墨铸铁件进行等温淬火处理，提高零件的综合力学性能。球墨铸铁的等温淬火处理的目标是得到下贝氏体基体加球状石墨的组织。等温淬火通常将工件加热到840～950℃，保温1～2h后迅速淬入250～340℃的盐浴中，等温保温1～2h后出炉空冷到室温。

6）表面淬火

表面淬火主要是为了提高铸铁的表面硬度、耐磨性以及疲劳强度。高（中）频感应加热表面淬火是生产中常用的方法。这种方法具有加热时间短、氧化脱碳少、变形小、质量好和操作简单等优点。为了保证表面淬火的良好效果，球墨铸铁件在进行高（中）频感应加热表面淬火前必须预先进行正火热处理，以保证基体组织中含珠光体体积分数在75%以上。

7）化学热处理

对于表面要求耐磨、抗氧化和耐磨蚀的铸件，可以采用类似于钢的化学热处理，如氮化、气体软氮化、渗硼和渗硫等。

9.2.3 蠕墨铸铁

蠕墨铸铁是20世纪60年代发展起来并逐步受到重视的一种新型铸铁，是铁液在浇注前加入一定量的蠕化剂进行变质处理和孕育剂进行孕育处理后，使凝固后的组织中片状石墨转化为蠕虫状石墨的一种铸铁。蠕墨铸铁生产常用的蠕化剂有稀土硅铁镁合金、稀土硅铁合金等。蠕墨铸铁中的石墨形态介于片状和球状之间，具有独特的组织和性能。常用于制造承受热循环载荷以及结构复杂和强度要求高的铸件，如钢锭模、玻璃模具、柴油机机盖、汽缸盖、排气阀、液压阀阀体和耐压泵泵体等。

1. 化学成分与组织

蠕墨铸铁的化学成分要求与球墨铸铁类似，即要求高碳、高硅、低硫、低磷，并含有一定量的镁和稀土元素。蠕墨铸铁的化学成分一般为：$w(C) = 3.5\%$～3.9%、$w(Si) = 2.2\%$～2.8%、$w(Mn) = 0.4\%$～0.8%，$w(P) \leqslant 0.1\%$、$w(S) \leqslant 0.1\%$。

蠕墨铸铁的组织由金属基体组织和蠕虫状石墨组成。铸态下金属基体组织主要有铁素体、珠光体及铁素体＋珠光体混合组织三种。铁素体、铁素体＋珠光体基体蠕墨铸铁的显微组织如图9-14所示。与片状石墨相比，蠕虫状石墨短而厚，端部较圆钝，蠕虫状石墨的长度和厚度之比一般为2～10，远小于片状石墨（＞50），而比球状石墨（≈1）大。通过扫描电子显微镜观察蠕虫状石墨的三维形貌，如图 9-15 所示（夏建元等，2012），可见石墨的端部具有明显的螺旋生长特征，这与球状石墨的表面形貌类似，但在石墨的枝干部分，有类似于片状石墨的层叠状结构。

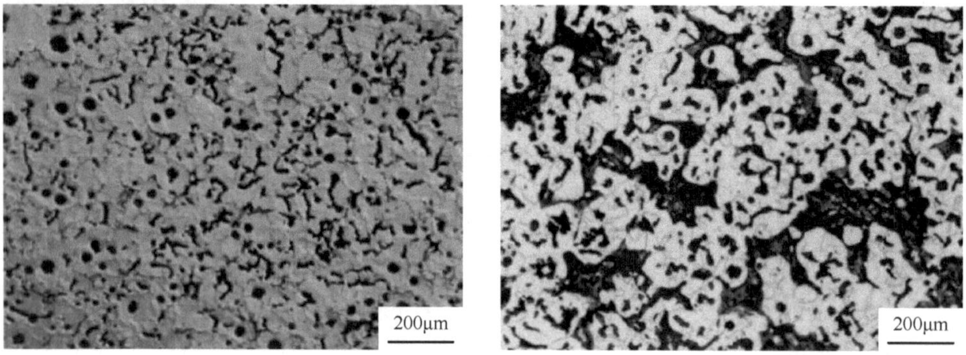

(a) 铁素体蠕墨铸铁　　　　(b) 铁素体＋珠光体蠕墨铸铁

图 9-14　蠕墨铸铁的显微组织图

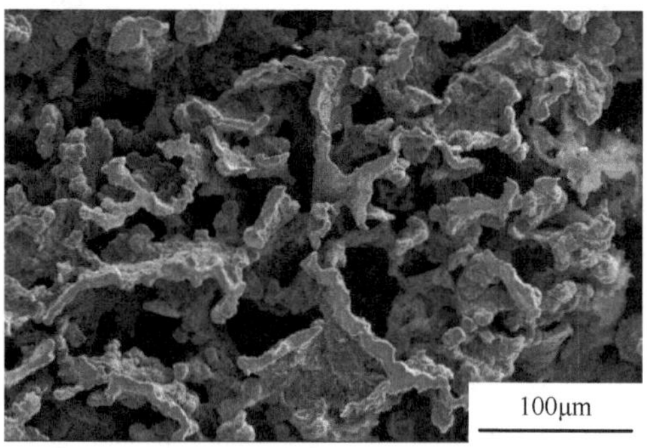

图 9-15　蠕墨铸铁的三维形貌图

蠕虫状石墨形成机理还待加深认识，目前研究表明，蠕虫状石墨是在共晶凝固过程中直接从铁液中析出的，蠕虫状石墨的构造可以看作球状石墨的分支，与球状石墨相似也是多晶体。蠕虫状石墨的生长模式可能有两种：蠕虫状石墨最初形貌可能为小球状或聚集状，经过畸变，并经没有完全被奥氏体包围的部分石墨在与铁液直接接触时长大而成的；蠕虫状石墨最初形貌也可能为小片状，在铁液/石墨的界面前沿，因蠕化元素的局部富集而逐渐使石墨演变成蠕虫状。

2. 牌号及性能

依据《铸铁牌号表示方法》（GB/T 5612—2008）标准，见表 9-1，蠕墨铸铁的牌号是由“蠕铁”的汉语拼音简写“RuT”与一组数字组成的，数字表示蠕墨铸铁的最低抗拉强度，单位是MPa。典型的牌号有RuT260、RuT300、RuT340、RuT380和RuT420等。

蠕墨铸铁的力学性能与石墨的蠕化率、形态、分布及基体组织等因素密切相关，其中石墨的蠕化率影响最大，但蠕化率本身并不能精确反映石墨的形态特征。蠕墨铸铁的力学性能介于灰铸铁和球墨铸铁之间，对于同一基体的铸件，蠕墨铸铁的强度、冲击吸收能量、断后伸长率和疲劳极限均高于灰铸铁，但比球墨铸铁要低。蠕墨铸铁的抗拉强度对碳当量变化和壁厚的敏感性要比灰铸铁小得多。此外，蠕墨铸铁的屈强比是铸造材料中最高的，为0.72～0.82，这对材料的实际使用较为重要。

蠕墨铸铁具有较高的碳当量，接近共晶成分，又经过蠕化处理除去硫和氧，因此蠕墨铸铁铁液具有良好的流动性，铸造工艺简单，成品率高。蠕墨铸铁件比球墨铸铁件更容易获得无缩孔及缩松的致密铸件，但比灰铸铁要稍差一些。因此，蠕墨铸铁具有优良的铸造性能。

铸铁的导热性与石墨的形状有关，片状石墨的导热性要高于球状石墨。由于蠕虫状石墨更接近于片状，所以蠕墨铸铁的导热性要高于球墨铸铁低于灰铸铁。蠕墨铸铁的耐热性与石墨的蠕化率和石墨的形状有关。蠕化率越高及石墨越接近片状时，其导热性越高，越接近灰铸铁；反之则导热性越低，越接近球墨铸铁。蠕墨铸铁的综合耐热疲劳性比球墨铸铁和灰铸铁要优越。

9.2.4　可锻铸铁

可锻铸铁亦称玛铁，是将碳、硅含量不高的铁液浇注成白口铸件，经长时间石墨化退火处理，使游离渗碳体分解为团絮状石墨，从而得到由团絮状石墨和金属基体组织组成的铸铁。因为团絮状石墨对铸铁金属基体的缩减和切割效应比灰铸铁要小，所以可锻铸铁具有较高的强度，同时还具有良好的塑性和韧性，因此，称为可锻铸铁。实际上可锻铸铁不可锻造。由于具有性能良好、生产过程比较容易控制、生产稳定性好和成本较低等优点，可锻铸铁在很多领域获得应用，常用于制造承受冲击、振动、扭转负荷及一些耐磨零件，如汽车、拖拉机中的后桥、转向机构、弹簧钢板支座、电力输电线安装金具、各种低阀门、管件和纺织机与农机零件或农具、曲轴、连杆、齿轮、凸轮等。

1. 化学成分与组织

可锻铸铁的化学成分要求较低的碳和硅含量，以保证浇铸后获得白口组织，但又不能太低，太低会延长石墨化退火时间。可锻铸铁的化学成分一般为：$w(\mathrm{C})=$

2.4%～2.7%、w(Si) = 1.4%～1.8%、w(Mn) = 0.5%～0.7%，w(P)≤0.08%、w(S)≤0.25%、w(Cr)≤0.06%。

可锻铸铁的组织取决于第二阶段的石墨化退火程度和方式。当第一阶段石墨化充分进行后（组织为奥氏体 + 团絮状石墨），在共析温度附近长时间保温，使第二阶段石墨化也充分进行，则得到铁素体加团絮状石墨组织。由于在表层经常有薄的脱碳层而呈亮白色，而断口心部呈灰黑色，故称为黑心可锻铸铁，如图 9-16（a）所示（夏建元等，2012）。若通过共析转变区时冷却速度太快，第二阶段石墨化未能完全进行，使奥氏体全部转变为珠光体，得到铁素体 + 珠光体的团絮状石墨组织，称为铁素体 + 珠光体可锻铸铁，如图 9-16（b）所示。

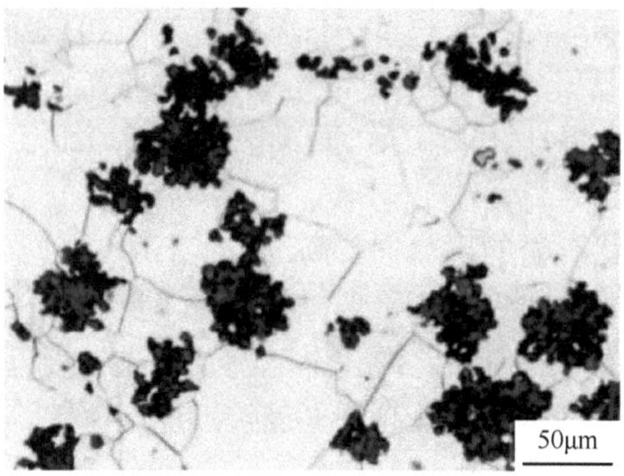

(a) 铁素体可锻铸铁

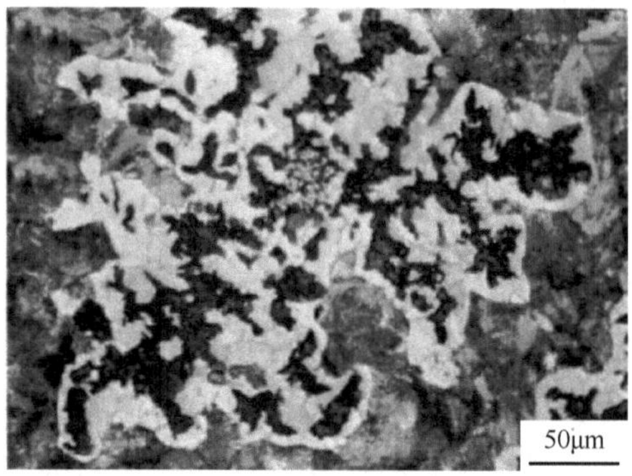

(b) 铁素体 + 珠光体可锻铸铁

图 9-16　可锻铸铁的显微组织图

将白口铸铁在氧化性气氛条件下退火时，使铸铁断面外层发生强烈的氧化和脱碳，而断口心部为珠光体加石墨组织，断口心部呈亮白色，故称为白心可锻铸铁。由于其退火周期长且性能也并不优越，在工业中应用较少。可锻铸铁的退火工艺和组织变化如图 9-17 所示（文九巴，2012）。

2. 牌号及性能

依据《铸铁牌号表示方法》（GB/T 5612—2008），见表 9-1，可锻铸铁的牌号是由“可铁”的拼音大写首字母“KT”加上后面一个大写字母及两组数字组成的，后面的大写字母 H 表示黑心可锻铸铁，Z 表示珠光体可锻铸铁，B 表示白心可锻铸铁，第一组数字表示球墨铸铁的最低抗拉强度，单位是 MPa；第二组数字表示最低断后伸长率，单位是%。典型的牌号有 KTH300-06、KTH330-08、KTH350-10、KTH370-12、KTZ450-06、KTZ550-04、KTZ650-02、KTZ700-02、KTB350-04、KTB380-12、KTB400-05 和 KTB450-07 等。

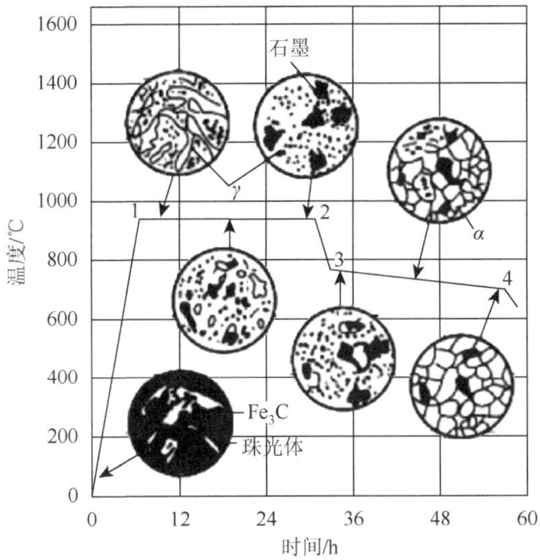

图 9-17　可锻铸铁的退火工艺和组织变化图

可锻铸铁的力学性能优于灰铸铁，接近同类基体的球墨铸铁。特别是珠光体基体的可锻铸铁，强度与铸钢相当。珠光体可锻铸铁的可切削加工性非常好，可进行高精度切削加工。另外，珠光体可锻铸铁可以通过感应加热或火焰加热进行表面淬火提高耐磨性。

9.3　特殊性能铸铁

随着石油、冶金和化工等领域对耐磨、耐热和耐蚀等特殊性能提出更高的要求，通过对铸铁进行合金化并加以热处理，以获得相应的组织结构而实现优异的性能，从而发展了耐磨、耐热和耐蚀等特殊性能铸铁。加入的合金元素一般有铬、镍、铜、钼和铝等。

9.3.1　耐磨合金铸铁

根据工况条件，耐磨合金铸铁可以分为减摩铸铁和抗磨铸铁。减摩铸铁是在润滑工况条件下工作的，要求其摩擦系数小，如机床导轨、汽缸套、活塞环、滑块和轴承等。抗磨铸铁是在无润滑工况条件下工作的，希望其摩擦系数大，如轧辊、抛丸机叶片、磨球等。

减摩铸铁的组织一般要求为软基体上均匀分布着坚硬的强化相。软基体磨损后形成的沟槽可以存放油膜，利于润滑，同时坚硬的强化相可以承受摩擦。细片状珠光体灰铸铁可以满足上述要求，具有较好的耐磨性，但对机床的导轨、发动机的汽缸套和活塞环等零件来说，这还远远满足不了要求，需要进一步提高其性能。提高减摩铸铁的耐磨性途径主要是合金化和孕育处理，常见的合金元素有 Cu、Mo、RE、Mn、Si、P、Cr 和 Ti 等，常用的孕育剂为硅铁。常见的减摩铸铁有含磷铸铁、钒钛铸铁、硼铸铁等三类及在它们的基础上发展起来的其他减摩铸铁。它们大多数是通过改变铸铁的组织来提高铸铁的耐磨性。

抗磨铸铁要求硬度高而且组织均匀，通常的金相组织为莱氏体、贝氏体或马氏体。抗磨铸铁包括普通白口铸铁、高韧性白口铸铁、中锰球墨铸铁、高铬白口铸铁、铬钒钛白口铸铁和激冷铸铁等。抗磨白口铸铁就是在普通白口铸铁的基础上加入适量的 Cr、Mo、Cu、W、Ni 和 Mn 等元素进行合金化，要求铸态下达到一定硬度，淬火后可进一步提高，可适用于磨料磨损工况下工作。

9.3.2　耐热合金铸铁

在高温工况条件下服役的铸铁称为耐热铸铁。耐热铸铁的损坏形式是氧化和热生长而导致零件失效。铸铁的耐热性主要是指铸铁在高温下抗氧化和抗热生长的能力。

氧化是指铸铁在高温下受氧化性气氛的侵蚀，在铸件表面发生化学腐蚀的现象。由于表面形成氧化皮，减少了铸件的有效断面，降低了铸件的承载能力。铸铁的氧化机理和钢相似，但铸铁由于存在游离石墨，石墨在高温氧化气氛中会发生燃烧，还会形成内氧化，石墨越粗大、越连续、数量越多，氧化气氛沿石墨侵入基体内部就越严重，氧化就越快。

热生长是指铸件热至 450℃以上时，随着温度的提高、加热时间的延长及高温下反复加热冷却次数的增加，除在铸件表面发生氧化外，还会发生铸件体积膨胀的现象。铸件发生热生长会引起其组织变松变脆、强度降低以及出现微裂纹等，最终导致铸件失效。

提高铸铁耐热性的主要途径是对铸铁进行合金化和提高铸铁金属基体的连续性。通过在铸铁中加入硅、铝和铬等合金元素，高温条件下会在铸铁表面形成一层致密、牢固、均匀的氧化膜，阻止氧化性气氛进一步渗入铸铁内部产生内氧化，从而抑制铸铁的热生长。同时，合金元素的加入也可以提高珠光体的稳定性和相变点，防止铸铁件的热生长。另外，通过提高金属基体的连续性也可以改善铸铁的耐热性。对于普通灰铸铁，由于石墨呈片状，外部氧化性气氛容易沿石墨边界渗入铸铁内部，发生内氧化。通过球化处理或变质处理的铸铁，铸铁中的石墨呈球状或蠕虫状，提高了铸铁金属基体的连续性，减少了外部氧化气氛渗入铸铁内部的概率，有利于防止铸铁发生内氧化，因此球墨铸铁与蠕墨铸铁的耐热性比灰铸铁好。

耐热铸铁种类很多，根据加入的合金化元素种类，我国的耐热铸铁大致可以分为硅系、铝系和铬系等。

9.3.3　耐蚀合金铸铁

耐蚀铸铁就是指可以防止或延缓腐蚀介质腐蚀的特殊铸铁。通常来说，铸铁本身是一种多相合金，在电解质中各相具有不同的电极电位，其中以石墨的电位最高，渗碳体次之，铁素体最低，电位高的构成阴极，电位低的构成阳极，从而构成微电池，从而铁素体阳极不断被腐蚀消耗掉，一直深入铸铁内部。因此，铸铁本身的耐蚀性是很差的。

提高铸铁耐蚀性的办法有：通过合金化，在铸铁中加入硅、铝和铬等合金元素，在铸铁表面形成一层致密、牢固、均匀的氧化膜；通过合金化，在铸铁中加入铬、钼、铜和镍等合金元素，提高铸铁基体的电极电位；改善铸铁组织，使基体组织、石墨大小、形状及分布得到改善，减少石墨数量，将石墨球化处理，加入合金元素获得单相金属基体等。

目前，应用较广泛的耐蚀铸铁有高硅耐蚀铸铁、高铬耐蚀铸铁、含铝耐蚀铸铁和高镍耐蚀铸铁等，主要应用于离心机、潜水泵、塔罐、冷却排水管、阀门等有关设备及其各种相关的配件。

9.4　本 章 小 结

铸铁是指碳含量大于 2.11%并含有较多的硅、锰、硫和磷等元素组成的多元铁基合金。根据碳在铸铁中存在的形式和石墨的形态，铸铁可分为白口铸铁、灰铸铁、球墨铸铁、蠕墨铸铁和可锻铸铁等。因此，铸铁研究的核心内容就是碳的存在形式及石墨的形态。

铸铁中碳的存在形式及石墨形态控制主要涉及铸铁的石墨化过程，以及石墨的球化、蠕化、变质和孕育等处理。影响铸铁石墨化最主要的因素是化学成分和冷却速度。石墨的球化、蠕化、变质和孕育等处理是铁液在浇注前加入一定量的球化剂、蠕化剂、变质剂和孕育剂实现的。不同形态的石墨和金属基体类型与铸铁的力学性能密切相关。

铸铁中石墨参与相变过程，但铸铁的热处理不能改变石墨的形态和分布。石墨的形状、大小、数量和分布等会影响铸铁基体性能的发挥，从而也基本上决定了铸铁的宏观力学性能。石墨从片状到球状，铸铁中石墨和金属基体组织的配合发生了质的变化，蠕虫状石墨和团絮状石墨则是中间过渡阶段。灰铸铁的石墨形态为片状，易应力集中，产生裂纹，且石墨割裂基体严重。而球墨铸铁中石墨形态为球状，石墨对金属基体的缩减和割裂作用大幅减弱，应力集中倾向也大为减小，金属基体的性能得到充分发挥。此时，钢的各种热处理强化工艺基本上均可应用在球墨铸铁中，以改变基体组织，使球墨铸铁的性能得到更大的利用。

为了满足不同工况的需求，如耐磨、耐热、耐蚀等，通过合金化赋予了铸铁以特殊的性能。通过合理的成分、组织和工艺设计，发展了多种相应的耐磨、耐热、耐蚀等特种合金铸铁类型。

参考文献

戴起勋. 2011. 金属材料学. 2 版. 北京：化学工业出版社：166-188.

凤仪. 2008. 金属材料学. 北京：国防工业出版社：141-160.

齐锦刚，王冰，李强，等. 2014. 金属材料学. 北京：冶金工业出版社：131.

齐民，于永泗. 2017. 机械工程材料. 10 版. 大连：大连理工大学出版社：164-172.

强文江，吴承建. 2018. 金属材料学. 3 版. 北京：冶金工业出版社：167-177.

王晓敏. 2017. 工程材料学. 4 版. 哈尔滨：哈尔滨工业大学出版社：145.

王笑天. 1987. 金属材料学. 北京：机械工业出版社：225.

文九巴. 2011. 金属材料学. 北京：机械工业出版社：191-207.

伍玉娇. 2011. 金属材料学. 北京：北京大学出版社：192-207.

夏建元，曾大新，张红霞. 2012. 金属材料彩色金相图谱. 北京：机械工业出版社：260-406.

Zhou J Y，Liu J C. 2010. Colour metallography of cast iron. China Foundry，7（4）：470-478.

第 10 章　铝及铝合金

铝是地壳中蕴藏量最丰富的金属元素，总储量约占地壳总量的 7.45%。铝及铝合金的产量在金属材料中仅次于钢铁材料而居第二位，是有色金属材料中用量最多、应用范围最广的材料。纯铝的力学性能不高，不适合作为承受较大载荷的结构零件。为了提高铝的力学性能，在纯铝中加入某些合金元素，制成铝合金。铝合金仍保持纯铝密度小和耐蚀性好的特点，且力学性能比纯铝高得多。有些铝合金经形变热处理后的力学性能可以和钢铁材料相比。目前，液体燃料导弹、运载火箭、各种航天器、飞机的主要结构材料大多采用铝合金，装甲、坦克、舰艇的制造业也离不开铝合金。铝合金在机械、传播、电子、电力、汽车、建筑和生活用具等行业中也得到广泛的应用。

10.1　铝的合金化

10.1.1　纯铝

铝是第三主族元素，常见化合价为 + 3。铝的特点是密度小，为 2.72g/cm^3，仅为铁或铜密度的 1/3 左右。导电、导热性能好，仅次于银和铜。铝的化学性质很活泼，在空气中铝能与氧结合而形成一层致密的 Al_2O_3 保护膜，阻止铝进一步被氧化。因此，铝在空气和水中有较好的耐蚀性，但铝不耐酸、碱、盐的腐蚀。纯铝为面心立方结构，无同素异构转变，主要的物理性能参数见表 10-1（王晓敏，2017；齐锦刚等，2014）。铝塑性好（$A = 50\%$，$Z = 80\%$），能通过冷或热的压力加工制成线、板、带、管等型材，但强度不高，$R_m = 80$MPa，冷加工后 $R_m = 150$～250MPa。因此，纯铝主要用来制作电线、电缆、散热器及要求不锈耐蚀而强度要求不高的日用品或配制合金。

表 10-1　纯铝的主要物理性能

性能类型	参数值	性能类型	参数值
点阵常数/m	4.0496×10^{-10}（25℃）	电阻系数/（Ω·m）	2.655×10^{-8}
密度（固态）/(g/cm^3)	2.697～2.699	熔点/℃	660.5
热膨胀系数/K^{-1}	23×10^{-6}（20℃）	沸点/℃	2477
导热系数/(W/(cm·K))	2.37（25℃）	熔化热/（kJ/mol）	10.67

工业纯铝的纯度为 99.7%～98.0%（质量分数），它或多或少存在杂质（如 Fe、Si 等）。铝中所含杂质数量越多，其导电性、导热性、抗大气腐蚀性以及塑性就越低。

我国工业纯铝的牌号是以杂质的限量来编制的，如 L1、L2、L3…。L 是“铝”字汉语拼音首字母，其后所附顺序号越大，其纯度越低。

10.1.2 铝的合金化元素

加入铝中的合金元素因本身的性质和在铝中的固溶度差别，产生的强化作用各不相同。一些主要合金元素和微量元素的作用如下。

铜：在铝中不仅可以通过固溶强化和沉淀强化来提高合金的室温强度，而且可以增加铝合金的耐热性，是高强铝合金及耐热铝合金的主要合金元素。铜在铝合金中形成的亚稳相以及平衡相是铝合金中重要的沉淀强化相。

镁：在铝合金中具有较好的固溶强化效果，在提高铝合金强度的同时还可以降低合金的密度。低镁铝合金在加工和热处理后易保持单相固溶体组织，沉淀强化效果不大，但具有较高的韧性和疲劳强度以及较好的耐蚀性。$w(\mathrm{Mg})>8\%$时，铝合金才具有沉淀强化的效果，但合金的塑性较低。因此，镁不能单独作为高强铝合金的主要添加元素，必须与其他合金元素联合加入。

锰：在铝中的固溶度较低，固溶强化效果有限。锰在铝中虽有固溶度的变化，但因杂质铁的存在而形成不溶于铝的$(Mn, Fe)Al_6$化合物，故不能沉淀强化。Al-Mn 中的第二相 $MnAl_6$ 与铝的化学性质相近，具有较好的耐蚀性，因而在防锈铝合金中加入锰。但锰过量，形成的大量 $MnAl_6$ 反而使合金变形时容易开裂，所以其质量分数一般不大于 2%。

硅：在铝合金中的固溶度较低，固溶强化能力有限，且沉淀硬化效果不大，所以主要借助过剩相强化。Al-Si 合金共晶点较低，易于铸造，是铸造铝合金的基础合金系列。Si 的质量分数一般选择在 4%～13%。硅与镁在铝中可以形成 Mg_2Si 沉淀相，具有很好的沉淀硬化效果。因此，硅可以作为合金元素加入铝镁合金中，其中，Si 质量分数不超过 1.2%。

锌：在铝中的固溶度很大，具有很强的固溶强化能力，少量锌（质量分数为 0.4%～0.8%）即能提高铝合金的强度和耐蚀性。在多元合金中锌是形成沉淀强化的元素，具有显著的沉淀硬化效果。

除此之外，铝合金中经常加入锂、钛、锆、铬、钒等微量合金元素以改善铝合金的综合性能。锂是近年来人们普遍关注的一种重要的铝合金添加元素。锂是最轻的金属元素，可以大幅度降低铝合金的密度，显著提高合金的弹性模量。锂在铝中的固溶强化能力有限，但在时效甚至淬火过程中迅速形成的 Al_3Li 有序沉淀相却对铝合金具有很高的强化能力。在二元 Al-Li 合金中锂的质量分数一般不超过 3.0%。目前，稀土在铝合金中的作用正在逐渐扩大，稀土能够增加熔炼时的成分过冷度，细化晶粒，球化杂质相，降低熔体表面张力，增加流动性，改善工艺性能。图 10-1 给出了工业用铝合金的基本体系和合金化元素（强文江和吴承建，2018；王晓敏，2017）。

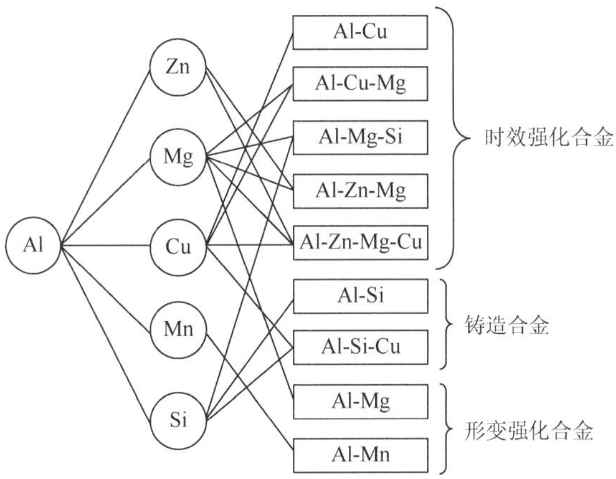

图 10-1　工业用铝合金的体系和合金化元素

10.1.3　铝合金的分类

铝合金中常加入的元素为 Cu、Zn、Mg、Si、Mn 以及 RE 元素等，这些合金元素在固态铝中的固溶度都是有限的，所以铝合金的组织中除形成铝基固溶体外，还有第二相出现。以铝为基的二元合金大都按共晶相图结晶，如图 10-2 所示（李念奎等，2012）。不同的合金元素在铝基固溶体中的极限固溶度也不同，合金共晶点的位置各不相同。根据成分和加工工艺特点，铝合金可分为变形铝合金和铸造铝合金（缪强和梁文萍，2016；刘锦云，2015；唐代明等，2014；左汝林等，2008）。

成分位于 D 点以左的合金，加热时能形成单相固溶体组织，塑性较好，适合压力加工，故称为变形铝合金。一般变形铝合金中，合金元素的总量小于 5%（质量分数，下同），但在高强度变形铝合金中，可达 8%～14%。变形铝合金中成分位于 F 点以左的，其固溶体的成分不随温度的变化而变化，不能进行热处理强化，称为不可热处理强化铝合金；成分位于 F 与 D 之间的合金，其固溶体成分随温度的变化而改变，可通过热处理来强化，故称为可热处理强化铝合金。成分位于 D 点以右的合金，具有低熔点共晶组织，流动性好，适于铸造，称为铸造铝合金。一般来说共晶成分的合金具有优良的铸造性能，但在实际使用中，还要求铸件具备足够的力学性能。因此，铸造铝合金中合金元素的含量要比变形铝合金高一些，其合金元素总量为 8%～25%。

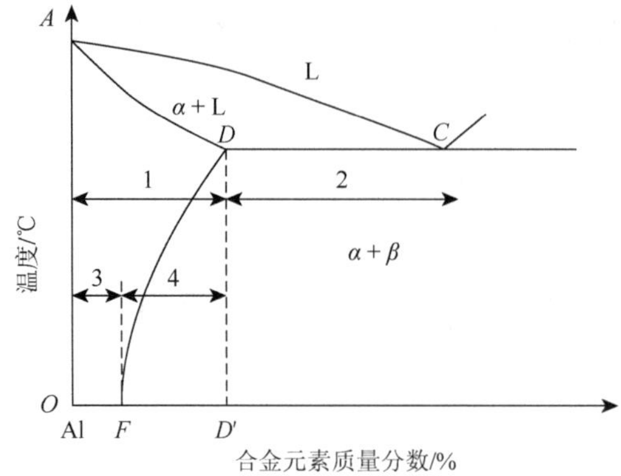

图 10-2　变形铝合金和铸造铝合金的成分范围

1-变形铝合金；2-铸造合金；3-不可热处理强化铝合金；4-可热处理强化铝合金

工业上根据铝合金的性能和工艺特点将变形铝合金分为防锈铝合金、硬铝合金、超硬铝合金和锻造铝合金，根据合金成分特点将铸造铝合金分为四个系列。表 10-2 给出了铝合金的分类及性能特点（王晓敏，2017）。

表 10-2　铝合金的分类及性能特点

分类		合金名称	合金系	性能特点	合金牌号举例
变形铝合金	不可热处理强化铝合金	防锈铝	Al-Mn	抗蚀性、压力加工性与焊接性好，强度较低	LF21（3A21）
			Al-Mg		LF5（5A05）
	可热处理强化铝合金	硬铝	Al-Cu-Mg-Mn	力学性能高	LY11（2A11），LY12（2A12）
		超硬铝	Al-Cu-Mg-Zn	室温强度高	LC4（7A04）
		锻铝	Al-Mg-Si-Cu	铸造性能好 耐热性能好	LD5（2A50），LD10（2A14）
			Al-Cu-Mg-Fe-Ni		LD8（2A80），LD7（2A70）
铸造铝合金		简单铝硅合金	Al-Si	铸造性能好，不能热处理强化，力学性能较低	ZL102
		特殊铝硅合金	Al-Si-Mg	铸造性能良好，能热处理强化，力学性能较高	ZL101
			Al-Si-Cu		ZL107
			Al-Si-Mg-Cu		ZL105，ZL110
			Al-Si-Mg-Cu-Ni		ZL109

续表

分类	合金名称	合金系	性能特点	合金牌号举例
铸造铝合金	铝铜铸造合金	Al-Cu	耐热性好，铸造性能与耐蚀性差	ZL201
	铝镁铸造合金	Al-Mg	力学性能高，耐蚀性好	ZL301
	铝锌铸造合金	Al-Zn	能自动淬火，易于压铸	ZL401
	铝稀土铸造合金	Al-RE	耐热性好	

10.2　铝合金的强化机制

铝合金的强化方式可细分为加工硬化、固溶强化、弥散强化、沉淀强化、晶界强化等，在实际应用过程中往往是几种强化方法同时起作用。

10.2.1　加工硬化

通过塑性变形（轧制、挤压、锻造、拉伸等）提高合金强度的方法，称为加工硬化。塑性变形时位错密度增加是合金加工硬化的本质。据统计，铝合金强烈变形后，位错密度可由 10^6 根/cm^2 增至 10^{12} 根/cm^2 以上。合金中位错密度越大，继续变形时位错在滑移过程中相互交割的机会越多，相互间的阻力也越大，变形抗力也就越大。

加工硬化的程度因变形率、变形温度及合金本身的性质不同而异，同一种合金材料在同一温度下冷变形时，变形率越大则强度越高，但塑性随变形率的增加而降低。铝合金加工强化的原因是变形时产生了位错不均匀分布，先是较纷乱地成群纠缠，形成位错缠结，随后随变形量增大和变形温度升高，由散乱分布位错缠结转变为胞状亚结构组织，这时变形晶粒由许多称为“胞”的小单元组成；高密度位错缠结集中在胞周围形成胞壁，胞内位错密度甚低。这些胞状结构阻碍位错运动，使不能运动的位错数量剧增，以至于需要更大的力才能使位错克服障碍而运动。变形越大，亚结构组织越细小，抵抗继续变形的能力越大，加工硬化效应越明显，合金强度越高。当变形温度较低（如冷轧）时，位错活动性较差，变形后位错大多呈紊乱无规则分布，形成位错缠结，这时合金强化效果好，但塑性也强烈降低。当变形温度较高时，位错活动性较大，并进行交滑移，位错可局部集聚、纠结、形成位错团，出现亚结构及其强化，此时强化效果不及冷变形，但塑性损失较少。

加工硬化或亚结构强化在常温时是十分有效的强化方法，适用于工业纯铝、固溶体型铝合金和热处理不可强化的多相铝合金，但在高温时通常因回复和再结晶而使其对强度的贡献显著变小。某些铝合金冷变形时能形成较好的织构而在一定方向上强化，又称为织构强化。

10.2.2 固溶强化

合金元素固溶到铝基体中形成固溶体时，合金的强度、硬度一般都会得到提高，称为固溶强化。所有可溶性合金化组元甚至杂质都能产生固溶强化。特别可贵的是，对合金进行固溶强化时，在强度、硬度得到提高的同时，塑性还能保持在良好的水平上，但仅用这一种方法不能获得特别高的强度。

合金元素溶入铝后，使铝的位错密度增大，同时晶格发生畸变。畸变所产生的应力场与位错周围的弹性应力场交互作用，使合金元素的原子聚集到位错线附近，形成“气团”。位错要运动就必须克服气团的钉扎作用，带着气团一起移动，或者从气团中挣脱出来，因而需要更大的切应力。另外，合金元素的原子还会改变固溶体的弹性系数、扩散系数、内聚力和原子的排列缺陷，使位错线变弯，位错运动阻力增大，包括位错与溶质间的长程交互作用和短程交互作用，从而使材料得到强化。

固溶强化作用大小取决于溶质原子浓度、原子相对尺寸、固溶体类型、电子因素和弹性模量。一般来说，溶质原子浓度越高，强化效果越大；原子尺寸差别越大，对置换固溶体的强化效果亦越大；溶质原子与铝原子的价电子数相差越大，固溶强化作用也越大；弹性模量大小的差异度越大，往往强化效果越好。

在采用固溶强化的合金化时，要挑选那些强化效果高的元素作为合金元素。但更重要的是要选那些在铝中固溶度大的元素作为合金元素，因为固溶体的强化效果随固溶元素含量的增加而增加。只有那些在铝中固溶浓度大的元素才能大量加入。例如，铜、镁是铝合金的主要合金元素。

进行固溶强化时，往往采用多元少量的复杂合金化原则（多种合金元素同时加入，但每种元素加入量少），使固溶体的成分复杂化，这样可以使固溶体的强化效果更高，并能保持到较高的温度。

10.2.3 过剩相强化

过量的合金元素加入铝中，一部分溶入固溶体，超过极限固溶度的部分不能溶入，形成过剩的第二相，简称过剩相。过剩相对合金一般都有强化作用，其强化效果与过剩相本身的性能有关，过剩相的强度、硬度越高，强化效果越大。但硬脆的过剩相含量超过一定限度后，合金变脆，力学性能反而降低。此外，强化效果还与过剩相的形态、大小、数量和分布有关。第二相呈等轴状、细小和均匀分布时，强化效果最好。第二相粗大、沿晶界分布或呈针状，特别是呈粗大针状时，合金变脆，对塑性损失大，而且强度不高。常温使用不宜大量采用过剩相强化，但高温下的使用效果很好。另外，强化效果还与基体相和过剩相之间的界面有关。

过剩相强化与沉淀强化之间有相似之处，只不过沉淀强化时，强化相极为细小，弥散度大，在光学显微镜下观察不到；而在利用过剩相强化合金时，强化相粗大，用光学显微镜即能观察到。过剩相强化在铝合金中应用广泛，几乎所有在退火状态使用的两相合金都应用了过剩相强化。或者更准确地说，是固溶强化与过剩相强化的联合应用。

10.2.4　沉淀强化

从过饱和固溶体中析出、形成溶质原子富集亚稳区的过渡相的过程称为沉淀，凡有合金元素在铝中固溶度随温度降低而减小的合金，从单相区进入两相区时都会发生沉淀。铝合金固溶处理时获得过饱和固溶体，再在一定温度下保温，发生沉淀产生共格的亚稳相质点，这一过程称为时效。由沉淀或时效引起的强化称为沉淀强化或时效强化。亚稳相的沉淀过程也称为析出（或脱溶），其强化又称为析出强化。铝合金时效析出的质点一般称为 G.P.区、共格或半共格过渡相，尺寸为 0.001～0.1μm。时效强化的质点在基体中均匀分布，使变形趋于均匀，因而时效强化引起塑性损失比加工硬化、弥散强化的要小。通过沉淀强化，合金的强度可以提高百分之几十至几百。因此，沉淀强化是铝、银、镁、铜等有色金属材料常用的有效强化手段。

沉淀强化的效果取决于合金的成分、淬火后固溶体的过饱和度、强化相的特性、分布及弥散度以及热处理制度等因素。沉淀强化效果最好的合金位于极限固溶度成分，在此成分下可获得最大的沉淀相体积分数。

10.2.5　晶界强化

铝合金晶粒细化，晶界增多，由于晶界运动的阻力大于晶内且相邻晶粒不同取向使晶粒内滑移相互干涉而受阻，变形抗力增加。晶粒细化可以提高材料在室温下的强度、塑性和韧性，是金属材料最常用的强韧化方法之一。

晶界上原子排列错乱，杂质富集，并有大量的位错、孔洞等缺陷，而且晶界两侧的晶粒位向不同，所有这些都阻碍位错从一个晶粒向另一个晶粒运动。晶粒越细，单位体积内的晶界面积就越大，对位错运动的阻力也越大，因而合金的强度越高。晶界自身强度取决于合金元素在晶界处的存在形式和分布形态，化合物为不连续、细小弥散点状时，晶界强化效果最好。晶界强化使合金的塑性损失较少，常温下强化效果好，但高温下不宜采用晶界强化。因为高温下晶界滑移为重要变形方式，使合金趋向沿晶界断裂。

10.3　铝合金的热处理

10.3.1　铝合金均匀化退火

铝合金均匀化退火是把化学成分复杂、快速非平衡结晶和塑性不好的铸锭加热到接近熔点的温度长时间保温，使合金原子充分扩散，以消除化学成分和组织上的不均匀性，提高铸锭的塑性变形能力的热处理方法。

在直接水冷半连续铸造条件下生产的铝合金铸锭，由强烈的冷却作用引起的浓度过冷或成分过冷，使凝固后的组织偏离平衡状态，出现粗大的晶界和非平衡结晶相、枝晶偏析、过饱和固溶体等现象。这样的铸锭在随后的轧制或挤压时，具有不同化学成分的各显微区域拉长并形成带状组织，这种组织促使成品工件产生各向异性并增加晶间断裂倾向，因此必须经过均匀化退火处理。

在铝合金均匀化退火过程中，除原子在晶内扩散外，还伴随着枝晶偏析的消除和非平衡相的溶解。对于非平衡状态下仍为单相的合金，均匀化退火所发生的主要过程为固溶体晶粒内部成分均匀化。当合金中有非平衡亚稳相时，上述两个过程均会发生。通常，在非平衡过剩相溶解后，固溶体内成分仍不均匀，晶界仍有少量元素分布偏聚。除此之外，均匀化退火还可能发生下列组织变化。

（1）过饱和固溶体的分解：在结晶时的快冷条件下，某些元素形成的相来不及从固溶体中析出而呈过饱和状态，并且在均匀化退火温度下，其固溶度仍然较小时，这些相在均匀化退火的加热和保温阶段就会从固溶体中析出。例如，锰、锆、铬的铝合金中，在退火过程中就会析出 $MnAl_6$、$CrAl_7$、$ZrAl_3$ 等弥散相。冷却速度不同，析出相尺寸及分布情况将有所不同，如果冷却速度过快，则仍将得到一定过饱和度的固溶体。

（2）聚集与球化：若合金在平衡状态下不呈单相。则均匀化时过剩相不能完全溶解，这些未溶的相在退火过程中就可能发生聚集和球化，小尺寸的过剩相颗粒溶解，而大尺寸的颗粒长大，以降低界面能，达到热力学更稳定的状态。

（3）晶粒长大：铝合金属于无多晶型转变的合金，基体不发生相变，均匀化时一般不会发生晶粒长大现象，但发现纯铝均匀化后晶界平直化现象。对于热处理可强化铝合金，由于第二相的体积分数不大（仅为 10%～15%），当第二相溶入基体时，体积变化产生的内应力不足以使基体产生强烈的变形硬化，因此合金在铸造状态加热至单相区均匀化时，除个别情况外，一般不产生显著的晶粒长大。

（4）相转变：均匀化退火时，也可能发生相变。有研究表明，3003 合金在均匀化退火时 $Al_6(Mn, Fe)$质点将逐渐转变成 α-Al(Mn, Fe)，且随均匀化温度升高和时间延长，α-Al(Mn, Fe)逐渐增加。此外，7×××系合金中也观察到明显的相转变，即 $\eta\rightarrow S$ 的转变。

（5）淬火效应：铸造合金经均匀化退火后，过快地冷却可能产生淬火效应。

由于均匀化退火过程中铸造合金发生一系列的组织变化，必将直接影响铸锭的性能。表 10-3 表明（李念奎等，2012），均匀化退火后，7A04 合金的变形抗力降低，而塑性大大提高。这样就可以降低铸锭热变形开裂的危险，以改善热轧板带的边部质量，提高挤压制品的挤压速度。同时，由于降低了变形抗力，还可以减少变形功的消耗，提高设备利用率。均匀化退火还可以消除铸锭残余应力，改善铸锭的机械加工性能，因此，残余应力较大且需进行均匀化退火的硬铝合金铸锭，锯切、铣削等机械加工应在均匀化退火后进行。

表 10-3　7A04 合金铸锭均匀化前后的力学性能

铸锭直径/mm	取样方向	取样部位	力学性能					
			未均匀化		445℃均匀化		480℃均匀化	
			R_m/MPa	A/%	R_m/MPa	A/%	R_m/MPa	A/%
200	纵向	表层	245	0.6	195	4.1	200	6.7
		中心	280	1.8	202	4.9	224	7.1
	横向	中心	271	0.6	221	4.4	223	7.9
315	纵向	表层	224	0.7	206	4.2	205	6.0
		中心	202	1.0	196	3.8	200	5.6
	横向	中心	223	0.4	209	4.2	227	6.4

10.3.2　铝合金热处理的分类

铝合金热处理的目的是利用其加热、保温和冷却处理过程中发生的相变，来改善其组织和性能，使其具有所要求的力学性能和物理性能。

铝合金热处理的分类方法有两种：一种是按热处理过程中组织和相变的变化特点来分；另一种是按热处理目的或工序特点来分。不同的企业有不同的分类方法，现将铝合金材料加工企业常用的几种热处理方法介绍如下（图 10-3）（李念奎等，2012）：

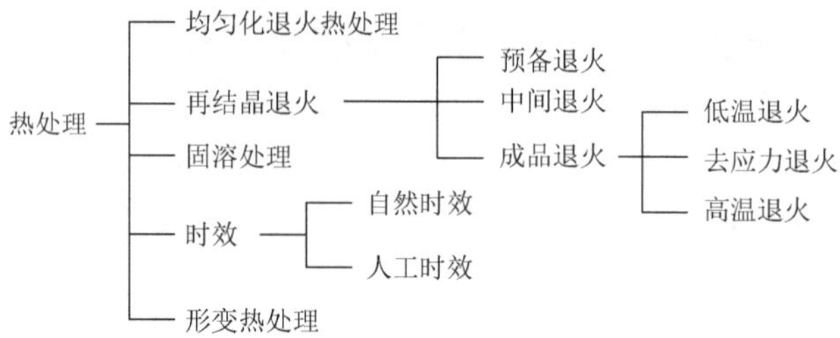

图 10-3　铝合金材料加工企业常用的热处理方法

10.3.3　再结晶退火

铝合金冷加工变形后，由于自由能提高，处于不稳定状态，当加热到适当温度时，在原来的变形组织中就会产生新的无畸变的等轴晶粒，最终显微组织完全由新的晶粒构成，并得到没有内应力和变形的稳定组织，其性能恢复到完全软化状态，这个过程称为再结晶，使其发生再结晶的热处理过程称为再结晶退火。生产中采用再结晶退火来消除产品经过加工变形所产生的加工硬化，提高产品的塑性。在冷变形的加工过程中，有时也需要进行再结晶退火，这是为了恢复中间产品的塑性以便于继续加工。根据工序不同又分为预备退火、中间退火和成品退火；根据加热温度高低又分为低温退火、去应力退火和高温退火。预备退火是指热轧板坯退火。当热轧温度降低到一定温度后，合金即产生加工硬化和部分淬火效应。这种退火主要是为了消除加工硬化和部分时效硬化效应，给冷轧提供必要的塑性。中间退火是指两次冷变形之间的退火，目的是消除冷作硬化或时效的影响，得到充分的冷变形能力。成品退火是指出厂前的最后一次退火。如生产软状态的产品，可在再结晶温度以上进行退火，这种退火称为高温退火，其退火制度与中间退火制度基本相同。如生产半硬状态的产品，则在再结晶开始和终了温度之间进行退火，以得到强度较高和塑性较低并符合性能要求的半硬产品，这种退火称为低温退火。还有一种在再结晶温度以下进行的退火，目的是利用回复现象消除产品的内应力，并获得半硬产品，称为去应力退火。

再结晶过程的第一步是在变形基体中形成一些晶核，这些晶核由大角度界面包围，且具有高度结构完整性。然后这些晶核就可以蚕食周围变形基体的方式长大，直至整个基体被新晶粒占满。再结晶形核长大的必备条件是它们能以界面运动的方式吞并周围基体，进而形成一定尺寸的新生晶粒，故只有与周围变形基体有大角度界面的亚晶才能称为潜在的再结晶晶粒。因此，再结晶晶核一般优先在原始晶界/夹杂物界面附近、变形带和切变带等处生成。再结晶晶核的形成与长大需要原子的扩散，是热激活过程，因此必须有一定的温度条件。一般将发生再结晶的最低温度称为再结晶开始温度，再结晶过程终了的温度称为再结晶终了温度。通常用变形程度在 70%以上，在 1h 的保温时间内能完全再结晶的最低温度来表示铝合金的再结晶温度。影响再结晶晶粒长大的因素有退火的温度和时间、合金元素的种类和含量、第二相质点的性质和大小、相邻晶粒的位向差等。

10.3.4　铝合金的固溶处理

铝合金的淬火目的是获得过饱和的固溶体，从而使时效后得到较高的力学性能。与钢铁淬火加热温度范围相比，铝合金的允许淬火温度范围较窄，操作时必须严加注意，以防止过烧或加热不足。过烧温度主要由合金的成分以及合金中共晶体的熔化温度来决定。

固溶处理又称为淬火，其过程如图 10-4 所示（李云凯，2005），固溶处理的目的是获得在室温下不稳定的过饱和固溶体或亚稳定的过渡组织，主要针对第二相在基体中的固溶度随温度降低而显著减少的合金。经固溶处理后得到的是过饱和固溶体，一些合金强度提高，塑性降低，而另外一些合金则相反，强度降低，塑性提高。还有一些合金强度和塑性都提高。

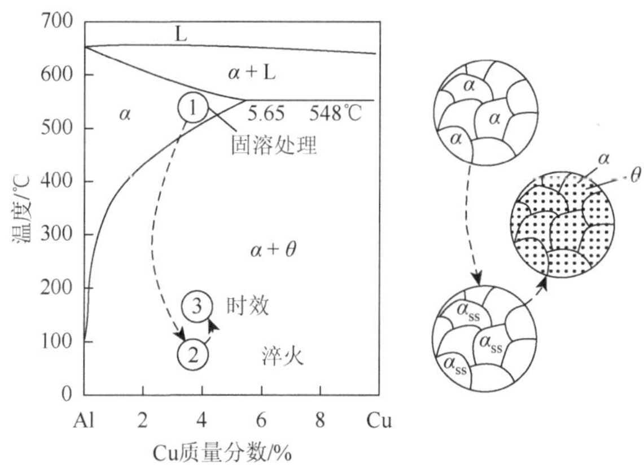

图 10-4　固溶处理过程示意图

决定铝合金固溶处理效果的因素，不仅包括加热温度和保温时间，还包括淬火转移时间、冷却速度和停放效应。淬火加热时间与设备有关，如盐浴加热比电炉快。保温时间的长短主要由强化相完全溶解所需的时间而定，也和合金成分、工件壁厚、被加热制品的状态及加热方法有关。

正确控制合金的固溶处理工艺，是保证获得良好时效强化效果的前提。一般来说，在不发生过热、过烧的条件下，淬火加热温度高些，保温时间长些，有利于获得最大过饱和度的均匀固溶体。其次，淬火冷却要保证不析出第二相。否则，在随后时效处理时已析出相将起晶核作用，造成局部不均匀析出而降低时效强化效果。铝合金水淬冷却时，水温不应超过 80℃。形状简单或小工件可在低于 30℃的水中淬火；形状复杂的工件淬火的水温以 40～50℃为宜；很大和极复杂的工件，可采用加入少量硫酸的 50～80℃的水，淬火后的硬铝表面呈银灰色。

淬火后需进行人工时效的工件应及时进行加工及整形处理。在高温下工作的变形铝合金都要采用人工时效，在室温下工作有的可采用自然时效。经过时效的铝合金，切削加工后往往还要进行稳定化回火，消除加工产生的应力，稳定尺寸。稳定化回火的温度不高于人工时效温度，一般与人工时效温度相同，时间为 5～10h。经自然时效的硬铝常采用（90±10）℃、时间为 2h 的稳定化回火。

实践表明，淬火温度越高，淬火冷却速度越快，淬火中间转移时间越短，所获得的固溶体过饱和程度越高，时效后时效强化效果也越大。

10.3.5　铝合金的时效处理

固溶处理后获得过饱和固溶体处于不稳定状态，有自发发生分解和析出过剩溶质原子的趋势。有的合金在常温下即开始进行析出，但由于温度低只能完成析出的初始阶段，这种处理称为自然时效；有的合金则需要在高于常温的某一特定温度下保持一段时间，使原子活动能力增大后才开始析出，这种处理称为人工时效。在时效过程中，合金将发生一系列组织转变，使合金发生强化和软化。这些变化特征可用不同温度和保温时间下合金的硬度指标来表示。图 10-5 为 Al-Cu 合金脱溶相结构和时效阶段的关系。从图中可见，低温时首先析出的是 G.P.区，随着温度的升高出现析出 θ'' 相、θ' 相和 θ 相的相变（Porter and Easterling，2010）。

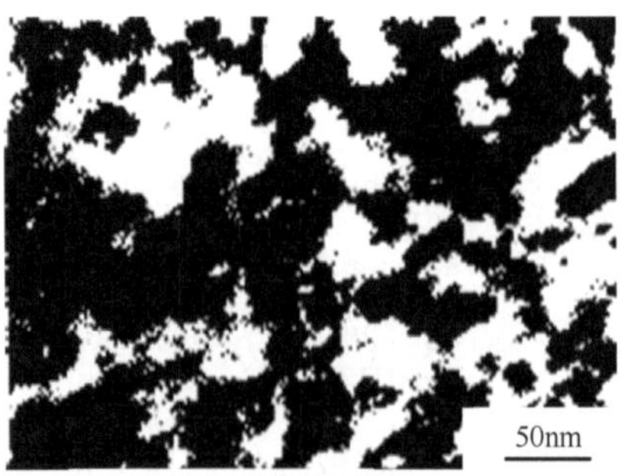

(a) G.P.区

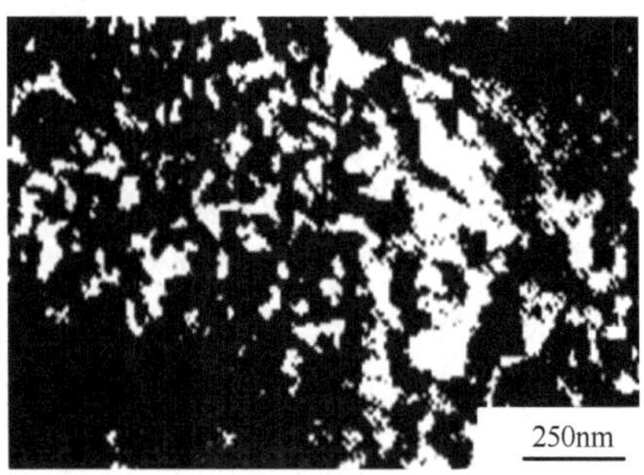

(b) θ''相

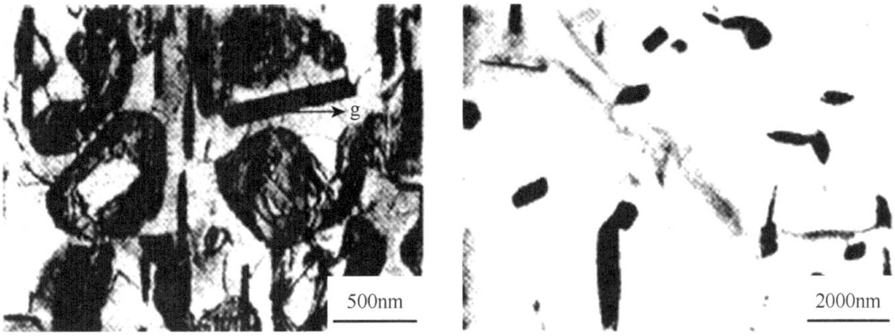

(c) θ'相　　(d) θ相

图 10-5　Al-4%Cu 合金的时效过程各阶段的 TEM 照片

1. G.P.区的形成

1938 年 Gunier 和 Preston 各自独立地发现 Al-Cu 合金单晶经自然时效后在劳厄照片上出现异常衍射条纹，他们认为，这是在基体固溶体晶体的{100}面上偏聚了一些铜原子，构成了富铜的蝶形薄片（含铜约 90%），其厚度为 0.3～0.6nm，直径为 4～8nm。为纪念这两位发现者，将 Al-Cu 合金中这种“二维”溶质原子偏聚区称为 G.P.区。现在 G.P.区已用来称呼所有合金中预脱溶的原子偏聚区。或者更确切地说，G.P.区是合金中能用 X 射线衍射法测定的原子偏聚区。

1）G.P.区的特点

G.P.区晶体结构与基体相同，因为富集了溶质原子而使原子间距有所改变，他们与基体完全共格、界面能小，形核功也很小，在基体中各处均可形核，产生均匀的脱溶组织，并且脱溶物的密度很高，即均匀形核，这与部分共格的过渡相不同，但 G.P.区可能导致较大的共格应变，因而应变能较高，其显微结构如图 10-5（a）所示。基于此种结构特征，一般认为 G.P.区不是一种真正的脱溶相。然而，从热力学观点来看，也有人认为它们是一种亚稳定的脱溶相。在 G.P.区内部，通常异类原子任意分布，但有时不同原子各占据 G.P.区内特定的位置，成为一种晶格有序的小区。

G.P.区尺寸很小，其大小与时效温度有关。在一定的温度范围内，G.P.区尺寸随时效温度升高而增大。例如，Al-Cu 合金的 G.P.区直径在室温时约为 5nm，100℃时约为 20nm，而 150℃时约为 60nm。G.P.区与基体共格，其形状主要取决于共格应变能。组元原子直径差不同的合金应变能也不同，因而 G.P.区的形状也不相同。

2）G.P.区的形成机制

G.P.区的形成机制可能有两种：一种是 Spinodal 分解，另一种是形核-长大过程。在均匀的固溶体中，总存在各种各样的成分起伏，也就是说，存在各种尺度的溶质原子偏聚现象。浓度越高，温度越低，则偏聚现象越明显。Thomas 等用电子显微镜薄膜技术直接观察了 Al-20%Ag 合金的脱溶过程。他们发现，该合金即使在很高的固溶温度（500℃）时也不是均匀固溶体，而是存在直径为 2～10nm、密度约为 4×10^6 个/cm^3 的球形偏聚区。合金淬火并于 200℃时效，偏聚区的密度增加到 10^{17} 个/cm^3。可见，偏聚区在固溶处理（淬火）后就已存在，在随后时效时又大量产生。当偏聚区尺寸大到能克服形核功时，就会成为晶核而长大，长大到能产生 X 射线衍射效应时就成为 G.P.区。

作为 G.P.区晶核的微小偏聚区，数量非常大，形成速度极高，但只有长大到一定尺寸才能成为 G.P.区。可见 G.P.区形成速度基本上取决于偏聚区长大速度。偏聚区的长大需要原子扩散迁移。因此，根据溶质原子的扩散速率可估计 G.P.区的形成速度，反之亦然。

G.P.区的形成速度与空位浓度有关。增加空位浓度和延长空位寿命都会形成较大尺寸的 G.P.区。因为空位浓度随时间延长而迅速减小，所以 G.P.区只在开始阶段形成得较迅速。从另一方面看，空位及空位群有较高能量，也是溶质原子富集处，因此有利于 G.P.区形核。空位在基体中有相对的均匀性，因此 G.P.区形核和分布也相对均匀。

2. 过渡相（亚稳定相）的形成

固态相变和液相中的结晶不同。因为弹性应变能占据比较重要的位置。所以相变需要在更大的过冷条件下进行，有时还要经过某些中间过渡阶段。另外，在相界面结构上，新相形态和晶体取向上也需保持适当的对应关系，以降低表面能和弹性能，使过程易于进行。

Al-Cu 合金有两种过渡相，即 θ''相和 θ'相。过渡相与基体可能有相同的晶格结构，也可能结构不同，往往与基体共格或部分共格并有一定的晶体学位向关系。其显微结构如图 10-5（b）、（c）所示。

Al-Cu 合金第一种过渡相是 θ'' 相。θ'' 质点厚度约为 2nm，直径约为 30nm，正方结构，$a = b = 0.404$nm，在这两个晶向上和基体晶格完全匹配。但 $c = 0.768$nm（唐代明等，2014），比两个基体晶胞的长度稍短一些。θ'' 相在基体中均匀地形核且与基体完全共格，具有$\{100\}_{\theta''}//\{100\}_{Al}$的位向关系。由于 θ'' 相结构与基体已有差别，因而与 G.P.区比较，在 θ'' 相周围会产生更大的共格应变，因而导致更大的强化效应。在 TEM 照片中，θ'' 相的形貌与 G.P.区相似，但因共格应变大，在照片上观察到更强的衍射效应。

Hardy 认为 θ'' 相由 G.P.区重排而成，因此 θ'' 相称为 G.P.（Ⅱ）区，而将 G.P.区称为 G.P.（Ⅰ）区。目前，在有些文献中仍沿用这种名称。但是从电子显微镜图像比较来看，θ'' 相形核需要经过一定孕育期，并且一旦形成后就长大得很快。而

G.P.区形成几乎看不到孕育期，其长大速度比 θ'' 相慢得多。因此，将 θ'' 视为过渡相更为合理。

Al-Cu 合金第二种过渡相是 θ'相。它是该系合金第一种能在光学显微镜下观察到的脱溶产物，其尺寸达到 200nm 数量级。此相为正方结构，$a = b = 0.404$nm，$c = 0.580$nm，$\{100\}_{\theta'}//\{100\}_{Al}$，与基体部分共格。$\theta'$相的成分可能为 $Cu_2Al_{3.6}$，与平衡相（θ-$CuAl_2$）稍有差别。

由于结构上过渡相与基体差别较大，G.P.区与基体差别更小一些，故过渡相形核功较 G.P.区大很多。为降低应变能和界面能，过渡相往往在位错、小角度界面（位错阵列）、堆垛层错和空位从聚处非均匀形核，并按经典形核方式形成。因此，它们的形核率主要受合金中位错密度的影响。此外，过渡相亦可在 G.P.区中形核。

过渡相容易在位错处形核的主要原因是晶核和基体固溶体之间的结构错配。过渡相薄片在刃状位错处形核，其位向使薄片和位错两者所产生的应力场相互抵消一部分。共格和半共格脱溶相的表面能明显低于完全非共格脱溶相，对于共格和半共格脱溶相的形核，起决定作用的因素是弹性能，而非表面能。

位错和晶界是优先形核处，因为溶解的合金原子可在位错处形成偏析（科氏（Cottrell）气团）。因为过渡相具有合金元素浓度较大的特点，所以它们在合金元素富集的基体缺陷部分形核，从成分上也是有利的。

如果过渡相比基体有更大的比容，那么它们在空位从聚处形核自然较为方便。当基体被淬火空位所过饱和时，在基体中便能迅速形成这种空位从聚。只有在脱溶物的结构和堆垛层错的结构相同时，堆垛层错才能够作为非均匀形核处。过渡相形状主要受界面能和应变能的综合影响。此外，扩散过程的方向性以及晶核长大的各向异性亦可使某些脱溶微粒具有各种奇怪的复杂形状。

3. 平衡相的形成

在更高温度或更长的保温时间条件下，过饱和固溶体会析出平衡相。平衡相成分与结构处于平衡状态，一般与基体相无共格结合，但也有一定的晶体学位向关系。其显微结构如图 10-5（d）所示。Al-Cu 合金析出的平衡相为 θ-$CuAl_2$，若非共格 θ 相出现，则合金软化且远离最高强度状态。

平衡相形核是不均匀的，由于界面能非常高，所以往往晶界或其他较明显的晶格缺陷处（如空位从聚处）率先形核以减小形核功，平衡相晶核也是按经典形核方式形成的。此外，稳定相还能在较早形成的过渡相处形核。

对于具有高表面能的平衡相的非共格脱溶相的形核，起决定作用的因素是表面能，晶间边界有非共格脱溶相形成时，阻止形核的因素减小，会促进非共格脱溶相在大角晶界形核。晶界和缺陷是优先形核处，是因为该处成分偏析。在晶界上，平衡相即使在淬火阶段也能够出现。某些铝合金在沸水中淬火就是这种现象的一个典型例子。对脱溶产物来说，不管是平衡相还是过渡相，它们都容易以片状或针状在基体的低指数面生成。若无再结晶等其他过程干扰，则显微组织将呈现脱溶相规则分布的魏氏组织形态。

4. 时效强化工艺

实际生产中根据合金性质和使用要求，可以采用不同的时效工艺，主要包括单级时效、分级时效、回归再时效和变形时效等。

单级时效是一种最简单也最普及的时效工艺制度，在淬火后只进行一次时效处理。为了适应不同的使用条件，可以采用完全时效、不完全时效、过失效和稳定化时效等。

分级时效是把淬火后的工件放在不同温度下进行两次或者多次加热的一种时效方法。分级时效按其作用可分为预时效和最终时效两个阶段。预时效处理的温度一般较低，目的是在合金中形成高密度的G.P.区。G.P.区通常是均匀生核，当其达到一定尺寸时，就可成为随后时效过渡相的核心，从而大大提高组织的均匀性。最终时效采用较高温度时效，其目的是使在较低温度时效时所形成的 G.P.区继续长大，得到密度较大的中间相，并通过调整过渡相的结构和弥散度以达到预期的性能要求。

回归再时效（retrogression and reageing，RRA）处理是将回归后的铝合金，在较高温度下短时保温，使硬度和强度下降，恢复到接近淬火水平，然后进行时效处理，获得具有人工时效态的强度和分级时效的应力腐蚀抗力的一种时效工艺。该制度是为改善 7075 合金的应力腐蚀而提出的。RRA 处理实质上是三级时效处理工艺，其中第一级和第三级为 T6（120℃/24h）处理，第二级为高温短时加热（240℃）。RRA 处理的时间对回归状态和回归再时效状态的性能有直接影响。回归再时效处理时，组织变化较复杂。7075 合金经过 T6 时效后晶粒内部形成大量的 G.P.区及少量的 η'相共格析出物，同时沿晶界形成较大的链状非共格的 η 相（图 10-6（a））（李念奎等，2012），正是这种晶界组织决定了 Al-Zn-Mg-Cu 系合金对应力腐蚀开裂和剥落腐蚀有较高的敏感性。在随后的回归加热时，晶内析出的尺寸细小不稳定的 η'相会重新溶入基体，而尺寸较大、稳定性较高的 η' 相会转变为 η 相，在高温下不会回溶，还会朝更稳定的方向发展，即析出物的尺寸加大，并开始聚集，彼此失去联系，成为断续结构，进入严重的过时效状态（图 10-6（b））。

这种晶界组织改善了抗应力腐蚀性能和抗剥落腐蚀性能。铝合金经过二次峰时效后，晶粒内部形成了类似时效到最高强度的组织，而晶界组织与过时效的晶界组织相似（图 10-6（c））。这种组织综合了峰值时效和过时效的优点，使铝合金具备高强度、高抗应力腐蚀开裂性和高抗剥落腐蚀性。如对超硬铝系 7050 合金（淬火 + 人工时效）在 200～280℃进行短时再加热（回归），然后按原时效工艺进行再时效处理，其性能与淬火 + 人工时效及分级时效对比列于表 10-4（李念奎等，2012）。由表可见，RRA 处理后抗拉强度比淬火 + 人工时效状态下降了 4%，而屈服强度却上升了 2.6%，应力腐蚀抗力和分级时效状态相当。

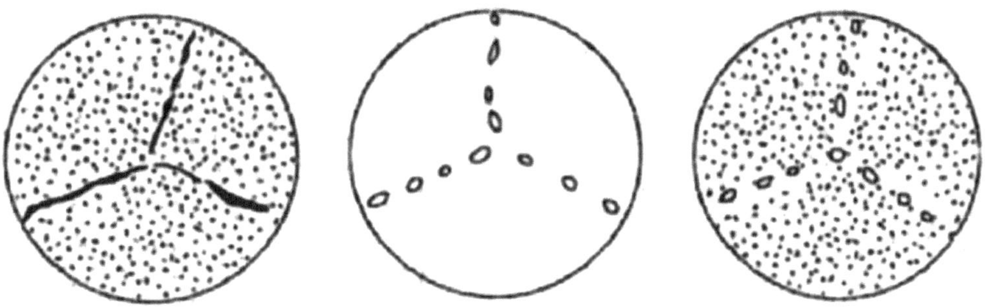

(a) 巅峰时效　(b) 回归处理　(c) 二次巅峰时效

图 10-6　Al-Zn-Mg-Cu 系铝合金在 RRA 处理过程中的显微组织变化示意图

表 10-4　7050 铝合金经三种工艺处理后的性能对比

热处理制度	R_m/MPa	$R_{p0.2}$/MPa	A/%	应力腐蚀断裂时间/h
477℃/30min + 120℃/24h	565.5	509.6	13.3	83
477℃/30min + 120℃/6h + 177℃/30min + 120℃/8h	446.8	371.4	15.4	720 未断
477℃/30min + 120℃/24h + 200℃/8min（油冷）+ 120℃/24h	541.9	523.3	14.8	720 未断

10.3.6　典型工业用铝合金的时效强化

铝合金在时效过程会发生一系列组织变化，也就是说存在过饱和固溶体的分解脱溶过程。脱溶产物类型取决于时效温度和时间，同时也受合金成分、淬火加热温度和冷却速度、时效前后变形程度等多种因素影响。

对同一成分的合金而言，当时效时间一定时，时效温度与时效强化效果之间有图 10-7 所示的关系（李念奎等，2012），即在某一时效温度，合金能获得最大的强化效果，这个温度称为最佳时效温度。不同合金的最佳时效温度是不同的。据统计，T_a =（0.5～0.6）$T_{熔}$，其中 T_a 为最佳时效温度，$T_{熔}$为熔点。

合金的时效过程亦是一种固态相变过程，析出相的形核与长大伴随着溶质原

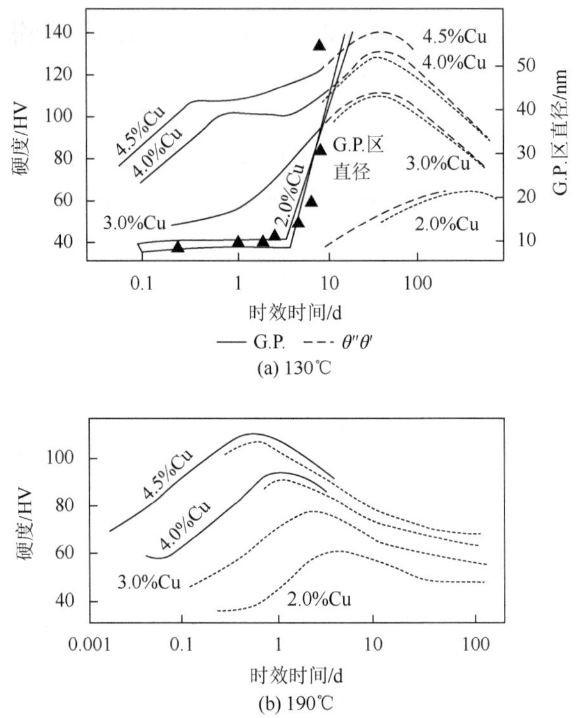

图 10-7　Al-Cu 合金硬度和时效温度、时效时间、脱溶相结构的关系

子的扩散过程，在不同温度时效时，析出相的临界晶核大小、数量、分布以及速度不同。若时效温度过低，由于扩散困难，G.P.区不易形成，时效后强度、硬度低；若时效温度过高，扩散易于进行，则过饱和固溶体中析出相临界晶核尺寸大、数量少，化学成分更接近平衡相，结果在时效强化曲线上达到最大强度所需的时间短，强度峰值低。应当注意，随着时效温度和时效时间等条件的变化，时效过程进行的程度也不同。

合金的种类不同，形成的 G.P.区、过渡相以及最后析出的稳定相各不相同，时效强化效果也不一样。几种常用铝合金系的时效过程及析出的稳定相见表 10-5（李念奎等，2012）。从表中可以看出，不同的合金系时效过程并不完全经历上述四个阶段。

表 10-5　主要铝合金的脱溶序列

合金系	脱溶顺序	平衡脱溶相
Al-Cu	G.P.偏聚区（盘状）→θ''（盘状）→θ'→θ-$CuAl_2$	θ-$CuAl_2$
Al-Ag	G.P.偏聚区（球状）→γ'（片状）→γ-Ag_2Al	γ-Ag_2Al
Al-Zn-Mg	G.P.偏聚区（球状）→η'（片状）→T′→T-$Mg_3Zn_3Al_2$	η-$MgZn_2$，T-$Mg_3Zn_3Al_2$

续表

合金系	脱溶顺序	平衡脱溶相
Al-Mg-Si	G.P.偏聚区（棒状）→β'→β-Mg_2Si	β-Mg_2Si
Al-Cu-Mg	G.P.偏聚区（棒或球状）→S′→S-Al_2CuMg	S-Al_2CuMg
Al-Li	G.P.偏聚区（棒或球状）→δ'→δ-Al_3Li	δ-Al_3Li

10.4　变形铝合金

变形铝合金需经过不同的压力加工方式生产型材。这些变形铝合金是机械工业和航空工业中重要的结构材料。由于质量轻，比强度高，在航空工业中占有特殊的地位。变形铝合金的分类方法很多。目前，世界上绝大部分国家通常按以下三种方法进行分类。

（1）按合金状态图及热处理特点分为可热处理强化铝合金和不可热处理强化铝合金两大类。

（2）按合金性能和用途可分为工业纯铝、耐热铝合金、低强度铝合金、中强度铝合金、高强度铝合金（硬铝）、超高强度铝合金（超硬铝）、锻造铝合金等。

（3）按合金中所含主要元素成分可分为工业纯铝（1×××系），Al-Cu 合金（2×××系），Al-Mn 合金（3×××系），Al-Si 合金（4×××），Al-Mg 合金（5×××系），Al-Mg-Si 合金（6×××系），Al-Zn-Mg-Cu 合金（7×××系），Al-Li 合金（8×××系）及备用合金组（9×××系）。牌号的第一位数字表示组别，牌号第二位的字母表示原始合金的改型情况，A 表示原始合金；B～Y 表示原始合金的改型合金，牌号的最后两位数字没有特殊意义，仅用来区别同一组中不同的铝合金。如 2A06 表示主要合金元素为铜的 6 号原始铝合金。

根据国家标准《变形铝及铝合金牌号表示方法》（GB/T 16474—2011），凡是化学成分与变形铝及铝合金国际牌号注册协议组织命名的合金相同的所有合金，其牌号直接采用国际四位数字体系牌号，未与国际四位数字体系牌号接轨的变形铝合金采用四位字符牌号命名，并按要求标注化学成分。四位字符体系牌号的第一、三、四位为阿拉伯数字，第二位为英文大写字母（C、I、L、N、O、P、Q、Z 字母除外），见表 10-6（凤仪，2008）。

表 10-6　组别和牌号系列

组别	牌号系列	组别	牌号系列
纯铝（铝的质量分数不小于 99.00%）	1×××	以硅和镁为主要合金元素并以 Mg_2Si 相为强化相的铝合金	6×××
以铜为主要合金元素的铝合金	2×××		

续表

组别	牌号系列	组别	牌号系列
以锰为主要合金元素的铝合金	3×××	以锌为主要合金元素的铝合金	7×××
以硅为主要合金元素的铝合金	4×××	以其他合金元素为主要合金元素的铝合金	8×××
以镁为主要合金元素的铝合金	5×××	备用合金组	9×××

除改型合金外，铝合金组别按主要合金元素来确定，主要合金元素指极限含量算术平均值为最大的合金元素。当有一个以上的合金元素极限含量算术平均值同为最大时，应按 Cu、Mn、Si、Mg、Zn、其他元素的顺序来确定合金组别。常用的变形铝合金牌号以及化学成分见表 10-7（《变形铝及铝合金化学成分》（GB/T 3190—2020））（戴起勋，2011）。

表 10-7　典型变形铝合金牌号及主要合金元素的质量分数

合金名称	新牌号	旧牌号	主要合金元素质量分数/%
防锈铝合金	3A21	LF21	0.6Si，0.7Fe，0.20Cu，1.0～1.6Mn，0.05Mg，0.01Zn，0.15Ti
	5A03	LF3	0.50～0.80Si，0.50Fe，0.10Cu，0.30～0.60Mn，3.2～3.8Mg，0.20Zn，0.15Ti
	5A12	LF12	0.30Si，0.30Fe，0.05Cu，0.40～0.80Mn，8.3～9.6Mg，0.10Ni，0.20Zn，0.005Be，0.004～0.05Sb
硬铝合金	2A01	LY1	0.50Si，0.50Fe，2.2～3.0Cu，0.20Mn，0.20～0.50Mg，0.10Zn，0.15Ti
	2A10	LY10	0.25Si，0.20Fe，3.9～5.4Cu，0.30～0.50Mn，0.15～0.30Mg，0.10Zn，0.15Ti
	2A11	LY11	0.7Si，0.7Fe，3.8～4.8Cu，0.40～0.80Mn，0.40～0.80Mg，0.10Ni，0.30Zn，0.15Ti，0.7（Fe＋Cu）
	2A12	LY12	0.50Si，0.50Fe，3.8～4.9Cu，0.30～0.90Mn，1.2～1.8Mg，0.10Ni，0.30Zn，0.15Ti，0.50（Fe＋Ti）
超硬铝合金	7A03	LC3	0.20Si，0.20Fe，1.8～2.4Cu，0.10Mn，1.2～1.6Mg，0.05Cr，6.0～6.7Zn，0.02～0.08Ti
	7A09	LC9	0.50Si，0.50Fe，1.2～2.0Cu，0.15Mn，2.0～3.0Mg，0.15～0.30Cr，5.1～6.1Zn，0.10Ti
	7A10	LC10	0.30Si，0.30Fe，0.50～1.00Cu，0.20～0.35Mn，3.0～4.0Mg，0.10～0.20Cr，3.2～4.2Zn，0.10Ti
锻铝合金	6A02	LD2	0.50～0.12Si，0.50Fe，0.20～0.6Cu，0.15～0.35Cr，0.45～0.90Mg，0.20Zn，0.15Ti
	2B50	LD6	0.7～1.2Si，0.7Fe，1.8～2.6Cu，0.40～0.80Mn，0.40～0.80Mg，0.01～0.20Cr，0.10Ni，0.30Zn，0.7（Fe＋Ni）
	2A14	LD10	0.6～1.2Si，0.7Fe，3.9～4.8Cu，0.40～1.0Mn，0.40～0.8Mg，0.10Ni，0.30Zn，0.15Ti

10.4.1　防锈铝合金

防锈铝合金主要有 Al-Mn 和 Al-Mg 两类合金。防锈铝代号用“3A”或“5A”加一组顺序号表示。

铝锰系合金属于防锈铝合金，Mn 是主要合金元素，可以形成 $MnAl_6$ 相，Mn 在 3×××中的最大固溶度为 1.82%，Mn 和 Al 可以形成金属间化合物 $MnAl_6$，该相的电极电位与铝固溶体几乎相等，因此耐蚀性较好。铝中添加 Mn 后并不会减少纯铝的加工性、耐蚀性，反而会增加它的强度。Al-Mn 合金常用来制作需要弯曲、冷拉或冲压的零件。

Al-Mn 合金在半连续铸造时有发生晶内偏析的倾向。Mn 能提高合金的再结晶温度。向 Al-Mn 合金中添加少量 Cu，对合金的抗蚀性提高有利，可由点蚀变成均匀腐蚀。Mn 还可减少含铁相的脆化作用，即可使针状或片状的含铁化合物变成脆性较低的块状化合物。在 3×××系合金中 Mn 可单独加入，也可与镁一同加入。应严格控制 3003 及 3004 合金的 Fe、Mn 总量，以免铸造时形成粗大的 $(FeMn)Al_6$ 化合物。3004 比 3003 多添加 1%左右的 Mg，强度更高，用于铝罐罐身、电灯泡座等。

铝镁系合金也属于防锈铝合金，Mg 在 Al 中的最大固溶度可达 17.4%，但在工业常用的 5×××系合金中，Mg 的质量分数一般不超过 5.5%。该系合金为金属热处理不可强化的铝合金，虽然 Mg 在 Al 中的固溶度随着温度的降低而迅速减小，但因为沉淀相形核困难、晶核少、沉淀相尺寸大，所以合金的时效效果差。Mg 呈阳极相 $Mg_{17}Al_{12}$ 在晶界沉淀，从而使合金有产生晶间裂纹及应力腐蚀的倾向。Mg 能显著提高铝的强度但又不会使其塑性过分降低。Al-Mg 合金有良好的抗蚀性与可焊性能。

Al-Mg 合金中随镁含量的增加，合金强度提高。当 $w(Mg)>5\%$时，抗应力腐蚀性能下降。Al-Mg 合金多用来制造管道、容器销钉及承受中等载荷零件。Al-Mg 系合金还含有少量的 Mn、Cr、Be、Ti 等。合金中的 Mn 除少量固溶外，大部分形成 $MnAl_6$。加入 Mn 的益处是：可使含 Mg 相沉淀均匀，提高合金的抗蚀性，特别是抗应力腐蚀开裂的能力；提高合金强度的效果比镁大，而且能确保合金具有更高的稳定性。向铝中每增加质量分数为 1%的 Mg，可使强度提高约 35MPa，而加入同量 Mn 的效果则几乎大 1 倍；提高合金的再结晶温度，抑制晶粒长大。但是锰含量过多时，提高强度不多，反而使塑性显著降低，尤其在有微量钠存在的情况下，在热轧时会产生“钠脆”现象，5×××系合金中 Mn 的质量分数均小于 1.0%。

10.4.2　硬铝合金

Al-Cu-Mg 合金具有强烈的时效强化作用，属于可热处理强化的加工铝合金。

Cu 与 Mg 是其中的主要合金元素，还含有少量的 Mn、Cr、Zr 等元素。该系列材料的强度可与钢相抗衡，由于它含有较多的 Cu，耐蚀性较差，若要置于容易腐蚀的场合，则需另外做防蚀处理。在飞机材料上，该类材料会与纯铝压延在一起达到防蚀目的，该系列合金的焊接性能较差，在结合时，主要是用铆接、螺栓接合、电阻焊接。其切削性良好，特别是添加 Pb、Bi 后的 2A11 是一种快速切削合金，常用来制造机械零件。

硬铝的代号用“2A”加一组顺序号表示。硬铝合金按合金元素含量及性能不同，可分为三种类型：低强度硬铝，如 2A01、2A10 等合金；中强度硬铝，如 2A11 等合金；高强度硬铝，如 2A12 等合金。其中，2A12 是使用最广泛的高强度硬铝合金。

不同牌号的硬铝合金具有不同的化学成分，其性能特点也不相同。铜、镁含量低的硬铝强度较低而塑性高；铜、镁含量高的硬铝则强度高而塑性较低。在 Al-Cu-Mg 合金中，有 θ（$CuAl_2$）、S（$CuMgAl_2$）、T（Al_6CuMg_4）、β（$Mg_{17}Al_{12}$）四个金属间化合物相，其中前两个是强化相。S 相有很高的稳定性和沉淀强化效果，其室温和高温强化作用均高于 θ 相。当硬铝以 S 相为主要强化相时，合金有最大的沉淀强化效应。当铜与镁含量的比值一定时，铜和镁总量越高，强化相数量越多，强化效果越大。合金的 Cu 质量分数为 2%～10%，其中，含 4%～6%Cu 的合金具有高强度。Cu 提高合金的强度与硬度，而使其断后伸长率略有下降。合金中另外一个主要元素为 Mg。镁不但提高 Al-Cu 合金自然时效后的力学性能，而且对人工时效后强度性能的提高尤为显著，不过断后伸长率有较大降低。

在硬铝中除主要元素 Cu 和 Mg 外，还加入一定量的 Mn，其主要作用是中和铁的有害影响，改善耐蚀性。同时，Mn 有固溶强化作用和抑制再结晶作用。但锰含量高于 1.0%，会产生粗大的脆生相$(Mn, Fe)Al_6$，降低合金的塑性，因此硬铝合金中锰含量控制在 0.3%～1.0%。Fe 和 Si 是杂质，它们的存在会减少强化相 θ 和 S 的数量，从而降低硬铝的时效强化效果。Co、Cr、Mo 在合金中的作用与 Mn 的相似，其效果比 Mn 的小，同时它们的价格也比 Mn 的高。2×××系合金中的 Mn、Ti、Cr 等还有提高合金的再结晶温度、细化晶粒与改善合金可焊性能的作用。少量 In（0.05%～0.2%）对合金的沉淀硬化有明显影响，与 Cd 的作用相似，能降低自然时效速度，加速人工时效速度。Si 也能与 Mg 形成少量的强化相 Mg_2Si，对时效强化过程有影响。Ag 对合金的时效过程有相当大的影响，能提高其强度性能。Ni 改善该系合金的高温性能。硬铝合金的热处理特性是强化相的充分固溶温度与（$\alpha+\theta+S$）三元共晶温度的间隙很窄，如图 10-3 所示。2A12 合金的 θ 和 S 相完全溶入 α 固溶体的温度非常接近三元共晶的熔点（507℃）。因此，2A12 合金淬火加热的过烧敏感性很大。为了获得最大固溶度的过饱和固溶体，2A12 合金最理想的淬火温度为（500±3）℃，但实际生产条件很难做到，所以 2A12 合金常用的淬火温度为 495～500℃。

硬铝合金人工时效比自然时效具有更大的晶间腐蚀倾向，所以硬铝合金除高温工作的构件外，一般都采用自然时效。为了减少淬火过程中 θ 相沿晶界大量析出，从而导致自然时效强化效果降低和晶间腐蚀倾向增大，硬铝合金淬火时，在保证不变形开裂的前提下，冷却速度越快越好。

10.4.3　锻铝合金

Al-Mg-Si-Cu 系列属于锻铝，这类合金具有优良的锻造性能，主要用于制作外形复杂的锻件，故称为锻铝。锻铝的代号主要用“6A”或“2A”加一组顺序号表示。常用牌号有 6A02、2A14 等，该系列合金的组织相当简单，主要组织组成物为 Mg_2Si，在热处理状态下，Mg_2Si 固溶于铝中，使合金有人工时效硬化能力。但是在生产实践中难以保持此比例。因此，大部分合金不是镁含量有过剩，就是硅含量过剩。当镁含量过剩时，合金的抗蚀性好，但强度与成形性能较低；当硅含量过剩时，合金的强度高，但成形性能及焊接性能较低，抗晶间腐蚀倾向稍好。

该系合金中用得最广的是镁、硅含量较低，且通常不含锰、铬等的合金，如 6060 及 6063 型合金，它们常作为挤压材料。6060 及 6063 型合金的镁、硅含量除了形成强化相 Mg_2Si，还有一定量的过剩硅，即 $w(Mg)/w(Si)<1.73$。设计该类合金的指导思想是：在力学性能方面，抗拉强度应达到 230MPa 左右，以满足建筑结构的要求；合金的相结构简单，有良好的工艺性能，通常简单的风冷就可达到淬火目的。如果合金含有相当的铜与硅，则除 Mg_2Si 外，还可能形成 $Cu_2Mg_8Si_6Al_5$，即至少有一部分 Mg_2Si 为 $Cu_2Mg_8Si_6Al_5$ 所取代，后者有一定的自然时效能力。

其中，6×××系列合金强度与耐蚀性都好，是结构用材的常用材料，但是在焊接时，会有热应力产生，因此若需要连接，大多使用铆接或螺栓接合。6061-T6 的强度达 245MPa，常用于铁塔或天车上。6063 因具备优异的挤压性，大多用于门窗框。6061 用于不强调强度的结构材料上。

10.4.4　超硬铝合金

Al-Zn-Mg-Cu 合金属于超高强度铝合金，是目前室温强度最高的一类铝合金。超硬铝的代号用“7A”加一组顺序号表示。超硬铝是在 Al-Zn-Mg 合金基础上发展起来的。锌和镁是合金的主要强化元素，在合金中形成强化相 η（$MgZn_2$）和 T（$Al_2Mg_3Zn_3$）相。在高温下这两个相在 α 固溶体中有较大的固溶度，固溶后在低温下有强烈的沉淀强化效应。但锌、镁含量过高时，虽然合金强度提高，但塑性和抗应力腐蚀性能变坏。铜的加入主要是为了改善超硬铝的应力腐蚀倾向，同时铜还能形成θ相和 S 相起补充强化作用，提高合金的强度。但铜的质量分数超过3%时，合金的耐蚀性反而降低，故超硬铝中铜的质量分数应控制在 3%以下。此外，铜还会降低超硬铝的焊接性，所以一般超硬铝采用铆接或黏结。少量铬对合金的力学性能和抗蚀性有利。钛能细化铸锭晶粒和改善合金的可焊性，但其效果比锆低，若与锆同时加入可取得更好的效果。铁与硅为杂质，对合金的抗蚀性、力学性能、可焊性能均不利，应尽量控制在 0.3%以下。

超硬铝与硬铝相比，淬火温度范围较宽。对于 $w(\mathrm{Zn})<6\%$、$w(\mathrm{Mg})<3\%$的合金，淬火温度为 450～480℃。超硬铝一般经人工时效后使用，且采用分级时效处理。先在 120℃时效 3h，第二次在 160℃时效 3h，形成 G.P.区和少量的 η'相，此时合金达到最大强化状态。

超硬铝的主要缺点是耐蚀性差，疲劳强度低。为了提高合金的耐蚀性能，一般在板材表面包铝。此外，超硬铝的耐热强度不如硬铝，当温度升高时，超硬铝中的固溶体迅速分解，强化相聚集长大，而使强度急剧降低。超硬铝合金只能在低于 120℃的温度下使用。

10.4.5 铝锂合金

铝锂合金按化学成分可以分为 3 大类：Al-Cu-Li 合金、Al-Cu-Mg-Li 合金和 Al-Mg-Li 合金。已经开发出的新型合金主要有高强可焊的 1460 和高韧的 2097、2197 合金。此外，还研制了 SiC 增强铝锂基复合材料，弹性模量高达 130GPa，成为航空航天领域其他复合材料强有力的竞争者。近年来，铝锂合金开始向高强、高韧、超低密度、低各向异性、改善焊接性能以及热稳定性方向发展。其中，高强可焊合金和低各向异性合金研究得较多，是第三代铝组合金主要的发展方向。我国已经具备了铝锂合金大规模研制与开发的能力，为满足我国航空航天工业对先进结构材料的需求具有重要的意义。

铝锂合金优良的综合性能使其在航空航天领域取得了广泛的应用。俄罗斯米格-29、米格-33 等战斗机以及图-204 旅客机上都大量使用了铝锂合金。美国的铝锂合金应用研究发展较快，F-16 战斗机、F-22 战斗机、DoiglasC-17 运输机、波音 747、波音 777 客机等均使用了铝锂合金，使用部位包括燃料箱、隔框、机翼蒙皮、前缘、后缘等。在我国，铝锂合金也得到了一定的应用，部分飞机采用铝锂合金整体油箱和铝锂合金座舱盖、燃料箱等热成形零件。

在航天领域，铝锂合金已经在航天构件上取代了常规高强铝合金。通常用于制造燃料储箱、卫星结构件和空间站等。

10.5　铸造铝合金

铸造铝合金应具有高的流动性，较小的收缩性、热裂、缩孔和疏松倾向小等良好的铸造性能。成分处于共晶点的合金具有最佳的铸造性能，但由于此时合金组织中会出现大量硬脆的化合物，使合金的脆性急剧增加。因此，实际使用的铸造合金并非都是共晶合金。它与变形铝合金相比只是合金元素含量高一些。

铸造铝合金一般用于制作质轻、耐蚀、形状复杂及有一定力学性能的零件，如铝合金活塞、仪表外壳、水冷式发动机缸件、曲轴箱等。铸造铝合金种类很多，按主要合金元素的不同，铸造铝合金分为铝硅合金、铝铜合金、铝镁合金和铝锌合金。

10.5.1　铸造铝合金的牌号、种类及化学成分

铸造铝合金牌号用化学元素及数字表示，数字表示该元素的平均质量分数的百分之几。在牌号的最前面用“Z”表示铸造，例如，ZAlSi7Mg 表示铸造铝合金，平均硅含量（质量分数）为 7%，平均镁含量（质量分数）小于 1%。另外，还用合金代号表示，铸造铝合金的牌号用“铸铝”二字的汉语拼音字母大写“ZL”加三位数字表示，第一位数表示合金系别：1 为铝硅系合金，2 为铝铜系合金，3 为铝镁系合金，4 为铝锌系合金。第二、三位数表示合金的顺序号。例如，ZL102 表示 2 号铝硅系铸造合金，ZL111 表示 11 号铝硅系铸造合金，其余以此类推。我国铸造铝合金的标识系统如图 10-8 所示（凤仪，2008）。

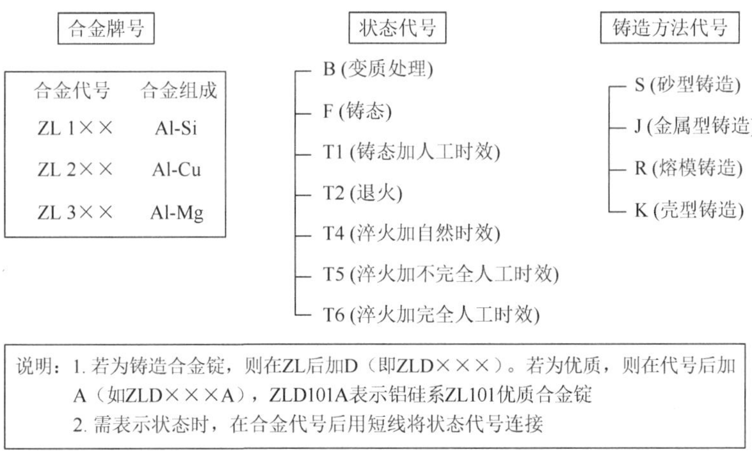

图 10-8　铸造铝合金牌号、状态和铸造方法标识系统

铸造铝合金共分成四个系列：

1. Al-Si 合金

该系合金又称为“硅铝明”，一般硅的质量分数为 4%～13%。Al-Si 合金具有优良的铸造性能，经过变质处理和热处理之后，具有良好的力学性能、物理性能、耐腐蚀性能和中等的切削加工性能，是铸造铝合金中品种最多、用途最广的合金系。

2. Al-Cu 合金

该系合金中铜的质量分数为 3%～5.3%，加入其他元素使室温和高温力学性能大幅度提高，如 ZL205A-T6 合金的标准性能抗拉强度为 490MPa，是目前世界上强度最大的铸造铝合金之一，ZL206、ZL207 和 ZL208 合金具有很高的耐热性能。ZL207 合金中添加了混合稀土元素，提高了合金的高温强度和热稳定性，可用于 350～400℃下工作的零件，缺点是室温力学性能较差，特别是断后伸长率很低。Al-Cu 系合金具有良好的切削加工和焊接性能，但铸造性能和耐腐蚀性能较差。这类合金在航空工业上应用较广，主要用作承受大载荷的结构件和耐热零件。

3. Al-Mg 合金

该系合金中镁的质量分数为 4%～11%，密度小，具有较高的力学性能、优异的耐腐蚀性能、良好的可切削加工性能，加工表面光亮美观。该类合金熔炼和铸造工艺较复杂，除用作耐蚀合金外，也用作装饰用合金。

4. Al-Zn 合金

锌在铝中的固溶度大，当铝中加入锌含量大于 10%时，能显著提高合金的强度，该类合金自然时效倾向大，不需要热处理就能得到较高的强度。这类合金的缺点是耐腐蚀性能差，密度大，铸造时容易产生热裂，主要用作压铸仪表壳体类零件。

铸造铝合金中除了 Al-Si 系合金 ZL102、Al-Mg 系合金 ZL302 外，所有其他合金均能热处理强化。与变形铝合金相比，铸造铝合金组织粗大，有严重的晶内偏析和粗大的针状化合物。此外，铸件的形状亦比较复杂。因此，铸造铝合金的热处理除具有一般变形铝合金的热处理特性外，还有其特殊性。首先，为了保证强化相充分溶解和消除晶内偏析并使针状化合物“团化”，淬火加热温度一般比较高，保温时间比较长，一般均在 15～20h。其次，由于铸件形状比较复杂，壁厚不均匀，为防止淬火时引起变形开裂，一般采用温度较高（60～100℃）的水作为淬火冷却介质。此外，为了保证铸件的耐蚀性以及组织、性能和尺寸稳定性，凡是需要时效处理的铸件，一般都采用人工时效。铸造铝合金的热处理可根据铸件的工作条件和性能要求，选择不同的热处理方法。

10.5.2　Al-Si 铸造合金

Al-Si 合金是应用最广的铸造铝合金，约占铸造铝合金总产量的 50%以上。该合金具有足够的强度，铸造性能好（流动性好，铸造收缩率小，热膨胀系数小），密度小，并有相当好的抗蚀性和耐热性，适于制造致密度要求不高，形状复杂的零件，如泵体、电动机壳体、发动机的汽缸头、活塞以及汽车、飞机、仪器上的零件，也可制造日用品。Al-Si 合金具有简单的共晶型相图，如图 10-9 所示。室温下只有 α-Al 和 Si 两种相。

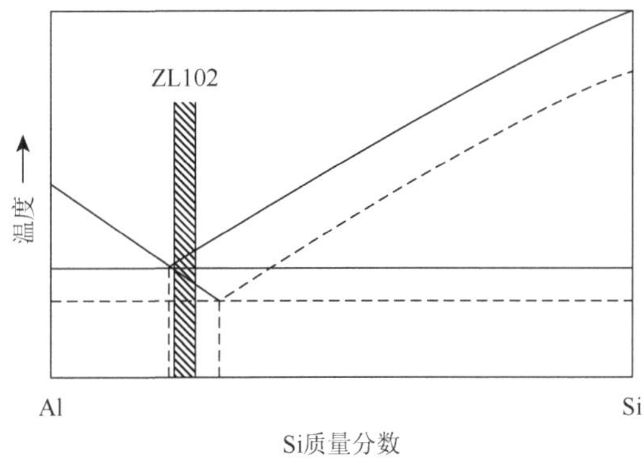

图 10-9　变质后 Al-Si 合金相图示意图

α-Al 的性能和纯铝相似，β-Si 的性能和纯硅相似。共晶成分在 11.7%处，亚共晶合金的组织由 α-Al + 共晶体（α-Al + Si）所组成，过共晶合金的组织由 Si + 共晶体（α-Al + Si）所组成（戴起勋，2011）。Al-Si 铸造合金一般需要采用变质处理，以改变共晶硅的形态。

由于变质剂钠的存在，推动了共晶点向右移动，并使合金产生了 5～10℃的过冷（王笑天，1987）。钠盐变质处理后，改变了 Al-Si 二元合金相图，共晶温度由 578℃降为 564℃，共晶硅由 11.7%增加到 14%，所以 ZL102 合金处于亚共晶相区，合金中的初晶硅消失，而粗大的针状共晶硅细化成细小条状或点状，并在组织中出现初晶 α 固溶体（戴起勋，2011）。

常用的变质剂为 1%～3%的 2/3NaF + 1/3NaCl 或 25%NaF + 62%NaCl + 13% KCl 混合物，搅拌均匀后浇入铸型。变质作用机理主要是由于钠被吸附在硅晶核上，改变了硅晶体的生长方式。通常 Al-Si 合金结晶时，硅晶体形成时易产生孪晶。在未变质时，初晶硅总是沿孪晶面（111）形核，沿[112]方向择优生长，故易形成块状，在显微镜下为多边形或几何形状。变质处理后，因为钠不断地被吸附在硅晶核上，抑制了硅晶核的不均匀生长，而按各向同性的方式生长并促使其发生分支或细化，所以最终生长为球状或多面体状。钠盐的缺点是变质处理有效时间短，加入后要在 30min 内浇注完，而锶和稀土元素都可作为长效变质剂。此外，钠盐变质剂易与熔融合金中的气体反应，使变质处理后的铝合金铸件产生气孔等铸造缺陷，为了消除这种铸造缺陷，浇注前必须进行精炼脱气，导致铸造工艺复杂化，故一般对小于 7%～8%Si 的合金不进行变质处理。

ZL102 合金变质处理前后的组织如图 10-10 所示（戴起勋，2011）。变质前由于组织中粗大针状共晶硅的存在，合金力学性能不高，抗拉强度不超过 140MPa，断后伸长率小于 3%。经变质处理后的 ZL102 合金的抗拉强度达 180MPa，断后伸长率可达 8%。该类合金主要用于制造承受低负荷形状复杂的薄壁铸件，如各种仪表壳体、汽车机匣、牙科设备、活塞等。

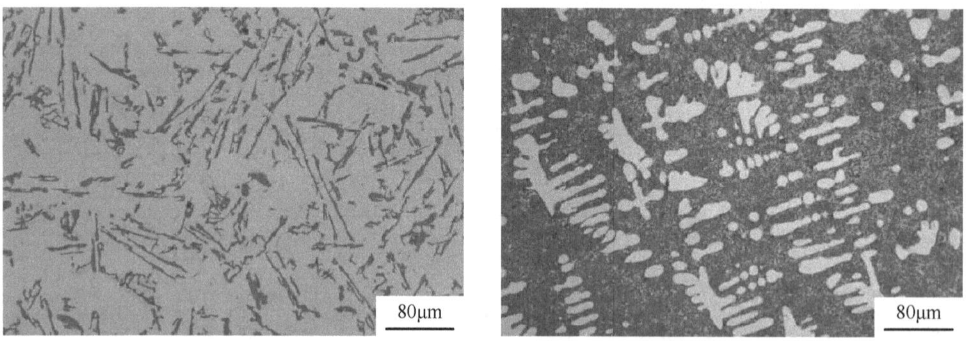

(a) 变质处理前　　(b) 变质处理后

图 10-10　ZL102 合金变质处理前后的显微组织

在简单的二元 Al-Si 合金中加入某些强化元素后组成的多元 Al-Si 合金称为特殊 Al-Si 合金。简单的 Al-Si 合金经变质处理后，可以提高力学性能。但由于硅在铝中的固溶度变化不大，且硅在铝中的扩散速率很快，极易从固溶体中析出，并聚集长大，时效处理时不能起强化作用，故简单 Al-Si 合金的强度不高。为了进一步提高 Al-Si 合金的力学性能，常加入 Cu、Mg 等合金元素，形成时效强化相，并通过热处理强化，进一步提高力学性能，以扩大其应用范围，获得了一系列的特殊 Al-Si 合金。若适当减少硅含量而加入铜和镁可进一步改善合金的耐热性，获得 Al-Si-Cu-Mg 系铸造合金，其强化相除 Mg_2Si、$CuAl_2$ 外，还有 Al_2CuMg、$Al_xCu_4Mg_5Si_4$ 等相。

常用的特殊 Al-Si 合金有 ZL101、ZL104、ZL105 等。ZL101 合金具有较好的

气密性、流动性和抗热裂性能，有中等的力学性能、焊接性能和耐腐蚀性能，成分简单，容易铸造，适合于各种铸造方法。目前，ZL101 合金已用于承受中等负荷的复杂零件，如飞机零件、仪器和仪表壳体、发动机零件、汽车及船舶零件、汽缸体、泵体、刹车毂。此外，以 ZL101 合金为基础严格控制杂质含量，并通过改进铸造技术而得到的具有更高力学性能的 ZL101A 合金，目前也已用于铸造各种壳体零件、飞机的泵体、汽车变速箱、燃油箱的弯管、飞机配件及其他承受载荷的零件。

ZL104 在室温时的平衡组织为 α 固溶体、（α + Si）二元共晶体、自 α 固溶体中析出的 Mg_2Si 相。热处理后的抗拉强度为 240MPa，伸长率为 3.6%。ZL104 合金具有极好的气密性、流动性，强度高，耐腐蚀性能、焊接性能和切削加工性能良好，但耐热强度低，易产生细小的气孔，铸造工艺较复杂。因此，ZL104 目前主要用于制造承受高负荷的大尺寸的砂型和金属型铸件，如传动机匣、汽缸体、汽缸盖阀门、带轮等零件。

10.5.3 Al-Cu 铸造合金

Al-Cu 铸造合金的最大特点是耐热性高，是所有铸造铝合金中耐热性最高的一类合金（唐代明等，2014）。图 10-4 为 Al-Cu 二元合金状态图。ZL203 金相组织如图 10-11 所示（周翔宇，2015）。平衡组织为 α-Al 和 θ-Al_2Cu，铜在铝中最大固溶度为 5.65%。

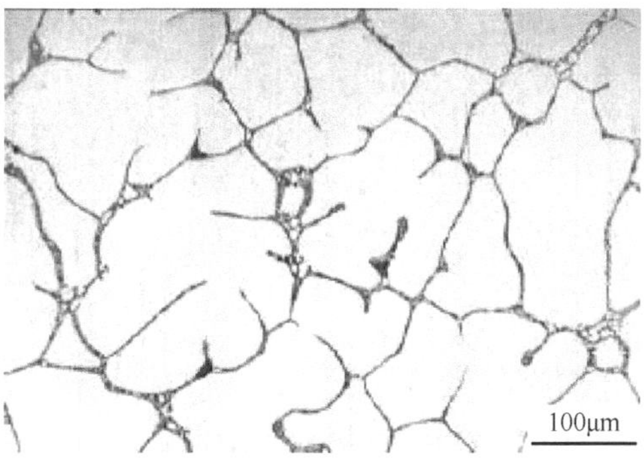

图 10-11 ZL203 金相组织

铜含量不同，Al-Cu 铸造合金的性能特点不同，其用途并不一样。铜的质量分数为 4%～5%的合金热处理强化效果最好，具有高的强度和塑性，但铸造性能较差。ZL203 合金的热处理强化效果最大，是常用的 Al-Cu 铸造合金。为了改善其铸造性能，提高流动性，减少铸后热裂倾向，需要加入一定量的硅以形成一定量的三元共晶组织（α -Al + Si + $CuAl_2$）。一般用金属模铸造，加入 3%Si；砂模铸造，加入 1%Si。但加硅后有损于合金的室温性能和高温性能。

根据铜含量不同，铝-铜铸造合金其用途也不同。例如，ZL203，含 4.0%～5.0%Cu，具有高的强度和塑性，但铸造性能较差，故适于制造形状简单强度要求较高的铸件。ZL202，含 9.0%～11.0%Cu，尽管热处理强化效果较差，但铸造性能较好，所以适合铸造形状复杂但强度和塑性要求不太高的大型铸件，如用作曲轴箱、后轴壳体及飞机和卡车的某些零件。ZL202 合金适宜在砂型和金属型铸造形状复杂的大型铸件（如内燃机汽缸头、活塞等零件）。具有较好的高温强度、高的硬度和好的耐磨性，其高温强度随铜含量的增加而提高，而合金的铸缩率和形成裂纹的倾向则减小。

10.5.4　Al-Mg 铸造合金

Al-Mg 铸造合金的优点是密度小，强度和韧性较高，并具有优良的耐蚀性、切削性和抛光性。Al-Mg 铸造合金是典型的共晶型合金（林肇琦，1986），图 10-12 为 Al-Mg 二元合金状态图的 Al 角部分。平衡组织为 α-Al 和 β-Al_8Mg_5，镁在铝中的最大固溶度为 17.4%（戴起勋，2011）。

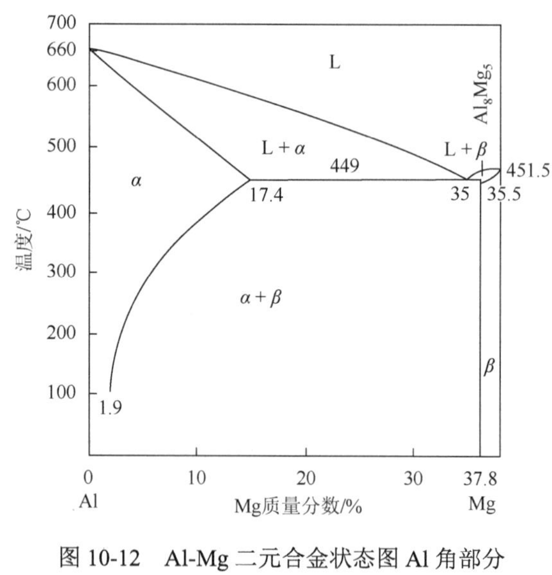

图 10-12　Al-Mg 二元合金状态图 Al 角部分

Al-Mg 铸造合金密度小、强度和韧性较高，并具有优良的耐蚀性、切削性和抛光性（伍玉娇，2011）。但由于结晶温度范围宽，流动性差，易形成疏松结构，铸造性能不如铝-硅合金好，且熔化浇铸过程中易形成氧化夹渣，使铸造工艺复杂。此外，由于合金熔点较低，热强度较低，工作温度不超过 200℃。为了改善 Al-Mg 铸造合金的铸造性能，加入 0.8%～1.3%Si。Al-Mg 铸造合金常用作制造承受冲击、振动载荷和耐海水或大气腐蚀、外形较简单的重要零件和接头等。

常用的 Al-Mg 铸造合金有 ZL301、ZL302 合金。ZL301 合金由α固溶体及其析出的β-Al_8Mg_5相所组成。图 10-13 是 ZL301 经固溶处理后的组织（高强，2005）。可见，经固溶处理后，β相大多固溶到α相中，黑色呈蝴蝶状的 Mg_2Si 未溶入。由于 Al-Mg 合金时效处理过程不经历 G.P.区阶段，而直接析出 Al_8Mg_5 相，故时效强化效果较差，且强烈降低合金的耐蚀性和塑性。因此，ZL301 合金常以淬火状态使用。ZL301 合金经固溶处理后抗拉强度达 350MPa，断后伸长率达 10%。

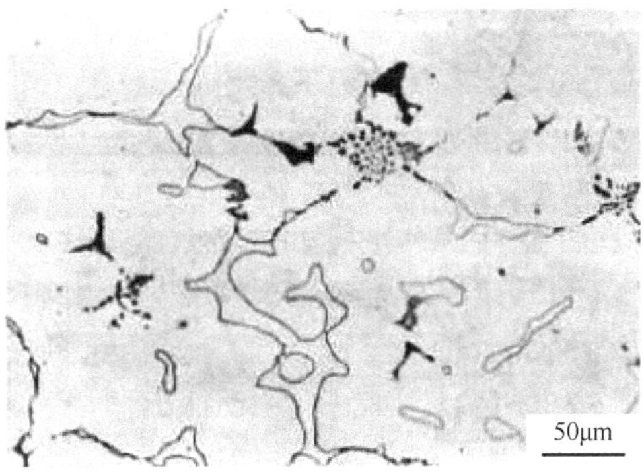

图 10-13 ZL301 金相组织

ZL301 合金具有高的强度、很好的断后伸长率、极好的切削加工性能和抗腐蚀性能，焊接性好，抗振；缺点是有显微疏松倾向，铸造困难。目前，ZL301 合金用于制造承受高负荷、冲击载荷、振动载荷和耐海水或大气腐蚀，外形较简单，工作温度在 150℃以下的重要零件和接头，如舰船配件、氨用泵体等。

10.5.5 Al-Zn 铸造合金

Al-Zn 铸造合金状态如图 10-14 所示（戴起勋，2011），锌在铝中的固溶度很大，极限固溶度为 31.6%。铝中加入 10%以上的锌能显著提高合金的强度，故铝锌铸造合金具有较高的强度，是成本较低廉的一种铸造铝合金，但抗蚀性差，热裂倾向大，铸造时容易产生热裂。因此，该类合金目前主要用于制造压铸仪表壳体类零件。

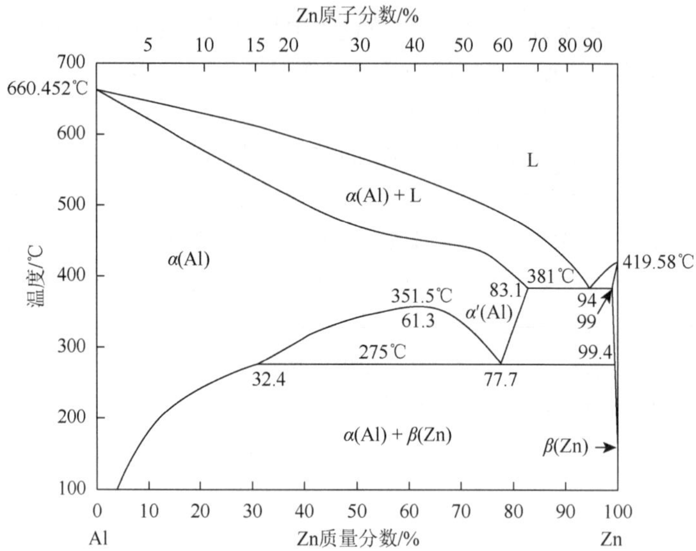

图 10-14　Al-Zn 铸造合金状态图

常用的 Al-Zn 铸造合金有 ZL40l 和 ZL402 合金。ZL401 合金含有较高含量（6.0%～8.0%）的硅，又称含锌特殊 Al-Si 合金。在合金中加入适量的锰、铁和镁，可以显著提高合金的耐热性能。主要用于制作工作温度不超过 200℃且结构形状复杂的汽车和拖拉机的发动机零件、飞机零件、医疗器械等形状复杂的仪器元件，也可用于制造日用品。ZL402 合金的铸造性能中等，熔体流动性好，有中等的气密性和抗热裂性，切削加工性能良好，铸态下力学性能和冲击韧度较高，但密度大，熔炼工艺复杂，主要用于农业设备、机床工具、船舶铸件、无线电装置、氧气调节器、旋转轮和空气压缩机活塞等。

10.6　本 章 小 结

铝合金的主要强化手段有固溶强化、时效强化、细晶强化、过剩相强化和加工硬化等，由于时效强化在铝合金中的重要作用，本章重点掌握铝合金时效强化的过程、机理及影响因素。铝合金时效的基本过程是第二相析出过程，而在不同阶段析出相的结构、形态、数量、大小不同，导致各阶段强化效果的差异。

铝合金热处理强化包括固溶处理和时效处理。固溶处理主要使第二相元充分溶解，获得铝基固溶体（α 固溶体）后快冷。铝合金的时效是强化相从过饱和铝基固溶体中沉淀析出的过程，第二相的弥散沉淀引起了合金的强化。由于时效过程进行的阶段不同，析出相的形态大小也不同，所以各个阶段的强化效果也不同。正确制定合金的固溶处理工艺，是保证获得良好时效强化效果的前提。

铝合金的时效强化效果除与工艺条件有关外，还与合金元素的性质、固溶度、强化相的结构等内因有密切的关系。例如，硅、锰在铝中的固溶度较小，而且随温度的变化也不大；再如，Mg、Zn 虽然固溶度较大，但它们形成的第二相与基体结构差异较小。只有加入的合金元素能形成成分和结构复杂的化合物，如θ相（$CuAl_2$）、β相（Mg_2Si）、S 相（Al_2CuMg）等，才在时效过程中形成 G.P.区等结构复杂的过渡相，与基体共格（或半共格）引起的畸变效应才较大，合金的时效强化效果才比较显著。

参 考 文 献

戴起勋. 2011. 金属材料学. 2 版. 北京：化学工业出版社：189-201.
凤仪. 2008. 金属材料学. 北京：国防工业出版社：166-177.
高强. 2005. 最新有色金属金相图谱大全. 北京：冶金工业出版社：206.
李念奎，凌杲，聂波，等. 2012. 铝合金材料及其热处理技术. 北京：冶金工业出版社：218-463.
李云凯. 2005. 金属材料学，北京：北京理工大学出版社：140-144.
林肇琦. 1986. 有色金属材料学. 沈阳：东北工学院出版社：72.
刘锦云. 2015. 工程材料学. 哈尔滨：哈尔滨工业出版社：195.
缪强，梁文萍. 2016. 有色金属材料学. 西安：西北工业大学出版社：44.
齐锦刚，王冰，李强，等. 2014. 金属材料学. 北京：冶金工业出版社：151.
强文江，吴承建. 2018. 金属材料学. 北京：冶金工业出版社：187.
唐代明，王小红，皮锦红. 2014. 金属材料学. 西安：西安交通大学出版社：218-231.
王晓敏. 2017. 工程材料学. 4 版. 哈尔滨：哈尔滨工业大学出版社：162.
王笑天. 1987. 金属材料学. 北京：机械工业出版社：253-259.
伍玉娇. 2011. 金属材料学. 北京：北京大学出版社：245-255.
周翔宇. 2015. 电磁场对铸造铝合金凝固过程的影响. 赣州：江西理工大学：18.
左汝林，曾军，陈建斌，等. 2008. 金属材料学. 重庆：重庆大学出版社：129.
Porter D A，Easterling K E. 2010. 金属和合金中的相变. 陈冷，余永宁，译. 北京：高等教育出版社：241.

第 11 章　镁　合　金

镁是地球上储量最丰富的元素之一，在地壳表层金属矿产资源中的含量为2.35%，位居常用金属的第三位。此外，盐湖及海洋中镁含量也十分可观，如海水中的镁含量可达 2.1×10^{15}t，几乎可以说“取之不尽、用之不竭”。镁的原子序数为 12，相对原子质量为 24.32，熔点为 648.9℃，沸点为 1090℃。纯镁为银白色金属，具有密排六方（hexagonal close-packed，HCP）的晶体结构，25℃时镁的晶格常数为 $a=0.32092$nm，$c=0.5199$nm，晶胞的轴比为 $c/a=1.6237$。纯镁的密度小，在 20℃时为 1.738g/cm^3，是常用结构材料中最轻的金属，其密度相当于铝的 2/3，钢的 1/4。

镁合金作为结构材料，日益引人注目，主要是由于镁合金具有以下优良特性。

（1）密度小、比强度和比刚度高。镁合金的密度比纯镁稍高，为 1.75～1.85g/cm^3。镁合金的比强度明显高于铝合金和钢，比刚度与铝合金和钢相当，且远远高于工程塑料。

（2）良好的减振性和承受冲击载荷的能力。在相同载荷下，镁合金的减振性是铝的 100 倍，钛合金的 300～500 倍。镁合金的弹性模量较低，当受到外力时，应力分布将更均匀，可以避免应力集中。在弹性范围内承受冲击载荷时，所吸收的能量比铝高 50%左右，故适用于制造承受冲击载荷的零件。此外，镁合金受冲击或摩擦时，表面不会产生火花。

（3）良好的工艺性能。镁合金具有优良的可切削加工性、可抛光性、铸造性和热加工性。镁合金的切削速度远高于其他金属，几乎可以采用所有铸造工艺铸造镁合金零件。

同时，镁合金还具有导电导热性良好、电磁屏蔽性能强和易回收等优点，在汽车、电子通信、航空航天和国防军事等领域具有极其重要的应用价值和广阔的应用前景，被誉为“21 世纪绿色工程材料”（陈振华等，2004）。

11.1　镁合金中的合金元素

11.1.1　镁合金的分类

因为镁属于六方晶格结构，其滑移系数目少，所以纯镁在室温和低温时塑性较低，容易脆断，很少作为结构材料在工业中直接使用。为了改善镁的力学、物理和化学等方面性能，通过在镁中添加合金元素，以获得镁合金，这极大地拓宽了镁的工业化应用。

镁合金一般按化学成分、成形工艺和是否含锆三种方式进行分类（戴起勋，2011）。

（1）大多数镁合金都含有多种合金元素，根据主要合金元素的种类，镁合金可分为 Mg-Al、Mg-Zn、Mg-Mn、Mg-RE、Mg-Th、Mg-Zr、Mg-Ag 和 Mg-Li 等二元合金系，以及 Mg-Al-Zn、Mg-Al-Mn、Mg-Mn-Ce 和 Mg-Zn-Zr 等三元合金系。

（2）按成形工艺，镁合金可分为铸造镁合金和变形镁合金两大类。铸造镁合金和变形镁合金在成分、组织和性能上存在很大的差异。铸造镁合金主要用于铸件的生产，包括砂型铸造、金属型铸造和压力铸造等，其中挤压铸造工艺应用较为广泛，其特点是生产效率高、精度高、铸件表面质量好、铸态组织优良、可生产薄壁及复杂形状的构件等。目前，变形镁合金中主要含有铝、锰、稀土元素、钇、锆和锌等合金元素。这些元素一方面能提高镁合金的强度，另一方面能提高热变形性，以利于锻造和挤压成形。

（3）根据是否含有锆，镁合金可分为含锆镁合金和无锆镁合金两类。常见的含锆镁合金有 Mg-Zr、Mg-Zn-Zr、Mg-RE-Zr、Mg-Th-Zr、Mg-Al-Zr 和 Mg-Zn-Zr 等。不含锆的合金系有 Mg-Al、Mg-Zn、Mg-Mn、Mg-RE、Mg-Al-Zn、Mg-Al-Mn 和 Mg-Mn-Ce 等。

镁合金牌号标记有很多种方法，世界各国各不相同，目前美国 ASTM 标准应用最为广泛（齐锦刚等，2014；伍玉娇，2011）。ASTM 标准对镁合金的命名方法一般为：字母 + 数字 + 字母。第一组字母为镁合金中所含的除镁元素以外的两种主要元素的代码，按元素含量的高低顺序排列，如果两种元素含量相同，则按英文字母的先后顺序排列，元素代码见表 11-1（缪强和梁文萍，2016；凤仪，2008）。数字由两种元素的质量分数组成，按元素代码顺序排列，质量分数四舍五入到接近的整数。第二组字母为后缀字母，由指定的字母如 A、B、C 和 D 等组成，用以表示各具体组成元素相异或元素含量有微小差别的不同合金，可以表示合金的不同发展阶段。如 AZ91D 为镁合金牌号，“A”表示镁合金中主要合金元素铝，“Z”表示含量次高的元素 Zn，“9”表示铝质量分数含量大致为 9%，“1”表示锌质量分数含量大致为 1%，“D”为标识代号，表示第四种登记的具有这种标准组成的镁合金。

表 11-1 美国 ASTM 标准镁合金命名规则中元素代码

元素代码	元素符号	中文名称	元素代码	元素符号	中文名称
A	Al	铝	C	Cu	铜
B	Bi	铋	D	Cd	镉

续表

元素代码	元素符号	中文名称	元素代码	元素符号	中文名称
E	RE	混合稀土	H	Th	钍
M	Mn	锰	K	Zr	锆
N	Ni	镍	L	Li	锂
P	Pb	铅	S	Si	硅
Q	Ag	银	T	Sn	锡
R	Cr	铬	W	Y	钇
F	Fe	铁	Y	Sb	锑
G	Mg	镁	Z	Zn	锌

我国对镁合金的标记方法比较简单，主要是通过成形工艺划分和标记的，见相关国家标准《变形镁及镁合金牌号和化学成分》(GB/T 5153—2016)。具体命名方法为：两个汉语拼音字母＋合金顺序号（阿拉伯字母）。依据前两个汉语拼音字母将镁合金分为四类：MB 表示变形镁合金，ZM 表示铸造镁合金，YM 表示压铸镁合金。其中，M 表示镁合金，B 表示变形，Z 表示铸造，Y 表示压铸。航空铸造镁合金表示方法与其他三类略有不同，即在 ZM 两个字母与代号之间加一横杠，如 ZM-5 表示 5 号航空铸造镁合金。表 11-2 列出了常用国产镁合金的牌号和化学成分及与美国镁合金牌号对比（王晓敏，2017）。

表 11-2 国产镁合金的牌号和化学成分及与美国镁合金牌号对比

种类	系列	成分（质量分数）/%						
		中国牌号	美国牌号	Al	Zn	Mn	RE	Zr
铸造镁合金	Mg-Zn-Zr	ZM1	ZK51A	—	3.5～5.5	—	—	0.5～1.0
		ZM2	ZK41A	—	3.5～5.0	—	0.7～1.7	0.5～1.0
		ZM4	EZ33	—	2.0～3.0	—	2.5～4.0	0.5～1.0
		ZM8	EZ63	—	5.5～6.5	—	2.0～3.0	0.5～1.0
	Mg-RE-Zr	ZM3	—	—	0.2～0.7	—	2.5～4.0	0.3～1.0
		ZM6	—	—	0.2～0.7	—	2.0～2.8	0.4～1.0
	Mg-Al-Zn	ZM5	AZ81A	7.5～9.0	0.15～0.5	0.2～0.8	—	—
变形镁合金	Mg-Mn	MB1	M1	0.2	0.3	1.3～2.5	—	—
		MB8	M2	0.2	0.3	1.3～2.2	0.15～0.35Ce	—
	Mg-Al-Zn	MB2	AZ31	3.0～4.0	0.2～0.8	0.15～0.5	—	—
		MB3	—	3.7～4.7	0.8～1.4	0.3～0.6	—	—

续表

种类	系列	成分（质量分数）/%						
		中国牌号	美国牌号	Al	Zn	Mn	RE	Zr
变形镁合金	Mg-Al-Zn	MB5	AZ61	5.5～7.0	0.5～1.5	0.15～0.5	—	—
		MB6	AZ63	5.0～7.0	2.0～3.0	0.2～0.5	—	—
		MB7	AZ80	7.8～9.2	0.2～0.8	0.15～0.5	—	—
	Mg-Zn-Zr	MB15	ZK60	0.05	5.0～6.0	0.1	—	0.3～0.9

11.1.2　镁的合金化

镁的合金化原则和铝相似，主要利用固溶强化和沉淀强化来提高镁合金的性能。另外，通过合金化还可以细化镁合金的晶粒尺寸，提高其耐腐蚀性能和改善工艺性能。合金元素与镁的作用规律主要与它们的晶体结构、原子尺寸、电负性和原子价等因素有关（张津和章宗和，2004）。

（1）晶体结构因素：镁具有密排六方结构，但镁不能与其他常用的密排六方结构元素（如锌和铍）形成无限固溶体。镁只能与镉在 253℃时形成无限固溶体。

（2）原子尺寸因素：溶质和溶剂原子半径的相对差小于 15%时，才能形成无限固溶体。金属元素中约有 1/2 的元素与镁可能形成无限固溶体。

（3）电负性因素：溶质元素与溶剂原子之间的电负性相差越大，生成的化合物越稳定。镁具有较强的正电性，当它与负电性元素形成合金时，几乎一定形成化合物。这些化合物往往具有 Laves 相结构，同时其成分具有止常的化学价规律。

（4）原子价因素：溶质和溶剂的原子价相差越大，则固溶度越小。与低价元素相比，较高价元素在镁中的固溶度较大。因此，尽管 Mg-Ag 和 Mg-In 之间原子价差是相同的，但一价银在二价镁中的固溶度比三价铟在镁中的固溶度要小得多。

镁合金中常用的合金元素有铝、锌、锰、钙、锆、稀土和锂等，而铁、镍和铜在镁中属于有害元素。各合金元素在镁合金中的作用如下。

（1）铝：铝在镁中具有较大的固溶度，其熔点与镁接近，易于熔炼。由于铝的密度较小，在镁中加入铝后合金的密度增加不大，而且单位重量的原子数较多，强化效果较好，所以铝是镁合金中最重要的合金元素之一。在共晶温度 437℃时，铝在镁中的最大固溶度为 12.7%，铝在镁中的固溶度如图 11-1 所示（戴起勋，2011）。随着温度的降低，铝在镁中的固溶度显著减小，在室温时仅为 2.0%左右，这为镁合金的热处理强化提供可能。铝的加入还可以改善镁的铸造性能，提高铸件强度和耐蚀性。但工业生产中铝的质量分数一般不能超过 10%，虽然小于极限固溶度，但凝固过程中铝在镁固溶体中扩散缓慢，导致成分偏析而在晶界上会析

出 $Mg_{17}Al_{12}$，降低抗蠕变性能。而且应力腐蚀敏感性随铝含量的增加而增加。在铸造镁合金中铝的质量分数一般为 7%～9%，而在变形镁合金中一般控制在 3%～5%。图 11-2 为 AZ31B 镁合金轧制态的显微组织，α 为等轴晶，晶界为 β 组织（王鹏等，2009）。

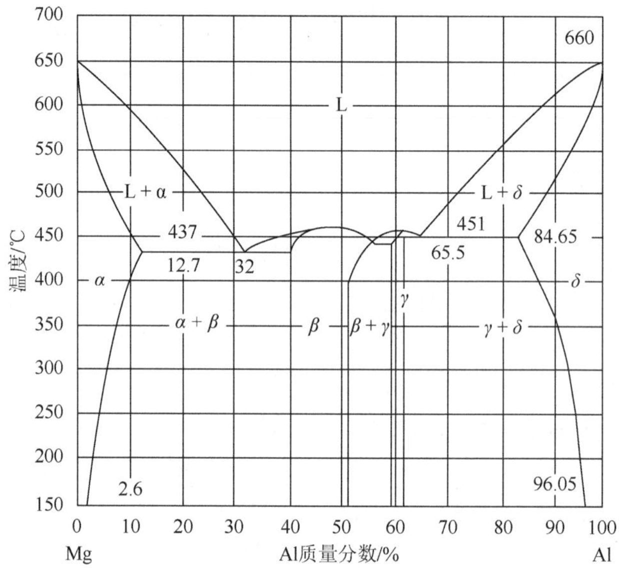

图 11-1　Mg-Al 二元系平衡相图

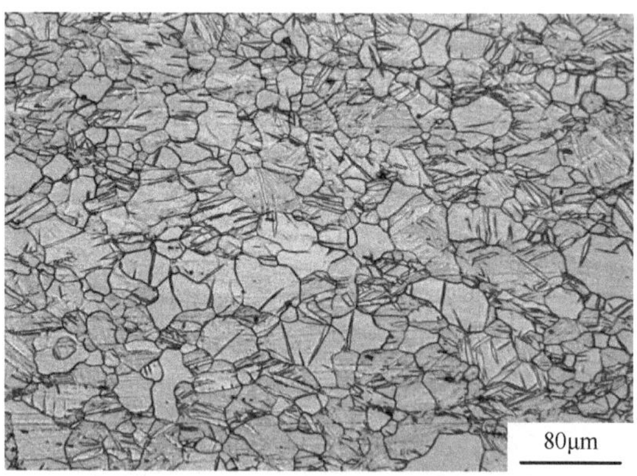

图 11-2　AZ31B 镁合金轧制态的显微组织

（2）锌：锌在镁中的最大固溶度约为 6.2%，其固溶度随温度的降低显著减小。所以，锌在镁中除具有固溶强化作用外，通过时效强化也是很有效的。同时，少量锌的添加还能改善镁合金的塑性和耐蚀性。然而，锌的质量分数超过 2.5%时会损害镁合金的耐蚀性，超过 3%时会产生疏松和高温脆性的倾向，所以锌的质量分数一般控制在小于 2.0%。

（3）锰：锰在镁中的最大固溶度为 3.4%，图 11-3 为 Mg-Mn 二元合金平衡相图镁端（强文江和吴承建，2018）。锰对镁合金的强度影响不大，但会降低塑性。在镁合金中加入 1%～2.5%的锰主要是为了提高镁合金的抗应力腐蚀倾向、耐蚀性并改善可焊性。锰在镁合金中容易与杂质铁共同反应形成 MgFeMn 化合物，可使镁合金的耐热性和耐蚀性提高。

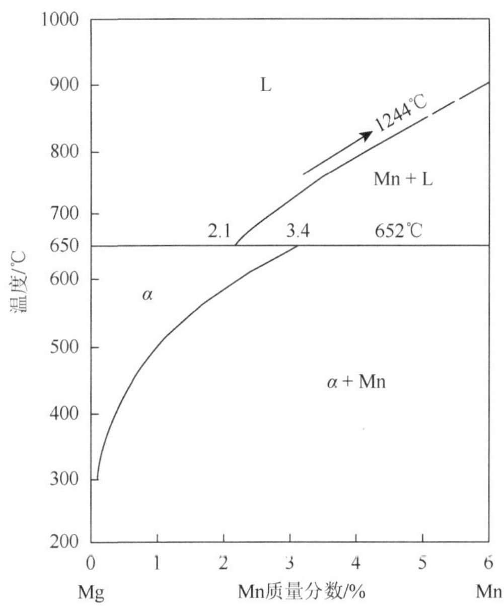

图 11-3　Mg-Mn 二元系平衡相图镁端

（4）钙：钙在镁中的最大固溶度较小，仅为 0.72%。少量的钙能够改善镁合金的冶金质量，减少熔炼和热处理过程中的氧化。镁合金中添加钙的目的主要有两方面：一方面，是在镁合金浇注前加入，增加合金熔融状态下及后续热处理过程中的抗氧化作用；另一方面，可以细化镁合金的显微组织，提高其抗蠕变能力及可轧制性。一般情况下，钙的添加量应控制在小于 0.3%，否则容易在焊接过程中开裂。

（5）锆：锆在镁中的极限固溶度约为 3.801%，如图 11-4 的 Mg-Zr 二元合金平衡相图所示（强文江和吴承建，2018）。锆是高熔点金属，有较强的固溶强化作用。由于六方的 α-Zr 与镁具有相同的晶体结构，而且晶格常数接近，所以 Mg-Zr 合金在凝固时，会析出 α-Zr，可为合金结晶提供非自发形核的核心，从而显著细化晶粒。在镁合金中加入 0.5%～0.8%的锆，细化晶粒效果最好。

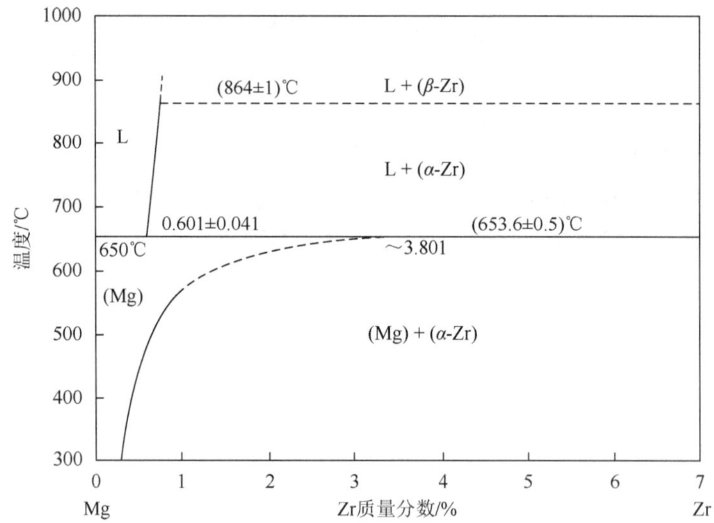

图 11-4　Mg-Zr 二元系平衡相图镁端

（6）稀土元素：稀土元素在镁中固溶度随原子序数的增加而增加，因而强化效果也随之提升。稀土元素不仅能改善镁合金的综合性能，也是改善镁合金耐热性最有效和最具实用价值的金属元素。稀土元素可增强镁合金原子间的结合力，降低合金中原子扩散速率，增加合金的热稳定性。镁与稀土元素可形成热稳定性高的金属间化合物，具有明显的沉淀强化效果，可提高镁合金的高温强度和蠕变抗力。近年来研究表明，镁合金中添加钕可同时强化镁合金的常温和高温性能，铈及含铈混合稀土元素可以有效改善镁合金的耐热性，但常温性能强化作用差，重稀土元素钆、钇等和轻稀土元素钕、钐等复合加入合金化，具有显著的强化作用。

（7）锂：锂在镁中的最大固溶度为 5.5%，可以产生显著的固溶强化作用。由于锂的密度很低（$0.54g/cm^3$），作为合金元素可以进一步降低镁合金的密度。锂的加入可以明显改善镁合金的延展性，特别是当锂的质量分数达到 11%时，会形成具有体心立方结构的 β 相，大幅提高镁合金的塑性变形能力。但是，在提高镁合金延展性的同时，锂的加入也会降低镁合金的强度和耐蚀性。

（8）杂质元素：镁合金常见的杂质元素有铁、铜和镍等，这些元素的存在会大大降低镁合金的耐蚀性，因此除非特殊情况（有时需在镁中加入铜等作为合金元素），一般的镁合金中都要严格限制这些元素的含量。

综上所述，在已得到的应用于镁合金的合金化元素中，根据合金化元素对二元镁合金力学性能的影响，可将合金化元素分为三类（许并社和李明照，2005）。

（1）能同时提高镁合金强度和韧性的合金化元素（合金化作用由强至弱）：

Al、Zn、Ca、Ag、Ce、Ni、Cu、Th（以强度为标准评价）；Th、Ga、Zn、Ag、Ca、Al、Ni、Cu（以韧性为标准评价）。

（2）能提高韧性但强化效果较小的合金化元素：Cd、Ti 和 Li 等。

（3）能明显强化但降低塑性的合金化元素：Sn、Pb、Bi 和 Sb 等。

11.1.3　镁合金的强韧化

工业纯镁的强度较低，由于其密排六方结构滑移系少，室温的塑韧性很差，不能直接作为结构材料使用。长期以来，材料科学家对镁合金的强化机理进行了深入研究，镁合金强韧化通常有以下途径：固溶强化、析出强化、第二相弥散强化、细晶强化、变形强化和复合强化等。

当合金化元素固溶于镁基体中时，合金元素与镁元素的原子半径和弹性模量的差异，会使镁基体产生晶格畸变和科氏气团，阻碍位错的运动，使镁合金基体强化。合金元素浓度越大、合金元素与镁元素的原子半径和弹性模量的差别越大，镁合金的屈服强度也越高。表 11-3 为合金化元素对镁合金固溶强化的影响（强文江和吴承建，2018）。

表 11-3　合金化元素对镁合金固溶强化的影响

合金化元素	与镁的原子尺寸差（$d_{Mg}-d_M$）/d_{Mg}/%	溶质每增加 1%强化效果的增加	
		R_{eL}/MPa	硬度/HV
铝	+10	25	8
锌	+16	45	7
银	+9	23	7
钙	−24	110	—
铈	−14	148	—
钍	−13	212	—
锂	+5	—	3
镉	+7	10	1

与其他有色合金相似，镁合金也可以通过固溶和时效过程来获得析出强化效应。析出强化是镁合金强化的重要机制之一，尤其是室温强度。当合金元素在镁中的固溶度随着温度的降低而减小时，便可能产生时效强化。将具有这种特征的镁合金在高温下进行固溶处理，得到过饱和的固溶体，然后在较低温度下进行时效处理，就会在基体中析出弥散的细小析出相。在时效过程中也往往会形成一些

过渡相。镁合金最终的力学性能与这些析出相的大小、形貌、体积分数和分布等密切相关。以 Mg-5.5Zn 的镁锌合金为例，锌在镁中的固溶度约为 6.2%，且其固溶度随温度的降低显著减小。将镁锌合金在高温下进行固溶处理，得到锌在镁中的过饱和固溶体，然后在 70～80℃以下时效处理首先会形成 G.P.区，再在 150℃进行时效处理，可析出与基体完全共格的细小弥散分布的短杆状 $MgZn_2''$，此时析出强化效果最佳，进一步提高时效温度，析出相逐步转变为半共格的圆盘状 $MgZn_2'$ 相和非共格的 Mg_2Zn_3 平衡相。

镁合金在凝固过程中也会产生先结晶的弥散相，由于先结晶的弥散相具有较高的熔点以及对基体极低的固溶度或不溶，从而具有较高的热力学稳定性。镁合金中的弥散相可以有效阻碍变形时位错的移动，使其在较高温度下仍保持良好的力学性能。由于弥散相的钉扎效果可以有效避免镁合金回复造成的软化和晶粒长大，提高了抗蠕变性能。合理设计弥散相和镁合金基体之间的界面和浸润性，可以避免合金在载荷作用下过早开裂。

细晶强化也是镁合金的一种重要强化途径。由 Hall-Petch 关系可知，合金的屈服强度与晶粒尺寸的平方根成反比。研究表明，细化晶粒对镁合金的强化效应非常显著，也可明显改善韧性，降低韧脆转变温度。例如，当镁合金晶粒尺寸细化到 1μm 时，晶界滑移成为新的变形机制，大大改善了合金的塑韧性，并有可能出现超塑性。镁的晶粒尺寸从 60μm 细化到 2μm 时，韧脆转变温度可从 250℃下降到室温。变形强化对于镁合金主要是通过细化晶粒实现的。例如，在 400～480℃对 AZ91 镁合金进行热挤压，可获得 7.6～66.1μm 的细晶粒。研究表明，在变形过程中，通过增加应变和应力以及降低变形温度都能细化晶粒。近年来发展了多种大变形技术有效细化了镁合金的晶粒，提升了强韧性。

通过在镁或镁合金中引入陶瓷颗粒、纤维或晶须增强相可以制备具有高的比强度、比刚度和低热膨胀系数的镁基复合材料，也有效改善了镁或镁合金的弹性模量、耐磨性、高温强度和抗蠕变性能等，在汽车及航空航天领域有广泛的应用前景。例如，在 AZ91 镁合金中引入 Saffil 氧化铝纤维制备的纤维增强镁基复合材料具有优良的力学性能。室温弹性模量随纤维含量的增加而线性增加，而延展性和断裂韧性有所降低，特别是纤维的体积分数超过 10%时，复合材料的延展性和塑性会特别低。在 453K 温度下，纤维的体积分数为 16%的复合材料挤压件的蠕变寿命比合金本身高一个数量级，疲劳极限也提高两倍。

11.2　常见镁合金

根据成形工艺，镁合金可分为铸造镁合金和变形镁合金两大类。

11.2.1 铸造镁合金

镁合金系中一些合金适合采用铸造的方式进行制备，生产出的铸件可以直接使用，这些镁合金称为铸造镁合金。镁合金铸造有多种方法，包括重力铸造和压力铸造等。对于镁合金材料，应根据其化学成分、工艺要求来选择合适的铸造方法。合金成分及铸造工艺对组织结构有重要影响。合金元素，尤其是稀土元素会引起中间相结构的微妙变化，提高了镁合金熔体的流动性，降低微孔率，减轻疏松和热裂倾向，提高耐热性。含稀土元素的铸造镁合金在大部分国家占铸造镁合金总数的半数或以上。铸造镁合金中主要有 Mg-Al-Zn 系镁合金、Mg-Zn-Zr 系镁合金和 Mg-RE-Zr 合金系等。

1. Mg-Al-Zn 系镁合金

根据图 11-1 的 Mg-Al 二元合金平衡相图可知，Mg-Al 系镁合金的平衡组织由 α-Mg 固溶体和晶界析出的 β 相 $Mg_{17}Al_{12}$ 组成。少量锌的加入可以提高合金元素在 α-Mg 固溶体中的固溶度，增强其热处理强化效果而提高屈服强度。锌含量高的 Mg-Al-Zn 系镁合金有更好的模铸性能、抗腐蚀性能以及热处理后的力学性能，但锌含量过高会显著增大合金的结晶温度区间，增加了合金的显微缩松和热裂倾向。

ZM5 是 Mg-Al-Zn 系镁合金中应用最广泛的合金之一，典型的特点是铸造流动性好、线收缩小（1.1%～1.2%），热裂倾向比较小，可以进行各种类型的热处理，尤其是固溶处理（淬火）和固溶处理（淬火）+ 人工时效处理最为常用。图 11-5 为 ZM5 镁合金的铸态组织，粗大的 α-Mg 枝晶间为 α-Mn 相。Mg-Al-Zn 合金组织成分常出现晶内偏析现象，先结晶部分铝含量较高，后结晶部分镁含量

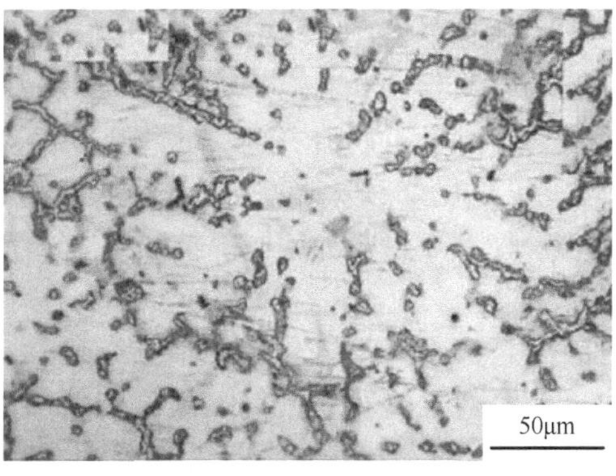

图 11-5 ZM5 镁合金的铸态组织

较高。晶界和表层铝含量高，晶内和里层铝含量低。另外，由于冷却速度的差异，铸件表层组织致密、晶粒细小，而心部晶粒较粗大，表层硬度明显高于心部硬度（郭光平等，2017）。

2. Mg-Zn-Zr 系镁合金

Mg-Zn 系镁合金的结晶温度区间比 Mg-Al 系合金要大得多，所以 Mg-Zn 系合金的铸造性能很差。当锌含量增加时，Mg-Zn 系合金的强度会升高，当锌的质量分数超过 6%时，合金组织中 α-Mg 固溶体枝晶粗大、共晶体数量增多，导致强度提高不明显，而塑性下降较多，增加缩松和热裂倾向。通过在 Mg-Zn 合金中加入少量锆后，不仅可以细化晶粒，而且可以明显缩小合金的结晶温度区间，有效降低合金的缩松和热裂倾向，提高了合金的力学性能和铸造性能。图 11-6 为 ZM1 砂型铸造后的组织图（戴起勋，2011）。

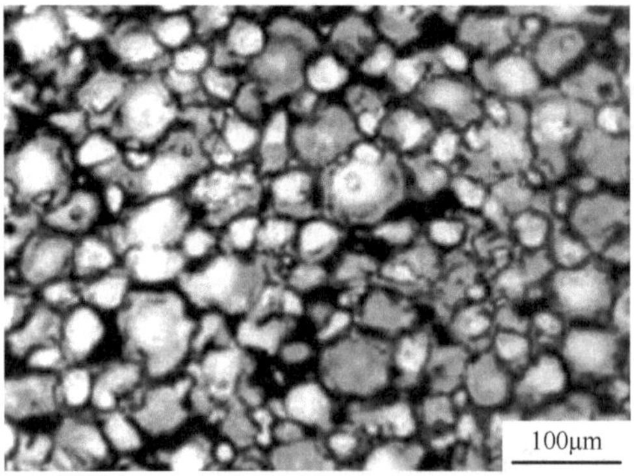

图 11-6　ZM1 砂型铸造后的组织图

当在 Mg-4.5%Zn 合金中加入 0.7%的锆元素时，合金的平衡态结晶温度区间由 180℃下降至 90℃，非平衡态结晶温度区间由 290℃下降至 110℃。当在 Mg-Zn-Zr 系合金中添加稀土元素来改善合金性能时，如 ZM2、ZM4 和 ZM8 合金，合金组织中容易出现含稀土元素的晶界脆性相，难以在固溶时溶解，对合金的塑性有不良影响，这种影响可以通过氢化处理来改善。可以通过把 ZM2 或 ZM8 合金放在 480℃的氢气中固溶处理，使氢气沿晶界向内部扩散与偏聚于晶界的 MgZnRE 化合物中的稀土元素发生反应，生成不连续的颗粒状稀土氢化物（REH）。此时氢气不与锌发生反应，因而当稀土元素从化合物中被夺走时，被还原的锌原子就会固溶于 α 固溶体中，使锌的过饱和度升高。最终时效后，晶粒内部生成细针状沉淀相，强度显著提高，没有显微疏松，断后伸长率和疲劳强度也得到改善，综合性能优异。

3. Mg-RE-Zr 系耐热铸造合金

镁合金的耐热性较差，改善铸造镁合金耐热性最有效和最具有实用价值的元素是稀土元素，三价的稀土元素被认为提高了电子浓度，可以增强镁合金原子间的结合力，减少镁原子的扩散速率。镁合金中最常见的稀土合金化元素是镧、铈、钕和富铈的混合稀土。镁能与大部分稀土元素形成固溶体，稀土元素钕在镁中的固溶度较大，对室温和高温强度的贡献也较大。富铈的混合稀土和铈的固溶度最小，对高温强度虽有贡献，但对室温强度和塑性不利。Mg-RE 二元合金富镁侧为简单共晶，共晶温度较高，α-Mg 固溶体的固溶度在 500℃以下变化不大，形成的第二相 Mg_9Ce 和 $Mg_{12}Nd$ 等为高温性能稳定和热强度高的金属间化合物，能大幅度地提高镁合金的高温强度和抗蠕变性。稀土元素对镁合金力学性能的贡献基本上随原子序数的增加而增加，即按镧、铈、富铈的混合稀土和钕的序列提高。Mg-RE 合金结晶温度区间小，形成的低熔点共晶体具有很好的流动性，缩松、热裂倾向减少，改善了镁合金的铸造性能。

锆在液态镁合金中的固溶度很小，发生包晶反应时镁液中仅能溶解 0.6%的锆，所以在凝固时锆首先以 α-Zr 质点的形式析出，α-Mg 固溶体包在 α-Zr 质点外部形成包晶组织。由于 α-Zr 和镁具有相同的晶体结构和相近的晶格常数，α-Zr 可以作为异质核心，有效细化了 Mg-RE 合金的晶粒。Mg-RE 合金中加入一定量的锆后可以稳定组织，并改善耐蚀性。ZM6 是 Mg-RE-Zr 系合金中性能最好的合金，热处理后室温强度高，高温瞬时强度和蠕变强度也很高，可在 250℃长期工作，图 11-7 为 ZM6 镁合金的铸态组织（艾江，2019）。

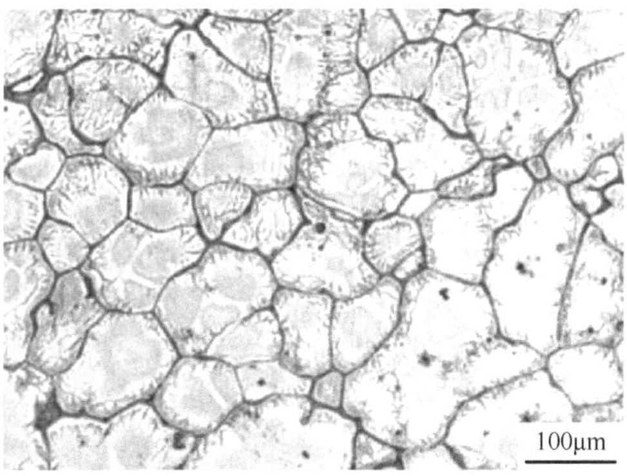

图 11-7　ZM6 镁合金的铸态组织

在 Mg-RE-Zr 系合金中加入 Ag 能改善合金的时效效应和强度。这种合金的室温强度与高强 ZM1 镁合金相似，并有优良的铸造性和可焊性。如果用富钕混合稀土元素代替富铈混合稀土元素，强度还能进一步提高。几种新发展起来的 Mg-Ag-RE(Nd)-Zr 系合金在 250℃以下的抗拉强度比任何镁合金都高，几乎与高强铸造铝合金相媲美。

我国典型铸造镁合金的室温和高温力学性能见表 11-4。

表 11-4 我国典型铸造镁合金的室温和高温力学性能（《铸造镁合金》(GB/T 1177—2018)）

合金牌号	热处理态	室温力学性能		高温力学性能			
		抗拉强度/MPa	断后伸长率/%	抗拉强度/MPa		蠕变强度/MPa	
				200℃	250℃	200℃	250℃
ZM1	T1	235	5.0	—	—	—	—
ZM2	T1	200	2.5	110	—	—	—
ZM3	F	120	1.5	—	110	50	25
	T2	120	1.5	—	—	—	—
ZM4	T1	140	2.0	—	100	50	25
ZM5 ZM5A	F	145	2.0	—	—	—	—
	T1	155	2.0	—	—	—	—
	T4	230	6.0	—	—	—	—
	T6	230	2.0	—	—	—	—
ZM6	T6	230	3.0	—	145		30
ZM7	T4	265	6.0	—	—	—	—
	T6	275	4.0	—	—	—	—
ZM10	F	145	1.0	—	—	—	—
	T4	230	4.0	—	—	—	—
	T6	230	1.0	—	—	—	—
ZM11	T6	225	3.0	—	145	—	25

注：T1 为人工时效态；T2 为退火态；T4 为固溶处理加自然时效态；T6 为固溶处理加完全人工时效态。

11.2.2 变形镁合金

变形镁合金材料的生产主要经过挤压、轧制和锻造等工艺手段在 200～500℃实现。许多镁合金体系既可以做铸造镁合金也可以做变形镁合金，经过变形处理后的镁合金具有比相同成分的铸造镁合金更高的性能。变形镁合金制品类型有轧制薄板、挤压件（如棒材、型材和管材等）和锻件等，这些产品具有低成本、高强度、高延展性和多样化力学性能等优点。变形镁合金的力学性能与加工工艺、热处理状态有密切关系，尤其是加工温度不同，材料的力学性能可能处于较宽的范围。在 400℃以下挤压，挤压合金已发生再结晶。在 300℃进行冷挤压，材料内部保留了许多冷加工的显微组织特征，如高密度位错或孪晶组织。在再结晶温度以下挤压可使挤压制品获得更好的力学性能。表 11-5 为我国部分变形镁合金的室温和高温力学性能（王渠东，2017）。

表 11-5　我国部分变形镁合金的室温和高温力学性能

合金牌号	室温力学性能		高温力学性能		
	抗拉强度/MPa	断后伸长率/%	抗拉强度/MPa		150℃屈服强度/MPa
			150℃	250℃	
MB1	210	4	130	60	45
MB8	250	18	160	120	60
MB15	314	6	—	—	—
MB21	255	10	—	—	—

根据镁合金自身的性质和变形特点，在镁合金生产和对产品评估时应注意变形镁合金的一些特征：变形镁合金会出现择优取向，但弹性模量对择优取向不敏感；压应力与基面平行时，容易在压缩过程中发生孪生，导致压缩屈服强度低于拉伸屈服强度，所以在涉及弯曲等不均匀塑性变形时，需特别注意；低温挤压时容易导致基面及〈1010〉方向与挤压方向平行，轧制时容易使基面与薄板表面平行，〈1010〉方向与轧制方向平行；交替拉压的冷卷曲容易引起变形产品强化，压缩过程中容易产生大量孪晶，使拉伸性能明显下降。根据镁合金的这些变形特点，要注意把塑性变形与热处理结合起来，充分利用细晶强化等新工艺，通过添加合适的合金元素特别是稀土元素来改进合金的性能，从而制备出先进的变形镁合金材料。在变形镁合金中，常用的合金系为 Mg-Mn 系、Mg-Al-Zn 系和 Mg-Zn-Zr 系。

1. Mg-Mn 系镁合金

MB1 和 MB8 镁合金（$w(\mathrm{Mn}) = 1.3\%\sim2.5\%$）是 Mg-Mn 系变形镁合金中代表性的合金。根据图 11-2 的 Mg-Mn 二元系平衡相图可知，MB1 镁合金熔体随着温度的下降首先在 652℃发生包晶反应，形成锰固溶于镁的单相 α-Mg 固溶体。随着温度继续下降，锰在 α-Mg 固溶体中的固溶度迅速减小，析出实际为纯锰的 β 相，对合金的热处理强化作用较小，一般在退火态下使用。在铸造状态下，虽然锰对镁合金的强化作用很弱，但经过变形后，合金的强度仍有一定提高。Mg-Mn 系合金的铸造工艺性能很差，凝固收缩和热裂倾向大，所以 Mg-Mn 系合金都属于变形镁合金。Mg-Mn 系镁合金存在挤压效应，挤压制品的强度超过轧制产品的强度。Mg-Mn 系合金具有优良的耐蚀性和焊接性，这类合金的耐蚀性是所有采用铸锭工艺生产的镁合金中最高的。锰很容易与合金中的杂质元素化合，从而减弱了有害元素对镁合金耐蚀性的影响，使合金的耐蚀性特别是在海水中腐蚀大大降低。

MB8 镁合金是在 MB1 合金基础上添加少量的稀土元素铈（0.15%～0.35%）改善合金的性能。铈一部分可以固溶在镁合金基体中，另一部分会与镁形成细小弥散的 Mg_9Ce 化合物，起到细化晶粒和弥散强化的作用。铈的加入使 MB8 合金的抗拉强度提升了 40MPa，断后伸长率达到 18%（表 11-5），可以在热态下加工成板材、棒材和各种类型的模锻件。铈的加入还可以提升合金的耐热性能，提高合金的工作温度。如 MB1 合金可在 150℃以下长期工作，而 MB8 合金可在 200℃以下长期工作。

2. Mg-Al-Zn 系镁合金

Mg-Al-Zn 系镁合金主要包括 MB2、MB3、MB5 和 MB7 等镁合金。该合金系属于强度中等、塑性较高且具有良好焊接性能的变形镁合金，其主要合金化元素铝的质量分数为 3%～8%，锌的质量分数较低，一般不超过 2%。由于 Mg-Al 系合金具有良好的强度、塑性和耐腐蚀等综合性能，且价格较低，所以是最常用的变形镁合金系列。主要合金化元素铝和锌与镁可以形成金属间化合物 $Mg_{17}Al_{12}$、$MgZn_2$ 和 $Mg_{17}(Al, Zn)_{12}$ 相。铝和锌在 α-Mg 固溶体中固溶度随温度的降低而显著减小，表明 Mg-Al-Zn 系合金可以用热处理方法强化。此外，铝的加入可以提高合金的耐蚀性，减小凝固收缩倾向，改善合金的铸造性能。锌主要在合金中以固溶态存在，但过高的锌含量会增加合金的热裂倾向。

我国常用的 Mg-Al-Zn 系镁合金系主要有 MB2、MB5 和 MB7 等。其中，铝含量逐渐增加。MB2 合金中合金化元素含量较少，时效强化效果较差，一般不进行热处理强化，主要在加工态和退火态下使用，MB2 合金的挤压态组织主要为 α-Mg 固溶体组织和少量的 β-$Mg_{17}Al_{12}$ 相，晶粒尺寸为 15～20μm。通过控制轧制、挤压或锻造温度，以及退火或伴随退火过程保留部分加工硬化的作用。MB2 合金的塑性高，可以用于制成镁合金板材和各种类型的锻件、模锻件和挤压件等。

MB5 和 MB7 合金中铝含量比 MB2 要高，从而形成的硬脆化合物 $Mg_{17}Al_{12}$ 越多，合金的强度越高，塑性越差。MB5 合金同时具有较高的强度和较好的塑性，是很好的挤压和锻造镁合金，轧制过程中容易开裂，因此很少用于制备板材。MB5 合金的挤压态组织主要由 α-Mg 固溶体和沿晶界分布的 β-$Mg_{17}Al_{12}$ 相组成，晶粒变形程度较高，晶粒大小差别较大，为 10～250μm，存在部分变形织构。MB5 合金与 MB2 相似，热处理强化效果不好而且淬火时效处理后应力腐蚀倾向严重，所以一般不进行热处理强化。

3. Mg-Zn-Zr 系镁合金

Mg-Zn-Zr 系镁合金具有中等塑性、强度较高的变形镁合金，变形能力比 Mg-Al-Zn 系镁合金稍差。同时，该合金系具有良好的成形和焊接性能，无应力腐蚀倾向，可用于制造如飞机上的翼肋等形状复杂的大型构件和飞机操作系统的摇臂和支座等受力件等。

Mg-Zn-Zr 系镁合金属于高强度镁合金，可以通过淬火和时效处理进行强化。Mg-Zn-Zr 系镁合金中起强化作用的合金化元素主要是锌，随着锌含量的增加，合金的抗拉强度和屈服强度均提高，而塑性略有下降。然而，锌含量过高会损害合金的铸造性能和加工性能，也会引起显微缩松和热裂的倾向。合金中的锆主要为 α-Mg 固溶体提供异质形核质点，细化晶粒提高合金的力学性能。MB15 合金为我国最具代表性的 Mg-Zn-Zr 系镁合金，通过时效处理后，其室温抗拉强度和屈服强度均优于其他变形镁合金，但工艺塑性较低。为了克服高锌含量带来的缺点，我国尝试用 MB21 合金替代 MB15 合金，降低锌含量，添加少量稀土元素，其力学性能见表 11-5。MB21 合金具有很好的工艺塑性，室温强度与 MB3 相近，压缩屈服强度高于 MB3，耐蚀性和高温性能均优于 MB3 和 MB15。

此外，通过在镁中加入锂元素能获得超轻变形 Mg-Li 系合金，其密度只有 1.30～1.65g/cm^3，它是至今为止最轻的金属结构材料。Mg-Li 系合金具有很高的比强度、比刚度、极优的变形性能和较好的超塑性，是航空航天领域极具前途的金属结构材料之一，可用于制造飞机上的座舱架、吸气管、导航舱段、壁板、蒙皮和直升机上的机闸等。

11.3　本 章 小 结

镁及镁合金是目前所有实际结构用金属及合金材料中密度最低的金属材料，具有比强度和比刚度高，减振性、电磁屏蔽和抗辐射能力强，易切削加工和易回收等优点，被誉为“21 世纪的绿色环保工程材料”，在汽车、电子、电器、交通、航空航天和国防领域具有广阔的应用前景。镁合金的强化途径主要是选择合适的合金化元素，通过固溶强化、细晶强化、变形强化、弥散强化、析出强化和复合强化等方式来提高镁合金的性能。按成形工艺，镁合金可分为铸造镁合金和变形镁合金两大类。铸造镁合金和变形镁合金在成分、组织和性能上存在很大的差异。铸造镁合金比变形镁合金的应用更广泛。

目前，镁合金还存在绝对强度偏低、变形加工能力较差、耐蚀性差、生产技术不够成熟等显著缺点，但随着航空航天、交通运输和国防军工等产业的快速发展，镁合金的发展潜力和应用优势已引起很多国家的政府、企业和研究机构对镁合金及其成形技术的高度重视，投入大量的人力、物力和财力进行开发研究。

参 考 文 献

艾江. 2019. 稀土元素 Nd 对 ZM6 镁合金力学性能的影响. 陶瓷，（3）：31-37.

陈振华，严红革，陈吉华，等. 2004. 镁合金. 北京：化学工业出版社：1-22.

戴起勋. 2011. 金属材料学. 2 版. 北京：化学工业出版社：228-237.

凤仪. 2008. 金属材料学. 北京：国防工业出版社：200-214.

郭光平，古文全，吴健，等. 2017. La 添加量对 ZM5 镁合金显微组织及力学性能的影响. 特种铸造及有色合金，37（5）：542-545.

缪强，梁文萍. 2016. 有色金属材料学. 西安：西北工业大学出版社：200.

齐锦刚，王冰，李强，等. 2014. 金属材料学. 北京：冶金工业出版社：191-193.

强文江，吴承建. 2018. 金属材料学. 北京：冶金工业出版社：202-205.

王鹏，宋刚，刘黎明. 2009. 镁合金 MIG 焊接工艺及焊接接头组织性能分析. 焊接学报，30（12）：109-112，118.

王渠东. 2017. 镁合金及其成形技术. 北京：机械工业出版社：106-109.

王晓敏. 2017，工程材料学. 4 版. 哈尔滨：哈尔滨工业大学出版社：196-198.

伍玉娇. 2011. 金属材料学. 北京：北京大学出版社：260-273.

许并社，李明照. 2005. 镁冶炼与镁合金熔炼工艺. 北京：化学工业出版社：91-120.

张津，章宗和. 2004. 镁合金及应用. 北京：化学工业出版社：39-47.

第12章 铜 合 金

铜及铜合金具有一系列的优良性能：电导率与热导率高、抗腐蚀性能强、加工成形性能好、强度适中等，目前已成为第二大有色金属，是全球经济各行业中广泛需求的基础材料，在我国国民经济的各个部门也获得了广泛应用。铜及铜合金最普通的分类方法是将其分成四大类：纯铜、黄铜、青铜、白铜。

纯铜是玫瑰红色金属，表面形成氧化铜膜后呈紫色，故工业纯铜常称为紫铜或电解铜。纯铜导电性很好，主要用于制造电线、电缆、电刷等；导热性好，广泛用于冷凝器、散热器、热交换器、结晶器内壁等；无磁性，常用来制造需防磁性干扰的磁学仪器、仪表，如罗盘、航空仪表等；塑性极好，易于热压和冷压加工，可制成管、棒、线、条、带、板、箔等铜材。纯铜产品有冶炼品及加工品两种。

黄铜是以锌为主要合金元素的铜基合金，因常呈黄色而得名。黄铜色泽美观，有良好的工艺和力学性能，导电性和导热性较高，在大气、淡水和海水中耐腐蚀，易切削和抛光，焊接性好且价格便宜。常用于制作导电、导热元件，耐蚀结构件，弹性元件，日用五金及装饰材料等，用途广泛。黄铜可分为两大类：只含锌的二元合金，统称为普通黄铜或简单黄铜；第二类是除合金元素锌以外，还含有 Pb、Sn、Fe、Mn、Al、Si、Ni 等元素，分别称为铅黄铜、铝黄铜等，统称为特殊黄铜或复杂黄铜。

青铜是历史上应用最早的一种合金，原指 Cu-Sn 合金，因颜色呈青灰色，故称青铜。为改善合金的工艺性能和力学性能，大部分青铜内还加入其他合金元素，如 Pb、Zn、P 等。由于锡是一种稀缺金属，所以工业上还使用许多不含锡的无锡青铜，它们不仅价格低廉，还具有所需要的特种性能。无锡青铜主要有铝青铜、铍青铜、铬青铜、锰青铜、硅青铜等。此外，还有成分较为复杂的三元青铜或四元青铜。现在除 Cu-Zn 基合金和 Cu-Ni 基合金外的铜合金均称为青铜。

白铜是以镍为主要合金元素的铜合金，若含有第三元素，如 Fe、Mn、Zn、Al 等，则相应地称为铁白铜、锰白铜、锌白铜、铝白铜等。这类材料的特点是具有优良的耐蚀性能和中等以上强度，弹性好，加工成形性能和可焊性好，易于热、冷压力加工，易于焊接，广泛用于制造耐蚀结构件、各种弹簧与接插件等。

12.1　铜合金的强化方法

铜合金按其固有强化途径还可分为固溶铜合金、加工硬化铜合金、时效强化铜合金等。

（1）固溶铜合金：最适合铜的合金元素是那些能与铜形成固溶体相的元素。它们在这些合金体系中硬化作用大。足以达到实用目的，而不会遇到由第二相或化合物带来的脆性。弹壳黄铜是典型的固溶合金。弹壳黄铜含 30%Zn，由于偏析偶尔会有少量 β 相出现，但 β 相通常在第一次退火后就消失。

（2）加工硬化铜合金：固溶强化铜合金以其可压力加工成形而著称。因为固溶强化铜合金是单相，而且在热加工或加工冷却过程中均不发生相变，所以用冷轧或冷拔这样的冷加工方法，便可以达到其最大强度。这类合金固溶处理之后，也可以直接经过冷加工变形处理，使合金产生加工硬化，从而进一步提高其力学性能。95Cu-2.8Al-1.8Si-4.4Co 合金就是这样一种变形高强度铜合金，其退火抗拉强度为 570MPa，冷轧状态的抗拉强度为 600～900MPa，其中钴还是一种能形成金属间化合物弥散强化的元素。

（3）时效硬化铜合金：时效硬化可产生很高的强度，但是只局限于合金元素的固溶度随温度降低而急剧减小的少数几种铜合金，Cu-Be 合金就是这种时效硬化铜合金的典型代表。含 1.6%～2.0%Be 和约 0.25%Co（质量分数）的铍青铜，常常称为“金色合金”。因为其中有大量的铍（摩尔分数为 12%）存在，故放出耀眼的光环。其经冷加工时效后的屈服强度大于 1380MPa，电导率则视冷加工量和热处理工艺的不同而为 20%～30%IACS（international annealing copper standard，国际退火铜标准）。

其他时效硬化合金包括 Cu-Zr 系、Cu-Cr 系、Cu-Fe-P 系、Cu-Ni-Si 系等合金。

Cu-Ni-Si 汞合金也属时效强化型合金，其常通过调幅分解作用得到硬化。靠冷加工与热加工相结合，这些合金可以达到与时效硬化 Cu-Be 合金相近的高强度。成形时的各向同性是这类合金独有的，这样就不会反映出成形后合金组织中常有的方向性。

（4）其他铜合金：①铝青铜，尤其是铝含量大于 9%的铝青铜，可以在临界温度以上淬火得以硬化，此硬化过程属马氏体型过程。类似于 Fe-C 合金淬火时发生的马氏体型硬化，淬火后进行回火韧化或用间断式淬火代替标准式淬火还可进一步改善铝青铜性能。加入镍或锌的铝青铜，利用可逆马氏体转变还可产生形状记忆效应。②不溶于铜的合金元素，为了提高力学性能，把 Pb、Te 和 Se 添加入铜和铜合金中。但这些元素的加入使合金的热轧和热成形几乎成为不可能，这严格限制了冷加工的工艺窗口。高锌黄铜避免了这些限制，因为高锌黄铜在高温下

完全变成了 β 相。β 相可以固溶铅，因而避免在热锻或热挤压温度下生成液态晶界相。大多数易切削黄铜棒材是使用 β 相挤压法生产的。

12.2 铜合金的退火处理

1. 均匀化退火

主要目的：消除铸造时锭坯的成分偏析。锡青铜、铍青铜及白铜铸件通常都要进行均匀化退火。加热温度以不发生熔化为准（白铜为 1000℃）。黄铜铸件在高温下加热时表面易于脱锌，一般不进行均匀化退火。均匀化退火多在气炉中加热，炉气成分应控制在弱还原性和弱氧化性之间。溶质的扩散速率与扩散系数 D 成正比，$D = D_0\exp[-Q/(RT)]$，（R 为气体常数，Q 为激活能，D_0 为频率因子（cm^2/s），Q 为原子从一个位置移动到另一个位置所需的能量，原子移动必须克服能量壁垒）。温度升高，原子借助热起伏，克服能量壁垒的原子数量不断增多，高温下的空位有助于原子扩散，一般均匀化温度要比退火温度高 100℃。锡青铜的结晶区间大，成分偏析严重，需要均匀化退火。均匀化退火时扩散速率与时间呈抛物线关系，即 $r^2 = kt$（r 为扩散距离，k 为常数）。

2. 中间再结晶退火

变形硬化可以提高铜和铜合金的强度及硬度，但也降低了材料的塑性和韧性，需要进行中间再结晶退火以消除铜合金加工过程中的变形硬化。冷加工（冷轧、冷冲或冷拔）后的型材（线材、棒材、板材）再进一步冷变形时将比较困难。因此，材料冷轧或冷拔的过程中，道次之间须进行再结晶退火，恢复其塑性，以使其可进一步冷加工，此类再结晶退火为中间再结晶退火。

纯铜主要用来制作管材、线材、板材和棒材。这类制品都要经过冷轧和冷拔，生产过程中要在各道冷变形工序中间进行再结晶退火，制成品一般也都要进行再结晶退火，以保证材料具有良好的塑性、导电性及导热性。

中间退火温度须在再结晶温度以上，此时材料的软化程度取决于冷加工率、退火温度、保温时间。一般在加工初期用高温退火，加工后期采用较低温度退火，以保证晶粒度的均匀一致。合金再结晶温度的经验公式：$T_{再} = 0.4T_L$（T_L 为液相线温度）。

通常中间退火时，采取快速升温的方式，装炉量大，温度取上限，从而提高再结晶温度，细化晶粒，缩短加热时间，减少氧化，提高生产率。而最终退火，要缓慢升温，温度取下限，特别是薄壁零件，以保证产品性能均匀。温度控制在 ±5℃，退火时间黄铜为 1.5～3h，锡青铜、铝青铜、铍青铜为 1～3h。

对于能热处理强化的铜合金，中间再结晶退火后必须缓冷，其他铜合金冷却速度对性能影响不大。中间再结晶退火的温度与预先的冷变形程度、金属的成分、加热速度、原始晶粒尺寸等有关。加热温度选择在再结晶温度以上，温度太低再结晶不完全，但太高又会使晶粒粗大，使下一道冷加工时材料表面出现“橘皮”状，这是十分有害的，尤其在单相材料中，在成形加工量小时，宜采用晶粒细小的坯料；当成形加工量大时，宜采用晶粒粗大的坯料，合金再结晶后的力学性能不仅与其成分有关，还与温度及退火前的冷加工量有关。

3. 去应力退火

主要目的：①消除残余应力。去应力退火温度应尽量低，以避免材料软化。②去除铸件、焊接件及冷成形件的内应力，以防止零件变形与开裂。用作弹性元件的各种青铜及白铜制品去应力退火的目的是稳定元件的弹性。当零件存在拉应力时，在腐蚀介质中，容易产生应力腐蚀的倾向。对于锡磷青铜和白铜等去应力退火，还可显著提高硬度。

冷变形黄铜工件，用作弹性元件的锡青铜、铝青铜、铍青铜、硅青铜及白铜线材或板材，都要进行去应力退火。锌的质量分数大于20%的黄铜冷变形工件，在潮湿天气，特别是在含氮的大气中以及汞和汞盐溶液中，经常会发生应力腐蚀开裂。为了避免出现这种现象，必须进行去应力退火。为了检查锡青铜工件退火后是否仍有残余内应力，可将样品置于硝酸亚汞水溶液中浸泡2h，用放大镜观察样品表面是否出现龟裂。

12.3 工 业 纯 铜

12.3.1 工业纯铜的性质

铜含量大于99.50%的铜为工业纯铜，又称赤铜、红铜、紫铜。常含有O、S、Pb、As、Bi、P等杂质，具有优良的导电性、导热性、适中的力学性能。可用来配制铜合金和作为合金化元素。广泛用于电气电工领域作导电、导热材料。工业纯铜按脱氧方法和氧含量，可分为韧铜、无氧铜和脱氧铜（伍玉娇，2011）。纯铜的熔点为1084.5℃，熔化潜热为212.5kJ/kg，沸点约为2500℃。0～1084.5℃的线膨胀率为2.25%，比热容为385～420J/(kg·K)，热导率为388～391W/(m·K)，线膨胀系数在20～100℃为17.0μm/(m·K)。微量杂质元素Bi、Pb、S等会与铜产生低熔点共晶组织导致“热脆”，如产生熔点为270℃的（Cu + Bi）共晶体和熔点326℃的（Cu + Pb）共晶体，并且分布在晶界上，在正常的热加工温度（820～860℃）下，晶界发生早期熔化，导致晶间断裂。而硫和氧则与铜产生脆性化合物 Cu_2S

和 Cu_2O，发生冷加工时破裂断开，导致“冷脆”。当含氧铜合金遇到氢生成水蒸气时，会造成很高的内压力，引起微裂纹，在加工或服役过程中则容易发生氢脆破裂。

工业纯铜中铜的质量分数为99.5%～99.95%，其牌号以“铜”的汉语拼音首字母“T”+顺序号表示，如T1、T2、T3、T4，顺序数字越大，纯度越低，无氧铜用“T”和“U”加上顺序号表示，如TU1、TU2。用磷和锰脱氧的无氧铜，在TU后面加上脱氧剂化学元素符号表示，如TUP、TUMn等。

12.3.2 工业纯铜的应用

纯铜用途广泛，每年有大量的铜用于电气工业生产。纯铜主要用于制作发电机、母线、电缆、开关装置、变压器等电工器材和热交换器、管道、太阳能加热装置的平板集热器等导热器材。铜中含氧（炼铜时容易混入少量氧）对电导率影响很大，用于电气工业的铜一般是无氧铜，其具体应用见表12-1（黄伯云，2005）。

表 12-1 纯铜、无氧铜、磷脱氧铜的应用

材料	编号	基本特性	典型用途
纯铜	T2	含微量杂质和氧，具有高的导电性和导热性、良好的耐蚀性和加工性能	除标准圆管外，其他材料可用作建筑物正面装饰、密封垫片、汽车水箱、母线、电线电缆、绞线、触点、无线电元件、开关、接线柱、浮球、铰链、扁销、钉子、铆钉、烙铁、平头钉、化工设备、铜壶、锅、印刷滚筒、膨胀板、容器。在还原气氛中加热到370℃以上，例如，在退火、硬钎焊或焊接时，材料会变脆。还原气氛中有 H_2 或CO存在会加速脆化
	T3	含氧和杂质较多，具有较好的导电性、导热性、耐蚀性和加工性能	建筑：正面板、落水管、防雨板、流槽、屋顶材料、网、流道；汽车：密封圈、水箱；电工：汇流排、触点、无线电元件、整流器扇形片、开关、端子；其他：化工设备、釜、锅、印染辊、旋转带、路基膨胀板、容器。在370℃以上退火，硬钎焊或焊接时若为还原性气氛易发脆，有 H_2 或CO存在会加速脆化
无氧铜	TU1 TU2	氧和杂质的含量极低，电导率高且延展性好，透气率低，不产生氢脆或放气倾向性小	母线、波导管、阳极、引入线、真空密封、晶体管元件，玻璃金属密封、同轴电缆、速度调制电子管、微波管
磷脱氧铜	TUP1 TUP2	工艺性能好，焊接性能好，冷弯性能好，可在还原气氛中使用，但不能在氧化气氛中加工使用	汽油、气体供应管、排水管、冷凝管、水雷用管、冷凝器，燃气加热器和热交换器用管，火车厢零件等

12.4 黄 铜

黄铜是铜与锌的合金。最简单的黄铜是铜锌二元合金，称为简单黄铜或普通黄铜，其相图如图 12-1 所示（唐代明等，2014）。在 Cu-Zn 二元合金中，依成分的不同会出现 6 个相：α、β、γ、δ、ε、η。在 454～468℃，无序的固溶体 β 转变为有序的固溶体 β'。Cu-Zn 系中不同相的结构特征见表 12-2（黄伯云，2005）。

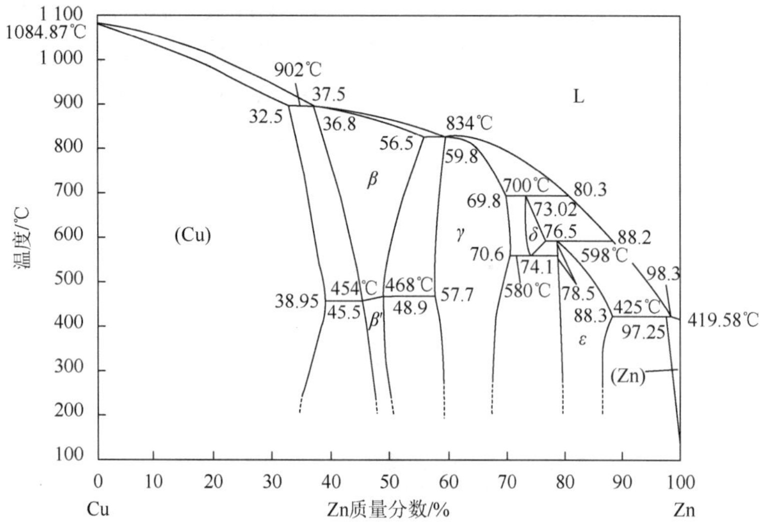

图 12-1　Cu-Zn 二元合金相图

表 12-2　Cu-Zn 系中不同相的结构特征

Zn 原子分数/%	相名	电子化合物		晶格类型	晶格常数/Å（1Å = 0.1nm）
		分子式	价电子数/原子数		
0～38	α	—	—	面心立方	3.608～3.693
45～49	β，β'	CuZn	3/2	无序体心立方 有序体心立方	2.942～2.949
56～66	γ	Cu_5Zn_8	21/13	有序体心立方	8.83～8.85
74.5～75.4	δ	$CuZn_5$	7/4	有序体心立方	3.006（650℃）～3.018（640℃）
77～86	ε	$CuZn_3$	7/4	密排六方	2.74～2.76
98～100	η	—	—	密排六方	2.172～2.659

改变黄铜中锌的含量可以得到不同力学性能的黄铜。黄铜中锌的含量越高其强度也较高，塑性稍低。工业中采用的黄铜锌的质量分数不超过 45%，锌含量再高将会产生脆性，使合金性能变坏。

12.4.1　锌当量

为了改善黄铜的某种性能，在二元黄铜的基础上加入其他合金元素的黄铜称为特殊黄铜。常用的合金元素有Si、Al、Sn、Pb、Mn、Fe和Ni等。在黄铜中加铝能提高黄铜的屈服强度和耐蚀性，并可稍降低其塑性。含铝小于4%的黄铜具有良好的铸造性能。

我国国标中黄铜合金牌号有 43 个，其中普通黄铜 10 个，复杂黄铜 33 个。主要的商业复杂黄铜有铅黄铜、铝黄铜、铁黄铜、锰黄铜、锡黄铜、硅黄铜和镍黄铜等。

添加少量或微量的合金化元素会使黄铜中锌在 α 相或 β 相中的固溶度发生变化，通常会使 Cu-Zn 二元相图的 $\alpha/(\alpha+\beta)$相界线向 Cu 侧移动（减小 α 相区），只有少数元素会使相界向 Zn 侧移动（扩大 α 相区）。因此，可以近似地认为这些合金元素对复杂黄铜组织的影响相当于增加或减少了锌含量。为了更好地量化合金元素对复杂黄铜中锌含量的影响，根据试验将每种合金元素增加 1%得到的替代的锌含量，称为锌当量系数。例如，在 Cu-Zn 合金中加入 1%Si 的组织，相当于在 Cu-Zn 合金中增加了 10% Zn 的组织，则硅的锌当量系数为 10。表 12-3 为复杂黄铜中通常添加的各种合金元素的锌当量系数（凤仪，2008）。

表 12-3　合金元素的锌当量系数

合金元素	Al	Mn	Si	Fe	Sn	Ni	Pb
锌当量系数	+6	+0.5	+10	+0.9	+2	−1.4	+1

复杂黄铜中通常含有多种合金元素，利用各种元素的含量和相应的锌当量系数可以计算出复杂黄铜的锌当量。结合 Cu-Zn 二元相图能够综合考虑多种元素对复杂黄铜组织的影响，初步判断组织中的物相组成。

复杂黄铜锌当量的计算公式如式（12-1）所示（戴起勋，2011）：

$$X=\frac{A+\sum C\times\eta}{A+B+\sum C\times\eta} \tag{12-1}$$

式中，X 为复杂黄铜的锌当量；A 为黄铜中的锌含量；B 为黄铜中的铜含量；C 为各种合金化元素的含量；η 为各元素对应的锌当量系数。

对于复杂黄铜，可以根据合金成分计算出其锌当量，结合 Cu-Zn 二元相图确定其所处的相区位置，大概判断复杂黄铜的基体组织，包括组织是 α 相、$\alpha+\beta$ 相和 β 相的哪一种，α 和 β 相的比例以及是否有 γ 相存在。需要注意的是，锌当量系数只是一个粗略的参考标准，通过计算锌当量所得到的黄铜组织和实际组织是存在偏差的。因为合金元素的锌当量系数没有考虑元素之间的相互作用。例如，黄铜中同时存在锰和硅元素时，锰和硅会优先形成化合物 Mn_5Si_3 而不会固溶于基体，对锌在 α 相和 β 相中的固溶度影响很小，进而 Cu-Zn 相图中的 α 相区和 β 相区变化较小。因此，对于复杂黄铜锌当量的计算，还需要考虑各种合金元素之间的相互影响。

12.4.2 普通黄铜

1. 普通黄铜的组织

按组织的不同将简单黄铜分为三类：α 黄铜（即单相黄铜）、$\alpha+\beta$ 双相黄铜和 β 黄铜。

α 单相黄铜：锌含量在 39%以下的黄铜属单相 α 固溶体，典型牌号为 H70（三七黄铜）。α 固溶体呈树枝状（用 $FeCl_3$ 溶液腐蚀后，枝晶主轴富铜，呈亮白色，而枝间富锌，呈暗色），经变形和再结晶退火，其组织为多边形晶粒，有退火孪晶。由于各个晶粒晶体取向不同，所以具有不同的颜色。退火处理后 α 黄铜能够承受极大的塑性变形，可进行深冲变形以加工成不同尺寸不同厚度的板件以及其他产品。

$\alpha+\beta$ 双相黄铜：锌含量为 39.45%的黄铜为 $\alpha+\beta$ 双相黄铜，典型牌号有 H62（即四六黄铜）。在室温下 β 相较 α 相硬得多，因而可用于承受较大载荷的零件。$\alpha+\beta$ 双相黄铜可在 600℃以上温度进行热加工。在 $\alpha+\beta$ 双相黄铜铸造组织中，α 相呈针状，为亮白色的固溶体；β 相为黑色，是以铜锌化合物为基的有序固溶体。

β 黄铜仅用作焊料，在铸造状态下为 β 晶粒组织。

2. 普通黄铜的性能

1）普通黄铜的耐蚀性

在大气中黄铜腐蚀得很慢，在淡水中黄铜的腐蚀速率也不快，在海水中则有可能达到 0.1mm/a，随着温度的升高腐蚀速率会提高，在地下水中有 $Fe_2(SO_4)_3$ 离子时黄铜极易腐蚀。

黄铜特别是高锌黄铜易发生脱锌腐蚀和应力腐蚀破裂。脱锌腐蚀是指黄铜中的合金元素在腐蚀介质中不是按它们在合金中的比例溶解，而是电位较低、相对较有活性的锌元素因电化学作用而被选择性溶解的腐蚀现象。为防止脱锌腐蚀，可在黄铜中加入质量分数不大于 0.05%的砷。黄铜在使用过程中由于存在拉应力，在一定的腐蚀环境下还会发生应力腐蚀开裂。为防止应力腐蚀开裂，黄铜制品和半成品必须进行低温退火，以消除内应力。黄铜不应和铁、铝、锌接触，因为它们会导致黄铜迅速腐蚀。

2）普通黄铜的力学性能

黄铜的力学性能随锌含量的增加而改变，如图12-2所示（王晓敏，2017）。从图中可见，普通黄铜的塑性随锌含量的增加先增加后降低，在锌的质量分数为30%时断后伸长率到达峰值。随着锌含量的继续增加，塑性下降，而抗拉强度在质量分数达到45%时到达峰顶。普通黄铜的室温力学性能见表12-4（黄伯云，2005）。

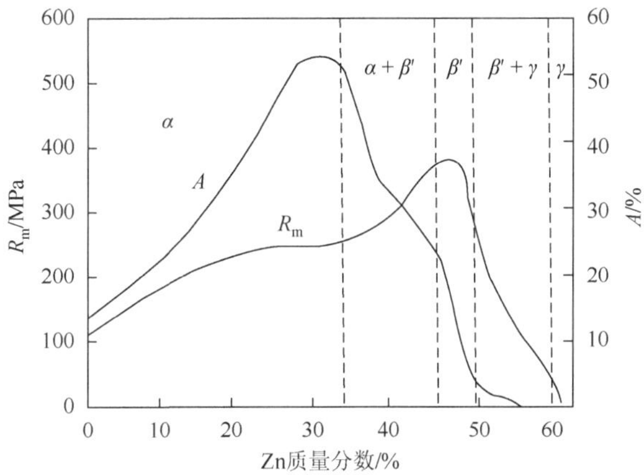

图12-2 锌的质量分数对黄铜力学性能的影响

表12-4 普通黄铜的室温力学性能（《铜及铜合金板材》（GB/T 2040—2017））

合金牌号	E/GPa	R_m/MPa	R_{eL}/MPa	σ_e/MPa	σ_{-1}/MPa	$N/10^{-6}$周	A/%	Z/%	α_K/(J/cm^2)
H96	115	240/450	—/390	35/360	—	—	50/2	—	220
H90	115	260/480	120/400	40/380	8.5/12.6	50/50	45/4	80	180
H85	115	280/550	100/450	40/450	10.6/14	100/300	45/4	85	—
H80	111	320/640	120/520	80/420	10.5/15.4	90/50	52/5	70	160
H75	110	340/590	110/540	80/450	12/15	—	58/6	—	—
H68	106	320/660	90/520	70/500	12/15	100/100	55/3	70	170
H65	105	320/700	91/450	70/450	12/13.5	100/100	48/4	—	—
H63	100	300/630	110/500	70/420	—	—	49/4	66	140
H62	100	330/600	150/200	80/420	12/15.4	100/300	49/3	66	140
H60	98	390/500	—	80/—	12/18.2	100/500	44/10	62	140

注：表中斜杠（/）前为软态，后面为硬态。σ_e表示弹性极限；σ_{-1}表示旋转弯曲疲劳极限。

3. 普通黄铜的工艺性能

普通黄铜因为凝固温度范围小、偏析倾向小、流动性好，具有较好的可铸性。锌有脱气作用，不易形成分散的气孔。单相 α-黄铜塑性好，可冷热压力加工。其室温断后伸长率随锌含量的增加而提高。α-黄铜热轧前的加热既可以使之软化，又能消除高锌黄铜在非平衡状态结晶时出现的少量 β 相，进一步改善室温塑性。β 相在高温下比 α 相软化得更快。因此，双相黄铜的热加工性能也很好。

所有黄铜在 200～700℃的某一温度均存在一个脆性区。因此热轧应在脆性区的温度范围以上进行。黄铜在热挤压时易出现层状断口，这主要是因为晶界上存在显微缩孔或低熔点杂质。黄铜的冷态压力加工性能与其成分和组织有关。α-黄铜具有较高的室温塑性，两次中间再结晶退火之间的加工率可达 70%（对深冲用板带材）或 90%（对线材）。在相同的冷加工率下，黄铜的再结晶温度随含锌量的增加而降低。在生产条件下，常应用 500～700℃退火，可获得等轴的 α 晶粒。大加工率的两相黄铜在退火时，α 相约在 300℃时即开始再结晶，而 β 相需在更高的温度才开始再结晶。因此，在生产条件下一般采用 600～700℃退火。

12.4.3 铝黄铜

铝能最显著地提高黄铜的强度和耐蚀性能。在黄铜中加入铝，会使相区明显地移向富铜角。当铝含量高时会出现硬而脆的 γ 相，提高合金的强度和硬度，同时大幅度降低其塑性。在铝黄铜中，铝的表面离子化倾向比锌的大，优先形成致密而坚硬的氧化铝膜，可以防止合金的进一步氧化。此外铝能细化合金晶粒，提高其硬度和强度。但 Al 质量分数高于 2%时合金塑韧性下降。含 2%Al 及 20% Zn 的铝黄铜具有最高热塑性，所以 HAl77-2 合金得到广泛应用。含铝特殊黄铜焊接比较困难，且有高的应力腐蚀倾向，必须进行充分低温退火加以消除。典型铝黄铜合金力学性能见表 12-5（黄伯云，2005）。

表 12-5　典型铝黄铜合金力学性能

合金牌号	R_m/MPa	R_{eL}/MPa	A/%	硬度（HRB）	Z/%	α_K/(J/cm^2)
HAl77-2	360/600	80/540	50/10	65/170	58	—
Al66-6-3-2	740[a]	400[a]	7	—	—	—
HAl61-4-3-1	745[b]	—	6.5	230[b]	—	—
HAl60-1-1	450/760	200	50/9	80/170	30	—
HAl59-3-2	380/650	304	45/12	75/155	20	41

a 铸态。

b 挤压态。

注：表中斜杠（/）前的数字是软态的，后面数字为硬态的。

12.4.4 锡黄铜

在黄铜中加 0.5%～1.5%Sn，可提高强度和硬度及耐蚀性、改善切削加工性、锡黄铜主要以管、棒、板材大量用于舰艇制造工业，如冷凝管、船舶零件、船舰焊接件的焊条等，因此称为“海军黄铜”。锡还能改善黄铜的切削加工性能。典型锡黄铜合金力学性能见表 12-6（黄伯云，2005）。

表 12-6 典型锡黄铜合金力学性能

合金牌号	σ_e/MPa	R_m/MPa	R_{eL}/MPa	A%	Z/%	硬度/HRB
HSn90-1	70/380	280/520	85/450	40/4	55	13/82
HSn70-1	85/450	350/580	110/500	62/10	70	16/95
HSn62-1	110/480	380/700	150/550	40/4	52	50/95
HSn60-1	100/360	380/560	130/420	40/12	46	50/80

注：表中斜杠（/）前的数字是 600℃退火的，后面数字为加工率 50%的。

12.4.5 锰黄铜

向黄铜中添加锰可扩大 α 相区，故双相黄铜添加适当的锰可转变为单相黄铜。锰能提高合金强度、韧性、耐蚀性及耐磨性。锰黄铜适合冷、热加工。锰黄铜具有小的应力腐蚀破裂倾向，可用来制造海船工业的压力表及冷凝管等，还可作为锡磷青铜的代用品。典型锰黄铜合金力学性能见表 12-7（黄伯云，2005）。

表 12-7 典型锰黄铜合金力学性能

合金牌号	R_m/MPa	R_{eL}/MPa	A/%	硬度/HRB
HMn62-3-3-0.7	600/700	—	10～20	170～200
HMn57-3-1	550/700	200/—	35/5	115/175

注：表中斜杠（/）前为软态，后面为硬态。

12.4.6 铅黄铜

铅几乎不固溶于 Cu-Zn 合金中，而是存在于固溶体的晶界处。经过压力加工，铅以游离的质点分布在固溶体中。这种游离的铅质点具有润滑和减摩的特性，因此铅黄铜都具有极高的切削性能，切屑易碎，工件表面光滑，适合自动高速车床加工零件。但是，当铅的质量分数超过 3%以后，不但不会进一步改善合金的切削性能，反而由于铅质点性软、熔点低，会大大降低合金的综合性能。在单相 α-黄铜中含有不溶铅质点而难以热轧，但双相黄铜依靠相变重结晶 $\alpha \rightarrow \beta$，可使铅分布于晶粒内部而不是在边界上，因而在热变形时的重熔不显著。

HPb59-1 是双相（$\alpha + \beta$）铅黄铜，其凝固组织如图 12-3 所示（曹志强等，2012）。因为 HPb59-1 切削性特别好，称为易切黄铜，有足够高的强度、耐磨性和耐蚀性。广泛用作钟表机芯的基础部件，汽车、拖拉机等机械零件，如衬套、螺钉，以及电器插座等。

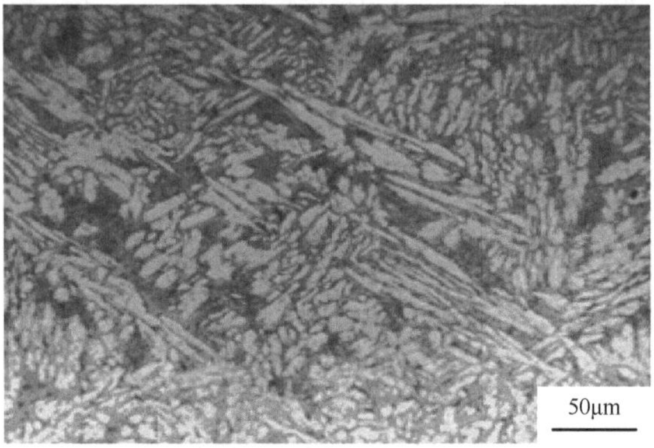

图 12-3　HPb59-1 铅黄铜凝固组织

12.4.7　复杂耐磨黄铜

Cu-Zn 系合金的基础上加入少量 Al、Mn、Si、Fe、Ni、Ti、Cr、Pb、Sn 等合金元素，构成复杂的 5～9 元合金体系，可以作为高强耐磨复杂黄铜，是所有铜合金中对各种添加元素利用最充分的合金品种之一，代表黄铜系列力学性能的最高水准。高强耐磨黄铜具有优良的综合力学性能、导热性、耐蚀性，突出的耐磨性和优良的热加工成形性，可适应高速、高耐磨、高冲击、低润滑等比较恶劣的工作环境，因此自 20 世纪 70 年代开发问世以来，迅速应用到重载、高速液压转子、滑履、自润滑轴承以及精密锻件等的制备。高强耐磨复杂黄铜通常拥有理想的耐磨组织结构，即在相对较软的基体上均匀弥散地分布着高硬度的第二相颗粒，第二相硬质相颗粒通常是 Mn_5Si_3 相。图 12-4 为 HMn64-8-4-1.5 合金凝固组织及硬质相分布。组织包括基体以及 Mn_5Si_3 相，硬质相以长条状分布在基体内部（Li and Jie，2017）。

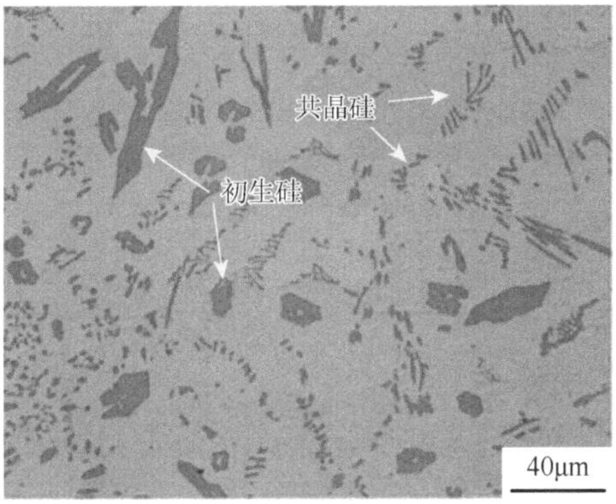

(a) 凝固组织

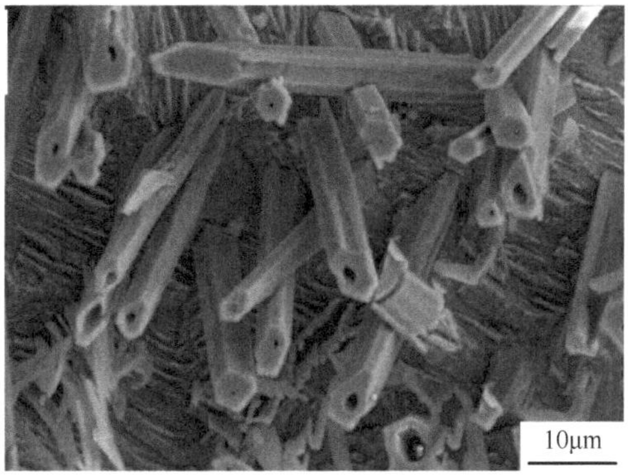

(b) 深腐蚀后锰硅硬质相形貌

图 12-4 HMn64-8-4-1.5 合金凝固组织及硬质相分布

12.5 青 铜

青铜是以 Sn、Al、Be、Mn、Cr、Cd、Zr、Ag、Fe、Mg、Te 等为主要合金元素的铜合金，可分为加工青铜与铸造青铜两大类。按其合金元素名称将青铜细分为锡磷青铜、铝青铜、铍青铜、锰青铜、铬青铜等。

12.5.1 锡磷青铜

工业锡磷青铜除主要合金元素锡以外，还含有一定量的磷、锌、铅、镍等。锡磷青铜抗蚀性与耐磨性强，力学性能高，工艺性能相当好。Cu-Sn 二元合金相图如图 12-5 所示（戴起勋，2011）。锡磷青铜在铸造非平衡条件下凝固时，凝固温度范围扩大，α 相区缩小，δ 相来不及分解，故在铸造锡磷青铜中一般不出现 $\alpha+(\alpha+\varepsilon)$组织，而是 $\alpha+(\alpha+\delta)$组织。α 相为面心立方时，晶格常数 $a=3.608\sim3.693$nm；δ 相为复杂立方晶格时，$a=1.796$nm，其对应式为 $Cu_{31}Sn_8$。共析体（$\alpha+\delta$）在组织中所占比例决定了合金的力学性能。而这一比例又取决于合金中锡的含量和冷却速度。一般情况下，锡的质量分数为 7%～10%时，合金具有最佳的综合力学性能（图 12-6）（王晓敏，2017）。

锡磷青铜的特点：①在液态时，锡易与氧形成 SnO_2，这是一种硬脆的化合物，因此应充分脱氧以免形成 SnO_2，降低合金的力学性能。②锡磷青铜在凝固时会产生严重的枝晶内偏析，在压力加工之前须进行均匀化退火，但由于 Sn 在 Cu 中的扩散缓慢，需经过多次均匀化退火与加工才能完全消除这种偏析。β 相为体心立方晶格，合金在高温时处于 $\alpha+\beta$ 相区，塑性明显提高。锡磷青铜的逆偏析倾向较大。③含 1%～7%Sn 的锡青铜有相当好的热加工性能，可在 600℃左右热轧，并

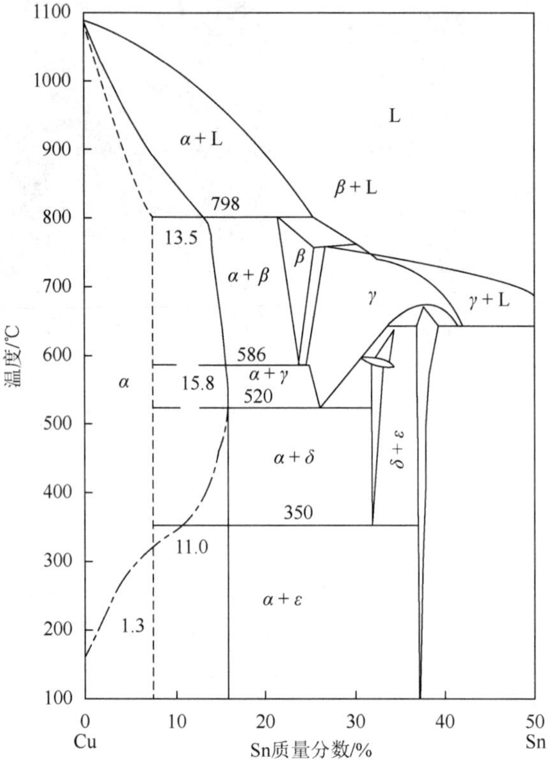

图 12-5　Cu-Sn 二元合金相图

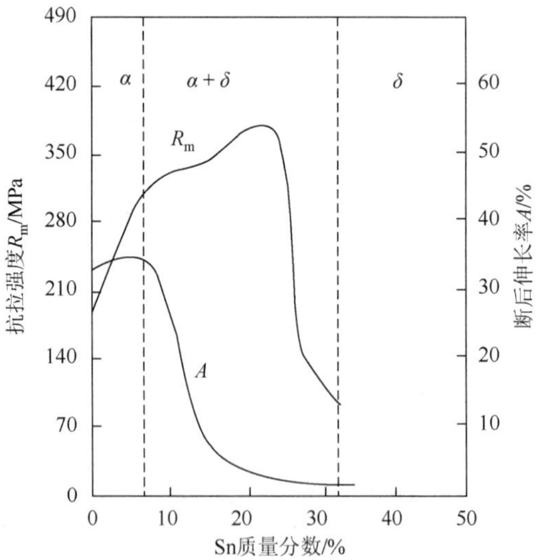

图 12-6　铸态锡磷青铜力学性能与锡的质量分数之间的关系

可在 800～850℃挤压。④锡磷青铜对过热与气体不敏感，可焊性能良好。⑤锡磷青铜无磁性，无低温脆性，耐磨性和耐蚀性好，冲击时不产生火花。

锡磷青铜在海水与大气环境中性能非常稳定，对海水的耐蚀性优于紫铜、黄铜。含 7%～9%Sn、0.7%～1.3%Al 和 0.1%～0.2%Si 的锡磷青铜可在被污染的海水中应用。锡明显提高锡磷青铜对海水的抗蚀性，镍也可提高锡磷青铜的抗蚀性，但铅则有副作用。

12.5.2 铝青铜

铝青铜主要合金元素为铝，分为简单铝青铜（二元 Cu-Al 系合金）和复杂铝青铜（除 Al 以外，还含有 Fe、Ni、Mn 等元素的铜合金）。铝青铜的特点是力学性能高、耐蚀性与耐磨性强。

铝青铜合金凝固组织及物相转变复杂。例如，镍铝青铜在不同冷却条件下其物相转变有明显差异，其转变过程如图 12-7 所示（Anantapong et al.，2014）。在平衡凝固条件下室温凝固组织主要由 $\alpha + K$ 相组成，K 相由 $K_{II} + K_{III} + K_{IV}$ 相组成，K_{II}是富铁相，在晶间以网格状分布，K_{III}是富镍相，在 α 相枝晶间以点状分布，K_{IV}是富 Al 相，在 α 相内部形成。然而在常规或者快速凝固条件下（1～1000K/s）合金物相出现马氏体组织，并且出现 β'相，其凝固组织如图 12-8 所示（Anantapong et al.，2014）。

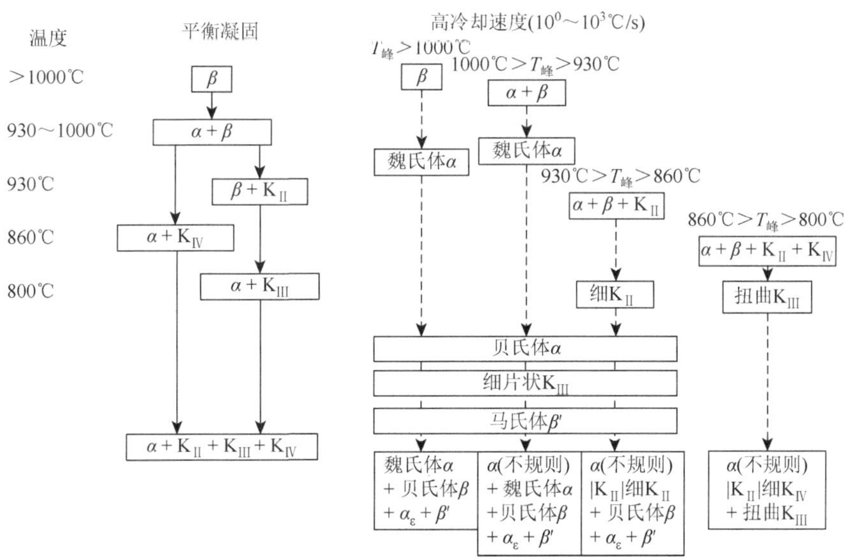

图 12-7 Cu74.7Al9.26Fe2.56Ni3.26Mn0.22 合金在不同冷却条件下物相转变

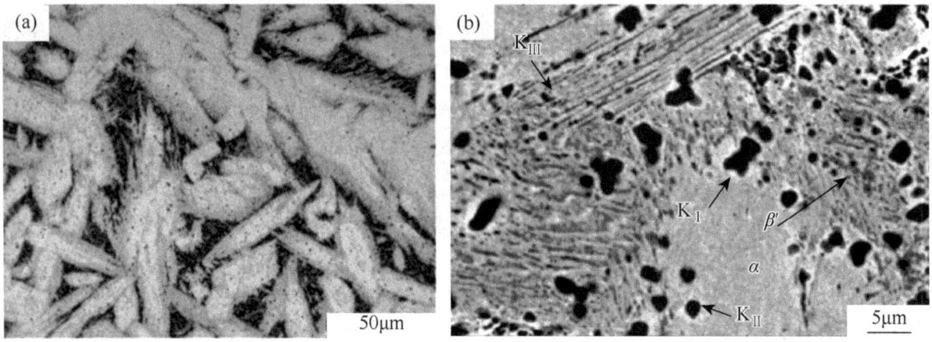

(a) 合金凝固组织　　(b) 高倍SEM放大组织显示马氏体β'相的形成

图 12-8　Cu74.7Al9.26Fe2.56Ni3.26Mn0.22 合金常规冷却条件下的铸态组织

铝青铜有很强的耐蚀性，在大气、海水和大多数有机酸溶液中都是耐蚀的，在一些硫酸盐、氢氧化钠、酒石酸等溶液中也有相当强的耐蚀性。在铝青铜表面上有一层致密的保护性氧化物膜，能大大减缓高温氧化速率，所以有高的热稳定性。

铝青铜由于具有高强度、良好的耐蚀性及加工性能，所以一般用于制造高强度零件及大型铸件，如船用螺旋桨、轴承、齿轮、衬套。在航空制造工业中主要用于制造支架、接管嘴、轴承、法兰盘、导阀、凸轮等结构零件。

12.5.3　铍青铜

含铍的铜合金称为铍铜或铍青铜。工业加工用铍青铜铍含量小于 2%，同时含有少量的钴或镍元素。铍青铜具有高的强度性能及良好的导电、导热性能，因而广泛用于制造电子元件、电器零件、控制轴承、磁敏元件外壳（要求磁化率低）与电阻焊接设备、零部件等。通过对铍青铜成分、加工工艺和热处理工艺的控制，可使合金性能在很大范围内优化，使材料符合使用要求。铍青铜有良好的加工成形性能，可以加工成各种各样的半成品，在冷态可进行冲压成形、电镀、焊接与各种机械加工等。

处于铸态的铍青铜无法直接使用，需经过固溶时效处理后才具有较高的强度、硬度、弹性模量、弹性极限、疲劳极限及蠕变抗力。铍青铜合金时效处理的本质是在合适的温度下从过饱和的 α 固溶体中分解出高度弥散的 γ 相，形成弥散强化效应，使材料综合力学性能提高。过饱和固溶体分解过程为

$$过饱和\ \alpha\ 固溶体 \rightarrow G.P.\ 区 \rightarrow \gamma' \rightarrow \gamma$$

首先，铍在晶界处富集形成溶质原子偏聚 G.P.区，随着时效温度升高和时效时间延长，G.P.区长大并转换成中间过渡相 γ'，再进一步转化成稳定的 γ 相。γ 相

为金属间化合物，脆而硬，它的弥散分布可加大位错运动阻力，使铍青铜材料的强度和硬度进一步提升。铍青铜合金中除了元素铍，其他元素对铍青铜合金的力学性也能产生影响，镍在铍青铜合金的含量仅次于铍，它可以部分代替铍的时效强化作用，能够细化晶粒、阻滞和延缓在时效过程中 α 基体相变和 γ 相的脱溶沉淀，抑制铍青铜合金发生过时效，显著改善合金的力学性能。然而，生产铍青铜有毒性，要注意安全防护。

铍能降低合金的密度、液相线和固相线温度；热膨胀系数几乎不受铍含量的影响，而且与钢的热膨胀系数几乎相等，在同一部件内，钢件与铍青铜件可在很宽的温度范围内互换。铍青铜比热容随温度升高而增大，从室温的 375J/(kg·℃)上升到 90℃时的 420J/(kg·℃)；铍青铜的磁导率接近 1，也就是说交变磁场可完全穿透此类合金材料。

铍青铜对各种大气都有很强的抵抗能力。即使在高温下其氧化速率也比紫铜及某些铜合金小。在海水及淡水中的腐蚀速率很小，并耐冲击腐蚀，是制造船舰零部件和电缆增音器外壳的良好材料，QBe2 合金在中等流速海水中短期工作的腐蚀速率一般为 0.025～0.050mm/a，因为随着工作时间的延长，在工件上形成了一层腐蚀产物和微生物，所以腐蚀速率逐渐减小。

铍青铜的晶间腐蚀倾向小，但由于潮湿氨和空气的作用，处于受力状态的铍青铜件也会产生应力腐蚀破裂。卤素气体在高温时会引起铍青铜中的富铍相优先腐蚀，氟等对铍青铜的腐蚀需有一定的湿度。铍青铜在氯化物和硫化物环境中不会发生应力腐蚀开裂，在硫化氢中会产生全面腐蚀。

由于具有良好的物理性及力学性能，铍青铜目前仍不可替代，典型铍青铜的特性及典型用途如下所示。

（1）由于铍青铜有良好的综合性能，以及满意的成形性能，使其成为一类良好的电子、电器元件材料与某些特殊用途的优选材料。

（2）铍青铜的高回弹性使其成为一种制造电子接插件触点弹簧的理想材料。可用它制造各种开关、恒温控制器和机电式继电器闸刀。

（3）铍青铜的初始磁化率小、非常稳定，也不受冷变形量的影响，耐磨损，抗腐蚀，没有应力腐蚀开裂倾向，故它成为制造磁力传感器（如油田、生物医学、导航仪等的灵敏磁强计）外壳的良好材料。

（4）铍青铜电导率和热导率乘积大，表示该材料对系统中的焦耳热有很强的控制力，是制造汽车车身薄钢板总成系统电阻焊元件的上乘材料。

12.5.4 其他青铜

锰青铜为 Cu-Mn 二元合金，有相当高的力学性能，抗腐蚀，耐热，可进行冷、热压力加工，多用于制造在高温下工作的零件。Mn 可大量固溶于 Cu，有较高的固溶强化作用，Mn 能提高铜的再结晶温度 150～200℃。含 16.3%Mn（摩尔分数）的铜合金在 400℃形成面心立方晶格的有序相 Cu_6Mn。含 25.0%Mn（摩尔分数）的铜合金于 450℃形成面心立方晶格的有序相 Cu_3Mn。锰可提高合金的硬度与强度，断后伸长率开始阶段随锰的质量分数的提高而上升，于 4%～5%Mn 时达到最大值，而后下降，但变化不大。

硅青铜是一类含有 Si、Mn、Ni 等合金元素的铜合金，Si 的质量分数一般不超过 3.5%。其力学性能高，且具有良好的抗磨和耐蚀性，可焊接，无磁性，冲击时不起火花，冷加工及热成形性能好，无低温脆性，多用于制造弹性零件、耐磨件和低温设备等。Cu-Si 合金于 555℃发生共析转变 $\beta \rightarrow \alpha + \delta$，但在生产的非平衡结晶条件下，共析转变实际上很难发生，因而 β 相可保留至室温。硅青铜几乎没有沉淀硬化效果。硅青铜的力学性能比锡青铜的高，成本也稍低一些，因凝固区间小，流动性好，可作为后者的代用材料。

常用铁青铜为 QFe2.5，其成分等同于美国铜合金 C19400：2.1%～2.6%Fe，0.03%Pb，0.015%～0.15%P，0.05%～0.20%Zn，Cu 余量（约 97.0%）。铁青铜主要合金元素除铁外，还含有少量的磷及锌。1050℃时铁在铜中的固溶度约为 3.5%，635℃时下降到 0.15%。铁有细化晶粒的作用，抑制铜的再结晶过程，提高铜的强度、硬度，但降低铜的塑性，显著降低铜的电导率与热导率。铁以独立相形式存在于铜中，使铜呈铁磁性，磁化率为 1.1。

常用制备接触导线铜铬锆合金、镁铜合金、银铜合金、锡铜合金和镉铜合金等也为青铜合金。

镁铜合金接触导线首先在德国研制成功，具有高强度的优点，但是电导率偏低。微量镁对铜的导电性影响不大，有一定的脱氧作用，对铜的高温抗氧化性也有益。镁在铜中的固溶度随温度下降而减少，在共晶温度 722℃时的极限固溶度为 3.3%。含 2.5%～3.5%Mg 的铜合金可通过 γ 相（$MgCu_2$）的沉淀而产生时效强化，但 γ 相是一种既脆又硬的相，合金的加工成形性能随着 γ 相的增加而急剧下降。因此，有实际应用意义的镁铜合金镁的质量分数不大于 1%。这类合金只能用加工硬化来提高强度。我国京津城际客运专线采用德国进口的镁铜导线，导线截面面积 120mm^2，导线强度 490MPa，电导率为 62%IACS。试验结果表明，采用该导线的接触网系统具有良好的弓网匹配特性，载流量达到 800A 以上，波动传播速度达到 570km/h，满足了京津城际客运专线运营时速 300km、3min 追踪密度、8 辆编组的运营要求。但是该导线的安全系数较低，不能满足速度超过 350km/h 高铁的要求。

银铜合金接触导线的电导率高达 96%左右，但是强度不高，仅为 360MPa 左右。目前，国产化的银铜合金接触导线已达到国外同类产品水平，德国在 Re-250 型接触网中使用证明，最高速度可达到 250km/h。

锡铜合金接触导线的抗拉强度接近银铜合金，但电导率较低，约为70% IACS，只能用于200km/h左右的列车接触导线。日本是世界上最早研究和采用锡铜合金接触导线的国家，早在20世纪70年代中期，日本便开始研究和开发锡铜合金接触导线，并运用于上越线和东北新干线等多条线路。但当时锡铜合金接触导线的锡含量较低，强化效果不明显，导致抗拉强度偏低。20世纪90年代初期，基于新干线列车运行速度进一步提高至270km/h以上的需要，日本开始研究和开发抗拉强度更高的锡铜合金接触导线。通过适当提高锡含量和改善接触线的制造工艺，于1992年研制出新型的接触导线，抗拉强度可达430MPa，使用的架线张力可达20kN。目前，日本新干线采用的接触导线主要是锡铜合金接触线。锡可与铜形成固溶体，而且其固溶度随着温度的下降而显著减少，因此它有沉淀硬化作用。这类青铜有高的强度和硬度、电导率与热导率、抗磨、耐热，加工成形性能好，是制造导电、耐磨零件的好材料。

大连理工大学李廷举团队针对速度超过350km/h高铁所需特殊性能接触导线，将短流程工艺运用于Cu-Cr-Zr接触导线的制备（付亚波，2011）。研究了非真空条件的水平电磁连铸技术，发现施加旋转磁场使Cu-Cr-Zr棒坯的铸造温度降低了22℃，实现了低温铸造。通过现场多次试验，确定了非真空条件下水平电磁连铸技术制备直径为87mm、长度为45m的Cu-Cr-Zr棒坯工艺。研究表明，当Cr的质量分数分别为0.3%和0.6%、Zr的质量分数为0%～1.0%时，该体系在温度为600～960℃时主要存在Cu、Cr和Cu_5Zr相，强度不断提高是细晶强化、固溶强化、时效强化和形变强化共同作用的结果。因为Cr和Zr在基体中固溶度极低，所以该合金又具有优异的导电性，属于新型高强高导铜合金。产品经过水平电磁连铸、行星轧制、固溶处理、冷加工和时效处理工艺，制备的成品导线的抗拉强度达到610MPa、导电率85%IACS、单根盘重2500kg。所制备高强高导Cu-Cr-Zr接触导线，于2010年10月3日在京沪高铁线上通过了高铁史上最高运营速度486.1km/h的试验。该技术2015年获得国家技术发明奖二等奖。表12-8为目前国内外铜合金接触线运行指标对比（谢水生，2012）。

表12-8 国内外接触导线的主要指标

国家	线路	最高速度/(km/h)	材质	规格/mm^2	抗拉强度/MPa	悬挂张力/kN	β值	安全系数
德国	科隆—莱茵、美茵	单弓400 双弓300	Cu-0.5Mg	120	490	27.0	0.70	1.66
德国	纽伦堡—英格尔斯达特	350	Cu-0.5Mg	120	490	27.0	0.61	1.66
西班牙	马德里—塞尔维亚	350	Cu-0.1Ag	120	360	15.0	0.70	2.19
西班牙	马德里—巴塞罗亚	350	Cu-0.5Mg	150	500	31.5	0.64	1.81

续表

国家	线路	最高速度/(km/h)	材质	规格/mm^2	抗拉强度/MPa	悬挂张力/kN	β值	安全系数
比利时	布鲁塞尔—暮毕科村	350	Cu-0.5Mg	150	470	30.0	0.56	1.79
法国	地中海线	350	Cu-0.5Mg Cu-0.2Sn	150	420	25.0	0.71	1.92
法国	大西洋线	300	Cu	150	360	20.0	0.68	2.06
韩国	首尔—釜山	300	Cu	150	360	20.0	0.68	2.06
日本	山阳新干线	300	Cu-0.3Sn	150	360	20.0	0.68	2.06
中国	京津城际	单弓 350	Cu-0.5Mg	120	490	27.0	0.61	1.66
中国	武广高铁试验	双弓 350	Cu-Cr-Zr	150	560	37.0	0.59	1.73
中国	武广高铁	双弓 350	Cu-0.5Mg	150	500	30.0	0.65	1.9
中国	郑西高铁	双弓 350	Cu-0.5Mg	150	500	28.5	0.67	2.01
中国	京沪高铁试验	450	Cu-Cr-Zr	150	560	40.0	0.73	1.60
中国	京沪高铁	双弓 350	Cu-0.5Mg	150	500	28.5	0.67	2.01
中国	京石武高速	双弓 350	CuMg-1	150	510	30.0	0.65	2.05

注：β值表示列车速度与震波速度之比。

12.6　白　　铜

以镍为主要添加元素的铜基合金呈银白色，称为白铜。纯铜加镍能显著提高强度、耐蚀性、电阻和热电性。铜镍二元合金称为普通白铜，加锰、铁、锌和铝等元素的铜镍合金称为复杂白铜。白铜分为 5 种：普通白铜、锰白铜、铁白铜、锌白铜、铝白铜。Sn、Be、Ti、Si、C、Cr、Zr、B 及 S、P、As、Sb、Bi 等都是白铜中的杂质，含量应控制在一定的标准范围内。

12.6.1　普通白铜

普通白铜是铜与镍形成的连续固溶体。二元 Cu-Ni 合金具有面心立方晶格。温度低于 322℃时，存在一个亚稳分解的相当宽的成分-温度区域，向 Cu-Ni 合金添加第三元素，如 Fe、Cr、Sn、Ti、Co、Si、Al 等，可改变亚稳分解的成分-温度区域范围和位置，进而改善合金的力学性能。白铜除作为结构材料外，另一类重要的应用是高电阻合金和热电偶合金。

普通白铜的牌号主要有 B0.6、B5、B25、B30，其镍质量分数分别为 0.57%～0.63%、4.4%～5.0%、24%～26%、29%～33%。

12.6.2　锰白铜

锰白铜又称为电工白铜，主要包含两种，即 BMn40-1.5（Ni：39%～41%、Mn：1%～2%）和 BMn3-12（Ni：2%～3.5%、Mn：11.5%～13.5%），具有电阻率大、电阻温度系数小和热电动势大等特殊的热电性能，在电工仪器仪表制造中获得广泛使用。

白铜中锰的质量分数一般不超过 14%。在 Cu-Ni-Mn 合金中可形成锰化合物而有某些沉淀硬化作用，锰提高合金的强度、耐蚀性与弹性，还能提高 Cu-Mn 合金抗冲击腐蚀的能力，不过会略使 B19 合金的抗应力腐蚀开裂能力下降。Mn 能消除 Cu-Ni 合金中过量碳的不良影响，改善其工艺性能。向 Cu-Ni 合金添加少量锰，也有一定好的作用。

12.7　本 章 小 结

铜及铜合金最普通的分类方法是将其分成四大类：纯铜、黄铜、青铜、白铜。铜合金按其固有强化途径还可分为固溶合金、压力加工合金、时效强化合金等。铜合金加工过程中主要采用退火硬化、均匀化退火、中间再结晶退火、去应力退火。

纯铜导电性很好，大多用于制造电线、电缆、电刷等；导热性好，常用来制造需防磁性干扰的磁学仪器仪表，如罗盘、航空仪表等，塑性极好，易于热压和冷压加工，可制成管、棒、线、条、带、板、箔等铜材。

黄铜是以锌为主要合金元素的铜基合金。黄铜色泽美观，有良好的工艺和力学性能，导电性和导热性较高，在大气、淡水和海水中耐腐蚀，易切削和抛光，焊接性好且价格便宜。常用于制作导电、导热元件，耐蚀结构件，弹性元件，日用五金及装饰材料等，用途广泛。青铜因颜色呈青灰色，故称为青铜，具有较高的力学性能、较好的耐蚀性、减摩性和好的铸造性能。白铜是以镍为主要合金元素的铜合金，若含有第三元素如 Zn、Mn、Al 等，则相应地称为锌白铜、锰白铜、铝白铜等。这类材料的特点是具有优良的耐蚀性和中等以上强度，弹性好，加工成形性能和可焊性好，易于热压力及冷压力加工，易于焊接，广泛用于制造耐蚀结构件、各种弹簧与接插件等。

参 考 文 献

戴起勋. 2011. 金属材料学. 2 版. 北京：化学工业出版社：200-206.

凤仪. 2008. 金属材料学. 北京：国防工业出版社：187-190.

付亚波. 2011. 铜合金水平电磁连铸及行星轧制技术的研究. 大连：大连理工大学：100-103.

黄伯云. 2005. 中国材料工程大典. 第4卷，有色金属材料工程. 北京：化学工业出版社：219-237.

唐代明，王小红，皮锦红. 2014. 金属材料学. 西安：西安交通大学出版社：276-289.

王晓敏. 2017. 工程材料学. 4版. 哈尔滨：哈尔滨工业大学出版社：188-191.

伍玉娇. 2011. 金属材料学. 北京：北京大学出版社：278-282.

谢水生. 2012. 高速列车用接触导线的加工与制备. 资源再生，48（10）：51.

Anantapong J，Uthaisangsuk V，Suranuntchai S，et al. 2014. Effect of hot working on microstructure evolution of as-cast nickel aluminum bronze alloy. Materials & Design，60：233-243.

Li H，Jie J C. 2017. Crystal growth and morphology evolution of D88 $(Mn, Fe)_5Si_3$ phase and its influence on the mechanical and wear properties of brasses. Materials Science and Engineering：A，704：45-56.

第13章 钛 合 金

钛在地壳中的含量为0.63%，位居金属元素的第七位，而按金属结构材料计，则仅次于铝、铁和镁而居第四位。我国是钛资源大国，储量居世界首位。在大部分的火成岩及由其演变成的沉积岩中、生物及天然水体中都含有钛。钛分布很广，主要矿物为锐钛矿、板钛矿、钛铁矿、钙钛矿、金红石、榍石及大部分铁矿石。钛及钛合金是20世纪40年代发展起来的一类新型结构材料，具有密度小，比强度和比刚度高，耐蚀性和接合性能好，高温力学性能、抗疲劳和蠕变性能都很好等优点，是一种新型的、极具发展潜力和应用前景的结构材料，主要用于航空航天、国防军事、化工石油、冶金、电力和日用品等领域，被誉为“现代航天金属”。

13.1 钛及钛合金的基本性质

钛的原子序数为22，相对原子质量为47.90，熔点为1668℃，沸点为3260℃。纯钛为银白色金属，在882℃会发生同素异构转变，由较高温度下具有体心立方晶体结构的β-Ti转变为较低温度下具有密排六方晶体结构的α-Ti，20℃ α-Ti的晶格常数为$a = 0.2950$nm，$c = 0.4683$nm，晶胞的轴比为$c/a = 1.587$。900℃ β-Ti的晶格常数为$a = b = c = 0.3306$nm。钛及钛合金具有以下优良特性。

（1）密度小、强度高和比强度大。纯钛在室温时的密度为4.51g/cm^3，约为钢的57%、铜的60%、铝的1.8倍。纯钛的抗拉强度为265～353MPa，一般钛合金的抗拉强度为686～1176MPa，目前最高可达1764MPa。钛合金与许多钢的强度相当。钛合金的比强度是常用工业合金中最大的，钛合金的比强度是不锈钢的3.5倍，是铝合金的1.3倍，是镁合金1.7倍。钛与其他金属密度和比强度的比较见表13-1（王桂生，2007）。

表13-1 钛与其他金属密度和比强度的比较

金属	钛（合金）	铁	铝（合金）	镁（合金）	高强度钢
ρ/(g·cm^3)	4.5	7.87	2.7	1.74	—
R_m/ρ	（29）	—	（21）	（16）	23

（2）耐蚀性强。钛是一种化学活性很高的金属，在常温下很容易与空气中的氧和氮形成化学稳定性极高的氧化物和氮化物保护膜，并且在损伤后能够立即再生。因此，钛和钛合金具有优异的耐蚀性。钛和钛合金在氧化性介质中的耐蚀性要比在还原性介质中好得多。研究表明，钛在海水、湿氯气、亚氯酸盐、次氯酸溶液、硝酸、铬酸、金属氯化物、硫化物及有机酸等腐蚀性介质中不被腐蚀，而在盐酸、硫酸和氢氟酸等与钛反应可产生氢的介质中通常具有较大的腐蚀率。钛和钛合金的耐腐蚀性远高于不锈钢、铝合金和镍基合金等。

（3）耐热性好。钛的熔点为 1668℃，比铁和镍的熔点高 100℃左右，比铝和镁的熔点要高 1000℃左右，因此钛合金的热强性要高很多。钛合金在 500℃左右仍可以保持良好的力学性能，而铝通常在 150℃、不锈钢在 310℃左右即失去了原有较高的力学性能。钛合金的这一特点弥补了与铝合金在密度方面的差距，成为先进超声速飞机结构件的首选材料之一。例如，当飞机速度达到声速的 2.7 倍时，飞机蒙皮各部位的温度可达 230℃，超过了铝合金的使用温度，而钛合金可以满足要求。钛合金的耐热性好，在航空领域采用钛合金替代钢可大幅减重。

（4）低温性能好。钛及某些钛合金在低温条件下能够保持高的强度和足够的低温韧性和延展性。可以用于液氢或液氧火箭发动机、载人飞船上的超低温容器和储箱等。例如，Ti-5Al-2.5Sn 和 Ti-6Al-4V 合金的使用温度最低可到 20K。

（5）弹性模量和热导率低。钛和钛合金的弹性模量比较低，只有钢的一半左右，且呈现出明显的各向异性。因此，钛合金的刚性较差、回弹大、易变形，不适宜制作对刚性要求高的构件。然而，正是由于钛合金的弹性模量低，钛合金的弹性效应更明显，可用来制作螺旋弹簧、高尔夫球棒和网球拍等体育用品。

钛及钛合金的热导率小，仅为钢的 1/5、铝的 1/13 和铜的 1/25。导热性不好是钛及钛合金的缺点，因为在切削加工过程中容易引起局部温度太高，冷却困难，所以切削速度不能太快。

此外，钛及钛合金无磁性、化学活性高和抗阻尼性能低等，某些钛合金还具有形状记忆、超导和吸氢等功能（杨保祥等，2015；戴起勋，2011）。

13.2 钛合金物理冶金基础

13.2.1 主要合金元素

纯钛的塑性好，但强度很低，限制了其在工业化生产中的应用。为了满足实际生产中对合金的高强和耐蚀性等性能要求，可以向纯钛中添加合金元素形成钛合金。钛是一种活性元素，它与元素周期表中大多数元素都能发生一定的作用。由于钛存在同素异构转变，合金元素添加对钛的影响主要在于改变钛同素异构转变温度及产生两相区，合金元素可以提高（如Al）或者降低（如Mo）钛的转变温度，或者对转变温度影响很小（如Sn）。Ti与Al、Mo和Sn三种合金元素可以用一个综合的二元相图来表示，如图13-1所示（王桂生，2007）。

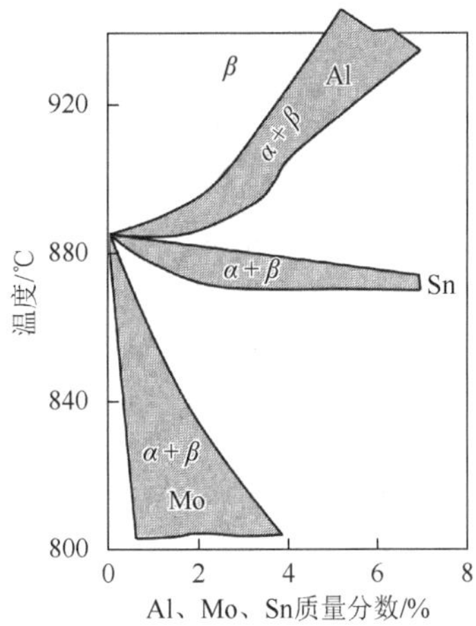

图13-1 Al、Mo、Sn对钛同素异构转变的影响

工业用钛合金的主要合金元素有Al、Sn、Zr、V、Mo、Mn、Fe、Cr、Cu和Si等，根据合金元素和杂质对钛同素异构转变的作用性质和在α或β相中的固溶度进行分类，可分为α稳定元素、β稳定元素和中性元素三大类，钛合金元素分类示意图如图13-2所示（王桂生，2007）。

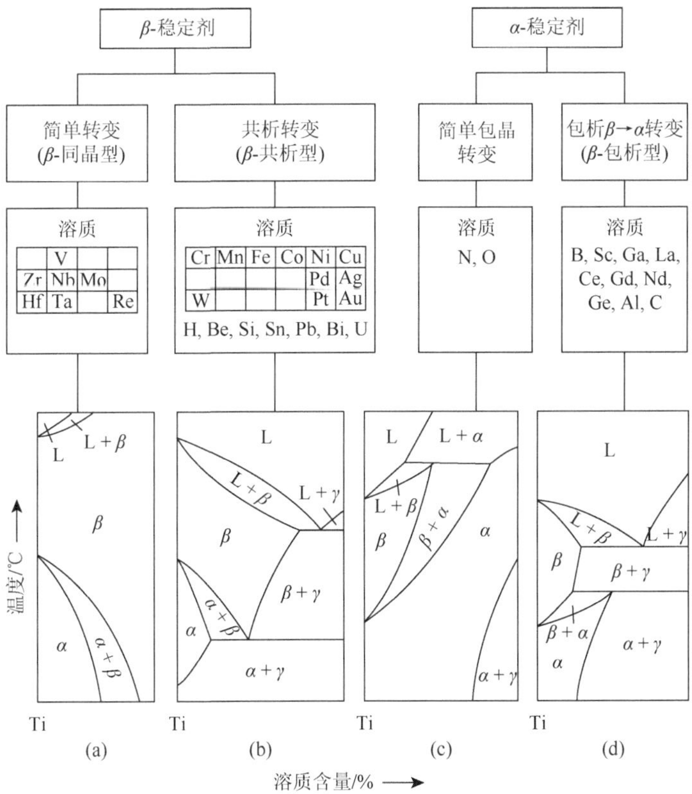

图13-2 钛的合金元素分类示意图

图中网格表示元素在元素周期表中的相对位置

1. α稳定元素

提高钛同素异构转变温度，扩大 α 相相区，增加 α 相稳定性的元素称为 α 稳定元素。这些元素优先溶解于 α 相，包括铝、镓、锗和硼等。铝是钛合金中最常用的 α 稳定元素，通过形成置换固溶体提高合金的强度，改善合金的高温强度和热强性，降低合金的密度。因此，目前使用的国内外各种类型的钛合金中均添加了适量的铝。然而，铝的质量分数超过 7%会形成脆性的 Ti_3Al 相。镓和锗元素在实际生产中很少使用。在钛合金中添加少量的硼元素可以细化晶粒，改善合金的性能。

2. β稳定元素

降低钛同素异构转变温度，扩大 β 相区，增加其稳定性的元素称为 β 稳定元素。这些元素优先溶解于 β 相，根据同钛作用的特点，还可以划分为同晶型 β 稳定元素和共析型 β 稳定元素。

（1）同晶型 β 稳定元素。与钛具有相同的晶体结构和相近的原子半径，降低了 β 转变温度，在 β 相中无限固溶，扩大 β 相区，增加 β 相稳定性的元素称为同晶型 β 稳定元素，包括 Mo、V、Nb 和 Ta 等。Mo 的强化作用最明显，可以提高钛合金的室温和高温强度，提高淬透性。Mo 和 V 是最常用同晶型 β 稳定元素。Nb 的强化作用较弱，但也常在 Ti-Al 系金属间化合物中添加，提高塑性和韧性。Ta 的强化作用最弱，且密度比较大，在实际生产中只有少量的钛合金中添加 Ta 以提高抗氧化性和抗腐蚀性。

（2）共析型 β 稳定元素。降低 β 转变温度，扩大 β 相相区，且会引起共析转变的元素称为共析型 β 稳定元素。这类元素包含的范围比较广，共析反应速率也相差悬殊。根据共析反应速率的差别将这些元素分为非活性共析型元素和活性共析型元素。非活性共析型元素包括 Cr、Mn 和 Fe 等元素，与 Ti 发生共析反应温度较低，转变极慢。活性共析型元素包括 Si、Cu、Ni 和 Ag 等元素，与 Ti 发生共析反应速率极快，淬火也无法抑制其进行，所以不能将 β 相稳定至室温。Cr 是在钛合金中广泛添加的元素之一，使合金同时具有高的强度和好的塑性，同时加 Cr 的钛合金还可以进行热处理强化。Mn 是早期钛合金中常添加的元素，可同时提高强度和塑性，但容易发生共析分解而不稳定。Fe 是最强的 β 稳定元素之一，但在熔炼时容易产生偏析，降低合金的热稳定性，因而应用较少。Si 是提高钛合金热强性和耐热性的重要元素之一，但添加量一般不超过 0.5%，在大多数高温钛合金中均含有 Si 元素。其他元素如 Cu、Ni 和 Ag 等在实际生产中很少应用。

3. 中性元素

对钛同素异构转变温度影响不大的元素称为中性元素，包括 Zr、Hf 和 Sn 元素。Zr 和 Hf 元素与钛的性质相似，原子尺寸也很接近，在 α 相和 β 相中均无限互溶，而 Sn 元素在 β 相中的极限固溶度为 32%。Zr 的室温强化作用较弱，但高温强化作用强，通常用于热强钛合金。Sn 的室温强化作用更弱，会发生共析反应，能提高热强性。

13.2.2 气体杂质元素的作用

钛和钛合金中主要的气体杂质元素为氢、氧和氮元素。氢元素为 β 稳定元素，可以降低钛同素异构转变温度，扩大 β 相区，且会引起速度极快的共析转变。钛和钛合金中氢可以固溶于 α 相和 β 相，也可以氢化物形式存在。氢为钛合金中的有害元素，析出的氢化物会导致不同的氢脆现象，引起合金的低应力脆断，要严格控制。氧和氮元素为 α 稳定元素，能提高钛同素异构转变温度，扩大 α 相区。氧和氮可提高钛的再结晶开始温度，促进过冷 β 相和 ω 相的分解，减小 ω 相的体积分数。氧和氮元素可以大幅提高钛合金的强度，同时也严重降低合金的塑性，在实际生产中要严格控制其含量。

13.2.3 钛合金二元相图

各种合金元素与钛形成的二元相图可归纳为四种主要类型，如图 13-2 所示。

（1）钛与合金元素形成的 α 和 β 都是连续固溶体，这样的二元系只有 Ti-Zr 系和 Ti-Hf 系两种。钛之所以与锆和铪形成 α 和 β 连续固溶体，是由于 Ti、Zr、Hf 在周期表中是同族元素，它们的性质相似、电子结构相似、点阵类型相同以及原子半径相近等。Zr 能强化 α 相，已得到应用，但 Hf 的密度高且稀少，还未有实际应用。图 13-3 为 Ti-Zr 二元合金相图（王桂生，2007）。在 Zr 的质量分数约为 50.6%时，液相线最低温度值为（1535±70）℃。在锆的质量分数约为 65.6%时，$(\alpha+\beta)/\beta$ 转变点与 $\alpha/(\alpha+\beta)$转变点重合，温度约为 610℃。

（2）钛与合金元素形成的 β 相是连续固溶体，α 相是有限固溶体。这种二元系有四种：Ti-V 系、Ti-Nb 系、Ti-Ta 系和 Ti-Mo 系。由于钒、铌、钽和钼均为体心立方晶格，它们只能与具有相同晶型的 β-钛形成连续固溶体，而与具有密排六方结构的 α-Ti 则形成有限固溶体。这类元素也是 β 稳定元素，能降低相变温度，缩小 α 相区，扩大 β 相区。这种元素含量越多，钛合金的 β 相越多，也越稳定。当含量达某一临界值时，快冷可以使 β 相全部保留到室温，变成全 β 型合金。

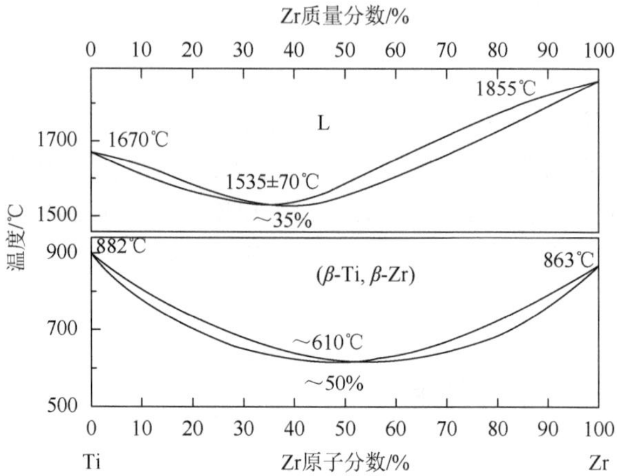

图 13-3　Ti-Zr 二元合金相图

这一浓度称为“临界浓度”，它的高低反映了元素对 β 相的稳定能力。临界浓度越小，稳定 β 相的能力越大。图 13-4 为 Ti-V 二元合金相图（王桂生，2007）。600℃时钒在 α-Ti 中的固溶度为 3.5%；在 675℃时，当钒的质量分数超过 19%时形成单一的 β 固溶体；在 1605℃时，出现一个液-固相转变最低温度点。Ti-V 二元系在固态仅有 $\alpha \rightleftharpoons \beta$ 多晶型转变。钒在 α-Ti 中的固溶度随温度的下降而增加，合金中没有过饱和 α 相及其分解问题。

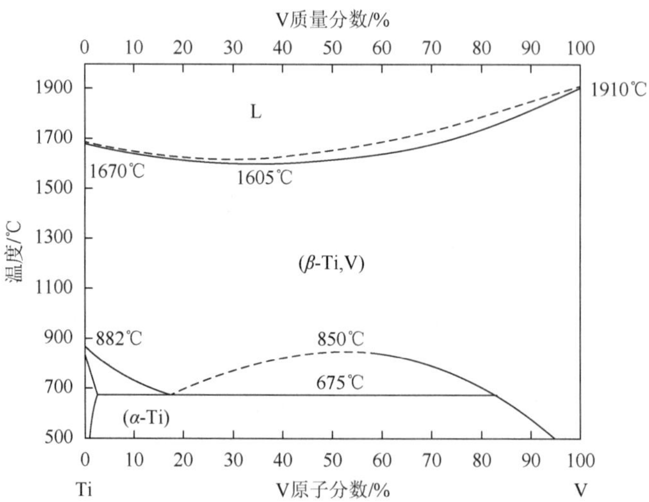

图 13-4　Ti-V 二元合金相图

（3）钛与合金元素在固态发生包析反应，形成一种或几种金属化合物。形成这类二元系的有 Ti-Al 系、Ti-Sn 系、Ti-Ga 系和 Ti-B 系等，其中前三种合金的 α 固溶体区较宽，它们对研制热强钛合金有重要意义。图 13-5 为 Ti-Al 二元合金相图（王桂生，2007）。铝提高了 $\alpha \rightleftharpoons \beta$ 相变温度。铝在 β-Ti 中的最大固溶度约为 30%，对应的温度为 1460℃；在 α-Ti 中最大固溶度约为 11%，对应的温度为 1080℃，在 550℃时铝在 α-Ti 中的固溶度约为 7.5%。相图中会出现 γ（TiAl）、α_2（Ti_3Al）和 $TiAl_3$ 三种金属间化合物相。相图中有两个包析反应，即在 1125℃发生的 $\beta + \alpha_2 \rightleftharpoons \alpha$ 和在 1285℃发生的 $\beta + \gamma \rightleftharpoons \alpha_2$；有三个包晶反应，分别为在 1460℃发生的 $L + \beta \rightleftharpoons \gamma$、在 1346℃发生的 $L + \gamma \rightleftharpoons TiAl_3$ 和在 660℃发生的 $L + TiAl_3 \rightleftharpoons \alpha$-Al。

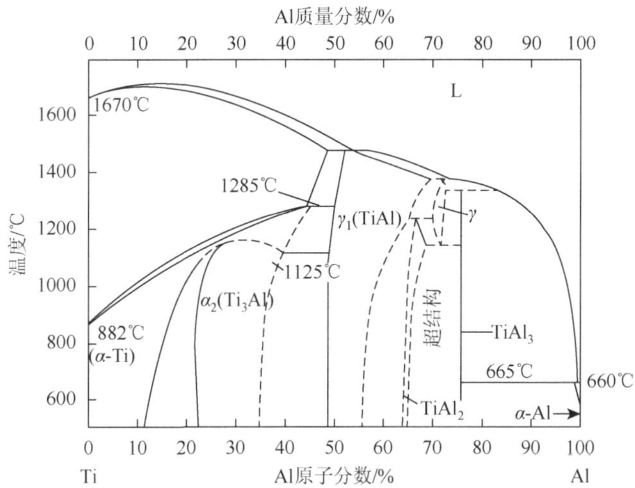

图 13-5　Ti-Al 二元合金相图

（4）钛与合金元素在固态存在共析反应，形成某些化合物。这类二元系的合金较多，如 Ti-Cr 系、Ti-Mn 系、Ti-Fe 系、Ti-Co 系、Ti-Ni 系、Ti-Cu 系、Ti-Si 系、Ti-Bi 系和 Ti-W 系等。图 13-6 为 Ti-Fe 二元合金相图（王桂生，2007）。铁可使 $\alpha \rightleftharpoons \beta$ 相变温度由 882℃降至 590℃。铁在 β-Ti 中的最大固溶度由共晶温度下的 32%降至共析温度下的约 13%。在 1085℃时，Ti-29%Fe 合金发生共晶反应，此时铁在 β-Ti 中的固溶度约为 22%；在 590℃时，Ti-13%Fe 合金会发生共析分解反应：$\beta \rightleftharpoons \alpha + TiFe$，此时铁在 α-Ti 中的固溶度约为 0.5%。

综上所述，钛的合金化就是以合金元素的上述作用规律为指导原则，根据实际需要，合理地控制元素的种类和加入量，以得到预期的组织、性能和工艺特性。

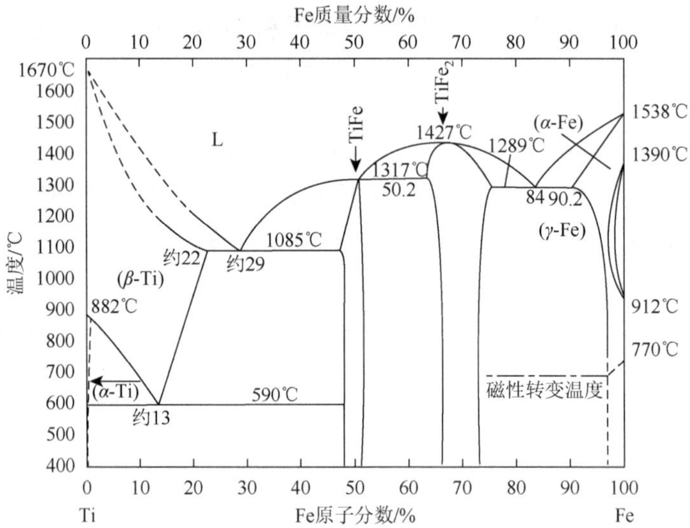

图 13-6　Ti-Fe 二元合金相图

13.3　钛合金种类及其强化方式

13.3.1　钛合金的种类

钛合金的分类方法很多，常用的是按照退火状态相的组成对钛合金进行分类，可以分为α、β和α+β三大类（伍玉娇，2011）。我国钛合金牌号分别以 TA、TB 和 TC 加上顺序号数字表示，分别代表α钛合金、β钛合金和α+β钛合金。工业纯钛在冶标（YB）中也划归为α钛合金，如 TA1～TA4。国产钛合金牌号，共有 60 余种。表 13-2 列出了部分典型钛合金的牌号、化学成分、类型及状态（王桂生，2007）。

表 13-2　部分典型钛合金的牌号、化学成分、类型及状态（《钛及钛合金牌号和化学成分》（GB/T 3620.1—2016））

牌号	名义成分/%	类型	状态
TA2	Ti	α 型	退火
TA5	Ti-4Al-0.005B	α 型	退火
TA7	Ti-5Al-2.5Sn	α 型	退火
TA9	Ti-0.2Pd	α 型	退火
TA10	Ti-0.3Mo-0.8Ni	α 型	退火
TB2	Ti-5Mo-5V-8Cr-3Al	β 型	淬火、淬火时效
TC1	Ti-2Al-1.5Mn	α+β 型	退火

续表

牌号	名义成分/%	类型	状态
TC4	Ti-6Al-4V	$\alpha+\beta$型	退火
TC6	Ti-6Al-1.5Cr-2.5Mo-0.5Fe-0.35Si	$\alpha+\beta$型	双重退火
TC10	Ti-6Al-6V-2Sn-0.5Cu-0.5Fe	$\alpha+\beta$型	退火
TC11	Ti-6.5Al-3.5Mo-1.5Zr-0.3Si	$\alpha+\beta$型	双重退火

三大类钛合金各有其特点。$\alpha+\beta$钛合金可以热处理强化，常温强度高，中等温度的耐热性较好，但组织不够稳定，焊接性能差。β钛合金的塑性加工性好，合金元素含量适当时，通过热处理可获得高的常温力学性能，是发展高强度钛合金的基础，但组织性能不够稳定，冶炼工艺复杂。α钛合金具有良好的高温性能，是耐热钛合金的主要构成部分。当前应用最多的是$\alpha+\beta$钛合金，其次是α钛合金，β钛合金应用较少。

1. α钛合金

α钛合金的主要合金元素是α稳定元素铝和中性元素锡（缪强和梁文萍，2016）。在退火状态下α钛合金一般具有单相α组织，同素异构转变温度较高。α钛合金高温性能好，具有良好的组织稳定性和耐热性，焊接性能好，是耐热钛合金的主要构成部分。但α钛合金常温强度低，塑性不够高。α钛合金主要通过固溶强化作用提高性能。据估计，每加入1%的合金元素，合金强度可提高35～70MPa。合金的杂质是氧和氮，虽有间隙强化作用，但对塑性不利，应予限制。有的α钛合金还加入少量其他元素，故α钛合金还可以细分为全由α相组成的α钛合金、加入2%以下的β稳定元素的近α钛合金和时效硬化型α钛合金（如Ti-Cu合金）三种。

典型的α钛合金有工业纯钛（TA1～TA3）、TA5（Ti-4Al-0.005B）和TA7（Ti-5Al-2.5Sn）等，图13-7为典型α钛合金的退火组织（赵永庆等，2011）。工业纯钛不含其他合金元素，按照氧含量的不同分为不同级别，作为间隙元素的氧在提高强度的同时会降低塑性。工业纯钛强度不高，工艺塑性好，一般用于对耐蚀性要求高而强度要求不高的场合，如化工的管道和压力容器等。TA4～TA6是Ti-Al系二元合金，其强度随铝含量的增加而升高，当铝的质量分数超过6%时，会出现一种与α相共格的硬而脆的有序中间相α_2相，对合金的塑性和韧度极为不利。因此，一般工业用钛合金的铝的质量分数很少超过6%。为了满足更高强度的要求，α钛合金中会加入少量中性元素锡，在不降低塑性的条件下，可进一步提高合金的高温强度和低温强度。

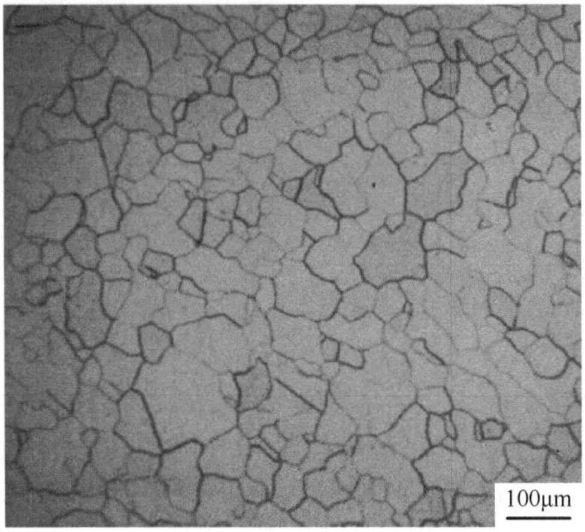

图 13-7　TA2 合金的退火态等轴 α 组织

典型的例子是 TA7 合金，它是我国最早开发的钛合金之一，在室温和高温下具有良好的断裂韧性，耐热强度较好，长期工作温度可达 500℃，可用作制造机匣壳体和壁板等零件，但由于其铝含量高，热加工性差，工艺塑性较低。TA7 合金还有另一极有前途的用途，就是制造超低温用的容器，目前已发展了一种间隙式夹杂氧、氮、碳、氢极低的 ELI 合金，以提高低温强度和韧度，用来储存液态氢（–253℃）。这种合金的比强度在超低温下约为铝合金和不锈钢的 2 倍，故钛合金压力容器已成为许多空间飞行器储存燃料的标准材料（雷霆，2018）。

近 α 钛合金具有良好的焊接性和高的热稳定性，对热处理工艺不敏感。由于近 α 钛合金添加了少量 β 稳定元素（如钼、钒和硅等）和中性元素（如锆、锡等），可进一步提高常温及高温性能，具有较高的蠕变强度和高温瞬时强度，最高使用温度可达 600℃。典型的近 α 钛合金有 TA10（Ti-0.3Mo-0.8Ni）、TA11（Ti-8Al-1Mo-1V）、TA12（Ti-5.5Al-4Sn-2Zr-1Mo-0.25Si-1Nb）、TA15（Ti-6.5Al-2Zr-1Mo-1V）、TA18（Ti-3Al-2.5V）和 TA19（Ti-6Al-2Sn-4Zr-2Mo）等。

2. $\alpha+\beta$ 钛合金

$\alpha+\beta$ 钛合金又称马氏体 $\alpha+\beta$ 型钛合金，是应用最广泛的钛合金，退火组织为 $\alpha+\beta$ 相，β 相体积分数一般为 5%～40%。$\alpha+\beta$ 钛合金中既加入了 α 稳定元素，又加入了 β 稳定元素，使 α 相和 β 相同时得到强化。$\alpha+\beta$ 钛合金具有优良的综合性能，室温强度高于 α 合金，热加工工艺性能良好，可以在退火态或淬火时效态使用，可以在 $\alpha+\beta$ 相区或在 β 相区进行热加工，其组织和性能有较大的调整余地，适用于制造航空结构件等。但是其耐热性和焊接性能低于 α 钛合金，组织不够稳定，使用温度只能到 500℃左右。典型的 $\alpha+\beta$ 钛合金有 TC4（Ti-6Al-4V）、

TC6（Ti-6Al-1.5Cr-2.5Mo-0.5Fe-0.35Si）、TC10（Ti-6Al-6V-2Sn-0.5Cu-0.5Fe）、TC11（Ti-6.5Al-3.5Mo-1.5Zr-0.3Si）、TC16（Ti-3Al-5Mo-4.5V）、TC17（Ti-5Al-2Sn-2Zr-4Mo-4Cr）、TC19（Ti-6Al-2Sn-4Zr-6Mo）和 TC21（Ti-6Al-2Zr-2Sn-1Cr-2Nb-0.1Si）等。

中强的 $\alpha+\beta$ 钛合金最具代表性的是 TC4 合金，它是目前使用最广泛的合金之一，具有优异的综合性能和加工性能，可以进行固溶时效强化处理，但淬透截面一般不超过 25mm。TC4 合金热塑性良好，可用各种方法焊接，焊缝强度可达基体的 90%，耐蚀性和热稳定性也较好。TC4 合金主要生产锻件，可生产在 400℃长期工作的零件，如压气机盘、叶片和飞机结构件等。图 13-8 为典型 TC4 钛合金的轧制态组织，由白色 α + 灰色 β 组成（郝晓虎，2020）。高强 $\alpha+\beta$ 钛合金的典型代表有 TC17、TC19 和 TC21 等合金，其特点是含有较多的 β 稳定元素，具有较高的强度和淬透性，TC21 合金还具有高的损伤容限性能，适合制作截面尺寸较大的结构件（Lütjering and Williams，et al.，2011）。

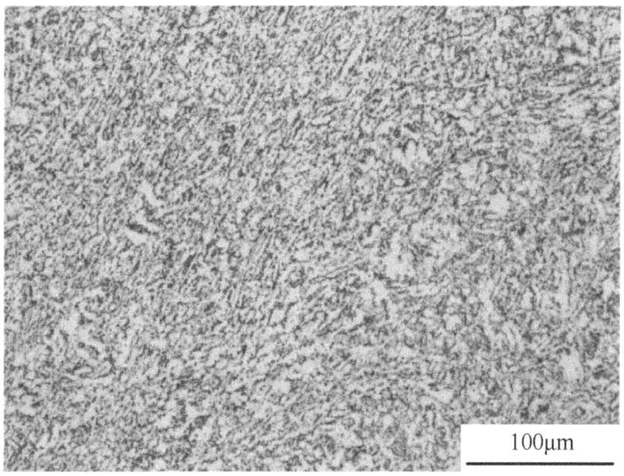

图 13-8 TC4 钛合金的轧制态组织

图 13-9 为典型 TC21 钛合金两相区的退火双态组织，由白色初生 α + 灰色 β 转变组织组成。$\alpha+\beta$ 钛合金还包含某些热强钛合金，如 TC6 和 TC11 等。其特点是除了在合金中添加超过 6%的铝和一定数量的锡和锆外，还含有一定量的 β 稳定元素，特别是添加少量 β 共析元素硅，可进一步提高合金的抗蠕变能力，其使用温度大多在 400～500℃。

3. β 钛合金

β 钛合金是发展高强度钛合金潜力最大的合金。合金中含有高于临界浓度的 β 稳定元素，通过空冷或水冷在室温下能得到全部 β 相组成的组织，通过时效处理

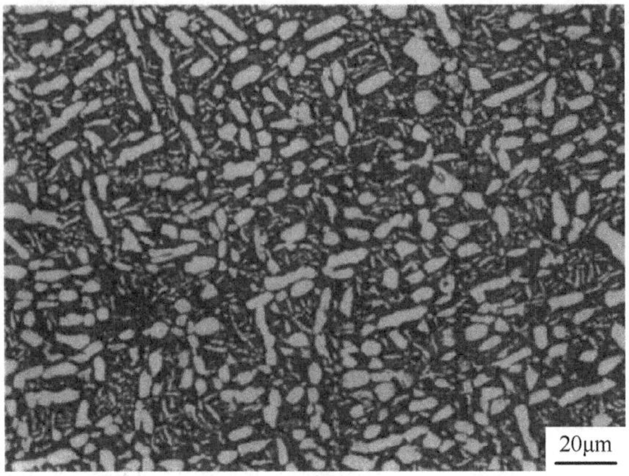

图 13-9 TC21 钛合金两相区的退火双态组织

可以大幅度提高强度。β 钛合金在退火或固溶态具有非常好的工艺塑性和冷成形性，焊接性能良好。β 钛合金具有优于 $\alpha+\beta$ 钛合金的室温强度、断裂韧性和淬透性，在淬火状态下能够冷成形，然后进行时效处理。由于 β 相的浓度高，M_s 温度低于室温，淬透性高，可制造大型结构件。β 钛合金的缺点是 β 稳定元素浓度高，密度提高，易于偏析，性能波动大。另外，β 相稳定元素多是稀有金属，价格昂贵，对杂质元素尤其是氧元素敏感性高，组织性能也不稳定，工作温度不能高于 300℃。此外，β 钛合金的冶金工艺比较复杂，焊接性能差，故这种合金的应用还受到许多限制。典型的 β 钛合金有 TB2（Ti-5Mo-5V-8Cr-3Al）、TB5（Ti-15V-3Cr-3Sn-3Al）、TB6（Ti-10V-2Fe-3Al）、TB8（Ti-15Mo-3Al-2.7Nb-0.2Si）、TB9（Ti-3Al-8V-6Cr-4Mo-4Zr）和 TB10（Ti-5Mo-5V-2Cr-3Al）等。TB2、TB3、TB5 和 TB8 合金的特点是在固溶状态下具有良好的塑性和冷成形性。

TB2 和 TB3 合金多用作生产航空、航天的铆钉和螺栓等紧固件。图 13-10 为典型 TB3 钛合金的等轴 β 晶粒组织。TB5 和 TB8 合金具有优良的冷轧和冷成形性，TB5 合金可在室温下成形为中等复杂的钣金零件，也可冷镦铆钉和螺栓等。TB6 合金中的 β 稳定元素含量较少，具有比强度高、断裂韧性和淬透性好、锻造温度低和抗应力腐蚀能力强等优点，适用于制备高强度的锻件，如飞机的主起落架、前起落架操纵机构和较大的襟翼导轨等。但是，由于 TB6 合金中含有非共析 β 稳定元素铁，容易在熔炼或热处理过程中产生铁元素偏析，降低其室温塑性和低周疲劳性能。TB7 合金具有优异的耐蚀性能（耐硫酸、盐酸等），可用作生产一些化工设备零件。TB8 合金高温性能良好，抗氧化性能好，可在 550℃下长期工作，除生产板带材外，还可以生产箔材、丝材和管材等。TB8 是公认的用于飞机高强度弹簧材料，具有高强度和良好的耐蚀性能，可用于制作多种弹簧、扭杆和各种管道设备等（周廉等，2012；赵永庆等，2011）。

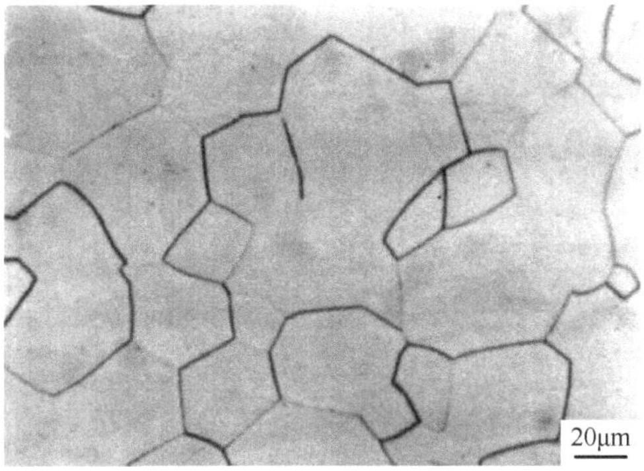

图 13-10　TB3 钛合金空冷后的等轴 β 晶粒组织

13.3.2　钛合金的强韧化基础

钛合金的强韧化机理与钢或有色金属没有本质不同。钛合金的强韧化与其组织结构密切相关，它涉及位错的运动、位错间的弹性交互作用、位错与溶质原子和析出相的弹性交互作用以及组织形态，其中包括基体、析出相和晶界的作用等。概括起来，其强韧化机理包括固溶强化和空位韧化、细晶强韧化和沉淀析出强韧化等（韩明臣等，2011）。

1. 固溶强化和空位韧化

固溶强化是利用合金化元素引发的晶格畸变对位错运动的阻力使金属基体获得强化。钛中固溶强化的合金化元素分为两类：间隙式元素和置换式元素。间隙式固溶元素如氧、碳和氮等在钛基体中与“位错”产生弹性交互作用，形成科氏气团和 Snoek 气团，对位错的运动起阻碍和钉扎作用，对钛基体产生强化效应。例如，间隙原子氧可以明显强化 α 相，随着氧含量由 0.18%增加至 0.40%，工业纯钛的屈服强度由 170MPa（TA1）增加至 480MPa（TA4）。钛合金中的氧含量一般为 0.08%～0.20%。钛合金中置换式固溶元素有 Al、Sn、Zr、Mo、V、Nb、Cr 和 Fe 等，由于它们与钛原子尺寸的差别，破坏了 α 相或 β 相晶格节点上原子的引力平衡，使其偏离原平衡位置，造成晶格畸变，随原子尺寸差别增加，造成的畸变程度增大，由此产生的强化效果更大。间隙原子产生的弹性应变场大，故其固溶强化效果高于置换式原子。但是，间隙元素的量过大时会有损钛的塑性，因此需要严格控制其含量。置换式元素产生的弹性应变场小，故强化效果也较小，但若不生成金属间化合物，则钛的韧性降低不明显。钛中一定浓度的空位与位错的作用对钛合金的韧化起到重要作用。位错对空位的吸收和释放，会造成位错自身的攀移。位错吸收一个空位，位错线在一个原子长度上攀移一个原子间距。这样的局部攀移，造成位错运动阻力，或可能使已经塞积的塞积群得以释放。

2. 细晶强韧化

细晶强韧化在 $\alpha+\beta$ 钛合金从 β 相区快速冷却过程中起重要作用，它能减小 α 晶团尺寸而转变为多个片状 α 相或引起马氏体转变。钛的塑性变形是通过多个滑移系进行的。受力变形时，多晶体首先在取向最优的一些晶粒的个别晶面上开始发生滑移，滑移至晶界前的位错被晶界阻挡，造成塑变晶粒内位错塞积。当应力场作用于位错源的作用力等于位错开动的临界应力时，相邻晶粒内的位错源开动、滑移与增殖，造成塑性变形。塞积位错应力场强度与塞积位错数目和外加切应力值有关，而塞积位错数目正比于晶粒尺寸。当钛的晶粒变小时，一方面，必须加大外加作用力以激活相邻晶粒内位错源，这就意味着使细晶粒钛产生塑性变形要求更高的外加作用力，表现出较高的强度；另一方面，一定体积内的晶粒数目多，在同样塑性变形下，变形分散在更多的晶粒内进行，变形较均匀，且每个晶粒中塞积的位错少，因应力集中引起的开裂机会较少，有可能在断裂之前承受较大的变形量，即表现出较高的塑性。在细晶粒钛合金中，裂纹不易萌生（应力集中少），也不易传播（晶界曲折多），因而在断裂过程中吸收了更多能量，表现出较高的韧性。

3. 沉淀析出强韧化

β 钛合金时效过程中的强化是由亚稳定 β 相的分解决定的，视时效温度及成分的不同，亚稳定 β 相中可以析出 ω 相、β'相和 α 相。较高的温度时效时析出 α 相，较低的温度时效时可析出 ω 相或 β'相，不同的合金有所差别。ω 相和 β'相是介于 α 相与 β 相之间的一种过渡相，其体积分数可以通过改变化学成分或时效工艺予以控制。合金中一旦出现 ω 相，其强度和硬度将明显升高，塑性和韧性急剧降低。由于 ω 相析出产生的强化会导致合金的脆化，故未得到实际应用。因此，钛合金的时效温度一般选择在不产生 ω 相的 450℃以上，在这种时效温度下，强化是由弥散析出的 α 相提供的。如果 β 相分解时不产生 ω 相；或者 ω 相的体积分数不大，那么合金可在更低的温度下进行时效。低温时效时 α 相的析出更为弥散，从而得到更大的强化效应。钛合金的时效可以是一次时效或两次时效，最常用的是一次时效。当选用两次时效时，一般情况下，第二次时效温度要比第一次高，与一次时效相比，两次时效可以获得更高的综合力学性能。低温时效的目的是产生大量的新相形核点，使第二相以更均匀、更弥散的形式析出，以便获得更高的强度。第二次时效时，细小弥散颗粒会部分溶解和聚集，亚稳相会进一步分解，导致塑性明显提高。第二次时效温度应该选择在可导致塑性降低的过渡相分解温度以上。在钛合金时效过程中，时效时间同样对力学性能有影响，但不像温度影响那么明显。β 稳定元素在临界浓度以上的钛合金，随着 β 相稳定性的提高时效温度下的分解过程进行得非常慢，需要几小时甚至几十小时才能完成。在工业生产条件下，钛合金的时效时间根据合金类型而定，一般规定为2～20h。即使是合金化程度低的合金，为了使亚稳定相更完全、更均匀地分解，从而形成强度和塑性最佳组合所必需的弥散颗粒尺寸，时效时间一般规定不小于2～4h。为了避免由于时效时间不足、零件在高温工作过程中出现强度升高和塑性下降，时效时间通常选择在时效曲线上极大值以后的下降部分。

13.4 钛合金热处理

13.4.1 钛合金热处理工艺

钛合金的相变是钛合金热处理的基础，为了改善钛合金的性能，除采用合理的合金化外，还要配合适当的热处理工艺才能实现。钛合金在加热和冷却过程中均会发生相变，对于不同的合金体系，可以通过合理的热处理工艺控制转变过程，获得不同的组织结构和所期望的性能。钛合金热处理具有以下特点：马氏体转变不会使钛合金的性能发生显著变化；应该避免脆性 ω 相的形成；通过反复相变难以细化晶粒；导热性差、淬透性差、淬火应力大；易氧化吸氢；β 转变点差异大，β 相区加热时 β 晶粒长大倾向大。钛合金的热处理主要分为退火、固溶处理（淬火）和时效处理（张翥等，2009）。

钛合金的退火有去应力退火、普通退火、完全退火和等温退火等。去应力退火的目的是消除铸造、冷加工和焊接等过程产生的内应力。退火温度应低于再结晶温度，一般为450～650℃，保温1～6h后空冷。普通退火的目的是使钛合金消除基体内应力，并保持较高的强度和符合技术条件要求的塑性，退火温度一般与再结晶开始温度相当或略低。完全退火是为了完全消除加工硬化，使钛合金组织均匀化，性能稳定，提高其塑性。退火温度最好介于再结晶温度和相变温度之间，超过相变温度会形成魏氏组织而恶化性能。完全退火的保温时间与零件的有效厚度、装炉量、加工过程以及应力大小等有关，退火保温后空冷。等温退火适用于 $\alpha+\beta$ 钛合金。由于 $\alpha+\beta$ 钛合金中含有较多的 β 相稳定元素，采用完全退火不易达到最佳塑性，而等温退火却可以获得更好的软化效果。其工艺过程为：将零件加热到 β 相转变温度以下30～80℃保温后，炉冷或转移到相变温度以下300～400℃保温一段时间，然后空冷。钛合金的退火一般在非真空下进行，但有时为了除氢或防止氧、氮等有害气体的污染，需要进行真空退火，退火温度一般为500～

750℃。为了使耐热钛合金组织与性能稳定化，也可采用双重退火。双重退火由两级加热和中间空冷构成，即在β相转变温度以下 20～160℃保温后空冷，然后再在相转变温度以下 300～450℃保温后空冷。

固溶处理（淬火）和时效是钛合金的强化热处理，其目的是获得强度高和塑性好的综合性能。固溶处理有两种方式：β相固溶处理和$\alpha+\beta$相固溶处理。β相固溶处理是将合金加热到β相转变温度以上 30～100℃，保温 10～30min 后空冷或水淬，主要适用于亚稳定β相合金。$\alpha+\beta$相固溶处理是将合金加热到β相转变温度以下 30～60℃，保温 30～120min 后水淬。时效工艺取决于对合金力学性能的要求。时效温度高时，合金韧度好；时效温度低时，合金强度高。钛合金的时效温度一般为 450～550℃，时间为几小时至几十小时。表 13-3 列出了部分钛合金的热处理工艺和室温力学性能。

表 13-3 部分钛合金的热处理工艺和室温力学性能（《钛及钛合金棒材》（GB/T 2965—2007））

合金类型	合金牌号	热处理工艺	R_m/MPa	R_{eL}/MPa	A/%	Z/%
α 型	TA5	700～850℃，1～3h，空冷	≥685	≥585	≥15	≥40
	TA15	700～850℃，1～4h，空冷	≥885	≥825	≥8	≥20
β 型	TB2	淬火：800～850℃，30min，空冷或水冷	≤980	≥820	≥18	≥40
		时效：450～500℃，8h，空冷	≥1370	≥1100	≥7	≥10
$\alpha+\beta$ 型	TC1	700～850℃，1～3h，空冷	≥585	≥460	≥15	≥30
	TC4	700～800℃，1～3h，空冷	≥895	≥825	≥10	≥25
	TC9	950～1000℃，1～3h 空冷；530℃，6h 空冷	≥1050	≥910	≥9	≥25
	TC12	700～850℃，1～3h，空冷	≥1150	≥1000	≥10	≥25

13.4.2 钛合金相变特点

纯钛$\beta\to\alpha$转变是体心立方晶体向密排六方晶体的转变。由于钛合金的合金系、成分以及热处理条件不同，以及钛合金固态相变具有多样性和复杂性的特点，金属中所发生的各种相变在钛合金中均有可能出现。合金中不同的相变会形成不同的组织，使合金呈现不同的性能。钛合金的主要相变类型可归纳为淬火相变和回火相变两大类：

（1）淬火相变，即$\beta\to\alpha'$、α''、ω_q、β_r。

（2）回火相变，即（α'、α''、β_r）→（$\beta+\omega_a+\alpha$）→$\beta+\alpha$。

1. 马氏体转变

钛合金自高温快速冷却时，会发生无扩散的马氏体转变，视合金成分不同，

β 相可转变为马氏体（α'或 α''）、ω_q 相或过冷 β_r 相。在快速冷却过程中，由于 β 相来不及直接转变为 α 相，β 相将转变为成分与母相相同，而晶体结构不同的过饱和固溶体，即马氏体。马氏体晶格和母相 β 相之间存在严格的取向关系，且马氏体总是沿母相 β 相一定晶面形成。当合金的 β 相稳定元素含量少时，转变阻力小，β 相可由体心立方晶格直接转变为密排六方晶格，这种马氏体称为“六方马氏体”，用 α'表示。如果 β 稳定元素含量高，转变阻力大，不能直接转变成六方晶格，只能转变为斜方晶格，这种马氏体称为“斜方马氏体”，用 α''表示。如果合金的浓度高，马氏体转变开始温度 M_s 降低到室温以下，β 相将被冻结到室温。这种 β 相称为过冷 β_r 相。淬火时除了形成 α'、α''和过冷 β_r 相，还能形成淬火 ω 相，用 ω_q 表示。ω_q 相是六方晶格，与 β 相共生并与 β 相呈共格关系。ω_q 相的形状与合金元素的原子半径有关，原子半径与钛相差较小的合金，ω 相是椭圆形，半径相差较大时为立方体形。

钛合金的马氏体转变与钢的马氏体转变相似，都属于无扩散型相变，在相变过程中不发生原子扩散，只通过切变过程完成晶格重构。钛合金的马氏体转变动力学特点是无孕育期，瞬间形核长大，转变速度极快。热力学特点是马氏体的相变阻力很大，转变时需要很大的过冷度，且马氏体转变只能在更低温度下进行。

图 13-11 为 Ti-Mo 系二元合金马氏体转变过程示意图（戴起勋，2011）。由图可知，马氏体转变开始温度 M_s 随合金元素含量的增加而降低，当合金浓度增加到临界浓度 C_k 时，即使 M_s 降低至室温，β 相也不再发生马氏体转变。同样，成分已经确定的合金，随着淬火温度的降低，β 相的浓度将沿 $\beta/(\beta+\alpha)$转变曲线升高，当淬火温度降低到一定温度，β 相的浓度升高到 C_k 时，淬火到室温 β 相也不发生马氏体转变，这一温度称为“临界淬火温度”，可用 t_k 表示。C_k 和 t_k 在讨论钛合金的热处理和组织变化时，是非常重要的两个参数。

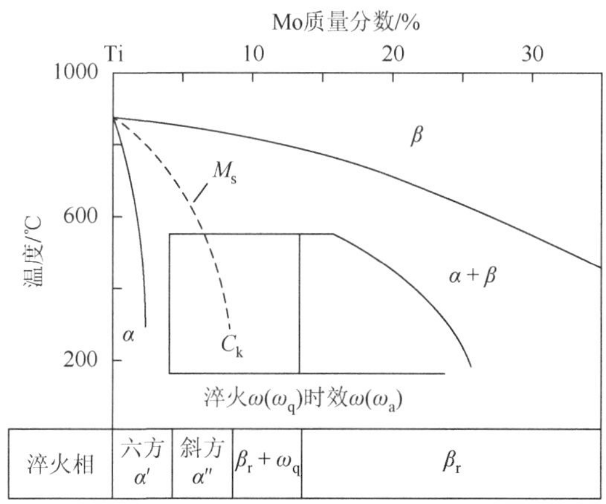

图 13-11　Ti-Mo 系二元合金马氏体转变过程示意图

六方马氏体有两种组织形态。当合金元素含量低时，马氏体转变开始温度 M_s 高，形成的马氏体为块状，在扫描电子显微镜下呈板条状，称为板条状马氏体，在板条马氏体内部存在大量的高密度位错，如图 13-12（a）所示。反之，当合金元素含量高时，M_s 降低，形成针状马氏体，在针状马氏体内部存在大量的细孪晶，如图 13-12（b）所示（赵永庆等，2012）。

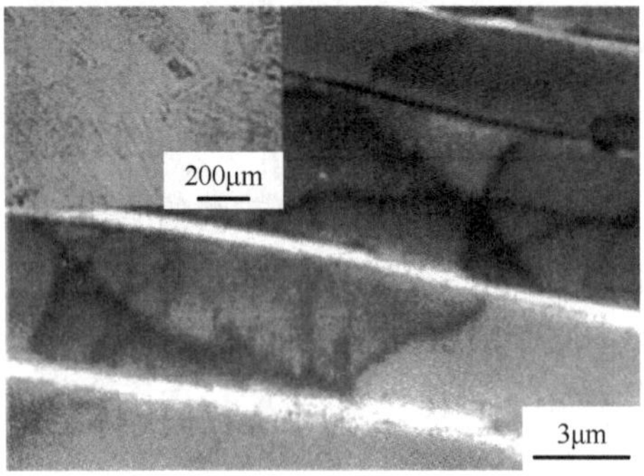

(a) 板条马氏体

(b) 针状马氏体

图 13-12　Ti-6Al-4V 合金中常见的六方马氏体

与钢中的间隙式马氏体不同，钛合金中的马氏体是置换型过饱和固溶体，所以其强度和硬度仅略高于 α 相，强化作用不明显。当合金中形成斜方马氏体时，其强度和硬度特别是屈服强度反而略有下降。如果合金浓度稍超过临界浓度 C_k，淬火后会形成亚稳的过冷 β_r 相，在应力或应变作用下过冷 β_r 相可以转变为马氏体，这种马氏体称为“应力诱导马氏体”，其屈服强度很低，应变硬化率和塑性比较高，有利于均匀拉伸成形。

2. ω 相的形成

成分位于临界浓度 C_k 附近的合金，自高温淬火后，除了形成 α' 或过冷 β_r 相，还能形成淬火 ω 相，用 ω_q 表示。$\beta \rightarrow \omega_q$ 转变属于无扩散转变，快的冷却速度也不会抑制转变的进行。转变过程中，点阵改组时原子只需移动很小的距离，所以 ω_q 相转变速度很快，而且不会导致任何宏观变形。由于尺寸很小、弥散分布，且与 β 相存在共格关系，ω_q 相的形成使合金的强度和硬度大幅增加。当合金成分远远超过临界浓度 C_k 时，淬火后不会形成 ω 相，只会出现亚稳的过冷 β_r 相，但通过在后续进行 200～500℃回火，过冷 β_r 相可转变为 ω 相。这种 ω 相称为回火 ω 相或时效 ω 相，用 ω_a 表示。ω_a 相的形核是无扩散过程，但长大要靠原子扩散，是 $\beta \rightarrow \alpha$ 转变的过渡相。在 500℃以下回火形成的 ω_a 相，是由于亚稳的过冷 β_r 相在回火过程中发生了溶质原子偏聚，形成溶质原子富集区和贫化区，当

贫化区的浓度接近 C_k 时就转变为 ω_a。ω_q 和 ω_a 相只是形成条件不同，而晶体结构是相同的。

ω 相硬而脆，位错不能在其中移动。钛合金中出现 ω 相虽能显著提高合金的强度、硬度和弹性模量，但会急剧降低塑性。对合金力学性能的影响程度取决于 ω 相的体积分数，当体积分数超过 80%时，合金会完全失去塑性；如果体积分数在 50%左右，合金有较好的强度和塑性的配合，但很难获得满足使用要求的综合性能。ω 相是钛合金的有害组织，在淬火和回火时都要尽量避开它的形成区间。加 Al 可以抑制 ω 相形成，大多数钛合金都含有 Al，故回火 ω_a 相一般很少出现或体积分数很小。

3. 亚稳相的分解

钛合金、淬火形成的 α'、α''、ω 和过冷 β_r 相都是热力学不稳定的，回火时即发生分解。各种相的分解过程很复杂，但最终的分解产物均是平衡的 $\alpha+\beta$ 相。如果合金是 β 共析型的，那么分解的最终产物将是 $\alpha + Ti_xM_y$ 化合物。在分解过程的一定阶段可以得到弥散的 $\alpha+\beta$ 相，有弥散硬化的作用，是钛合金时效硬化的主要原因。各种亚稳相的分解过程如下。

（1）马氏体分解：钛合金中的马氏体（α'、α''）在 300～400℃即能发生强烈的分解，一般在 400～500℃回火时可获得高弥散的 $\alpha+\beta$ 相混合物，使合金弥散强化。研究表明，马氏体要经过一系列复杂的中间过渡阶段才能分解为平衡的 $\alpha+\beta$ 或 $\alpha + Ti_xM_y$ 组织。X 射线衍射分析表明，在不同成分及状态的合金中斜方马氏体 α''相的分解存在四种类型的中间过渡阶段，即从 α''相中析出非平衡成分 β 相，使 α''相中 β 相稳定元素贫化，先后转化为 α'相及 α 相；从 α''相中析出 α 相，使 α''相中 β 相稳定元素富集，转化为非平衡成分 β 相；先在 α''相中形成 β 相稳定元素贫化区和富集区，富集区先后转化为非平衡成分 β 相及平衡成分 β 相；α''相通过马氏体逆转变形成亚稳 β 相，随后亚稳 β 相分离为合金元素贫化区和富集区，并进一步转变为平衡相。六方马氏体的分解过程与上述前两种类型相似。马氏体的成分（特别是 β 相稳定元素随淬火温度的变化）、合金元素的性质、与马氏体共存的相和热处理工艺等决定了马氏体的稳定性，从而导致马氏体不同的分解机制。

（2）ω 相分解：ω 相实际上是 β 相稳定元素在 α 相中的过饱和固溶体，回火分解过程也很复杂，与 α''相的分解过程基本一样，但分解过程随 ω 相本身的成分、合金元素的性质和热处理工艺等变化而不同。

（3）过冷 β_r 相分解：过冷 β_r 相的分解过程也很复杂。研究表明，在回火温度较低时，合金元素会发生偏聚，过冷 β_r 相会分离为无数溶质原子贫化微区和富集微区，通过进一步温度提高或时间延长，视 β_r 相成分的不同，溶质原子贫化微区

会析出 α 相或 ω_a 相，即过冷 $\beta_r \rightarrow \beta_{贫} + \beta_{富} \rightarrow \alpha + \beta_{富} \rightarrow \alpha + \beta$ 或过冷 $\beta_r \rightarrow \beta_{贫} + \beta_{富} \rightarrow \omega_a + \beta_{富} \rightarrow \alpha + \beta$。

13.5 钛合金的发展与应用

钛及钛合金因具有优异的力学性能，在航空航天、船舶、石油、化工、兵器、汽车、电子和医疗等领域受到高度重视并得到广泛应用。钛是 20 世纪 50 年代发展起来的一种重要的结构金属。第一个实用的钛合金是 1954 年美国研制成功的 Ti-6Al-4V 合金，由于它优异的综合性能而一度成为钛合金工业中的王牌合金，该合金的用量占全部钛合金用量的 75%～85%，很多后期发展的新型钛合金都可以看作 Ti-6Al-4V 合金的改型。20 世纪 50～60 年代主要是发展航空发动机用的高温钛合金和高强结构钛合金；70 年代开发出一批耐蚀钛合金；80 年代以来，高强和耐蚀钛合金得到进一步发展。耐热钛合金的使用温度已从 20 世纪 50 年代的 400℃提高到 90 年代的 600～650℃，钛合金在航空发动机中使用的部位也由冷端（风扇和压气机）向热端（涡轮）方向推进。结构钛合金向高强、高塑、高韧、高模量和高损伤容限方向发展。另外，20 世纪 70 年代以来，还先后出现了一系列钛基形状记忆合金，并在工程上获得日益广泛的应用。

13.6 本 章 小 结

钛及钛合金的最大特点是密度小、强度高、耐高温和耐蚀性能好，还具有良好的中温强度和低温韧性，且资源丰富，已成为航空航天、海洋、化工和石油等领域必不可少的材料。

按照退火状态相的组成，钛合金可以分为 α、β 和 $\alpha+\beta$ 三大类。α 钛合金的主要合金元素是 α 相稳定元素铝和中性元素锡，主要起固溶强化作用。由于此类合金具有密排六方结构，塑性差，而且不能通过热处理强化，所以通常在退火状态下使用。β 钛合金主加元素是扩大 β 相区的 Cr、Mo、V 等元素，此外还加入少量的铝。这类合金主要通过时效硬化得到高强度，但耐热性差，在制备过程中具有良好的工艺性。因其合金化复杂，故应用受到一定的限制。$\alpha+\beta$ 钛合金是目前最重要的一类钛合金。$\alpha+\beta$ 钛合金同时加入 α 相稳定元素和 β 相稳定元素，使 α 相和 β 相都得到强化。$\alpha+\beta$ 钛合金的力学性能变化范围较宽，可以适应各种用途，约占航空工业使用钛合金的 70%。本章还介绍了钛合金的发展和应用情况。

参 考 文 献

戴起勋. 2011. 金属材料学. 2版. 北京：化学工业出版社：217-227.
韩明臣，王成长，倪沛彤. 2011. 钛合金的强韧化技术研究进展. 钛工业进展，28（6）：13-17.
郝晓虎. 2020. TC4钛合金/304不锈钢薄板钨极氩弧焊接头组织及性能研究. 大连：大连理工大学：25.
雷霆. 2018. 钛及钛合金. 北京：冶金工业出版社：55，79，555-573.
缪强，梁文萍. 2016. 有色金属材料学. 西安：西北工业大学出版社：132-136.
王桂生. 2007. 钛的应用技术. 长沙：中南大学出版社：30，80-102.
伍玉娇. 2011. 金属材料学. 北京：北京大学出版社：301-306.
杨保祥，胡鸿飞，何金勇，等. 2015. 钛基材料制造. 北京：冶金工业出版社：6-36.
张翥，王群骄，莫畏，2009. 钛的金属学和热处理. 北京：冶金工业出版社：206-246.
赵永庆，陈永楠，张学敏，等. 2012. 钛合金相变及热处理. 长沙：中南大学出版社：104.
赵永庆，洪权，葛鹏. 2011. 钛及钛合金金相图谱. 长沙：中南大学出版社：14-129.
周廉，赵永庆，王向东，等. 2012. 钛合金材料及应用发展战略研究. 北京：化学工业出版社：26-29.
Lütjering G，Williams J C. 2011. 钛. 雷霆，杨晓源，方树铭，译. 北京：冶金工业出版社：183-230.

第 14 章　金属间化合物结构材料

金属间化合物（intermetallic compound，IMC），是指金属与金属、金属与类金属间形成的化合物。由于金属间化合物是介于金属与陶瓷之间的一种材料，它的长程有序化使其具有优异的力学性能，特别是作为高温结构材料，其优越性更加明显。许多金属间化合物都显示出非常高的屈服强度，并且往往能够维持到很高的温度。金属间化合物普遍具有高熔点、高硬度等特点，因此在金属材料中金属间化合物一直用作金属基体的强化相，人们通过改变金属间化合物的种类、在基体中的分布、析出状态及相对含量等来达到改变基体材料性能的目的。随着研究深入，人们发现金属间化合物除具有高熔点、高硬度及良好的耐磨性外，还具有良好的耐蚀性能和高温抗氧化性能，以及高电阻、低电导率，有些还具有高磁导率等优点。本章主要介绍金属间化合物结构材料的理论基础，同时简略介绍目前发展的各类新型金属间化合物结构材料。

14.1　概　　述

14.1.1　金属间化合物结构材料发展历史

早在 20 世纪 50 年代，人们就已发现金属间化合物具有作为高温结构材料的特殊优点，即许多金属间化合物的强度随着温度的升高先升高后下降。这种强度随温度升高而提高是一种反常强度-温度关系，完全不同于传统金属材料的强度随温度升高而不断下降的关系。这一发现推动了一轮研究热潮，去探索强度随温度升高而提高的物理本质，由此在金属间化合物变形特性和屈服强度反常温度关系机制方面提出了新的模型。但是，由于材料有严重的脆性，发展材料的研究工作没有进展。1979 年，日本的 Izumi 发现加硼可以大大提高 Ni_3Al 金属间化合物的塑性，这为解决金属间化合物的脆性问题提供了可能的途径（强文江和吴承建，2018）。

近二十年来，先进工业国家，如美、日、欧洲诸国，都制订了全国性的研究计划，每年都有多次相关学术会议交流这方面的研究成果，目前已取得重大进展。发展金属间化合物的主要目标是发展比镍基高温合金具有更高高温比强度的轻金属材料，特别注重发展一种介于镍基高温合金和高温陶瓷材料之间的高温结构材料，如图 14-1 所示（强文江和吴承建，2018），目标是要充填镍基高温合金和先进高温陶瓷材料之间的空隙。不仅是指使用温度在它们两者之间，而且是指其力学性能也在它们两者之间，即比镍基高温合金具有更高的比强度，又比先进高温陶瓷材料具有更高的塑性和韧性，并在其生产工艺和装备上更接近已有金属材料的生产装备。

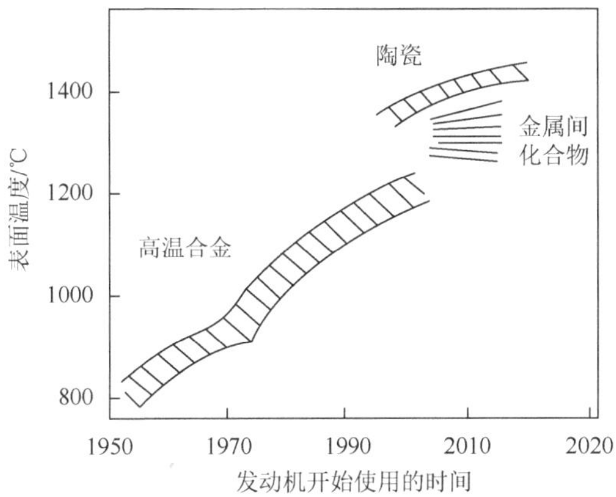

图 14-1　高温结构材料的发展示意图

作为新型材料，金属间化合物用途十分广泛。其键合类型呈多样化，使其具有特殊的晶体结构、电子结构和能带结构。正是这些结构特点，使其具有很多新的性能和用途。其中，耐高温、抗腐蚀、抗氧化、耐磨损等特点使其可以成为航空航天、交通运输、化工、机械等许多工业部门的重要结构材料。

在众多金属间化合物中，Ni_3Al 合金的室温脆性问题首先被解决，因此 Ni_3Al 合金作为典型材料被大力研究开发，大大加深了人们对金属间化合物结构材料的理性认识，也得到了实用工程合金。不过，Ni_3Al、Fe_3Al、Ti_3Al 分别与镍基高温合金、铁基合金和钛合金相比，其比强度的优越性有限，所以人们更愿意开发密度更小的 NiAl、FeAl 和 TiAl 基合金，它们也具有较简单的晶体结构，铝含量高，更易得到好的抗氧化性。NiAl 是金属间化合物中抗氧化性最佳的。TiAl 是目前最有前途的金属间化合物结构材料。在此期间，研究者还注意到一系列的三铝化合物，如 Al_3Ti、Al_3Zr、Al_3Nb 等，它们含有大量的铝，其熔点大大高于铝的熔点，同时又很轻，因而被认为是具有比铝合金拥有更多优越性的合金。但是，这方面的研究一直没有得到突破，室温脆性问题一直没有很好解决。

14.1.2　金属间化合物的屈服强度反常温度关系

金属间化合物力学性能的一个显著特点，是屈服强度与温度的反常关系，统称为屈服强度与温度关系的 R 现象。1957 年，Westbrook 首先发现 Ni_3Al 基合金的硬度随温度升高而提高的反常现象，推测金属间化合物 Ni_3Al 具有反常的屈服行为（戴起勋，2011）。1960 年，Finn 得到图 14-2 所示的 Ni_3Al 多晶合金的反常屈服行为，其屈服强度具有随温度升高而提高的反常现象（强文江和吴承建，2018；戴起勋，2011）。后来，对于许多单晶和多晶的金属间化合物，无论是拉伸还是压缩变形试验中，都发现有类似的屈服强度的反常温度关系，只是其程度有所不同。

图 14-3 归纳了三类屈服强度与温度的关系，A 类金属间化合物的屈服强度随温度升高而提高；B 类的屈服强度在高温区随温度升高无明显下降，但在低温区却随温度降低有明显硬化；C 类金属间化合物的屈服强度随温度升高是降低的（强文江和吴承建，2018；文九巴，2011）。

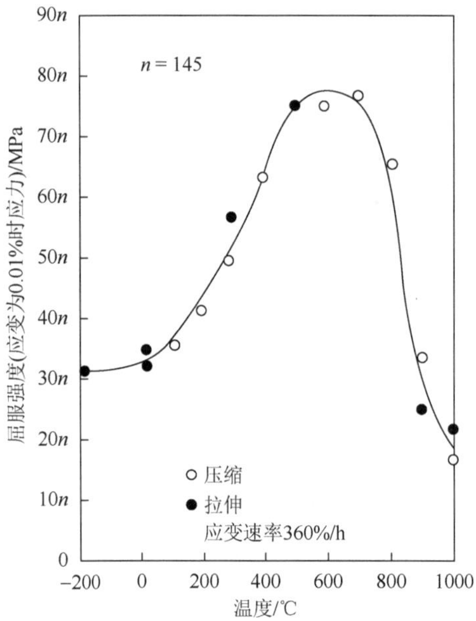

图 14-2　Ni_3Al 多晶合金的屈服强度随温度升高的变化

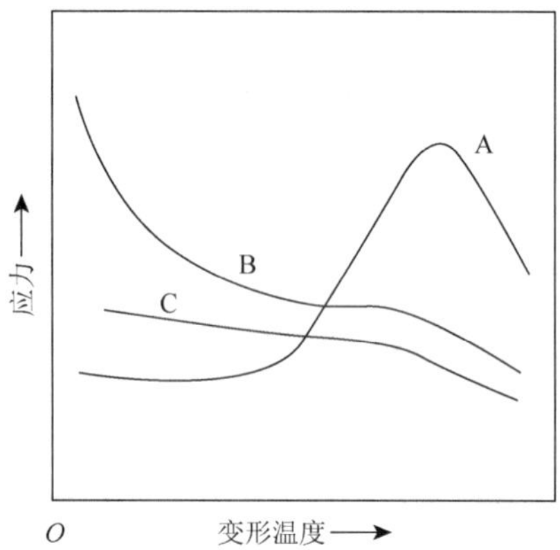

图 14-3　L12 多晶金属间化合物的屈服强度与温度的关系

出现屈服强度峰值的温度范围一般为中温区（800～1100K），它随金属间化合物不同而不同，但一般均在发生显著扩散的温度以下。温度再升高，屈服强度随温度升高正常地下降。

14.2　常用金属间化合物结构材料及应用

在铝系结构合金材料中，最早发展的合金结构材料是具有金属元素密排晶体

结构的衍生结构 Ni_3Al、Ti_3Al 和 Fe_3Al 化合物。但是，这类化合物与其他相应结构的化合物相比，强度的优越性有限，因此低密度的 NiAl、TiAl 和 FeAl 基合金目前得到研究开发人员的日益重视。它们具有相对简单的晶体结构，较高的铝含量相对提高了合金的抗氧化性。其中，NiAl 基合金在合金中具有最佳的抗氧化性，TiAl 基合金也已被肯定为最有希望的金属间化合物结构材料之一，其变形合金正大力发展，是当前研究的重点。已有的研究表明，通过元素的合金化，可以在一定程度上改善合金的韧性。下面将分别详细介绍 Ni_3Al、Ti_3Al、Fe_3Al、NiAl、TiAl、Al_3Ti 和 FeAl 基合金的一些特性。

14.2.1　Ni_3Al 基合金

图 14-4 给出了 Ni-Al 二元合金相图（齐锦刚等，2014）。由图可见，在 Ni-Al 基合金的金属间化合物中室温时稳定相为 Al_3Ni、Al_3Ni_2、NiAl、Ni_5Al_3 和 Ni_3Al。其中，NiAl 和 Ni_3Al 研究最为广泛。

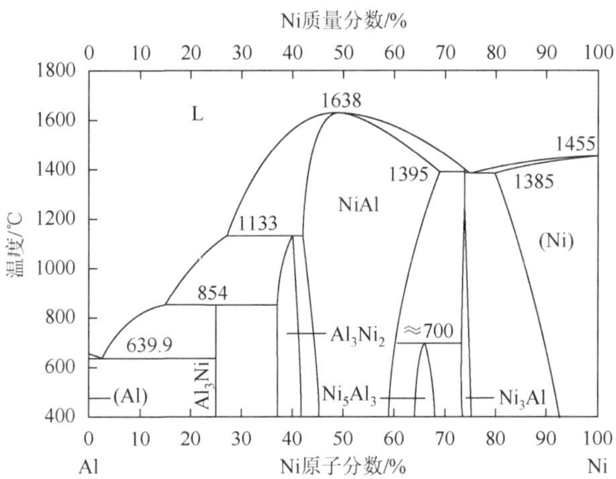

图 14-4　Ni-Al 合金的结构相图

Ni_3Al 的晶体结构为 Cu_3Au 型有序面心立方 $L1_2$ 结构，点阵常数为 0.357nm。每个晶胞内含有四个原子，三个 Ni 原子占据面心位置，一个 Al 原子占据 8 个角点的位置。Ni_3Al 的熔点为 1395℃，其有序结构能够保持到熔点附近。Ni_3Al 在其化学当量比附近 3%的范围内均保持 γ'单相。Ni_3Al 的杨氏模量在室温下与 Ni 相近，为 180GPa。

单晶的 Ni_3Al 在室温和高温下均可以产生足够多的独立滑移系并可发生一定程度的塑性变形。而多晶 Ni_3Al 由于存在严重的室温晶界脆性，在室温下常表现出明显的晶界脆断行为，在一定程度上限制了其应用。目前，已可以通过晶粒细化或者合金化方法有效提升 Ni_3Al 的室温塑性和室温屈服强度。此外，由于其具有优异的高温抗氧化、抗烧蚀、抗气蚀等高温性能，经过多年研究，以 Ni_3Al 为基体的多元合金已达到较高的性能水平并已成为一种可用的高温结构材料。

早在 1957 年，Westbrook 在硬度测试时就发现了 Ni_3Al 基合金反常的屈服现象（戴起勋，2011），如从室温时的 400MPa 增加到 800℃时的 700MPa，使 Ni_3Al 基合金备受高温使用环境的青睐。铝含量和固溶原子、单晶体的位向和晶粒大小均对屈服强度随温度反常增高的现象有影响。在 1967 年，Copley Kear 在对单晶 Ni_3Al 基合金流变行为的测定中进一步验证了此现象。

对于 Ni_3Al 基合金的屈服强度和温度反常关系的解释，目前被普遍接受的模型是由 Keer-Wilsdorf 提出的交滑移模型。图 14-5 为交滑移模型示意图（强文江和吴承建，2018），当{111}滑移面的反相畴界能达到{010}面的 $\sqrt{3}$ 倍以上时，即 $\gamma_{111}/\gamma_{010} > \sqrt{3}$ 时，螺型位错 $1/2[\bar{1}01]$在热激活的作用下从{111}面交滑移到{010}面，从而使系统处于低能状态。由于{010}面上的 $1/2[\bar{1}01]$螺型位错为不可动位错，因而会对位错在{111}面上的整体运动产生钉扎作用。热激活的作用会使这一交滑移的频率随温度升高而增加，从而使不可动的 Keer-Wilsdorf 位错锁数量增加，表现出反常的屈服强度-温度关系。但是，随着温度进一步升高，滑移面逐渐从{111}转变到{001}面上，大量的立方体面滑移抵消了 Keer-Wilsdorf 位错锁的作用，因此流变应力在达到峰值之后随温度上升而下降（刘欢，2018）。

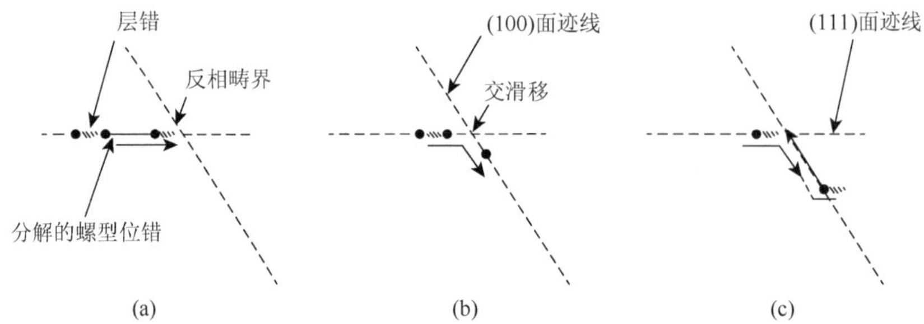

图 14-5　Keer-Wilsdorf 交滑移钉扎机制

从 Aoki 和 Izumi 发现硼可以大大提高 Ni_3Al 基合金的室温塑性以来，Ni_3Al 基合金作为一种典型合金得到了广泛的研究，主要合金成分范围为 Ni-14～18Al-6～9Cr-1～4Mo-0.1～1.5Zr 或 Hf-0.01～0.02B（摩尔分数，%）。铬的作用是提高抗氧化性及降低氧的损伤作用，锆和铪是固溶强化元素，锆还能提高合金的塑性。钼能有效提高高温强度，而硼则起强化晶界和降低环境脆性的作用。图 14-6 是 Ni_3Al 基合金 100h 持久强度曲线（强文江和吴承建，2018；戴起勋，2011），持久强度随温度升高直线下降。

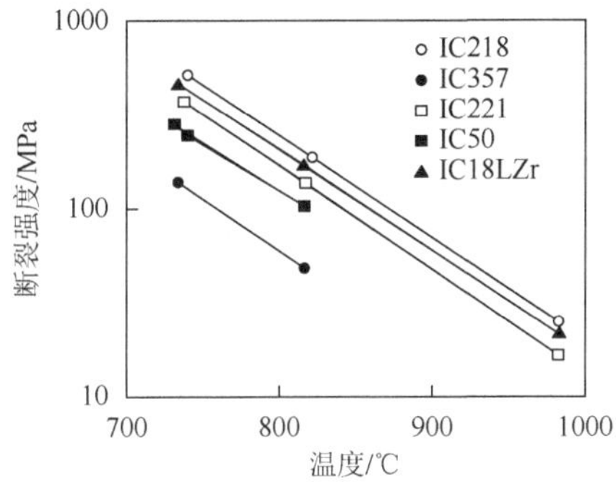

IC218：82.88Ni-8.5Al-7.8Cr-0.8Zr-0.02B

IC35：70.66Ni-9.54Al-6.95Cr-11.2Fe-0.35Zr-1.28Mo-0.02B

IC221：80.562Ni-8.5Al-7.8Cr-1.7Zr-1.43Mo-0.008B

IC5：88.08Ni-11.3Al-0.6Zr-0.02B

IC18LZr：83.01Ni-8.69Al-8.08Cr-0.2Zr-0.02B

图 14-6 Ni_3Al 基合金的持久强度

Ni_3Al 基合金具有室温脆性，在水汽、空气和普通真空条件下都能表现为沿晶脆性断裂，但在室温氧气环境下仍有很高的塑性。硼是有效克服水汽诱导脆性的元素，加硼可以使 Ni_3Al 基合金的断后伸长率达到 50%，其主要机制是硼强烈偏析于 Ni_3Al 基合金晶界，改善晶界结构，韧化晶界，促进晶界附近的位错运动，硼还降低氢的沿晶界扩散系数。Ni_3Al 基合金晶界脆性与合金铝含量密切相关，过当量（不小于 25%（摩尔分数））时晶界脆性严重且难以克服，即使加硼也无济于事，所以一般 Ni_3Al 基合金均是亚当量的。

我国研制了一种高 Mo 的 Ni_3Al 定向凝固合金，成分为 Ni-7.77Al-13.89Mo-0.05B，也是双相合金，这个合金的成分与高钼的镍基合金 NX138（DS）（成分为 Ni-13Mo-8Al 的定向合金）系列很相近。此外，中国航发北京航空材料研究院开发的定向凝固 Ni_3Al 基铸造合金 IC6 具有良好的高温性能，1100℃/100h 的持久强度为 100MPa，是 1100℃以下工作的涡轮导向叶片的理想材料，已应用于某型发动机二级导向叶片。IC6 合金具有熔点高、密度低、成分简单、价格低廉等优点，解决了原用导向叶片材料 K403 的过烧问题。在 IC6 之后，中国航发北京航空材料研究院又进一步研制出定向凝固 Ni_3Al 基合金 IC10。IC10 合金具有良好的抗氧化、耐蚀性，同时铸造性能突出，可作为 1100℃使用的涡轮导向叶片材料。目前已应用于某高推重比航空发动机高压涡轮导向叶片，并通过了地面试车考核（刘欢，2018）。

14.2.2 NiAl 基合金

NiAl 基合金的晶体结构类似于体心立方的 B2，空间点阵群为 $pm\overline{3}m$，属于 CsCl 结构型，这种晶体结构可以描述为两种立方结构穿插而成，Ni 和 Al 原子分别占据两种晶格的定点。NiAl 基合金的熔点达到 1638℃，比一般镍基合金高出 300～500℃，比 Ni_3Al 基合金高出 250℃，其使用温度可达到 1250℃以上。而它的密度为 $5.86g/cm^3$，仅为镍及高温合金的 2/3，比 Ni_3Al 基合金还轻 1.64g/cm^3，从而可有效地提高比强度。制作涡轮导向叶片可减轻质量 30%～40%。同时 NiAl 基合金的热导率大，为一般高温镍基合金的 4～8 倍，可使零件温度梯度减小，热应力降低，提高冷热疲劳性能。

关于 NiAl 单晶和多晶的可动滑移系目前已进行了大量研究。受晶体学取向的影响，NiAl 单晶表现出两种完全不同的滑移行为。硬取向的 NiAl 单晶低温和中温的滑移矢量为〈111〉，高温时为〈110〉和〈100〉。软取向的 NiAl 单晶和 NiAl 多晶一样，都为〈111〉。根据米泽斯准则，多晶体在发生塑性变形时需要至少五个独立滑移系开动。而 NiAl 多晶以〈001〉{110}滑移变形时，仅能提供三个独立的滑移系，不满足多晶变形至少五个独立滑移系的要求，导致晶粒间变形不协调，诱发合金过早断裂。NiAl 晶体中，Ni 原子具有 3d 态电子，部分 3d 态电子尚未进行配对，当 Ni 原子和 Al 原子成键时，Al 原子将提供其价电子与这些 3d 态电子形成共价键，导致合金中共价键和金属键的共存。共价键电子的局域性，导致合金中形成金属键的自由电子数量减少，从而使合金中自由电子密度降低。目前的研究表明，NiAl 中共价键占 67%，金属键占 33%。而共价键有饱和性、方向性，结构牢固，没有延性，从而导致韧性很差。

NiAl 基合金的韧脆转变温度为 500～750K，随着应变速率的提高，韧脆转变温度也有所提高。高于此温度时，合金塑性明显提高，600℃时的断后伸长率超过 40%，断裂韧性也提高到 20～50MPa·m$^{1/2}$。韧脆转变现象一般认为是由于位错攀移机制引起的。〈100〉位错的滑移和攀移相结合使 NiAl 基合金满足多晶变形至少五个独立滑移系的要求，从而使合金的塑性得到大幅的提高。

NiAl 单晶曾作为重点研究的合金，结果证明，通过合金化得到 Ni_2AlTi heusler 相，与 NiAl 基体共格结合，可以得到高的蠕变强度，达到 Rene80Ni 基高温合金水平（图 14-7）。但是其室温脆性仍是一个大问题（强文江和吴承建，2018）。

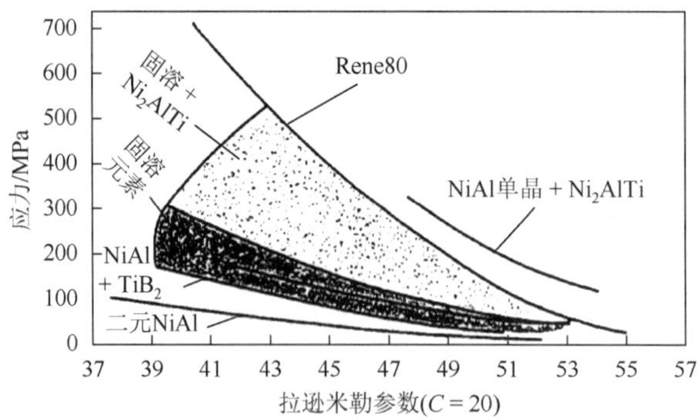

图 14-7　NiAl 单晶的 Larson-Miller 曲线

LMC = T（C + lg$t$），T 为温度，t 为剩余寿命，C 为常数

NiAl 基合金虽在使用温度下有足够的韧度，但在冲击载荷条件下的脆断则是另一个需要解决的问题。NiAl 基合金在室温的滑移系为〈100〉{110}。单晶材料的强度有非常强的位向依赖性，〈110〉方向强度小，〈100〉方向强度大，但当超过 800℃时，由于〈100〉方向的强度急剧下降，两者都处在很低的水平。NiAl 多晶合金的屈服强度不到 200MPa。室温下，具有化学计量成分的 NiAl 基合金强度最低，而偏离化学计量成分的 NiAl 基合金强度大幅度提高。这种增加持续到 700℃左右，然后随着温度的升高，由成分偏离量所引起的增强效果逐渐消失，在 1200℃时几乎相同。

NiAl 基合金的室温脆性不仅仅是由晶界劣化引起的，因为 NiAl 单晶同样有较大的脆性。NiAl 基合金中共价键成分过高是室温脆性的本质原因，因此寻找合适的合金元素对其进行合金化改性，使金属键性较大幅度地提高，是塑化 NiAl 基合金值得探索的途径。NiAl 二元多晶合金的室温塑性一般不超过 2%，断裂韧性很低，只有 4～6MPa·m$^{1/2}$，接近陶瓷。多晶体的韧脆转变温度约 400℃，高于 400℃拉伸变形其断后伸长率可达 40%，原因可能是与位错从该温度开始容易发生攀移有关。这一特点一直持续到 800℃，高于 800℃扩散过程将是 NiAl 多晶合金的主导因素。添加铪可有效地提高 NiAl 基合金的强度，但同时也提高它的落锤撕裂试验吸收功。添加 Fe、Ga 和 Mo 等元素能改善〈110〉方向的室温韧性，添加铬和铱可提高高温耐蚀性。添加质量分数为 0.25%的 Fe 使〈110〉NiAl 基合金的室温拉伸塑性变形从 1%提高到 6%。

NiAl 多晶合金的屈服强度与温度、化学计量比以及晶粒尺寸有关。在室温与 800K 之间化学计量比 NiAl 基合金的屈服强度变化不大，在这个温度范围以外，屈服强度随温度的升高而下降。当 NiAl 基合金偏离了化学计量比时，屈服强度和硬度都显著增大。晶粒尺寸对 NiAl 多晶合金的屈服强度也有影响，但由于化学计量比和第三元素的加入而变得很复杂。偏离了化学计量比，晶粒尺寸的影响就很明显，偏离越大，影响越强。另外，合金元素也可以明显改变 NiAl 多晶合金的屈服强度，在几乎所有的情况下，屈服强度都会因溶质元素的存在而增大。NiAl 多晶合金经调整铝含量和用铁合金化得到 Ni-30Fe-20Al 和 Ni-20Fe-30Al 合金系列。此时得到 NiAl（β）和 Ni_3Al（γ）双相组织，还可能有无序质点，起强韧化作用；进一步加钛、铌、钽，可得 $\beta+\gamma+$ Heusler 相合金，明显提高蠕变强度，是一种有希望的 NiAl 多晶合金。发展 NiAl 基复合材料也是一个正在进行研究的方向。

在过去的 30 多年里，NiAl 基合金一直应用于航空发动机涡轮叶片和导向叶片的防护涂层、镍基合金和钴基合金零件的涂层。NiAl 二元合金在单相区的成分和温度范围内，能够形成一种连续而致密的 Al_2O_3 氧化膜，氧化增重很小，抗氧化性能很好。利用 NiAl 基合金抗氧化性能好的优点，日本学者在 310S 合金表面分别电镀了 Ni、Al（Al 在外），并在 1023K、氩气氛下进行了氧化试验，证明其具有良好的抗氧化性能。国内学者利用这一性质也研究了磁控溅射 NiAl 微晶涂层对 NiAl-TiC 复合材料 1000～1100℃高温氧化性能的影响。结果表明，NiAl 微晶涂层可大大提高 NiAl-TiC 复合材料的恒温及循环氧化性能，并使氧化速率降低几个数量级。

总之，NiAl 金属间化合物具有熔点高、质量轻、热导率高、抗氧化性能好、高温稳定好以及良好的塑性等一系列的优异性能，在航空航天领域作为耐高温结构材料和涂层材料有着广阔的应用前景。同时，因为其具有上述一系列优异的性能，也是汽车尾气净化催化剂载体、微粒捕集器的理想材料。

14.2.3　FeAl 基合金

Fe 元素和 Al 元素作为自然界中最常见的金属，由于具有丰富的资源、低廉的成本以及便于机械加工等优势，得到广泛研究和应用。因此，对其二者间形成的金属间化合物的研究自然也就吸引了众多科研工作者的关注。

由 Fe-Al 二元相图可知（齐锦刚等，2014），FeAl 基合金主要包括 Fe_3Al、FeAl、$FeAl_2$、Fe_2Al_5、$FeAl_3$。其中，FeAl 和 Fe_3Al 由于具有较高的比模量和比强度、优异的抗腐蚀性能和抗氧化能力等优势，得到了较为广泛的研究。

FeAl 基合金是指含 36%～45%Al（摩尔分数）的 Fe-Al 金属间化合物，常加入其他元素合金化。根据合金元素在 FeAl 基合金中的溶解情况分为三类。第一类，如 Cr、Mn、Co、Ti 等元素的加入使 FeAl 基合金获得单相组织；Nb、Ta、Re、Zr 等第二类元素不能完全溶解，不形成单相组织；第三类元素，如 W 和 Mo 与基体无明显的相互扩散。

第一类元素的作用为固溶强化，第二、三类产生第二相强化。其他元素，如 Y、Hf、Ce、La 等亲氧元素可抑制孔洞形成，改善材料的致密性。微量硼可改善 FeAl 合金的塑性。这主要是由于 B 强烈地偏聚于晶界附近，改变了第二相形状，使之细化，提高其低温塑性，但明显降低高温塑性。在化学腐蚀性环境中，含 35%～40%Al 的 FeAl 基合金具有优良的抗氧化性、抗硫化、耐腐蚀性能。但在空气中，塑性相对较低，同时高温强度也较低。含 36.5%Al（摩尔分数）的 FeAl 基合金通过加入 Cr、Nb、Mo、Zr 等元素可改善其综合力学性能和焊接性。研究结果表明，在 600℃以上引入碳化物、氮化物、硼化物等强化相形成沉淀强化是显著提高强度的唯一方法。图 14-8 为 Fe-40Al 合金的屈服强度与温度的关系（强文江和吴承建，2018）。平均晶粒 d_{cp}≈250μm；低温长时退火后，从室温的 260MPa 降到 500K 的 220MPa，峰值温度为 675K。FeAl 基合金有严重的水汽环境脆性，硼可以有效地抑制环境脆性，合金元素 Cr、W、Zr、Mo、Hf、C 以及弥散相质点，如 Y_2O_3、

TiB_2、TiC，均有一定强化作用。FeAl 基合金有显著产生热空位倾向，高温淬火引入空位导致硬化，低温长期退火降低空位浓度和硬度。

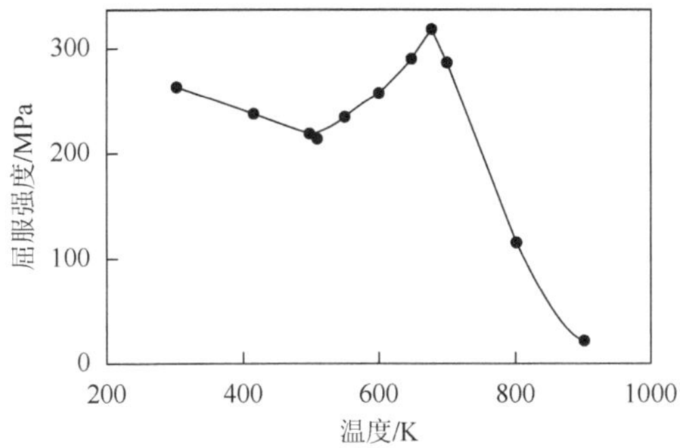

图 14-8　Fe-40Al 合金的屈服强度与温度的关系

在 1373K 的温度下对 200μm 厚的 Fe-40Al 合金片进行了 63 次循环氧化试验，结果表明：片材上形成了致密的 α-Al_2O_3 相，并且 α-Al_2O_3 相会因为热应力而形成裂纹，但很快被新生成的 Al_2O_3 相覆盖。同时，还观察到 Fe-40Al 合金片材的蠕变随着氧化循环次数的增加而增加。电子探针显微分析的结果表明，在片中没有形成明显的 Al 耗尽区，并且在 63 次循环后衬底中的 Al 的质量分数从原始的 39.2% 降低到 37.6%。此外，有文献发现，将 FeAl 基合金在 1100℃温度下氧化 50h 后，表面生成了两层氧化物。其中，内层为 Al_2O_3 和 AlN，而外层为纯 Al_2O_3。

针对温度为 973～1273K 的 H_2-H_2S 混合物中 200μm 厚的 Fe-40Al 合金片材的硫化行为研究结果表明，Fe-40Al 合金片材在低于 1073K 的温度下均表现出优异的耐硫化性。这可能归因于在硫化过程中在 Fe-40Al 合金片材表面上形成的氧化铝薄膜。在高于 1173K 的温度下，Fe-40Al 合金片材在 0.052%H_2S-H_2 混合气体中也显示出良好的抗硫化性能，并且随着温度的提高，重量仅有微小的增加。这与在 0.052%H_2S-H_2 混合物中即使在 973K 的低温下仍严重硫化的 Fe-20Cr-11Al（摩尔分数，%）合金相比也是有优势的，因为该合金随着 H_2S 含量和温度的增加，重量有明显的增加。针对 Fe-40Al 合金片材在 1273K 下的 N_2-11.2%O_2-7.4%CO_2（体积分数）气氛中（包含 0.1‰、0.5‰、2‰SO_2）360ks 的腐蚀研究结果显示，该合金在腐蚀的初始阶段迅速被氧化，除了生成 θ 和 α-Al_2O_3 之外还形成硫化物，表明硫化物可以通过 SO_2 气体分子与合金的直接反应形成。合金界面处的硫化物或离解的硫可促进外部氧化皮的剥落。随着进一步氧化，氧化皮仅由 α-Al_2O_3 组成，并且其含量的增加遵循抛物线率法则。腐蚀后合金板中的 Al 摩尔分数约为 38%，整个板上具有几乎平坦的轮廓。

B2 型的 FeAl 基合金密度低（$5.56g/cm^3$），硬度高，成分范围宽，且在 1200℃下没有相变，同时耐蚀性卓越，并可与一定量第三元素发生固溶来改善其相关性能。但是，迄今为止 FeAl 基合金尚未实现大规模的工业应用，主要原因在于铁铝金属间化合物的两大缺点尚未得到根本解决：①室温脆性大，且铝含量越高，由晶界弱化造成的脆性越严重，加工困难；②温度超过 600℃后强度急剧下降，抗蠕变性能差，高温应用极限不高。

14.2.4　Fe_3Al 基合金

Fe_3Al 在室温下是 DO_3 型超点阵结构金属间化合物（刘雪梅，2011）。DO_3 型的 Fe_3Al 属于面心立方结构，室温下 Al 的摩尔分数为 22.5%～33%，晶格常数为 $a = b = c = 5.789Å$，可以认为是由 4 个 A2 型的 α-Fe 单胞和 4 个 B2 型的 FeAl 单胞交替堆垛而成的。B2 型的 FeAl 单胞中含有 1 个 Fe 原子和 1 个 Al 原子，分别占据体心立方单胞的顶角位置和中心位置。在 Fe 高出计量比时，Fe 原子会占据 Al 原子的亚点阵位置。而若 Al 高出计量比时则会占据 Fe 的亚点阵且在自己的亚点阵位形成一个空位。以铝含量为 25%～28%的 Fe_3Al 基合金（摩尔分数）为例，高温时为无序 α 相，在 750～950℃发生有序转变为 B2 相，在 550℃左右再次发生有序化转变为 DO_3 相。

DO_3 为有序金属间化合物，有特殊的原子键模式，原子间有一定的配比，电子云有一定的方向性，类似于共价键，以至原子之间产生了相当强的结合力，具有较高的抗变形能力，所以两者均具有硬度高、弹性模量高的特性。

由美国橡树岭国家实验室研究人员开发出的 Fe_3Al 基合金不仅有良好的耐热、耐磨和耐腐蚀性能，其室温断后伸长率可达 12.8%，采用快速凝固工艺制粉、热挤压固结的 Fe_3Al 基合金，其室温断后伸长率高达 15%～20%，抗拉强度高达 960MPa。材料学家认为，该材料在航空、化工、核反应堆元件、熔炉高温装置、电磁元件等众多领域极具应用潜力。在我国，从 20 世纪 80 年代末到 90 年代中期，国家科学技术委员会和有关部门先后把 Fe-Al 基合金的研究列入国家高技术研究发展计划（863 计划）和一系列研究基金计划，使 Fe-Al 基合金的基础性研究有了长足进展。

Fe_3Al 基合金一般以 Fe-28Al-5Cr-B 为基础合金，再加入若干强化元素组成。含 28%Al（摩尔分数）的 Fe_3Al 基合金较其他含铝合金有更好的塑性。表 14-1 是典型合金的持久强度（强文江和吴承建，2018），可见，Fe_3Al 基合金的屈服强度随温度的升高而升高，即有反常的屈服行为，因此可作为高温结构材料。

表 14-1　典型的 Fe_3Al 基合金在不同温度下 1000h 的持久强度

合金	持久强度/MPa		
	823K	873K	923K
Fe-28.1Al-2Cr-0.04B	98	55	31
Fe-28Al-5Cr-0.08Zr-0.04B	117	65	36
Fe-28.1Al-5Cr-0.5Nb-0.2C	149	77	40

注：合金中的数字表示元素的摩尔分数，单位为%。

作为高温结构材料时，Fe_3Al 基合金有两个致命的弱点：室温脆性（断后伸长率＜5%）和温度超过 600℃强度急剧下降。这两个致命因素极大地限制了金属间化合物 Fe_3Al 基合金的实际工业应用。

国内外通过合金化对 Fe_3Al 基合金进行强韧化处理做了大量系统的研究和论述。单元素的合金化方面，美国空军研究实验室（Air Force Research Laboratory）和刘易斯研究中心（Lewis Research Center）做了大量工作，他们几乎试验了整个元素周期表中的所有过渡族元素。结果表明，固溶元素和高熔点元素对 Fe_3Al 基合金材料都有强化作用，而能形成第二相粒子的元素（B、Ta、Nb、Si、Zr 等）则大大提高了合金高温流变应力，其中以 B 的作用最大，当含 0.038%～0.22%B（摩尔分数）时对改善合金的强度和塑性有益处，B 还可以有效抑制环境脆性。B、Mg 作为 Fe_3Al 基合金中的微量元素偏聚在晶界，起到了晶界强化的作用，Cr 作为韧化元素是唯一可以提高合金室温塑性的合金元素，Cr 可以改变合金表面氧化膜性质，从而减小合金氢脆倾向（刘雪梅，2011）。

合金元素的加入还能提高 Fe_3Al 基合金的 $DO_3 \rightarrow B2$ 临界转变温度，从而提高 DO_3 的稳定性，使其力学性能发生变化。很多元素能使临界转变温度提高，例如，加入摩尔分数为 7%的 Mo，可使临界转变温度上升至 733℃，而 Si 和 Ti 的同时加入则比 Mo 更有效，但 Cr 对临界转变温度的提高不起作用。

现阶段，国内外对 Fe_3Al 基合金的摩擦学性质的研究也开始增多，已有的研究多集中于磨粒磨损和腐蚀磨损：将 Fe_3Al 基合金制成的双动滑阀导轨用于工业炼油催化裂化装置中，该部件具有较好的抗冲蚀磨损性能；将 Fe_3Al 基合金应用于涂层领域，并研究有序态 Fe_3Al 基合金在水环境中的磨粒磨损行为。结果表明，水环境中 Fe_3Al 基合金的磨损与进入合金表层的氢浓度有密切关系，高载荷下机械磨损引起的材料流失占主导地位，相同载荷下 B2 有序态 Fe_3Al 基合金的磨损质量损失比 DO_3 有序态 Fe_3Al 基合金低。Maupin 等（1992）研究了 Fe_3Al 基合金的磨粒磨损，认为 Fe_3Al 基合金是一种良好的抗磨材料，它可能将代替传统的含 Cr 和 Mn 的钴基和铁基的抗磨材料。Kim 等（1998）报道了不同铝含量的 Fe_3Al 基合金在室温下的干滑动摩擦行为，发现在低载荷的条件下其磨损机理主要为微犁沟，而在较高载荷下磨损机理主要为表面碎片的形成和随后的去除；随着载荷和滑动速度的增大磨损率增大，随着铝含量的增加抗磨性降低；在给定条件下，具有 DO_3 结构的 Fe_3Al 基合金比 B2 结构有较高的磨损率。

针对合金元素（Ti、Zr、Cr、Ni、Nb、Mo）及第二相硬质点（TiB_2、WC、TiC）对 Fe_3Al 基合金耐磨性能的影响研究发现，添加钛能有效地改善 Fe_3Al 基合金的耐磨性能，硬质颗粒的弥散分布对于耐磨性也有一定的帮助。针对高碳含量对 Fe_3Al 及 FeAl 基合金的结构与摩擦学特性进行研究发现，碳的加入明显提高了 Fe_3Al 基合金的室温摩擦系数和磨损率，但使高温磨损降低。针对钛元素对 Fe_3Al 基合金耐磨性能的影响机制的深入研究，发现 Fe_3Al 基合金的磨损率主要与其加工硬化速率有关，而与其硬度及强度没有必然的联系。表 14-2 比较了 Fe-Al 基合金与几种材料的耐磨性能。由表可以看出，铸造 Fe_3Al 基合金（$Fe_{75}Al_{25}$）的磨损率比纯铁要低 45%左右，而与 304SS 钢、316SS 钢以及 AISI4340 钢的耐磨性能相当（田晓峰，2009）。

表 14-2　Fe-Al 基合金与几种材料的耐磨性能对比

材料	硬度	单位相对磨损率（$10^{-3}mm^3/(N\cdot m)$）
Fe	0.7	29.1
$Fe_{84}Al_{16}$	1.9	19.5
$Fe_{75}Al_{25}$	2.3～2.7	18.1（自蔓延合成）16.4（铸造）
$Fe_{66}Al_{34}$	2.4	14.3
304SS	1.6	12.8
ASTMA514	2.7	16.8
AISI52100	6.5	8.0
12%Mn 锰钢	2.1	10.3
AISI1060	7.6	8.7
ASTM A217	7.4	4.7

14.2.5　Ti_3Al 基合金

在众多金属元素中，Ti 和 Al 元素由于具有较低的密度、较高的力学性能和优异的机械加工性能，成为航空航天等领域轻质高强材料的首选。随着新材料新技术的发展，Ti 元素和 Al 元素之间形成的金属间化合物也就成为众多科研工作者的研究重点。图 13-5 给出了 Ti-Al 二元合金相图。可见，在 Ti-Al 基合金的金属间化合物中室温稳定相为 Ti_3Al（α_2）、TiAl（γ）、Al_2Ti 和 Al_3Ti。从高温到低温，Ti-Al 基合金通常是先析出固相 β 相，再经过 α 单相区，然后发生 $\alpha\rightarrow\alpha+\gamma$

和 $\alpha+\gamma\rightarrow\alpha_2+\gamma$ 反应，最后形成一种 $\alpha_2+\gamma$ 两相结构。因此，可以通过控制这些相变来获得不同的组织，从而获得所需工件的力学性能，这是 Ti-Al 基合金的一大优点。其中 Ti_3Al、TiAl 和 Al_3Ti 相由于其稳定的室温性能已被广泛研究。其中，Ti_3Al 虽具有较为优异的室温塑性，但其在高温下却展现出强度低、易氧化、易发生氢脆等缺点。

α_2-Ti_3Al 的成分范围是 22%～39%Al，属于非整比化合物，晶体结构为 D019 结构，在临界温度以上为无序的 α-Ti_3Al 固溶体。晶格常数 $a=0.5783$～0.5640nm，$c=0.476$～0.462nm。α_2-Ti_3Al 变形发生在三个不同的滑移系，即 $\langle 11\bar{2}0\rangle$（0001）（基面滑移）和 $\langle 11\bar{2}6\rangle$（1010）（柱面滑移）与 $\langle 11\bar{2}6\rangle$（$11\bar{2}\bar{1}$）（锥面滑移）。由于室温位错运动滑移时，基面和锥面滑移系统难以开动，使晶界应力集中得不到释放，最后导致早期完全解理脆断，加上没有孪晶现象，单相 α_2-Ti_3Al 室温脆性比较严重，室温下断后伸长率只有 0.3%～0.5%。

塑化 Ti_3Al 常用方法是合金化，通过改变 Ti_3Al 的键结构和电子分布来改善其室温塑性，常用并且最有效的方法是添加质量分数大于 10%的 β（BCC）稳定元素 Nb，形成（$\alpha_2+\beta$）两相组织。Nb、V、Mo 是 Ti_3Al 基合金最重要的 β 相稳定元素（曾宪波，2009），这些合金元素既可以固溶的形式存在，也可促进新合金相的形成。含 Nb 合金室温变形时 $\langle 1120\rangle$ 位错的基面滑移大量增加，$\langle 11\bar{2}6\rangle$（$11\bar{2}\bar{1}$）位错的数量也迅速上升，从而使 Ti_3Al 基合金的塑性得以改善；随着铌含量的增加，Ti_3Al 基合金的强度和塑性同时得到提高，铌含量增加到一定量时促进 β 相或有序的 β_0 相析出，可进一步提高塑性，再增加铌含量，则有 O（Ti_2AlNb）相析出，O 相一般使塑性下降，并会使合金具有更好的断裂韧性和强度。Ti-25Al-17Nb-1Mo 是 α_2+O 相合金，其蠕变强度和塑性均优于 α_2 合金。

Ti_3Al 基合金的组织控制，包括 β 晶粒，一次及二次 α_2 相的形态、尺寸（间距）及数量等，对性能都有很大影响。增加铝或钼含量有利于提高蠕变强度，但其含量超过一定量后对塑性和韧性不利。硅对 Ti_3Al 的性能也有显著影响，添加摩尔分数低于 1%的硅可以使基于 Ti-24Al-11Nb 的合金室温拉伸性能和蠕变强度同时改善，硅通过 β_0+硅化物$\rightarrow\alpha_2$ 的包析反应稳定初生的 α_2 相，改变了合金元素在 α_2 和 β 两相间的配比，进而影响显微组织。钼可以使 Ti_3Al-Nb 合金的强度提高，能有效提高蠕变抗力以及高周期疲劳抗力，但会使塑性降低。

Ti_3Al 基合金是唯一进入成熟应用研究阶段的金属间化合物。Ti_3Al 基合金与普通钛合金相比，其密度相当但使用温度更高。美国在 20 世纪 70 年代后期研制开发出呈现一定塑性的合金（Ti-24Al-11Nb），80 年代初又开发出室温和高温强度等方面更具优越性的 α_2 合金（Ti-24Al-10Nb-3V-1Mo），并较全面地测试和评估了该合金的各种物理和力学性能（表 14-3）。Ti_3Al 基合金制造的高压压气机匣、高压涡轮支承环等典型零件先后通过发动机试车以及 3.2t 重量级铸锭等的研制成功使 Ti_3Al 基合金的发展进入应用研究阶段（强文江和吴承建，2018；曾宪波，2009）。

表 14-3　Ti_3Al 基合金的力学性能

合金	$R_{p0.2}$/MPa	R_m/MPa	A/%	K_{IC}/(MPa·m$^{1/2}$)	蠕变寿命 [a]
Ti-25Al	538	538	0.3		
Ti-24Al-11Nb	787	824	0.7		44.7
	761	967	4.8		
Ti-24Al-14Nb	831	97	2.1		59.5
Ti-24Al-14Nb-3V-0.5Mo			26.0[b]		
	797	1034	9.4[c]		
Ti-25Al-10Nb-3V-1Mo	825	104	2.2	13.5	360
Ti24.5Al-17Nb	952	1010	5.8	28.3	62
	705	940	10.0		
Ti-25Al-17Nb-1Mo	989	1133	3.4	20.09	476
Ti-13Al-22.5Nb	860	963	6.7	42.3	0.9
Ti-22Al-23Nb[d]	863	1077	5.6		
Ti-22Al-27Nb	1000		5.0	30.0	
Ti-22Al-20Nb-5V	900	1161	18.8		
	1092	1308	8.8		

a 650℃/380MPa 下的断裂时间。

b 没时效的特殊处理。

c 带时效的特殊处理。

d 薄片。

我国科研人员也在 863 计划和国家自然科学基金的支持下开发出了航天发动机用的 Ti_3Al 基合金，计划用于制造导弹伺服燃气涡轮壳体、氧涡轮壳体组件、氧涡轮导向环等。由我国自主开发的由 Ti_3Al 基合金制造的火箭姿态控制发动机已点火试车成功，这些进展都意味着 Ti_3Al 基合金将在航天领域进入应用阶段。另外，我国在强韧化机制、合金化、制造工艺、组织性能研究基础上发展的 TD2 合金（Ti- 24.5Al-10Nb-3V-1Mo）及其系列和 TAC-1 合金（Ti-24Al-14Nb-3V-0.5Mo）及其系列均已进入应用研究阶段，作为转子零件的 TD2 合金涡轮导风板也成功地经受了发动机试车考验，TAC-1 具有优越的超塑性，已成功制作成为航天用涡轮壳体组件、卫星波纹板以及姿态发动机部件等多种试验件。

目前，发展比较成熟、综合性能比较好、已进入航天应用阶段的 Ti_3Al 基合金为（$\alpha_2+\beta_0+O$）三相合金，以 Ti-23Al-17Nb 为代表，其室温屈服强度可达 1200MPa，断后伸长率高于 9%，650℃拉伸屈服强度达 970MPa，主要用来替代比强度较差的结构材料，降低发动机和运载工具本身重量，提高发动机比推力和效率。据 Chesnutt（1992）推测，下一代飞行器发动机 20%（质量）以上的部件均可能用金属间化合物制造。国内外已采用 Ti_3Al 基合金试制了气体涡轮的燃烧器旋流器、压缩机外壳、支承环、再燃烧器、涡轮导风板、“长三甲”火箭氧涡轮壳体组件（由大、中、小法兰，管段，壳体，螺栓等 50 个部件组成）等。

另外，由于 Ti_3Al 基合金在海水和工业环境中室温和高温条件下均具有形成保护氧化膜的能力，而且强度高，密度低，因而也是人体植入材料极具吸引力的选择之一。

14.2.6　TiAl 基合金

TiAl 基合金具有优异的高温力学性能、相对较低的密度、较高的抗氧化能力，可以有效弥补 Ti_3Al 在高温合金领域的劣势。γ-TiAl 属于非整比化合物，其密度为 3.837g/cm^3，熔点为 1933K。γ-TiAl 属于四方晶系，在 1460℃以下一直保持 $L1_0$ 结构，其晶体结构由（002）原子面上交替排列 Ti 原子和 Al 原子构成，其所属晶系为面心正方晶系，长短轴比 c/a 大于 1，这种晶体结构的 γ-TiAl 金属间化合物在固相线以下的任何温度下均表现出有序状态。

TiAl 基合金具有复杂的固态相变，组织控制乃是优化性能的关键。γ-TiAl 基合金的力学性能与其组织类型有很大的关系，其在铸态下通常有四种典型微观组织，近粒状组织、双态组织、近片层组织和全片层组织，如图 14-9 所示，不同的显微组织具有各异的性能。具有不同微观组织的合金的共同规律是双态组织的塑性高，断裂韧性低，而全片层组织断裂韧性相对较高，塑性低。这主要和晶粒尺寸以及合金中的片层取向有关。在双态组织中，晶粒一般较小，小晶粒会提高合金的塑性。而全片层组织的晶粒尺寸一般较大，较大的晶粒尺寸使合金的强度和

(a) FL　　(b) NL

(c) DP

(d) NG

图 14-9　TiAl 四种组织形态照片

塑性下降，但是会提高合金的断裂韧性。在全片层 TiAl 基合金中，当片层方向与加载应力方向平行时，合金具有最佳强度和塑性的综合性能（刘桐，2017）。

早期的 TiAl 基合金是 Ti-48Al-1V。后来美国通用电气公司发展了 Ti-48Al-2Nb-2Cr 合金，它是现代工程 TiAl 基合金的基础。目前发展出的 TiAl 基合金成分范围大致是 Ti-45/48Al-0/2M-0/5X-0/2Z（M = Cr、Mn、V，X = Nb、Ta、W，Z = Si、B、C、N）。M 类合金元素有利于塑性和再结晶，铌、钽是主要的固溶强化元素，少量的 W 和 Sn 也有类似作用；而 Si、B、N、C 则通过析出第二相 Ti_5Si_3、Ti_3AlC 或 Ti_2AlC 等起强化作用；B 起细化晶粒作用，但可能增大片间距。

在 TiAl 基合金中，合金元素的作用主要可以归纳为三类：

第一类合金元素：V、Cr、Mn，它们可以提高合金塑性，其中 V 主要提高中温塑性，但对室温塑性作用不明显。Mn 有利于孪晶变形，而 Cr 则降低 γ 相晶胞轴比 c/a，减弱共价键方向性，减小 α_2 相体积分数，细化晶粒。

第二类合金元素：Nb、Mo、Ta、W，这些元素都属于慢扩散元素，少量添加这类元素可改善 γ-TiAl 合金的高温性能，如强度、抗氧化能力和蠕变抗力。这些难熔金属均具有 BCC 结构，且均具有 β 稳定作用，大量添加易形成 β/β_0 相（β_0 相为 B2 结构）对合金高温性能的影响比较复杂。Chlupová 等（2016）研究了 Mo 元素在高 Nb-TiAl 合金的添加对其室温和高温力学性能的影响，发现添加一定量的钼元素之后，合金组织为混合（$\alpha_2+\gamma$）片层、γ 单相和 B2 相的微观组织，含有 2%Mo 元素的高 Nb-TiAl 合金具有相对较好的塑性。

添加 W 可以极大地提高合金的高温抗氧化性和蠕变抗力，但是过量的 W 元素添加反而对合金的性能不利。研究发现，在 2%W-TiAl 合金中含有大量的针状 β 相，在 1.5%W-TiAl 合金中只含有少量的 β 相，而在 1%W-TiAl 中并没有发现 β 相，发现 W 在 TiAl 基合金中使 β 相的析出的临界固溶度为 1.0%～1.5%W。但是过量的 W 元素会在 TiAl 合金中形成 β 相析出，由于高温 β 相比 γ 相和 α_2 相软，对合金的高温性能产生不利的影响。

第三类合金元素：B、S、Si，其中 B 是一种重要的合金元素，主要起细化合金组织的作用。目前关于 B 元素的细化机理也有很多种说法，广泛接受的是在合金的凝固过程中，反应生成硼化物作为异质形核质点，促进凝固和固态相变过程中的异质形核，从而起到细化组织的作用。

目前比较有前途的变形 TiAl 基合金有 Alloy7（Ti-46Al-4Nb-1W），挤压加热处理后室温屈服强度为 648MPa，断后伸长率为 1.6%；AlloyK5（Ti-46.5Al-2Cr-3Nb-0.2W），经锻造及热处理后室温屈服强度约为 470MPa、断后伸长率为 2%左右。新一代高温高性能的高铌 TiAl 基合金，其基础成分为 Ti-45Al-8/10Nb，可以进一步用 Cr、C、Si、W 强化，目的是使 TiAl 基合金的使用温度提高到 900℃水平。

TiAl 基合金是一种性能优异的中高温结构材料，且其密度不到镍基合金的 50%，具有轻质、高比强度、高比刚度、耐蚀、耐磨、耐高温以及优异的抗氧化性等优点，成为 700～1000℃最佳的候选高温结构材料，可以广泛应用于汽车工业、航空航天等领域。2006 年美国通用电气公司宣布采用铸造 TiAl 基合金应用于最新的波音 787 飞机的 GEnx 发动机，作低压涡轮后两级叶片，实现了单个发动机减轻重约 200lb（1lb = 0.454kg）。2015 年德国 MTU 航空发动机公司宣布，法国空中客车公司已在 A320 飞机的 PW1100G 引擎上装配了 TiAl 基合金低压涡轮叶片，进行试飞并取得成功。利用 TiAl 基合金制造的发动机部件可在更高温度下工作，有利于提高效率、节省燃料和减轻发动机质量。目前，已经获得应用或正在进行研究的方向包括客车发动机增压涡轮叶片等转动零件、高性能汽车发动机排气阀、高速飞行器蒙皮、结构材料的嵌板和航空发动机压缩叶片等。

14.2.7　Al_3Ti 基合金

Al_3Ti 基合金具有 DO_{22} 型有序超点阵晶体结构，空间群为 I4/mmm，属于非整比化合物。Ti 原子和 Al 原子保持固定的原子计量比并且几乎不发生偏移，其成分范围很小。此外，Al_3Ti 基合金的 DO_{22} 型晶体结构可以看作是一种由 $L1_2$ 型晶体结构派生而成的且具有长周期超点阵特征的晶体结构，即通过在每个（001）晶面上引入位移矢量为 1/2⟨110⟩ 的反相畴界而形成，其晶格常数 $a = b = 0.3848$nm，$c = 0.8596$，$c/a = 2.23$。Al_3Ti 是 Ti-Al 系中 Al 含量最高的一种金属间化合物，其密度最低（3.36g/cm^3）、弹性模量最高（216GPa）、硬度最高（560～660HV）、比强度最高。

针对 DO_{22} 型 Al_3Ti 基合金的室温和高温变形特征进行透射电子显微镜观察表明，DO_{22} 型的 Al_3Ti 基合金在室温下以（111）⟨11$\bar{2}$⟩ 孪生变形为主（图 14-10

(a))，该孪生系不会破坏 Al_3Ti 基合金的 DO_{22} 型晶体结构的对称性，但滑移系严重缺失，具有很差的室温塑性变形能力。在高温环境下，〈110〉、〈100〉和〈010〉位错滑移的开动，使四种（111）〈11$\overline{2}$〉孪生系统得以加强（图 14-10（b）），塑性变形能力得到提升。虽然 DO_{22} 型的 Al_3Ti 基合金在高温下展现出良好的塑性变形能力，但是其强度在超过 620℃后大幅降低，严重影响了其在高温结构材料领域的应用（陆子川，2018）。

(a) 室温条件下(25℃)　　(b) 高温条件下(620℃)

图 14-10　DO_{22} 型 Al_3Ti 基合金变形组织的 TEM 照片

Al_3Ti 基合金较强的本征脆性特征起源于其稳定的 DO_{22} 型有序四方晶体结构，该类型晶体结构导致其在室温下滑移变形严重受阻并且以有序孪生为主要变形模式，而合金化可以很好地解决这一问题。通过向二元 Al_3Ti 基合金中添加 Cr、Mn、Fe、Cu、Ni、Co、Ag、Zn、La 等第三元素，可使二元 Al_3Ti 基合金原有的低对称 DO_{22} 型有序四方晶体结构转变为多元 Al_3Ti 基合金的高对称 $L1_2$ 型有序立方晶体结构。由于晶体结构类型发生变化，该类合金也称为 Al_3Ti 基合金的 $L1_2$ 型变异合金。$L1_2$ 型 Al_3Ti 基合金由于具有较高的晶体结构对称性，可以提供更多的有效滑移系，从而显著提升 DO_{22} 型 Al_3Ti 基合金的室温/高温塑性变形能力。

14.3　本章小结

金属间化合物结构材料是金属与金属或类金属形成的具有化合物特点的合金，其结合键以金属键为主，同时呈现一定的离子键特性。作为结构材料，金属间化合物的屈服强度随着温度升高并非单调降低，存在中温区反常升高的现象。这类材料存在本征脆性及常温环境敏感性，如水汽环境脆性等，严重制约其加工制造和应用。添加适当的微量合金元素可以改变某些化合物的晶界性质从而有效提高塑性和韧性，比较广泛研究的材料包括 Fe、Ni、Ti 与 Al 构成的 Ni_3Al 与 NiAl，Fe_3Al 与 FeAl，Ti_3Al、Al_3Ti 及 TiAl 等金属间化合物。

Ti-Al 系、Ni-Al 系和 Fe-Al 系是目前研究较多的金属间化合物结构材料。通过合金化、热处理可以改善金属间化合物的本质脆性，提高其力学性能。目前，这些金属间化合物结构材料的脆性问题还没有得到彻底解决，而且成本偏高，性能及其可靠性还有待进一步提高。具有更高高温强度（超过 800℃或 1000℃）的金属间化合物也正在研究开发当中。

参 考 文 献

戴起勋. 2011. 金属材料学. 2 版. 北京：化学工业出版社：272-280.

刘欢. 2018. 稳恒磁场对 Ni_3Al 和 NiAl 基金属间化合物定向凝固组织及力学性能影响的研究. 上海：上海大学：3-4.

刘桐. 2017. 定向凝固 TiAl 基合金初始糊状区演变及微观组织控制. 哈尔滨：哈尔滨工业大学：3.

刘雪梅. 2011. 大尺寸 Fe_3Al 基块体纳米晶合金的铝热法制备及其组织形成演化机理. 兰州：兰州理工大学：5.

陆子川. 2018. 金属间化合物 Al_3Ti 合金的强韧化机理研究. 哈尔滨：哈尔滨工程大学：9.

齐锦刚，王冰，李强，等. 2014. 金属材料学. 北京：冶金工业出版社：233-237.

强文江，吴承建. 2018. 金属材料学. 3 版. 北京：冶金工业出版社：371-399.

田晓峰. 2009. Fe_3Al/Si_3N_4 基复合材料的制备及摩擦磨损性能的研究. 青岛：中国海洋大学：12.

文九巴. 2011. 金属材料学. 北京：机械工业出版社：274.

曾宪波. 2009. Ti_3Al 基合金中 α_2、O 和 β_0 相基本力学性质的 Nb 合金化效应. 长沙：湖南大学：3.

Chesnutt J C. 1992. Titanium aluminides for aerospace applications//The 7th International Symposium on Superalloys, Seven Springs：381-389.

Chlupová A, Heczko M, Obrtlík K, et al. 2016. Mechanical properties of high niobium TiAl alloys doped with Mo and C. Materials & Design, 99（5）：284-292.

Kim Y S, Kim Y H. 1998. Sliding wear behavior of Fe_3Al-based alloys. Materials Science and Engineering: A, 258（1/2）：319-324.

Maupin H E，Wilson R D，Hawk J A. 1992. An abrasive wear study of ordered Fe_3Al. Wear，159（2）：241-247.

第 15 章　金属基复合材料

金属基复合材料（metal matrix composite，MMC）是以金属或者其合金为基体，经过特定复合工艺在基体中加入一定比例的纤维、晶须或颗粒增强体而人工合成的一种兼具基体和增强体性能特征的复合材料。金属基复合材料是一种重要的先进材料，根据需求可具有某一方面或者多方面的良好性能，如高比模量、高比强度、高耐磨性、良好的导热和导电性、可控的热膨胀系数以及良好的高温性能。

金属基复合材料主要由三部分组成：金属基体、增强体以及基体-增强体界面。基体材料是金属基复合材料的重要组成部分，是增强体的载体，通常在复合材料中占有较大的体积分数，起到非常重要的作用。金属基体的力学性能和物理性能将直接影响复合材料的力学性能及物理性能。

在选择基体材料时应主要考虑合金的特点和复合材料的用途。例如，航天航空领域的飞机、卫星、火箭等壳体和内部结构要求材料的质量轻、比强度和比刚度高，可以选择镁合金和铝合金等轻合金作为基体；在同时要求轻质、高强、耐热的条件下，可以选择钛合金和金属间化合物作为基体。

高性能增强体是金属基复合材料的关键组成部分，复合材料的性能提升主要取决于高性能增强体。在选择增强体时应主要考虑其强度、刚度、制造成本、与基体的相容性、高温性能，还有特殊用途的导热性和导电性等。

金属基复合材料的界面是指金属基体和增强体之间的结合区域。在金属基复合材料的制造和使用过程中，基体和增强体可能发生相互作用生成界面扩散层或界面反应层等，对复合材料的性能有很大的影响。界面反应对复合材料力学性能影响尤其严重，因此要控制界面反应使复合材料具有合适的界面状态。

金属基复合材料按增强体特点，可分为使用连续长纤维增强的连续增强复合材料和使用颗粒、晶须、短纤维增强的非连续增强复合材料两大类。前者由于纤维是主要承力组元，因此具有很高的比强度与比刚度，在单向增强的情况下具有强烈的各向异性，但由于原材料纤维昂贵，制造工艺复杂，因而成本很高，在一定程度上限制了连续增强金属基复合材料的应用范围。后者金属基体仍起着主导作用，增强体的加入可以在一定程度上提高金属基体的综合性能，尤其是刚度、耐磨性、高温性能等提高明显；同时，非连续增强金属基复合材料的原材料成本低以及制造工艺相对简单，并且可以像金属材料一样进行各种后续冷热加工，因此应用范围和应用前景更加广泛（王晓敏，2017）。

15.1　金属基复合材料体系选择

15.1.1　基体材料

基体金属的品种繁多，目前可作为复合材料基体的金属有铝及铝合金、镁合金、钛合金、镍合金、铜及铜合金、锌合金、铝钛和铝镍金属间化合物等。增强相的种类也很多，其中纤维类有碳纤维、石墨纤维、硼纤维、氧化物纤维等；晶须主要有碳化硅晶须、氧化铝晶须、碳晶须。基体种类及成分的正确选择对能否充分组合和发挥基体金属和增强材料的性能特点，获得预期优异的综合性能以满足使用要求十分重要。在选择基体金属时应考虑下述几个方面。

1. 金属基复合材料的使用要求

金属基复合材料构（零）件的使用性能要求是选择金属基体和增强相最重要的依据。航空航天、先进武器、汽车、发动机、燃气轮机和电子等领域对复合材料构（零）件的性能要求具有很大的差别，因此要求选择不同基体和增强相。

（1）在航空航天领域，高比强度、比模量、尺寸稳定性是最重要的性能要求。因此，作为航天飞行器和卫星的构件宜选用密度小的轻金属合金中镁合金、铝合金作为基体，与高强度、高模量的石墨纤维、硼纤维等组成连续纤维复合材料。如石墨纤维增强镁基复合材料，其弹性模量高达 345GPa，密度小于 2.1g/cm^3，适用于制作空间动力回收系统构件，如空间站的撑杆和空间发射镜架等。

（2）高性能发动机要求复合材料不仅有高的比强度、比模量，而且具有优良的耐高温持久性能，能在高温氧化性气氛中长期正常工作。铝、镁合金就不宜使用，而须选用钛合金、镍合金及金属间化合物作为基体材料，增强相应选用高性能的碳化硅纤维、碳化钛和硼化钛颗粒等。如碳化硅纤维增强钛合金和钨丝增强镍基超合金复合材料可用于喷气发动机叶片、传动轴等重要零件。

（3）在汽车发动机中要求零件耐热、耐磨、热膨胀系数小、具有一定温度强度，同时又要求成本低廉、适合批量生产，则选用铝合金与陶瓷颗粒、短纤维组成复合材料，如碳化硅/铝、碳/铝、氧化铝/铝等复合材料可用来制造发动机活塞、缸套、连杆等零件。

（4）电子工业集成电路要高熔点、高导热、低热膨胀的金属及复合材料作为散热元件和基板，通常选用导电和导热性能优异的银、铜、铝等为基体材料与导电导热、低热膨胀系数的高模量石墨纤维等组成复合材料。

2. 结构复合材料的金属基体

用于各种航空航天、汽车、先进武器等结构件的复合材料一般均要求有高的比强度和刚度，有高的结构效率，一般大多选用铝及铝合金和镁及镁合金作为基体，铝、镁复合材料只能在低于450℃使用。在发动机，特别是燃气轮机中需要的是耐热结构材料，要求复合材料零件在高温下连续安全工作，工作温度为650～1200℃，复合材料应有良好的抗氧化、抗蠕变、耐疲劳和良好的高温力学性能。钛合金基复合材料可用到650℃，而镍、钴基复合材料可用到1200℃，正在研究发展中的金属间化合物基复合材料可在更高温度下使用。

3. 功能用金属基复合材料的基体

功能用金属基复合材料随着电子、信息、能源、汽车等工业技术的不断发展而越来越受到各方面的重视，发展前景广阔。这些高技术领域的发展要求材料和器件具有优良的综合物理性能，如同时具有高力学性能、高导热、低热膨胀、高电导率、高抗电弧烧蚀性、高摩擦系数和耐磨性等。但是，靠金属与合金难以具有优良的综合性能，而要靠优化设计和先进制造技术将金属与增强相做成复合材料来满足要求。例如，电子领域的集成化电路，由于电子器件的集成度越来越高，单位体积中的元件数不断增多，功率增大，发热严重，需用热膨胀系数小、导热性好的材料作为基板和封装零件，以便将热量迅速传走，避免产生热应力，来提高器件的稳定性。

由于条件不同，所用材料的体系和基体合金也不同，目前已有应用功能的金属基复合材料（不含双金属复合材料）主要用于微电子技术的电子封装，用于高导热、耐电弧烧蚀的集电材料和触头材料，耐高温摩擦的材料，耐腐蚀的电池极板材料等。主要选用的金属基体是纯铝及铝合金、纯铜及铜合金、银、锌等金属。

15.1.2 增强体材料

增强体是金属基复合材料的重要组成部分，它起到提高金属基体的强度、模量、耐热性、耐磨性等性能的作用。随着复合材料的发展和新的增强体不断出现，被选用于金属基复合材料增强体的范围不断扩大，主要有高性能连续长纤维、短纤维、晶须、颗粒等。连续长纤维具有很高的强度、模量和低的密度，是高性能复合材料选用的主要增强体，如硼纤维、碳（石墨）纤维、碳化硅纤维等。其中发展最快，已大批量生产和应用的增强纤维是碳及石墨纤维，碳纤维的最高抗拉强度已达7000MPa（T1000碳纤维），密度只有1.8g/cm^3，断后伸长率为

2%；石墨纤维的最高模量已达到 900GPa（Pl30 石墨纤维），密度为 $2.1g/cm^3$，导热性比铜高 3 倍，热膨胀系数为 $1.5\times10^{-6}K^{-1}$。这样优良的力学性能和物理性能，将对复合材料的性能起重要的作用。图 15-1 表示各种增强体的力学性能（凤仪，2008）。

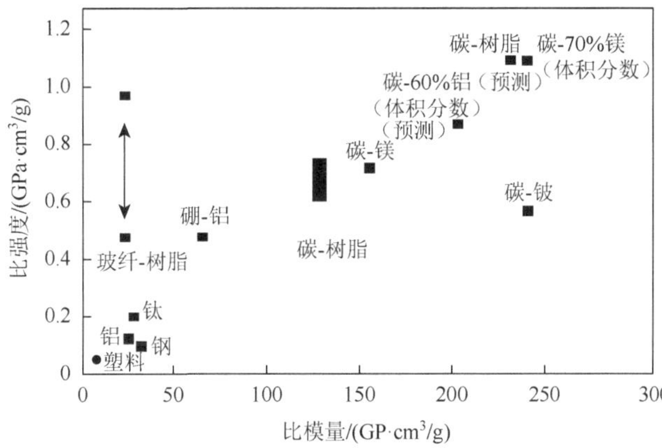

图 15-1　各种增强体的力学性能

作为金属基复合材料的增强体应具有以下基本特性。

（1）增强体应具有能明显提高金属基体某种所需特性的性能，如高的比强度、比模量、高导热性、耐热性、耐磨性、低热膨胀性等，以便赋予金属基体所需的某种特性和综合性能。

（2）增强体应具有良好的化学稳定性。在金属基复合材料制备和使用过程中其组织结构和性能不发生明显的变化和退化，与金属基体有良好的化学相容性，不发生严重的界面反应。

（3）与金属有良好的浸润性，或通过表面处理能与金属基体良好浸润、复合和分布均匀。此外，增强体的成本也是应考虑的一个重要因素。

为了合理地选用增强体，设计制备高性能金属基复合材料，就要求对各种增强体的性能、结构、制造方法有一个基本的了解和认识。

用于金属基复合材料的增强体品种繁多，分类方法也很多，按增强体的形态主要分纤维类增强体、晶须类增强体、颗粒类增强体等几类，其示意图如图 15-2 所示（Clyne and Withers，2003）。

增强体在金属基复合材料中起提高材料强度、模量、高温强度、耐磨性等作用，根据其形态，主要有连续长纤维、短纤维、晶须和颗粒等（强文江和吴承建，2018）。

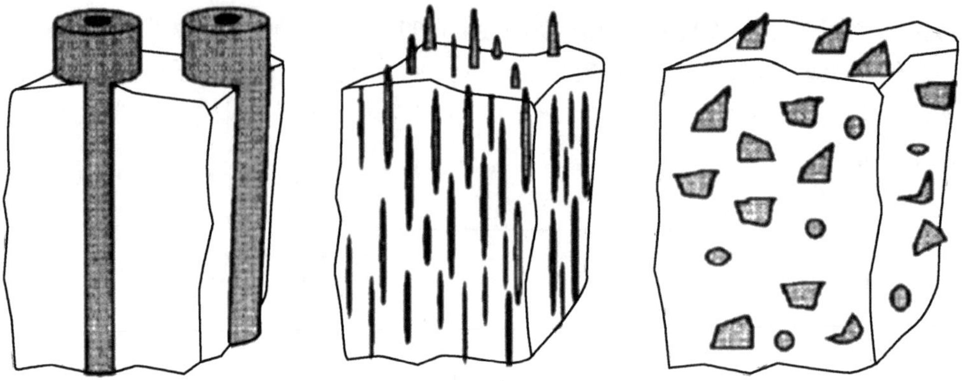

(a) 纤维　　(b) 晶须　　(c) 颗粒

图 15-2　三种复合材料示意图

纤维类增强体有连续长纤维和短纤维两种。连续长纤维的长度均超过数百米，纤维性能有方向性，一般沿轴向均有很高的强度和弹性模量。连续长纤维中又分单丝和束丝。碳（石墨）纤维、氧化铝纤维、碳化硅纤维（烧结法）和氮化硅纤维等，是以 500～12000 根直径为 5.6～14μm 的细纤维组成束丝作为增强体使用。连续长纤维制造成本高、性能好，主要用于高性能复合材料制品。

短纤维长度一般为几毫米到几十毫米，排列无方向性，通常采用生产成本低、生产效率高的喷射方法制造。短纤维性能较长纤维低，在使用时需先将短纤维制成预制件、毡、布等，再用挤压铸造、压力浸渗等方法制造短纤维增强金属基复合材料制品。主要的短纤维有硅酸铝纤维（又称耐火棉）、氧化铝纤维、碳纤维（直接制成或将长纤维切短）、氯化硼纤维等，制成的复合材料无明显各向异性。

颗粒增强体分为外加和内生两种，一般是具有高强度、高模量、耐热、耐磨性好、耐高温的陶瓷等非金属颗粒，如 Al_2O_3、SiC、TiC、B_4C、TiB_2、BN、AlN、Si_3N_4、NbN、SiO_2、VC、WC、ZrC、ZrB_2、ZrO_2、MgO、$MoSi_3$、Mo_2C、MoS_2、石墨、细金刚石等。颗粒增强体以很细的粒状（＜50μm，外加颗粒一般在 20μm 以下，内生颗粒一般在 2μm 以下）在金属中起提高耐磨性、耐热性、强度和模量的作用。颗粒增强金属基复合材料主要用粉末冶金法、液态金属搅拌法、共喷法、压力浸渍法、原位合成法等制造。颗粒增强体成本低廉，制成的复合材料各向同性，因此在复合材料的应用中发展十分迅速，特别是在汽车工业中。

晶须是在人工条件下生长出来的细小单晶。由于细小单晶组织结构缺陷少，具有很高的强度和模量，一般直径为 0.2～1μm，长度为几十微米。根据化学成分不同，晶须可分为陶瓷晶须和金属晶须两类。陶瓷晶须包括氧化物（Al_2O_3、BeO）晶须、非氧化物（SiC、Si_3N_4、SiN）晶须；金属晶须包括 Cu、Cr、Fe、

Ni 晶须等。用于金属基复合材料的晶须是 SiC、Al_2O_3 等陶瓷晶须。晶须制造的分选过程较复杂，成本远比颗粒高，可通过粉末冶金、挤压铸造等方法制成复合材料。

15.2　金属基复合材料性能设计

15.2.1　连续纤维增强金属基复合材料的强度

1. 纵向抗拉强度

纤维增强复合材料的破坏主要是由纤维断裂引起的，因此它的抗拉强度可按混合定律计算（戴起勋，2011）：

$$\sigma_{cu}=\sigma_{fu}V_f+\sigma_m^*V_m=\sigma_{fu}V_f+\sigma_m^*(1-V_f) \tag{15-1}$$

式中，σ_{fu} 为纤维的抗拉强度；σ_m^* 为基体对应纤维断裂应变处的强度；V_f 为纤维体积分数。应用此公式时要满足两个条件：①纤维和基体在受力过程中处于线弹性变形；②基体的断后伸长率大于纤维的断后伸长率（束德林，2011）。该式表明，复合材料的力学性能与纤维和基体的体积分数有关，这种关系称为混合法则（成来飞等，2016）。用此方法计算得到的值往往大于实测值，有时两者的差距很大，这是因为此公式只反映了最理想的状态，没有考虑纤维的屈曲、排列不整齐、纤维本身强度的离散性、界面，特别是界面上生成的脆性化合物、残余应力、基体的组织结构等因素对性能的影响。

2. 纵向抗压强度

纤维增强复合材料纵向抗压强度的计算比抗拉强度复杂，其结果也不如抗拉强度那样准确。这是因为纵向压缩带来纤维和基体的稳定性问题。对抗压强度的分析存在两种观点：一种认为抗压强度是由纤维的屈曲失稳临界应力控制的；另一种认为基体受压后产生剪切屈曲失稳，失去了支撑纤维的能力，致使纤维发生屈曲而引起复合材料的整体破坏。

复合材料沿纤维方向受压时，可以认为纤维在基体内的承力形式像弹性杆，复合材料的抗压强度是由纤维在基体内的微屈曲临界应力控制的。为了计算方便，将纵向受压的复合材料简化为由纤维薄片和基体薄片相间黏结成的纵向受压的杆。当外载荷 F 增至一定值后，纤维开始失稳，产生屈曲，为正弦波形。失稳有拉压型（反向屈曲）和剪切型（同向屈曲）两种。在拉压失稳模型中，由于纤维产生反向屈曲，迫使基体产生横向的拉压变形。复合材料的纵向抗压强度可以表示为

$$\bar{\sigma}_{C} = \sigma_{mcr}\left[1 + V_{f}\left(\frac{E_{f}}{E_{m}} - 1\right)\right] \tag{15-2}$$

式中，σ_{mcr} 为基体临界压缩应力；V_f 为纤维体积分数；E_f 为纤维弹性模量；E_m 为基体弹性模量。

3. 横向抗拉强度

单向纤维增强复合材料的横向抗拉强度一般取基体的抗拉强度，有时考虑到纤维不但无增强效果，还占去了基体的有效截面积，在计算横向抗拉强度时应扣除纤维所占的截面积，即 σ_m（$1-V_f$）。

4. 抗剪强度

纤维增强复合材料受切应力作用时，由于切应力的方向不同，抗剪强度也不同。在顺纤维方向受剪切时，切应力发生在顺纤维方向的纤维层之间的截面内，这类剪切称为复合材料的层间剪切，它的抗剪强度取决于基体的抗剪强度和界面的抗剪强度。如果在垂直纤维方向承受剪切时，切应力发生在垂直纤维的截面内，这类剪切称为复合材料的面内剪切，切应力由基体和纤维共同承担，抗剪强度可由复合定律决定，即

$$\tau_{C} = \tau_{f} V_{f} + \tau_{m}(1 - V_{f}) \tag{15-3}$$

式中，τ_C 为复合材料切应力；τ_f 为纤维切应力，τ_m 是基体切应力。实际上，纤维的强度不可能完全相同，通常符合某种数学分布形式，如韦布尔（Weibull）分布或正态分布等。由于纤维的强度具有一定的分散性，许多比较弱的纤维承担载荷较低，甚至在加工过程中就已经断裂。这样在断裂点附近的纤维就会承担较大的载荷，产生了应力集中。如果能正确地描述断裂点附近纤维承担的载荷，就能正确地确定材料的损伤演化过程和预报材料的强度，这是一个方法复杂而求解困难的问题。

15.2.2　非连续金属基复合材料的强度

非连续增强金属基复合材料的强化机理除增强体本身承载的复合强化之外，还有增强体的存在所导致的基体合金位错密度提高和晶粒细化引起的强化效果。

当增强体尺寸非常细小时，基体合金中的 Orawan 强化机制对复合材料强度的贡献逐渐明显。另外，热挤压和热轧制等热加工变形可以进一步提高复合材料致密度，并且提高了复合材料中基体合金位错密度，从而可以显著提高复合材料的强度。

影响非连续增强金属基复合材料强度的主要因素包括增强体的种类和含量以

及基体合金的种类、制备工艺和热处理状态。从表 15-1 可以看出（王晓敏，2017），在一定的增强体含量范围内，所列出的所有非连续增强金属基复合材料的屈服强度和抗拉强度均随增强体含量的增加而提高。

表 15-1 增强体体积分数对非连续增强金属基复合材料强度的影响

复合材料	体积分数 ϕ/%	热处理状态	屈服强度/MPa	抗拉强度/MPa
Al_2O_{3p}/6061Al	10	T6	296	338
	15		319	359
	20		359	379
SiC_p/6061Al	15	T4	405	460
	20		420	500
	25		430	515
Al_2O_{3p}/4024Al	10	T6	483	517
	15		476	503
	20		483	503
SiC_p/2024Al	7.8	T4	400	610
	20		490	630
	25		405	560
SiC_w/2124Al	0	T8	428	587
	8		511	662
	20		718	897
SiC_p/AZ91	15	铸态	208	236
	20		212	240
	25		232	245
TiB_w/TC4	2	烧结态		1021
	5			1090
	8			997

注：下角标 p 表示颗粒，w 表示晶须。

还应当指出的是，当增强体体积分数高于一定值以后，随着增强体含量的继续增加，虽然复合材料的硬度会继续增加，但抗拉强度开始呈下降趋势。例如，当 SiC_p/2024Al 复合材料的增强体体积分数从 20%提高到 25%时，复合材料的屈服强度和抗拉强度均下降；当 TiB_w/TC4 复合材料的增强体体积分数从 5%提高到 8%时，复合材料的抗拉强度下降。

热处理状态对非连续增强金属基复合材料的强度也有重要的影响。表 15-2 为不同热处理状态 2124 铝合金和 SiC_w/2124 复合材料的屈服强度及抗拉强度（王晓敏，2017）。由表可以看出，SiC_w/2124 复合材料经退火、T4（室温时效）、T8（145℃时效 10h）及 T6（160℃时效 10h 或 190℃时效 16h）四种热处理后，其屈服强度和抗拉强度以 T8 处理最高，其次依次为 T4、T6 及退火处理的材料。对于晶须体积分数为 20%的 SiC_w/2124 复合材料，T8 处理后的复合材料屈服强度高出经退火处理的复合材料的屈服强度近 500MPa。这一方面说明了复合材料中基体的热处理状态对其低应变区强度（比例极限，屈服强度）的影响更为突出；另一方面，说明除沉淀强化以外，还存在其他强化因素（如松弛位错带来的强化、林位错硬化等）。

表 15-2　不同热处理状态 2124 铝合金和 SiC_w/2124 复合材料的屈服强度和抗拉强度

复合材料	体积分数 ϕ/%	热处理状态	R_{eL}/MPa	R_m/MPa
2124 铝合金	0	T4	414	587
		T6	400	566
		T8	428	587
		退火态	110	214
SiC_w/2124 复合材料	20%	T4	497	890
		T6	497	880
		T8	718	897
		退火态	221	504

15.2.3　颗粒增强金属基复合材料的强度

颗粒增强复合材料的强化机理至今仍沿用弥散强化型合金的理论，并且多从位错运动的角度来进行分析。在外加切应力 σ 的作用下，当金属中的位错受力达到临界应力时发生运动，即金属发生塑性变形。如果位错运动受到质点的障碍，有可能会产生位错塞积，从而使质点受到一个较大的应力。塞积位错越多，该应力就越大。

在外载荷作用下，设在基体一颗粒界面上受到的作用力为 τ，则

$$\tau = n\sigma \tag{15-4}$$

式中，n 为位错塞积数目；σ 为外应力。根据位错理论，位错塞积数目 n 可粗略地估计为

$$n = \frac{\sigma D_p}{G_m b} \tag{15-5}$$

其中，D_p 为颗粒之间的间距；G_m 为基体的剪切弹性模量；b 为位错的伯格斯矢量的模。颗粒的直径 d_p、体积分数 V_p 与颗粒间距之间有下列关系：

$$D_p = (2d_p^2 / 3V_p)^{1/2}(1-V_p) \tag{15-6}$$

将式（14-5）代入式（14-4）得

$$\tau = \frac{\sigma^2 D_p}{G_m b} \tag{15-7}$$

若 τ 等于颗粒的强度 σ_{pb}，颗粒开始破坏，产生裂纹，引起复合材料变形，则

$$\tau = \sigma_{pb} = \frac{G_p}{C} = \frac{\sigma_{cy}^2 D_p}{G_m b} \tag{15-8}$$

或

$$\sigma_{cy} = \sqrt{\frac{G_m G_p b}{CD_p}} = \sqrt{\frac{G_m G_p b}{C(2d_p^2 / 3V_p)^{1/2}(1-V_p)}} \tag{15-9}$$

式中，σ_{cy} 为复合材料的屈服强度；C 为表征材料（颗粒）特性的常数；G_p 为颗粒的剪切弹性模量。颗粒的直径、间距以及体积分数之间必须满足式（15-6）的关系，否则晶粒将无强化作用。

颗粒增强金属基复合材料迅速发展，为适应不同的性能需要可选用不同的颗粒作为增强体。主要选用的颗粒材料是现有陶瓷颗粒，它们是 Al_2O_3、SiC、Si_3N_4、TiC、B_4C 和石墨等颗粒。陶瓷颗粒性能好、成本低，易于批量生产。Al_2O_3、SiC、B_4C、石墨等颗粒主要用于铝基及镁基复合材料，TiC、TiB_2 等颗粒用于钛基复合材料。常见颗粒增强体的性能见表 15-3（Clyne and Withers，2003）。

表 15-3　常见颗粒增强体的性能

颗粒名称	密度/(g/cm^3)	熔点/℃	热膨胀系数/K^{-1}	热导率/(W/(m·K))	硬度/HBW	抗弯强度/MPa	弹性模量/GPa
碳化硅（SiC）	3.21	2700	4.0×10^{-6}	0.18	270	400～500	—
碳化硼（B_4C）	2.52	2450	—	—	300	300～500	360～460
碳化钛（TiC）	4.92	3300	—	—	260	500	—
氧化铝（Al_2O_3）	—	2050	—	—	—	—	—
氮化硅（Si_3N_4）	3.2～3.35	2100	—	0.03～0.07	89～93HRA	900	330
莫来石（$Al_2O_3\cdot 2SiO_2$）	3.17	1850	—	—	325	1200	—
硼化钛（TiB_2）	4.5	2980	—	—	—	—	—

15.3　金属基复合材料的界面

金属基复合材料中增强体与金属基体接触构成的界面，是一层具有一定厚度（纳米以上）、结构随基体和增强体而异的、与基体有明显差别的新相——界面相（界面层）。它是增强体和基体相连接的关键，也是应力及其他信息传递的桥梁。界面是金属基复合材料重要的微结构，其结构与性能直接影响金属基复合材料的性能。复合材料的增强体无论是纤维、晶须还是颗粒，在成形过程中都会与金属基体发生不同程度的相互作用和界面反应，形成各种结构的界面。因此，深入研究金属基复合材料界面的形成过程、界面层性质、界面黏合、应力传递行为对宏观力学性能的影响规律，从而有效地进行控制，这是获取高性能金属基复合材料的关键。

界面效应不仅与增强体及金属基体两相材料之间的润湿、吸附、相容等热力学问题，两相材料本身的结构、形态以及物理、化学等性质，界面形成过程中所诱导发生的界面附加的应力有关，还与复合材料成形加工过程中两相材料相互作用和界面反应程度有密切的关系。复合材料界面结构极为复杂，因此国内外学者围绕增强体表面性质、形态、表面改性及表征，以及增强体与基体的相互作用、界面反应、界面表征等方面，来探索界面微结构、性能与复合材料综合性能的关系，从而进行复合材料界面优化设计。

15.3.1　金属基复合材料的界面稳定性

金属基复合材料的主要特点在于它能在高温下使用，因此对金属基复合材料的界面要求是在允许的高温条件下能长时间保持稳定。如果某一种复合材料及其半成品的原始性能很好，但在较高温度下使用或在进一步加工过程中由于界面发生变化而使性能下降，那么这种复合材料就没有实际使用价值。金属基复合材料的界面不稳定因素有两类：物理不稳定和化学不稳定。

1. 物理不稳定因素

这种不稳定因素主要表现为基体与增强体之间在使用的高温条件下发生溶解及溶解再析出现象。发生溶解的典型例子是钨丝增强镍基复合材料。钨在镍中有很大的固溶度，尽管在制造时可以采取快速浸渍和快速凝固的办法来防止溶解，但这种复合材料的使用对象是制作高温下工作的零部件（如涡轮叶片），工作温度在 1000℃以上，若不采取有力措施将会产生严重后果。例如，在 1100℃左右使用

50h，直径为 0.25mm 的钨丝只剩下 60%。但也有个别的特殊情况，溶解现象不一定造成坏的结果。例如，在钨铼合金丝增强铌合金基复合材料中，钨也会溶入铌合金中，但由于形成很强的钨铌合金会对钨丝的损失起补偿作用，使强度基本保持恒定，但成本略有提高。

在界面上的溶解再析出过程可使增强体的聚集态形貌和结构发生变化，对性能产生极大影响。金属基复合材料中最典型的例子是碳纤维增强镍基复合材料。原先人们以为，Ni-C 系复合材料中不生成化合物，它们在化学上应是相容的，因此将它作为一种有前景的、能在高温下应用的复合材料进行研究。但很快就发现，这种体系在较高温度下（800℃以上）碳会先溶入镍，而后又析出，析出的碳都变成了石墨结构，使密度增大留下了空隙，给镍提供了渗入碳纤维扩散聚集的地方，结果使碳纤维的强度严重降低。温度越高、时间越长，碳纤维的强度损失越严重。

2. 化学不稳定因素

化学不稳定因素主要是复合材料在制造、加工和使用过程中发生的界面化学作用，包括界面反应、交换反应和暂稳态界面的变化等几种现象。

发生界面反应时，生成化合物，绝大多数化合物与几种金属基复合材料常用的增强相相比更脆，在外载荷作用下首先在化合物中产生裂纹。当界面处化合物超过一定厚度后，复合材料的性能将降低。此外，化合物的形成也可能对增强体本身的性能有所影响。因此，这是一种十分有害的因素，务必设法消除或抑制。基体与增强体的化学反应可能发生在化合物-增强体之间的接触面上，即增强体一侧，也可能发生在基体-化合物之间的接触面上，即基体一侧，也可能在两个接触面上同时发生。在研究比较多的几种复合材料中，以发生在基体一侧比较多见。

交换反应不稳定因素主要发生在基体为含有两种或两种以上元素的合金时，其过程可分为两步：第一步为增强体与合金生成化合物，此化合物中暂时包含了合金中的所有元素；第二步为根据热力学规律，增强体元素总是优先与合金中的某一元素反应，因此原先生成的化合物中的其他元素将与邻近基体合金中的这一元素起交换反应直到达到平衡。交换反应的结果是最易与增强体元素起反应的合金元素将富集在界面层中，而不易或不能与增强体起反应的合金元素将在邻近界面的基体中富集。有人认为，不形成化合物的元素向基体中的扩散事实上控制着整个反过程的速率。因此，可以选择适当的基体成分来降低交换反应的速率，多种钛合金与硼的复合材料中存在这种不稳定因素。应该指出，交换反应不稳定因素不一定有害，有时还有益。如钛合金-硼复合材料，正是那些不易和不能与硼元素生成化合物的元素在界面附近的富集，提供了硼元素向基体扩散的额外阻挡层，因此减慢了反应速率。

15.3.2 金属基复合材料界面浸润与界面反应控制

1. 浸润理论

界面是指在两相接触的边界处，存在部分性质上有明显变化的区域。根据两相物质聚集态的不同，界面共有 5 种，即固-气、液-气、固-液、液-液和固-固界面。习惯上把固-气、液-气的过渡区域称为表面，而把固-液、液-液、固-固的过渡区域称为界面。实际上，两相之间并不存在截然的分界面，相与相之间是一个在结构、能量、组成等方面呈梯度变化的过渡区域，是一个存在一定厚度的准三维区域，因此就有了界面相或界面层的概念。

针对复合材料中常见的固-液界面问题，人们进行了广泛研究，比较有代表性的是浸润理论，Zisman（1963）提出的浸润理论认为，浸润是形成界面的基本条件之一，两组分若能完全浸润，则两相间的结合模式属于机械黏结与润湿吸附。若基体与增强材料的浸润性差，则接触面有限；若浸润良好，则液相可以扩展到另一相表面的凹坑中，使两相接触面积增大，结合紧密，并能产生机械锚合作用。

按照浸润理论，界面的黏合强度受浸润作用的影响。浸润作用分别通过界面缺陷和断裂能影响界面的黏合强度。不完全的浸润会在界面处产生界面缺陷，从而降低黏合强度；良好的润湿可增加断裂能和黏合功，从而使黏合强度提高。

2. 界面反应控制

界面优化与控制界面反应的目标是，形成能有效传递载荷、调节应力分布、阻止裂纹扩展的稳定界面结构。解决途径主要有纤维等增强体的表面涂层处理、金属基体合金化及优化制备工艺方法和参数控制。

1）纤维等增强体的表面涂层处理

纤维表面改性及涂层处理可以有效地改善润湿性和阻止严重的界面反应。国内外学者进行了大量研究。选用化学镀或电镀在增强体表面镀铜、镀银，选用化学气相沉积法在纤维表面涂覆 Ti_2B、SiC、B_4C、TiC 等涂层以及 C/SiC、C/SiC/Si 复合涂层，选用溶胶-凝胶法在纤维等增强体表面涂覆 Al_2O_3、SiO_2、SiC、Si_3N_4 等陶瓷涂层。涂层厚度一般在几十纳米到 1μm，有明显改善润湿性和阻止界面反应的作用，其中效果较好的有 Ti_2B、SiC、B_4C、C/SiC 等涂层。特别是用化学气相沉积法，控制其工艺过程能获得界面结构最佳的梯度复合涂层。例如，Textron

公司生产的带有 C、Si、SiC 复合梯度涂层的 SiC 纤维、SCS-2、SCS-6（美国）等，可制备出高性能的金属基复合材料。

2）金属基体合金化

在液态金属中加入适当的合金元素来改善金属液体与增强体的润湿性，阻止有害的界面反应，形成稳定的界面结构，是一种有效、经济的优化界面及控制界面反应的方法（凤仪，2008）。

金属基复合材料的增强机制与金属合金的强化机制不同，金属合金中加入合金元素主要起固溶强化和时效强化金属基体相的作用。如铝合金中加入铜、镁、锌、硅等元素，经固溶和时效处理，在铝合金中生成细小的时效强化相 Al_2Cu（θ 相）、Mg_2Si（β 相）、$MgZn_2$（η 相）、Al_2CuMg（S 相）、Al_2MgZn_3（T 相）等金属间化合物，有效地起到时效强化铝基体相的作用，提高铝合金的强度。

对金属基复合材料，特别是连续纤维增强金属基复合材料，纤维是主要承载体，金属基体主要起固结纤维和传递载荷的作用。金属基体组分选择不在于强化基体相和提高基体金属的强度，而在于获得最佳的界面结构和具有良好塑性的合适的基体性能，使纤维的性能和增强作用得以充分发挥。因此，在金属基复合材料中，应尽量避免选择易参与界面反应生成界面脆性相、造成强界面结合的合金元素。如铝基复合材料基体中的 Cu 元素，易在界面产生偏聚，形成 $CuAl_2$ 脆性相，严重时 $CuAl_2$ 脆性相将纤维“桥接”在一起，造成复合材料低应力脆性断裂。针对金属基复合材料最佳界面结构的要求，选择加入少量能抑制界面反应、提高界面稳定性和改善增强体与金属基体润湿性的元素。例如，在铝合金基体中加入少量的 Ti、Zr、Mg 等元素，对抑制碳纤维和铝基体的反应、形成良好界面结构、获得高性能复合材料有明显作用。

在相同制备方法和制备工艺条件下，含有质量分数为 0.34%Ti 的铝基体与 P55（美国牌号）石墨纤维反应轻微，在界面上很少看到 Al_4C_3 反应产物，抗拉强度为 789MPa。而纯铝基体界面上有大量反应产物 Al_4C_3，抗拉强度只有 366MPa，仅为前者的一半。该结果表明，加入少量 Ti 在抑制界面反应和形成合适的界面结构上效果明显，方法简单易行。

合金元素的加入对界面稳定性有明显效果。例如，在铝合金中加入质量分数为 0.5%的 Zr，可明显提高界面稳定性和抑制高温下的界面反应，使复合材料在较高的温度下仍能保持高的力学性能。表 15-4 为在铝中加入质量分数为 0.1%～0.5%Zr 的复合材料在 400℃、600℃加热保温的抗拉强度（赵玉涛等，2010）。由表可见，加入 0.5%Zr 可以有效地阻止高温下碳和铝反应，形成稳定的界面，600℃加热 1h，抗拉强度与纯铝基体复合材料的室温强度相近，显示出明显的效果。

表 15-4　不同合金元素的质量分数对碳/铝复合材料拉伸性能影响

基体合金成分	R_m/MPa		
	室温	400℃、1h	600℃、1h
纯 Al	1155.4	1014.3	748.7
Al-0.1%Zr	1095.6	1032.1	862.4
Al-0.5%Zr	1224	1232.8	1102.5

总之，在基体金属中加入少量的合金元素，并应用相应的制备工艺是一种经济有效、简单可行的优化界面结构和控制界面反应的途径。

15.4　金属基复合材料的强化与断裂

15.4.1　金属基复合材料的强化

目前，金属基复合材料增强机制主要有增强体承载与载荷传递、位错强化、细晶强化、加工硬化强化、沉淀强化、固溶强化、混合强化和协同强化等。

1. 增强体承载与载荷传递

金属基复合材料的主要强化机制是载荷从基体向增强体传递，增强体是载荷的重要承担者，所以载荷传递机制是很重要的强化因素。

2. 位错强化

在金属基复合材料中，因为基体的热膨胀系数一般要比增强相的热膨胀系数大许多，所以在制备和热处理过程中均可在基体材料中产生塑性变形而形成高密度位错，导致强化。此外，在外加应力作用下合金基体也可以产生位错强化，位错强化的作用取决于增强体的尺寸和体积分数。Arsenault 和 Shi（1986）获得了位错密度变化值 $\Delta\rho$，如式（15-10）所示：

$$\Delta\rho = \frac{\Delta\alpha\Delta TNA}{b} \tag{15-10}$$

式中，α 为热膨胀系数差别导致的应变；N 为颗粒数量；b 为伯格斯矢量的模；A 为每个颗粒的表面积。因此，位错密度变化使基体屈服强度增加的值为

$$\Delta\sigma \sim Gb\sqrt{\Delta\rho} \tag{15-11}$$

式（15-10）和式（15-11）表明颗粒尺寸减小位错密度增加，当颗粒尺寸小于 1μm 时其增加尤其显著。例如，在铝内部含有体积分数为 5%的 SiC 颗粒，其尺寸为 2μm 时，$\Delta\rho \sim 10^{13}\text{m}^{-2}$，当其尺寸减小至 0.2μm 时，$\Delta\rho \sim 10^{14}\text{m}^{-2}$。图 15-3 是

不同体积分数的 SiC_p 增强铝基复合材料中由热应力导致位错密度增加产生的屈服强度变化（设定温度降低为 100K）。可以看出，增强相尺寸越小，屈服强度提高越大（强文江和吴承建，2018）。

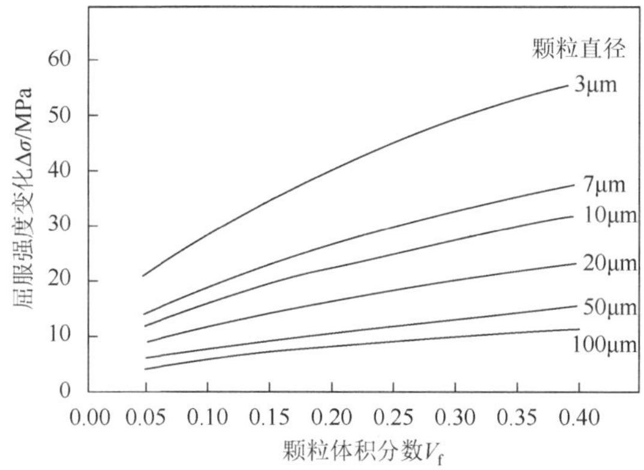

图 15-3　不同体积分数的 SiC_p 增强铝基复合材料中由热应力导致位错密度增加产生的屈服强度变化（设定温度降低为 100K）

3. 细晶强化

增强体加入金属基体中产生的第二个重要作用是亚晶粒尺寸的减小，其强化通常是以细化晶粒或亚晶来阻止位错运动实现的。超细的亚晶粒尺寸会导致复合材料的增强，其可以通过 Hall-Petch 公式进行表征：

$$\Delta\sigma_{YM} \approx \beta D^{-1/2} \approx \beta d^{-1/2}\left(\frac{1-V_f}{V_f}\right)^{1/6} \tag{15-12}$$

式中，β 数值取决于几个因素，但是其数值近似于 $0.1MPa \cdot m^{\frac{1}{2}}$，假如合金晶粒尺寸为 1μm，屈服强度增加可以达到约 100MPa，但是实际条件下，屈服强度的增加值一般为几十兆帕。

4. 加工硬化强化

金属基复合材料的加工硬化受淬火过程中形成的位错和其他因素的影响。在变形初期，基体和增强相之间通过奥罗万（Orowan）环或其他等价机制传递载荷。这对强度的贡献可以用下式预测：$\sigma_{wh1} = 4.5GV_f\varepsilon$，$\varepsilon$ 为真应变。

随着变形过程的进行，还会在基体与增强颗粒界面上产生应力从而导致 Orowan 环在低应变（10^{-4}）下应力松弛。在高应变区，增强相会在基体中产生几何必须位错，从而产生强化。

5. 沉淀强化

晶体中沉淀相的存在能通过阻碍位错运动而产生强化，强化效果取决于位错切过或绕过沉淀相所需力和它们的密度。沉淀相强化分为有序强化、弥散强化、堆垛层错强化和模量强化，其强化作用主要与颗粒直径、体积分数、弹性模量等有关。

6. 固溶强化

包含溶质原子的物相能对材料起到强化作用，其强化作用通常与合金溶质成分成正比。例如，溶有镁的富铝相就能提高材料的强度。

7. 混合强化

实际上，很多金属基复合材料都是各种强化因素引起的强化效果叠加起来的，其强度是由增强体、基体合金的亚结构、松弛位错及热处理等多种因素综合作用的结果。

8. 协同强化

综合强化模型的计算值非常接近材料的实测值，但该式各分项均直接依赖试验的测试值，因而不方便用来说明复合材料的强化规律。而且复合材料的高强度并不是这些强化作用简单叠加，而是这些因素相互之间协同作用的结果，可能是 $1+1>2$ 或 $1+1<2$ 的效果。

因为强度与材料的原位特性有关，对材料中的界面、缺陷以及材料的局部特性很敏感，是材料的高阶性能。而在高阶性能中往往出现协同效应，是指有几个因素同时在材料中起作用，材料的某些特性会发生急剧变化的现象。这种现象在复合材料中多个强化机制同时存在时会表现出来。研究表明，复合材料的宏观屈服应力并不是未强化基体的屈服应力与位错堆积造成的流动应力增量以及已经考虑模量强化时的流动应力增量的简单叠加，即不是“$1+1=2$”，而是包含了两种强化因素之间的相互作用项或者交叉项，具有协同强化效果。

15.4.2 金属基复合材料的断裂

1. 连续长纤维金属基复合材料的断裂

对于承受轴向应力的金属基复合材料，因为连续长纤维是主要承载体，金属基体和连续长纤维承受相同的轴向应变，两者承受与其杨氏模量成正比的应力。因为金属基体表现为韧性，所以基体的失效应变要大于纤维的失效应变，但基体开始塑性变形的应变通常小于纤维的失效应变，图 15-4 为在轴向拉伸时纤维、金属基体和复合材料的理想应力-应变曲线（凤仪，2008）。纤维开始断裂时复合材料的应力值 σ_{cu} 为

$$\sigma_{cu} = \sigma_{fu} V_f + (1 - V_f)\sigma_M^* \tag{15-13}$$

式中，σ_{cu} 和 σ_M^* 分别为在应变 ε_{fu} 时复合材料和基体的平均应力。假定纤维开始断裂时复合材料的应力不会增加，此阶段纤维将逐渐断开变成更短的纤维。连续纤维增强金属基复合材料断裂主要是由连续纤维断裂引起的。

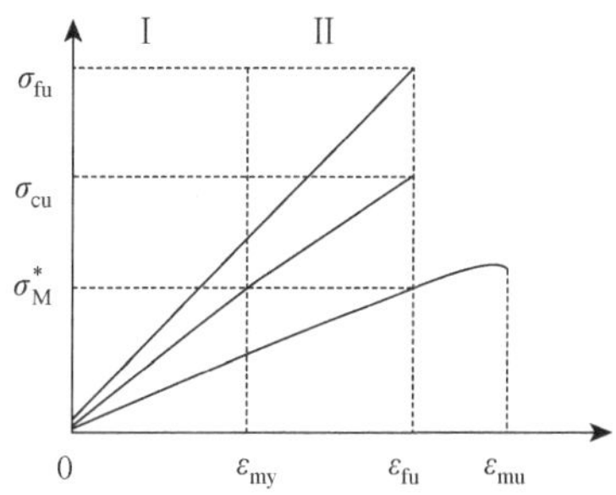

(a) 纤维、基体、复合材料的理想应力-应变曲线

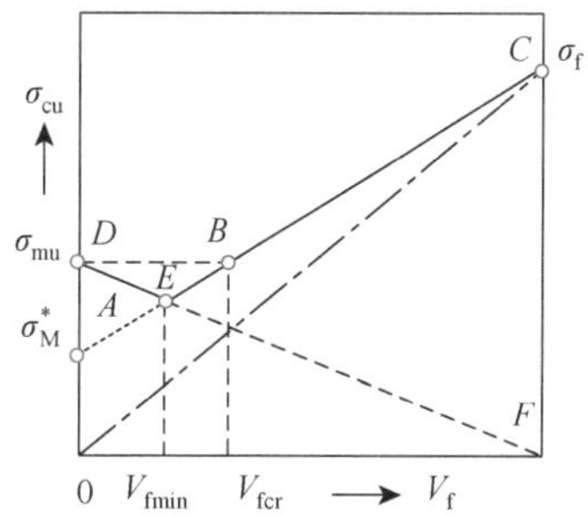

(b) 复合材料强度与增强相体积分数关系

图 15-4 长纤维片层金属基复合材料的应力分布

横向拉伸断裂受界面黏结本质、纤维分布、孔洞等因素的影响，横向强度通常远小于未增强的金属基体的强度，且失效应变更低。若界面黏结很弱，裂纹倾向于在界面形成，并穿过基体高应力断面连接起来；若界面黏结很强，则裂纹能在纤维中生成。

剪切断裂易于在纤维方向所在平面出现。剪切强度受到决定横向抗拉强度相同因素的影响。

2. 不连续金属基复合材料的断裂

不连续金属基复合材料的断裂是通过基体内孔洞的形成和连接而发生的，基体的裂纹可以发生在增强相、增强相与基体界面处、基体上，其示意图如图 15-5 所示（Kainer，2006）。试验观察结果表明，当颗粒尺寸很大时，颗粒开裂才是颗粒增强金属基复合材料断裂的重要失效机制。例如，Al-SiC$_p$ 体系，当颗粒尺寸大于 20μm 时颗粒断裂才会导致复合材料失效。孔洞通常在增强体附近形核，并因三轴应力高和基体加工硬化程度增加而加剧。界面应力不仅由外加载荷引起，而且由不均匀热收缩和基体的优先塑性流变引起。

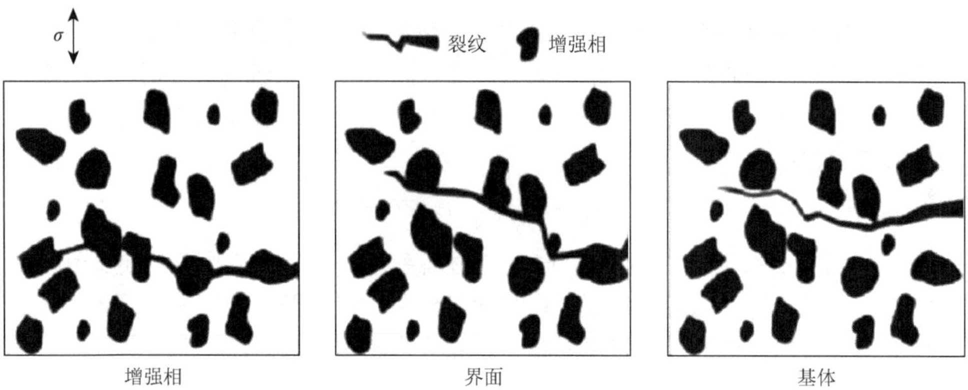

图 15-5　非连续增强金属基复合材料拉伸断裂过程示意图

形成孔洞所需的应变对界面黏合强度很敏感。弱结合增强体的体系就在很低的应变下产生孔洞；而和基体金属结合很牢的增强体，就需要更大的局部应变去产生足以引起界面脱黏或基体形成孔洞的局部应力。孔洞的粗化过程要考虑孔洞首先在高的局部静水压力处形成，并在一定条件下以塑性撕裂机制相互连接。

对增强体在复合材料中分布情况的研究表明，最有利的裂纹形核位置处于增强体局部分布密集区。裂纹扩展时，颗粒团聚区能以两种不同方式之一激发裂纹形核。其一，在裂纹尖端应力作用下，若各颗粒彼此间独立移动，则约束引起非常大的塑性应变，并且裂纹优先穿过颗粒团聚区。因为此时颗粒间不完全浸润，且常存在孔洞。其二，若偏聚的颗粒群同一个单独的大颗粒一样发生移动，颗粒之间的金属基体应变很小，并且颗粒团可以使裂纹偏转。

15.5　金属基复合材料的工程性能和应用

15.5.1　铝基复合材料

1. 铝基复合材料的性能

纯铝和铝合金都可以作为铝基复合材料的基体，其中以铝合金作为基体的铝基复合材料居多。工业上常用的各种体系的铝合金都可以作为铝基复合材料的基体。铝基复合材料研究主要集中在两个方面：①采用连续纤维增强的具有优异性能的铝基复合材料，其应用范围一般集中在很特殊的领域，如航空航天领域。②采用非连续增强体增强的具有优良综合性能的铝基复合材料，其应用范围相对更加广泛。

1）连续纤维增强铝基复合材料

常用的长纤维有碳纤维和硼纤维。相比较而言，硼纤维增强铝基复合材料的综合性能好，复合工艺完善，工程上应用较成熟。

通常采用薄膜-纤维-薄膜法、基材涂敷单层纤维法和基材涂敷纤维法这三种层叠法来制备碳纤维增强铝基（C/Al）复合材料。在 C/Al 复合材料中，需要克服 Al 和 C 之间的界面化学反应问题，这种反应在纤维和基体界面形成脆性相 Al_4C_3。通常认为 Al_4C_3 弱化复合材料的性能。对于硼纤维增强铝基（B/Al）复合材料的制备，首先将硼纤维制备成预制带，通常有硼纤维树脂带、等离子喷涂条带、预固结硼铝单层条带和纤维编织带四种形式；然后通过固相或液相复合技术复合而成 B/Al 复合材料。B/Al 复合材料的密度比铝低，其强度与高强度结构钢相当，而刚度更高。当 B/Al 复合材料中纤维的体积分数为 50%左右时，其抗拉强度为 1350～1550MPa，拉伸模量为 200～230GPa，密度仅为 2.6g/cm^3。

连续纤维增强铝基复合材料具有高比强度、高比模量、在高温时能保持较高的强度、尺寸稳定性好等一系列优异性能，主要用于航天领域，作为航天飞机、人造卫星、空间站等的结构材料。B/Al 复合材料可以制造航空航天器主承力管型构件、涡轮风扇发动机叶片、高性能航空发动机风扇叶片和导向叶片等。

尽管连续纤维增强铝基复合材料有高的比刚度和比强度，但在制备和应用连续纤维增强铝基复合材料的过程中，仍有一些问题急需解决。例如，连续纤维增强铝基复合材料的成形工艺复杂，难以进行二次机械加工和热加工，而且材料成本高。因此，连续纤维增强铝基复合材料的应用仅限于产品性能比价格因素更为重要的少数尖端部门。相比之下，用短纤维、晶须、陶瓷颗粒等增强的非连续增强铝基复合材料则具有增强体来源广、价格低、成形性好等优点，可采用传统的金属成形加工工艺进行二次加工，并且材料的性能是各向同性的。

2）非连续增强铝基复合材料

非连续增强铝基复合材料按增强体可分为短纤维、晶须和颗粒增强。短纤维增强体包括碳纤维、SiC 纤维、Si_3N_4 纤维、Al_2O_3 纤维、硅酸铝纤维和莫莱石纤维等。通常采用液相浸渗法制备短纤维增强铝基复合材料。纤维增强铝基复合材料不但强度和刚度高，还具有优异的耐磨性，在实际应用中已取得良好效果。

短切碳纤维增强铝基复合材料具有高比强度、高比刚度、低膨胀率等优点，不吸潮、抗辐射、电导率高、热导率高，尺寸稳定性良好，使用时没有气体放出，作为结构材料和功能材料在航空航天及民用领域的应用前景十分广阔。SiC 短纤维增强铝基复合材料有轻质、耐热、强度高、耐疲劳等优点，可用作飞机、汽车、机械等部件及体育运动器材等。图 15-6 是不同方法制备的 SiC 增强铝基复合材料的微观组织（Kainer，2006）。在模铸条件下，合金中的 SiC 呈现轻微局部偏聚状态（图 15-6（a）），压铸可以使 SiC 分布均匀（图 15-6（b）），粉末挤压

（图 15-6（c））以及铸造 + 挤压方法（图 15-6（d））均可以使 SiC 颗粒细小均匀分布，但是铸造 + 挤压方法使 SiC 分布略微有取向性。

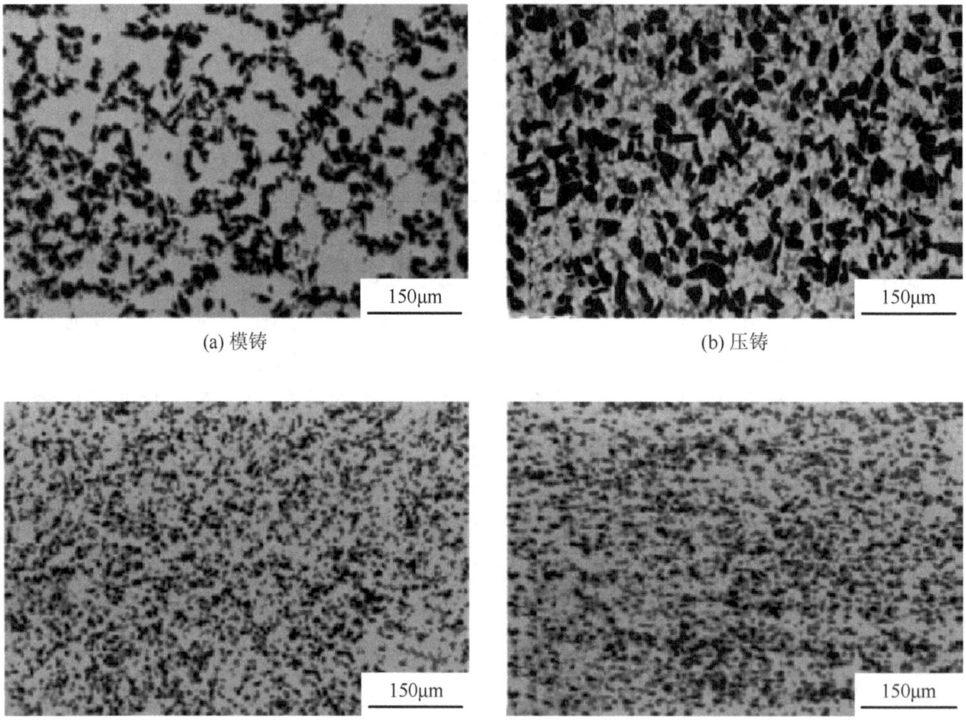

(a) 模铸　(b) 压铸　(c) 粉末挤压　(d) 铸造 + 挤压

图 15-6　不同方法制备的 SiC 增强铝基复合材料的微观组织

晶须增强铝基复合材料一般采用挤压铸造法生产，即将晶须制成具有一定体积分数的预制块，液态铝合金在压力下浸渗到预制块的孔隙中从而得到复合材料。目前应用较多的晶须有 SiC 晶须、Si_3N_4 晶须、$Al_{18}B_4O_{33}$ 晶须等。在非连续增强铝基复合材料中，晶须增强铝基复合材料具有最优异的综合性能。日本三菱和丰田汽车公司采用 SiC 晶须增强铝基（SiC_w/Al）复合材料制备了汽车气缸活塞等重要的零部件。在我国航天领域，SiC_w/Al 复合材料也得到越来越多的成功应用。

颗粒增强铝基复合材料的最大优点是成本低廉、制备工艺简单，最适合实现大规模工业生产。常用的增强相颗粒有碳化物（SiC、B_4C、TiC）、硼化物（TiB_2）、氮化物（Si_3N_4）和氧化物（Al_2O_3）以及碳、硅、石墨等晶体颗粒都可以用作铝基复合材料的增强体，其中 SiC 颗粒是使用最多的一种增强体。颗粒增强铝基复合材料的制备方法主要有液态金属浸渗法、搅拌铸造法、粉末冶金法和喷射沉积法。通过优化设计复合材料中增强颗粒的尺寸和含量，可以得到具有不同性能特点的颗粒增强铝基复合材料，其中高体积分数的颗粒增强铝基复合材料在电子封装领域有很好的应用前景。

2. 铝基复合材料的应用

铝合金是工程上应用最广泛的结构材料之一，其主要强化方式是弥散质点强化。铝合金中弥散强化质点的数量受相图和合金元素种类及含量的限制不能过高，同时这些质点在一定温度下容易合并长大甚至回溶，因此对铝合金的强化效果具有局限性。通过在铝合金中加入高性能和高稳定性的增强体，可以在更大程度上设计和调控铝合金的性能，包括刚度、强度、耐磨性、耐热性和热膨胀性能等，因此铝基复合材料在汽车、航天航空、微电子和装备制造等领域有广泛的应用前景。

1）汽车制造领域

Al_2O_3短纤维增强铝基（Al_2O_3/Al）复合材料具有良好的耐磨性、高温强度、热稳定性和导热性。1983 年日本丰田公司将短纤维 Al_2O_3 增强铝基复合材料用于汽车发动机缸体的内衬材料，代替高镍铸铁，使质量减少了 5%～10%，同时热变形和热疲劳破坏综合性能有明显提高。碳纤维和 Al_2O_3 颗粒混杂增强 Al-Si 合金复合材料具有良好的耐磨性、热疲劳性、耐热性、高温稳定性和阻尼减振性能，且可以采用常规方法铸造，代替铝合金制造汽车发动机缸体，明显提高发动机的效能。

汽车刹车片要求材料耐磨性好、密度低、导热性好。通常刹车片都是采用铸铁制造，铸铁具有耐磨性好和热稳定性高等优点，但密度较大。SiC 颗粒增强 Al-Si 合金（SiC_p/Al-Si）复合材料由于具有优良的耐磨性和耐热性，并且能大幅度降低密度，很早就受到重视。福特汽车公司和丰田汽车公司对制备出的 SiC_p/Al-Si 复合材料刹车片进行性能测试。结果表明，复合材料刹车片还需要解决性能稳定性特别是高温耐磨性能稳定性的问题。另外，可以通过加入其他短纤维，与 SiC 颗粒共同强化，进一步提高复合材料的耐磨性。

2）航天航空领域

采用 SiC 颗粒增强铝基（SiC_p/Al）复合材料替代镀铍材，制作航空航天惯性器件，成本比镀铍材低 2/3，已用于惯性环形激光陀螺制导系统。在遥感系统中使用 SiC_p/Al 复合材料替代 INVAR 钢和钛合金作为仪器支架，使部件减重 40%，其尺寸稳定性、低热膨胀和高导热性能使部件成像精度显著提高。用粉末冶金法制备的 SiC_p/6092Al 用于 F-16 战斗机的腹鳍，代替 2214 铝合金，刚度提高 50%，寿命由原来的数百小时提高到设计全寿命 8000h。F-16 战斗机上燃油盖采用 SiC_p/Al 复合材料后，刚度提高 40%，服役寿命从 2000h 提高到 8000h，检修周期从 4～6 个月延长为 2～3 年。

SiC_p/Al 复合材料在 F-18“大黄蜂”战斗机上作为液压阀体和制动器缸体材料，替代了铝青铜，疲劳极限提高 1 倍以上。采用高刚度、耐疲劳的 $SiC_p/2009Al$ 复合材料制造直升机旋翼系统连接用模锻件，与铝合金相比，构件的刚度提高约 30%，寿命提高约 5%；与钛合金相比，构件质量减轻约 25%。采用 SiC_p/Al 复合材料制备的航天用大型支撑架具有与铝合金相当的密度，但刚度、强度和热膨胀系数等性能具有更大的优势，是制备大型支撑架的理想材料。SiC_p/Al 复合材料精铸件（镜身、镜盒、支撑轮）成功用于卫星遥感器定位装置。

硼纤维增强铝基（B_f/Al）复合材料以其优异的综合性能在航天飞机、宇宙飞船、发动机机舱以及支承桁架方面得到了成功应用。用 B_f/Al 复合材料制造的航天飞机 20m 长的货舱桁架，由直径为 50.8～101.6mm、壁厚为 1.27mm、长度为 1.8m 的复合材料管材组合而成，显著减轻了结构的质量。

3）微电子和装备制造领域

随着电子器件密度的提高，对封装材料的散热和尺寸稳定性要求越来越高。在微波雷达通信系统，要求基片材料具有机械、热、电等方面高的稳定性能。高增强体含量的 SiC_p/Al 复合材料密度低、刚度高、热膨胀系数小、热导率高、导电和尺寸稳定性好且能够焊接，可以很好地满足微电子领域基片材料的苛刻要求。

在装备制造领域，铝基复合材料已成功应用于 AC-130 运输机的装甲防护、重型车辆的行走结构件，如刹车鼓、负重轮以及履带等。纳米 B_4C 颗粒增强铝基复合材料的压缩强度高达 1065MPa，压缩塑性达 2.5%，具有良好的抗高速弹丸侵彻性能，在装甲防护方面显示出良好的应用前景。

15.5.2　镁基复合材料

1. 镁基复合材料的性能

纯镁的密度为 $1.74g/cm^3$，是自然界中能够作为结构材料使用的最轻的金属材料之一。但是镁合金相对于其他合金的低硬度、低强度、低模量、低磨损抗力、高热膨胀系数等限制了它的广泛应用。镁基复合材料消除或减轻了镁合金的这些不足之处，是继铝基复合材料之后又一具有竞争力的轻金属基复合材料，在航空航天及汽车工业领域有广泛的应用前景。镁基复合材料也分为连续纤维增强镁基复合材料和非连续增强镁基复合材料两类。

1）连续纤维增强镁基复合材料

连续纤维增强镁基复合材料主要包括碳（石墨）纤维和 Al_2O_3 纤维增强两种，并以碳（石墨）纤维增强镁基复合材料的研究最多，其制备方法主要是真空无压或低压浸渗法。石墨纤维增强镁基（G/Mg）复合材料的密度小于 $2.1g/m^3$，热膨胀系数可以从负到零、到正，尺寸稳定性好，具有高比强度、高比刚度和高阻尼等性能。日本开发的碳（石墨）纤维增强镁基复合材料的强度已经达到 1200MPa、弹性模量达到 570GPa。连续纤维增强镁基复合材料在航空航天、汽车工业等领域的应用前景十分广阔，NASA 已采用 G/Mg 复合材料制作空间动力回收系统构件、空间站的撑杆和空间反射镁架等。但是长纤维的成本高，复合材料制备工艺难度大，限制了它们的发展。

2）非连续增强镁基复合材料

非连续增强镁基复合材料的增强体主要是短纤维（Al_2O_3）、晶须（SiC 和 $Al_{18}B_4O_{33}$）、颗粒（SiC 和 B_4C）。增强体的选择要从复合材料的应用情况、制备方法及增强体的成本等方面来考虑。基体的选择要考虑基体合金的性能、基体与增强体的浸润性及界面反应等问题。

非连续增强镁基复合材料的制备方法主要可分为以下几种：液态金属浸渗法（挤压铸造法、真空气压浸渗法、自漫渗法等）、搅拌铸造法、流变铸造法、粉末冶金法、喷射法等。利用非连续增强镁基复合材料密度低、耐磨损、比刚度高、尺寸稳定性优良、耐高温等特点，可在航空航天领域用来制备卫星天线及直升机用构件等；在汽车领域，可用于制作汽车的盘状叶轮、活塞环槽、齿轮、变速箱轴承、差动轴承、拔叉、连杆、摇臂等。

2. 镁基复合材料的应用

虽然镁合金强度比铝合金低，但具有更高的比强度和比刚度，同时兼具良好的抗振和抗冲击性能。因此，镁基复合材料是继铝基复合材料之后又一具有竞争力的轻金属基复合材料，在航空航天等国防轻量化领域有广泛的应用前景。

美国马丁玛丽埃塔（Martin Marietta）航空公司与美国杜邦可丽耐（Dupont Lanxide）公司基于 FMI（functional mock-up interface）航空系统合作研究石墨长纤维增强镁基复合材料在航空领域的应用，充分发挥其密度低、比强度高和比刚度高的性能特点。美国麻省沃莎姆的金属基铸造复合材料有限责任公司（Metal Matrix Cast Composites，LLC）采用短石墨纤维增强镁基复合材料制备出零膨胀的镁基复合材料基底和框架，应用于飞行器的镜面基底和支撑框架材料。美国陶氏（DOW）化学公司用氧化铝颗粒增强镁基复合材料已制成皮带轮、链轮、油泵盖等耐磨件，其中，汽车油泵盖已经累计行车 1.6×10^3km。美国先进复合材料公司和海军地面战斗中心合作研究，采用粉末冶金法制备 SiC 晶须或 B_4C 颗粒增强 ZK60 镁基复合材料，目标用于海军卫星上的结构零件如轴套、支柱和横梁。美国海军研究所和斯坦福大学发挥 Mg-Li 合金超轻的特点，利用颗粒增强 Mg-Li 合金复合材料制造卫星天线构件。美国德事隆（Textron）集团和陶氏（DOW）化学公司等利用 SiC 颗粒增强镁基复合材料制造螺旋桨、导弹尾翼和内部加强的汽缸等。

15.5.3 钛基复合材料

1. 钛基复合材料的性能

由于新一代航空航天发动机、火箭、导弹、空天飞机等武器装备的快速发展，对轻质化、耐高温材料提出了更高的要求，钛基复合材料在原有钛合金基体耐磨、耐腐蚀的基础上，拥有更加优异的比强度、比刚度以及耐高温性能，已成为材料科学中的前沿领域之一。钛基复合材料的研究始于 20 世纪 70 年代，在 80 年代中期，美国航天飞机和整体高性能涡轮发动机技术以及欧洲和日本同类发展计划的实施对钛基复合材料的发展起到很大的推动作用。按增强相种类，钛基复合材料可分为两类，即连续纤维增强钛基复合材料和非连续增强钛基复合材料。相对于连续纤维增强钛基复合材料，非连续增强钛基复合材料具有各向同性，加工工艺容易与成本相对较低等特点。

1）连续纤维增强钛基复合材料

用于钛基复合材料的连续纤维增强相主要有 Al_2O_3 纤维、B_4C 纤维和 SiC 纤维等，这些陶瓷纤维增强相的特点是熔点高、具有良好的热稳定性及高比强度和高比刚度等。另外，这些纤维的热膨胀系数与钛基体接近，但与钛基体之间有强烈的反应，所以它们在与钛基体复合之前经常要进行涂层处理。利用碳化硅长纤维制备成的钛基复合材料具有比强度高、比刚度高、使用温度高及疲劳和蠕变性能好等优点。如德国研制的 SCS-6SiC/IMI834 复合材料，其抗拉强度高达 2200MPa，弹性模量达 220GPa，而且具有极为优异的热稳定性，在 700℃暴露 2000h 后，力学性能不降低。连续纤维增强钛基复合材料已经成功用于制备大型客机和高端航空发动机中的耐热承力结构件。

图 15-7 是 SiC 纤维增强 Ti1100 合金复合材料的纵截面组织（Hayat et al.,

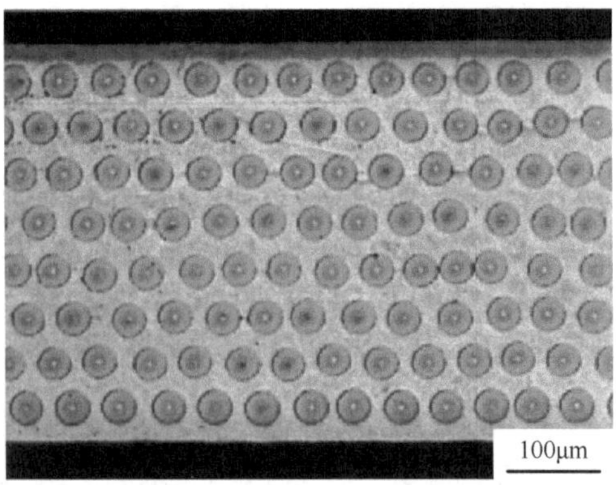

图 15-7 SiC 纤维增强 Ti1100 合金复合材料的纵截面组织

2019)，可看到 SiC 在合金内部分布排列均匀。制备连续纤维增强钛基复合材料的难度较大，一般只能采用固相法合成，然后用热等静压（hot isostatic pressing，HIP）、真空热压（vacuum hot pressing，VHP）锻造等方法压实成形。

2）非连续增强钛基复合材料

非连续增强钛基复合材料的增强相有碳化物、硼化物、氧化物及金属间化合物等。碳化物如 TiC、B_4C、SiC；硼合物如 TiB 和 TiB_2 等；氧化物如 Al_2O_3、Zr_2O_3、R_2O_3（R 为稀土元素）；金属间化合物如 Ti_3Al、TiAl、Ti_5Si_3 等。其中，TiB、TiB_2 和 TiC 等几种陶瓷颗粒为常用的增强相。

非连续增强钛基复合材料的制备方法较多，根据工艺方法可分为熔铸法、粉末冶金法、机械合金化法、自蔓延高温合成法（self-propagating combustion synthesis，SHS）及放热弥散法（exothermical dispersion technique，XD^{TM}）。

钛的活性很高，在复合材料制备过程中很容易与大多数增强相发生严重的界面反应，因此利用体系内部各组元之间的化学反应而得到增强相的原位合成方法成为钛基复合材料最为重要的合成方法。原位合成方法制备的钛基复合材料避免了界面反应难以控制和外加增强相与基体合金的润湿性问题，有利于制备出性能更好的复合材料，图 15-8 是通过原位合成方法制备的 TiB 增强 Ti-6Al-4V 复合材料（Luo et al.，2019）。可以看到 TiB 增强相可以均匀分布在合金基体中（图 15-8（a）），高倍组织可以看到 TiB 增强相以杆状或者块状分布在 Ti-6Al-4V 合金基体上（图 15-8（b））。熔铸、粉末冶金、机械合金化等方法均可利用原位合成原理制备钛基复合材料。利用原位合成制备的 TiB、TiB_2、TiC 等非连续增强的钛基复合材料具有良好的力学性能。

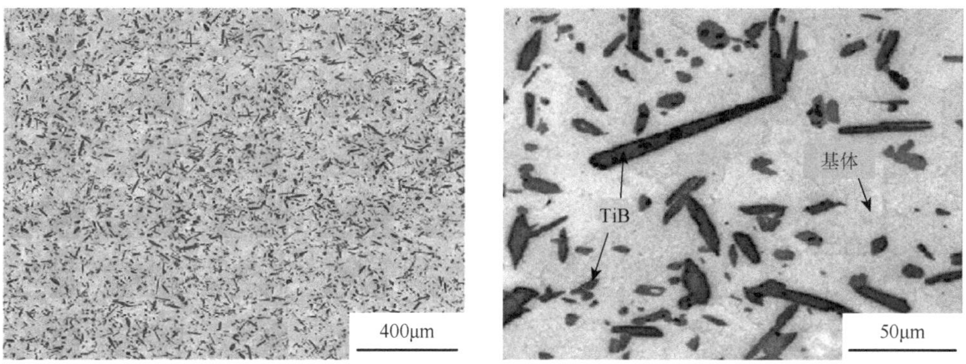

(a) 低倍组织　　(b) 高倍组织

图 15-8　通过原位合成方法制备的 TiB 增强 Ti-6Al-4V 复合材料

2. 钛基复合材料应用

在航空航天工业方面，颗粒增强钛基复合材料由于具有较高的工作温度，可用于部分压气机部件。用钛基复合材料代替镍合金和钢，可以使部件减轻 25%～30%；对于低危险部件的撑杆和连杆，用钛基复合材料代替钢也具有很好的前景，使用钛基复合材料制造的撑杆和活塞杆已经应用于美国某型飞机上，取得了很好的效果。美国迪纳梅特（Dynamet）科技有限公司开发的 TiC 增强 Ti-6Al-4V 复合材料，已用作导弹尾翼和飞机发动机零件。荷兰飞机起落架开发公司开发的钛基复合材料起落架撑杆已经安装到 F-16 战斗机上。上海交通大学制备的耐热钛基复合材料，将钛合金的服役温度提高到 600℃，满足了航空航天对耐高温材料的需求，拓宽了应用领域，起着不可或缺的作用。

在汽车制造工业方面，通过改变增强体类别以及基体合金类型，可以制备出性能各异的颗粒增强钛基复合材料，满足汽车领域不同性能的需求。已用钛基复合材料制造出大型压缩机叶轮以及大量发动机部件，包括连杆、排气气门和空心阀门等，起到节能减耗的作用。日本丰田公司开发的短纤维增强 Ti7Mo4Fe2Al2V 复合材料，已作为进气、出气阀的材料。住友金属工业公司开发的 TiC 颗粒增强复合材料，可用来制作进气阀、海水泵的轴承等。如果能最大限度地降低各个制造环节的成本，钛基复合材料部件完全可以和现行的钢部件竞争，若能打开市场，将具有不可估量的应用前景。

15.5.4　金属复层材料

广义来说，所有能够实现异种金属或合金以层状方式结合的复合材料均属于金属复层材料。与利用常规的物理化学方法制备的表面覆层金属材料所不同的是，金属复层材料的两种金属覆层均较厚。由于其先进的生产工艺并结合了两种金属各自的特点，在材料性能和优化方面突破了传统技术，具有单一金属所不能比拟的优异特性，具体表现如下。

（1）优异的综合性能。金属复层材料通过组元材料之间物理化学性能和力学性能的有效组合，提高了复层材料的综合性能。例如，心部基体为普通碳钢，表层为具有优良防腐蚀性能的不锈钢复层材料，既能保持碳钢较高的强度，又具有良好耐蚀性，可以应用于装饰材料等。

（2）良好的经济效益。通过实现各组元材料资源与性能的优化配置，可以节约贵重金属或稀有材料的使用，从而降低了经济成本。例如，生产镍-钢、钛-钢双金属复层板的生产成本仅是纯镍、钛板成本的 1/10～1/5。

（3）材料间可焊性问题。一些其他方面性能优异的材料焊接性却很差，在这些材料表面覆盖一层具有良好焊接性的材料，则可有效解决部件之间的连接问题。如 3003/4045 复层铝合金材料，外层 4045 合金就具有良好的钎焊性，从而保证了基体材料之间的良好连接。

（4）广泛的可设计性。每种材料都具有各自的优缺点，因此在组合过程中可以利用各自材料的特点和使用要求，组合出不同的复层材料。

根据使用条件不同，目前已开发出不锈钢、碳钢、铝合金、铜合金以及钛合金等不同类型的金属复层材料，广泛应用于航空航天、交通运输以及电子信息等各个领域。如铅青铜/碳素钢复合材料是柴油发动机轴瓦的基体材料，不锈钢-碳钢复合管可应用于城市建设、建筑安装、家居、自行车、健身器材、车辆制造以及纺织等行业中；钛合金复合板可用于航空航天、舰艇、炊具和冶金工业等领域；铜包铝复层线材则在电力传输方面得到广泛应用；Al-1%Mn/Al-10%Si 复层管材可应用于汽车热交换器（图 15-9）等。结合界面在管坯周向上实现了均匀良好的结合（图 15-9（a）），铸造过程中并没有受到自重作用的影响，顶部与底部组织及界面结合均匀（图 15-9（b）和（c））。界面左侧为 3003 合金金相组织，主要由分布于枝晶间的 $MnAl_6$ 相和初生 α-Al 组成；界面右侧为 4045 合金金相组织，主要组织为 α-Al 和 Al + Si 共晶组织，顶部和底部界面扩散层厚度均为 60μm（刘宁，2013）。

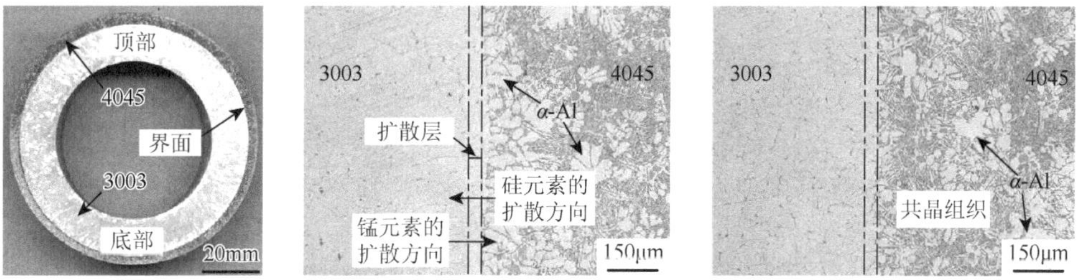

(a) 铸态凝固组织　(b) 上部凝固组织　(c) 下部凝固组织

图 15-9　Al-1%Mn/Al-10%Si 复层管材

15.6　本 章 小 结

金属基复合材料主要由三部分组成：金属基体、增强体和基体-增强体界面。

目前可作为复合材料基体的金属有铝及铝合金、镁合金、钛合金、镍合金、铜及铜合金、锌合金、铝钛和铝镍金属间化合物等。

增强体是金属基复合材料的重要组成部分，它起着提高金属基体的强度、模量、耐热性、耐磨性等性能的作用，主要有高性能连续长纤维、短纤维、晶须、颗粒等。

金属基复合材料中增强体与金属基体接触构成的界面，是一层具有一定厚度（纳米以上）、结构随基体和增强体而异的、与基体有明显差别的新相-界面相（界面层）。界面是金属基复合材料极为重要的微结构，其结构与性能直接影响金属基复合材料的性能。

金属基复合材料的强化：一般认为主要有基体和增强体之间的载荷传递、位错强化、沉淀强化、固溶强化、细晶强化、加工硬化、模量强化等。

参考文献

成来飞，殷小玮，张立同. 2016. 复合材料原理. 西安：西北工业大学出版社：133.

戴起勋. 2011. 金属材料学. 2 版. 北京：化学工业出版社：260.

凤仪. 2008. 金属材料学. 北京：国防工业出版社：240-245.

刘宁. 2013. 复层铝合金管坯水平连铸技术研究. 大连：大连理工大学：80-81.

强文江，吴承建. 2018. 金属材料学. 3 版. 北京：冶金工业出版社：405.

束德林. 2011. 工程材料力学性能. 北京：机械工业出版社：213.

王晓敏. 2017. 工程材料学. 4 版. 哈尔滨：哈尔滨工业大学出版社：246-247.

赵玉涛，戴起勋，陈刚. 2010. 金属基复合材料. 北京：机械工业出版社：143.

Arsenault R J，Shi N. 1986. Dislocation generation due to differences between the coefficients of thermal expansion. Materials Science and Engineering，81：175-187.

Clyne T W，Withers P J. 2003. An Introduction to Metal Matrix Composites. Cambridge：Cambridge University Press：1-10，479.

Hayat M D，Singh H，He Z，et al. 2019. Titanium metal matrix composites：An overview. Composites Part A：Applied Science and Manufacturing，121：418-438.

Kainer K U. 2006. Metal Matrix Composites. Weinheim：WILEY-VCH Verlag GmbH & Co. KGaA：44-181.

Luo S D，Song T T，Liu B，et al. 2019. Recent advances in the design and fabrication of strong and ductile（tensile）titanium metal matrix composites. Advanced Engineering Materials，21（7）：1801331.

Zisman W A. 1963. Influence of constitution on adhesion. Industrial & Engineering Chemistry，55（10）：18-38.

第16章　高熵合金

高熵合金（high entropy alloys，HEA）是近年来涌现出的一种新型金属材料。不同于传统合金设计以 1 种或 2 种元素为主添加其他合金元素为辅的方案，高熵合金由多种元素以等原子比或近等原子比的成分组成，具有独特的原子结构特征，因而呈现出诸多不同于传统合金的独特性能。自高熵合金首次报道以来，目前已经研发出一系列的高熵合金体系，在物理、化学、热力学性能方面显示出独有的优势，尤其在力学行为方面显示出高强、高硬、耐磨、耐蚀、抗高温软化等优异的性能，在国际学术界引起广泛的关注和研究兴趣，已经成为新的研究热点。本章重点介绍高熵合金的四大效应、成分特点、组织性能以及变形机制等。

16.1　高熵合金概述

16.1.1　高熵合金定义

金属材料在人类社会的发展中一直起着举足轻重的关键作用，我国的科技发展也对高性能的新型金属材料提出了更高要求。传统合金的设计理念以 1 种或 2 种元素为主添加少量其他元素为辅来改变或优化性能，目前已经开发了大量的实用合金。但经过多年的开发，传统合金的性能已经趋于瓶颈，急需颠覆性的新型合金设计理念。高熵合金就是近年涌现的一种具有广阔应用潜力的新型高性能金属材料。高熵合金于 2004 年首次被报道，它打破了传统合金以混合焓为主的单主元成分设计理念，以构型熵为主设计的一类新型多主元金属材料（吕昭平等，2018）。

高熵合金又称多主元合金，其研究最早开始于 18 世纪后期。Cantor（2004）教授和他的学生 Vincent 制备研究了多种等原子比合金，其中，$Fe_{20}Cr_{20}Ni_{20}Mn_{20}Co_{20}$ 形成了单相面心立方（FCC）结构。之后，Cantor 教授的学生 Chang 重复 Vincent 的试验，并于 2004 年将结果公开发表。同一年，我国台湾“清华大学”的 Yeh 等（2004）也公开发表了多主元合金的研究结果，通过试验结果和相关的理论研究，首次提出高熵合金的概念。此后，高熵合金引起了学术界的关注，它的研究进入快速发展阶段。

Yeh 等最早将高熵合金定义为包含 5 种及以上组成元素，且每个组元原子分数为 5%～35%的合金。图 16-1 为等原子比高熵合金的混合熵随组元数的变化曲线（黄天荡，2020）。从图中也可以看到，当 n'>13 时，组元数量的增加对合金混合熵的贡献不再显著。因此，高熵合金的主元数通常也被定义在 5～13 种。随着进一步的研究发展，高熵合金的定义有所拓展，目前三元和四元的近等原子比合金也被认为是高熵合金。除了高熵合金这个称谓，此类多组元合金也常称为成分复杂合金（compositionally complex alloy）、多主元合金（multi- principal element alloy）等。

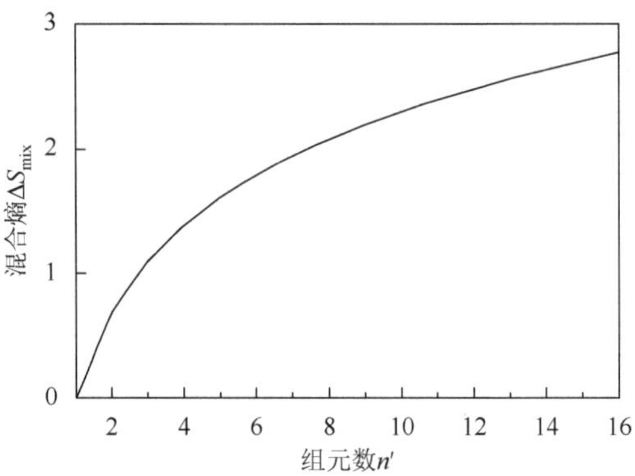

图 16-1 等原子比高熵合金的混合熵随组元数的变化曲线

16.1.2 高熵合金的四大效应

1. 高熵效应

玻尔兹曼（Boltzmann）在 19 世纪 70 年代提出的熵的统计力学定义已经成功地用于分析合金微观组分的热力学稳定性。玻尔兹曼假说认为，系统熵 S 与宏观状态出现频率的对数线性相关，更准确地说，与系统宏观状态相对应的可能微观状态数 W 的对数线性相关：

$$S = k \ln W \tag{16-1}$$

式中，$k = 1.38 \times 10^{-23}\,\mathrm{J/K}$ 为玻尔兹曼常数。对于原子分数为 x_1 和 x_2 的简单双组分系统，利用 Stirling 近似得到熵的经典表达式：

$$S_{\mathrm{mix}} = -k(x_1 \ln x_1 + x_2 \ln x_2) \tag{16-2}$$

理想构型（或混合）熵（每摩尔）的元素数等于 n' 的方式是类似的：

$$S_{\mathrm{mix}} = -R\sum_{i=1}^{n'} x_i \ln x_i \tag{16-3}$$

式中，R 为气体常数，对于相等的原子分数，$x_i = 1/n'$，式（16-3）变为

$$S_{\text{mix}} = -R\ln\frac{1}{n'} = R\ln n' \tag{16-4}$$

其中，n' 为等摩尔比元素个数。

对一个等原子比固溶体合金系统而言，组元数越大，自由能越低，系统越稳定。因此，包含多种主要元素的高熵合金倾向于形成无序排列的固溶体，而有序排列的金属间化合物被抑制，这就是“高熵合金”这个名字的由来。

传统合金的研究认为，合金组元多会形成金属间化合物，从而使合金结构变得复杂。但对高熵合金的研究发现，其高混合熵增强了固溶体的相稳定性，促使合金形成简单固溶体。大量的试验数据也证实含有多种主要元素的高熵合金容易形成面心立方（FCC）、体心立方（BCC）或密排六方（HCP）等简单的固溶体相。

结合计算相图（computed phase diagram，CALPHAD）法进行热力学分析可以发现：①混合焓和混合熵在降低吉布斯自由能中都发挥着重要作用而非仅仅通过提高混合熵来发挥作用；②当以合金化方式掺入任何易于形成中间相或者化合物的元素时，微观组织通常伴有其他相的产生而非稳定单相。另外，高熵合金的缓慢扩散效应往往会导致纳米尺寸析出物的形成，如合金 CrFeCoNiCu 在其调幅结构内产生纳米级沉淀物。该合金的微观组织非常复杂，包括纳米析出相、非晶相、有序或无序固溶体相。这种特性是由所有混合元素之间的相互作用造成的。

2. 晶格畸变效应

对于传统合金，当一个元素加入合金中时会置换晶格位置上的溶剂原子，溶质溶剂原子半径差异导致晶格位置偏离完美晶格点阵，从而产生一个应变场诱导晶格常数变化。但在多主元高熵合金中，固溶体相可以看作整个基体且一般认为各元素原子等概率占据点阵位置，因此在高熵合金晶格中每一个元素周围被不同元素占据。这些元素具有不同的原子半径、结合能和晶体结构，能够引起剧烈的晶格畸变且远大于传统合金中产生的晶格畸变。

Xu 等（2015）在对铸态与退火态 $CoCrFeCuNiAl_{0.5}$ 高熵合金进行研究时，使用高分辨透射电子显微镜观察到了晶格畸变区域，如图 16-2 所示，并认为是原子半径差的存在导致晶格畸变的产生。

对于高熵合金晶格畸变的大小，最常用的描述参数为平均原子尺寸差（δ），其定义如下：

$$\delta = \sqrt{\sum_{i=1}^{n} c_i \left(1 - \frac{r_i}{\bar{r}}\right)^2} \tag{16-5}$$

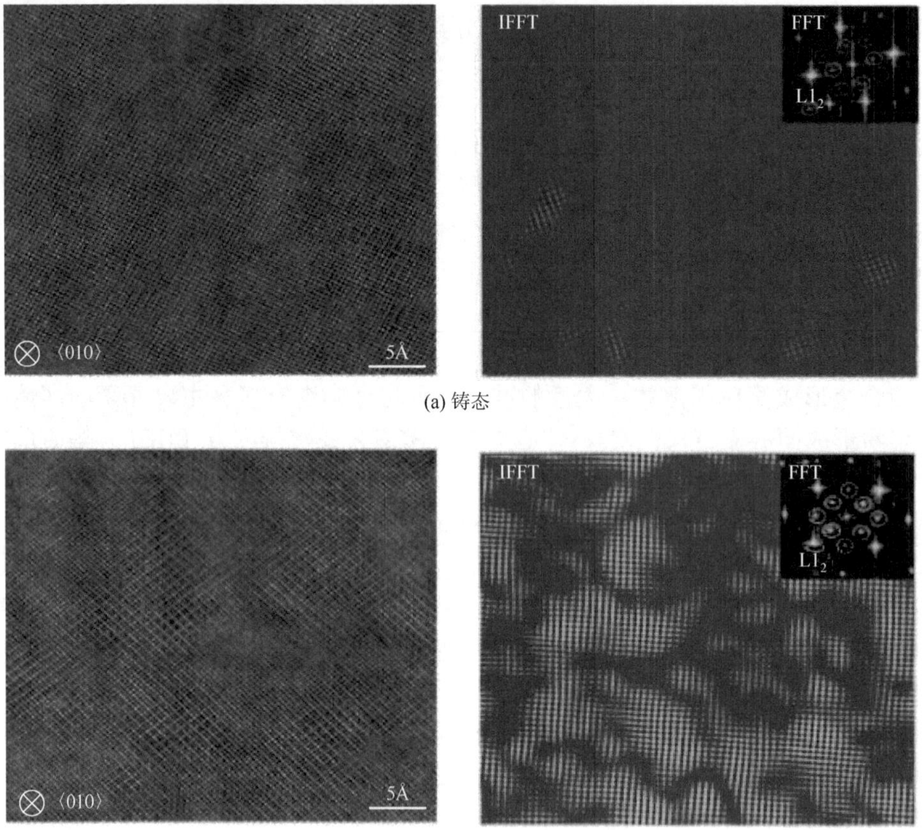

(a) 铸态

(b) 退火态

图 16-2　$CoCrFeCuNiAl_{0.5}$ 高熵合金高分辨透射电子显微镜照片

式中，r_i 为第 i 个元素的原子半径；c_i 为第 i 个元素的原子分数；$\bar{r}$ 为平均原子半径。由此公式计算得到的畸变是平均错配应变，而真实的晶格畸变并没有这么大。原子在晶格中的排列往往会有一个弛豫过程，即原子会自发调节其空间占位，从而使系统的自由能最低。由 δ 的大小可以明确地判别合金畸变的程度，δ 越大说明合金的晶格畸变越大。此外，高熵合金的晶格畸变还要考虑不同元素间的键能强弱以及晶体结构的影响。对于相同元素形成的 FCC 相与 BCC 相，BCC 结构具有更严重的晶格畸变，因此 BCC 相的固溶强化效果往往更加明显。

高熵合金的这种严重的晶格畸变效应必然会影响合金的力学、热学、电学及化学性能。下面简单介绍晶格畸变对电导率和热导率、固溶强化及 X 射线衍射峰强度这三方面的影响。

1）晶格畸变对热导率和电导率的影响

热在固体中的传导是通过点阵振动波（声子）和自由电子来实现的，高熵合金中的严重晶格畸变增加了声子和点阵的散射，从而降低热导率。类似地，严重晶格畸变带来的高内应力增加了电子被散射的概率，使合金的电导率降低。

2）晶格畸变对固溶强化的影响

晶格畸变增大了位错运动的阻力，使滑移难以进行，从而使合金的强度与硬度增加。研究发现，BCC 结构的 MoNbTaW 和 MoNbTaVW 高熵合金的实测硬度比简单混合理论的计算值高出三倍；试验测得 FCC 结构的 CoCrFeNiMn 高熵合金硬度为 1192HV，而根据混合理论得到的该合金硬度仅为 864HV。由此可见，晶格畸变显著提高了合金的强度和硬度。另外，晶格畸变对 BCC 固溶体合金的强化作用大于对 FCC 固溶体合金的强化作用。$Al_xSi_{0.2}CrFeCoNiCu_{1-x}$ 高熵合金中，随着铝含量的增加，合金结构由 FCC 结构为主转变为以 BCC 结构为主，固溶强化效果在高铝含量的合金中远大于低铝含量合金。这说明晶格畸变对合金强度的影响对结构具有一定的依赖性。

3）晶格畸变对 X 射线衍射峰强度的影响

高熵合金晶体结构发生严重畸变产生凹凸不平的原子面，X 射线照射在凹凸不平的原子面会产生较多散射，从而导致合金衍射峰强度降低。对 Cu-Ni-Al-Co-Cr-Fe-Si 系列高熵合金的研究发现：在高熵合金中随合金元素数目增加，衍射峰强度降低且降低程度远大于热效应所产生的作用，这说明合金内部晶格畸变对 X 射线衍射峰强度的变化产生了重要影响。

3. *迟滞扩散效应*

高熵合金中不同组元原子间的相互作用以及晶格畸变，会严重影响其组元间的协同扩散，从而限制高熵合金中原子的有效扩散速率。对于扩散控制的相变，新相的形成需要不同种类的原子协同扩散，从而实现成分的分离。而高熵合金中含有随机固溶体或者有序固溶体相，其中所有原子都可以认为是溶质原子，任何一个原子在此类晶格中的扩散都有别于其在传统合金晶格中的扩散。扩散时，每个空位都被其他种类的原子所包围，而不同晶格位置的晶格势能差别很大，从而导致高的扩散激活能以及缓慢的扩散速率。大量低晶格势能的点阵位置阻碍原子的扩散或成为原子扩散的陷阱。这些均导致了高熵合金的缓慢扩散效应。如图 16-3 所示，CoCrFeNiMn 高熵合金的扩散试验表明，在 T_m/T 条件下，与传统 FCC 结构 Fe-Cr-Ni（Si）合金和纯 Fe、Co 及 Ni 金属相比，每种元素在 Co-Cr-Fe-Ni-Mn 高熵合金中的扩散系数都是最小的（Tsai et al.，2013）。

高熵合金中迟缓扩散效应的存在使合金减缓晶粒生长，容易获得过饱和状态结构或纳米晶结构，提高合金再结晶温度、蠕变性能和热力学稳定性等。对 CoCrFeNiMn 高熵合金的研究发现，该合金具有高的活化能，且在随后的冷轧和退火过程中具有较少的晶粒粗化行为。研究发现，迟缓扩散效应的存在使

CoCrFeNiMn 纳米高熵合金的抗蠕变性能优于传统纳米材料。在 $Al_{0.5}$CoCrCuFeNi 高熵合金的变形行为及热处理研究中，合金在 900℃锻造时表现出明显的加工硬化，表明该合金的回复过程进行得非常缓慢。此外，该合金各组成元素的熔点为 1279～1362℃，根据传统合金的经验准则，该合金热处理 1h 的再结晶温度应为 645℃（≈0.5T_m）。然而，该合金的实际再结晶温度比估算温度值要高至少 355℃，这说明迟滞扩散明显减缓了合金的再结晶过程，同时使再结晶温度升高。综上所述，迟滞扩散效应有利于合金微观组织及性能的控制。

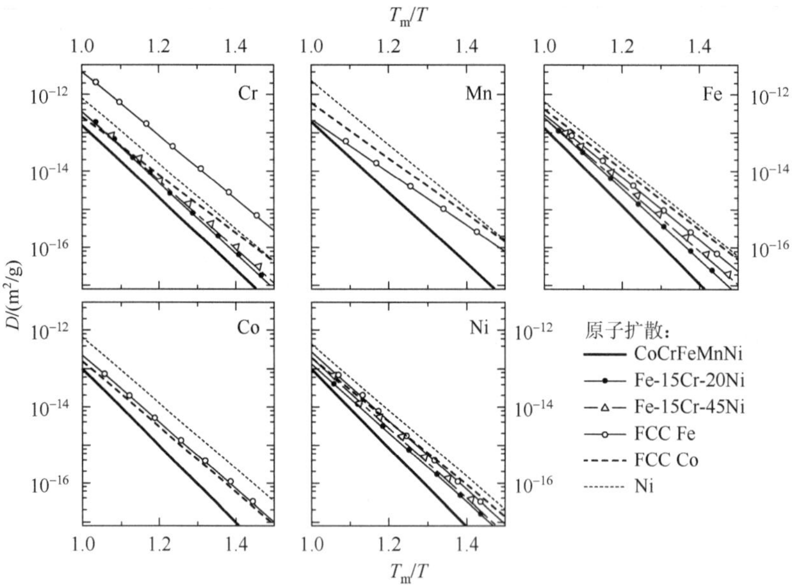

图 16-3　Cr、Mn、Fe、Co、Ni 在不同合金中的扩散系数随温度的变化情况

各分图是按元素绘制的，Mn 和 Co 只是考察了不同的四种成分的合金或元素的情况

4. 鸡尾酒效应

高熵合金的“鸡尾酒效应”用以强调元素特性在设计和发展合金中所发挥的复合作用，即使用多组分合金可能会导致意想不到的协同性能。鸡尾酒效应也存在于传统合金，但高熵合金由于主元种类多、元素性质差异大而体现得更加突出。

对于以一种或两种元素为主元的传统合金，如钢中添加的少量 C 元素导致其强度远大于其主元 Fe 的强度；Al、Cr 等抗氧化元素的添加会提高合金的高温抗氧化能力；添加微量元素（包括类金属元素 B、Si 等）可改善合金的组织和性能。而高熵合金较传统合金有更大的设计自由度，选取不同性质的元素得到的微观组织和性质也不尽相同。但归根到底合金性能最终都通过微观晶粒的形状、尺寸分布、晶界或相界的相互作用和影响而体现，使合金组元在原子尺度上发挥的作用最终会体现在合金的宏观综合性能上，甚至产生额外的效果。例如，在 CoFeNiCr 系高熵合金中添加原子半径较大的 Al 元素，会促进 BCC 相生成，导致合金塑性下降、强度硬度提升；而难熔高熵合金 WMoNbTa、WMoNbTaV 和 HfNbTaTiZr 的维氏硬度试验值分别是通过简单混合法则计算的硬度值的 2.49 倍、3.37 倍和 3.28 倍。

16.2 高熵合金的相稳定性与成分设计理论

16.2.1 经验参数预测

在统计热力学中，相形成主要取决于合金系的吉布斯自由能，即

$$\Delta G_{\text{mix}} = \Delta H_{\text{mix}} - T\Delta S_{\text{mix}} \tag{16-6}$$

式中，ΔG_{mix}、ΔH_{mix} 和 ΔS_{mix} 分别为合金的自由能、混合焓和混合熵；T 为通过混合定律计算的合金熔点。显然，形成的合金相是 ΔH_{mix} 和 ΔS_{mix} 之间竞争的结果。此外，判定形成二元固溶体的休姆-罗瑟里定则（Hume-Rothery rule）（1967）和形成块体非晶的井上经验三原则（Inoue's three empirical rules）（蒋丽，2016）都表明原子半径大小对于相形成有着非常重要的影响作用，因此人们将其推广到判定高熵合金的相形成。图 16-4 以原子半径差异和混合焓为参数，区分判定固溶体相、金属间化合物和块体非晶的结果。其中，平均原子半径差（δ）可以用下面的公式计算（Zhang et al.，2008）：

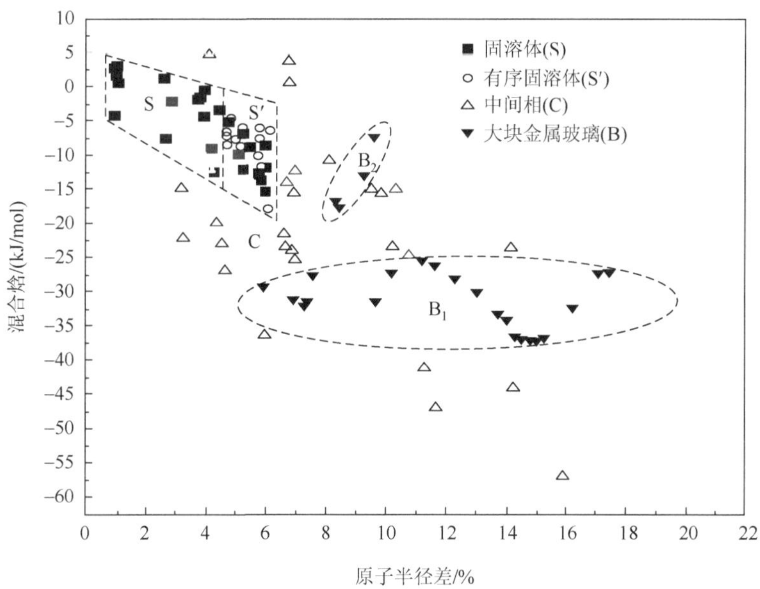

图 16-4 铸态多组元合金微观组织结构与平均原子半径差 δ 及混合焓 ΔH_{mix} 的关系

$$\delta = 100\% \sqrt{\sum_{i=1}^{N} c_i \left(1 - r_i \Big/ \sum_{j=1}^{N} c_j r_j\right)^2} \quad (16\text{-}7)$$

式中，r_i 为第 i 个元素的原子半径；c_i 为第 i 个元素的原子分数。根据米德马（Miedema）正规溶液模型，混合焓由下式计算：

$$\Delta H_{\text{mix}} = \sum_{i=1, i\neq j}^{n} \Omega_{ij} C_i C_j = \sum_{i=1, i\neq j}^{n} 4 c_i c_j \Delta H_{ij}^{\text{mix}} \quad (16\text{-}8)$$

其中，$\Delta H_{ij}^{\text{mix}}$ 为 i–j 等摩尔比二元合金的混合焓。

从图 16-4 可以发现，在高的混合焓和低的原子半径差时，只形成无序固溶体 S。这是因为各组分原子半径差相对较小，不同原子之间容易彼此替代并且占据晶格位点的概率相近。而随着原子半径差的增大和混合焓的降低，则先形成有序固溶体 S′、各种中间相 C 和含有大块金属玻璃的 B_1 及 B_2 相等，混合焓为–20～5kJ/mol（强文江和吴承建，2018）。

由式（16-6）可知，随着温度升高，高的混合熵值可以显著降低合金系统的自由能，从而抑制凝固过程中的有序相的形成和相分离的发生。因此，在高熵合金中生成的总相数远少于吉布斯相律预测的总相数。为了研究高熵效应，绘制了一系列合金的 δ-ΔH_{mix}-ΔS_{mix} 的三维图，如图 16-5 所示（Zhang et al.，2008）。显然，高熵合金的熵值大于块体非晶合金（bulk amorphous alloy），并且平均原子半径差较小。

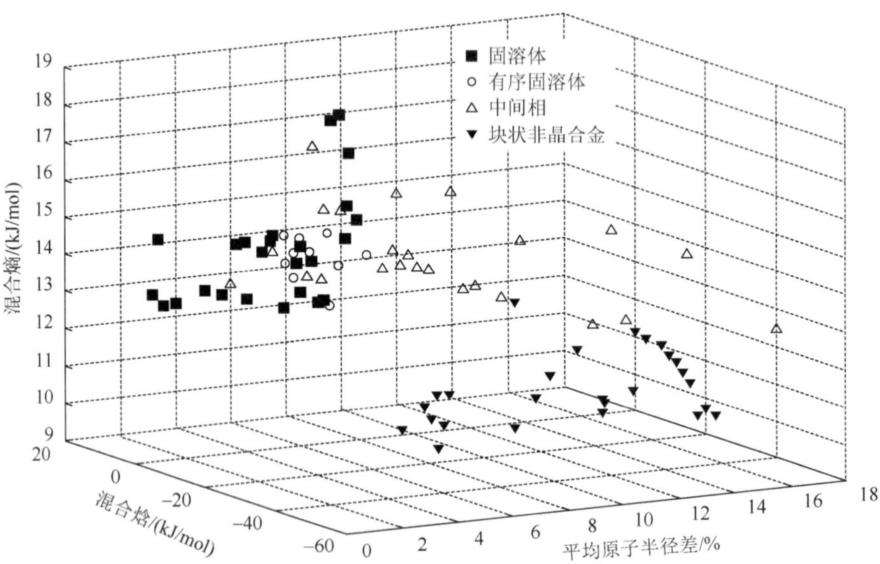

图 16-5　高熵合金和块体非晶合金平均原子半径差、混合焓和混合熵三者之间关系

在此基础上，考虑到熵与焓的竞争关系，进一步提出一个新参数 Ω，其定义

如下（蒋丽，2016）：

$$\Omega = \frac{T_{\mathrm{m}}^{\mathrm{mix}} \Delta S_{\mathrm{mix}}}{|\Delta H_{\mathrm{mix}}|} \tag{16-9}$$

图 16-6 为统计已报道多元合金的平均原子半径差 δ 和参数 Ω 之间的关系（Yang and Zhang，2012）。在固溶体区域（S），合金的平均原子尺寸差 $\delta \leqslant 6.6\%$，且 $\Omega \geqslant 1.1$。这表明由晶格畸变引起的畸变能较低，并且混合熵的效应大到足以抵消混合焓的作用，从而形成稳定的固溶体。与之相反，金属间化合物和块体非晶合金拥有较大的平均原子半径差。

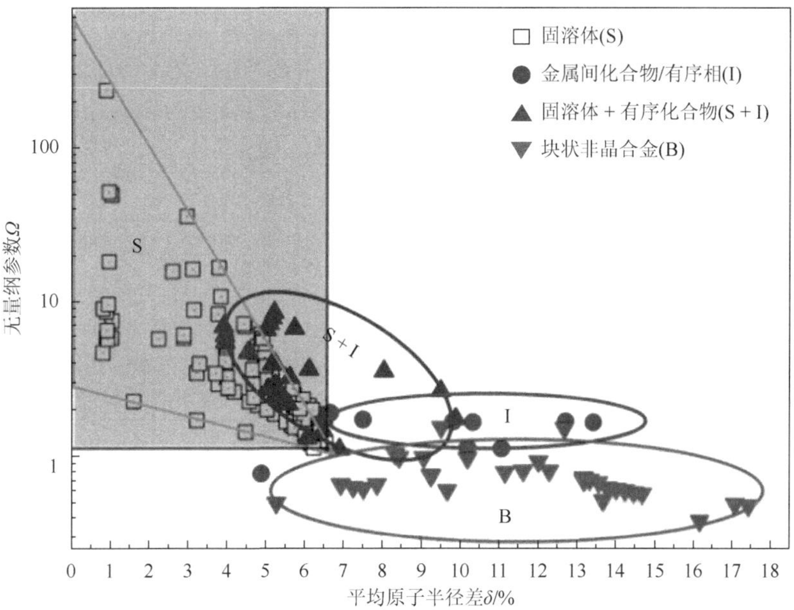

图 16-6 多元合金的参数 δ 和 Ω 之间的关系

通过以上物化参数可以有效地判定固溶体相的形成，然而并不能预测高熵合金的晶体结构。大量试验证明，合金的晶体结构对其力学性能有重要影响。例如，面心立方结构塑性好、强度低，而体心立方结构合金与之相反。高熵合金一般为简单的 FCC、BCC 或 HCP 结构。对此，有学者提出了价电子浓度（valence electron concentration，VEC）理论，高熵合金的价电子浓度计算如下式所示：

$$\mathrm{VEC} = \sum_{i=1}^{n} c_i (\mathrm{VEC})_i \tag{16-10}$$

式中，$(\mathrm{VEC})_i$ 表示合金中 i 组元的价电子浓度。通过研究发现，当价电子浓度 VEC≥8.0 时，形成单一的 FCC 相；当 VEC＜6.87 时，形成单一 BCC 相；当 6.87≤

VEC＜8 时，两相共存；在 VEC = 8.0 时，也可能存在极少量的 BCC 相。

需要注意的是：①VEC 理论是基于铸造合金的试验结果提出的，通过其他制备方法（如粉末冶金法、磁控溅射等）制备的高熵合金，其有效性还没有得到验证；②VEC 理论只有在形成的高熵合金为固溶体时才有效（没有金属间化合物或非晶相形成）；③这里讨论的 FCC 和 BCC 固溶体，并不能区别是无序还是有序固溶体（例如，这里把 B2 型有序 BCC 相和无序 BCC 相都归类为 BCC 固溶体）；④形成 FCC 或 BCC 固溶体并不表示形成单一相（例如，形成 FCC 相可以表示两个无序的 FCC 相，也可以为一个无序 FCC + 有序 FCC 相）；⑤VEC 的阈值 6.87 和 8.0 可作为参考，而不是定值（阈值在不同的合金系，甚至相同合金在不同的冷却速度或不同温度下的热处理后，都会发生变化）。即便如此，目前的试验结果都表明，高的 VEC 值易于形成 FCC 相而较低的 VEC 值有利于形成 BCC 相，所以阈值 6.87 和 8.0 仍然是设计 FCC-BCC 结构铸态高熵合金的合理指导。同时，必须强调，被验证的高熵合金的主要组元为过渡族元素。

16.2.2　CALPHAD 相图模拟

一般来说，合金相图通过具体试验来确定，与（试验 + 计算）方法相比，耗钱耗时。虽然通过试验方法来确定二元相图和简单的三元相图必要且可行的，但这对于复杂的三元合金相图是很难实现的，并且在较大范围的成分变化和温度范围的高阶系统是相当不切实际的。为解决这一问题，CALPHAD 被引入高熵合金体系。在过去的几十年中，CALPHAD 法已经广泛用于高熵合金相平衡的研究。该方法的本质是根据试验或理论计算的研究对象热力学参数以及已知的相图数据，建立描述体系中各相的热力学模型和相应的自由能表达式，最终获得热力学体系自洽性的相图或描述各相热力学性质的相关函数。在高熵合金中，这种方法的准确性与试验所得的多元平衡相图密切相关。然而，由于多元合金热力学数据库的缺失，该方法只能在现有的二元、三元热力学数据库的基础上计算，所得数据只能作为一个半定量的结果。但是，大量的研究结果表明，采用 CALPHAD 法得到的计算结果和试验结果基本吻合，其依然可以作为高熵合金设计的重要参考。

近年来，为了提高高熵合金设计的效率，很多学者使用 CALPHAD 相图模拟计算设计了大量高熵合金。其中，成功结合物化参数（原子半径差、混合焓、混合熵和电负性）与相图模拟计算的方法，设计了一系列 HCP 结构高熵合金：CoFeMnNi、CuNiPdPtRh、CuNiPdPt、CuNiPdPtRh，并通过试验证明 CuNiPdPtRh 在铸态下为单相 HCP 结构。此外，还设计了单相 BCC 结构耐高温高熵合金：HfMoNbTiZr、HfMoTaTiZr、NbTaTiVZr、HfMoNbTaTiZr、HfMoTaTiVZr 和 MoNbTaTiVZr。

16.2.3　DFT 计算

第一性原理密度泛函理论（density functional theory，DFT）是一种研究多电子体系电子结构的量子力学方法，在物理和化学上都有广泛的应用，特别是用来研究分子和凝聚态的性质。在 DFT 的框架中，通过以单个原子为单位（原子胞）组成的有限的原子系统来模拟材料的块体状态，单原子拥有周期性的边界条件。这种方法可以直接计算完全有序的结构，但是对于大量多组元材料，如镍基高温合金，由于原子的位置可以随机替代，需要计算不同位置原子的平均能量和性质，使 DFT 的计算变得相当困难。为了解决这一问题，提出了特殊准随机结构（special quas-random structures，SQS）概念。SQS 是指由一些原子胞组成、具有特殊周期的结构。这些原子胞近邻壳层间的相关函数与无序固溶体合金的原子情况非常相近，从而使结构的周期性误差仅存在于更远的原子之间。因为与较远原子之间的相互作用远小于近邻原子对系统能量的贡献，所以 SQS 被认为是最接近给定的无序固溶体合金的结构。目前，SQS 已经成功应用于预测大多数随机置换结构的材料（半导体、氧化物和高熵合金）的性能，包括形成能、弹性性能、键长分布、态密度以及带隙和光学性质等。

SQS 结构研究了典型的五元单相高熵合金形成焓的试验结果，如图 16-7 所示（Gao et al.，2016），对于单相高熵合金，FCC 和 HCP 结构的形成焓为正值，BCC 结构的形成焓为−8～8kJ/mol。另外注意到，FCC 结构的平均原子半径差最小，不到 1%；HCP 结构的形成焓为 1%～4%；BCC 结构的形成焓为 2%～4%。

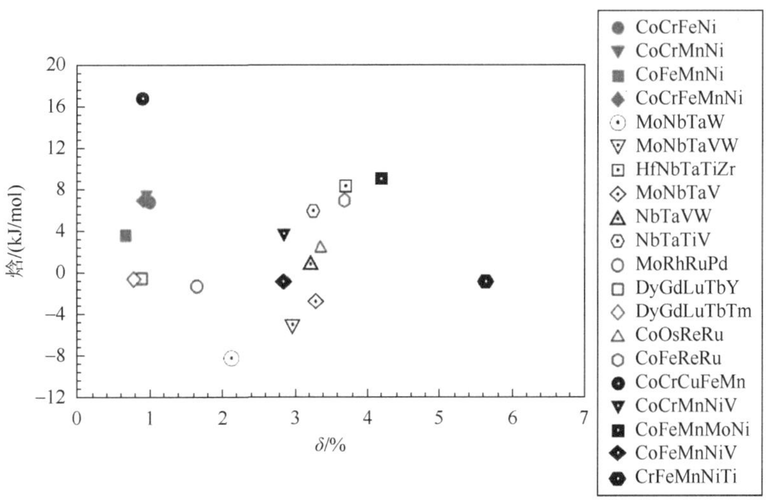

图 16-7　通过 DFT 计算五元合金的形成焓，包括单相 FCC（填充），BCC（空心带圆点）和 HCP（空心）结构的高熵合金和多相五元合金（填充带圆点）

16.2.4　AIMD 模拟

在凝固过程中，金属间化合物的形成与原子间键合强度密切相关，即键能越强，越易形成金属间化合物。对于高熵合金，其原子间键能由晶体结构决定，从而使可能的生成化合物的键能计算非常复杂。但是，在液态下采用分子动力学模拟，从头算分子动力学（ab initio molecular dynamics，AIMD）模拟，可以反映在凝固过程中影响固溶体形成的优选原子间键合的有效信息，同时大大减少了计算工作量。AIMD 模拟表明，在 $Al_{1.25}CoCrCuFeNi$ 高熵合金凝固过程中短程有序的 Al-Ni 对、Cr-Fe 对和 Cu-Co 对在液相中可以分别作为 B2 相、BCC 相和 FCC 相的形核点。通过对比单相高熵合金、多相高熵合金和高熵非晶合金的偶分布函数（portable document format，PDF），发现如果在液态中没有明显的元素偏析或有效的短程有序结构，将会促进凝固过程中无序固溶体的形成。与传统的分子动力学（molecular dynamics，MD）模拟相比，AIMD 模拟不需要通过试验得到原子间的相互作用势，可行性更高。

总而言之，在具体的研究中，高熵合金相形成的规律往往由多种模拟方法共同得到，通过经验参数和计算模拟的结合，加快了高熵合金的开发速度，节约了大量时间成本，为开发新型高熵合金拓展了道路。

16.3　高熵合金的微观组织行为特征

高熵合金的研究在早期阶段主要集中在合金成分设计上，多组元的设计理念决定了高熵合金种类繁多，不同的组元元素种类和含量都会对合金的微观结构和性能产生一定的影响，高熵合金往往具有多种主要元素，却经常形成简单的单相固溶体结构，如简单的 FCC 相或 BCC 相的固溶体结构。由于高熵合金的元素种类众多，不同的制备工艺，赋予了高熵合金广泛的组织结构，包括非晶组织、纳米组织、单相组织、双相组织、共晶组织和调幅分解组织等。随着对高熵合金研究的展开，除了调控合金成分，更多性能优化的有效方法被提出。例如，在高熵合金中引入相变诱导塑性（transformation induced plasticity，TRIP）效应使合金的强塑性都得到改善。另外，共晶高熵合金的成功制备也为高熵合金的优化性能提供了新的思路，现已成功制备出在低温−196℃至高温 700℃这样宽的温度范围内，都具有极高强度和塑性的 $AlCoCrFeNi_{2.1}$ 共晶高熵合金。

虽然高熵合金诞生时间不长，但国内外研究单位积极参与，其间涌现了大量的高质量研究成果。高熵合金的性能优化研究，从单一的合金调控发展到如今已有多样化的有效强化策略，大幅提高了高熵合金的应用前景，在高超声速飞行器发动机用超高温材料、高性能战斗部材料、抗辐射核能用材料、轻质装甲防护材料、极地破冰船用材料、低温服役装置用材料、航空航天轻质材料等重要工业领域的发展中，高熵合金已经可以提供作为关键材料的选择和支撑。

16.3.1 FCC 结构高熵合金的组织行为

FCC 结构高熵合金主要是 FeCoNiCrMn 系高熵合金，以及在此基础上进行成分变化得到的三元、四元甚至六元及以上高熵合金。该系高熵合金是最早提出的一类五元高熵合金，由于其成分均匀、无明显宏观偏析且组织稳定，是目前研究最为广泛的 FCC 结构高熵合金。

在室温以及低温条件下，FeCoNiCrMn 高熵合金均表现出优异的塑性。293K 条件下，大晶粒尺寸的 FeCoNiCrMn（约为 155mm）合金屈服强度为 125MPa，抗拉强度约 450MPa，断后伸长率可达 80%；当晶粒尺寸减小至 4.4mm 时，其屈服强度与抗拉强度分别约提高至 460MPa 与 630MPa，断后伸长率仍达 60%。室温下，FeCoNiCrMn 高熵合金的变形方式以位错滑移为主。在塑性变形的初始阶段，位错沿最密排面{111}开动，滑移方向为 1/2〈110〉；随后全位错分解成 1/6〈112〉肖克莱（Shockley）分位错和大量层错，与传统 FCC 合金类似。大量扩展位错的形成抑制了交滑移，因此均匀的平面滑移是 FeCoNiCrMn 高熵合金室温变形的主要方式。与室温相比，低温下 FeCoNiCrMn 合金中存在大量纳米孪晶参与变形，孪晶界以及孪晶中存在的固定位错成为位错滑移的阻碍，随着变形的加剧其加工硬化率并未出现明显的降低，仍可保持稳定，因此强度、塑性出现明显的上升。液氮温度下（77K），与室温相比，其屈服强度与抗拉强度大幅度提高了约 85%和约 70%，分别达到 759MPa 和 1280MPa，且断后伸长率超过 80%。

蒋丽（2016）根据纯单相固溶体结构高熵合金的形成规律预测，计算并制备出了 $CoFeNi_2V_{0.5}$ 合金具有单相 FCC 结构，铸造态压缩屈服强度 172MPa，压缩变形率超过 60%仍没有断裂现象发生，之后在 $CoFeNi_2V_{0.5}$ 合金的基础上，通过添加 Mo 元素制备出 $CoFeNi_2V_{0.5}Mo_{0.2}$ 合金，同样具有单相 FCC 结构，常温拉伸屈服强度 218MPa，断后伸长率超过 70%，如图 16-8 所示。

但目前对于 FCC 结构高熵合金力学性能的改进主要是依靠塑性变形及热处理工艺的改进，通过合金元素，尤其是 C、N、O 等间隙原子对铸造态合金进行改性相对较少，进而提升铸造态合金的基础性能，仍有进一步研究的必要与价值（蒋丽，2016）。

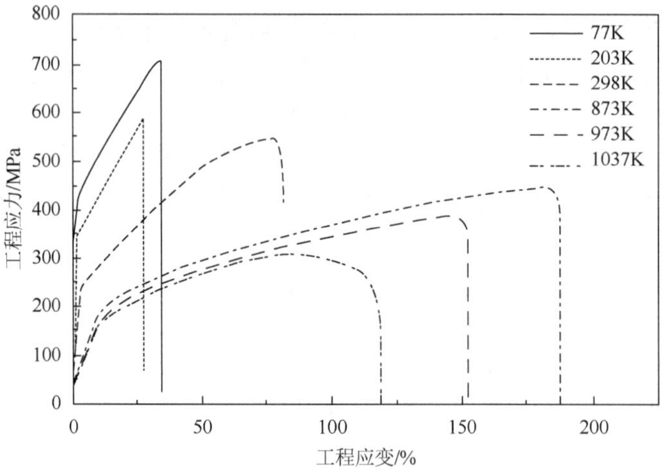

图 16-8　不同温度下 $CoFeNi_2V_{0.5}Mo_{0.2}$ 合金拉伸工程应力-应变曲线

16.3.2　BCC 结构高熵合金的组织行为

BCC 结构高熵合金通常具有较高的强度，但是塑性较低，其中最为经典的是最早由 Senkov 等（2011）制备的 Nb-Mo-Ta-W 系列超高温难熔高熵合金，在超过 1200℃的超高温环境下拥有良好的高温性能。其中，NbMoTaW 在 1600℃时仍可保持近 500MPa 的压缩屈服强度，其高温抗软化性好于 Inconel 718、Haynes 230 等高温合金，具有很好的应用潜力，如图 16-9 所示。

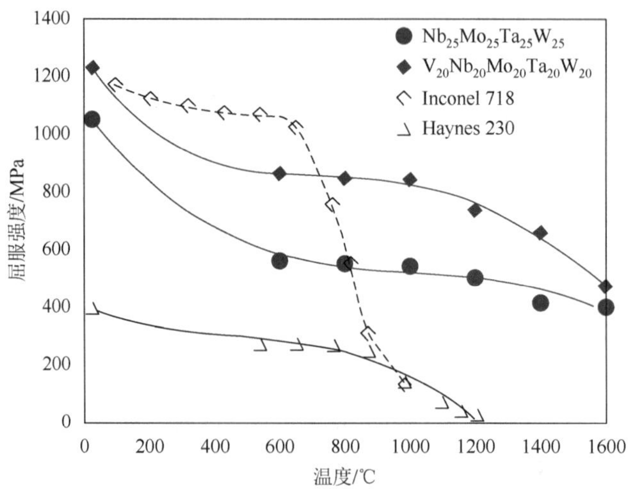

图 16-9　四种合金屈服强度随温度的变化规律

但 Nb-Mo-Ta-W 系合金同样存在塑性较差的问题，尤其在常温条件下的压缩变形率仅为 2.1%，通过添加 V 元素制备的 VNbTaMoW 合金常温条件下的压缩塑性也仅为 1.7%。为了解决这一问题，有一些研究在 Nb-Mo-Ta-W 的基础之上，通过改变组元，或改变各组元原子含量的方式，改进合金性能。Guo 等（2011）通过在其中添加 Si 元素，使用放电等离子烧结（spark plasma sintering，SPS）制备出 $NbTaWMoSi_{0.25}$ 合金，将合金的常温抗压强度提升到 2500MPa 以上，1200℃条件下的抗压强度提升到了 1000MPa 以上。

但由于新加入的组元元素普遍熔点较低，使合金高温条件下的强度有所降低，如 $AlMo_{0.5}NbTa_{0.5}TiZr$ 合金，常温压缩性能对比 Nb-Mo-Ta-W 合金有提升，但高温抗压强度会由 1000℃时的 772MPa 大幅下降至 1200℃时的 275MPa，丧失了 Nb-Mo-Ta-W 合金原本具有的高温抗软化性的特点。

Chuang 等（2011）发现制备的 $Al_xCo_{1.5}CrFeNi_{1.5}Ti_y$ 合金具有较高的硬度及良好的抗氧化性及耐磨性，其性能指标优于 SUJ2、SKH51 等常见商用合金，如图 16-10 所示。Liu 等（2018）研究发现，Ti 元素的加入可以有效提高 $NbCrMoTiVAl_{0.5}Si_{0.3}$ 的合金的耐氧化性。

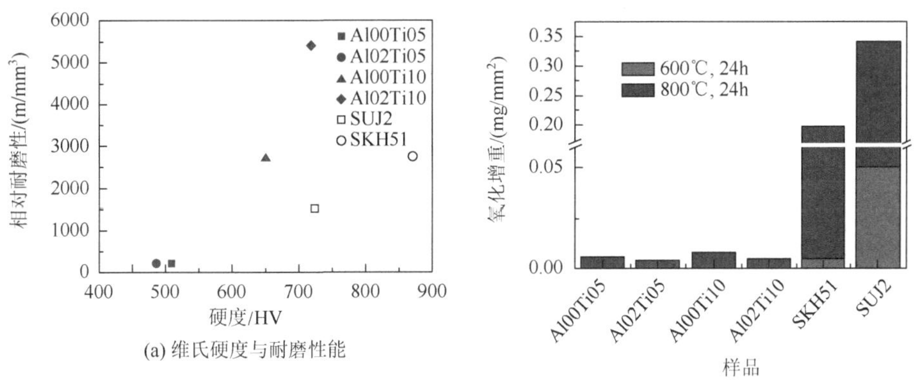

(a) 维氏硬度与耐磨性能

(b) 氧化增重

图 16-10 $Al_xCo_{1.5}CrFeNi_{1.5}Ti_y$、SUJ2、SKH51 合金性能

16.3.3 HCP 结构高熵合金的组织行为

广泛研究的高熵合金大多数是 FCC 或 BCC 结构，其成分构成以过渡族金属为主。近年来，以镧系稀土元素为主的高熵合金被大量设计出来，这类高熵合金往往具有 HCP 结构，YGdTbDyHo 为其中的典型代表。

YGdTbDyHo 的晶体结构近似于单质 Mg，晶格常数 a 约为 0.363nm，c 约为 0.566nm。Soler（2018）等发现 YGdTbDyHo 晶间会有少量富 Y 相存在，且 HCP

基体中存在弥散分布的氧化物析出相。为避免富 Y 相对力学测试产生影响，准确表征 YGdTbDyHo 基体的强度，利用聚焦离子束切出不同直径的微柱试样（2mm、5mm 及 10mm）进行压缩试验。研究表明，随着微柱试样的直径增大，会导致氧化物析出相体积分数升高，使其强度也得到增强。

16.3.4 双相高熵合金的组织行为

随着高熵合金研究的进展，部分高熵合金也出现了双相固溶体组织，目前的双相高熵合金主要有 $FeCoNiCrAl_x$ 以及 $(FeCoNiCrMn)_{100\text{-}x}Al_x$ 系列高熵合金（FCC + BCC、双相 BCC）、$Fe_{50}Mn_{30}Co_{10}Cr_{10}$ 高熵合金（BCC + HCP）、ScYLaTiZrHf 高熵合金（双相 HCP）等。

不同合金元素的添加往往会导致高熵合金的晶体结构、微观组织以及力学性能发生较大的变化。其中，Al 元素添加会使高熵合金原有的单相固溶体组织、结构发生规律性的改变，因此引起了广泛关注。

He 等（2016）系统地研究了 Al 元素的添加对 FeCoNiCrMn 结构、组织以及力学性能的影响。研究发现，随着 Al 元素增加，$(FeCoNiCrMn)_{100\text{-}x}Al_x$ 合金从最初的单一 FCC 结构（Al 摩尔分数小于 8%）转变为 FCC + BCC 双相结构（Al 摩尔分数为 8%～16%），最终当 Al 摩尔分数大于 16%时结构演化为单相 BCC 结构。组织结构的变化带来的是力学性能的变化。随着 FCC 逐渐向 BCC 转变，合金强度上升，但同时塑性降低，而当 Al 摩尔分数大于 11%时，试样由于过脆已无法进行拉伸试验。当合金保持在 FCC 单相区时，Al 元素的添加带来的是晶格畸变的增大，此时强度的提高由固溶强化所致；BCC 结构与 FCC 结构相比，其强度更高而塑性较低，因此 BCC 相的增多使合金更强更脆。当 Al 摩尔分数大于 11%时，BCC 相比例进一步增高，且在 BCC 相内部析出纳米级脆性相 A2 相，使合金变得更脆。

16.3.5 共晶高熵合金的组织行为

双相固溶体结构的高熵合金往往难以同时兼顾强度与塑性。这是因为双相 FCC 高熵合金塑性好而强度低，而双相 BCC 高熵合金强度优异但塑性不足。鉴于此，Lu 等（2014）设计出具有类似珠光体层状结构的 $AlCoCrFeNi_{2.1}$“共晶”高熵合金，同时具有良好的强度与塑性，为高熵合金的设计提供了一种新的思路。

共晶合金具有如下特点：①共晶合金比纯组元熔点低，简化了熔化和铸造的操作；②共晶合金有更好的流动性，其在凝固中防止了阻碍液体流动的枝晶形成，从而改善铸造性能；③恒温转变（无凝固温度范围）减少了铸造缺陷；④共晶凝固可获得多种形态的显微组织，尤其是规则排列的层状或杆状共晶组织可能成为优异性能的原位复合材料。因此若能获得具有共晶结构的高熵合金，该合金将具有共晶和高熵合金共同优势从而获得更加优异的性能。

大连理工大学团队通过真空电弧炉以及真空感应炉制备出了 $CoCrFeNiNb_{0.45}$、$CoCrFeNiTa_{0.4}Nb_{0.45}$、$CoCrFeNiZr_{0.55}$、$CoCrFeNiHf_{0.4}$ 四种共晶高熵合金（姜慧，2018），这四个合金都是由宽度为十几到几十微米的共晶胞组成的，胞内由交替排列的两相层片共晶组成（共晶层片宽度为 100～200nm（图 16-11）），且共晶层片由胞内呈放射状垂直于胞界生长，这种特殊的生长方式使靠近胞界处层片宽度要显著大于胞中心层片宽度，合金整体具有超细的共晶组织形貌。这种通过直接铸造方法获得的超细晶结构比通过其他方法获得的超细晶材料具有更高的结构稳定性。四种共晶高熵合金的 X 射线衍射图显示，该合金均为 FCC 相与 C14 或 C15 Laves 相组成。

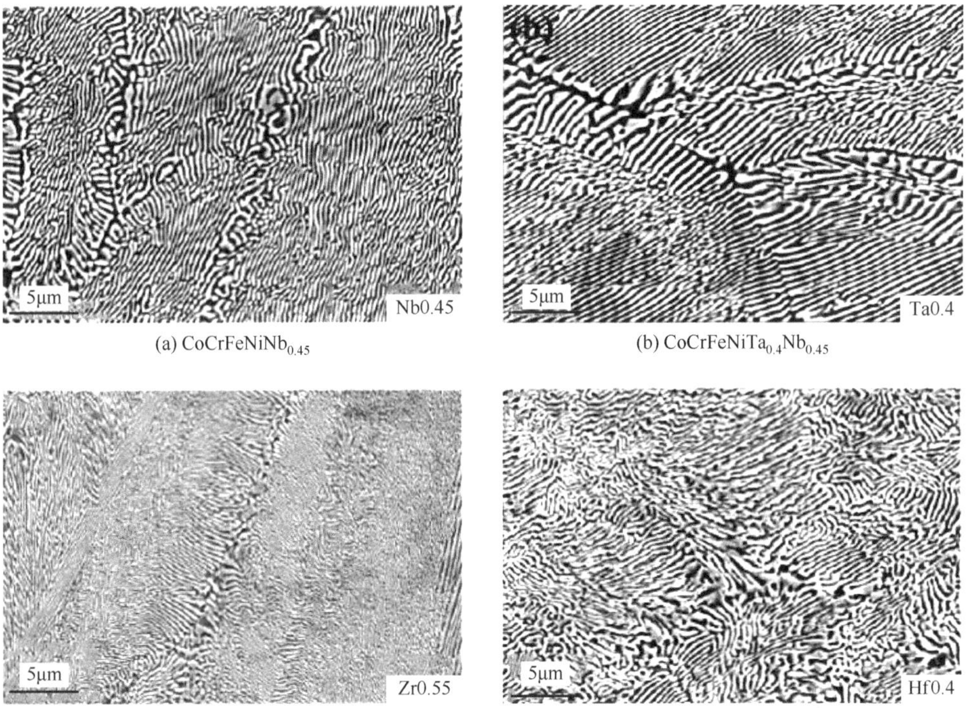

(a) $CoCrFeNiNb_{0.45}$ (b) $CoCrFeNiTa_{0.4}Nb_{0.45}$

(c) $CoCrFeNiZr_{0.55}$ (d) $CoCrFeNiHf_{0.4}$

图 16-11 共晶高熵合金的 SEM 图像

16.3.6　TRIP 化高熵合金组织行为

高强高韧材料的开发一直是材料研究的热点。然而，大多数传统强化方式在提高强度的同时会造成塑性的降低。具有稳定单一固溶体组织的高熵合金也不能避免这种趋势。针对此挑战，近年来“亚稳工程”的概念也被尝试应用于高熵合金，通过调整高熵合金的成分来降低固溶体相的稳定性和堆垛层错能，在变形过程中发生相变诱导塑性（transformation induced plasticity，TRIP），从而提高其宏观塑性变形能力，实现韧塑化的目的。

在传统 FeCoNiCrMn 高熵合金的基础上，Li 等（2016）利用这一“亚稳工程”概念设计相变诱导双相高熵合金。Deng 等（2015）通过去除 FeCoNiCrMn 中具有高层错能的元素 Ni，并且降低 Co 和 Cr 的含量以避免富 Cr 金属间化合物的生成，设计出具有低层错能四元高熵合金 $Fe_{40}Mn_{40}Co_{10}Cr_{10}$，该合金在室温变形过程中在〈112〉//TD 和〈111〉//TD（TD 为拉伸方向）取向附近晶粒产生大量纳米孪晶，因此合金呈现出良好的力学性能。Huang 等（2017）在脆性难熔高熵合金中通过调控相的热力学和机械稳定性，通过形变、相变的动态协同耦合，在保持高强度的同时，实现了塑性的大幅增加，获得了高韧塑性的难熔高熵合金。

传统的 TaHfZrTi 具有单相 BCC 结构，其室温抗拉强度为 1500MPa，但是断后伸长率很低（约 4%）；随着钽元素含量的减少，BCC 相的稳定性降低，在凝固过程中就会发生高温 BCC 到 HCP 的无扩散相变，合金由单相 BCC 结构转变为 BCC + HCP 结构。当钽原子数为 0.4 时，$Ta_{0.4}HfZrTi$ 合金出现双屈服现象，屈服强度分别约为 400 和 800MPa。这一结果为设计高强高韧的难熔高熵合金并推动实际工程应用打下基础，同时也为解决 BCC 高熵合金中强度-塑性矛盾提供了一个新思路。

16.4　高熵合金的强韧化

16.4.1　细晶强化

在材料变形过程中，晶界能有效地阻碍位错运动从而提高材料的屈服强度。材料的屈服强度与晶粒尺寸之间具有 Hall-Petch 关系，即屈服强度随着晶粒尺寸的减小而提高。在传统金属材料中已经证实，通过细化晶粒，可以达到非常高的强化效果，甚至可以同时提高强度和塑性。细晶强化在高熵合金中同样可以起到显著的强韧化效果，同时由于高熵合金独特的化学和结构特征，细晶强化也具有其独有的特征。

Liu 等（2018）系统研究了 FCC 结构 FeCrNiCoMn 高熵合金中的晶粒长大过程和 Hall-Petch 关系计算出其 Hall-Petch 系数为 677MPa·mm$^{1/2}$。而根据 Wu 等的统计，传统 FCC 合金的 Hall-Petch 系数一般不超过 600MPa·mm$^{1/2}$。由此可见，与传统材料相比，高熵合金具有严重的晶格畸变，使位错运动时需要克服更大的晶格阻力，从而导致高熵合金具有更好的细晶强化效应。

16.4.2 固溶强化

固溶强化的原理是将不同于基体材料的金属或非金属原子，融入基体材料点阵间隙或节点上，使基体的局部点阵发生变化产生晶格畸变，从而产生应力场，增大位错的阻力，阻碍其运动，进而使基体金属的变形抗力随之提高。与传统金属相同，高熵合金的固溶强化有置换固溶强化和间隙固溶强化两种途径。

为了提高高熵合金的综合力学性能，在保证合金晶体结构不变的前提下，研究人员尝试了添加不同金属元素对高熵合金进行置换固溶强化，能够起到一定程度的强化效果。Stepanov 等在 FeCoNiCrMn 中添加少量 V 元素，发现与初始合金相比，$FeCoNiCrMnV_{0.5}$ 的强度和塑性并没有明显的变化。传统合金中的固溶强化大多是针对稀固溶体的，在稀固溶体中位错穿过溶剂晶格与离散的溶质原子交互作用。而在高熵合金中没有传统的溶质与溶剂之分，即没有溶剂晶格，它类似于一种具有固定原子比例的无序定比化合物。因此，现有试验结果表明置换固溶强化对高熵合金的强化效果十分有限。

间隙固溶强化是指在基体中添加与基体原子半径差大于 41%的元素，使其进入基体晶格间隙中从而达到强化效果。常见的间隙固溶强化元素有 H、C、B、N、O 五种。由于间隙原子尺寸较小，在高熵合金中可以产生较大的晶格畸变，因而对高熵合金的强化效果会显著大于置换固溶强化。Wang 等（2016）在 $Fe_{40.4}Ni_{11.3}Mn_{34.8}Al_{7.5}Cr_6$ 高熵合金中添加了不同含量的 C 对合金进行间隙固溶强化，随着碳含量的增加合金的强度显著提高，并且塑性也随之提升。C 的加入降低了合金的层错能，提高了晶格摩擦力，使位错滑移方式从波浪滑移转变为平面滑移，并且 C 的加入细化了合金中的位错结构，形成 Taylor 点阵，显微变形带与晶界的交互作用松弛了塑性应变集中，使合金呈现出较高的强度以及塑性。Xie 等（2018）利用真空热压烧结法在 FeCoNiCrMn 中加入 0.1%N（摩尔分数）元素，屈服强度提高了 200MPa，并且塑性仅降低了 3.4%，小原子半径的 N 元素很容易溶入固溶体晶格中，明显增加了晶格畸变能，促进了固溶强化。相比于置换固溶强化，间隙固溶强化为高熵合金提供了一条更有效的强化途径。

16.4.3 第二相强韧化

在金属材料中，通过第二相粒子阻碍位错运动从而提高屈服强度，是最常用的强化手段之一，广泛应用于钢铁、铝基、铜基及高温合金材料中，在常温及高温下都是十分有效的强化机制。在金属材料中产生强化作用的第二相粒子一般具有含量高、尺寸小（十几到几十纳米之间）、均匀分布等特点。从产生途径上看，金属材料中的第二相强化粒子可以分为两种：一种是弥散强化，通过机械混入或者一次性析出的第二相粒子产生的强化作用，这种第二相粒子在高温下不回溶；另一种是析出强化，从过饱和固溶体中析出的第二相粒子产生的强化作用，在加热至高温时，这种粒子可以溶解在合金中，共晶合金也属于第二相强化的范畴。下面分别讨论这两种强化机制在高熵合金中的应用。

1. 弥散强化

Rogal 等（2017）在球磨过的 FeCoNiCrMn 高熵合金粉末中添加 5%（质量分数）的球状 β-SiC 纳米颗粒（20～50nm），经过均匀混料后在氩气保护条件下热等静压 15min，制得纳米 SiC 颗粒弥散分布的 FeCoNiCrMn 高熵合金。与未添加纳米 SiC 颗粒同等条件制备的 FeCoNiCrMn 相比，压缩屈服强度从 1180MPa 提高至 1480MPa 和 1940MPa，但塑性均有所下降。在 200r/min 转速下混料的样品几乎没有均匀塑性变形过程，这是由于在高能球磨的过程中 SiC 颗粒与富 Cr 晶粒反应生成了大量硬质脆性 M_7C_3 碳化物，无法协调材料的塑性变形。采用相同的方法，他们还在 FeCoNiCrMn 中添加了 α-Al_2O_3 纳米颗粒。5～35nm 的 Al_2O_3 颗粒弥散分布于晶粒尺寸为 30～150nm 的 FCC 基体中，使材料的屈服强度从 1180MPa 增至 1600MPa，但是复合材料的压缩强度和塑性均有所下降。

Hadraba 等（2017）借鉴钢的氧化物弥散强化（oxide dispersion strengthening，ODS）这一设计思路，利用机械合金化的方法，在球磨过程中混入固定比例的金属粉末 Y 和 Ti 以及 O_2 形成质量分数 0.3%的氧化物），再经过放电等离子烧结制备出了 ODS（FeCoNiCrMn）高熵合金。与同等条件制备的高熵合金相比，ODS 高熵合金的平均晶粒尺寸减小了 50%（0.8mm 减至 0.4mm），室温和 800℃高温抗拉强度分别增加了 30%和 70%，但室温下 ODS 高熵合金的断后伸长率较差（不足 2%）。

上述结果表明，在高熵合金中利用机械合金化的方法加入或者原位生成第二相粒子的确可以有效提升材料的强度，但材料的塑性也随之大幅下降。

2. 析出强化

Chen 等（2018）对 $Al_xCrFe_{1.5}MnNi_{0.5}$（$x = 0.3$、0.5）在 600～800℃进行不同

时间的时效处理后发现，两种高熵合金的硬度都得到了显著提升。对其时效组织的表征发现，经时效后 BCC 基体中析出了大量 ρ 相（$Cr_5Fe_6Mn_8$），这种四方结构的 ρ 相，与基体界面不共格，能显著强化基体，但对材料塑性影响较大。Tsai 等（2013）在固溶炉冷的 $Al_{0.3}CoCrCu_{0.5}FeNi$ 高熵合金中发现大量纳米级条状和球形析出物，这些 L12 结构的$(Ni, Cu)_3Al$ 析出相与基体界面具有共格关系，使材料的拉伸屈服强度从 150MPa 左右提高到 300MPa。这些高熵合金中的析出强化效果远不及传统镍基高温合金，其根本原因在于析出相含量不够高，分布不够均匀。若能在高度固溶的高熵合金基体中形成大量弥散分布稳定的纳米析出相，其力学性能可以得到进一步提升。

Gao 等（2017）详细研究了 $AlCoCrFeNi_{2.1}$ 共晶高熵合金的微观组织结构，发现其优异的综合力学性能归因于 FCC 相和 B2 相的协同变形作用，FCC（L12）相通过位错平面滑移和层错变形充当软性相，而 B2 相通过纳米析出强化充当强化相。在 $AlCoCrFeNi_{2.1}$ 共晶高熵合金中，FCC 相具有较低的层错能，与 B2 相之间的相界面为半共格结构，这种界面可以承受较高的应力；B2 相中分布着直径为 20nm 左右的富 Cr 纳米析出相，这些析出相通过 Orowan 机制阻止位错滑移进而提高 B2 相的强度。蒋丽等（2016）研究了由 FCC 固溶相和 Fe_2Nb 型 Laves 相组成的 $CoFeNi_2V_{0.5}Nb_{0.75}$ 共晶高熵合金经过不同温度退火后的组织与性能变化，发现当退火温度高于 600℃时合金中产生 $NbNi_4$ 型金属间化合物，随着退火温度的升高，该金属间化合物的体积分数增加而共晶区域随之减少，当退火温度为 800℃时，在 Fe_2Nb 型 Laves 相中尤其是共晶胞界处产生纤维状组织结构，使共晶组织中两相连接更为紧密，因此呈现出优异的压缩性能。

16.4.4 孪晶强韧化

开发同时具备高强度和高塑性的金属材料一直以来都是一个挑战，很多强化方式如析出强化和固溶强化在提高材料强度的同时往往会牺牲一部分塑性。在传统金属材料中，孪晶诱导塑性变形较好地克服了这一问题。材料在外力作用下变形时诱发产生形变孪晶，导致材料能在保持较高强度的同时，仍能保持很高的断后伸长率。孪晶诱导塑性变形效应受材料的层错能影响，当层错能较低时，变形过程中合金的扩展位错的宽度较大，滑移过程中很难束集，因此阻碍了位错交滑移，在这种情况下，合金中诱发孪晶变形。因此，降低合金的层错能的办法促使合金变形方式由位错滑移变形转变为孪晶变形，进而提高合金的力学性能。因此，近年来科研工作者不断设计开发新型高熵合金，试图将孪晶诱导塑性变形效应引入高熵合金当中，以此提高其强度及塑性。

典型 FCC 结构高熵合金 FeCoNiCrMn 室温变形过程中的低强度严重影响了

其工业应用，但其在低温变形时通过孪生诱发塑性（twinning induced plasticity，TWIP）效应生成大量的纳米孪晶，产生动态 Hall-Petch 效应并阻碍位错滑移，因此呈现出优异的断裂韧性。

Huang 等（2017）以脆性 BCC 结构高熵合金 TaHfZrTi 为模型材料，通过亚稳工程降低高温相热稳定性并降低室温相机械稳定性，在该合金中减少钽含量降低了 BCC 相的稳定性，得到 BCC 和 HCP 的双相组织，受到外力时 BCC 相发生马氏体转变变成 HCP 相。如图 16-12（a）所示，降低钽含量，虽然合金的强度有所下降，但 TRIP 效应的引入使材料的塑性大幅度增大，同时产生了大的加工硬化效应。与其他先进材料在强度-塑性图上对比（图 16-12（b）），TRIP 效应使 BCC 高熵合金在保持较高强度的同时大幅度提高了塑性。

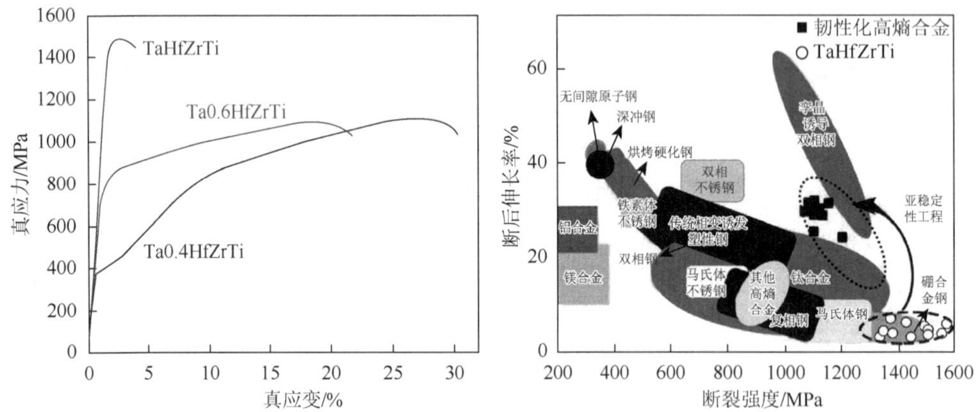

(a) 真应力-真应变关系　　(b) 断后伸长率-断裂强度

图 16-12　几种高熵合金的拉伸真应力-真应变曲线以及与其他合金材料的性能对比

16.5　本 章 小 结

高熵合金打破了传统合金以一种或两种金属元素为主的设计理念，并因高熵效应、晶格畸变效应、迟滞扩散效应和鸡尾酒效应等显著特点，表现出有别于传统合金的物理冶金作用机制及一系列独特的力学和物理性能。新颖的设计思想、广阔的设计空间及独特的性能特点使高熵合金成为继非晶合金后金属材料领域的又一研究热点。

高熵合金的概念提出以来，无论是在基础理论方面，还是具体性能方面，对于高熵合金的研究都取得了长足的进步。高熵合金也在很多领域展示出巨大的应用潜力，如高强度、高塑性、高耐磨性、热稳定性、耐氧化性、耐蚀性、储氢性、高电阻性、软磁性、耐辐照性等。因此，高熵合金与金属玻璃、金属橡胶一同被誉为近几十年来合金化理论的三个重大突破。

本章重点介绍高熵合金的定义、成分设计理论方法、微观组织行为特征，以及细晶强化、固溶强化、第二相强化以及孪晶强化机制等。高熵合金作为一种新型合金，多为5～13组元组成，各组元含量为5%～35%，根据其混合焓、原子半径差以及价电子浓度理论等可以将高熵合金的组织分为FCC结构高熵合金、BCC结构高熵合金、HCP结构高熵合金、双相高熵合金、共晶高熵合金以及TRIP高熵合金等。

参 考 文 献

黄天荡. 2020. C与Ti元素对几种典型高熵合金组织与力学性能影响的研究. 大连：大连理工大学：3.

姜慧. 2018. CoFeNi(Cr)-M共晶高熵合金微观组织及性能研究. 大连：大连理工大学：56.

蒋丽. 2016. CoFeNiV(Mo, Nb)高熵合金的组织演变及力学性能研究. 大连：大连理工大学：79.

吕昭平，雷智锋，黄海龙，等. 2018. 高熵合金的变形行为及强韧化. 金属学报，54（11）：1553-1566.

强文江，吴承建. 2018. 金属材料学. 3版. 北京：冶金工业出版社：452-478.

Cantor B，Chang I T H，Knight P，et al. 2004. Microstructural development in equiatomic multicomponent alloys. Materials Science and Engineering：A，375-377：213-218.

Chen Y W，Li Y K，Cheng X W，et al. 2018. Interstitial strengthening of refractory $ZrTiHfNb_{0.5}Ta_{0.5}O_x$（$x = 0.05$，0.1，0.2）high-entropy alloys. Materials Letters，228：145-147.

Chuang M H，Tsai M H，Wang W R，et al. 2011. Microstructure and wear behavior of $Al_xCo_{1.5}CrFeNi_{1.5}Ti_y$ high-entropy alloys. Acta Materialia，59（16）：6308-6317.

Deng Y，Tasan C C，Pradeep K G，et al. 2015. Design of a twinning-induced plasticity high entropy alloy. Acta Materialia，94：124-133.

Gao M C，Liaw P K，Yeh J W，et al. 2016. High-Entropy Alloys：Fundamentals and Application. Berlin：Springer，388.

Gao X Z，Lu Y P，Zhang B，et al. 2017. Microstructural origins of high strength and high ductility in an $AlCoCrFeNi_{2.1}$ eutectic high-entropy alloy. Acta Materialia，141：59-66.

Guo S，Ng C，Lu J，et al. 2011. Effect of valence electron concentration on stability of fcc or bcc phase in high entropy alloys. Journal of Applied Physics，109（10）：103505.

Hadraba H，Chlup Z，Dlouhy A，et al. 2017. Oxide dispersion strengthened CoCrFeNiMn high-entropy alloy. Materials Science and Engineering：A，689：252-256.

He J Y，Wang H，Huang H L，et al. 2016. A precipitation-hardened high entropy alloy with outstanding tensile properties. Acta Materialia，102：187-196.

Huang H L，Wu Y，He J Y，et al. 2017. Phase-transformation ductilization of brittle high-entropy alloys via metastability engineering. Advanced Materials，29（30）：1701678.

Hume-Rothery W. 1967. Comments on papers resulting from Hume-Rothery's Note—1965. Acta Metallurgica，15（3）：567-569.

Liu S F，Wu Y，Wang H T，et al. 2018. Stacking fault energy of face-centered-cubic high entropy alloys. Intermetallics，93：269-273.

Li Z M，Pradeep K G，Deng Y，et al. 2016. Metastable high-entropy dual-phase alloys overcome the strength-ductility trade-off. Nature，534（7606）：227-230.

Lu Y P，Dong Y，Guo S，et al. 2014. A promising new class of high-temperature alloys：Eutectic high-entropy alloys. Scientific Reports，4：6200.

Rogal Ł，Kalita D，Tarasek A，et al. 2017. Effect of SiC nano-particles on microstructure and mechanical properties of the CoCrFeMnNi high entropy alloy. Journal of Alloys and Compounds，708：344-352.

Senkov O N，Wilks G B，Scott J M，et al. 2011. Mechanical properties of $Nb_{25}Mo_{25}Ta_{25}W_{25}$ and $V_{20}Nb_{20}Mo_{20}Ta_{20}W_{20}$ refractory high entropy alloys. Intermetallics，19（5）：698-706.

Stepanov N D，Shaysultanov D G，Chernichenko R S，et al. 2017. Effect of thermomechanical processing on microstructure and mechanical properties of the carbon-containing CoCrFeNiMn high entropy alloy. Journal of Alloys and Compounds，693：394-405.

Soler R，Evirgen A，Yao M，et al. 2018. Microstructural and mechanical characterization of an equiatomic YGdTbDyHo high entropy alloy with hexagonal close-packed structure. Acta Materialia，156（1）：86-96.

Tsai K Y，Tsai M H，Yeh J W. 2013. Sluggish diffusion in Co-Cr-Fe-Mn-Ni high-entropy alloys. Acta Materialia，61（13）：4887-4897.

Wang Z W，Baker I，Cai Z H，et al. 2016. The effect of interstitial carbon on the mechanical properties and dislocation substructure evolution in $Fe_{40.4}Ni_{11.3}Mn_{34.8}Al_{7.5}Cr_{6}$ high entropy alloys. Acta Materialia，120：228-239.

Xie Y C，Cheng H，Tang Q H，et al. 2018. Effects of N addition on microstructure and mechanical properties of CoCrFeNiMn high entropy alloy produced by mechanical alloying and vacuum hot pressing sintering. Intermetallics，93：228-234.

Xu X D，Liu P，Guo S，et al. 2015. Nanoscale phase separation in a fcc-based $CoCrCuFeNiAl_{0.5}$ high-entropy alloy. Acta Materialia，84：145-152.

Yang X，Zhang Y. 2012. Prediction of high-entropy stabilized solid-solution in multi-component alloys. Materials Chemistry and Physics，132（2/3）：233-238.

Yeh J W，Chen S K，Lin S J，et al. 2004. Nanostructured high-entropy alloys with multiple principal elements：Novel alloy design concepts and outcomes. Advanced Engineering Materials，6（5）：299-303.

Zhang Y，Zhou Y J，Lin J P，et al. 2008. Solid-Solution phase formation rules for multi-component alloys. Advanced Engineering Meterials，10（6）：534-538.

附录　关于金属材料部分力学性能符号的说明

根据国家标准《金属力学性能试验　出版标准中的符号及定义》(GB/T 24182—2009)，金属材料力学性能符号有了新规定。本书尽量采用新标准规定的符号和术语，因特殊原因少数地方仍用原符号或术语。为方便对照学习和阅读以前的文献，附表列出了金属材料室温拉伸性能和冲击性能新旧符号的比较。

附表　金属材料室温拉伸性能和冲击性能的符号及意义（GB/T 24182—2009）

术语名称	符号	单位	说明
抗拉强度	R_m	MPa	相应最大力（F_m）的应力，等同于原 σ_b
屈服强度			当金属材料呈现屈服现象时，在试验期间达到塑性变形发生而力不增加的应力点，应区分上屈服强度和下屈服强度
上屈服强度	R_{eH}	MPa	试验发生屈服而力首次下降前的最大应力
下屈服强度	R_{eL}	MPa	在屈服期间，不计初始瞬时效应时的最小应力，等同于原 σ_s
规定塑性延伸强度	R_p		塑性延伸强度等于规定的引伸计标距百分率时对应的应力。使用的符号应附以下角标说明所规定的塑性延伸率。例如，$R_{p0.2}$ 表示规定的塑性延伸率为0.2%时的应力，等同于原 $\sigma_{0.2}$
断面收缩率	Z	%	断裂后试样横截面积的最大缩减量（S_0–S_u）与原始横截面积之比的百分率，即 Z（%）=（S_0–S_u）/S_0×100% S_0：原始横截面积；S_u：断后最小横截面积；Z：等同于原 ψ
断后伸长率	A	%	断后标距的残余伸长（L_u–L_0）与原始标距 L_0 之比的百分率，即 A（%）= [(L_u–L_0)/L_0]×100% L_0：原始标距；L_u：断后标距；A 等同于原 δ。对于比例试样，应附以下脚注说明所使用的比例系数。例如，$A_{11.3}$ 表示原始标距为 $11.3\sqrt{S_0}$ 的断后伸长率与原 δ_{10} 相近
冲击吸收能量	K	J	使用摆锤冲击试验机冲断试样时所需的能量，该能量已对摩擦能量损失做了修正，（无缺口试样冲击吸收能量 K）等同于原冲击吸收功 K
	KV KU	J	用字母V或U表示缺口几何形状，用下标数字2或8表示冲击刀刃半径。KV等同于原 A_{KV}、KU等同于原 A_{KU}。KV_2、KV_8：V形缺口试样分别在2mm、8mm摆锤刀刃下的冲击吸收能量；KU_2、KU_8：U形缺口试样分别在2mm、8mm摆锤刀刃下的冲击吸收能量